Hajo Hippner/Klaus D. Wilde (Hrsg.)

Management von CRM-Projekten

Hajo Hippner/Klaus D. Wilde (Hrsg.)

Management von CRM-Projekten

Handlungsempfehlungen und Branchenkonzepte

GABLER

Bibliografische Information Der Deutschen Bibliothek
Die Deutsche Bibliothek verzeichnet diese Publikation in der Deutschen Nationalbibliografie; detaillierte bibliografische Daten sind im Internet über <http://dnb.ddb.de> abrufbar.

Prof. Dr. Klaus D. Wilde ist Inhaber des Lehrstuhls für ABWL und Wirtschaftsinformatik an der Katholischen Universität Eichstätt-Ingolstadt.

Dr. Hajo Hippner ist an seinem Lehrstuhl tätig und begleitet ihn bei allen CRM-Projekten.

1. Auflage Februar 2004

Lektorat: Barbara Roscher / Renate Schilling

Der Gabler Verlag ist ein Unternehmen von Springer Science+Business Media.
www.gabler.de

Umschlaggestaltung: Ulrike Weigel, www.CorporateDesignGroup.de
Druck und buchbinderische Verarbeitung: Lengericher Handelsdruckerei, Lengerich
Gedruckt auf säurefreiem und chlorfrei gebleichtem Papier
Printed in Germany

ISBN 3-409-12520-5

Vorwort

Customer Relationship Management (CRM) versteht sich als kundenorientierte Unternehmensstrategie, die mit Hilfe moderner Informationstechnologie versucht, auf lange Sicht profitable Kundenbeziehungen durch ganzheitliche und individuelle Marketing-, Vertriebs- und Servicekonzepte aufzubauen und zu festigen.

Ein zentraler Auslöser für den seit einigen Jahren zu beobachtenden CRM-Boom war das Verfügbarwerden integrierter CRM-Softwaresysteme, die als „technological enabler" völlig neue Wege im Management von Kundenbeziehungen eröffneten. Während der Markt für CRM-Software boomte und interessierte Unternehmen heute unter ca. 100 integrierten und zahllosen spezialisierten IT-Werkzeugen wählen können, wurde jedoch immer deutlicher, dass CRM mehr ist als ein IT-Projekt.

Zahlreiche gescheiterte CRM-(IT-)Projekte machten deutlich, dass die Voraussetzung für ein erfolgreiches CRM-Projekt eine durchdachte Kundenbeziehungsstrategie ist, ebenso wie darauf abgestimmte Geschäftsprozesse, ein Mitarbeiterstab, der die für CRM charakteristische Kundenorientierung des gesamten Unternehmensgeschehens als Unternehmensphilosophie aktiv mit trägt und – last but not least – IT-Systeme, welche die Mitarbeiter bei der Abwicklung kundenbezogener Geschäftsprozesse unterstützen.

Gleichzeitig wurden aber auch die attraktiven Erfolgspotenziale erfolgreicher CRM-Projekte durch eine wachsende Anzahl von Fallstudien und systematischer wissenschaftlicher Arbeiten glaubhaft belegt, so dass die Faszination von CRM trotz des vorübergehend in Literatur und Konferenzen aufschäumenden Lamentos über gescheiterte CRM-Projekte ungebrochen blieb.

In der Fülle der Literatur, die den CRM-Boom der letzten Jahre begleitete, findet sich jedoch nach Kenntnis der Herausgeber kein Werk, das CRM in dieser umfassenden Sichtweise systematisch und umfassend darstellt und konkrete Hilfestellung gibt, wie die Klippen eines CRM-Projekts umschifft und seine Erfolgspotenziale realisiert werden können.

Dementsprechend war es das Ziel der Herausgeber des vorliegenden Bandes, unter Mitwirkung führender Fachvertreter der einschlägigen Wissenschaftsdisziplinen eine Gesamtdarstellung von CRM vorzulegen, die

- einen systematischen und in sich geschlossenen Überblick über alle Facetten von CRM gibt,
- die einzelnen Teilsapekte von CRM auf dem aktuellen Stand der wissenschaftlichen Forschung umfassend darstellt und
- der Wirtschaftspraxis konkrete Gestaltungshilfe für die Abschätzung der Erfolgspotenziale und die praktische Ausgestaltung von CRM gibt.

Bereits bei der Ausarbeitung der ersten Grobkonzeption wurde deutlich, dass dieses Vorhaben den Rahmen eines Buches (technisch ebenso wie finanziell) sprengen würde.

Die Herausgeber entschieden sich deshalb für eine Gesamtdarstellung in Form von drei thematisch aufeinander abgestimmten Bänden, die gemeinsam das oben skizzierte CRM-Konzept umfassend abdecken und als eigenständige Werke jeweils einen Ausschnitt dieses Konzepts beleuchten:

Der erste Band *Grundlagen des CRM – Konzepte und Gestaltung* stellt die Grundkonzeption von CRM, die Charakteristika von Kundenbeziehungen, die daraus resultierenden Gestaltungsoptionen für die Formulierung von Kundenbeziehungsstrategien sowie deren Einbindung in „klassische" marktstrategische Konzepte in den Fokus.

Der zweite Band *Management von CRM-Projekten – Handlungsempfehlungen und Branchenkonzepte* befasst sich mit der operativen Umsetzung von Kundenbeziehungsstrategien auf der Grundlage einer kundenorientierten Geschäftsprozessoptimierung und eines Change Management, das veränderte Strategien und Prozesse den Mitarbeitern aktiv nahe bringt. Die unterschiedlichen Ausprägungen, die das CRM-Konzept unter den Rahmenbedingungen verschiedener Märkte und Branchen findet, werden ausführlich und mit zahlreichen Fallstudien dargestellt und sollen der Praxis konkrete Anknüpfungspunkte für eine unternehmensindividuelle Umsetzung von CRM vermitteln.

Der dritte Band *IT-Systeme im CRM – Aufbau und Potenziale* beschreibt die Möglichkeiten, welche eine moderne IT-Unterstützung heute dem CRM eröffnet. Im Mittelpunkt steht dabei neben den Möglichkeiten der Kostensenkung bei der Abwicklung kundenbezogener Geschäftsprozesse vor allem die Verbesserung der Wettbewerbsposition durch in sich stimmige Kundendialoge und die Erschließung zusätzlicher Kundennutzen und Dienstleistungen, die durch moderne IT-Systeme im CRM überhaupt erst möglich werden.

An dieser Stelle möchten die Herausgeber den zahlreichen Fachkollegen danken, die durch ihre Beiträge die Vision einer systematischen, umfassenden und wissenschaftlich fundierten CRM-Gesamtdarstellung Wirklichkeit werden ließen. Nicht minder zu Dank verpflichtet sind wir den Mitarbeitern und Kollegen am Lehrstuhl für Allg. BWL und Wirtschaftsinformatik an der Katholischen Universität Eichstätt-Ingolstadt, vor allem Frau Waltraud Fischermeier, die mit der Organisation und technischen Fertigstellung der drei parallel laufenden Buchprojekte betraut war und diese mit außerordentlichem Einsatz und Sorgfalt bewältigte. Schließlich gilt unser ausdrücklicher Dank auch dem Gabler-Verlag, vertreten durch Frau Renate Schilling und Frau Barbara Roscher, die sich trotz des erheblichen Umfangs und schwieriger Zeiten, gerade auch im Verlagswesen, spontan für die Unterstützung unseres Vorhabens entschlossen haben.

Ingolstadt, im Januar 2004

Hajo Hippner und Klaus D. Wilde

Inhaltsverzeichnis

Erster Teil

Durchführung von CRM-Projekten

Zweiter Teil

CRM in unterschiedlichen Märkten

Dritter Teil

CRM in der Praxis

Erster Teil

Durchführung von CRM-Projekten

Sandra Gronover, Lutz M. Kolbe, Hubert Österle

Methodisches Vorgehen zur Einführung von CRM

1 Einleitung

Customer Relationship Management (CRM) bedeutet wörtlich Kundenbeziehungsmanagement. Doch der CRM Gedanke geht über das reine Management der Beziehung zum Kunden weit hinaus. Der Kunde soll in den Mittelpunkt der unternehmerischen Geschäftstätigkeit gestellt werden. Zentral ist dafür zunächst die Einsicht, dass auch Kunden Prozesse haben, die Leistungen empfangen und abgeben (Österle 1995, S. 52 ff.). Diese Prozesse werden als Kundenprozesse bezeichnet; an ihnen sollte sich ein effektives CRM ausrichten.

Unternehmen streben heute nicht mehr Produkt- sondern Kundenzentrierung an (Read 2000). Ziel ist es, das Kundenproblem zu erfassen und dem Kunden so viele zusammenhängende Teilprobleme wie möglich abzunehmen. Um als umfassender Problemlöser auftreten zu können, bieten viele Unternehmen ihre Produkte und Dienstleistungen daher über verschiedene Kanäle wie z.B. Filialen, Call Center und Online-Kanäle an. Diese Entwicklung führt zu einer massiven Komplexitätssteigerung an der Schnittstelle zum Kunden.

Im Folgenden wird zunächst der CRM-Ansatz grundlegend vorgestellt (Kapitel 2). Anschließend wird anhand eines Vorgehensmodells erläutert, welche Schritte bei der Einführung von CRM-Systemen zu beachten sind (Kapitel 3). Exemplarisch werden einzelne Techniken zur Abstimmung der verschiedener Vertriebskanäle detailliert dargestellt. In einem Fazit werden die kritischen Erfolgsfaktoren eines CRM-Projekts erläutert (Kapitel 4).

2 Customer Relationship Management

2.1 Wirkungsbeziehungen

Primäres Ziel der Kundenzentrierung ist es wirtschaftliche Potenziale auszuschöpfen, um die Profitabilität eines Unternehmens zu steigern. Heute reichen Qualität und Preis als Differenzierungsmerkmale oft nicht mehr aus, da sich Marktleistungen angleichen und die Märkte zunehmend gesättigt sind. Entscheidende Kriterien sind vielmehr die Qualität der kundenbezogenen Prozesse, die Flexibilität im Umgang mit Kunden und die Interaktion zwischen Anbietern und Nachfragern (Krafft 1999, S. 515). Mit Customer Relationship Management stellen sich Unternehmen dieser Anforderung. Zielsetzung ist eine engere Bindung der Kunden an das Unternehmen und damit der Aufbau profitabler, langfristiger Kundenbeziehungen.

Customer Relationship Management (CRM) bezeichnet ein kundenorientiertes, technologiegestütztes Managementkonzept mit der Absicht, ein Gleichgewicht zwischen unternehmensseitigen Investitionen in Kundenbeziehungen und der Befriedigung von Kun-

denbedürfnissen zu erreichen, um so die Rentabilität des Unternehmens zu maximieren (Schmid 2001, S. 12).
Die Abhängigkeiten zwischen Kundenorientierung, Prozesseffizienz und Rentabilitätssteigerung lassen sich in einer Ursachen-Wirkungskette darstellen, die auf den Dimensionen der Balanced Scorecard beruht (Abb. 1).

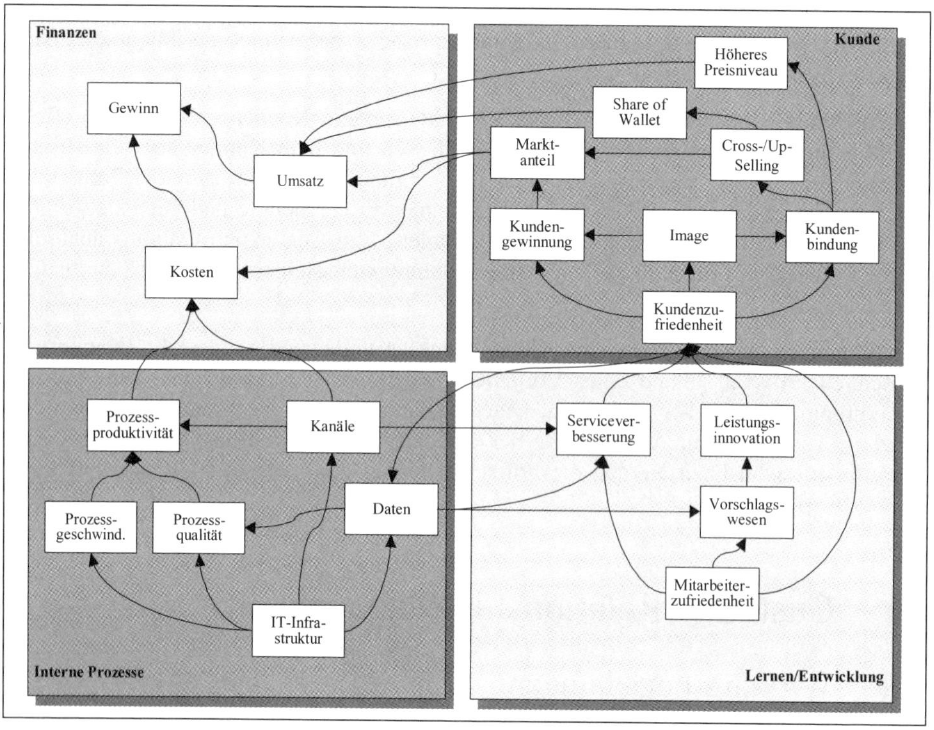

Abb. 1: Ursachen-Wirkungskette im CRM-Umfeld
Quelle: in Anlehnung an Hippner et al. 2001, S. 29

Die Bedeutung der Kundenorientierung für den wirtschaftlichen Nutzen zeigt sich in folgenden Zusammenhängen [1]:

- Kundenorientierung bewirkt eine erhöhte Kundenzufriedenheit und Kundenbindung (Reichheld/Sasser 1990). Zufriedenere Kunden sind weniger preissensibel. Folglich lassen sich höhere Preise von Seiten des Unternehmens besser durchsetzen (Jendrosch 2001, S. 2 f.).
- Kundenzufriedenheit erhöht das Markenimage. Zufriedene Kunden geben ihre Erfahrungen im Schnitt sechsmal weiter (Hoffmann 1991, zitiert in Stauss/

Seidel 1998, S. 58). Durch ein positives Image und eine hohe Markenbekanntheit verringern sich Akquisitionskosten für Neukunden (Haze 2000, S. 112).

- Bei gesteigerter Kundenbindung lassen sich ergänzende Leistungen (Cross- und Up-Selling) mit geringerem Marketingaufwand absetzen und das Kundenpotenzial, der sog. Share of Wallet, wird effektiver ausgeschöpft (Jendrosch 2001, S. 2 ff.).

Zwischen Kostenreduktion und Prozesseffizienz sind folgende Zusammenhänge nachweisbar:

- Eine Verbesserung der Prozessgeschwindigkeit und der Prozessqualität führt zu einer Steigerung der Produktivität der einzelnen Prozesse. Größenvorteile lassen sich realisieren.
- Die Abwicklung von Prozessen über mediengestützte Kanäle ermöglicht eine Reduktion von Kosten in kundennahen Prozessen. Die Transaktionskostentheorie weist nach, dass der Einsatz mediengestützter Kommunikationsformen tendenziell zu einer Senkung der fixen und variablen Transaktions- und Kommunikationskosten führt (Picot et al. 1998, S. 59).
- Produktivitätssteigerungen in kundenorientierten Prozessen sind i.d.R. ohne IS-Unterstützung nicht möglich, da im Privatkundensektor anfallende Datenmengen nicht mehr sinnvoll manuell zu verwalten sind (Reichheld/Sasser 1999, S. 144).
- Eine Integration von Prozessen und Kundendaten führt zu einem verbesserten Überblick über die Gesamtkundenbeziehung und zu einer Verbreiterung der Wissensbasis. Die Bedürfnisse der Kunden lassen sich somit zielgenauer adressieren (Davenport et al. 2001, S. 69). Beispielsweise vermindern personalisierte Kampagnen bei gleichem Wirkungsgrad die Marketingkosten (Gordske/ Steinecke 2001).

2.2 CRM-Prozesse

Zentrale Gestaltungselemente des CRM sind Prozesse, die sich funktional den Bereichen Marketing, Verkauf und Service zurechnen lassen. Diese CRM-Prozesse grenzen sich von anderen Prozessen dadurch ab, dass ihnen in der Regel Kundenkontakte unternehmensseitig zugeordnet werden und ein enger Bezug zum Kunden im Vordergrund steht.

Ein prozessorientiertes CRM-Modell findet sich in der Literatur nur in Ansätzen. Eine Gliederung von CRM in die drei Prozesse Marketing, Verkauf und Service ist in der wissenschaftlichen Diskussion verbreitet (Herrmann/Füllgraf 2001, S. 47 f.; Stender/ Schulz-Klein 1998, S. 12; Vara 1995, S. 17). Diese Einteilung ergibt sich aus aufbauorganisatorischer Sicht und ist für eine konkrete Umsetzung von CRM-Initiativen zu grob.

CRM-Initiativen werden oft auch nach Informationssystemen in drei Bereiche gegliedert. Das analytische CRM umfasst die Datengewinnung, -haltung und -auswertung, das operative CRM die Prozessverbesserung und Effizienzsteigerung der zu unterstützenden kundenorientierten Prozesse und das kollaborative CRM die Integration und Synchronisation der unterschiedlichen Vertriebskanäle (Schwede/Spies 2001, S. 23).

In Zusammenarbeit mit den Forschungspartnern der Kompetenzzentren „Customer Knowledgwe Management" und „Customer Knowledge Performance" (http://ccckp.iwi.unisg.ch) wurde ein prozessorientierter Ansatz entwickelt, der auf sechs CRM-Kernprozessen aufbaut: Kampagnen-, Lead-, Angebots-, Vertrags-, Beschwerde- und Servicemanagement (Abb. 2) (für eine Beschreibung der Prozesse s. Riempp/Gronover 2002, S. 771). Hinzu kommen noch zwei Aktivitäten des Multi-Channel-Managements: Interaktionsmanagement und Kanalmanagement. Beides sind keine Prozesse im ablauforganisatorischen Sinn, sondern sie steuern die Kundeninteraktion und die CRM-Prozesse über die verschiedenen Kanäle. Dabei steuert das Interaktionsmanagement, welche Kanäle mit den Kunden kommunizieren und das Kanalmanagement, wie die interne Abstimmung der Kanäle erfolgt.

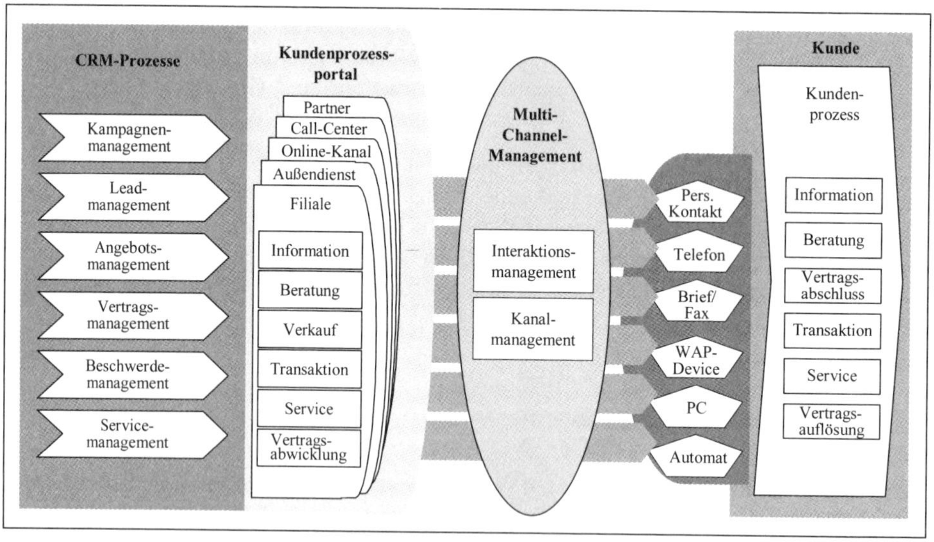

Abb. 2: CRM-Prozesse und Multi-Channel-Aktivitäten

3 Prozessorientierte Einführungsmethode für das CRM

Die Ausrichtung des gesamten Unternehmens auf den Kunden einschließlich seiner Organisationsstrukturen, seiner internen Prozesse, seiner IT-Systeme und seiner Erfolgsmessung ist Voraussetzung für eine effektive Einführung von CRM. Allerdings bleiben die Erfolge von CRM-Projekten oft hinter den Erwartungen zurück. Nach einer Analyse der Meta Group scheitern die meisten CRM-Initiativen nicht an technischen Schwierigkeiten, sondern es werden strategische und organisatorische Aspekte vernachlässigt oder die Einführung von technischen Systemen wird aus einer rein unternehmensinternen Sichtweise vorangetrieben (Herrmann 2001, S. 4).

3.1 Vorgehensmodell zur CRM-Einführung

Um das Risiko eines Scheiterns von CRM-Projekten zu reduzieren, eignet sich daher ein methodisches Vorgehen. Es sind Konzepte für die Ebenen Strategie, Prozess und IS/IT zu entwickeln, um sowohl strategische und organisatorische als auch technische Aspekte ausgewogen zu diskutieren. Handlungsempfehlungen zur CRM-Einführung liefert das im Folgenden beschriebene 5-stufige Vorgehensmodell (Abb. 3), welches im Rahmen der Forschungsarbeit am Institut für Wirtschaftsinformatik entwickelt wurde (im Folgenden Schulze 2000, S. 118 ff.). Jede der einzelnen Phasen verfügt über einzelne Techniken, die konkrete Vorgehensweisen erläutern.

- Planung:
  In der Planungsphase schafft das Unternehmen die Voraussetzungen für die Projektdurchführung durch die *Planung* des Projektmanagements. Dazu gehören die Zieldefinition, die Bildung des Projektteams und zusätzlicher Projektgremien, die Mobilisierung weiterer Ressourcen, die Definition von Meilensteinen, die Etablierung einer Projektkontrolle und die Berücksichtigung des unternehmensweiten Projektportfolio-Managements.

- Vorstudie:
  Die Phase der Vorstudie hat analytischen Charakter. Im Rahmen der Vorstudie wird eine *Kundenpotentialanalyse* durchgeführt, deren Ziel es ist, Kundengruppen und Marktsegmente zu definieren und das Absatzpotential von Marktleistungen zu bestimmen. Den jeweiligen Kundentypen oder Produktlinien liegen spezifische Kundenprozesse zu Grunde, für welche die zu entwickelnden CRM-Prozesse Leistungen erbringen sollen.
  Mit der *Kundenprozessanalyse* werden die Prozesse des Kunden erfasst und die Leistungen spezifiziert, welche die jeweiligen CRM-Prozessen an den Kunden zu erbringen haben.

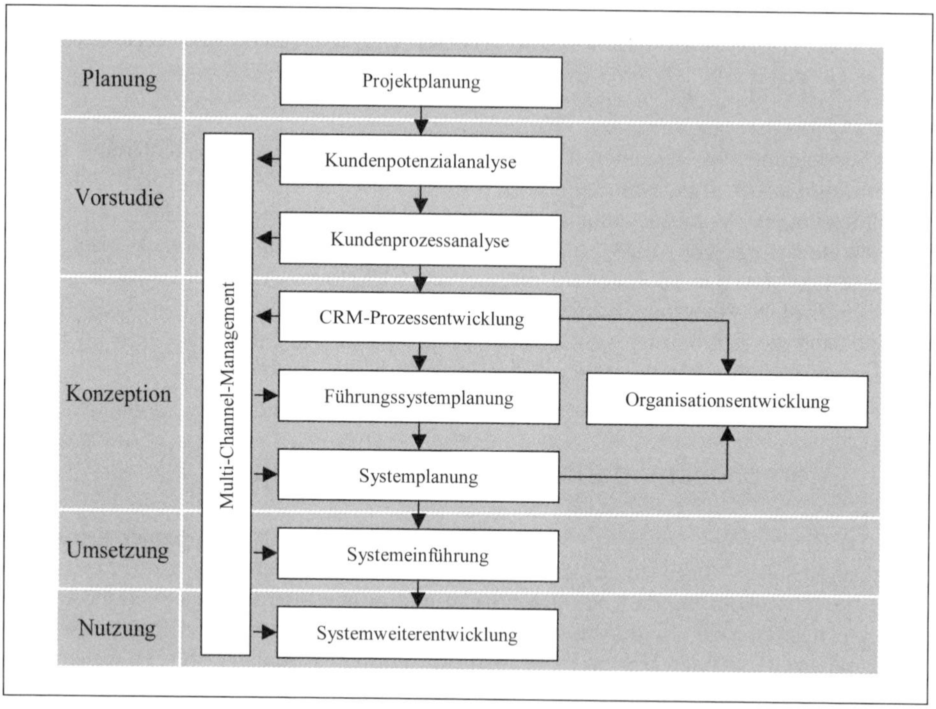

Abb. 3 Vorgehensmodell zur Einführung von Customer Relationship Management
Quelle: in Anlehnung an Schulze 2000, S. 118

- Konzeption:
  Die zentrale Phase innerhalb des Vorgehensmodells stellt die Konzeption dar. Ausgehend von den Kundenprozessen werden die *CRM-Prozesse entwickelt.* Dabei muss für jede kundenseitige Aufgabe ein geeigneter CRM-Prozess modelliert werden, der die von der Aufgabe benötigten Leistungen erbringt.
  Ferner fällt die *Führungssystemplanung* in diese Phase. Für die einzelnen CRM-Prozesse werden kritische Erfolgsfaktoren (KEF) bestimmt und daraus Führungsgrößen abgeleitet. Diese sind durch Angaben von Soll-Werten zu konkretisieren. Neben Prozessgrößen werden dabei auch CRM-, Nutzungs- und Personalführungsgrößen spezifiziert.
  Die *Organisation* ist an die CRM-Prozesse mittels geeigneter Anreizsysteme oder veränderter Strukturen anzupassen.
  Die *Systemplanung* erstellt einen Anforderungskatalog für die Systemauswahl. Ausgehend von den definierten Prozessaufgaben lassen sich funktionale Anforderungen ableiten. Dabei dient eine starke Fokussierung auf die Kundenperspektive zur Sicherung einer Kundenprozessunterstützung. Eine große Herausforderung stellt die zielgerichtete Integration der Daten und die Modellierung

des Datenflusses über alle Kanäle hinweg dar, mit der eine für die CRM-Prozesse einheitliche Kundensicht erzeugt werden soll.

- Umsetzung:
  In der Phase der Umsetzung werden die CRM-Prozesse und organisatorischen Veränderungen eingeführt. Dies läuft parallel zur Entwicklung, Anpassung und Implementierung der Informationssysteme. Aus der Konzeptionsphase ergeben sich Ansätze zur Bildung von Teilprojekten, die eine phasenweise Umsetzung erlauben.

- Nutzung:
  Mit dem Übergang in die Betriebsphase empfiehlt sich die Einsetzung eines Führungszirkels, der die Führungsgrößen regelmäßig auf ihre Ausprägungen, aber vor allem auch auf ihre Relevanz für den CRM-Prozess überprüft und bei veränderten Kundenbedürfnissen gegebenenfalls ein Folgeprojekt anstößt.

- Multi-Channel-Management:
  Übergreifend über die Phasen Vorstudie, Konzeption, Umsetzung und Nutzung ist das *Multi-Channel-Management* zu diskutieren. Es integriert unterschiedliche Aspekte der CRM-Einführung und gestaltet die für das CRM zentrale Schnittstelle zum Kunden. Im Folgenden werden exemplarisch einzelne Techniken dieser Phase vorgestellt, um eine methodische Vorgehensweise zu erläutern.

3.2 Technik Multi-Channel-Management

Die Techniken zur Vorstudie und Konzeption von Multi-Channel-Aktivitäten legen ausgehend von Kundenprozessen Leistungen und Prozesse für die einzelnen Kanäle fest. Ziel ist es, den Kunden konsequent in den Mittelpunkt der Überlegungen zu stellen und den Paradigmenwechsel von der Produkt- zur Kundenorientierung zu vollziehen. Die Aktivitäten sind über ein Vorgehensmodell miteinander verbunden (Abb. 4).

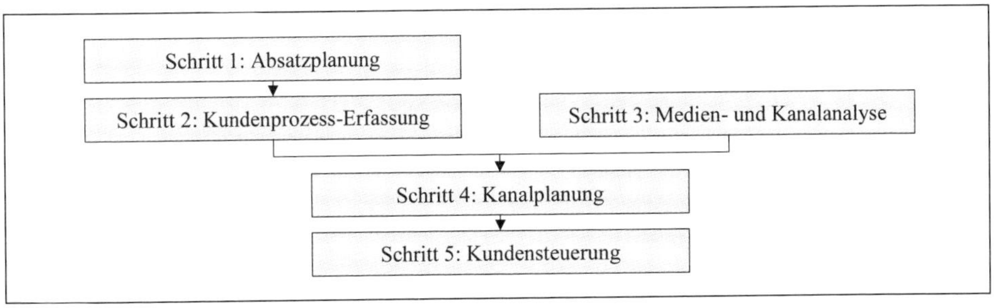

Abb. 4: Vorgehensmodell

Die Technik wurde in Zusammenarbeit mit der St. Galler Kantonalbank (SGKB) im Zeitraum von Oktober 2000 bis April 2001 entwickelt und angewandt. Im Rahmen des Kompetenzzentrums Customer Knowledge Management wurden die Ergebnisse aufgearbeitet und in Zusammenarbeit mit unseren Partnerunternehmen verifiziert und weiterentwickelt.

3.2.1 Schritt 1: Absatzplanung

Eine unternehmensweite Absatzplanung legt fest, für welche Kundensegmente welche Vertriebsstrategie gilt. Dies setzt eine Analyse der Marktchancen des Unternehmens voraus. Hierfür sind Informationen über Marktsegmente (Größe des Marktes, Marktwachstum etc.), Wettbewerber (Marktanteil, Produktmerkmale etc.), Leistungen des Unternehmens (Produkte, Serviceleistungen, Marktanteil, Umsätze, Deckungsbeiträge etc.) sowie das Makro-Umfeld (demographische, technologische, politische Entwicklungstrends etc.) auszuwerten (Kotler/Bliemel 1999, S. 145 ff.).

Das Ergebnis der Absatzplanung soll grundsätzliche strategische Maßgaben für die Einheiten Marketing, Vertrieb und Service dokumentieren. Ausgehend von den Kundensegmenten sind Ziele, der Ressourceneinsatz, die Betreuungsintensität und die Produktnutzung zu definieren (Tab. 1). Die Absatzplanung wird im Regelfall von Mitarbeitern aus den Abteilungen Marketing, Produktmanagement und/oder Vertrieb erstellt, ggf. mit Unterstützung durch externe Berater.

Beispiel St. Galler Kantonalbank

Natürliche Personen werden abhängig von ihrem Vermögen einem der beiden Bereiche Retailbanking oder Privat-Banking zugeteilt.

Innerhalb des Retailbankings wird eine Unterteilung basierend auf qualitativen und quantitativen Segmentierungskriterien vorgenommen. Somit entstehen, abhängig von der Attraktivität der Kunden, verschiedene Kundenklassen. Betreuungsziele, Betreuungsformen und die angebotene Produktnutzung werden je Kundenklasse festgelegt.

Jugendliche erwirtschaften beispielsweise noch keine Gewinne, haben aber zukünftig ein hohes Potenzial. Ziel ist es, diese Kunden mittels regelmäßiger Betreuung und innovativen Betreuungsformen an das Unternehmen zu binden. Die SGKB wirbt mit speziellen Marketingaktionen, Produkten und Vorzugskonditionen um ihre jugendlichen Kunden. Der Ressourceneinsatz ist relativ hoch.

Segment	Retail-Segment			
Attraktivität	A-Kunde	B-Kunde	C-Kunde	D-Kunde
Ziel	▪ Intensive Pflege ▪ Hohe Kundenzufriedenheit ▪ Abwanderung verhindern	▪ Gezielt ausbauen ▪ Umwerben	▪ Halten ▪ Tendenz beobachten und ggf. entwickeln	▪ Kosten senken ▪ Kosten ggf. auf Kunden übertragen ▪ Abbau in Kauf nehmen
Ressourceneinsatz	sehr hoch	hoch	mittel	keiner
Betreuungsform	▪ Persönlich & umfassend ▪ Unternehmens-getrieben	▪ Persönlich ▪ Regelmäßig	▪ Anlass bezogen	▪ Keine Betreuungs-initiativen
Produktnutzung				
Sparprodukte	A	A	A	P
Anlageprodukte	A	A	P	P
Vorsorgeprodukte	A	A	A	0
	Legende: A = aktiv anbieten, P = passiv anbieten, 0 = nicht anbieten			

Tab. 1: Absatzplanung (veränderte Projektunterlagen SGKB)

3.2.2 Schritt 2: Kundenprozess-Erfassung

Ziel in Multi-Kanal-Strukturen ist es, den Kunden ganzheitlich zu bedienen und interne Unternehmensressourcen schonend einzusetzen. In traditionellen Wirtschaftsstrukturen geht ein Unternehmen von seinem Produkt- und Dienstleistungsportfolio aus und legt Kanäle und Medien fest, welche die Produkte vertreiben. In Zukunft werden aber Unternehmen erfolgreich sein, die von Kunden benötigte Leistungen zusammenfassen und diese personalisiert zur Verfügung stellen (Reichmayr 2002, S. 37). Die vom Kunden geforderten Leistungen sind zu definieren. Für jede geforderte Leistung im Kundenprozess müssen adäquate Aktivitäten in den unternehmensinternen Prozessen existieren.

In Anlehnung an die Arbeiten von (Reichmayr 2002, S. 40 ff.) und (Schulze 2000, S. 133 ff.) sind zu Beginn die zu untersuchenden Kundenprozesskategorien festzulegen. Diese orientieren sich an:

- den bestehenden Kundensegmenten und
- der in der Absatzplanung festgelegten Produktnutzung (Abschnitt 3.2.1).

Es ist empfehlenswert, nicht nur den bisherigen Kernprozess zwischen Unternehmen und Kunden zu untersuchen (z.B. die Abwicklung eines Konsumentenkredits), sondern den gesamten Kundenprozess (z.B. von der Auswahl eines Autos bis hin zu dessen Nutzung, der monatlichen Ratenzahlung und dem Wiederverkauf). Diese erweiterte Sichtweise lässt u.U. weitere Geschäftspotenziale erkennen (z.B. Angebot von Krediten zur Fahrzeugfinanzierung über Gebrauchtwagen-Marktplätze im Internet).

Zur Ableitung des Kundenprozesses wird die Technik der Prozessanalyse angewandt (Österle 1995, S. 61 f.). Der Kundenprozess ist in 8-10 Makroprozesse zu zerlegen, welche die wichtigsten Einzelschritte zusammenfassen. Die Kundenprozesse lassen sich im Rahmen von Workshops definieren.

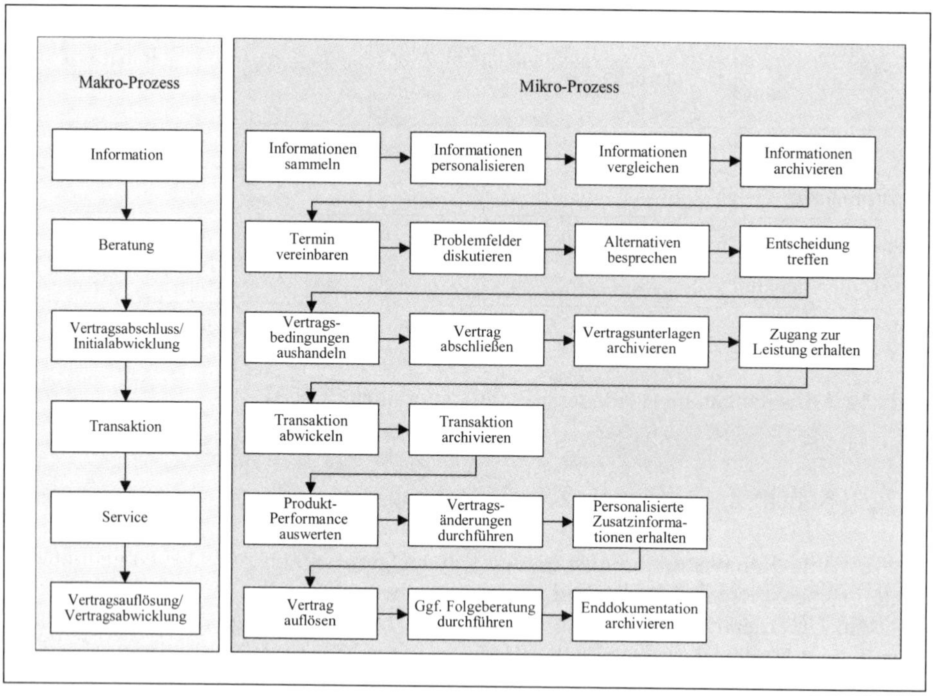

Abb. 5: Exemplarischer Kundenprozess der Finanzdienstleistungsbranche

Beispiel St. Galler Kantonalbank

Ausgehend von den identifizierten Kundengruppen und der in der Absatzplanung festgelegten Produktnutzung wurden Kundenprozesse untersucht. Dabei beschränkte sich die SGKB auf eine Analyse der Kundenprozesse, die in direktem Zusammenhang mit bankeigenen Leistungen stehen. Im Rahmen der Analyse zeigte sich, dass bei einer bankspezifischen Betrachtung die Unterschiede zwischen den Prozessen nicht groß waren. Somit wurde für die weiterführende Analyse ein generischer Bank-Kunden-Prozess verwendet (Abb. 5).

3.2.3 Schritt 3: Kanal- und Medienanalyse

Ziel dieses Schrittes ist es, bestehende Distributions- und Servicestrukturen mitsamt ihren strategischen Vorgaben zu erfassen, allen Beteiligten einen Überblick über aktuelle Kanalaktivitäten zu geben und Anhaltspunkte für die Soll-Ausrichtung aufzustellen. Für jeden vorhandenen und geplanten Kanal sind folgende Informationen zu erheben (Tab. 2):

<table>
<tr><td>Kanal</td><td colspan="3">Call-Center</td></tr>
<tr><td>Kanal-Kenngrößen</td><td colspan="3">▪ 2 unterschiedliche Rufnummern (Beratungs- und Servicehotline)·
▪ 25% der Kunden nutzen ein Call-Center
▪ 1000 Telefonkontakte pro Tag (10% Beratungsgespräche, 90% Serviceleistungen); durchschnittliche Dauer 2 Minuten
▪ 25 Mitarbeiter</td></tr>
<tr><td>Kanal/Medien</td><td colspan="3">Erreichbarkeit über Telefon und E-Mail</td></tr>
<tr><td>Projekte (aktuell & geplant)</td><td colspan="3">▪ Einführung einer neuen Call-Center-Software
▪ Ausbau des Call-Centers um Heimarbeitsplätze (virtuelles Call-Center)</td></tr>
<tr><td colspan="4">SWOT-Analyse</td></tr>
<tr><td>Stärken</td><td>Schwächen</td><td>Chancen</td><td>Risiken</td></tr>
<tr><td>▪ Gut ausgebildete Mitarbeiter
▪ Geringe Mitarbeiterfluktuation
▪ Hohe Kundenzufriedenheit
▪ Gute Erreichbarkeit</td><td>▪ Fehlende Personalentwicklungspläne
▪ Ineffiziente Auslastung der Mitarbeiter (Leerzeiten)
▪ Teilweise technische Probleme</td><td>▪ Entwicklung hin zu einem ganzheitlichen Beratungskanal·
▪ Entlastung des stationären Vertriebs von Routineaufgaben·
Imagepflege</td><td>▪ Mangelnde Fokussierung auf Kernaufgaben
▪ Zu hohe Investitionskosten</td></tr>
</table>

Tab. 2: Kanal- und Medienanalyse (veränderte Projektunterlagen SGKB)

- *Kanal-Kenngrößen* (z.B. Anzahl von Zugangspunkten wie Niederlassungen oder Bankomaten, Nutzungszahlen, Anzahl Mitarbeiter etc.)
- *Medien- und Kanalbeziehungen* (z.B. Filialmitarbeiter lassen sich persönlich, per Post, per Telefon, per E-Mail kontaktieren)
- *Aktuelle und bereits geplante Projekte* (z.B. Einführung neuer Software, Ausbau des Leistungsumfangs, Ressourceneinsparungen etc.)

Zusätzlich ist für jeden Kanal eine SWOT-Analyse (Strengths, Weaknesses, Opportunities, Threats) zu erstellen. Diese fasst Stärken, Schwächen, Chancen und Risiken eines Kanals zusammen.

Beispiel St. Galler Kantonalbank

Die SGKB untersuchte mit der Kanal- und Medienanalyse die für sie wichtigsten Kanäle: Stationärer Vertrieb, Online-Vertrieb, Call-Center und Automaten.

Zusätzlich entwickelte die SGKB Leitvisionen für den Ausbau der einzelnen Kanäle. Diese unterteilten sich pro Kanal in 4 Dimensionen, wie am Beispiel des stationären Vertriebs exemplarisch dokumentiert:

Basisstrategien
- *Kundenbindung und Kundenneugewinnung*
- *Organisation der Filiale als Profit-Center*

Produkt- und Leistungsportfolio
- *Beibehalten des bisherigen Produktsortiments*
- *Fokussierung des Filialvertriebs auf ertragreiche Produkte*

Preispolitik
- *Definition von Preisspielräumen bei Kunden mit hohem Potenzial*
- *Preisliche Maßnahmen zur Kundensteuerung auf Kanälen*

Vertriebspolitik
- *Kontinuierliche Verringerung der Schaltertransaktionen*
- *Verstärkte Nutzung von Cross-Selling-Potenzialen*

3.2.4 Schritt 4: Kanalplanung

Ziel der Kanalplanung ist es, für einzelne Kundenprozesse abhängig von der Kundengruppe und der Produktgruppe Zielkanäle zu definieren, welche die Bedürfnisse der Kunden und die strategischen Vorgaben des Unternehmens berücksichtigen. Hierfür ist festzulegen, welche Kundenprozessschritte für welches Kundensegment auf welchem Kanal angeboten werden.

Zentrale Elemente der Kanalplanung sind Kanallandkarten (Tab. 3). Dies sind Kundensegment-Produkt-Kanal-Matrizen, die sowohl das Ist- als auch das Soll-Leistungsangebot eines Unternehmens dokumentieren. Beispielsweise lässt sich aus der Tab. 3 erkennen, dass Sparprodukte zukünftig nur noch eingeschränkt über das Call-Center anzubieten sind und dafür der Online-Kanal zu präferieren ist. Der Funktionsumfang im Online-Kanal sollte ausgebaut und im Call-Center verringert werden.

Kunden-segment	Retailkunden; A-Kunden																			
Kanal			Filiale						Call-Center						Online-Kanal					
Produkt	Absatz-planung	Kunden-prozess	I	B	V	N	S	E	I	B	V	N	S	E	I	B	V	NP	S	E
Sparprodukte	A	IST	●	●	●	●	●	●	●	●	●	●	○	●	●	○	○	●	○	●
		SOLL	●	●	●	⊙	●	⊙	⊙	⊙	⊙	●	⊙	●	●	●	●	●	●	●
Anlageprodukte	A	IST	●	●	●	●	●	●	●	○	○	○	○	○	●	○	●	●	○	○
		SOLL	●	●	●	●	●	●	●	⊙	⊙	●	○	○	●	●	●	●	●	○
Vorsorge produkte	A	IST	●	●	●	●	○	●	○	○	○	○	○	○	●	○	○	○	○	○
		SOLL	●	●	●	●	●	●	●	○	○	○	○	○	●	○	○	○	○	○
Finanzierungs-produkte	A	IST	●	●	●	●	●	●	●	○	○	○	○	○	●	○	○	●	○	○
		SOLL	●	●	●	⊙	●	●	●	●	○	●	○	○	●	○	○	●	○	○
Zahlungsverkehr	A	IST	●	●	●	●	●	●	●	●	●	○	●	○	●	○	○	●	○	○
		SOLL	●	●	●	⊙	●	⊙	●	●	●	●	⊙	●	●	●	●	●	●	●

Legende

Kundenprozess	I	=	Information	N	=	Produktnutzung
	B	=	Beratung	S	=	Service
	V	=	Vertragsabschluss	E	=	Ende Vertragsbeziehung
Absatzstrategie	A	=	aktiv anbieten	P	=	passiv anbieten
Ausbaustufe	●	=	voller Funktionsumfang	⊙	=	Funktionsumfang eingeschränkt
	○	=	kein Ausbau			

Tab. 3: Segmentspezifische Kanallandkarte (veränderte Projektunterlagen SGKB)

Projekterfahrungen bei der SGKB zeigen, dass es für die Kanallandkarten ausreicht, Makroprozesse zu untersuchen. Ausgehend von den festgelegten Kundensegmenten und der Absatzplanung werden pro Kanal Ist- und Soll-Funktionsumfang jedes Kundenprozessschritts festgelegt. Differenzen zwischen Ist- und Soll-Aktivitäten werden aus Gründen der Übersichtlichkeit farbig hinterlegt. Die Kanallandkarten werden in Workshops mit Kanal-, Marketing-, Vertriebs- und Serviceverantwortlichen erarbeitet.

Beispiel St. Galler Kantonalbank

Die Kanallandkarten wurden in einem dreistufigen Verfahren entwickelt.

In einem ersten Schritt wurden die Projektbeteiligten mit der Systematik der Kanallandkarten vertraut gemacht. Um den Soll-Funktionsumfang genauer zu definieren, wurden die Grundbedürfnisse pro Kundensegment mittels Brainstorming-Technik zusammengetragen und dokumentiert. Wertvolle Hinweise konnten hierbei die Marketingverantwortlichen geben. Eine zuvor erstellte Kundenanalyse stützte die Bedürfnisanalyse empirisch ab.

In einem zweiten Schritt füllte jeder Projektbeteiligte die Kanallandkarte separat aus. Die Projektbeteiligten retournierten die Kanallandkarten innerhalb einer Woche an das Projektkernteam. In dieser Zeit konnten die Kanallandkarten in einzelnen Organisationseinheiten diskutiert werden. Somit ließen sich spezifische Sichten der einzelnen Fachverantwortlichen aufnehmen.

Die Ergebnisse wurden vom Projektkernteam konsolidiert und abweichende Punkte mit allen Beteiligten diskutiert. Durch die starke Fokussierung auf kritische Aspekte ließen sich die Kanallandkarten innerhalb eines vierstündigen Workshops vereinheitlichen.

Bei der Entwicklung des Soll-Leistungsspektrums ist darauf zu achten, dass jede Prozessphase pro Produkt zumindest über einen Kanal abgewickelt werden kann. Ansonsten sind einzelne Prozesse unvollständig. Auch sind Nutzungsszenarien zu diskutieren, wenn Kunden ein Kanal nicht zur Verfügung steht oder sie die Nutzung dieses Kanals verweigern. Alternativlösungen müssen erarbeitet werden, die klären, welcher Kanal ggf. einzelne Prozessschritte übernimmt, ob es ggf. sinnvoll ist, die Kundenbeziehung aufzulösen oder ob die zusätzlichen Kosten bei verträglichem administrativem Aufwand auf den Kunden abwälzbar sind.

3.2.5 Schritt 5: Kundensteuerung

Während die Kanalplanung festlegt, wie Kanäle im Idealfall zu nutzen sind, ist es Aufgabe der Kundensteuerung, das Kundenverhalten so zu lenken, dass die tatsächliche Kanalnutzung den strategischen Vorgaben entspricht. Zur Kundensteuerung eignen sich im Wesentlichen drei Instrumente:

- *Marketingmaßnahmen:* Durch Marketingaktivitäten lassen sich Kunden gezielt zur Nutzung beworbener Kanäle animieren. Entsprechende Maßnahmen bewirken häufig keine dauerhafte Änderung des Kundenverhaltens. Nach Beendigung einer Kampagne fällt ein Großteil der Kunden wieder in sein altes Kommunikationsmuster zurück (Expertengespräch Daniel Stüssi, Geschäftsleiter, Coop Allgemeine Versicherung).
- *Preisgestaltung:* Mittels Preissystemen lassen sich für Kunden Anreize schaffen, Kanäle entsprechend der Planung zu nutzen. Ein kanalspezifisches und verursachungsgerechtes Preismodell ist bei vielen Unternehmen allerdings erst in Ansätzen vorhanden. Als mögliche Stellhebel dienen dabei nicht nur der Gesamtpreis, sondern Basispreise, Transaktionspreise, Rabatte und Incentives.
- *Fixe Zuordnung:* Für verschiedene Kundensegmente oder Vertragstypen sind explizite Regelungen zu treffen, welche Kanäle Kunden nutzen dürfen. In der Praxis eignet sich bei einem interdependenten Multi-Kanal-Ansatz diese Form der Kanalsteuerung seltener, da sie zum Teil schwer durchsetzbar und häufig nicht mit der Vertriebsphilosophie vereinbar ist.

Beispiel St. Galler Kantonalbank

Eine Forderung aus dem Projekt war die Entwicklung von differenzierten Preisstrukturen für die einzelnen Kanäle. Flankierende Marketingmaßnahmen zur Kundensteuerung waren schon lange Teil der Marketingplanung. Die Variante der fixen Zuordnung wurde von den Projektteilnehmern verworfen, da dies bei Kunden kaum durchsetzbar wäre und der Absatzstrategie der SGKB widerspräche.

Eine Befragung unter Schweizer Versicherungsunternehmen belegt, dass derzeit Marketingmaßnahmen zur Steuerung des Kundenverhaltens am häufigsten zum Einsatz kommen (Gronover/Kobler 2002, S. 20 ff.). Eine Mehrheit der Unternehmen strebt zukünftig eine Steuerung über den Preis an. Für eine kundengerechte Preisgestaltung eignet sich der Ansatz des Zielkostenmanagements (bzw. Target-Costing). Dieser verknüpft traditionell produktorientierte Vorgehensweisen mit dem Anspruch der Kundenorientierung (Rudolph 1998).

4 Fazit und Ausblick

Die Komplexität von CRM-Projekten verlangt eine strukturierte Planung der Einführung, die Fragestellungen auf strategischer, prozessualer und IT-technischer Ebene berücksichtigt. Für die Einführung von CRM wurden folgende kritische Erfolgsfaktoren identifiziert (u.a. Brill 1998, Dusch 2001):

- Aktive Einbindung von Entscheidungsträgern (Sponsoren), die dafür verantwortlich sind, CRM in die Unternehmensstrategie einzubringen und die CRM-Initiativen in der Geschäftsleitung zu vertreten.
- Über die reine Kundenschnittstelle hinausgehendes Verständnis für CRM. Einbindung des gesamten Unternehmens in die CRM-Initiativen. Dabei ist es wichtig, eine unternehmensweite CRM-Vision aufzubauen und in die Kultur des Unternehmens zu integrieren.
- Ein angemessenes Einführungstempo und ein realistischer Zeitplan sind für den Erfolg der CRM-Einführung von hoher Bedeutung. Das Bewusstsein, dass Veränderungsprozesse eine gewisse Zeit in Anspruch nehmen, sollte dabei insbesondere von den Entscheidungsträgern anerkannt werden.
- Definition eines Vorgehens und Koordination der anstehenden Teilprojekte. Dabei ist es für die Akzeptanz der CRM-Initiativen hilfreich, schon kurzfristig umsetzbare Zwischenziele (Quick-wins) zu präsentieren, die den Nutzen des Gesamtprojekts verdeutlichen.
- Eine strukturierte und profunde Anbieterauswahl mindert das Risiko, eine IT-strategisch suboptimale Entscheidung zu treffen. Der zielgerichtete Einsatz von IT-Werkzeugen im CRM muss sich in die IS-Gesamtarchitektur des Unternehmens einpassen und zumindest für mittelfristige IT-Entwicklungen offen sein.

Anmerkung

[1] Einzelne Forschungsergebnisse zeigen, dass zwischen Kundenzufriedenheit und erhöhtem Umsatz kein allgemein gültiger Zusammenhang besteht. Zufriedene Kunden sind nicht zwangsläufig treu (s. Homburg/Giering 2000, S. 84). Erklären lässt sich dieses Verhalten mit dem sog. „Variety Seeking“: Trotz Zufriedenheit mit den Produkten und Dienstleistungen wechselt der Kunde aufgrund des Wunsches nach Abwechslung oder aus Neugier oder Langeweile zu einem anderen Anbieter. Auch die Attraktivität eines Konkurrenzangebots kann einen Wechsel auslösen.

Literaturverzeichnis

Brill, H. (1998): Mit neuen Systemen in Vertrieb und Marketing die Konkurrenz abhängen, in: HMD, Nr. 204, S. 7-25.

Davenport, T.; Harris, J.; Kohli, A. (2001): How do they know their customers so well?, in: MIT Sloan Management Review, Vol. 42, No. 2, S. 63-73.

Dusch, M. (2001): Erst die Methode, dann das System, in: Computerwoche, Nr. 25, S. 68-69.

Gordske, H.; Steinecke, U.-K. (2002): Data Mining als Bindeglied zwischen Analyse und Steuerung (Präsentation), Mummert + Partner Unternehmensberatung AG, http://www.microstrategy.de/files/Information%20Mining%20Roadshow%20 Mummert.pdf (Zugriff: 20.08.2002).

Gronover, S.; Kobler, D. (2002): Studie zum Multi-Kanal-Management bei Schweizer Versicherungen und Krankenkassen, St. Gallen/Zürich.

Haze, D. (2000): Der Multimediale Banking-Shop im Retail Banking: Die Integration der Banking-Shop-Konzeption in den bestehenden Distributionsmix einer traditionellen Retailbank, Bern et al.

Herrmann, U.; Füllgraf, N. (2001): Digging for Gold: Datengrundlage für Customer Relationship Management, in: Moormann, J.; Roßbach, P. (Hrsg.): Customer Relationship Management in Banken, Frankfurt/Main, S. 43-56.

Herrmann, W. (2001): CRM überfordert die meisten Unternehmen, in: Computerwoche, Nr. 24, S. 1-4.

Hippner, H.; Martin, S.; Wilde, K.D. (2001): Customer Relationship Management: Strategie und Realisierung, in: Frielitz, C.; Hippner, H.; Martin, S.; Wilde, K.D. (Hrsg.): Marktstudie CRM 2002, 2. Aufl., Düsseldorf, S. 9-42.

Homburg, C.; Giering, A. (2000): Kundenzufriedenheit: Ein Garant für Kundenloyalität?, in: Absatzwirtschaft, Nr. 1-2, S. 82-91.

Jendrosch, T. (2001): Kundenzentrierte Unternehmensführung: Modelle, Methoden, Maßnahmen, München.

Kotler, P.; Bliemel, F.W. (1999): Marketing-Management: Analyse, Planung Umsetzung und Steuerung, 9. Aufl., Stuttgart.

Krafft, M. (1999): Der Kunde im Fokus: Kundennähe, Kundenzufriedenheit, Kundenbindung – und Kundenwert?, in: Die Betriebswirtschaft, Nr. 4, S. 511-530.

Österle, H. (1995): Business Engineering: Prozeß- und Systementwicklung, 2. Aufl., Berlin et al.

Picot, A.; Reichwald, R., Wigand, R. (1998): Die grenzenlose Unternehmung: Information, Organisation und Management, 3. Aufl., Wiesbaden.

Read, J. (2000): For success, building a customer-centric strategy is key: Few companies focusing on both collaboration and customer loyalty, in: Electronic News, Vol. 46, No. 42, S. 54.

Reichheld, F.F.; Sasser, E.W. (1999): Zero-Migration: Dienstleister im Sog der Qualitätsrevolution, in: Homburg, C.; Bruhn, M. (Hrsg.): Handbuch Kundenbindungsmanagement, Wiesbaden, S. 135-150.

Reichheld, F.F.; Sasser, E.W. (1990): Zero defections: Quality comes to services, in: Havard Business Review, Vol. 68, No. 5, S. 105-111.

Reichmayr, C. (2002): Collaboration und WebServices: Architekturen, Portale, Techniken und Beispiele, St. Gallen.

Riempp, G.; Gronover, S. (2002): Customer Knowledge und Relationship Management, in: Schögel, M.; Tomczak, T.; Belz, C. (Hrsg.): Roadm@p to E-Business, St. Gallen, S. 762-783.

Rudolph, B. (1998): Zielkostenmanagement bei Kreditinstituten, Stuttgart.

Schmid, R. (2001): Eine Architektur für Customer Relationship Management und Prozessportale bei Banken, St. Gallen.

Schulze, J. (2000): Prozessorientierte Einführungsmethode für das Customer Relationship Management, St. Gallen.

Schwede, S.; Spies, R. (2001): Customer Relationship Management: Rettende Oase oder Fata Morgana in der Servicewüste? – Eine internationale Betrachtung durch die META Group, in: Moormann, J.; Roßbach, P. (Hrsg.): Customer Relationship Management in Banken, Frankfurt/Main, S. 21-42.

Stauss, B.; Seidel, W. (1998): Beschwerdemanagement: Fehler vermeiden – Leistung verbessern – Kunden binden, 2. Aufl., München.

Stender, M.; Schulz-Klein, E. (1998): Internetbasierte Vertriebsinformationssysteme: Perspektiven moderner Informationssysteme für den Einsatz in Marketing, Vertrieb und Service, Fraunhofer-Institut für Arbeitswirtschaft und Organisation, Stuttgart.

Vara, T.G. (1995): Aftermarketing: How to keep customers for life through relationship marketing, Chicago et al.

Hajo Hippner

Zur Konzeption von Kundenbeziehungsstrategien

1 Grundlegende Ziele und Strategieoptionen von CRM

1.1 Generelle Ziele von CRM-Projekten

> *"For the last several years, we've spent a lot of time debating what CRM is and is not: It's a strategy, not a software package. It's a journey, not a destination. It's a long-term investment, not a one-time purchase." (Goldman 2002).*

Auch wenn sich mittlerweile aus zahlreichen (oft negativen) Projekterfahrungen heraus immer häufiger die Erkenntnis herauskristallisiert, dass CRM nicht mit dem Einsatz von CRM-Systemen gleichzusetzen ist, lässt sich bei vielen Unternehmen nach wie vor eine übertriebene IT-Gläubigkeit beobachten. Zu häufig dominiert bei CRM-Projekten die IT-Komponente – die notwendige Ausgestaltung der flankierenden, innerbetrieblichen Rahmenbedingungen findet dagegen oft nur unzureichend statt. Dieses Missverhältnis zwischen operativ ausgerichteter Optimierung einerseits und mangelhafter strategischer Konzeption von CRM-Maßnahmen andererseits ist eine der wesentlichen Ursachen für die Vielzahl alarmierender Meldungen über gescheiterte CRM-Projekte (Rigby et al. 2002).

Derzeit befinden sich Forschung und Praxis hinsichtlich des CRM-Konzepts in einer Phase der Rückbesinnung auf die ursprünglichen Ziele des CRM. Diese bestehen eben nicht nur aus einer IT-Unterstützung historisch gewachsener und somit oft auch suboptimaler Prozesse, sondern vielmehr primär aus dem Aufbau langfristiger und profitabler Kundenbeziehungen (Hippner/Wilde 2003, S. 6). Dies soll dadurch erreicht werden, dass sich sämtliche unternehmerische Aktivitäten an den Bedürfnissen und an der Wertigkeit des Kunden ausrichten *(Primat der Kundenorientierung).* Hierfür ist es notwendig, dass in den Unternehmen das „traditionelle" Marketing um ein beziehungsorientiertes Verständnis erweitert wird (Grönroos 2000, S. 240 ff.). Betrachtet man vor diesem Hintergrund den bekannten Marketingmix, so repräsentiert dieser die unternehmerische Sichtweise des Marketings. Vereinzelt wird deswegen vorgeschlagen, den Marketingmix aus einer kundenorientierten Sichtweise zu sehen, wie es in Abb. 1 dargestellt ist.

Hinter der viel beschworenen Kundenorientierung des CRM verbirgt sich allerdings weitaus mehr als die altruistische Einstellung der Unternehmen, die Erfüllung der Kundenwünsche als ihre Daseinsberechtigung zu definieren. Vielmehr wird die Kundenorientierung ganz pragmatisch als ein Mittel zur Steigerung des Unternehmenserfolgs eingesetzt *(Primat der Wirtschaftlichkeit).* Hierbei wird im Allgemeinen davon ausgegangen, dass der verbesserte Unternehmenserfolg aus einer Erhöhung der Kundenbindung und den daraus resultierenden Umsatzsteigerungen resultiert. Den Nutzen des CRM lediglich als Möglichkeit der Umsatzerhöhung zu interpretieren, ist hinsichtlich des Primats der Wirtschaftlichkeit allerdings zu kurz gegriffen. Ebenso sollten die vielfältigen und z.T. erheblichen Kostensenkungspotenziale berücksichtigt werden (Dangelmaier et al. 2002, S. 6; Duffner/Henn 2001, S. 217), die im Rahmen der Nutzendiskussion von CRM bislang kaum Beachtung finden.

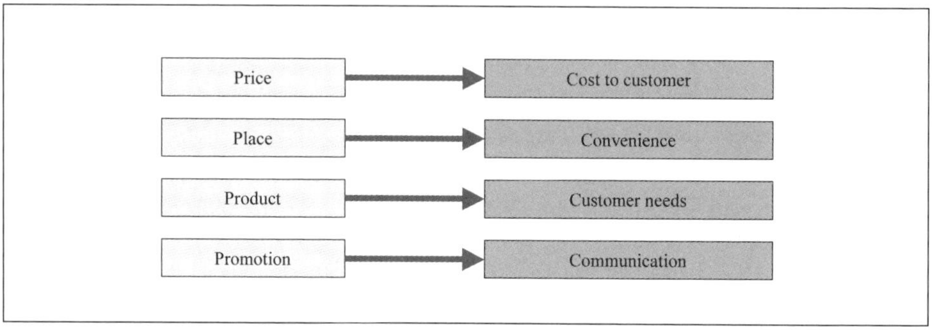

Abb. 1: Von den 4P's zu den 4C's
Quelle: Hougaard/Bjerre 2002, S. 40

1.2 CRM zur Unterstützung einer integrierten Kosten- und Leistungsführerschaft

Gemäß den obigen Überlegungen eröffnen sich Unternehmen folglich zwei grundsätzliche Zielsetzungen bzw. Strategien, die sie mit CRM verfolgen können (Stokburger/Pufahl 2002, S. 14). In Anlehnung an das Portersche Gedankengut handelt es sich hierbei um eine Kostenführerschafts- oder eine Differenzierungsstrategie (Porter 1989).

Bei der Strategie der *Kostenführerschaft* strebt das Unternehmen möglicht geringe Produktions- und Distributionskosten an, um so die Preise der Wettbewerber zu unterbieten und sich möglichst umfangreiche Marktanteile zu sichern. Diese Strategie erfordert eine Optimierung aller Glieder der Wertschöpfungskette, so dass sie nur schwer zu realisieren ist. Zwar sind mittlerweile in vielen Unternehmen die Rationalisierungspotentiale in der Produktion durch eine entsprechende IT-Unterstützung ziemlich ausgeschöpft; allerdings bestehen nach wie vor noch Optimierungspotenziale in den Kundenkontaktbereichen Marketing, Vertrieb und Service. Diese Kostensenkungspotenziale können nun durch den Einsatz von CRM genutzt werden, um die eigene Kostenposition im Wettbewerb zu verbessern. Dies gilt insbesondere für solche Branchen, in denen die Ausgaben für Marketing und Vertrieb einen hohen Anteil an den Gesamtkosten ausmachen (dies gilt z.B. für die Pharmabranche).

Die Strategie der *Differenzierung* zielt dagegen darauf ab, dem Kunden die Produkte bzw. die Serviceleistungen als etwas Einmaliges erscheinen zu lassen und somit gegenüber der Konkurrenz einen Leistungsvorteil zu erringen. Durch diesen Wettbewerbsvorsprung kann die Preiselastizität der Nachfrage gesenkt werden und somit mittels entsprechender Preiserhöhung eine Steigerung des Erlöses realisiert werden. Gerade in der aktuellen Wettbewerbsituation, in der sich die einzelnen Produkte immer mehr angleichen, lässt sich eine Differenzierung jedoch kaum mehr über die eigentliche Kernleistung, sondern weitaus eher über eine kundenorientierte Ausgestaltung flankierender Zusatzleistungen erreichen. Hierfür bietet sich ebenfalls der CRM-Ansatz an, der alle Aspekte und Instrumente der Kundenorientierung umfasst und durch deren gezielten Einsatz den vom Kunden empfundenen Nettonutzen einer Geschäftsbeziehung erhöht.

Bis auf wenige Ausnahmen fordert Porter von den Unternehmen eine eindeutige Entscheidung für eine der beiden Strategien, um sich gegenüber den Kunden eine eindeutige Profilierung zu erarbeiten. Diese einseitige Konzentration birgt allerdings Flexibilitätsrisiken in sich, so dass es angeraten erscheint, eine *integrierte Kosten- und Leistungsführerschaft* anzustreben (Becker 1995, S. 173). Mit dem hier diskutierten CRM-Konzept eröffnet sich nun die Möglichkeit, den Königsweg der integrierten Kosten- und Leistungsführerschaft einzuschlagen, indem durch die dem CRM-Ansatz inhärenten Prozess- und Serviceinnovationen gleichermaßen Kosteneinsparungen und Differenzierungsvorteile realisiert werden können (siehe Abb. 2).

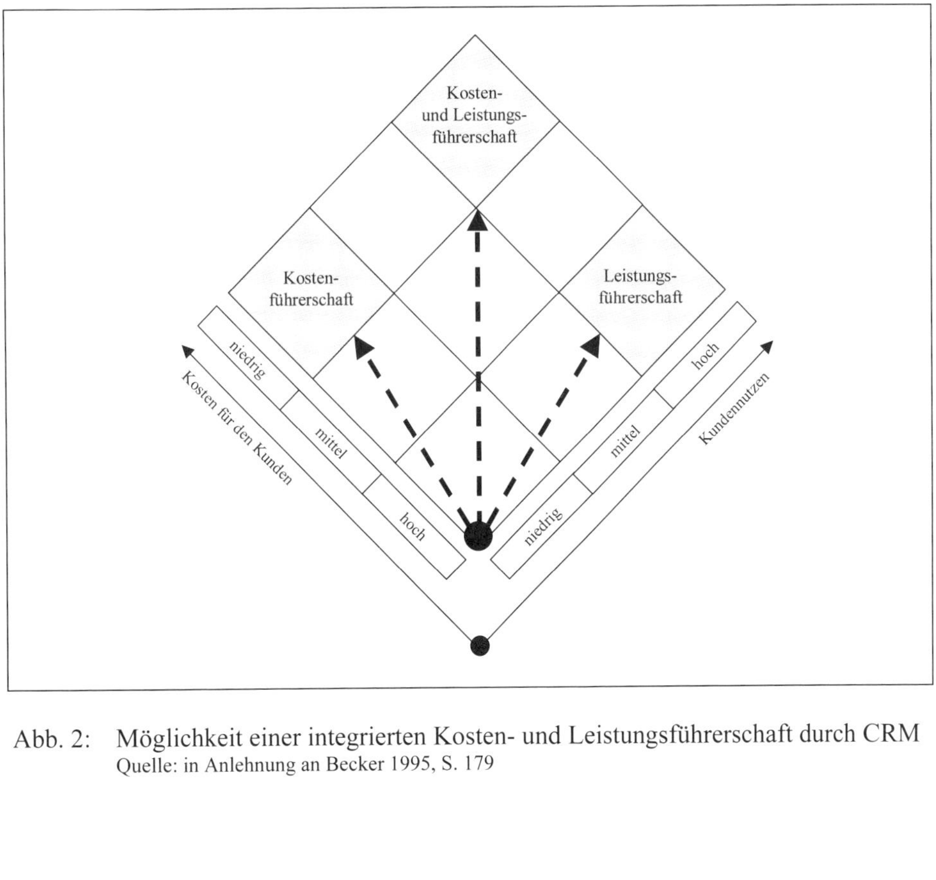

Abb. 2: Möglichkeit einer integrierten Kosten- und Leistungsführerschaft durch CRM
Quelle: in Anlehnung an Becker 1995, S. 179

1.3 Die Entwicklung einer Kundenbeziehungsstrategie

Angesichts der in obigen Kapiteln skizzierten Potenziale des CRM entschließen sich immer mehr Unternehmen zur Durchführung von CRM-Projekten. Hierbei lässt es sich häufig beobachten, dass CRM als ein IT-Projekt im Unternehmen initiiert wird und die Verantwortlichkeiten maßgeblich dem CIO übertragen werden. Die hohen Investitionen, die derartige IT-Maßnahmen im Allgemeinen erfordern, setzen die Projektverantwortlichen dann dahingehend unter Druck, möglichst schnell zumindest Teilerfolge vorweisen zu können. Dies ist ein wesentlicher Grund dafür, dass oft auf die zeitaufwändige Erstellung einer Kundenbeziehungsstrategie verzichtet wird, obwohl mittlerweile durchaus auf deren großen Bedeutung für den Erfolg von CRM-Projekte hingewiesen wird (siehe z.B. Oversohl et al. 2002, S. 32 ff.).

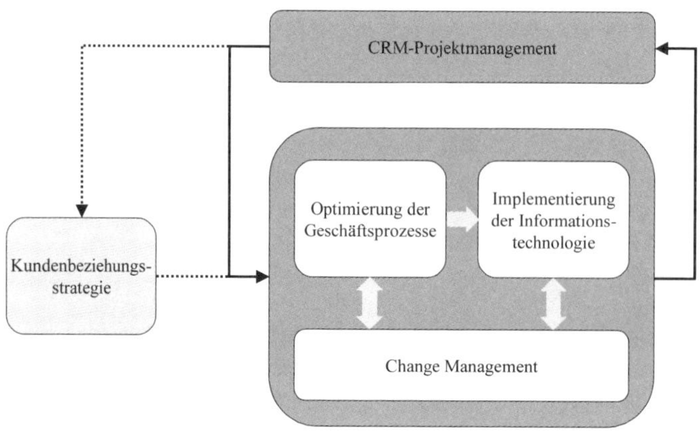

Abb. 3: Aufgabenbereiche in CRM-Projekten

Am Anfang eines jeden CRM-Projekts sollte demnach die Konzeption einer Kundenbeziehungsstrategie stehen, mit der die zentralen Ziele des CRM-Projekts abgesteckt werden (siehe Abb. 3). Darauf aufbauend müssen die gewachsenen, kundenorientierten Prozesse im Unternehmen entsprechend der festgelegten Eckpunkte angepasst und optimiert werden. Erst danach können kundenorientierte IT-Systeme ausgewählt und implementiert werden, die den Anforderungen der neu konzipierten Prozesse bestmöglich entsprechen. Da CRM-Projekte häufig mit tiefgreifenden Veränderungen im Aufgaben- und Verantwortungsbereich der Mitarbeiter einhergehen, bietet sich ein Change Management an, das Widerstände der Mitarbeiter frühzeitig erkennen und abbauen soll. Darüber hinaus zeichnen sich CRM-Maßnahmen oft durch eine hohe Komplexität und z.T.

erhebliche Kosten aus, so dass zur Steuerung und Überwachung dieser Projekte ein umfassendes CRM-Projektmanagement erforderlich ist.

Im Rahmen der Entwicklung einer Kundenbeziehungsstrategie werden folgende grundsätzliche Fragen beantwortet, die in den nachfolgenden Kapiteln näher erläutert werden (siehe Abb. 4):

- Welche Bedeutung besitzt CRM in der betrachteten Branche bzw. für das spezifische Unternehmen (Kap. 2)?
- Welche Kundengruppen sollen auf welche Weise durch das CRM-Konzept berücksichtigt werden (Kap. 3)?
- Welche unternehmensinternen Reorganisationsmaßnahmen müssen initiiert werden, um das CRM-Konzept zu realisieren (Kap. 4)?
- Durch welche Kennzahlen kann der Erfolg des CRM-Projekts gemessen werden (Kap. 5)?

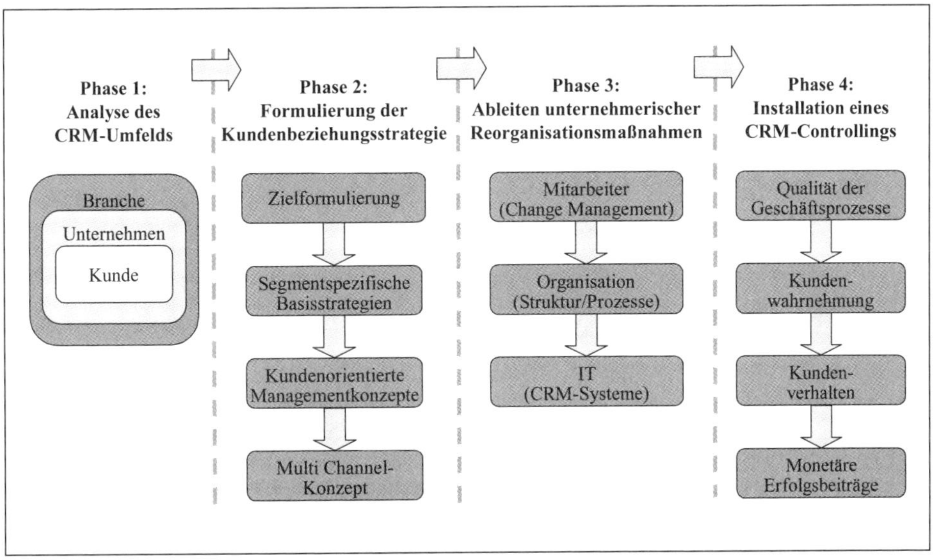

Abb. 4: Management von Kundenbeziehungsstrategien

Bevor nun in den nächsten Kapiteln detailliert das Management von Kundenbeziehungsstrategien dargestellt wird, sollen anfangs noch einige generelle Anmerkungen zum Wesen einer Kundenbeziehungsstrategie dargelegt werden.

Auch wenn – wie in Kap. 2.1 und 2.2 aufgezeigt wird – CRM in einzelnen Branchen, Wettbewerbsumfeldern oder in einzelnen Unternehmen eine nur geringe Bedeutung zukommt, ist dies nicht mit einem Verzicht auf eine Kundenbeziehungsstrategie gleichzusetzen. Es stellt sich im CRM nicht die Frage, ob ein Unternehmen eine Kundenbeziehungsstrategie benötigt, sondern vielmehr in welchem Ausmaß CRM-Maßnahmen zu realisieren sind. Plakativ ausgedrückt bedeutet dies, dass selbst der Verzicht auf jegliche kundenbeziehungsorientierte Maßnahmen das Ergebnis einer wohldurchdachten Kundenbeziehungsstrategie darstellen kann.

Die Konzeption einer Kundenbeziehungsstrategie steht also nicht für eine Maximierung des Einsatzes aller möglichen kundenbeziehungsorientierter Instrumente. Angesichts des Wirtschaftlichkeitspostulats des CRM gilt es mit einer Kundenbeziehungsstrategie festzulegen, wie die Kundenbeziehungen für einzelne Segmente zum Wohl des Unternehmens ausgestaltet und beeinflusst werden. Dies kann durchaus auf einen bewussten Verzicht auf kostenintensive CRM-Maßnahmen herauslaufen.

2 Analyse des CRM-Umfelds

Dieser ersten Phase im Rahmen der Strategieentwicklung kommt die Aufgabe zu, eine Situationsanalyse des CRM-Umfelds durchzuführen und die unternehmensspezifischen Besonderheiten und Anforderungen hinsichtlich der CRM-Aufgabe abzustecken. Die Situationsanalyse selbst erfolgt über mehrere Ebenen. Auf der Branchen- und Unternehmensebene wird eruiert, welche Bedeutung dem CRM-Ansatz in der jeweiligen Branche bzw. für das betreffende Unternehmen beigemessen werden muss (Kap. 2.1 und 2.2). Auf der Kundenebene wird dagegen die aktuelle und zukünftig gewünschte Struktur der Kunden ermittelt (Kap. 2.3).

2.1 Branchenspezifische Analyse

Der CRM-Ansatz weist unbestritten sehr große Potenziale auf. Diese variieren jedoch innerhalb einzelner Branchen z.T. ganz erheblich, so dass jedes Unternehmen in einem ersten Schritt überprüfen muss, welche Bedeutung CRM in der eigenen Branche aufweist. Ausgehend von der Überlegung, dass sich jede Branche durch ein spezifisches Konglomerat an beschreibenden Merkmalen definiert, stellt sich die Frage, inwieweit die einzelnen Merkmale die oben erwähnte Variation erklären können. Aus diesem Grund werden nachfolgend einige ausgewählte Merkmale hinsichtlich dieser Fragestellung diskutiert.

2.1.1 CRM für unterschiedliche Interaktionstypen

Eine erste Differenzierung der Branchen kann dahingehend erfolgen, welcher *Interaktionstypus* ihnen zugrunde liegt. Ein solcher Interaktionstypus wird hier durch die *Interaktionsfrequenz*, d.h. die Häufigkeit der Transaktionen innerhalb einer Geschäftsbeziehung und durch die *Interaktionsintensität* charakterisiert. Die Intensität der Interaktion wird hierbei aus Kundensicht gesehen. Sie ergibt sich zum einen aus der relativen finanziellen Bedeutung der Transaktion für den Kunden und zum anderen aus der psychologischen Bedeutung der Transaktion für den Kunden. Hierbei werden folgenden Hypothesen formuliert (siehe Abb. 5):

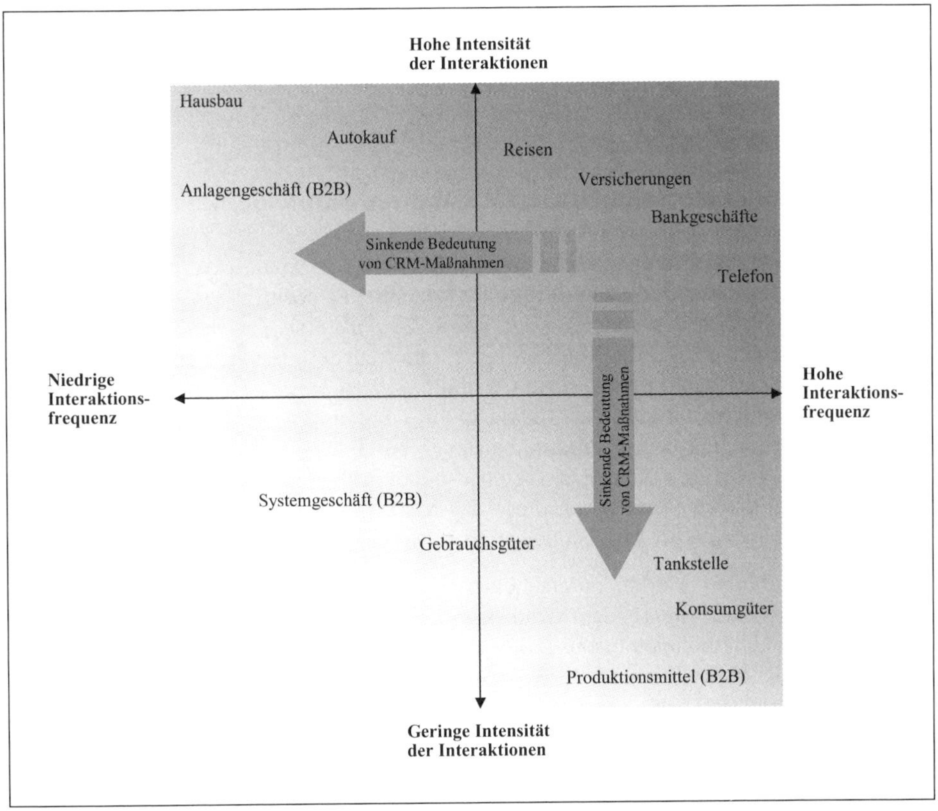

Abb. 5: Bedeutung von CRM-Maßnahmen für unterschiedliche Interaktionstypen

- *Die Bedeutung des CRM korreliert positiv mit der Interaktionsfrequenz.*

  Beispiel Hausbau: Die meisten Familien bauen sich in ihrem Leben nur ein Haus. Folglich ist bei den meisten Hauskäufern im B2C-Bereich die Geschäftsbeziehung mit der einmaligen Transaktion beendet, so dass von einer langfristig ausgerichteten, intensiven Beziehungspflege und den damit für das Unternehmen einhergehenden Kosten abzusehen ist.

- *Die Bedeutung des CRM korreliert positiv mit der Interaktionsintensität.*

  Beispiel Fast Moving Consumer Goods: Bedingt durch die indirekte Vertriebsstruktur ist es für den Konsumgüterhersteller nahezu unmöglich, die für CRM-Maßnahmen notwendigen Kundeninformationen zu erhalten. Darüber hinaus macht der Konsument seine – häufig habitualisierte – Kaufentscheidung kaum von CRM-initiierten Services, sondern in erster Linie vom Preis, der Marke und der Qualität des Produkts oder von der Einkaufsstätte abhängig. Da folglich sowohl von Unternehmens- als auch von Kundenseite die Interaktionsintensität als äußerst gering einzustufen ist, weist CRM in dieser Situation ein nur geringes Einsatzpotenzial auf.

2.1.2 CRM in unterschiedlichen Wettbewerbsumfeldern

Neben dem Interaktionstypus existieren noch weitere Merkmale bzw. Situationen, die branchenspezifisch die Bedeutung von CRM nachhaltig beeinflussen. So kommt hinsichtlich der CRM-Bedeutung z.B. der *Marktdynamik* eine entscheidende Rolle zu. Während diese auf etablierten Märkten mit ihrem klar definierten Wettbewerbsumfeld und traditionellen Regeln relativ gering ausfällt, weisen *junge Märkte* im Allgemeinen eine hohe Marktdynamik auf. Nach Laker et alii werden aus Kundensicht neue Märkte sowohl durch neue, innovative Produkte als auch durch neue Anbieter begründet (Laker et al. 2002, S. 146). Bei einem Markteintritt neuer Anbieter ergibt sich allerdings nur dann ein neuer Markt, wenn durch diese das Marktgeschehen – z.B. die Preisbildung oder die Kundennähe – für den Kunden spürbar verändert wird.

Junge oder etablierte Märkte unterscheiden sich außerdem deutlich hinsichtlich des Verhaltens der darauf agierenden Kunden und den Möglichkeiten der Kundenbearbeitung durch die Unternehmen (siehe Laker et al. 2002, S. 150 ff.). Da junge Märkte eine starke Dynamik aufweisen und die Kunden über keine Erfahrung mit den Anbietern verfügen, ist die Wechselbereitschaft der Kunden relativ hoch einzuschätzen. Dem konträr stellen sich die Möglichkeiten der Unternehmen dar. Obwohl gerade die hohe Wechselbereitschaft ein individuelles Eingehen auf den einzelnen Kunden erfordern würde, können neue Anbieter aufgrund ihrer mangelnden Informationen über die Kunden in der Regel keine differenzierten Angebote unterbreiten. Angesicht dieser Überlegungen lassen sich für den Einsatz von CRM in jungen und in etablierten Märkten unterschiedliche Konzeptionen ableiten. Während in etablierten Märkten die Potenziale des CRM umfassend ausgeschöpft werden können, bietet sich in jungen Märkten eine Konzentration auf die Neukundengewinnung an. Allerdings sollten bereits frühzeitig Kundenbindungs- bzw. auch Kundenrückgewinnungsprogramme vorbereitet werden, um diese als „First Mover" einzuführen und sich dadurch Wettbewerbsvorteile zu sichern.

Eine Differenzierung mit ähnlichem Aussagegehalt lässt sich hinsichtlich der Bedeutung von CRM in Abhängigkeit vom *Marktwachstum* innerhalb der Branche durchführen. Grundsätzlich kann vor diesem Hintergrund zwischen expandierenden und gesättigten Märkten unterschieden werden, wobei sich diese Differenzierung nachhaltig auf das überlebensnotwendige Wachstumsprimat eines Unternehmens auswirkt. In Expansionsmärkten wird das angestrebte Wachstum mehr oder weniger automatisch über das Wachstum des Marktes realisiert. Um ein Wachstum zu erreichen, das über dem Branchenschnitt liegt, streben Unternehmen eine Erhöhung des Marktanteils (*share of market*) an. Bei den heute verbreiteten stagnierenden Märkten findet dagegen häufig ein scharfer Verdrängungswettbewerb statt. In dieser Situation wird immer öfters die Kundenpenetration – d.h. die Erhöhung des *share of wallet* beim einzelnen Kunden – als Wachstumsziel ausgegeben (wobei sich die beiden Ziele nicht widersprechen müssen).

Da Expansionsmärkte nicht unbedingt mit den oben erwähnten jungen Märkten gleichzusetzen sind, können die Ergebnisse nicht völlig analog übernommen werden. Grundsätzlich gilt, dass CRM sowohl in expandierenden als auch in stagnierenden Märkten für die Unternehmen Vorteile bringen kann. Besondere Bedeutung kommt dem CRM-Ansatz jedoch in den gesättigten Märkten zu, da in diesen eine Differenzierung über die Kernleistung immer schwieriger möglich ist, sondern fast nur noch über kundenorientierte Zusatzleistungen erfolgen kann.

2.1.3 CRM in unterschiedlichen Kontaktstrukturen

Es kann heute davon ausgegangen werden, dass über die Hälfte der Kunden – typischerweise die profitablen Kunden – mehr als nur einen Kontakt- und Zugangskanal zum Unternehmen nutzen, um ihre Transaktionen abzuwickeln (Yulinsky 2000, S. 1). Da diese Kanäle die zentralen Bindeglieder zwischen Kunde und Unternehmen darstellen, muss ein verstärktes Augenmerk auf deren Ausgestaltung gelegt werden, um den Erhalt der Kundenbeziehungen sicherzustellen (Schögel/Sauer 2002, S. 26). Die Komplexität dieser Aufgabe wächst dabei überproportional mit der *Zahl der Vertriebs- und Kommunikationskanäle*, so dass heute viele Unternehmen mit der Vielzahl der zu bedienenden Kanäle überfordert sind. Sie haben Probleme, ihre beschränkten Ressourcen optimal einzusetzen und geeignete Organisationsstrukturen zu finden, um den Anforderungen der Kunden und ihren eigenen strategischen Richtlinien gerecht zu werden (Gronover/Riempp 2001, S. 26). Die Bedeutung einer kundenorientierten Multikanalstrategie steigt hierbei mit der Austauschbarkeit der Kanäle sowie der Anzahl der Kundeninteraktionen auf den einzelnen Kanälen an (siehe Abb. 6).

Mit zunehmender Zahl an Kanälen wachsen für die Unternehmen auch die Ansprüche, die an den einzelnen Kontaktpunkten anfallenden Kundendaten zu integrieren sowie die Aktionen auf den einzelnen Vertriebs- und Kommunikationskanälen zu synchronisieren. An dieser Stelle können CRM-Systeme, die von ihrer Grundkonzeption her explizit einem Integrations- und Synchronisationspostulat folgen, die Optimierungsbemühungen einer Multikanalstrategie erheblich unterstützen. Folglich gilt: Je mehr Kanäle ein Unternehmen unterstützen und steuern muss, desto größer erscheint die Bedeutung des CRM.

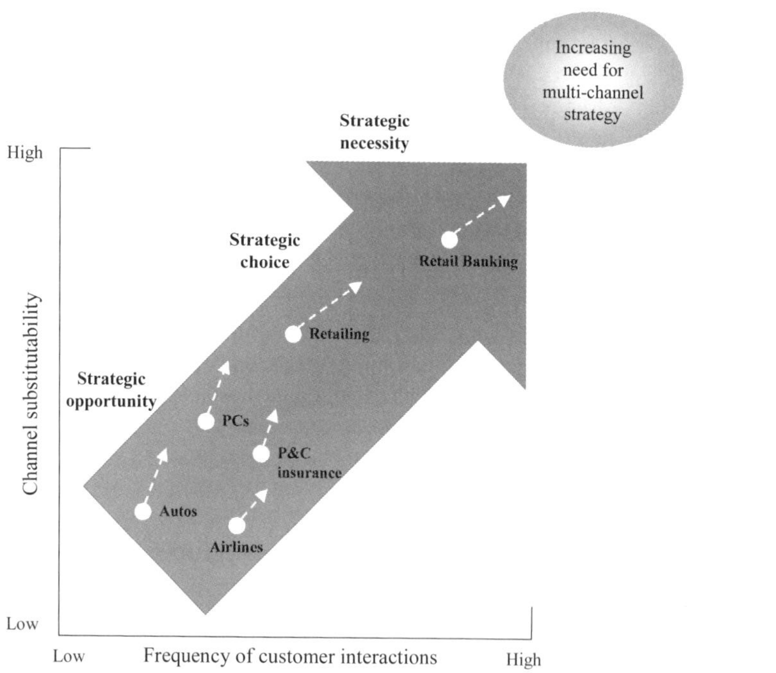

Abb. 6: Unterschiedliche Bedeutung einer Multikanalstrategie in einzelnen Branchen
Quelle: Yulinsky 2000, S. 5

Die Bedeutung von CRM innerhalb einer Branche hängt nicht nur von der Zahl der Vertriebs- und Kommunikationskanäle ab, sondern ebenso von der *Höhe der Kontaktkosten*. So erscheint der Einsatz von CRM z.B. vor allem dann sinnvoll, wenn die Branche durch hohe Vertriebskosten belastet wird (Wehrmeister 2001, S. 96 f.). In diesem Fall kann CRM dazu beitragen, zum einen die Vertriebskosten durch eine effizientere Bearbeitung zu reduzieren. Zum anderen ermöglicht CRM durch die Konzentration auf profitable Kundengruppen sowie durch die höhere Kundenbindung und den damit einhergehend positiven Erlöseffekten den anfänglichen Aufwand für die Gewinnung eines neuen Kunden schneller bzw. sicherer zu amortisieren. Entsprechendes gilt für die Marketing- und Servicekosten eines Unternehmens.

Ein weiterer wichtiger Punkt für die Rolle des Vertriebs kommt der *Komplexität der Kundenbedürfnisse* zu. Hier stellt sich die Frage, ob es sich beim Angebot des Unternehmens um ein selbsterklärendes Produkt handelt oder der Kunde auf eine intensive Beratung des Unternehmens angewiesen ist. Im zweiten Fall kommt CRM eine relativ sensible Bedeutung zu, da der Kunde vom Unternehmen erwartet, vertrauensvoll und kompetent bei seinem Problem unterstützt zu werden. Hierbei können Kunden z.B. durch die Verfügbarkeit der historischen Kundendaten besonders individuell behandelt werden. Auch unterstützen die Instrumente des CRM (z.B. Beschwerdemanagementsysteme, Produktkonfiguratoren etc.) nachhaltig den Kontakt mit dem Kunden, so dass eine professionelle Bedienung des Kunden über den gesamten Customer Buying Cycle hinweg gewährleistet ist.

2.2 Unternehmensspezifische Analyse

Anhand der in Kap. 2.1 skizzierten Branchenanalyse soll festgestellt werden, welche Bedeutung CRM grundsätzlich in der betrachteten Branche zukommt. Im nächsten Schritt muss die Frage geklärt werden, welche Rolle CRM für das einzelne Unternehmen spielen kann (bzw. muss). Hierzu muss im Rahmen einer *externen Situationsanalyse* die Stellung des Unternehmens innerhalb der Branche untersucht werden sowie im Rahmen einer *internen Situationsanalyse* die Ressourcensituation im Unternehmen diagnostiziert werden.

2.2.1 Externe Situationsanalyse

Unabhängig davon, in welcher Branche sich ein Unternehmen bewegt, kann dessen Marktstellung bzw. -positionierung einen erheblichen Einfluss auf dessen CRM-Bedarf ausüben. Nimmt das Unternehmen z.B. in der Branche eine *Monopol- oder Quasimonopolstellung* ein, steht es nicht unter dem Zwang, sich vom nicht bzw. kaum vorhandenen Wettbewerb durch kostenintensive, zusätzliche Services abheben zu müssen. Zwar wurde in den letzten Jahren im Zuge der staatlichen Deregulierungsanstrengungen der Wettbewerb auf vielen Märkten verstärkt (z.B. wurden das Monopol der Telekom oder die lokalen Monopole der Energieversorger aufgehoben), allerdings existieren noch immer einige Enklaven in unserer Wirtschaft, die keinem Wettbewerb unterstehen. Man denke hierbei insbesondere an staatliche Institutionen wie z.B. Behörden. Selbst wenn diesen Stellen nach wie vor als „Servicewüste“ anzusehen sind, kommt der Bürger als Kunde nicht umhin, deren Leistungen in Anspruch nehmen zu müssen.

Ebenfalls von Bedeutung für den Grad der angestrebten bzw. erforderlichen CRM-Realisierung ist die im Rahmen der generellen Unternehmensstrategie erfolgte Positionierung des Unternehmens im Wettbewerb. Wurde in der Vergangenheit eine Spitzenposition als *Preisführer* einerseits oder *Qualitäts- bzw. Markenführer* andererseits erobert, stellt sich weniger die Frage nach werterhöhenden Dienstleistungen im Rahmen der CRM-Ansatzes, sondern es muss vielmehr nach Möglichkeiten gesucht werden, diese Position auszubauen und zu festigen. Gemäß den in Kap. 1.2 angestellten Überlegungen kann CRM hierzu einen nicht unerheblichen Beitrag liefern. Allerdings muss angesichts der z.T. erheblichen Kosten für eine umfassende CRM-Realisierung kritisch hinterfragt werden, welcher Realisierungsgrad angestrebt werden soll. Unter Umständen kann es sich aufgrund der unternehmensexternen Positionierung sowie der unternehmensinternen Ressourcenlage anbieten, auf CRM-Maßnahmen völlig zu verzichten oder nur solche Teilaspekte des CRM-Ansatzes zu implementieren, die ein gutes Kosten-Nutzen-Verhältnis aufweisen.

2.2.2 Interne Situationsanalyse

Während die externe Situationsanalyse den unternehmensspezifischen Möglichkeitsraum des CRM aufzeigt, wird im Rahmen der internen Situationsanalyse abgewägt, welche Aktivitäten das spezifische Unternehmen in den Grenzen dieses Möglichkeitsraums sinnvollerweise ergreifen kann bzw. soll (Bruhn 2001, S. 84). Hierzu gilt es im Rahmen einer Stärken-Schwächen-Analyse die vorhandenen Ressourcen und Strukturen des Unternehmens zu bewerten. Diese Analyse erstreckt sich über unterschiedliche Ressourcenbereiche, die einen spürbaren – direkten oder indirekten – Einfluss auf die Wahrnehmung der Kunden ausüben, also v.a. auf kundenbezogene Aspekte. Demzufolge umfasst die Stärken-Schwächen-Analyse im CRM insbesondere die Evaluation der kundenorientierten Prozesse.

Vor diesem Hintergrund muss in einem ersten Schritt die Leistungsfähigkeit der eigenen Prozesse möglichst objektiv abgeschätzt und den Markterfordernissen gegenüber gestellt werden. Hierfür bieten sich z.B. Geschäftsprozessanalysen an, mit denen die relevanten Prozesse dokumentiert und hinsichtlich ihrer Effizienz und Effektivität untersucht werden können. Sehr hilfreich können sich auch Mitarbeiterbefragungen erweisen, da sich der einzelne Mitarbeiter häufig am besten mit den ihm anvertrauten Prozessen auskennt und somit eine wertvolle Quelle für Optimierungsvorschläge darstellen kann, wobei aber immer die Gefahr von – bewussten oder unbewussten – Fehleinschätzungen besteht. Als objektiver erweisen sich Kundenbefragungen, mit denen die Einschätzungen über die vom Kunden empfundene Qualität der Kontakte eingeholt werden können (Zufriedenheit mit der Auftrags- oder Beschwerdebearbeitung, Freundlichkeit und Kompetenz der Mitarbeiter etc.).

Im zweiten Schritt gilt es dann, die solcherart identifizierten Stärken und Schwächen mit denen der Konkurrenz zu vergleichen und daraus ein zukünftig anzustrebendes CRM-Kompetenzportfolio abzuleiten, mit dem sich das Unternehmen aus Kundensicht positiv aus dem Markt hervorhebt. Dies kann anhand eines umfassenden Benchmarking erfolgen, durch das ein systematischer Vergleich zwischen einzelnen Unternehmen bzw. Unternehmenseinheiten anhand von standardisierten Vergleichsgrößen und Richtwerten erfolgt (Homburg/Krohmer 2003, S. 398). Als besonders interessant und informativ erweist sich hierbei häufig ein Vergleich mit solchen Benchmarking-Partnern, die hinsichtlich einzelner Aspekte als vorbildlich oder führend angesehen werden („Best Practices").

2.3 Kundenspezifische Analyse

2.3.1 Kundensegmentierung im CRM

Das zentrale Bezugsobjekt im CRM stellt der Kunde dar. Folglich muss im Rahmen der Strategieentwicklung einer Analyse der Kundenstruktur und des Kundenverhaltens besondere Aufmerksamkeit geschenkt werden. Auf Basis der im Unternehmen verfügbaren Kundeninformationen (siehe hierzu Hippner et al. 2002a, S. 20 ff.; Schweiger 2000, S. 207 ff.) müssen hierfür Kundenanalysen durchgeführt werden, mit denen ein tiefgehendes Verständnis über einzelne Kundensegmente gewonnen werden soll. Dieses Verständnis ist unbedingt erforderlich, um eine Markt- und Kundenbearbeitung im Sinne des CRM – d.h. im Sinne von Kunden- *und* Wirtschaftlichkeitsorientierung – bestmöglich ausgestalten zu können. Das vorrangige Ziel der Kundenanalyse im hier betrachteten strategischen Kontext besteht darin, die Struktur und das Verhalten der aktuellen und potenziellen Kunden zu erkennen.

Hierfür ist eine differenzierte Betrachtung einzelner, in sich homogener Kundengruppen notwendig, die im Rahmen einer *Kundensegmentierung* ermittelt werden. Grundsätzlich kann für diese Kundensegmentierung auf bewährte Verfahren aus der Marktforschung zurückgegriffen werden. Hierbei gilt es allerdings zu beachten, dass im Rahmen des CRM eine Kundensegmentierung am Kaufverhalten ausgerichtet sein sollte, so dass die klassischen Marktsegmentierungskriterien (Alter, Einkommen, Geschlecht etc.) lediglich als Vertreter für die häufig nicht vorliegenden, verhaltensbezogenen Merkmale anzusehen sind. Idealerweise bietet sich auf Basis von (operationalisierbaren) Informationen über die Zufriedenheit der Kunden sowie ihren Anforderungen und Wünschen eine nutzenorientierte Unterteilung an (Homburg/Sieben 2000, S. 479).

Die Segmentierung im strategischen Kontext sollte sich auf die wesentlichen Aspekte beschränken, die erforderlich sind, um die Heterogenität im Verhalten der Kunden zu beschreiben. Diese Konzentration auf das Wesentliche und die damit einhergehenden hoch aggregierten Segmentierungsebenen erweisen sich als notwendig, da aus Ressourcen- und Handhabbarkeitsgründen nur für ausreichend große und bedeutende Kundengruppen strategische Konzepte erstellt werden können. Dies unterscheidet die „strategische“ Segmentierung von der „operativen“ Segmentierung, bei der möglichst feine Segmente aufgedeckt werden sollen, um diese z.B. im Rahmen des Kampagnenmanagements möglichst punktgenau zu bearbeiten.

Aufgrund dieser notwendigen Komplexitätsreduktion bietet sich im Rahmen des CRM eine iterative Vorgehensweise der Segmentierung an, bei der innerhalb der einzelnen Phasen der Kundenbeziehungsstrategieentwicklung schrittweise die Kundensegmente verfeinert werden. Hierbei liegt der Fokus der Segmentierungsanstrengungen auf mehreren Dimensionen. So bietet sich entsprechend des Primats der Kundenorientierung im ersten Schritt eine Segmentierung entlang des Kundenbeziehungszyklus an (siehe Kap. 2.3.2). Dies bietet den Vorteil, die Kunden differenziert hinsichtlich ihrer phasenspezifischen Verhaltensweisen und Bedürfnisse analysieren zu können. Erst in den nächsten

Schritten erfolgen Kundensegmentierungen gemäß dem Wirtschaftlichkeitsprimat. Zum einen umfasst dies eine Segmentierung hinsichtlich des Kundenwerts, die Ausgangspunkt für die Entwicklung von segmentspezifischen Basisstrategien darstellt (siehe Kap. 3.2). Zum anderen werden auf Grundlage dieser kundenwertbezogenen Kundengruppen weitere wirtschaftlichkeitsorientierte Segmentierungen durchgeführt, die zum einen die Intensität beziehungsorientierter Kundenbeziehungsmaßnahmen (siehe Kap. 3.3) und zum anderen die Auswahl geeigneter Kommunikations- und Vertriebskanäle (siehe Kap. 3.4) bestimmen.

2.3.2 Segmentierung entlang des Kundenbeziehungszyklus

Angesichts der spezifischen Eigenheiten des CRM bietet es sich an, insbesondere die beziehungsrelevanten Faktoren wie z.B. Kundenzufriedenheit, Kundenbindung, Kundenloyalität explizit in den Vordergrund zu stellen. Bruhn schlägt hierfür als konzeptionelles Gerüst eine differenzierte Betrachtung einzelner Kundensegmente entlang des *Kundenbeziehungszyklus* vor (Bruhn 2001, S. 102 ff.; siehe zum Kundenbeziehungszyklus Kap. 3.3). Für jede einzelne Phase (Kundenakquisition, -bindung und -rückgewinnung) kann eine phasenspezifische Erfolgskette definiert werden, die ausgehend von den unternehmensinitiierten Maßnahmen den ökonomischen Erfolg erklärt. Im Rahmen einer *Interwirkungssegmentierung* werden dann jeweils zwei Kettenglieder innerhalb der einzelnen Erfolgsketten näher betrachtet und als Basis für eine Segmentierung in Form eines Portfolios herangezogen. Exemplarisch wird diese Grundidee anhand der Kundenbindungsphase in Abb. 7 skizziert (analog erfolgt eine Segmentierung für die Kundenakquisitions- und die Kundenrückgewinnungsphase).

Jedes der in Abb. 7 definierten zwölf Kundensegmente kann hinsichtlich beliebiger interessierender Merkmale genauer untersucht werden. Hierbei bietet es sich an, die Entwicklung einzelner Segmente bzw. der entsprechenden Ausprägungen der beschreibenden Merkmale über die Zeit zu analysieren, um mögliche Entwicklungstendenzen aufzudecken. So könnte sowohl für jede einzelne Phase des Kundenbeziehungszyklus als auch für die einzelnen ermittelten Kundensegmente z.B. eine differenzierte Analyse der einzelnen Kundengruppen hinsichtlich ihrer Größe oder aber auch hinsichtlich ihrer demo- und soziographischen Unterschiede durchgeführt werden.

Ausgehend von den solcherart gewonnenen Erkenntnissen können für jedes einzelne Kundensegment spezifische strategische Vorgaben definiert werden, die in der endgültigen Formulierung der Kundenbeziehungsstrategie Eingang finden können (siehe Kap. 3).

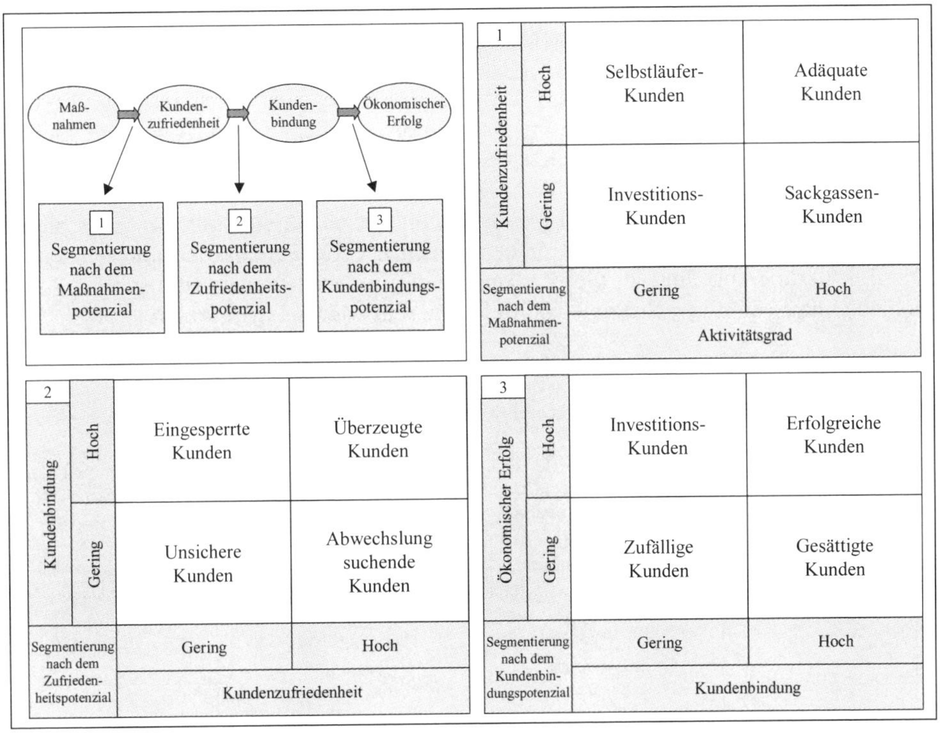

Abb. 7: Exemplarische Segmentierung nach mehreren Gliedern der Erfolgskette in der Kundenbindungsphase (Portfolios)
Quelle: Bruhn 2001, S. 103

3 Formulierung der Kundenbeziehungsstrategie

Gemäß dem in Abb. 4 skizzierten Managementprozess stellt die in Kap. 2 dargestellte Analysephase den Ausgangspunkt für die eigentliche Formulierung der Kundenbeziehungsstrategie dar. Die Kundenbeziehungsstrategie kann hierbei als ein Konzept verstanden werden, mit dem die zentralen Entwicklungsparameter des CRM abgebildet werden, was sozusagen den Weg zur Realisierung des CRM aufzeigt. Dies umfasst neben der generellen Zielformulierung insbesondere die Definition, welchen Kundengruppen welche Kanäle und welche Instrumente zugeordnet werden.

3.1 Zielformulierung

Die durch die Situationsanalyse (Kap. 2.1 bis 2.3) gewonnenen Erkenntnisse bilden die Grundlage für die Zielformulierung im Rahmen der Kundenbeziehungsstrategie. Generell werden mit CRM Ziele auf unterschiedlichen Ebenen verfolgt (z.B. Unternehmensziele, Ziele einzelner Funktionalbereiche, Ziele auf der Instrumentalebene; siehe hierzu Homburg/Krohmer 2003, S. 342 ff.). Zur systematischen Ableitung dieser Ziele bietet sich eine Strukturierung an, die sich an der Idee einer CRM-Erfolgskette anlehnen kann. Diese Strukturierung führt zu vier Zielkategorien, in denen je nach strategischer Ausrichtung unterschiedliche Subziele von Relevanz sein können (siehe Abb. 8):

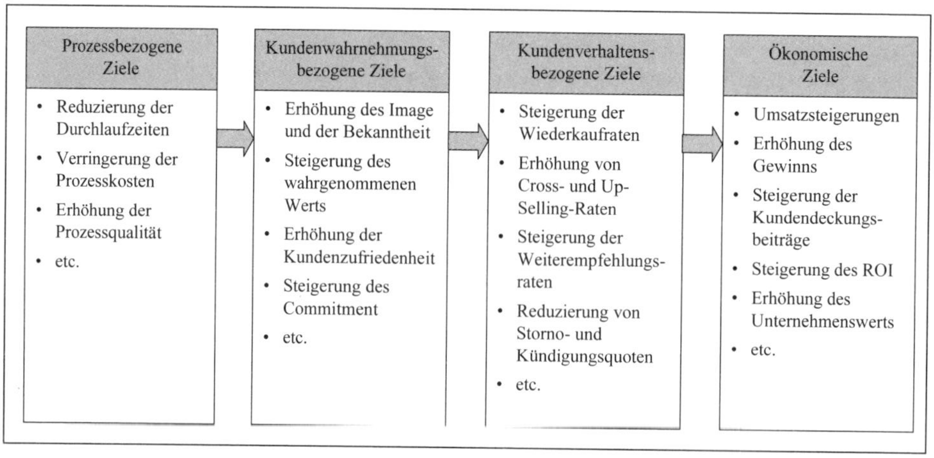

Abb. 8: Zielkategorien des CRM entlang der CRM-Erfolgskette

- Als zentraler Beweggrund für das CRM kann das Erreichen *ökonomischer Ziele* verstanden werden. Diesen Zielsetzungen liegt die implizite Annahme zugrunde, dass durch CRM ein positiver Beitrag für den Gesamterfolg des Unternehmens geleistet werden kann. Somit stellen die einzelnen durch CRM realisierbaren Erfolgsbeiträge die Zielgrößen innerhalb dieser Kategorie dar. Insbesondere handelt es sich hierbei um die Steigerung des Umsatzes, des Gewinns und des Deckungsbeitrags oder aber auch um die Erhöhung des ROI und des Unternehmenswerts.

- Das Erreichen der ökonomischen Zielsetzungen hängt in erheblichem Maße vom Transaktionsverhalten der Kunden ab, so dass als Bedingung für den ökonomischen Erfolg *kundenverhaltensbezogene Ziele* definiert werden müssen. Diese umfassen z.B. die Erhöhung von Wiederkauf-, Cross- und Up Selling- und Weiterempfehlungsraten sowie eine Reduzierung von Kündigungsquoten. Da sich in diesen Zielen gleichermaßen die Kunden- wie auch die Wirtschaftlichkeitsorientierung des CRM manifestieren, bietet es sich an, die einzelnen Zielkriterien detaillierter – d.h. auf Kundengruppenebene – zu definieren.

- Der Ausgangspunkt für Verhaltensänderungen beim Kunden stellt dessen Wahrnehmung des Unternehmens sowie der in Anspruch genommenen Unternehmensleistungen dar. Diese Überlegung greifen die *kundenwahrnehmungsbezogenen Ziele* auf, welche durch Zielgrößen wie das Image und die Bekanntheit des Unternehmens sowie Kundenzufriedenheit, Commitment oder wahrgenommener Wert der Unternehmensleistung erfasst werden können.
- Den Ausgangspunkt der CRM-Erfolgskette stellen kundenorientierte Optimierungsmaßnahmen im Unternehmen dar, welche durch *prozessbezogene Ziele* beschrieben werden. Im Fokus dieser Zielsetzungen steht in erster Linie eine verbesserte Effizienz und Effektivität der CRM-relevanten Geschäftsprozesse. Exemplarisch können an dieser Stelle die Reduzierung von Durchlaufzeiten und Prozesskosten sowie die Erhöhung der Prozessqualität genannt werden.

3.2 Konzeption segmentspezifischer Basisstrategien

Zentraler Ausgangspunkt für die Strategieformulierung stellt die Entscheidung dar, wie intensiv in die einzelnen Kundenbeziehungen investiert werden soll, um deren Profitabilität zu steigern. Hierfür ist es erforderlich, für einzelne Kundengruppen segmentspezifische Basisstrategien abzuleiten, in denen die zukünftige Intensität der Kundenbearbeitung abgegrenzt wird. Grundsätzlich bieten sich für diese Entscheidungen Portfoliobetrachtungen an, da sich bei diesen eine relativ hohe Aussagekraft mit einfacher Verständlichkeit paaren. Häufig wird hierbei eine Gegenüberstellung von Kundenattraktivität (z.B. aktueller oder zukünftiger Bedarf des Kunden) und der Position des eigenen Unternehmens (z.B. Penetration des Kunden durch das Unternehmen) gewählt. Entsprechend ihrer Einordnung in das Portfolio können dann für die einzelnen Kundengruppen spezifische Aussagen über die strategische Stoßrichtung der Bearbeitung der einzelnen Kundenbeziehungen abgeleitet werden (Homburg/Sieben 2000, S. 486 ff.).

Der Einsatz der Portfoliotechnik kann strukturierter gestaltet werden, indem bei der Formulierung der Basisstrategien die Interwirkungssegmentierung (siehe Kap. 2.3.2) zugrunde gelegt wird. Auf deren Grundlage können anhand der bestehenden Portfolios und Segmente aussagekräftige Basisstrategien abgeleitet werden. Da hierbei der gesamte Kundenbeziehungszyklus abgedeckt wird und nicht nur der Beitrag des Kunden am Unternehmenserfolg (wie es bei den meisten Portfolios der Fall ist), können aus der Interwirkungssegmentierung auch solche Basisstrategien abgeleitet werden, die sich auf frühe Glieder der CRM-Erfolgskette beziehen. Exemplarisch soll dies am zweiten Portfolio aus Abb. 7 dargestellt werden (siehe Abb. 9).

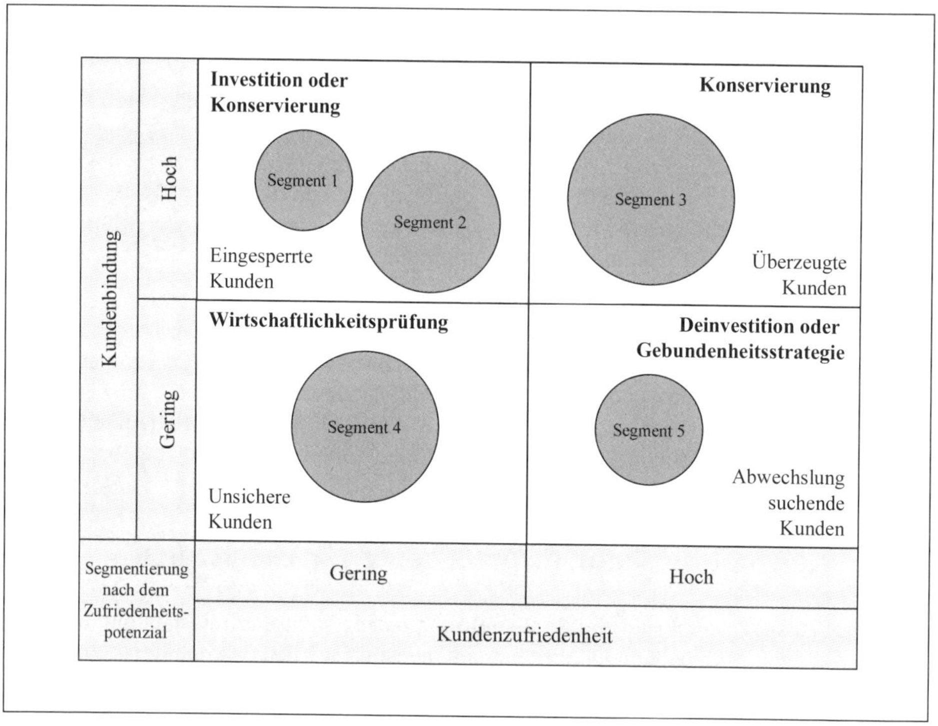

Abb. 9: Exemplarisches Ableiten von Basisstrategien

Im obigen Beispiel werden die Dimensionen „Kundenzufriedenheit" und „Kundenbindung" gegenübergestellt. Es wird folglich betrachtet, ob innerhalb der einzelnen Kundengruppen aus einer Kundenzufriedenheit auch tatsächlich eine Kundenbindung erwächst und welche Strategien vor diesem Hintergrund gefahren werden sollen. Die einzelnen derart ermittelten Segmente sollten jedoch differenzierter untersucht werden. So könnte z.B. die Größe der Kreise in Abb. 9 für die Anzahl der Kunden in dem jeweiligen Segment stehen. Idealerweise bietet sich allerdings eine tiefer gehende Analyse der einzelnen Segmente hinsichtlich ihres Beitrags zum Unternehmenserfolg an. Hierbei korrespondiert die Kreisgröße mit dem segmentspezifischen Kundenwert, der als zentrale Grundlage für die Entwicklung von Basisstrategien für das jeweilige Segment angesehen werden kann.

Unabhängig von der tiefer gehenden Betrachtung könnten für die einzelnen Kundengruppen z.B. folgende (exemplarische) Basisstrategien festgelegt werden (Bruhn 2001, S. 106 f.):

- *Eingesperrte Kunden* weisen trotz geringer Kundenzufriedenheit atypischerweise eine hohe Kundenbindung auf, so dass der postulierte Zusammenhang zwischen Zufriedenheit und Bindung nicht greift. Diese Situation kann z.B. im

Mangel an Alternativen oder in vertraglichen Bindungen begründet sein. Da bei einem Wegfall dieser Gründe eine hohe Wahrscheinlichkeit für eine kundenseitige Auflösung der Beziehung besteht, könnte das Unternehmen entweder proaktive Maßnahmen zur Steigerung der Kundenzufriedenheit ergreifen oder zumindest die Gründe für die hohe Kundenbindung analysieren und konservieren.

- *Überzeugte Kunden* sind mit den Leistungen des Unternehmens zufrieden und gehen deswegen freiwillig eine hohe Kundenbindung ein (monoton steigender Zusammenhang). Da bei diesem Segment eine hohe Wahrscheinlichkeit langfristiger Beziehungen mit den damit einhergehenden wachsenden Profiten besteht, sollte das Unternehmen auch weiterhin die Erwartungen der Kunden erfüllen, um die hohe Zufriedenheit aufrecht zu erhalten.

- *Unsichere Kunden* weisen sowohl geringe Zufriedenheit als auch eine geringe Bindungsabsicht auf. Wie auch bei den überzeugten Kunden besteht bei diesem Kundentyp ein monoton steigender Zusammenhang zwischen Kundenzufriedenheit und Kundenbindung. Hier gilt es im Rahmen einer Wirtschaftlichkeitsprüfung zu analysieren, welche Kunden aus diesem Segment langfristig einen positiven Erfolgsbeitrag zusteuern können. Für diese Kunden sollte das Unternehmen Maßnahmen zur Steigerung der Kundenzufriedenheit initiieren, um diese in überzeugte Kunden umzuwandeln.

- *Wechselkunden* sind zwar mit den Leistungen des Unternehmens zufrieden, haben jedoch kein Interesse an einer freiwilligen Bindung (kein Zusammenhang zwischen diesen beiden Größen). Ein Grund hierfür kann im Vorliegen eines Variety Seeking-Verhaltens zu finden sein, worunter die permanente Suche nach Abwechslung zu verstehen ist. Bei diesen Kunden ist zu prüfen, ob die Investitionen in die Beziehung einzustellen sind oder ob Möglichkeiten zur Etablierung einer erzwungenen Kundenbindung („Gebundenheit") z.B. im Rahmen einer vertraglichen Bindung wahrgenommen werden können.

3.3 Konzeption kundenorientierter Managementkonzepte

In einem umfassenden Customer Relationship Management müssen neben der immer wieder in den Vordergrund gestellten Kundenbindung auch die Gewinnung von Neukunden und die Reaktivierung von (profitablen) ehemaligen Kunden Berücksichtigung finden. Dies bedeutet nichts anderes, als dass der Fokus des CRM weiter aufgespannt wird, indem nicht nur gegenwärtige, sondern gleichsam auch zukünftige und historische Beziehungen Eingang in den CRM-Ansatz finden. Aus dieser erweiterten Aufgabenstellung des CRM heraus resultiert eine hohe Bedeutung für ein phasenspezifisches Management der Kundenbeziehungen, so dass sich dessen Ausgestaltung in der Formulierung der Kundenbeziehungsstrategie niederschlagen muss. Im Rahmen der Kundenbeziehungsstrategie werden hierbei zum einen die generelle Bedeutung der einzelnen Phasenkonzepte und zum anderen die Eckpunkte der angestrebten phasenorientierten Kundenbearbeitung definiert.

Grundsätzlich lassen sich mit Kundenakquisitions-, Kundenbindungs- und Kundenrückgewinnungsstrategie drei generelle Strategieoptionen differenzieren. In Abhängigkeit von den in der Analysephase gewonnenen Erkenntnissen (siehe Kap. 2) wird die generelle Bedeutung dieser einzelnen phasenbezogenen Strategien abgeleitet. Hat die Analysephase z.B. ergeben, dass das Unternehmen mit einer hohen Wechselrate bei seinen Kunden kämpfen muss, bietet sich eine verstärkte Konzentration auf den Aufbau eines Kundenbindungs- bzw. Rückgewinnungsmanagements an (siehe Bruhn 2001, S. 115 ff.). Wurde in der Analysephase dagegen aufgedeckt, dass das Unternehmen z.B. einen geringen Kundenstamm aufweist oder aber sich die aktuellen Kunden im Vergleich zu den potenziellen Kunden als relativ unprofitabel darstellen, wäre eine Fokussierung auf ein Interessentenmanagement angebracht (siehe Abb. 10).

Neben der grundsätzlichen Stoßrichtung des CRM innerhalb der einzelnen Aufgabenbereiche im Customer Relationship Cycle gilt es, die Eckpunkte dieser *phasenorientierten Kundenbearbeitung* zu definieren. Hierbei werden eingangs die potenziellen Kontaktpunkte zwischen Kunde und Unternehmen identifiziert und entsprechende Maßnahmen festgelegt, die beim Zustandekommen eines (unternehmens- bzw. kundeninitiierten) Kontakts ergriffen werden. Im Rahmen der Kundenbeziehungsstrategie wird hierbei der grundsätzliche Rahmen aufgespannt, in dem sich die einzelnen Managementkonzepte (Interessenten-, Neukunden-, Beschwerdemanagement etc.) innerhalb des Customer Relationship Cycle bewegen. Hierbei werden anhand von Kosten-Nutzen-Abwägungen Grundsatzentscheidungen getroffen, ob überhaupt bzw. inwieweit die einzelnen Managementkonzepte im Unternehmen realisiert werden.

Sind diese generellen Realisierungsentscheidungen getroffen worden, werden im nächsten Schritt für die im Rahmen der Kundenanalyse (siehe Kap. 2.3.2) ermittelten Kundensegmente *proaktiv* spezifische Bearbeitungsstrategien definiert. Diese sind aus der Position des Kundensegments im Customer Relationship Cycle sowie aus deren Wertigkeit für das Unternehmen abzuleiten. Beispielhaft sei hier auf die Kundensegmente in Abb. 9 zurückgegriffen. Obwohl dort z.B. Segment 5 eine nur geringe Kundenbindung aufweist, ist angesichts der festgesetzten Deinvestitionsstrategie von kostspieligen Kundenbindungsmaßnahmen abzusehen und somit ganz bewusst auf den (kaum Erfolg versprechenden) Aufbau von Verbundenheit zu verzichten.

Schlussendlich gilt es bei der Konzeption kundenorientierter Managementkonzepte Rahmenbedingungen zu schaffen, die ein *reaktives* Vorgehen bei der Kundenbearbeitung erlauben (Homburg/Sieben 2000, S. 490 f.). Hierunter wird die Zielsetzung verstanden, Abweichungen des tatsächlichen vom idealtypischen Kundenlebenszyklusverlauf zu reduzieren. Auf Basis einens kontinuierlichen und kundenindividuellen Abgleichs der beiden Verläufe sollen frühzeitig Chancen bzw. Risiken innerhalb einer Kundenbeziehung erkannt werden. Die folgenden (unternehmens- oder kundeninitiierten) Kundenkontakte können dann genutzt werden, um die Kundenbeziehungen hinsichtlich der segmentspezifischen Strategievorgabe gezielt zu stimulieren.

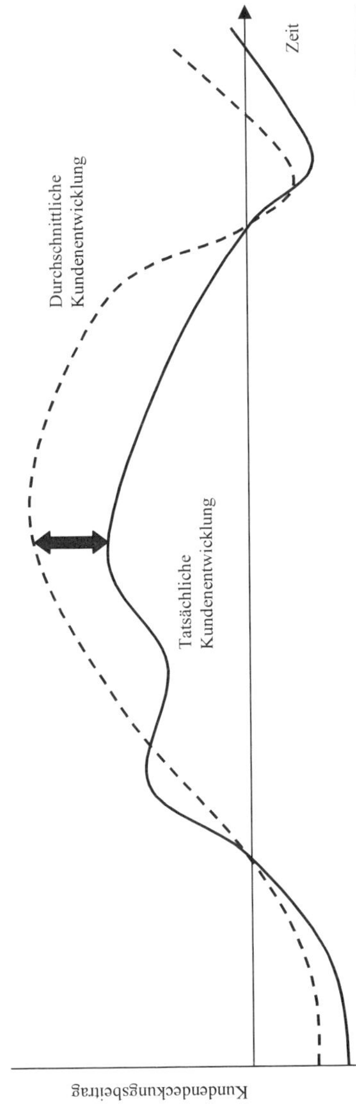

Phasen	Vor der Geschäftsbeziehung **Anbahnung**	Aufnahme der Geschäftsbeziehung **Sozialisation**	Während der Geschäftsbeziehung **Wachstum und Reife**	Zum Ende der Geschäftsbeziehung **Gefährdung**	Nach bzw. vor der Geschäftsbeziehung **Kündigung und Revitalisierung**
Aufgaben	Interessenten-management	Neukunden-management	Zufriedenheits-management	Beschwerde- und Kündigungspräventions-management	Kündigungs- und Revitalisierungs-management
Zielsetzung	Anbahnung von neuen Geschäfts-beziehungen	Festigung von neuen Geschäfts-beziehungen	Stärkung von stabilen Geschäfts-beziehungen	Stabilisierung gefährdeter Beziehungen von beschwerenden Kunden und Verhinderung von Kündigungen	Rücknahme von Kündigungen und Wiederanbahnung der Geschäftsbeziehung
Maßnahmen	• Information und Kommunikation • Sicherstellen der Zugangsqualität	• Bereitstellen von Informationen • Bestätigung der Kaufentscheidung	• Aufbau einer emotionalen Bindung • Schaffung von Austrittsbarrieren	• Intensivierung der Geschäftsbeziehung • Reaktivierung von Kunden	• Problembeseitigung • Vermittlung von Wertschätzung und Vertrauen
Potenzielle Kontaktpunkte	• Allgemeine Anfragen • Zusendung von Informationsmaterial	• Auftragsbearbeitung • Erhalt Rechnung bzw. Lieferung	• Besondere Ereignisse (z.B. Kunde/Markt) • Servicenutzung	• Beschwerden • Zufriedenheitsbefragung	• Eingang Kündigung • Zufriedenheitsbefragung
	Interessenten-management	**Kundenbindungsmanagement**			**Rückgewinnungs-management**

Abb. 10: Die Aufgaben des CRM im Customer Relationship Cycle
Quelle: in Anlehnung an Homburg/Sieben 2000, S. 490 und Stauss 2000, S. 16

3.4 Entwicklung eines Multi Channel-Konzepts

Nachdem nun im Rahmen der Konzeption kundenorientierter Managementkonzepte die generellen Eckpunkte festgelegt wurden, auf welche Weise die einzelnen Kundengruppen bearbeitet werden sollen, stellt sich im nächsten Schritt die Frage, über welche Kommunikations- oder Vertriebskanäle dies zu erfolgen hat. Dies stellt eine ganz zentrale Fragestellung dar, ist doch die überaus komplexe Problematik der Konfiguration und Koordination der einzelnen Kanäle zwischen Unternehmen und Kunden – insbesondere hinsichtlich der Zielforderungen des CRM – bislang noch nicht gänzlich gelöst. Das Problem dieser Kanalausgestaltung lässt sich hierbei auf zwei zentrale Punkte zurückführen. Zum einen differieren die Kosten für die Kommunikationsabwicklung oder Leistungserbringung über die einzelnen Kanäle hinweg ganz erheblich (siehe Abb. 11). Diese Kostenunterschiede begründen z.T. die Motivation der Unternehmen in den letzten Jahren zunehmend neue Kommunikationskanäle (z.B. Internet, Call Center) oder aber auch neue Vertriebskanäle (z.B. Convenience Stores, Factory Outlet Center) zu etablieren, mit denen sich Kostensenkungspotenziale realisieren lassen.

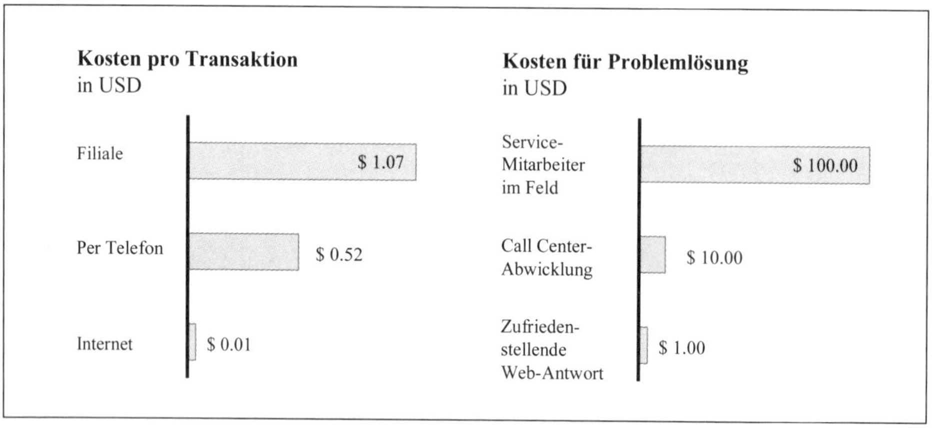

Abb. 11: Kostenunterschiede einzelner Kanäle (Beispiel)
Quelle: von Rotz 2002, S. 487

Die zweite Ursache für die unternehmerische Notwendigkeit vielfältige Kommunikations- und Vertriebskanäle aufzubauen und deren Mix zu koordinieren, liegt in einem veränderten Kundenverhalten. So verlangen immer mehr Kunden zunehmend nach einem umfassenden und differenzierten Produkt- und Dienstleistungsangebot, auf das sie über ihre präferierten Kanäle zugreifen können (Wirtz 2002, S. 48). Um diese Kundengruppen gewinnen bzw. halten zu können, müssen folglich die von den Kunden verlangten Kanäle angeboten werden (Moriaty/Moran 1991, S. 98; Zentes/Schramm-Klein 2002, S. 454 f.). Hierbei gilt es allerdings zu beachten, dass unterschiedliche

Kundensegmente ein z.T. gänzlich voneinander abweichendes Kanalnutzungsverhalten aufweisen (Anderson et al. 1997, S. 64; siehe auch Abb. 12).

Vor diesem Hintergrund verfolgt ein *Multi Channel Management* die Zielsetzung, eine in sich stimmige Kombination der einzelnen Kanäle zu einem konsistenten Kanalmix zu finden (siehe hierzu Schögel 1997). Hierfür gilt es, zum einen die Kanäle grundsätzlich aufzubauen und zu konfigurieren sowie zum anderen die einzelnen Kanäle zu synchronisieren und zu koordinieren (Schögel 2001, S. 33). Bei der Ausgestaltung des Kanalmix muss eine ausgewogene Balance zwischen Kunden- und Wirtschaftlichkeitsorientierung gefunden werden. Somit muss die kunden- oder unternehmensinitiierte Nutzung der einzelnen Kanäle immer auch im Einklang mit der Wertigkeit der einzelnen Kundengruppe stehen.

Hierfür wird für jedes einzelne Kundensegment ein spezifisches Multi Channel-Konzept abgeleitet, mit dem (evtl. für einzelne Produkte) festgelegt wird, welche Maßnahmen in welchen Phasen des Customer Life Cycle durch welche Kanäle unterstützt werden. Abb. 13 skizziert dies exemplarisch anhand des Segments 5 aus Abb. 9. Ausgehend von der angestrebten Deinvestitionsstrategie wird für dieses Segment eine Verlagerung der Kanalnutzung zu kostengünstigeren Kanälen angestrebt (geplante Veränderungen dunkel hinterlegt).

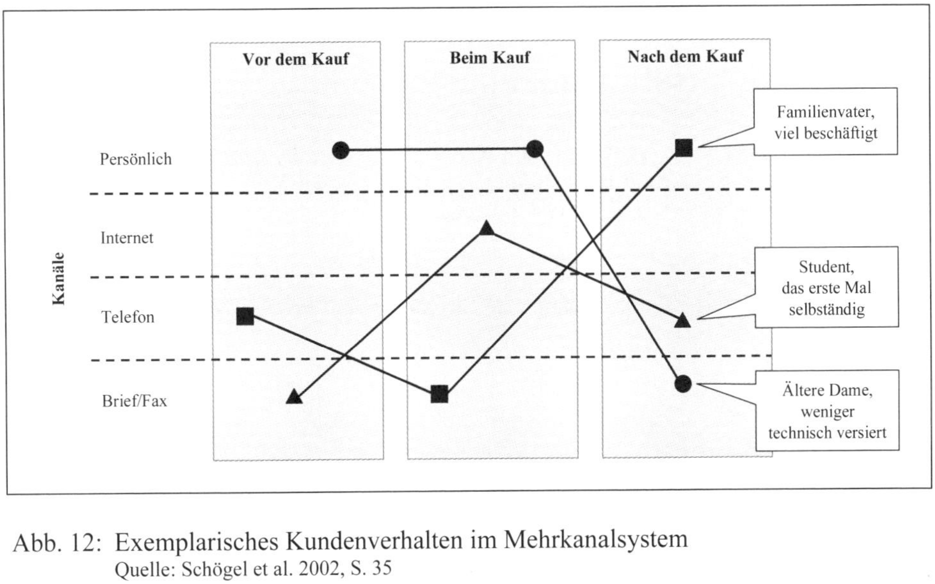

Abb. 12: Exemplarisches Kundenverhalten im Mehrkanalsystem
Quelle: Schögel et al. 2002, S. 35

Segment		Nr. 5 (Segmentierung nach Zufriedenheitspotenzial)				
CRM-Strategie		Deinvestition				
Produkt		Bausparprodukte				
Kanäle / Beziehungsphasen		Information	Beratung	Vertragsabschluss	Produktnutzung	Servicenutzung (z.B. Beschwerde)
Außendienst	Ist	X	X	X		
	Soll					
Filiale	Ist	X	X	X	X	X
	Soll	X	X	X		
Brief/Fax	Ist	X	X	X	X	X
	Soll			X	X	X
Call Center	Ist	X	X		X	
	Soll	X	X	X		X
Internet	Ist	X				
	Soll	X	X	X	X	X

Kosten

Abb. 13: Segment- und produktspezifisches Multi Channel-Konzept

4 Ableiten unternehmerischer Reorganisationsmaßnahmen

Um die Kundenbeziehungsstrategie langfristig erfolgreich im Unternehmen verankern zu können, ist die Schaffung notwendiger organisatorischer Voraussetzungen erforderlich (Homburg/Sieben 2000, S. 493). Dies umfasst

(1) eine Einstellungs- und Verhaltensänderung der Mitarbeiter,

(2) eine Anpassung der kundenbezogenen Strukturen und Prozesse sowie

(3) die Auswahl und Implementierung von IT-Systemen.

4.1 Mitarbeiter

Mit der Einführung des CRM-Konzepts im Unternehmen gehen für die betroffenen Mitarbeiter z.T. gravierende Änderungen einher, die zum einen in der Forderung nach einem kundenorientierten Verhalten und zum anderen in veränderten Arbeitsabläufen Niederschlag finden.

So müssen die mit dem CRM-Ansatz angestrebten Wettbewerbsvorteile wie z.B. die individualisierte oder schnellere Kundenbearbeitung von den Mitarbeitern nicht nur akzeptiert, sondern vielmehr internalisiert bzw. gelebt werden. Selbst die schnellste und kompetenteste Lösung eines Kundenproblems wird beim Kunden nämlich keine nachhaltige Zufriedenheit erzeugen, wenn sich der Mitarbeiter dem Kunden gegenüber unmotiviert oder gar unfreundlich verhält (Link/Gerth 2001, S. 313). Dieser positive Einfluss einer kundenorientierten Einstellung bzw. eines kundenorientierten Verhaltens des Mitarbeiters auf die Kundenzufriedenheit ist empirisch bestätigt (Stock 2002, S. 69).

Der zweite Aspekt, dem sich die Mitarbeiter stellen müssen, sind Umstellungen und Veränderungen in den jahrelang angewandten Arbeitsabläufen, die bedingt sind durch die Einführung einen CRM-Systems bzw. der Restrukturierung kundenbezogener Prozesse. Diese Restrukturierungen führen zu veränderten Aufgaben- und Verantwortlichkeitsbereichen, die beim betroffenen Mitarbeiter häufig Widerstände hervorrufen. Ein „klassisches" Beispiel hierfür stellt der Außendienstmitarbeiter dar, der seine „Unersetzlichkeit" für das Unternehmen aufgeben soll, indem er sein implizites Wissen über seine Kunden in das CRM-System eingeben muss und somit dem gesamten Unternehmen zur Verfügung stellt.

Um diesen mit der Einführung des CRM-Konzepts einhergehenden Problematiken proaktiv zu begegnen, bietet sich der Einsatz eines *Change Management* an, das durch den Einsatz geeigneter Instrumente den Mitarbeiter sensibilisiert sowie potenzielle Widerstände abbaut (Helmke et al. 2002).

4.2 Organisation

Gemäß dem Leitsatz „structure follows strategy" verlangt die Umsetzung einer Strategie nach einer Reorganisation der bestehenden Strukturen und Prozesse. Dies gilt gerade auch für die Umsetzung einer Kundenbeziehungsstrategie, da die angestrebte Steigerung der Kundenindividualisierung weitreichende organisatorische Auswirkungen, v.a. steigende Koordinationsanforderungen, mit sich bringt (Frese/Lehmann 2002, S. 525).

Dem müssen die Unternehmen zum einen durch kundenorientierte Organisationsstrukturen begegnen, wobei hierbei insbesondere dezentrale Einheiten, interfunktionale Teams sowie organisatorische Zuständigkeiten für kundenbezogene Prozesse gefordert werden (Bruhn 2002a, S. 52; Köhler 2001, S. 87). Gerade diese letzte Forderung verlangt nach einer vorgelagerten oder zeitgleichen Restrukturierung der betroffenen Prozesse. Dies gilt umso mehr, da in der aktuellen Situation die kundenbezogenen Prozesse noch mit zahlreichen Schwachstellen behaftet sind. So weisen nach wie vor – trotz der schon seit geraumer Zeit angestrebten Kundenorientierung der Unternehmen – knapp die Hälfte der Marketingprozesse eine mangelnde Kundenorientierung auf (Diller/Saatkamp 2002, S. 10). Vor diesem Hintergrund gilt es, vor der eigentlichen Umsetzung der Kundenbeziehungsstrategie im Rahmen von Business Process Reengineering-Projekten sämtliche kundenbezogenen Prozesse hinsichtlich ihrer Effizienz und Effektivität zu optimieren.

4.3 IT

Die Auswahl und Implementierung des CRM-Systems darf erst erfolgen, nachdem das Umdenken der Mitarbeiter erreicht wurde und die notwendigen organisatorischen Veränderungen umgesetzt wurden (Rigby et al. 2002). Ansonsten besteht die Gefahr, dass

- die Mitarbeiter die Benuzung des CRM-Systems (zumindest im Stillen) boykottieren, sowie
- das CRM-System lediglich die bestehenden, suboptimalen Prozesse unterstützt und somit seine Potenziale nur ansatzweise ausspielen kann.

Darüber hinaus gilt es zu beachten, dass sich die Auswahl des CRM-Systems strikt an den Anforderungen der Kundenbeziehungsstrategie orientieren muss. Hierbei spannen insbesondere die Zielsetzungen hinsichtlich der kundenorientierten Managementkonzepte (z.B. „Welche Bedeutung kommt dem Beschwerdemanagement zu und wie intensiv muss dieses informationstechnologisch unterstützt werden?") sowie der Multi Channel-Strategie (z.B. „Muss durch das CRM-System ein Call Center unterstützt werden?") den Handlungsraum für die Auswahl von CRM-Systemen auf.

5 Installation eines CRM-Controllings

Die strategischen Vorgaben gilt es durch konkrete Maßnahmen zu realisieren, deren Auswirkungen durch ein CRM-Controlling zu überwachen sind. Die dabei gewonnenen Erfahrungen über Schwachstellen in der Konzeption und in der Implementierung sowie über noch nicht realisierte Verbesserungspotenziale münden in einem organisatorischen Verbesserungsprozess zur Verwirklichung der Vision des CRM (Hippner et al. 2002b, S. 271 ff.).

Grundsätzlich muss sich jede Investition – und dies gilt insbesondere auch für die z.T. sehr kostspieligen CRM-Projekte – an ihrem Beitrag zum Unternehmenserfolg messen lassen. Hierbei ergeben sich jedoch gerade für das Controlling von CRM-Projekten elementare Probleme, die sich zum einen in einer mangelnden Zurechenbarkeit der Wirkungen einzelner CRM-Maßnahmen zum Unternehmenserfolg äußern. So wirken die einzelnen Maßnahmen von CRM-Projekten hochgradig interaktiv und synergetisch zusammen, so dass die Erfolgszurechnung auf einzelne Maßnahmenbereiche (z.B. „Wie hoch ist der Return on Investment des installierten IT-Systems?") weder möglich noch sinnvoll ist. Aus diesem Grund kann nur das CRM-Projekt in seiner Gesamtheit bewertet werden, was selbstverständlich die Entwicklung von Indikatoren zur Aufdeckung punktueller Schwachstellen im CRM-Projekt nicht ausschließt.

Zum anderen stellt sich als weiteres elementares Problem des CRM-Controlling die Langfristigkeit der Wirkungen der einzelnen CRM-Maßnahmen dar. Bedenkt man,

- dass im Verlauf des CRM-Prozesses zunächst eine tragfähige Kundenbeziehungsstrategie konzipiert und mit Hilfe neuer und reorganisierter Geschäftsprozesse sowie innovativer Informationstechnologien implementiert werden muss, und
- dass sich dieser strategische Wandel des Unternehmens erst in der Wahrnehmung der Kunden manifestieren und in verändertem Kundenverhalten niederschlagen muss,

bevor ein ROI sichtbar werden kann, so wird klar, dass der letztlich entscheidende finanzielle Erfolg von CRM-Projekten je nach Dauer und Effektivität des organisatorischen Wandels und Dauer der Kaufzyklen erst mittel- oder langfristig beobachtet werden kann.

Vor diesem Hintergrund zeigt die in Abb. 14 dargestellte Wirkungskette das CRM-Projektmanagement als organisatorischen Lernprozess, mit dem die einzelnen Projektschritte gesteuert werden und der sich dabei auf deren Auswirkungen auf Geschäftsprozessqualität, Kundenwahrnehmung, Kundenverhalten und letztendlich den ökonomischen Erfolgsbeiträgen stützt und somit die CRM-relevanten Zielsetzungen aus Abb. 8 wieder aufgreift (siehe auch Bruhn 2002b, S. 194 f.). Auf Grund der hohen Reaktionszeit muss sich das Controlling von CRM-Projekten primär auf Frühindikatoren aus dem Bereich der Geschäftsprozessqualität, der Kundenwahrnehmung oder des Kundenverhaltens stützen. Hierfür bietet sich in erster Linie das Konzept der Balanced Scorecard an, das zumindest ansatzweise die Zurechenbarkeits- und Langfristigkeitsprobleme von CRM-Maßnahmen bewältigen kann (Hippner et al. 2002b, S. 289 ff.; Säuberlich et al. 2002).

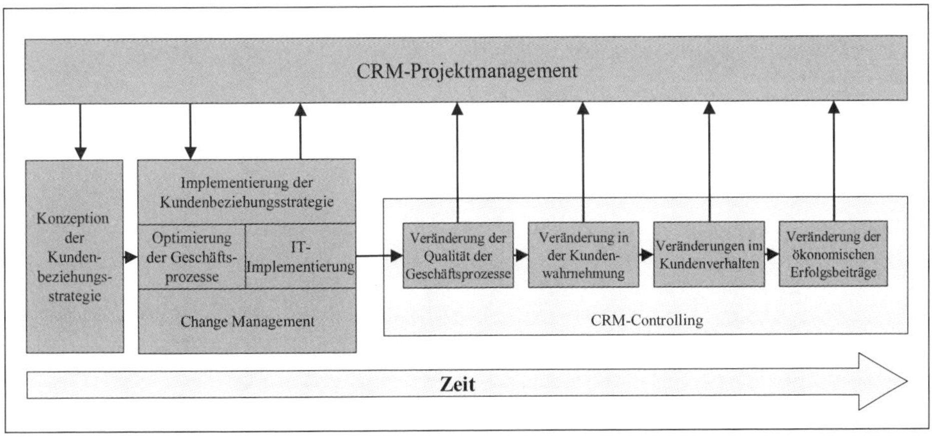

Abb. 14: Differenziertes CRM-Controlling im CRM-Projektmanagement
Quelle: in Anlehnung an Hippner et al. 2002b, S. 276

6 Fazit und Empfehlungen

CRM bedeutet, das unternehmerische Handeln zum einen an den Bedürfnissen und Erwartungen der Kunden und zum anderen an wirtschaftlichkeitsorientierten Zielen des Unternehmens auszurichten. Hierfür ist es erforderlich, alle kundenbezogenen Prozesse sowie die dafür benötigten personellen, organisatorischen und informationstechnologischen Ressourcen entsprechend auszugestalten. Der diesbezügliche Handlungsrahmen wird von einer Kundenbeziehungsstrategie abgegrenzt, anhand derer der Weg zur Realisierung der CRM-Ziele aufgezeigt wird.

Auch wenn die obigen Ausführungen eine streng strukturierte Vorgehensweise bei der Entwicklung von Kundenbeziehungsstrategien implizieren, stellt dieser Prozess hohe Anforderungen an die Kreativität der Verantwortlichen. Da jedes Unternehmen eine individuelle Positionierung im Markt sowie eine spezifische Ressourcenausgestaltung aufweist, verlangt die Formulierung von Kundenbeziehungsstrategien nach innovativen und unternehmensspezifischen Lösungsansätzen. Grundsätzlich muss jedoch jede Kundenbeziehungsstrategie folgenden, generellen Ansprüchen genügen:

- Definition der generellen Bedeutung des CRM für das Unternehmen, wobei sowohl der Grad der Wirtschaftlichkeitsorientierung als auch der Grad der notwendigen Kundenorientierung Berücksichtigung finden müssen,
- Identifizierung der wichtigsten Kundensegmente, die hinsichtlich Struktur und Verhalten weitestgehend homogen sein sollen,
- Ableitung von operationalisierbaren Zielen,
- Aufzeigen von strategischen Konzepten zur Realisierung der angestrebten Ziele,
- Abgrenzen der notwendigen Reorganisationsmaßnahmen hinsichtlich personeller und organisatorischer Veränderungen sowie der benötigten IT-Struktur,
- Sicherstellung der Überprüfbarkeit des Zielerreichungsgrades anhand eines geeigneten Controllings.

Literaturverzeichnis

Anderson, E.; Day, G.S.; Rangan, V.K. (1997): Strategic Channel Design, in: Sloan Managment Review, Vol. 38, No. 4, S. 59-69.

Becker, W. (1995): Strategisches Management, 2. Aufl., Bamberg.

Böhler, H. (2002): Die Implementierung von Marketing-Strategien mit Hilfe der Balanced Scorecard, in: Böhler, H. (Hrsg.): Marketing-Management und Unternehmensführung, Stuttgart, S. 167-184.

Bruhn, M. (2001): Relationship Marketing, München.

Bruhn, M. (2002a): Das Konzept der kundenorientierten Unternehmensführung, in: Hinterhuber, H.H.; Matzler, K. (Hrsg.): Kundenorientierte Unternehmensführung, 3. Aufl., Wiesbaden, S. 33-62.

Bruhn, M. (2002b): Controlling von Kundenbeziehungen, in: Böhler, H. (Hrsg.): Marketing-Management und Unternehmensführung, Stuttgart, S. 185-208.

Dangelmaier, W.; Uebel, M.F.; Helmke, S. (2002): Grundrahmen des Customer Relationship Management-Ansatzes, in: Uebel, M.F.; Helmke, S.; Dangelmaier, W. (Hrsg.): Praxis des Customer Relationship Management, Wiesbaden, S. 3-16.

Diller, H.; Saatkamp, J. (2002): Schwachstellen in Marketingprozessen im Spiegel von Reengineering-Projekten, Arbeitspapier Nr. 94, Lehrstuhl für Marketing Universität Erlangen-Nürnberg.

Duffner, A.; Henn, H. (2001): CRM verstehen, nutzen, anwenden! – Ein Leitfaden für kundenorientierte Unternehmen, Würzburg.

Frese, E.; Lehmann, P. (2002): Der koordinierte Weg zum Kunden – Konzeption einer strategiekonformen Vertriebsorganisation, in: Böhler, H. (Hrsg.): Marketing-Management und Unternehmensführung, Stuttgart, S. 505-546.

Goldman, L.F. (2002): Customer Relationship Management – Channel Integration – How to Hear the Sweet Sound of CRM Success at Last, http://www.dmreview.com/editorial/dmreview/print_action.cfm?EdID=4619 (Zugriff: 07.03.2003).

Grönroos, C. (2000): Service Management and Marketing – A Customer Relationship Management Approach, 2. Aufl., Chichester u.a.

Gronover, S.; Riempp, G. (2001): Kundenprozessorientiertes Multi-Channel-Management, in: io management, Nr. 4, S. 25-31.

Helmke, S.; Brinker, D.; Wessoly, H. (2002): Change Management für den erfolgreiche Roll Out von CRM-Systemen, in: Helmke, S.; Uebel, M.; Dangelmaier, W. (Hrsg.): Effektives Customer Relationship Management, 2. Aufl., Wiesbaden, S. 307-318.

Hippner, H.; Leber, M.; Wilde, K.D. (2002a): Kundendatenbanken als strategischer Erfolgsfaktor im Kundenbeziehungsmanagement, in: Hippner, H.; Leber, M.; Wilde, K.D. (Hrsg.): Marketing Information Provider – Professionelle Qualifizierung Ihrer Kundendatenbank, Düsseldorf, S. 9-31.

Hippner, H.; Leber, M.; Wilde, K.D. (2002b): Bewertung von CRM-Prozessen, in: Meyer, M. (Hrsg.): CRM-Systeme mit EAI – Konzeption, Implementierung und Evaluation, Braunschweig/Wiesbaden, S. 269-293.

Hippner, H.; Wilde, K.D: (2003): Customer Relationship Management – Strategie und Realisierung, in: Teichmann, R. (Hrsg.): Customer und Shareholder Relationship Management, Berlin, S. 3-52.

Homburg, C.; Krohmer, H. (2003): Marketingmanagement – Strategie, Instrumente, Umsetzung, Unternehmensführung, Wiesbaden.

Homburg, C.; Sieben, F. (2000): Customer Relationship Management (CRM) – Strategische Ausrichtung statt IT-getriebenem Aktivismus, in: Bruhn, M.; Homburg, C. (Hrsg): Handbuch Kundenbindungsmanagement, 3. Aufl., Wiesbaden, S. 473-501.

Hougaard, S.; Bjerre, M. (2002): Strategic Relationship Marketing, Berlin u.a.

Köhler, R. (2001): Customer Relationship Management – Interdisziplinäre Grundlagen der systematischen Kundenorientierung, in: Klein, S.; Loebbecke, C. (Hrsg.): Interdisziplinäre Managementforschung und Lehre, Wiesbaden, S. 79-107.

Laker, M.; Pohl, A.; Dahlhoff, D. (2002): Kundenbindung auf neuen Märkten, in: Hinterhuber, H.H.; Matzler, K. (Hrsg.): Kundenorientierte Unternehmensführung, 3. Aufl., Wiesbaden, S. 143-155.

Link, J.; Gerth, N. (2001): eCRM als strategische und organisatorische Herausforderung, in: Eggert, A.; Fassott, G. (Hrsg.): eCRM – Management der Kundenbeziehungen im Internet-Zeitalter, Stuttgart, S. 305-326.

Moriarty R.T; Moran, U. (1991): Die Absatzhybriden sind da – Was tun damit?, in: Harvard Manager, Nr. 3, S. 97-108.

Oversohl, C.; Holch, J.; Schröder, H.; Feller, M. (2002):Customer Relationship Management – Strategie und Erfolg (Ergebnisse einer empirischen Untersuchung), http://www.marketing.uni-essen.de/praxis/projekte/Kundenbeziehungsstrategie/download.html (Zugriff: 02.02.2003).

Porter, M.E. (1989): Wettbewerbsvorteile, Frankfurt.

Rigby, D.K.; Reichheld, F.F.; Schefter, P. (2002): Avoid the Four Perils of CRM, in: Harvard Business Review, Vol. 80, No. 2, S. 101-109.

Säuberlich, F.; Huber, K.-P.; Böhm, C. (2002): Die CRM-Scorecard – Strategische Steuerung und Analyse kundenorientierter Geschäftsprozesse, in: Meyer, M. (Hrsg.): CRM-Systeme mit EAI – Konzeption, Implementierung und Evaluation, Braunschweig/Wiesbaden, S. 295-310.

Schögel, M. (1997): Mehrkanalsysteme in der Distribution, Scheßlitz.

Schögel, M. (2001): Multichannel Marketing – Erfolgreich in mehreren Vertriebswegen, Zürich.

Schögel, M.; Sauer, A. (2002): Multi-Channel Marketing – Die Königsdisziplin im CRM, in: Thexis, Nr. 1, S. 26-31.

Schögel, M.; Sauer, A.; Schmidt, I. (2002): Multichannel Marketing – Fokus auf Kunden und Kanäle, in: Thexis, Nr. 2, S. 34-38.

Schweiger, A. (2000): Architektur für Marketinginformationssysteme, Wiesbaden.

Stauss, B. (2000): Perspektivenwandel – Vom Produkt-Lebenszyklus zum Kundenbeziehungs-Lebenszyklus, in: Thexis, Nr. 2, S. 15-18.

Stock, R. (2002): Kundenorientierung auf individueller Ebene – Ein Einstellungs-Verhaltens-Modell, in: Die Betriebswirtschaft, Nr. 1, S. 59-76.

Stokburger, G.; Pufahl, M. (2002): Kosten senken mit CRM – Strategien, Methoden und Kennzahlen, Wiesbaden.

Von Rotz, B. (2002): Kundenzufriedenheit – den Kunden via den effektivsten Kanal ansprechen, in: Schögel, M.; Schmidt, I. (Hrsg.): eCRM – mit Informationstechnologien Kundenpotenziale nutzen, Düsseldorf, S. 477-490.

Wehrmeister, D. (2001): Customer Relationship Management – Kunden gewinnen und an das Unternehmen binden, Köln.

Wirtz, B. (2002): So binden Sie Ihre Kunden auf den richtigen Kanälen, in: Absatzwirtschaft, Nr. 4, S. 48-53.

Yulinsky, C. (2000): Multi-Channel Marketing – Making „Bricks and Clicks" Stick, McKinsey & Company, http://www.marketing.mckinsey.com/solutions/McK-Multi-Channel.pdf (Zugriff: 11.02.2003).

Zentes, J.; Schramm-Klein, H. (2002): Multi-Channel-Retailing, in: WiSt, Nr. 8, S. 450-460.

Hajo Hippner, Melanie Merzenich, Klaus D. Wilde

Analyse und Optimierung kundenbezogener Geschäftsprozesse

1 Zielsetzung und Vorgehensweise der Prozessanalyse

1.1 Bedeutung des Prozessmanagement im CRM

Viele Unternehmen gehen sehr vereinfacht davon aus, dass mit der Anschaffung eines CRM-Systems das Unternehmen automatisch kundenorientierter und erfolgreicher wird. Dabei wird verkannt, dass Customer Relationship Management wesentlich mehr ist als nur ein Softwarepaket. CRM ist eine umfassende Unternehmensphilosophie. Die Software ist nur das Mittel zum Zweck. Ohne eine konsequente Veränderung der Strukturen und Prozesse des Unternehmens in Richtung Kunde kann CRM nicht erfolgreich sein. Als notwendiger Bestandteil des CRM gilt daher die Ausrichtung der Geschäftsprozesse an der kundenorientierten Unternehmensstrategie sowie die Abstimmung der anbieterseitigen Prozesse mit den Kundenprozessen (Hettich et al. 2000, S. 1346).

Die durchgängige Ausrichtung der Unternehmensprozesse an den Bedürfnissen der Kunden wird allerdings durch die weit verbreitete Funktionsorientierung im Unternehmensaufbau erschwert. In der traditionellen Unternehmenspraxis erfolgt die Bildung von Stellen, Abteilungen und Bereichen meist anhand einer funktionalen Gliederung (Abb. 1). Funktionsübergreifenden Prozessen wird dagegen eine geringe Bedeutung und ein dementsprechend geringer Gestaltungsspielraum zugewiesen (Gaitanides et al. 1994b, S. 4 f.). Mit dem Aufkommen prozessorientierter Managementansätze (so z.B. Total Quality Management, Business Reengineering oder Geschäftsprozessoptimierung) in den 80er Jahren erfuhr die Beschäftigung mit den betrieblichen Prozessen zwar eine zunehmende Verbreitung; die allgemein vorherrschende Organisationsform ist jedoch auch heute noch funktional oder objektorientiert.

Die strikte Gliederung des Unternehmens nach funktionalen Einheiten führt in der Regel zu einer Intransparenz der betrieblichen Abläufe, zu Redundanzen und Ineffizienz in den Prozessen sowie zu einem erhöhten Koordinationsbedarf und einer mangelnden Kundenorientierung (Gaitanides et al. 1994b, S. 2). Der erste Schritt in Richtung Kundenorientierung besteht daher in der Gewährleistung durchgängiger, transparenter und effizienter Prozesse sowie der Orientierung von Mitarbeitern und Management an den Anforderungen interner und externer Kunden. Die Vorteile einer solchen prozessorientierten Unternehmensgestaltung bestehen in einer erhöhten Transparenz der betrieblichen Abläufe, der Vermeidung von Schnittstellen und Doppelarbeiten innerhalb der Prozesse, einem geringeren Koordinationsbedarf sowie der konsequenten Ausrichtung der Unternehmensprozesse an den Kundenbedürfnissen und damit einer höheren Kundenorientierung im Unternehmen (Gaitanides et al. 1994b, S. 2).

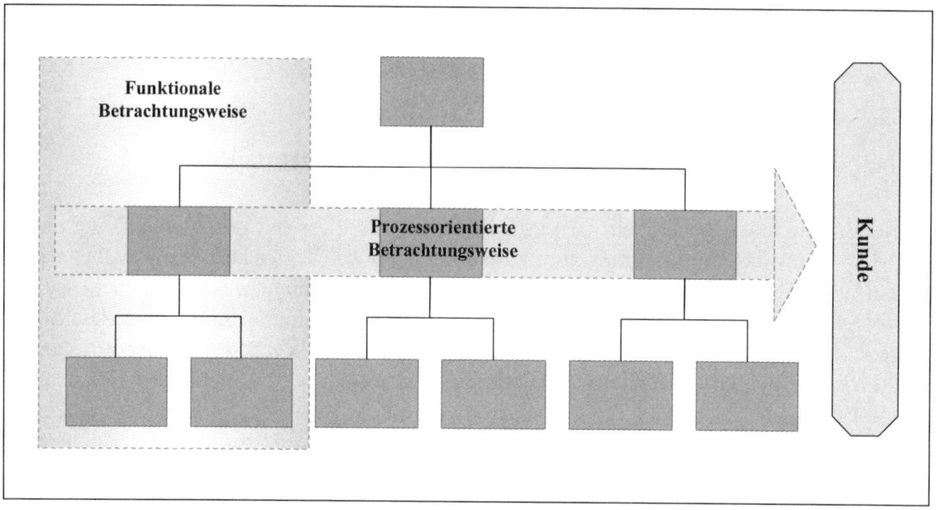

Abb. 1: Funktionale vs. prozessorientierte Unternehmensgestaltung
Quelle: in Anlehnung an Brenner/Hamm 1995, S. 20

Die intensive Beschäftigung mit den betrieblichen Prozessen sollte daher die Grundlage eines jeden CRM-Projektes darstellen. Es ist wenig zielführend, ein hohes Maß an Ressourcen in die Anschaffung und Implementierung eines CRM-Systems zu investieren, wenn die dahinter liegenden Prozesse nicht geeignet sind, die Kundenorientierung im Unternehmen umzusetzen. Aus diesem Grund sollte mit der Einführung eines CRM-Systems immer die konsequente Ausrichtung aller Prozesse an den Bedürfnissen der Kunden einhergehen. Zielsetzung des kundenorientierten Prozessmanagement ist es, die Unternehmensprozesse in den Dimensionen Qualität, Zeit und Kosten zu optimieren (Abb. 2). Dies trägt zu einer Steigerung der Kundenzufriedenheit und damit letztlich zu einer erhöhten Kundenorientierung im Sinne des CRM bei.

Wird das CRM-System dagegen lediglich auf die bestehenden Prozesse aufgesetzt, besteht die Gefahr, mangelhafte Prozesse durch die Systemeinführung zu fixieren und damit eine spätere Anpassung dieser Prozesse zu erschweren. Daher empfiehlt es sich, bereits im Vorfeld der CRM-Einführung die kundenorientierten Prozesse systematisch zu analysieren und im Sinne eines unternehmensweiten CRM zu optimieren, um das CRM-System anschließend auf die optimierten Prozesse aufzusetzen. Ein erfolgreiches CRM-Projekt sollte nach Gerth (2001, S. 108) die folgende Reihenfolge einhalten: Erst die Strategie, dann die (Re-)Organisation und anschließend die Technik. Der vorliegende Beitrag beschäftigt sich mit der Phase der (Um-)Gestaltung der kundenorientierten Geschäftsprozesse, die Teil der (Re-)Organisation ist.

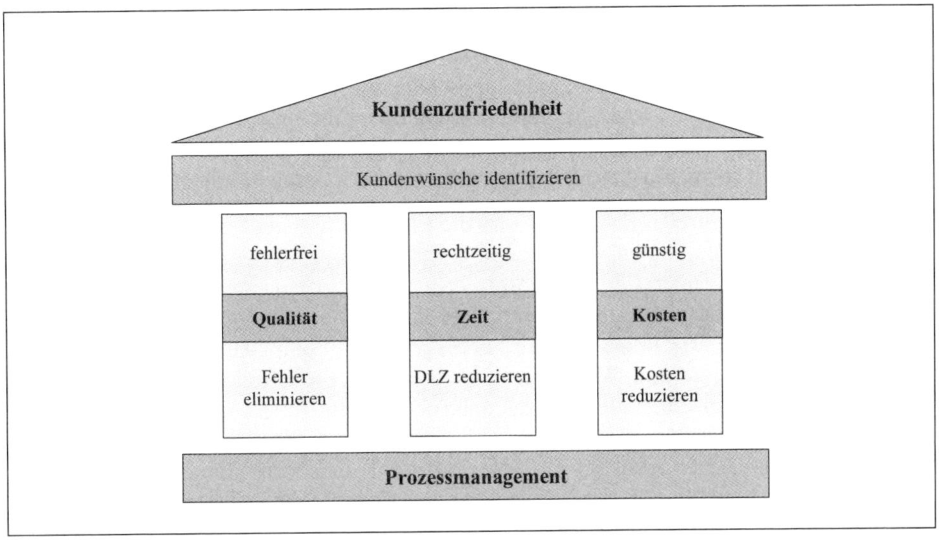

Abb. 2: Prozessmanagement als Basis der Kundenorientierung im CRM
Quelle: Gaitanides et al. 1994b, S. 16

1.2 Schwachstellen kundenbezogener Prozesse

Zahlreiche Defizite kundenbezogener Prozesse – wie z.B. Medienbrüche, Doppelarbeiten oder hohe Durchlaufzeiten – sind auf das Fehlen einer einheitlichen Datenbasis zurückzuführen. In der betrieblichen IT-Praxis findet sich häufig eine hohe Anzahl an Insellösungen, welche die unternehmensweite Informationsbereitstellung erschweren. Zur Erhöhung der Prozesseffizienz ist es daher erforderlich, die bestehenden Einzellösungen zu einer einheitlichen Datenbasis zusammen zu fügen. Nur so kann gewährleistet werden, dass unternehmensweit ein einheitliches Bild vom Kunden vorliegt und alle kundenbezogenen Prozesse einen uneingeschränkten Zugriff auf die benötigten Daten haben. Eine dezentrale Datenhaltung bedingt dagegen eine Vielzahl an Aktivitäten, die hauptsächlich darin bestehen, nicht vorhandene Informationen zu beschaffen. Daraus resultiert ein hohes Aufkommen an interner Kommunikation mit der Folge langer Durchlaufzeiten auf Grund von Rückfragen, Medienbrüchen und Doppelarbeiten sowie den damit verbundenen Such- und Wartezeiten.

Das folgende Beispiel eines Prozesses zur Angebotserstellung soll typische Schwachstellen kundenbezogener Prozesse aufzeigen. In einem exemplarischen Unternehmen obliegt der Versand des Angebotes an den Kunden dem Kundenservice, die Bereitstellung der erforderlichen Daten jedoch dem Außendienst. Die Übergabe der Angebotsvorlage durch den Außendienst an den Kundenservice kann sowohl telefonisch als auch per Fax oder per E-Mail erfolgen. Hieraus resultieren häufige Rückfragen wegen fehlender oder nicht lesbarer Informationen. Zudem ist es erforderlich, die mündlich oder schriftlich durchgegebenen Daten nochmals elektronisch einzugeben (Medienbruch, Doppelarbeit). Daher sind Richtlinien für die einheitliche Weitergabe der Informationen zu schaffen. Eine Verbesserung könnte beispielsweise erreicht werden, indem der Außendienst die Angebotsdaten direkt in eine Datenbank eingibt, aus der dann die Angebotserstellung durch den Kundenservice erfolgt. Dadurch würde die Doppelarbeit der Angebotserstellung vermieden und die Fehlerquelle der Übertragung eliminiert.

Der Aufbau einer zentralen Datenbank und die Einführung eines CRM-Systems können daher einen großen Beitrag zur Verbesserung der kundenbezogenen Prozesse darstellen. Eine einheitliche Datenbasis mit allen erforderlichen Zugriffsrechten für die betroffenen Mitarbeiter bildet die notwendige Grundlage für die Gestaltung durchgängiger und effizienter Prozesse. Die Folge ist eine verbesserte und kompetentere Kundenbearbeitung durch vollständige und aktuelle Kundendaten und die Effizienzsteigerung der internen Abläufe durch die Reduktion der internen Schnittstellen, die Vermeidung von Prozessschleifen und -rücksprüngen und die geregelte Informationsweitergabe. Dies führt wiederum zu einer größeren Zufriedenheit auf Kundenseite, da die Prozesse auch aus Kundensicht schneller und transparenter werden, und zu einer Erfolgssteigerung im Unternehmen.

Um diese Verbesserungspotenziale realisieren zu können, ist es erforderlich, die bestehenden Prozesse in Hinblick auf die Möglichkeiten der veränderten IT-Struktur zu optimieren, entsprechende Zugriffsrechte auf das System zu vergeben und die betroffenen Mitarbeiter über die geplanten Änderungen zu informieren und – falls notwendig – zu qualifizieren. Die einzelnen Schritte der Analyse und Optimierung der kundenbezogenen Prozesse werden im folgenden Abschnitt dargestellt.

1.3 Vorgehensmodell der Prozessoptimierung

Das Vorgehensmodell für die Prozessoptimierung lässt sich gemäß Abb. 3 in mehrere aufeinander folgende Phasen einteilen. Nach der Bestimmung der Zielsetzung und der Definition der organisatorischen Rahmenbedingungen erfolgt die Auswahl der zu optimierenden Prozesse. Innerhalb eines CRM-Projektes sollen diejenigen Prozesse untersucht werden, die den Kontakt mit dem Kunden beschreiben. Ausgewählte Geschäftsprozesse, die einen starken Bezug zum CRM aufweisen, sind zum Beispiel die Bearbeitung einer Kundenanfrage (per E-Mail, Brief oder Telefon), die Bearbeitung einer Beschwerde oder eines Kundenauftrags oder die Vorgänge in einem Call-Center.

Die ausgewählten Prozesse müssen anschließend sorgfältig dokumentiert werden. Dazu sollten neben der Prozessstruktur auch die Bearbeitungs-, Warte- und Transportzeiten der einzelnen Prozessschritte sowie deren Verteilungen erhoben werden. Auf die Erhebung der Prozessdaten folgt die Abbildung der Prozesse in grafischen Prozessmodellen. Diese dienen der Erzeugung von Prozesstransparenz und können als Grundlage für die folgende Prozessanalyse herangezogen werden. In der Analysephase werden die erstellten Modelle auf Verbesserungspotenziale hin untersucht. Aufbauend auf den identifizierten Verbesserungspotenzialen wird ein Soll-Konzept der kundenbezogenen Prozesse entworfen. Gegebenfalls sind auch gänzlich neue Prozesse zu gestalten und aufzunehmen, um die Qualität der Kundenkontakte hinsichtlich Effizienz und Effektivität zu verbessern (Helmke/Dangelmaier 2000, S. 5).

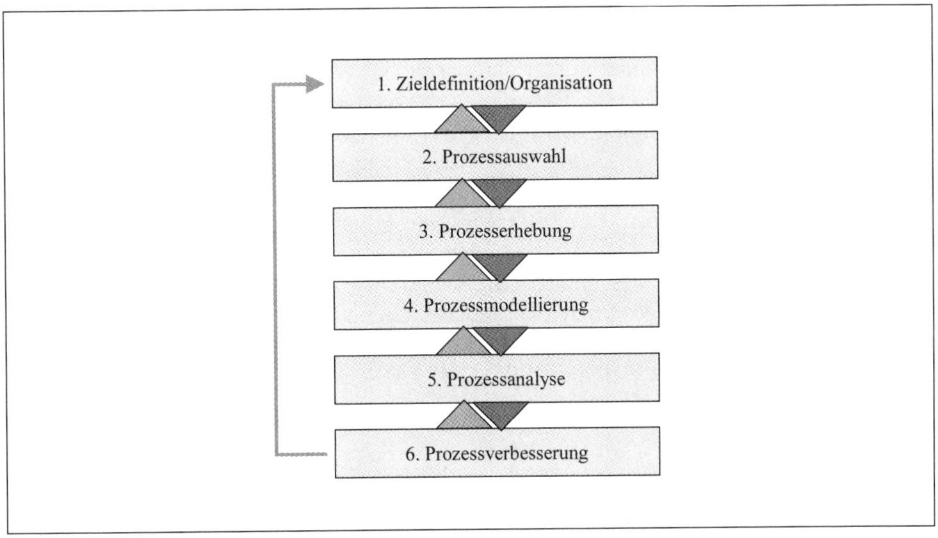

Abb. 3: Vorgehensweise der Prozessoptimierung

Aus den Aufgaben und Leistungen der optimierten kundenorientierten Geschäftsprozesse ergeben sich schließlich Anforderungen an die Gestaltung des CRM-Systems, die bei der Systemauswahl und -einführung berücksichtigt werden sollten. Die Funktionalitäten des CRM-Systems sollten die Aufgaben der (optimierten) kundenorientierten Geschäftsprozesse unterstützen, indem sie die erforderliche Prozessleistung zur Verfügung stellen (Österle 1995, S. 129 f.). Die einzelnen Phasen der Prozessoptimierung im CRM werden in den folgenden Abschnitten näher beleuchtet.

2 Zieldefinition und Organisation

Ausgangspunkt für die Analyse und Optimierung der kundenbezogenen Prozesse ist die Definition einer Zielsetzung sowie die Bestimmung von Kennzahlen zur Kontrolle der Zielerreichung. Das Ziel der Prozessoptimierung leitet sich aus der (zuvor festgelegten) CRM-Strategie ab. Das CRM-orientierte Ziel „Erhöhung der Kundenzufriedenheit" könnte sich bei der Prozessoptimierung beispielsweise in dem Ziel „Reduzierung der Bearbeitungszeit einer Kundenanfrage" oder „Erhöhung der Sevice-Quote im Call-Center" widerspiegeln. Diese Ziele sind möglichst exakt zu quantifizieren, um nach

Abschluss des Projektes den Grad der Zielerreichung messen zu können. Als quantitative Messgrößen zur Bestimmung der Leistungsfähigkeit und zur Steuerung von Prozessen bieten sich zum Beispiel die Durchlaufzeit, die Anzahl an Reklamationen oder die Lieferzeit an (Brenner/Hamm 1995, S. 25 f.). Die quantitative Zielsetzung könnte also beispielsweise in der „Abwicklung eines Prozesses in max. 30 Min." oder der „Erhöhung der Service-Quote um 20%" bestehen.

Zu Beginn der Prozessoptimierung ist darüber hinaus zu entscheiden, welche Ressourcen für die Durchführung dieses Projektes herangezogen werden: Stehen interne Ressourcen im benötigten Umfang und mit der erforderlichen Kompetenz zur Verfügung oder sind zur Unterstützung externe Ressourcen hinzu zu ziehen? Innerhalb des Unternehmens ist es erforderlich, das Projekt von Anfang an durch gezielte Informations- und Kommunikationsmaßnahmen – so z.B. Gespräche, Rundschreiben und Präsentationen – zu unterstützen, um möglichen Widerständen von Mitarbeitern gegen eine Neugestaltung der Prozesse zuvor zu kommen (Brenner/Hamm 1995, S. 39 f.). Zudem ist für jeden Prozess ein eindeutiger Prozessverantwortlicher zu bestimmen, der für die Durchsetzung der Verbesserungen sowie für die kontinuierliche Weiterentwicklung des Prozesses zuständig ist (Brenner/Hamm 1995, S. 37 f.).

3 Prozessauswahl und -erhebung

3.1 Abgrenzung CRM-relevanter Prozesse

Im Fokus der Betrachtung stehen die CRM-relevanten Prozesse eines Unternehmens. Diese zeichnen sich dadurch aus, dass sie einen Kontakt zum Kunden aufweisen und die – auf Seite des Kunden ablaufenden – Kundenprozesse unterstützen. Die Kundenprozesse lassen sich aus dem Kundenlebenszyklus (Customer Buying Cycle) ableiten und setzen sich grob aus den Phasen Anregung, Evaluation, Kauf und After Sales zusammen (Abb. 4). Im Einzelfall sind diese Prozesse über Kunden- und Mitarbeiterbefragungen detailliert zu erheben und zu strukturieren, um die CRM-Prozesse optimal darauf abstimmen zu können. Den Kundenprozessen stehen auf Unternehmensseite Prozesse gegenüber, die das Ziel haben, diese Kundenprozesse zu unterstützen.

Aus Unternehmenssicht lassen sich die betrieblichen Prozesse zunächst grob in Kernprozesse und Supportprozesse untergliedern (Abb. 5). Die *Kernprozesse* dienen der Erstellung und dem Vertrieb der Unternehmensleistung. Sie sind durchgängig auf den Absatzmarkt ausgerichtet. *Supportprozesse* haben dagegen ausschließlich unternehmensinterne Bereiche als Nachfrager (Gaitanides et al. 1994b, S. 17). Ihr Ziel besteht in der Unterstützung der Kernprozesse durch die Entwicklung der Mitarbeiter, die Sicherung der Liquidität sowie die Bereitstellung von Ressourcen und Informationen (Wehrmeister 2001, S. 205). Diese Prozesse sind für den reibungslosen Ablauf der Kernprozesse unentbehrlich. Aufgrund des fehlenden Kundenkontaktes sind sie jedoch nur indirekt CRM-relevant und werden daher von der weiteren Betrachtung ausgeschlossen.

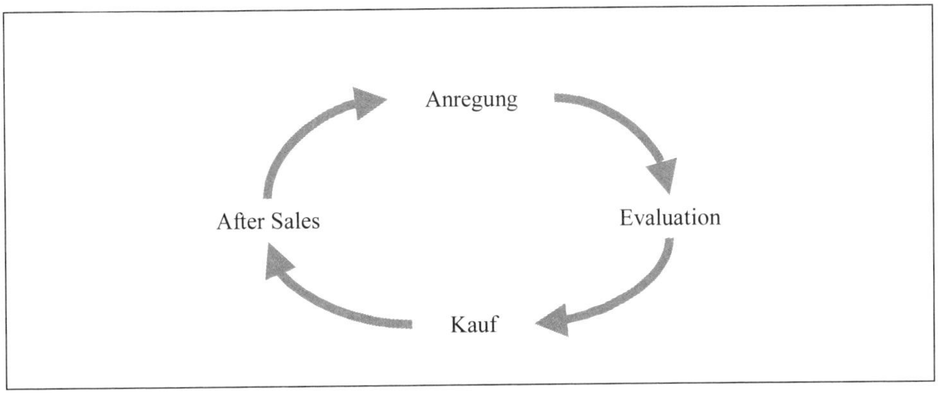

Abb. 4: Kundenprozesse im Customer Buying Cycle
Quelle: Muther 2000, S. 15

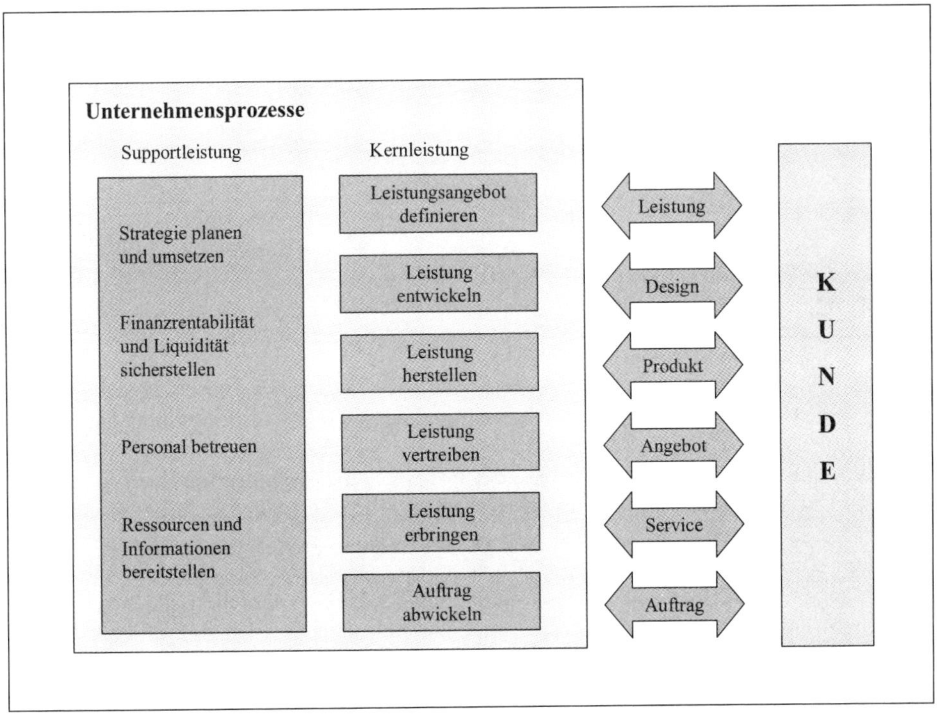

Abb. 5: Kernprozesse und Supportprozesse
Quelle: in Anlehnung an Gaitanides et al. 1994b, S. 17

Auch einige der Kernprozesse aus Abb. 5 – so z.B. die Entwicklung und Produktion der betrieblichen Leistung – weisen keinen direkten Kundenkontakt auf und sollen daher im Sinne der vorliegenden Problemstellung nicht als CRM-Prozesse definiert werden. Die genannten Kernprozesse werden daher nochmals untergliedert in Prozesse mit internen Prozesskunden und Prozesse mit externen Kunden (Abb. 6). Die einzelnen Prozesse der Abbildung sind dabei nicht losgelöst voneinander zu sehen, sondern stehen sowohl zu Prozessen in ihrer Gruppe als auch zu Prozessen anderer Gruppen in (horizontaler und vertikaler) Verbindung (Gaitanides et al. 1994a, S. 210).

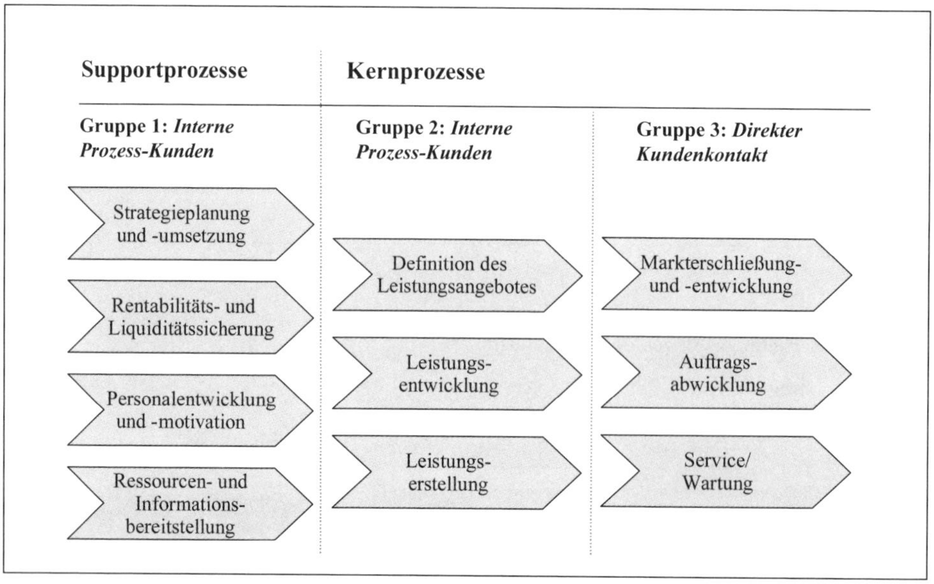

Abb. 6: Gruppen von Geschäftsprozessen
Quelle: in Anlehnung an Gaitanides et al. 1994a, S. 211

In dieser Einteilung haben die Prozesse der Gruppe 1 die Aufgabe, die Funktionsfähigkeit des Unternehmens zu sichern und Ressourcen für interne Prozesse bereitzustellen. Die Prozesse der Gruppe 2 planen und erstellen die betrieblichen Kernprodukte und beliefern somit ebenfalls interne Unternehmensprozesse. Die Prozesse der Gruppe 3 sind dagegen für die Beziehung des Unternehmens zu seinen aktuellen und potenziellen (externen) Kunden verantwortlich und zeichnen sich daher als Einzige durch eine unmittelbare Kundennähe aus. Für die Prozessanalyse im CRM kommen also hauptsächlich die Prozesse der Markterschließung und -entwicklung, der Auftragsabwicklung sowie der Serviceleistung in Betracht (Gaitanides et al. 1994a, S. 210 f.). Diese stellen wiederum die anbieterseitige Unterstützung der Kundenprozesse des Customer Buying Cycle dar (Abb. 7).

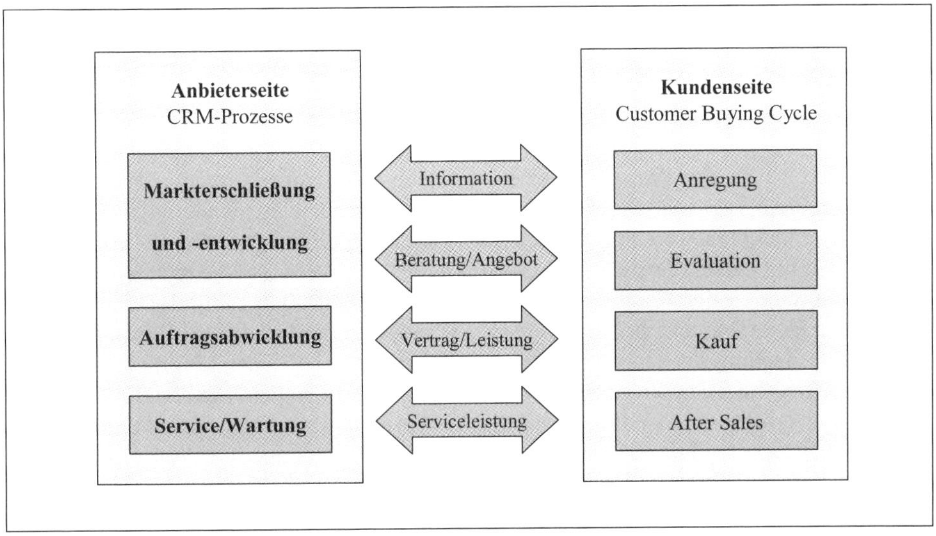

Abb. 7: CRM-Prozesse und Kundenprozesse
Quelle: in Anlehnung an Becker/Knackstedt 2002, S. 152

Auf diese Weise lässt sich abgrenzen, welche Unternehmensprozesse direkt kundenbezogen und damit CRM-relevant im Sinne dieses Beitrags sind. CRM-Prozesse können dementsprechend als „die anbieterseitige Spiegelung des Customer Buying Cycle" (Becker/Knackstedt 2002, S. 147) aufgefasst werden.

3.2 Identifizierung von Schlüsselprozessen

Aufgrund begrenzter Ressourcen ist es nur bedingt möglich, alle wünschenswerten Prozessverbesserungen durchzuführen. Daher ist es im Sinne einer Gegenüberstellung von Notwendigkeit und Durchführbarkeit erforderlich zu entscheiden, welche Schwachstellen vorrangig zu bearbeiten sind. Im Zusammenwirken der beteiligten internen – sowie gegebenenfalls externen – Projektmitarbeiter ist deshalb ein Übereinkommen zwischen wünschenswerten und machbaren Lösungen zu finden (Dahnke 2001, S. 135 f.). In Abhängigkeit von der verfolgten CRM-Strategie sind „Schlüsselprozesse" zu identifizieren, deren Optimierung in Hinblick auf die CRM-Zielsetzung einen besonders hohen Erfolg verspricht.

Ein Ansatz zur Ermittlung der Bearbeitungsprioritäten besteht nach Hammer/Champy (1994, S. 159 ff.) in der Bewertung der Prozesse anhand der folgenden Fragen:

- Welche Prozesse stecken in den größten Schwierigkeiten (Dysfunktionale Prozesse)?

- Welche Prozesse haben die höchste Bedeutung für die Kunden (Wichtige Prozesse)?
- Welche Prozesse eignen sich für eine erfolgreiche Neugestaltung (Verbesserungspotenzial)?

Schwierigkeiten in den Prozessen lassen sich zum einen anhand interner Prozesskennzahlen ermitteln (vgl. Abschnitt 5.1). Zum anderen scheint es gerade auf dem Gebiet des CRM empfehlenswert, die Güte eines Prozesses (auch) anhand der Zufriedenheit der Kunden mit diesem Prozess zu messen. Zu diesem Zweck ist eine Kundenbefragung durchzuführen, bei der Kunden direkt nach ihrer Zufriedenheit mit ausgewählten Prozessen des Unternehmens befragt werden. Es bietet sich an, in diesem Zusammenhang auch die Bedeutung der einzelnen Prozesse aus Sicht der Kunden zu erheben, um der Prozesszufriedenheit die Prozesswichtigkeit gegenüber zu stellen. Schlüsselprozesse für die Prozessverbesserung sind dann diejenigen Prozesse, die eine geringe Kundenzufriedenheit aufweisen und denen gleichzeitig eine hohe Bedeutung zugemessen wird (Jammernegg/Kischka 2001b, S. 27).

Bei dieser Betrachtung ist jedoch auch die Frage des Verbesserungspotenzials eines Prozesses nicht außer Acht zu lassen. Zum Teil lässt sich die Effizienz defizitärer Prozesse bereits anhand einfacher organisatorischer Änderungen deutlich steigern (z.B. über die Eliminierung von Doppelarbeiten oder über die Bestimmung eines Prozessverantwortlichen). Im Rahmen einer CRM-Einführung ergeben sich Verbesserungspotenziale darüber hinaus insbesondere für diejenigen Prozesse, die durch das CRM-System unterstützt werden. Werden z.B. für einen Prozess benötigte Informationen, welche bisher nur telefonisch zu erfragen waren, in Echtzeit durch das CRM-System zur Verfügung gestellt, so bedeutet das für diesen Prozess ein beträchtliches Zeiteinsparungspotenzial. Es bietet sich also an, bei der Prozessanalyse im CRM bevorzugt diejenigen Prozesse zu betrachten, die in allen drei Dimensionen eine hohe Ausprägung aufweisen (Abb. 8).

Die Erhebung und Quantifizierung von Prozessbedeutung, Prozessschwierigkeiten bzw. Kunden(un)zufriedenheit und Verbesserungspotenzial stellt eine anspruchsvolle Aufgabe dar. Für alle in Frage kommenden Prozesse sind die Ausprägungen dieser drei Variablen – teils aus Kundensicht, teils aus Unternehmenssicht – zu ermitteln, in vergleichbaren Dimensionen auszudrücken und gegenüber zu stellen. Der vollständige Prozess zur Identifizierung von Schlüsselprozessen wird durch Jammernegg/Kischka (2001a) ausführlich beleuchtet.

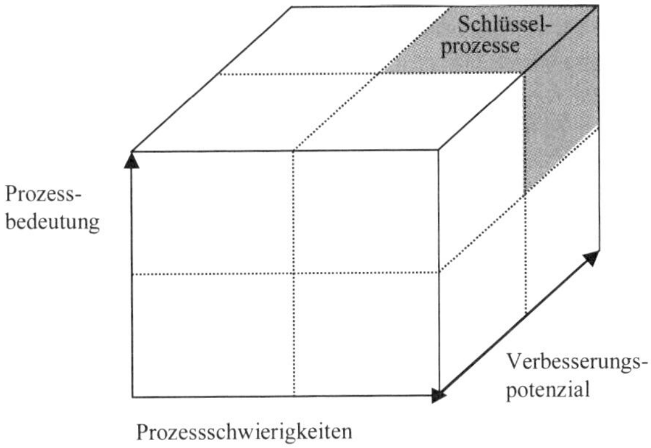

Abb. 8: Bestimmung von Schlüsselprozessen

3.3 Erhebung der Prozessinformationen

Grundlage für die Gestaltung effizienter kundenorientierter Geschäftsprozesse ist die möglichst detaillierte Kenntnis der bestehenden Prozesse. Diese haben sich jedoch meist über einen längeren Zeitraum entwickelt, sind aus unterschiedlichen Unternehmensbereichen hervorgegangen und wurden in einer Vielzahl einzelner Systeme abgebildet, so dass ein umfassendes Prozesswissen in den meisten Unternehmen nicht vorhanden ist. Aus diesem Grund beginnt die Prozessoptimierung in der Regel mit der Erhebung der zu betrachtenden Prozesse.

Die umfassende Erhebung der unternehmensinternen Prozesse kann – in Abhängigkeit vom geforderten Detaillierungsgrad und von der bereits vorhandenen Prozessdokumentation – einen nicht zu unterschätzenden Zeitaufwand erfordern. Als Beispiel sei hier ein Projekt zur Optimierung des Kundenauftragsprozesses der Audi AG aus den Jahren 2001/2002 genannt. Der zu optimierende Gesamtprozess – vom Auftragseingang bis zur Lieferung – war zu Projektbeginn nur in Teilabschnitten bekannt. Aus diesem Grund erfolgte zunächst eine Bestandsaufnahme der Abläufe, Einflussfaktoren und Prozessschritte. Diese Bestandsaufnahme wurde von einem Team aus zwei internen und bis zu 18 externen Beratern durchgeführt und erstreckte sich über einen Zeitraum von neun Monaten (o.V. 2002, S. 8).

Nach Nippa/Klemmer (1995, S. 174) lassen sich Prozesse beschreiben anhand des auslösenden Ereignisses (z.B. Kundenanfrage), ihrer Inputs (z.B. Informationen), der Arbeitsschritte bzw. Aktivitäten im Zeitablauf (z.B. im Netzplan), der Unterstützungsmittel (z.B. Computer) und der Merkmale des Outputs (z.B. Angebot, Monatsbericht). Gemeinsam mit den Prozessbeteiligten sind diese Prozessmerkmale Schritt für Schritt aufzunehmen und grafisch darzustellen. Zur Abbildung der Prozesse stehen verschiedene Methoden zur Verfügung, welche in Abschnitt 4.2 näher betrachtet werden. Als Grundlage für eine spätere Prozessanalyse werden bereits in dieser Phase neben der Prozessstruktur operationale Zeit-, Kosten- und Qualitätsmessgrößen (z.B. Durchlaufzeiten, Verhältnis von Bearbeitungszeit zu Liege- und Transportzeiten oder Ausschussquoten) erfasst (Nippa/Klemmer 1995, S. 174). Umfang und Detaillierungsgrad der zu erhebenden Informationen richten sich dabei nach der angestrebten Analysetiefe.

Zur systematischen und vergleichbaren Erfassung aller relevanten Prozessinformationen empfiehlt sich der Einsatz eines strukturierten Fragebogens. Anhand dieses Fragebogens werden Interviews mit den Prozessbeteiligten durchgeführt. Als „Prozessbeteiligte" gelten diejenigen Mitarbeiter, die im Tagesgeschäft für die Abwicklung der Prozesse zuständig sind, sowie die Leiter der betroffenen Abteilungen. Die Abteilungsleiter haben den Überblick über die in der Abteilung ablaufenden Prozesse, können die übergreifenden Zusammenhänge beschreiben und Anforderungen an die Prozesse auch aus strategischer Sicht einstufen. Allerdings fehlt ihnen die Detailsicht auf die täglichen Geschäftsabläufe, welche durch die prozessverantwortlichen Mitarbeiter beigetragen wird.

Der Fragebogen sollte sich am Ablauf des Prozesses orientieren und im Einzelnen die folgenden Informationen erheben:

- Bezeichnung der Tätigkeit,
- auslösendes Ereignis,
- Bearbeitungs-/Liege- und Transportzeiten und deren Verteilungen,
- Bearbeitungsreihenfolge der Aufgaben (Fifo, Lifo, etc.),
- benötigte Daten bzw. Informationen,
- Lieferant der benötigten Daten/Übertragungsmedium,
- Empfänger der aus der Tätigkeit resultierenden Daten/Übertragungsmedium und
- eingesetzte Softwareprogramme.

Den Prozessverantwortlichen sollte darüber hinaus die Möglichkeit gegeben werden, ihre Zufriedenheit mit dem vorhandenen Ablauf und den entsprechenden Schnittstellen zu äußern sowie Verbesserungsvorschläge oder Änderungswünsche einzubringen. Die enge Einbeziehung der Prozessverantwortlichen sichert den Erfolg der Optimierung und trägt zudem dazu bei, die Akzeptanz der Prozessänderungen in den Abteilungen zu erhöhen. So wurden auch im oben genannten Prozessoptimierungsprojekt der Audi AG die Wirkungen und Einflussgrößen der einzelnen Prozessfragmente sowie potenzielle Änderungen an den Prozessen gemeinsam mit den Prozesseignern und Entscheidern aus den involvierten Organisationseinheiten diskutiert, um einen realitätsgetreuen Überblick über das Gesamtgeschehen zu erhalten und die Akzeptanz der Optimierungsmaßnahmen zu sichern (o.V. 2002, S. 8 f.).

Vor Beginn der eigentlichen Prozessanalyse müssen die erhobenen Daten nachbearbeitet werden. Sie werden auf Vollständigkeit und Konsistenz überprüft und übersichtlich dargestellt. Nachdem eventuelle Fragen und Widersprüche geklärt wurden, werden die Abteilungsmodelle zu einem Gesamtmodell konsolidiert. Dieser Schritt muss schon während der Aufnahme der einzelnen Teilprozesse beachtet werden, da sonst Schnittstellen nicht zueinander passen. Neben der Modellierung der einzelnen Abläufe werden Zusatzinformationen strukturiert aufbereitet und die Gesprächsauswertung ausformuliert. Die vollständige Dokumentation sollte schließlich von der betroffenen Abteilung überprüft werden, um sicher zu stellen, dass alle Vorgänge und Daten korrekt aufgenommen wurden.

Zur Ergänzung und Verifizierung der in den Interviews erhobenen Daten bietet sich die Auswertung verschiedener unternehmensinterner Dokumente an. Relevante Prozessdaten können beispielsweise abgeleitet werden aus (Rosenkranz 2002, S. 102):

- Kunden- und Lieferantenrechnungen,
- Angeboten und Aufträgen,
- Reklamationen und Beschwerdeschreiben,
- Mengen von Fertigungsaufträgen,
- Vorgabezeiten und Istzeiten für die Ausführung von Aktivitäten sowie
- Häufigkeiten der innerbetrieblichen und außerbetrieblichen Kommunikation.

Die gesammelten Informationen müssen anschließend in einer einheitlichen Form abgebildet werden, um die Vergleichbarkeit und Integrationsfähigkeit der einzelnen Prozesse zu gewährleisten und eine geeignete Basis für die Analyse und Optimierung der Prozesse zur Verfügung zu stellen.

4 Prozessmodellierung

4.1 Zielsetzung der Prozessmodellierung im CRM

Bereits einfache Unternehmensprozesse umfassen eine Vielzahl von Aktivitäten, Humanressourcen, Sachmitteln, Informationen und Beziehungen zwischen diesen Objekten. Da diese Komplexität in der Regel das menschliche Erfassungsvermögen übersteigt, bietet es sich an, die Geschäftsprozesse eines Unternehmens grafisch abzubilden, um so die Komplexität zu reduzieren, die Verständlichkeit zu erleichtern und die Vergleichbarkeit verschiedener Prozesse zu gewährleisten (Seel et al. 2000, S. 2).

Die Abbildung der betrieblichen Prozesse in grafischen Modellen schafft Prozesstransparenz und kann als Basis für die Identifizierung von Verbesserungspotenzialen herangezogen werden. Schwachstellen in den Prozessen, wie Doppelarbeiten, Medienbrüche oder Rücksprünge, lassen sich anhand eines Prozessmodells leicht aufzeigen. Daher stellt die einheitliche und übersichtliche Modellierung der kundenbezogenen Prozesse eine wichtige Grundlage für die Erhöhung der Prozesseffizienz im CRM dar: „Das Wissen und seine Darstellung der in einem Unternehmen praktizierten Abläufe ist eine elementare Voraussetzung, um das vom Kunden gewünschte Prozessergebnis unter Berücksichtigung wirtschaftlicher Aspekte effizient und zielgerichtet zu realisieren." (Scholz/Vrohlings 1994c, S. 38).

Im Vorfeld der CRM-Einführung lässt sich auf Basis der dokumentierten CRM-Prozesse bestimmen, welche Prozesse und Schnittstellen auf welche Art von einem CRM-System unterstützt werden sollten. Das Wissen um die benötigten Funktionalitäten des CRM-Systems trägt dazu bei, Fehler bei der Softwareauswahl zu vermeiden. Die angestrebte Anpassung des CRM-Systems an die tatsächlich benötigten Funktionalitäten im CRM an Stelle einer Anpassung der Unternehmensprozesse an die vorhandenen Funktionalitäten des Systems wird durch die geschaffene Prozesstransparenz wirkungsvoll unterstützt. Aus diesem Grund kann die Prozessdokumentation eine wertvolle Stütze bei der Auswahl und Einführung des CRM-Systems darstellen.

Von besonderer Bedeutung bei der Modellierung von Geschäftsprozessen im CRM ist die umfassende Beteiligung der Mitarbeiter. Sie sind zum einen die Träger des Prozesswissens, das in den Modellen abgebildet werden soll. Zum anderen sind sie die Betroffenen von Organisationsveränderungen, die sich gegebenenfalls an die Modellierung des Ist-Zustandes anschließen. Daher sichert die Beteiligung der Mitarbeiter neben der Richtigkeit der Prozessmodelle auch die Akzeptanz des gesamten Optimierungsprojektes (Seel et al. 2000, S. 3). Im übergreifenden Kontext der CRM-Einführung trägt die enge Einbindung der Mitarbeiter somit dazu bei, die Akzeptanz des CRM-Projektes und der damit einhergehenden Veränderungen in den Prozessen und der Systemlandschaft des Unternehmens zu unterstützen.

4.2 Modellierungsmethoden

Zur Durchführung der Modellerstellung wurden verschiedene Methoden entwickelt, die unterschiedliche Sichten und Schwerpunkte verwenden und damit für unterschiedliche Nutzergruppen geeignet sind. Eine Modellierungsmethode stellt dem Benutzer eine oder mehrere Beschreibungssprachen für die Kommunikation und Präsentation von Sachverhalten zur Verfügung (Seel et al. 2000, S. 2). Da die Abbildung aller modellierungsrelevanten Sachverhalte in einer einzigen Darstellung meist nicht sinnvoll ist, erfolgt in der Regel eine Unterteilung in verschiedene Sichten zur Reduktion der Komplexität und zur besseren Verständlichkeit der Modelle (Gadatsch 2001, S. 84). Eines der bekanntesten Sichtenmodelle besteht in der von A.-W. Scheer entwickelten ARIS-Architektur. Diese unterscheidet zwischen Organisations-, Daten-, Prozess- und Funktionssicht (Scheer

1998b, S. 47), wobei für jede einzelne Sicht eine unterschiedliche Modellierungsmethode herangezogen wird (Abb. 9).

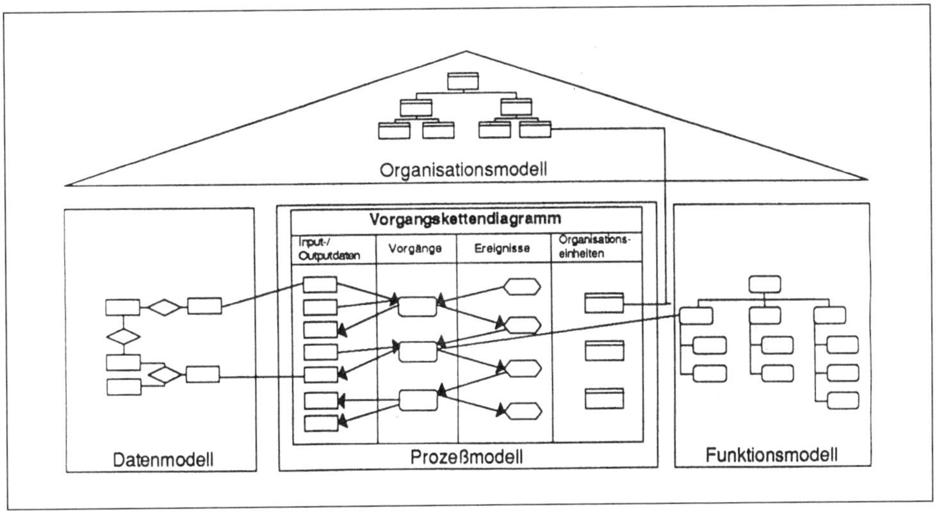

Abb. 9: Sichten der ARIS-Architektur
Quelle: Scheer 1998b, S. 47

Die klassische Darstellungsform der *Organisationssicht* ist das Organigramm, welches anhand einer Baumstruktur die Beziehungen zwischen den organisatorischen Einheiten und damit die Aufbauorganisation eines Unternehmens wiedergibt. Auch die *Funktionssicht* wird mittels einer Baumstruktur abgebildet. Der sogenannte Funktionsbaum bildet die einzelnen betrieblichen Funktionen und deren Beziehungen untereinander ab (Gadatsch 2001, S. 96). Die Darstellung der *Datensicht* erfolgt über das Entity Relationship-Modell (ERM). Das ERM stellt eine generelle Beschreibungssprache für Datenstrukturen dar. Die Grundelemente

- Entities (Informationsobjekte),
- Relationships (Beziehungen zwischen Informationsobjekten) und
- Attribute (Eigenschaften von Entities oder Relationships)

werden anhand ihrer sachlogischen Abhängigkeiten zu einem logischen Datenmodell zusammengesetzt (siehe dazu ausführlich Gadatsch 2001, S. 102 ff.).

Die *Prozesssicht* wirkt als integrierendes Element, indem sie auf die Bestandteile der anderen Sichten zurückgreift (Abb. 9). In einer Art Baukastenprinzip werden die einzelnen Elemente (Daten, Funktionen und Organisationseinheiten) in der Prozesssicht zu einem logischen Ablaufmodell zusammengefügt. Als Modellierungsmethode der Prozesssicht wird die Ereignisgesteuerte Prozesskette (EPK) oder deren tabellarische Darstellungsform, das Vorgangskettendiagramm (VKD) eingesetzt (Scheer 1998a, S. 171).

Die EPK gibt den zeitlich-logischen Ablauf von Funktionen wider. Sie besteht aus den Grundelementen „Funktion", „Ereignis" und „Konnektoren" (Abb. 10). Funktionen beschreiben Transformationsprozesse, welche den Zustand von Objekten ändern (z.B. „Anfrage beantworten"). Sie werden als abgerundete Rechtecke dargestellt. Ereignisse, als passive Objekttypen, lösen Funktionen aus und sind Ergebnisse von Funktionen (z.B. „Anfrage eingegangen", „Anfrage beantwortet"). Sie werden als Sechsecke dargestellt. Die EPK beginnt und endet jeweils mit einem Ereignis, dem Start- und dem Endereignis. Konnektoren beschreiben die möglichen Formen der Prozessverzweigung. Als wichtigste Konnektoren unterscheidet man zwischen logischem UND sowie inklusivem und exklusivem ODER (Gadatsch 2001, S. 130 ff.). Abb. 10 zeigt einen Ausschnitt aus dem Prozess „Kundenanfrage bearbeiten" in der Darstellungsform einer EPK.

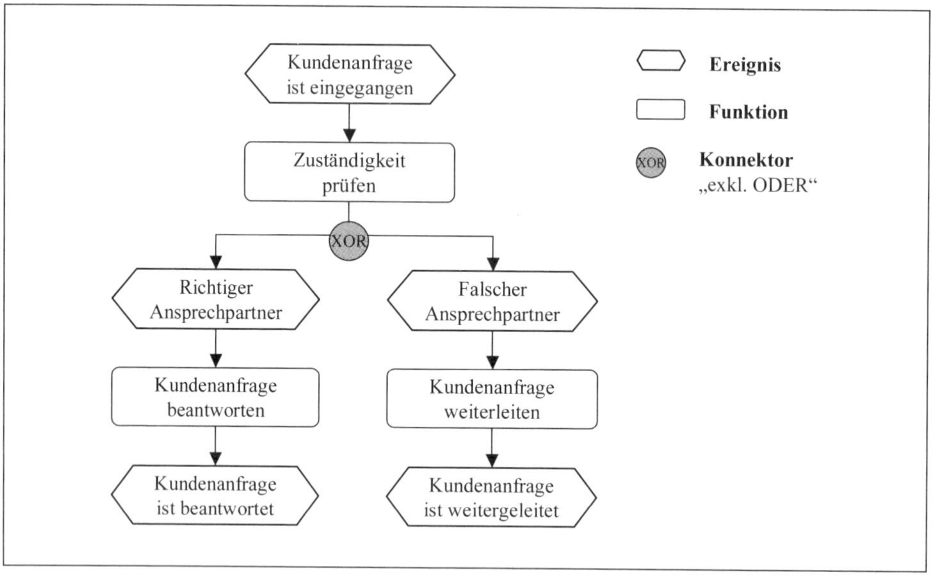

Abb. 10: Beispielhaftes Prozessmodell (EPK)

Die EPK kann in Abhängigkeit vom Ziel der Prozessmodellierung um zusätzliche Elemente erweitert werden („Erweiterte EPK"/„eEPK"). So können beispielsweise Informationsobjekte, organisatorische Einheiten oder Leistungsobjekte eingefügt werden (Gadatsch 2001, S. 142 f.). Auf diese Weise wird das Prozessmodell jedoch leicht unübersichtlich. Zur Erhöhung der Übersichtlichkeit kann die tabellarische Darstellungsform des VKD gewählt werden. Im VKD werden die einzelnen Prozesselemente den jeweiligen Sichten zugeordnet, so dass der Betrachter einen schnellen Überblick, beispielsweise über alle am Prozess beteiligten Organisationseinheiten oder alle einfließenden und ausgehenden Leistungen erhält (Abb. 11). Allerdings weist diese Darstellungsform den Nachteil auf, dass Verzweigungen im Prozessablauf nicht gut darstellbar sind. Die beiden Darstellungsformen eEPK und VKD sind daher je nach Modellierungsziel alternativ einzusetzen. Sie lassen sich voneinander ableiten, da jeweils der gleiche Sachverhalt – lediglich in unterschiedlicher Präsentationsform – dargestellt ist (Scheer 1998a, S. 171). Abb. 11 zeigt ein vereinfachtes VKD für den Prozess „Auftragsbearbeitung".

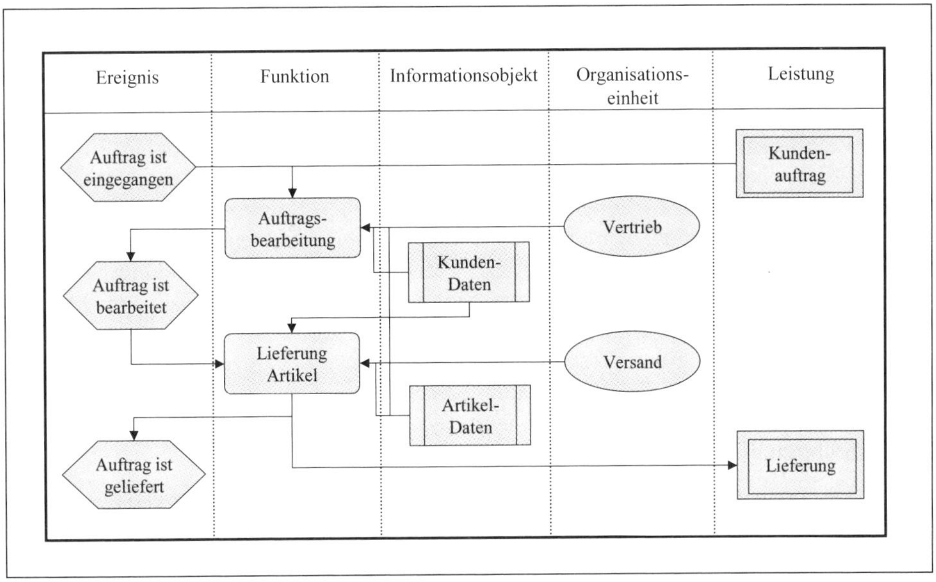

Abb. 11: Beispielhaftes Vorgangskettendiagramm (VKD)
Quelle: Gadatsch 2001, S. 130

4.3 Modellierungstools

Ein entscheidender Beitrag der Informationstechnologie zur Darstellung und Optimierung von Prozessen besteht in der Bereitstellung von Tools, welche die Abbildung und Analyse von Prozessen sowie die Untersuchung der Auswirkung einzelner Änderungen wesentlich vereinfachen bzw. bestimmte Analysen überhaupt erst ermöglichen. Ablauf-, Aufbau- und Prozessstrukturen können anhand geeigneter Tools transparent dargestellt werden, womit die Möglichkeit geschaffen wird, Geschäftsprozesse in ihrer Gesamtheit zu betrachten und auszuwerten.

Nach Schmelzer/Sesselmann (2002, S. 306) und Gadatsch (2001, S. 172) liegen die Einsatzpotenziale der Softwareunterstützung im Prozessmanagement auf den folgenden Gebieten:

- Dokumentation von Geschäftsprozessen,
- Erfassung von Daten, Strukturen und Prozessmessgrößen,
- Visualisierungshilfe zur Schwachstellenanalyse,
- Entwurf von Soll-Konzepten,
- Simulation von Alternativen,
- Auswertung von Kosten, Durchlaufzeiten, Kapazitätsauslastung etc.,
- Bereitstellung von Prozessberichten und grafische Darstellung der Ergebnisse.

Sowohl die Leistungsfähigkeit als auch die Anzahl der angebotenen Tools für das Geschäftsprozessmanagement ist in den letzten Jahren stark angestiegen (Schmelzer/Sesselmann 2002, S. 306). Innerhalb des umfangreichen Softwareangebotes bestehen zum Teil jedoch erhebliche Unterschiede zwischen den einzelnen Modellierungswerkzeugen. Diese finden sich unter anderem in den unterstützten Anwendungsbereichen (z.B. Dokumentation, Modellierung oder Simulation), der Verfügbarkeit von Musterprozessen (in der Software implementierte typische Prozesse, welche als Referenzmodelle für die Abbildung und Gestaltung der unternehmensspezifischen Prozesse herangezogen werden können), der Ausgestaltung des Datenmanagements, der Benutzeroberfläche und der Bedienerführung sowie dem Zeit- und Kostenaufwand der Anschaffung und Einführung (Schmelzer/Sesselmann 2002, S. 307).

Nach den unterstützten Anwendungsbereichen lassen sich die am Markt verfügbaren Tools grob in die drei Kategorien „Zeichner", „Modellierer" und „Simulatoren" einordnen (Jammernegg/Reiner 2001, S. 111). „Zeichner" ermöglichen ausschließlich die grafische Darstellung von Abläufen mit Hilfe von Symbolen und Verbindungen ohne die Forderung einer logischen Struktur in den Abläufen. Ihr Einsatzgebiet liegt in der schnellen und einfachen grafischen Abbildung von Prozessen (Processmapping). Der Schwerpunkt liegt hier auf einer Präsentation der Prozesse, nicht jedoch auf der Prozessoptimierung.

„Modellierer" fordern und unterstützen dagegen die strukturelle Logik der Prozessmodelle. Die einzelnen Prozesselemente, wie z.B. Tätigkeiten, Aufgabenträger, Informationen, Daten und Ressourcen werden innerhalb einer festgelegten Struktur systematisch miteinander verknüpft. Auf diese Weise lassen sich statische Prozessmodelle integriert und übersichtlich erstellen und analysieren. Die Ergebnisse der (statischen) Prozessanalyse werden in einer Datenbank mit verschiedenen Auswertungsmöglichkeiten dokumentiert. „Simulatoren" bieten darüber hinaus eine dynamische Analyse der Prozesse und ermöglichen dadurch auch die Simulation und Beurteilung alternativer Abläufe.

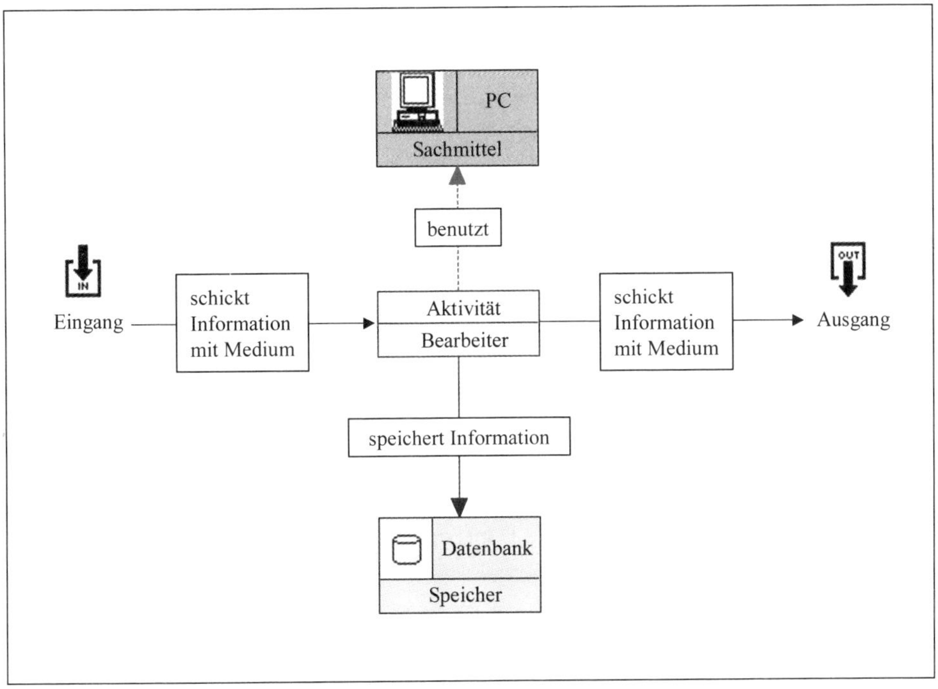

Abb. 12: Ausschnitt aus einem beispielhaften Prozessmodell in Bonapart

Funktionsweise und Einsatzmöglichkeiten eines Tools zur Prozessanalyse sollen hier am Beispiel der Software „Bonapart" aufgezeigt werden. Bonapart ist ein universelles Werkzeug für die Modellierung und Simulation von Geschäftsprozessen der Firma PIKOS. Abb. 12 zeigt den Aufbau eines Prozessmodells in Bonapart. Die Modellierung der betrieblichen Abläufe kann in Bonapart sowohl „top down" als auch „bottom up" durchgeführt werden. Nach der Top Down-Methode erfolgt zunächst die Modellierung von abstrakten Klassen, in welchen die relevanten Aufgabenstrukturen, Informationen, Medien, Sachmittel und Speicher als Bausteine beschrieben und zueinander in Beziehung gesetzt werden. Anschließend werden unter Rückgriff auf diese definierten Klassen die konkreten Prozesse aufgebaut (Abb. 13). Bei der Bottom Up-Modellierung bildet der Modellierer dagegen direkt den betrachteten Prozess ab. Die verwendeten „Bausteine" werden durch die Software automatisch den entsprechenden Klassen zugeordnet, so dass diese Elemente wiederum für nachfolgend modellierte Prozesse zur Verfügung stehen.

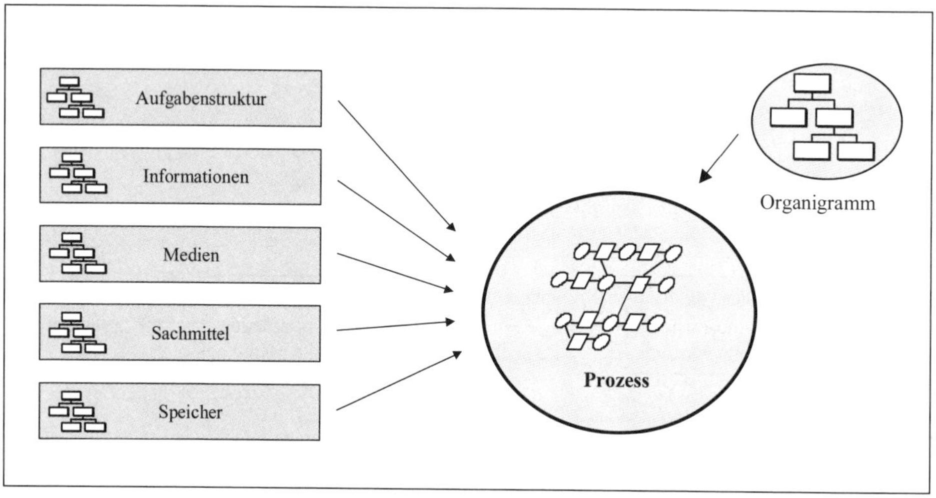

Abb. 13: Top Down-Modellierung mit Bonapart

In beiden Fällen werden die betrachteten Prozesse nicht lediglich grafisch abgebildet, sondern mit einer logischen Struktur hinterlegt. Auf diese Weise ist die Software in der Lage, die Modelle sowohl auf ihre formale Richtigkeit als auch auf Schwachstellen im Prozessablauf (z.B. Medienbrüche oder doppelte Arbeitsschritte) zu untersuchen. Werden die Prozessmodelle zusätzlich mit Kapazitäten, Bearbeitungszeiten etc. hinterlegt, können mit Hilfe von Simulationsanalysen darüber hinaus beispielsweise Engpässe, Auslastungen, Durchlaufzeiten oder Wartezeiten der betrachteten Prozesse aufgezeigt werden. Gleichzeitig kann mit einer Simulationsstudie deutlich gemacht werden, welche unterschiedlichen Verbesserungen sich aus verschiedenen möglichen Szenarien ergeben. Der folgende Abschnitt beschäftigt sich mit diesen Einsatzmöglichkeiten der statischen und dynamischen Prozessanalyse.

5 Prozessanalyse und -verbesserung

5.1 Analyseperspektiven und Prozesskennzahlen

Zur Messung und Beurteilung der Qualität eines Prozesses existieren unterschiedliche Ansatzpunkte. So unterscheidet Kreysch (1999, S. 870) zwischen den drei Analyseebenen

- Ergebnis (z.B. Kundenzufriedenheit, Gewinn etc.),
- Prozess (Abläufe) und
- Struktur (Aufbau, Organisation, Ressourcenausstattung etc.) (Abb. 14).

Die Ergebnisebene hat einerseits die höchste Bedeutung für den Unternehmenserfolg, ist aber andererseits in der Regel von zahlreichen Faktoren abhängig, die nicht alle gemessen oder beeinflusst werden können (Bsp. Kundenzufriedenheit). Aus diesem Grund ist der Zusammenhang zwischen einem (isolierten) Prozess und dem (globaleren) Ergebnis meist nicht eindeutig bestimmt und der direkte Einfluss einer Prozessänderung auf das Ergebnis nur schwer messbar. Leichter zugänglich sind dagegen die Qualität des Prozessablaufes sowie der dahinter stehenden Struktur. Daher besteht eine Möglichkeit zur Bestimmung der Prozessqualität in der Analyse von Prozessstruktur und -ablauf unter der Annahme, dass eine hohe Struktur- und Prozessqualität die Voraussetzung für eine gute Ergebnisqualität darstellt (Kreysch 1999, S. 870).

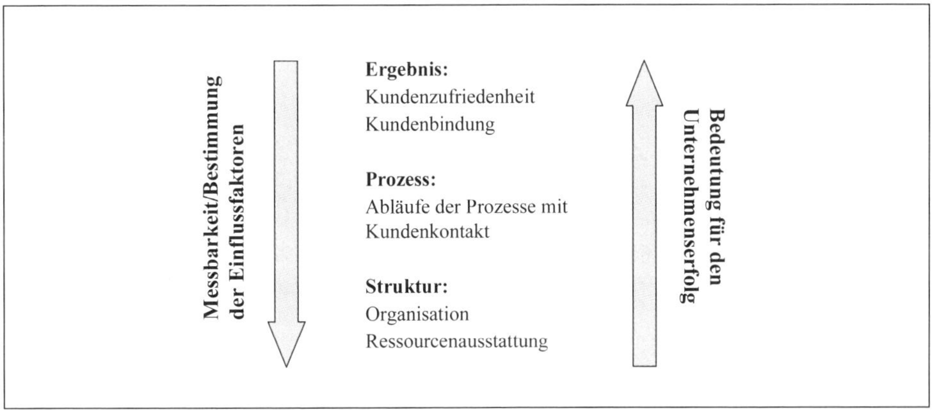

Abb. 14: Struktur-, Prozess- und Ergebnisqualität
Quelle: in Anlehnung an Kreysch 1999, S. 871

Dieser Argumentationslinie entspricht auch die Unterscheidung von Prozesskennzahlen in Früh- und Spätindikatoren. So kann die Qualität von Struktur und Ablauf als Frühindikator für zufriedenstellende bzw. mangelhafte Prozesse genutzt werden. Die (zufriedenstellende oder mangelhafte) Ergebnisqualität stellt dagegen einen Spätindikator dar, der sich als logische Konsequenz aus den zu Grunde liegenden Prozessen ergibt. Im Rahmen dieses Beitrags liegt der Schwerpunkt der Betrachtung auf der Prozessqualität im engeren Sinne – also auf der Analyse und Optimierung der Abläufe kundenorientierter Prozesse.

Diese sind jedoch immer in dem oben dargestellten Zusammenhang zwischen Struktur, Prozess und Ergebnis zu sehen, da ansonsten die Gefahr besteht, einen Prozess auf einer sehr abstrakten Ebene zu optimieren und dabei das angestrebte Ergebnis zu vernachlässigen. Diesen Aspekt betont Schnetzer (1999, S. 37) mit seiner Unterscheidung zwischen Prozesseffektivität und Prozesseffizienz, in der er darauf hinweist, dass ein Prozess zwar sehr gut ausgeführt, aber auf ein falsches Resultat ausgerichtet sein kann. Im CRM leitet sich die Prozesseffektivität oder Ergebnisqualität aus der Zielsetzung des

CRM-Projektes ab und könnte beispielsweise über die Kennzahlen Kundenzufriedenheit, Kundenbindung oder Dauer der Kundenbeziehung bestimmt werden.

Die Kundenzufriedenheit lässt sich bei der Ausführung derjenigen Aktivitäten erheben, bei denen ein unmittelbarer Kundenkontakt besteht. Der Kunde wird dazu aufgefordert, den von ihm wahrgenommenen Geschäftsprozess, seine Effizienz, seine Qualität und den empfundenen Nutzen zu beurteilen. Diese Beurteilung durch den Kunden kann beispielsweise im Rahmen eines direkten Gespräches, an Hand eines Fragebogens oder über die erfassten Kundenbeschwerden erfolgen (siehe dazu ausführlich Scholz/Vrohlings 1994a, S. 87 ff.). Dabei wird jeweils auf konkrete Geschäftsvorfälle bezogen eruiert (Rosenkranz 2002, S. 97):

- Was sind die Kundenwünsche bezüglich der angebotenen Leistungen (womit sind sie zufrieden/unzufrieden)?
- Was muss künftig zur Befriedigung der Kundenwünsche getan werden (welche Aktivitäten müssen in Zukunft ausgeführt werden)?
- Wie muss die Ausführung im Einzelnen erfolgen (wie sind die Aktivitäten auszuführen)?

Informationen, die sich aus solchen Befragungen ergeben, können für das Geschäftsprozess-Management oft wichtiger sein als interne Prozessdaten aus Messungen oder Schätzungen, denn die Verschlechterung eines Prozesses aus Kundensicht ist auch dann nicht tolerierbar, wenn die internen Daten Hinweise auf Verbesserungen geben (Rosenkranz 2002, S. 97). Daher scheint es ratsam, die Ergebnisse einer direkten Kundenbefragung als Grundlage des Optimierungsprozesses zu verwenden. Nachdem auf diese Weise festgestellt wurde, welche Prozesse bzw. welche Eigenschaften dieser Prozesse die höchste Bedeutung für den Kunden haben, können geeignete Prioritäten für die Prozessanalyse auf Ablaufebene bestimmt werden.

Kennzahlen zur Messung der Ablaufqualität oder Prozesseffizienz lassen sich gemäß Abb. 2 den drei „Säulen“ Qualität („fehlerfrei“), Zeit („rechtzeitig“) und Kosten („günstig“) zuordnen. Dabei bemisst sich die *Qualität* als Leistungsparameter an der Übereinstimmung des Outputs eines Prozesses mit den Vorgaben externer oder interner Kunden. Ein Fehler äußert sich daher immer in einer enttäuschten Erwartung des Kunden (Scholz/Vrohlings 1994b, S. 104). Die Fehlerursache kann unter anderem in ungenau spezifizierten Vorgaben, einem nicht synchronisierten Prozessablauf, dem Nichtbeherrschen der Umsetzungsregeln von Input in Output oder mangelnder Motivation liegen. Während die letzte Ursache der Personalführung zuzuordnen ist, sind die ersten drei auf Ineffizienzen in der Prozessgestaltung zurückzuführen und bieten somit potenzielle Ansatzpunkte für eine geplante Prozessverbesserung (Scholz/Vrohlings 1994b, S. 105).

Der Faktor *Zeit* ist ebenfalls ein bedeutendes Leistungskriterium, das häufig im Mittelpunkt einer Prozessanalyse steht. Eine höhere Prozessdauer ist in der Regel mit monetären Nachteilen sowie mit einer geringeren Kundenzufriedenheit verbunden. So beeinflusst z.B. die Durchlaufzeit der Auftragsabwicklung in erheblichem Maße sowohl die Kundenzufriedenheit als auch die Kapitalbindung. Die genaue Kenntnis und die Messung der Durchlaufzeit besitzt daher eine hohe Priorität im Prozessmanagement (Scholz/Vrohlings 1994a, S. 68). Die Durchlaufzeit umfasst die gesamte Zeitspanne von der Eingangs- zur Ausgangsschnittstelle eines Prozesses. Neben der reinen Bearbeitungszeit enthält sie auch die anfallenden Transport- und Wartezeiten, welche einen erheblichen Anteil an der Durchlaufzeit ausmachen können. Das Verhältnis zwischen Bearbeitungszeit und der gesamten Durchlaufzeit ist ein Maß für die Güte eines Prozesses (Scholz/Vrohlings 1994b, S. 105) Aus diesem Grund sollte sich eine Prozessanalyse keinesfalls auf die Erfassung und Optimierung der Bearbeitungszeit beschränken, sondern stets die Durchlaufzeit mit allen ihren Komponenten als Leistungskennzahl heranziehen. Ziel der Prozessoptimierung ist die „Reduzierung des Prozesses auf wertschöpfende Bearbeitungsschritte und Beschleunigung dieser Module“ (Scholz/Vrohlings 1994b, S. 106).

Primäre Zielsetzung der *Prozesskosten*messung ist die Identifizierung kostenintensiver und ggf. unwirtschaftlicher Prozessabläufe. Im Vordergrund steht auch hier die Eliminierung von Tätigkeiten, die zum gewünschten Ergebnis nichts oder nur wenig beitragen. Ursachen für unwirtschaftliche Prozesse können unter anderem in einer hohen Anzahl Schnittstellen, in der redundanten Bearbeitung einzelner Schritte oder im Vorliegen mehrfacher Prüfschritte bestehen. Die Prozesskostenrechnung ist ein wichtiges Hilfsmittel zur Aufdeckung dieser Ineffizienzen (Scholz/Vrohlings 1994b, S. 106)

Die Eignung der einzelnen Kennzahlen im Rahmen eines konkreten Optimierungsprojektes ist immer abhängig von der individuellen Zielsetzung. Die heranzuziehenden Kennzahlen sind jeweils aus der zu Grunde liegenden Strategie abzuleiten, wobei insbesondere auch die Anforderungen der Kunden – insofern diese erhoben wurden – zu berücksichtigen sind. Zur Analyse der unterschiedlichen Kennzahlen sowie zur Bewertung möglicher Änderungen und Verbesserungen in den Prozessen bieten sich sowohl statische als auch dynamische Analysen an. Die beiden folgenden Abschnitte zeigen theoretische Grundlagen und praktische Einsatzmöglichkeiten dieser beiden Analyseformen auf.

5.2 Statische Analysen

Die statische Prozessanalyse untersucht die (statische) Struktur eines Prozesses, seine einzelnen Elemente sowie die Beziehungen dieser Elemente untereinander (Abb. 15). So lässt sich beispielsweise feststellen, welche und wie viele Personen, Sachmittel, Informationen oder Prozessschritte an einem Prozess beteiligt sind, welche Personen und Ressourcen für welche Schritte benötigt werden oder in welcher Reihenfolge die einzelnen Schritte ausgeführt werden. Die dynamische Analyse dient dagegen der Bestimmung und Analyse von Prozesszeiten, Häufigkeiten, Mengen und Kapazitäten.

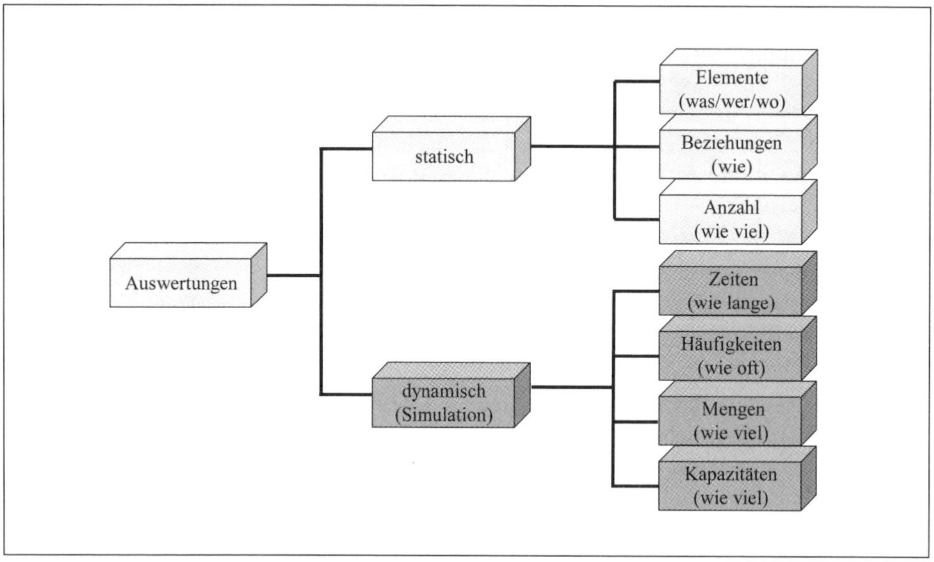

Abb. 15: Objekte statischer und dynamischer Analysen in Bonapart

Mit Hilfe der statischen Prozessanalyse lassen sich unter anderem Rücksprünge und Schleifen in den Prozessen sowie Doppelarbeiten und Medienbrüche aufzeigen. Abb. 16 zeigt beispielhaft die Darstellung der statischen Analyse „Medienbrüche" in Bonapart. Im dargestellten Angebotserstellungsprozess erfolgt die Angebotsanfrage eines Kunden an das Unternehmen per Brief. Intern weitergegeben wird sie jedoch über ein Formular. Dieser Medienbruch erfordert die Entnahme der Anfragedaten aus dem Brief und deren Eingabe in ein Formular (doppelter Erfassungsaufwand, Fehleranfälligkeit). Im Rahmen der Prozessanalyse ist daher zu prüfen, ob dieser Medienbruch notwendig ist oder ob er vermieden werden könnte, indem man beispielsweise dem Kunden vorgibt, seine Anfrage per Formular an das Unternehmen zu richten. Unter diesem Aspekt der Notwendigkeit bzw. Vermeidbarkeit sind auch alle weiteren identifizierten Ansatzpunkte der Prozessoptimierung wie z.B. doppelte Prüfschritte oder Rückfragen innerhalb der Prozesse zu betrachten.

Die statische Prozessanalyse stellt ein geeignetes Instrument dar, um systematische Schwachstellen in den Prozessen zu erkennen und darauf aufbauend Vereinfachungen im Prozessablauf oder eine verbesserte Zuordnung von Ressourcen zu den einzelnen Prozessschritten durchzuführen. Die Änderungen im Prozessablauf ergeben sich hierbei aus sachlogischen Überlegungen. Die konkrete Auswirkung dieser Änderungen auf das Prozessergebnis lässt sich anhand der statischen Prozessanalyse jedoch nicht ermitteln. Zu diesem Zweck bietet sich der Einsatz dynamischer Analyseverfahren an.

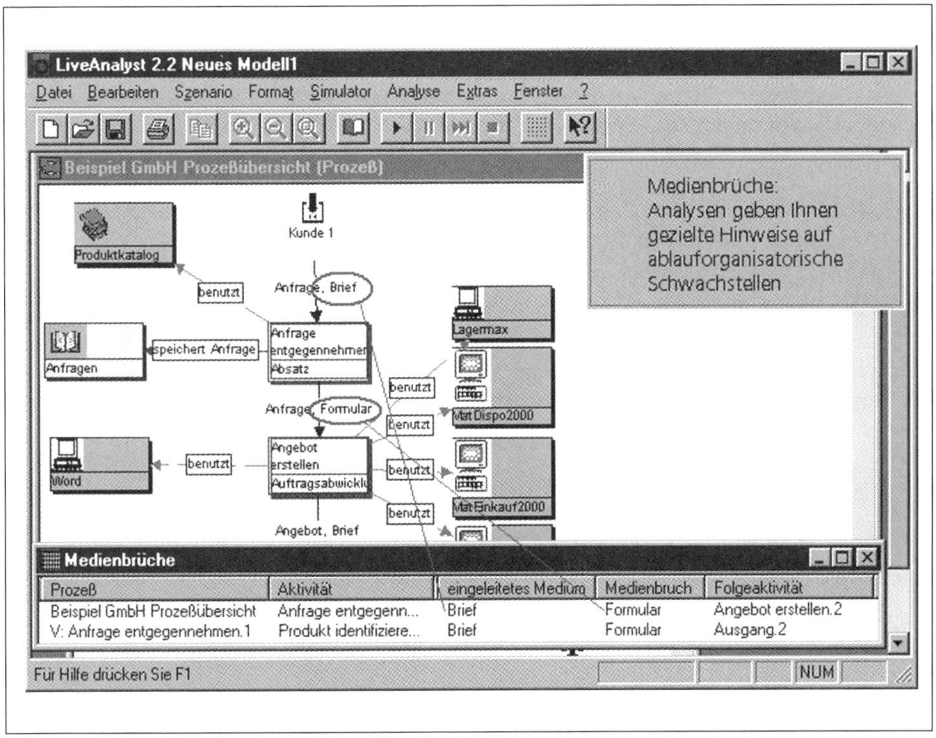

Abb. 16: Statische Analyse in Bonapart: Medienbrüche

5.3 Dynamische Analysen

Grundlage für die dynamische Analyse ist die Durchführung einer Simulationsstudie. Unter Simulation versteht man die „Nachbildung der Wirklichkeit in einem Modell, um damit zu experimentieren“ (Gadatsch 2001, S. 179). Auf Grundlage der Modellergebnisse wird anschließend auf das Verhalten des Systems in der Realität geschlossen. Auf diese Weise lassen sich Optimierungspotenziale aufdecken ohne das Risiko, am „echten System“ ausprobieren zu müssen, da sich mit Hilfe einer Simulationsstudie die Auswirkungen alternativer Prozessstrukturen auf die betrachteten Kenngrößen (z.B. Zeit oder Kosten) bereits vorab ermitteln und gegenüberstellen lassen.

Nach Neumann et al. (2002, S. 439) bestehen die Ziele der Prozesssimulation neben den generellen Verständnis- und Dokumentationszielen einer Prozessmodellierung in den folgenden Punkten:

- Validierung der Korrektheit von Prozessmodellen durch Prüfung der Übereinstimmung der modellierten Prozesslogik mit dem realen Ablauf,

- Bestimmung von Gesamtdurchlaufzeiten und -prozesskosten auf Basis einer Zuordnung von Zeiten und Kosten zu einzelnen Funktionen,
- Simulation alternativer Ressourcenausstattungen und -zuordnungen sowie ihrer Auswirkungen auf Durchlaufzeiten und Auslastungen und
- Bewertung alternativer Prozessstrukturen.

Trotz dieses umfangreichen Spektrums an Einsatzpotenzialen ist nicht außer Acht zu lassen, dass der Aufwand für die Erweiterung eines Prozessmodells um simulationsrelevante Informationen in Abhängigkeit von der verfolgten Zielsetzung beträchtlich sein kann. Die Durchführung einer Simulationsstudie ist daher als eigenständiges Teilprojekt aufzufassen, wobei der sorgfältigen Festlegung und Operationalisierung der Simulationsziele eine entsprechende Bedeutung zukommt. Auch wenn bereits Prozessmodelle als Ausgangslösung vorhanden sind, sollte die Konstruktion eines Simulationsmodells nur in Hinblick auf eine konkrete Problemstellung erfolgen (Neumann et al. 2002, S. 439).

Zusätzlich zu einem bestehenden (statischen) Prozessmodell erfordert die Erstellung eines Simulationsmodells – je nach Zielsetzung – in der Regel folgende Informationen:

- Einschleusungszeiten,
- Einschleusungsdichte aufeinander folgender Informationen,
- Bearbeitungszeiten für Aktivitäten,
- Rüstzeiten von Bearbeitern und Sachmitteln,
- Kapazitäten und Ausfallzeiten der Ressourcen,
- Transportzeiten für Informationsflüsse.

Die Erhebung dieser Daten kann gemäß Abschnitt 3 anhand von Interviews mit den jeweiligen Prozessverantwortlichen oder anhand bereits vorhandener Dokumentationsmaterialien erfolgen. Eine weitere Alternative besteht in der Beobachtung des Prozesses: Ein „Objekt" (beispielsweise ein Kundenauftrag) wird bei seinem Durchlauf durch den kompletten Prozess (vom Eingang des Auftrags bis hin zu seiner abschließenden Erledigung) beobachtet und alle anfallenden Bearbeitungs-, Warte- und Transportzeiten erfasst. Erfolgt diese Erfassung über einen längeren Zeitraum und über mehrere Objekte hinweg, können daraus Mittelwerte und Verteilungen für die gesuchten Zeiten abgeleitet werden.

Nach Erstellung des Modells wird zunächst eine Validierung durchgeführt. Indem die Ergebnisse des Simulationsmodells mit den Messwerten des realen Systems verglichen werden, lässt sich feststellen, ob das Modell die Realität hinreichend exakt wiedergibt (Jammernegg/Reiner 2001, S. 113). Ist dies nicht der Fall, erfolgt eine Anpassung des Modells sowie eine erneute Validierung. Anschließend wird die eigentliche Simulationsstudie durchgeführt, in der mögliche Prozessstrukturen simuliert und in Bezug auf die betrachteten Kenngrößen gegenüber gestellt werden.

Jammernegg/Reiner (2001, S. 114) unterscheiden zwei Varianten der Simulation:

(1) Die „What-if"-Analyse (Szenarioanalyse) mit der Zielsetzung der Bewertung verschiedener Handlungsalternativen als Ausgangspunkt für Prozessverbesserungen. Zu diesem Zweck werden unterschiedliche Szenarien mittels des Simulationsmodells ausgeführt und betrachtet, wie sich das System in Abhängigkeit von den eingestellten Parametern verhält (z.B.: Wie stark lässt sich die Durchlaufzeit senken? Welche Kosteneinsparung ist möglich?).

(2) Die „How-to-achieve"-Analyse (Zielwertsuche), welche die Suche nach Maßnahmen zur Erreichung eines vorgegebenen Ziels beinhaltet. Auch hier werden unterschiedliche Szenarien simuliert; die Bewertung erfolgt jedoch stets in Bezug auf eine vorgegebene Zielsetzung (z.B.: Suche nach einem Szenario, welches die Durchlaufzeit um mindestens 25% senkt).

In Abhängigkeit von der übergeordneten Zielsetzung können zur Prozessoptimierung im CRM beide Varianten herangezogen werden. Anhand der Szenarioanalyse lassen sich generelle Möglichkeiten zur Verbesserung der kundenorientierten Prozesse aufzeigen. Mittels der Zielwertsuche kann ermittelt werden, welche Prozessvariante ein vorgegebenes kundenbezogenes Ziel am besten erfüllt. Im Rahmen der CRM-Einführung bietet sich insbesondere auch die Simulation von Vorher-/Nachher-Szenarien zur Nutzenmessung der CRM-Einführung an. Der folgende Abschnitt beschäftigt sich mit der Konstruktion der „Nachher"-Szenarien anhand der Identifizierung, Implementierung und Bewertung von Verbesserungsmaßnahmen in den Prozessen.

5.4 Prozessverbesserung

Optimierungspotenziale finden sich besonders bei „Zeitfressern" wie nicht wertschöpfenden Prozessen, einer hohen Anzahl an Schnittstellen oder vermeidbaren Medienbrüchen (Kieninger 1994, S. 244 f.). Zur Identifizierung des Optimierungspotenzials werden die Simulationsergebnisse unter anderem hinsichtlich folgender Aspekte betrachtet:

- Anteil der Bearbeitungszeit an der Durchlaufzeit,
- Transport- und Wartezeiten und
- Kosten.

Mögliche Ansatzpunkte für Prozessverbesserungen ergeben sich z.B. aus dem Verhältnis der Summe der Bearbeitungszeiten zur gesamten Durchlaufzeit eines Prozesses. Niedrige Bearbeitungszeitanteile am Gesamtprozess weisen auf einen ineffizienten Prozess hin. Auch die durchschnittlichen Bearbeitungs- und Wartezeiten pro ausgeführter Aktivität können Hinweise auf Optimierungspotenziale geben. Hohe Wartezeiten an einzelnen Aktivitäten lassen Rückschlüsse auf die Auslastung der verwendeten Ressourcen zu. Ursache einer erhöhten Wartezeit kann die Nichtverfügbarkeit von Sachmitteln, Informationen oder Bearbeitern sein.

Aus den Analyseergebnissen lassen sich Optimierungsmaßnahmen ableiten:

- Gibt es Aktivitäten, welche für den Prozess keinen Nutzen erbringen?
- Können Bearbeiterwechsel vermieden werden?
- Sind Bearbeiter und Sachmittel über- oder unterbelastet?
- Lassen sich die Arbeitszeitmodelle verbessern?
- Etc.

Die aus der statischen Kundenprozessanalyse und den Simulationsläufen gewonnenen Erkenntnisse werden nachfolgend in einem Sollkonzept verarbeitet. Dabei sollten die identifizierten Schwachstellen durch Umstrukturierung des Prozessdesigns eliminiert werden. Bei dieser Betrachtung sind auch die (neuen) Einsatzmöglichkeiten der Informationstechnik zu berücksichtigen (Wie können bestehende Prozesse durch die Einführung des CRM-Systems effizienter gestaltet werden?). Das Sollkonzept könnte beispielsweise auf der Annahme aufbauen, dass durch die Implementierung eines CRM-Systems eine konsistente Datenbasis geschaffen wird, die jedem Mitarbeiter alle benötigten Informationen zur Verfügung stellt, so dass sich die Aktivitäten der internen Informationsbeschaffung verringern. Durch die anschließende Gegenüberstellung von Ist- und Sollzustand werden die Vorteile eines CRM-Systems – und der verbesserten Prozesse – deutlich. Die Bemessung des Vorteils erfolgt dabei über Zeit- und Kostenersparnisse.

Hierzu wird eine Simulationsstudie durchgeführt, welche den bestehenden Prozessabläufen „ohne CRM-System" die erwarteten Prozessabläufe „mit CRM-System" gegenüber stellt. Die Änderung in den Prozessen durch die Einführung eines CRM-Systems wird von den betroffenen Mitarbeitern geschätzt. Zeiteinsparungen ergeben sich dabei insbesondere aus der Automatisierung einzelner Prozessschritte sowie aus der schnelleren Informationsbereitstellung durch das CRM-System (Beispiel: direkter Zugriff auf alle Kundendaten macht Rückfragen überflüssig – durchschnittliche Zeiteinsparung je Kundenanfrage ca. 1 Minute). Die beiden Varianten werden simuliert und in Bezug auf vorgegebene Zielgrößen (Durchlaufzeit, Prozesskosten, Personalbedarf etc.) bewertet. Auf diese Weise lässt sich der Nutzen der CRM-Einführung auf der Prozessebene quantifizieren.

Zur Erhebung, Analyse und Verbesserung der Prozesse eines Unternehmens bietet sich zudem der Einsatz standardisierter und bewährter Referenzprozesse an, welche als empfohlene Vorlage eines „Musterprozesses" zur Prozessgestaltung herangezogen werden können. Der folgende Abschnitt beschreibt die Grundlagen und Potenziale eines Einsatzes von Referenzprozessen im CRM.

6 Referenzprozesse und Prozessbenchmarking

6.1 Referenzmodelle betrieblicher Geschäftsprozesse

Zur Unterstützung der Prozessgestaltung existieren universell einsetzbare und einheitlich dokumentierte Standardprozesse, welche als Referenzmodelle zur Ablaufoptimierung im Unternehmen herangezogen werden können. Standardisierte Referenzmodelle gewährleisten eine gemeinsame Sprache der Beteiligten und erhöhen die Transparenz der Planung. Hervorgegangen sind diese Referenzmodelle aus der Dokumentation erfolgreich realisierter Projekte der Prozessgestaltung. Prototypische Fallstudien und Referenzprozesse aus abgeschlossenen Projekten können somit als Maßstab der Vorgehensweise in zukünftigen Projekten eingesetzt werden (Rosenkranz 2002, S. 18; Keller 1995, S. 50 f.).

So bietet beispielsweise die SAP AG eine große Anzahl standardisierter betrieblicher Prozesse für unterschiedliche Unternehmenstypen und Branchen an, welche in zurückliegenden SAP-Einführungsprojekten anhand einer standardisierten Methode dokumentiert und weiterentwickelt wurden. Diese bewährten Modelle werden den aktuellen und zukünftigen Kunden der SAP AG in der Darstellungsform der Ereignisgesteuerten Prozesskette (EPK) zur Verfügung gestellt und können als Grundlage für deren Prozessgestaltung genutzt werden (Keller 1995, S. 50 f.).

Der Einsatz von standardisierten Referenzmodellen zur Prozessgestaltung bietet den Vorteil, dass bereits erfolgreich getestete Prozesse zur Verfügung stehen. Die Nutzung von vorhandenem Prozesswissen birgt ein erhebliches Zeiteinsparungspotenzial. Der Vergleich der eigenen Strukturen mit den Strukturen der Referenzmodelle macht die Schwachstellen der bestehenden Prozesse sichtbar und zeigt Optimierungspotenziale auf. Die damit einhergehende Standardisierung ist einer der möglichen Ausgangspunkte zur systematischen Steigerung der Prozessleistung (Schimanofsky 1999, S. 43 f.).

Dabei ist jedoch zu beachten, dass die Verwendung von Referenzprozessen im Sinne einer Standardisierung von Prozessen zwischen Unternehmen auch zu einer Aufhebung vorhandener Wettbewerbsvorteile führen kann (Rosenkranz 2002, S. 18). Dementsprechend eignet sich der Einsatz von Referenzmodellen hauptsächlich für Bereiche, in denen ein Unternehmen keine Wettbewerbsvorteile erwarten kann. Beispielsweise werden sich durch eine Eigenentwicklung der Geschäftsprozesse der Finanzbuchhaltung in der Regel keine Wettbewerbsvorteile erzielen lassen. In solchen Bereichen können Referenzmodelle als Vorbild für die Prozessgestaltung zu Zeitersparnis und Effizienzsteigerungen führen. Der Einsatz bei Kernprozessen ist hingegen kritisch zu betrachten, da diese per Definition unternehmensindividuelle Besonderheiten aufweisen sollten (Brenner/Hamm 1995, S. 32; Osterloh/Frost 1996, S. 35; S. 194).

6.2 Vorgehensweise der Referenzmodellierung

Referenzprozesse lassen sich sowohl als Grundlage für die Modellierung der vorhandenen Prozesse (Ist) als auch zur Gestaltung der gewünschten Prozesse (Soll) heranziehen. Unter Zugriff auf das Referenzmodell können kundenindividuelle Geschäftsprozesse durch Auswahl, Anpassung und Ergänzung der Referenzprozesse erstellt werden (Keller 1995, S. 50 f.). Zu diesem Zweck werden zunächst geeignete Referenzprozesse aus sogenannten "Prozess-Bibliotheken" (z.B. in SAP, ARIS etc.) ermittelt. Anschließend erfolgt die Abbildung der betrachteten Prozesse auf Basis der entsprechenden Referenzmodelle (Anpassung des prototypischen Referenzmodells an die tatsächlich vorhandene Prozessstruktur) sowie die Ableitung des Soll-Prozesses (Anpassung des prototypischen Referenzmodells an individuelle Rahmenbedingungen). Aus dem Vergleich der Ist-Prozesse mit den Soll-Prozessen ergeben sich schließlich die prozessspezifischen Schwachstellen sowie der individuelle Anpassungsbedarf (Abb. 17).

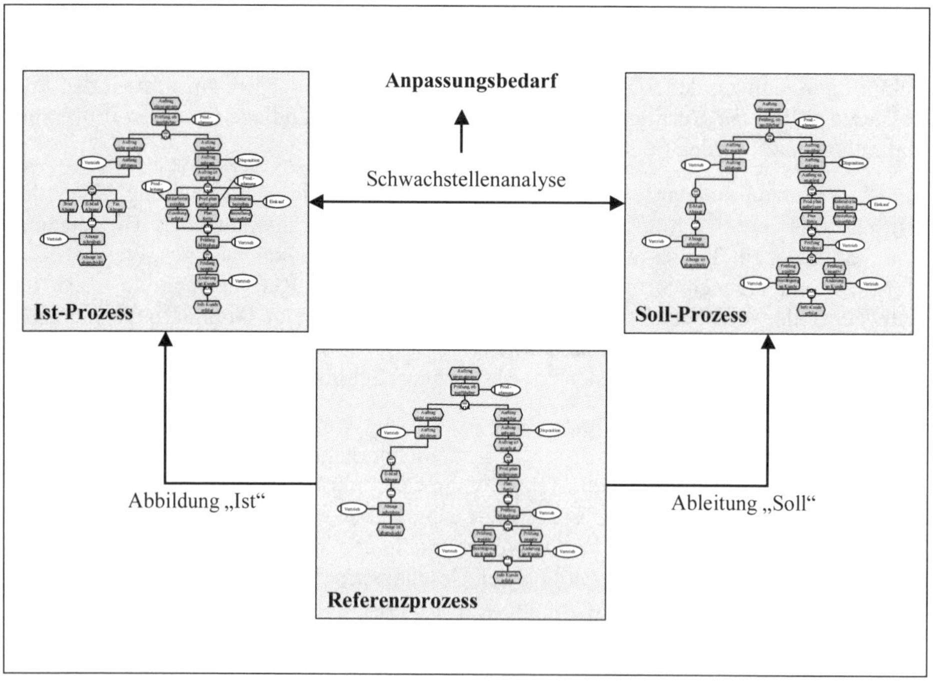

Abb. 17: Einsatz von Referenzmodellen zur Prozessgestaltung

Referenzmodelle werden in der Regel als Prozessmodule in sogenannten Prozessbibliotheken oder Prozesspools verwaltet. Die einzelnen Prozessmodule lassen sich nach dem Baukastenprinzip zu individuellen Prozessketten zusammensetzen. Ist ein benötigter

Teilprozess nicht in dem Prozesspool enthalten, so kann dieser entweder in Abänderung eines bestehenden Teilprozesses erstellt oder neu geschaffen und in den Pool aufgenommen werden. Der Prozesspool wird dadurch kontinuierlich erweitert, so dass für zukünftige Prozessdarstellungen ein erweitertes Prozessmodulangebot zur Verfügung steht (Schimanofsky 1999, S. 43 ff., Abb. 18).

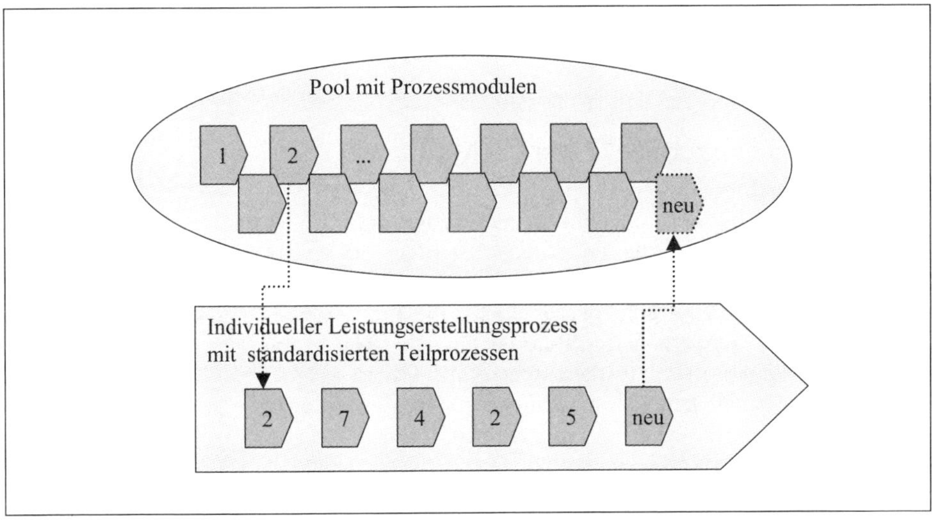

Abb. 18: Prozessmodule
Quelle: in Anlehnung an Schimanofsky 1999, S. 44

6.3 Prozessbenchmarking

Der Begriff des Benchmarking bezeichnet den methodischen Vergleich von Prozessen und Produkten mit den Prozessen und Produkten von als besser identifizierten bzw. vermuteten Vergleichspartnern. Zielsetzung ist es, eine Antwort auf die Frage „(Warum) machen andere etwas besser?“ zu finden und die eigenen Prozesse durch den Vergleich mit identifizierten „Vorbildprozessen“ zu verbessern. Prozessbenchmarking ist ein möglicher Weg, durch die Identifikation von beispielgebenden Geschäftsprozessen vom Wettbewerb zu lernen. Der Vergleich ist dabei nicht auf die originäre Branche des Unternehmens beschränkt, sondern richtet sich auf den Wettbewerber, der in dem jeweiligen Prozess das höchste Erfahrungspotenzial hat (Becker/Kahn 2002, S. 9; Rosenkranz 2002, S. 226 f.). Auf diese Art identifizierte Vorbildprozesse lassen sich ebenso als Referenzmodelle einsetzen wie die – in der Regel allgemeineren – Prozessmodelle der Modellierungstools.

Im Rahmen der Prozessoptimierung unterscheidet man das Benchmarking von Strukturen (Abläufe, Organisation,...) und das Benchmarking von „Performance"-Parametern (Prozesskennzahlen) (Kleinsorge 1999, S. 62). Die Entscheidung für den einen oder anderen Typ ist abhängig von der Zielsetzung der Prozessoptimierung sowie von den zur Verfügung stehenden Daten. Nach Möglichkeit sollten beide Verfahren parallel eingesetzt werden. Die Vergleichsgrößen des Benchmarking sind ebenfalls aus der jeweiligen Zielsetzung der Prozessoptimierung abzuleiten und können sich beispielsweise auf die Kundenzufriedenheit, auf Prozesszeiten, Prozessqualität, Prozesskosten oder den Ressourceneinsatz beziehen (Rosenkranz 2002, S. 229 ff.).

6.4 Referenzprozesse im CRM

Bei der Optimierung der kundenbezogenen Prozesse im CRM ist in Anlehnung an die obigen Ausführungen bezüglich Standardisierung vs. Wettbewerbsvorteil und unter Berücksichtigung der besonderen Eigenschaften von CRM-Prozessen zu prüfen, inwiefern der Einsatz von Referenzprozessen für die Prozessgestaltung sinnvoll erscheint. Die Übernahme standardisierter Referenzmodelle führt zu vergleichbaren Prozessen zwischen Unternehmen. Für diejenigen CRM-Prozesse, die vom Unternehmen als Kernkompetenz und damit als Grundlage zur Realisierung eines Wettbewerbsvorteils angesehen werden, ist daher im Allgemeinen von der Referenzmodellierung abzuraten und für eine Eigenentwicklung zu plädieren.

Allerdings finden sich sicher auch Grenzfälle, in denen beispielsweise durch die Übernahme einer standardisierten und bewährten Prozessstruktur in Kombination mit unternehmensindividuell qualitativ hochwertigeren Daten trotz oder aufgrund der Ausrichtung eines Prozesses an der Referenzstruktur ein Wettbewerbsvorteil realisiert werden kann. Die Berücksichtigung von Referenzmodellen ist daher grundsätzlich positiv zu bewerten, wenn Referenzprozesse nicht unreflektiert übernommen werden, sondern im Einzelnen beurteilt wird, inwieweit die bestehenden Modelle daran angepasst werden sollten.

Referenzmodelle CRM-relevanter Prozesse (wie z.B. Call Center, Auftragsabwicklung, Beschwerdemanagement etc.) finden sich in unterschiedlichen Aggregationsniveaus – von der rein verbalen Darstellung bis hin zu detailliert spezifizierten Workflows – in der Literatur (vgl. z.B. Schimanofsky 1999) sowie in ausgewählten exemplarischen Prozessen oder Prozessbibliotheken entsprechender Modellierungstools (z.B. SAP, ARIS oder Bonapart). Abb. 19 zeigt beispielhaft einen Ausschnitt aus dem CRM-Prozess „Service Request bearbeiten" in Bonapart 3.2.

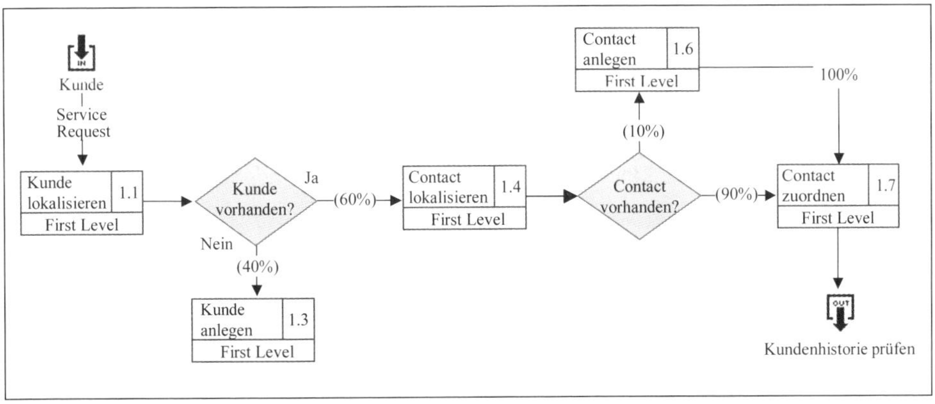

Abb. 19: Teilprozess „Kunde identifizieren“ im CRM-Referenzprozess „Service Request bearbeiten“ in Bonapart 3.2

7 Fazit

CRM ist als ein Regelkreis zu verstehen, der die Integration aller Kundendaten, deren Analyse und daraus resultierende Bearbeitungsstrategien unter Einbindung eines CRM-Systems in einem kontinuierlichen Optimierungsprozess abbildet (Hippner et al. 2001, S. 11). Voraussetzung für den Erfolg eines CRM-Projektes ist die kundenorientierte Ausrichtung des gesamten Unternehmens. Sowohl Strategie und Organisationsstruktur als auch IT-Unterstützung müssen an den Kundenwünschen ausgerichtet werden.

Die Geschäftsprozessbetrachtung nimmt bei der Umsetzung eines erfolgreichen CRM-Konzeptes eine wesentliche Rolle ein (Hippner et al. 2001, S. 12). Aus diesem Grund sind die Geschäftsprozesse bereits im Vorfeld daraufhin zu überprüfen, ob sie den Erfordernissen der geplanten Kundenbindungsstrategie gerecht werden. Hierzu wird eine Geschäftsprozessanalyse durchgeführt, bei der zunächst die Ist-Situation der CRM-relevanten Prozesse aufgenommen wird. Anschließend erfolgt eine Bewertung der aufgenommenen Prozesse mit Hilfe von Modellierung und Simulation in Hinblick auf die Kenngrößen Zeit und Kosten sowie die Identifizierung von Schwachstellen.

Darauf aufbauend sind Sollprozesse zu definieren, die der CRM-Strategie gerecht werden. Ohne diese Prozessoptimierung kann ein CRM-System lediglich die bestehenden (und im Hinblick auf die kundenbezogenen Ziele eventuell suboptimalen) Prozesse unterstützen, was den Erfolg des gesamten CRM-Projektes erheblich beeinträchtigen kann. Darüber hinaus ist zu überprüfen, ob die vorhandene Infrastruktur die neuen Geschäftsprozesse tragen kann (Stengl et al. 2001, S. 2). Erst im folgenden Schritt ist die Wahl einer geeigneten Standardsoftware zu treffen. Bei der Auswahl ist darauf zu achten, dass die CRM-Software die einzelnen Geschäftsprozesse abbilden muss und nicht umgekehrt die Prozesse an die Software angepasst werden.

Es ist darauf hinzuweisen, dass mit Abschluss einer Einführung der CRM-Lösung das Thema CRM keinesfalls als abgeschlossen gelten darf. Bei der CRM-Einführung im Unternehmen handelt es sich um einen dynamischen Kreislauf, bei dem die Zielerreichung durch kontinuierliche Kontrollen überprüft werden muss. Dadurch können Rücksprünge in jede vorherige Phase des Vorgehensmodells möglich sein. Aufgrund der gewonnenen Erfahrungen können sich Strategiedefinitionen ändern, die weitere Anpassungen notwendig machen.

Literaturverzeichnis

Becker, J.; Kahn, D. (2002): Der Prozess im Fokus, in: Becker, J.; Kugeler, M.; Rosemann, M. (Hrsg.): Prozessmanagement – Ein Leitfaden zur prozessorientierten Organisationsgestaltung, 3. Aufl., Berlin et al., S. 3-15.

Becker, J.; Knackstedt, R. (2002): Prozess- und Informationsmanagement für das CRM, in: Ahlert, D.; Becker, J.; Knackstedt, R.; Wunderlich, M. (Hrsg.): Customer Relationship Management im Handel – Strategien, Konzepte, Erfahrungen, Berlin et al., S. 131-173.

Brenner, W.; Hamm, V. (1995): Prinzipien des Business Reengineering, in: Brenner, W.; Keller, G. (Hrsg.): Business Reengineering mit Standardsoftware, Frankfurt/New York, S. 17-43.

Dahnke, S. (2001): Empirische Erfassung des Regelkreises, in: Jammernegg, W.; Kischka, P. (Hrsg.): Kundenorientierte Prozessverbesserungen – Konzepte und Fallstudien, Berlin et al., S. 123-146.

Gadatsch, A. (2001): Management von Geschäftsprozessen – Methoden und Werkzeuge für die IT-Praxis – eine Einführung für Studenten und Praktiker, Braunschweig/Wiesbaden.

Gaitanides, M.; Raster, M.; Rießelmann, D. (1994a): Die Synthese von Prozessmanagement und Kundenmanagement, in: Gaitanides, M.; Scholz, R.; Vrohlings, A.; Raster, M. (Hrsg.): Prozessmanagement – Konzepte, Umsetzungen und Erfahrungen des Reengineering, München/Wien, S. 207-224.

Gaitanides, M.; Scholz, R.; Vrohlings, A. (1994b): Prozessmanagement – Grundlagen und Zielsetzung, in: Gaitanides, M.; Scholz, R.; Vrohlings, A.; Raster, M. (Hrsg.): Prozessmanagement – Konzepte, Umsetzungen und Erfahrungen des Reengineering, München/Wien, S. 1-20.

Gerth, N. (2001): Zur Bedeutung eines neuen Informationsmanagements für den CRM-Erfolg, in: Link, J. (Hrsg.): Customer Relationship Management – Erfolgreiche Kundenbindung durch integrierte Informationssysteme, Berlin et al., S. 103-116.

Hammer, M.; Champy, J. (1994): Business Reengineering – die Radikalkur für das Unternehmen, 2. Aufl., Franfurt/New York.

Helmke, S.; Dangelmaier, W. (2000): CRM-Audit – Grundstein für die erfolgreiche Einführung von CRM, www.competence-site.de/crm.nsf/0AED58C866832263 C1256A5B004D9D7A/$File/crm-audit_helmke_dangelmaier.pdf (Zugriff: 03.02.2003).

Hettich, S.; Hippner, H.; Wilde, K.D. (2000): Customer Relationship Management (CRM), in: Das Wirtschaftsstudium, Nr. 10, S. 1346-1366.

Hippner, H.; Martin, S.; Wilde, K.D. (2001): Customer Relationship Management – Strategie und Realisierung, in: Hippner, H.; Wilde, K.D. (Hrsg): CRM 2002 – so binden Sie Ihre Kunden, 2. Aufl., Düsseldorf, S. 9-42.

Jammernegg, W.; Kischka, P. (Hrsg.) (2001a): Kundenorientierte Prozessverbesserungen – Konzepte und Fallstudien, Berlin et al.

Jammernegg, W.; Kischka, P. (2001b): Regelkreis zur Bestimmung kundenorientierter Inno-vation, in: Jammernegg, W.; Kischka, P. (Hrsg.): Kundenorientierte Prozessverbesserungen – Konzepte und Fallstudien, Berlin et al., S. 7-32.

Jammernegg, W.; Reiner, G. (2001): Ableitung und Bewertung von Handlungsalternativen, in: Jammernegg, W.; Kischka, P. (Hrsg.): Kundenorientierte Prozessverbesserungen – Konzepte und Fallstudien, Berlin et al., S. 97-120.

Keller, G. (1995): Eine einheitliche betriebswirtschaftliche Grundlage für das Business Reen-gineering, in: Brenner, W.; Keller, G. (Hrsg.): Business Reengineering mit Standardsoftware, Frankfurt/New York, S. 45-66.

Kieninger, M. (1994): Wie man mit Prozeßzeitenmanagement die Durchlaufzeit senkt, in: Horváth, P. (Hrsg.): Kunden und Prozesse im Fokus – Controlling und Reeingeneering, Stuttgart, S. 233-248.

Kleinsorge, P. (1999): Geschäftsprozesse, in: Masing, W. (Hrsg.): Handbuch Qualitätsmanagement, 4. Aufl., München/Wien, S. 49-64.

Kreysch, W. (1999): Qualitätsmanagement in der medizinischen Versorgung, in: Masing, W. (Hrsg.): Handbuch Qualitätsmanagement, 4. Aufl., München/Wien, S. 869-889.

Muther, A. (2000): Electronic Customer Care, 2. Aufl., Berlin et al.

Neumann, S.; Rosemann, M.; Schwegmann, A. (2002): Simulation von Geschäftsprozessen, in: Becker, J.; Kugeler, M.; Rosemann, M. (Hrsg.): Prozessmanagement – Ein Leitfaden zur prozessorientierten Organisationsgestaltung, 3. Aufl., Berlin et al., S. 437-456.

Nippa, M.; Klemmer, J. (1995): Zur Praxis prozeßorientierter Unternehmensgestaltung. Von der Analyse bis zur Umsetzung, in: Nippa, M.; Picot, A. (Hrsg.): Prozeßmanagement und Reeingeneering – die Praxis im deutschsprachigen Raum, Frankfurt/New York, S. 165-186.

Österle, H. (1995): Business Engineering – Prozess- und Systementwicklung, Berlin et al.

o.V. (2002): Schneller zum Wunsch-Audi – Ganzheitliche Betrachtung des Kundenauftragsprozesses, in: Scheer Magazin, Nr. 4, S. 8-9.

Osterloh, M.; Frost, J. (1996): Prozeßmanagement als Kernkompetenz – wie Sie Business Reengineering strategisch nutzen können, Wiesbaden.

Rosenkranz, F. (2002): Geschäftsprozesse – Modell- und computergestützte Planung, Berlin et al.

Scheer, A.-W. (1998a): ARIS – Modellierungsmethoden, Metamodelle, Anwendungen, 3. Aufl., Berlin et al.

Scheer, A.-W. (1998b): ARIS – Vom Geschäftsprozeß zum Anwendungssystem, 3. Aufl., Berlin et al.

Schimanofsky, W. (1999): Prozess- und Kundenorientierung – Analyse, Konzeption, Umsetzung, Wiesbaden.

Schmelzer, H.J.; Sesselmann, W. (2002): Geschäftsprozessmanagement in der Praxis – Kunden zufrieden stellen, Produktivität steigern, Wert erhöhen, München; Wien.

Schnetzer, R. (1999): Business Process Reengineering – kompakt und verständlich. Braunschweig et al.

Scholz, R.; Vrohlings, A. (1994a): Prozeß-Leistungs-Transparenz, in: Gaitanides, M.; Scholz, R.; Vrohlings, A.; Raster, M. (Hrsg.): Prozessmanagement – Konzepte, Umsetzungen und Erfahrungen des Reengineering, München/Wien, S. 57-98.

Scholz, R.; Vrohlings, A. (1994b): Prozeß-Redesign und kontinuierliche Prozeßverbesserung, in: Gaitanides, M.; Scholz, R.; Vrohlings, A.; Raster, M. (Hrsg.): Prozessmanagement – Konzepte, Umsetzungen und Erfahrungen des Reengineering, München/Wien, S. 99-122.

Scholz, R.; Vrohlings, A. (1994c): Prozeß-Struktur-Transparenz, in: Gaitanides, M.; Scholz, R.; Vrohlings, A.; Raster, M. (Hrsg.): Prozessmanagement – Konzepte, Umsetzungen und Erfahrungen des Reengineering, München/Wien, S. 37-56.

Seel, C.; Leinenbach, S.; Scheer, A.-W. (2000): IMPROVE – Interaktive Modellierung von Geschäftsprozessen in virtuellen Umgebungen, Saarbrücken.

Stengl, B.; Sommer, R.; Ematinger, R. (2001): Warum scheitern CRM-Projekte wirklich? 13 Gründe, http://www.ecin.de/marketing/crmmethode/print.html (Zugriff: 04.02.2003).

Wehrmeister, D. (2001): Customer Relationship Management – Kunden gewinnen und an das Unternehmen binden, Köln.

Marcus Schögel, Inga Schmidt, Achim Sauer

Multi-Channel Management im CRM – Prozessorientierung als zentrale Herausforderung

1 Kundenprozesse als Ansatzpunkt für das Multi-Channel Management

Kundenbeziehungen sind heute einer der wertvollsten und gleichzeitig dauerhaftesten Wettbewerbsvorteile eines Anbieters (Tomczak/Reinecke 1998, S. 10). Da der Aufbau und Erhalt einer langfristigen Kundenbeziehung im unternehmerischen Denken und Handeln schon immer eine hohe Priorität innehatte, stellt das Customer Relationship Management (CRM) keinen grundlegend neuen Marketingansatz dar. Konkret kann CRM als ein unternehmensweit integrierendes Führungs- und Organisationsprinzip verstanden werden, das alle Massnahmen umfasst, die auf eine verbesserte Kundenorientierung und Kundenzufriedenheit gerichtet sind (Stadelmann et al. 2001, S. 6). Übergeordnete Zielsetzung ist es, die Fähigkeiten eines Anbieters sicherzustellen, langfristig profitable Kundenbeziehungen aufzubauen (Akquisition), aufrecht zu erhalten (Bindung) und im Zeitablauf zu intensivieren (Entwicklung bzw. Penetration) (Berry 1983, S. 25).

Von entscheidender Bedeutung für einen dauerhaften Unternehmenserfolg ist somit die Orientierung an langfristigen Geschäftsbeziehungen und nicht lediglich an einzelnen Kaufabschlüssen (Tomczak 1994, S. 194 ff.). Denn: „Für den Verkäufer ist der Kauf oft das Ende eines Prozesses, für den Kunden hingegen meist der Beginn.“ (Levitt 1986, S. 44). Dieses Zitat verdeutlicht auch, dass nicht nur der Anbieter, sondern auch dessen Kunden verschiedene Phasen der Geschäftsbeziehung, die sogenannten Kundenprozesse, durchlaufen. Kundenprozesse verdeutlichen, dass sich Kunden über eine mehr oder weniger längere Zeit mit mehreren unterschiedlichen Bedürfnissen oder Aufgaben befassen, um zur Lösung einer spezifischen Problemstellung zu gelangen (Belz 1999, S. 201). Für einen Anbieter leitet sich hieraus die Herausforderung ab, nicht einen isolierten Verkaufsabschluss zu fokussieren, sondern statt dessen den Kunden kontinuierlich durch phasenspezifische Mehrwerte zu unterstützen. Als Bezugsrahmen bietet sich das Konzept des Buying Cycles an, mit dem der Kundenprozess in eine Such-, Kauf-, Nutzungs- und Kontaktphase gegliedert werden kann. Diese Betrachtungssicht ermöglicht es einem Anbieter, die Kundenprozesse zu analysieren und kritische Entscheidungspunkte zu erfassen und die Instrumente und Massnahmen der Marktbearbeitung entsprechend abzustimmen (Tomczak/Dittrich 1996, S. 25; Belz 1999, S. 201; Schögel et al. 2002, S. 46). Abb. 1 stellt die Phasen eines idealtypischen Buying Cycles sowie die jeweiligen spezifischen Aktivitäten der Kunden dar.

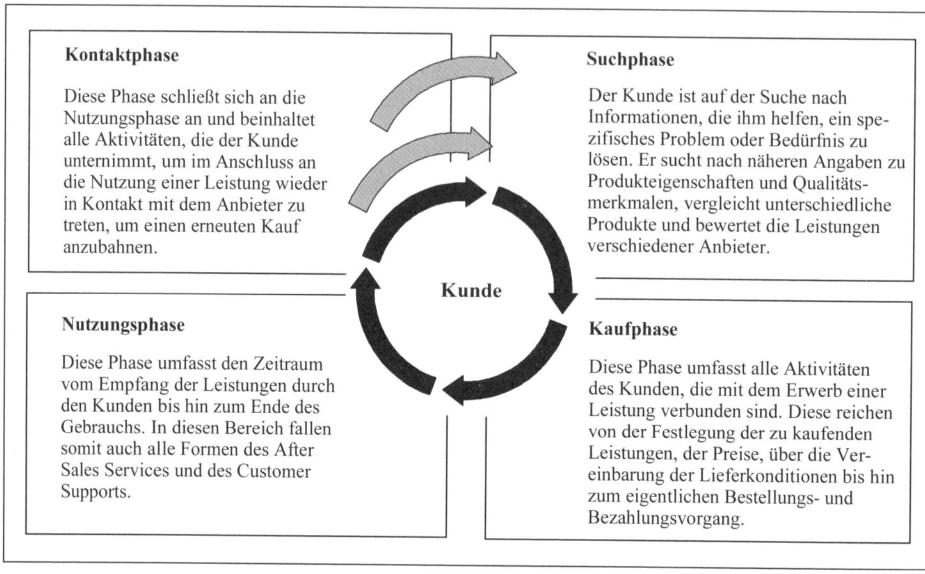

Abb. 1: Aktivitäten des Kunden im Buying Cycle
Quelle: Mauch 1990, S. 15; Schögel et al. 2002, S. 46 f.

Die neuen Möglichkeiten moderner Informations- und Kommunikationstechnologien erweitern das bestehende CRM nun um eine neue Dimension der Kundenbeziehung, indem sie sowohl Kunden als auch Anbietern erweiterte Interaktionsspielräume eröffnen. Deshalb gewinnt die Zusammenarbeit von Marketing und IT-Spezialisten zunehmend an Bedeutung. Denn während Marketingexperten die Kundenbedürfnisse kennen, sind Informatikexperten mit den IT-Potentialen vertraut, so dass beide gemeinsam mögliche Anwendungsformen in der Kundenbeziehung aufspüren können (Muther/Österle 1998, S. 106). Vor dem Hintergrund eines CRM sind beide gemeinsam gefordert, einen andauernden Dialog mit Kunden über grundsätzlich alle Touchpoints zwischen Anbietern und Kunden zu realisieren, der insbesondere darauf gerichtet ist, durch eine dem jeweiligen Wert des Kunden angepasste Interaktion den Erhalt der Kundenbeziehung sicherzustellen und die Effektivität von Marketingmaßnahmen zu erhöhen (Day 2000, S. 4).

Um diesen Anforderungen gerecht zu werden, ist ein verstärktes Augenmerk auf die Ausgestaltung der Absatzkanäle zu legen, da sie eines der zentralen Bindeglieder zwischen Anbietern und Kunden darstellen (Rapp 2000, S. 179). Eine Pluralisierung der Kanäle führt dazu, dass Kunden zunehmend aus einer Vielzahl von Touchpoints wählen können, wie und wann sie mit einem Anbieter interagieren möchten. Beide Aspekte können einen Anbieter in seinem Bemühen um eine umfassende Kundenprozessorientierung unterstützen, die in dieser Form früher kaum möglich gewesen wäre (Gronover/Riempp 2001, S. 25; Schögel/Schmidt 2002, S. 39).

Aus Sicht der Anbieter rückt damit die Abstimmung der Absatzkanäle auf strategischer, prozessualer und informationstechnischer Ebene anhand von definierten Kundenprozessen in den Mittelpunkt. Kunden soll die Möglichkeit gegeben werden, einen Anbieter über alle Prozessphasen hinweg in konsistenter Weise wahrzunehmen (Schögel/Sauer 2002, S. 26; Gronover/Riempp 2001, S. 25).

2 Herausforderungen für das Multi-Channel Management

Ein Absatzkanal beschreibt den Weg, über den eine Leistung vom Hersteller zum Nachfrager gelangt (Ahlert 1996, S. 11). Dabei sind Absatzkanäle Systeme, deren Elemente oder Akteure in wechselseitigen Austauschbeziehungen zueinander stehen. Neben dem Hersteller können als Systemelemente Absatzmittler und -helfer in einem Absatzkanal mitwirken (Steffenhagen 1975, S. 33). Letztlich können Absatzkanäle als eine Kombination unterschiedlicher wertschöpfender Aktivitäten betrachtet werden, welche von verschiedenen Akteuren erbracht werden, um die Leistung in den Verfügungsbereich der Kunden bringen (Day 1990, S. 220 f.; Tomczak/Schögel 1997, S. 190). Abb. 2 zeigt die grundlegenden Aufgaben, die in der Wertkette des Absatzkanals zu unterscheiden sind.

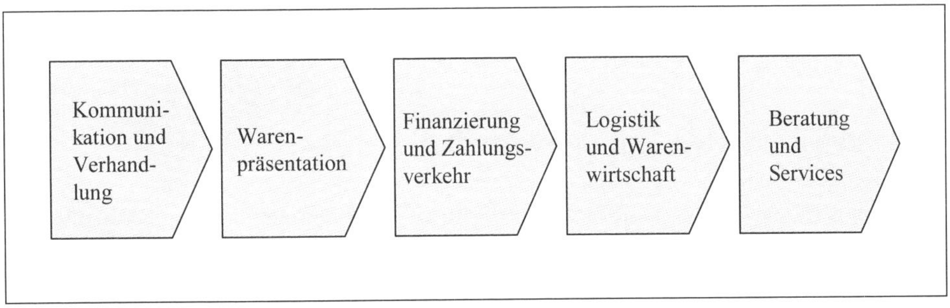

Abb. 2: Der Absatzkanal als Wertkette
Quelle: in Anlehnung an Day 1990, S. 221

Anbieter bedienen sich eines Mehrkanalsystems, um damit grundsätzlich gleiche Zielgruppen anzusprechen. Hierzu werden in der Distribution gleichzeitig unterschiedliche Kanäle eingesetzt, verschiedene Absatzmittler angesprochen, Kooperationen eingegangen oder der Anbieter tritt direkt an die Endkunden heran (Moriarty/Moran 1991, S. 98; Schögel 1997, S. 22 f.). Das Management von Mehrkanalsystemen, d.h. die bewusste und aktive Gestaltung eines solchen Distributionssystems, wird meist mit „Multi-Channel Management“ oder mit „Multi-Channel Marketing“ umschrieben. Gegenüber der Distribution über einen einzigen Kanal besteht beim gleichzeitigen Einsatz mehrerer

Kanäle die Herausforderung nicht nur darin, einzelne Absatzkanäle auszuwählen, sondern die Gesamtheit der Kanäle zu gestalten und zu steuern (Schögel 1997, S. 23). Nachfolgend werden Einflussfaktoren vorgestellt, welche die Bedeutung des Multi-Channel Managements im CRM begründen (vgl. Abb. 3).

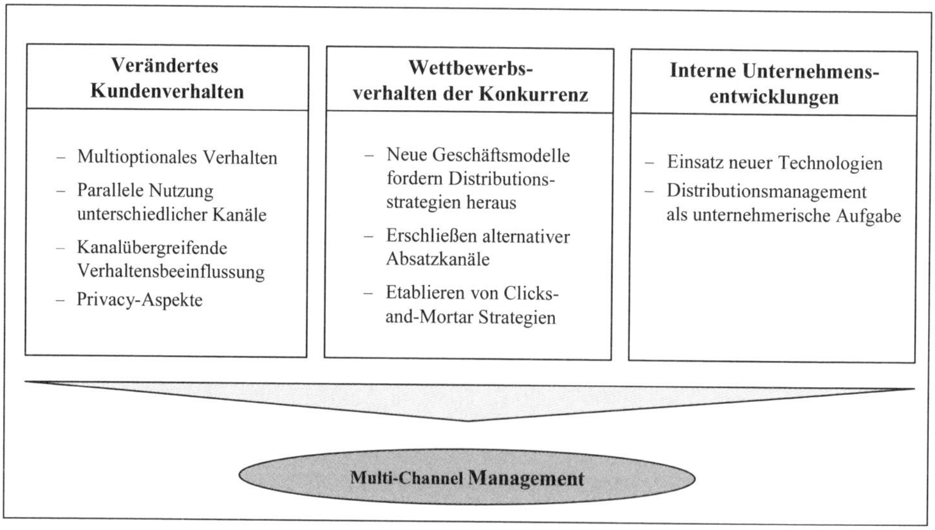

Abb. 3: Einflussfaktoren des Multi-Channel Management

2.1 Verändertes Kundenverhalten

Aktuelle Ergebnisse der Konsumentenforschung charakterisieren Kunden häufig als individuell, heterogen, multioptional, mobil, souverän, zeitknapp und darauf bedacht, sein Leben einfacher, aber auch abwechslungsreicher zu gestalten (Belz 1989, S. 78 f.; Gierl 1989, S. 422; Gross 1994, S. 44 ff.; Kroeber-Riel/Weinberg 1999, S. 113; Sheth/Sisodia 1997, S. 21). Der Wandel von einem *„Entweder-oder- in ein Sowohl-als-auch-Verhalten“* (Raffée/Wiedmann 1987) wirkt sich auch auf die Wahl von Absatzkanälen aus (Schögel 1997, S. 47; Schögel/Tomczak 1999, S. 14 f.). Kunden möchten selbst entscheiden, wann, wo und unter welchen Bedingungen sie sich über eine Leistung informieren, diese erwerben oder mit Anbietern bezüglich dieser Leistungen in Kontakt treten (Schoenbachler/Gordon 2002, S. 46). Dabei erfreuen sich die bestehenden Mehrkanalsysteme bereits einer recht hohen Kundenakzeptanz und unterstützen den Trend zu einem Kanalwechsel.

- *Kunden nutzen parallel neue und etablierte Kanäle, um Anbieter zu kontaktieren:* Grundsätzlich ist nicht davon auszugehen, dass Kunden aufgrund vermehrt vorhandener alternativer Absatzkanäle (v.a. das Internet) ihre angestammten

Einkaufsgewohnheiten von heute auf morgen aufgeben. Allerdings erwarten Kunden vermehrt das Angebot unterschiedlicher Kanäle, um diese gleichzeitig oder nacheinander zu nutzen. Kurz gesagt: Kunden haben heute mehr Möglichkeiten – und sie nutzen sie auch (Eierhoff 2002, S. 347).

- *Erfahrungen des Kunden in einem Kanal beeinflussen das Verhalten in einem anderen Kanal:* Kunden differenzieren nicht strikt zwischen Erfahrungen, die sie in unterschiedlichen Kanälen eines Anbieters gemacht haben. Vielmehr scheinen alle Eindrücke über alle Kanäle hinweg zum geistigen Bild des Anbieters beizutragen. Dies bedeutet, dass Kunden möglicherweise an unterschiedliche Kanäle gleiche Qualitätsansprüche stellen und ihre Erwartungen nicht kanalspezifisch anpassen möchten (Reichheld/Shefter 2001, S. 79). Bachem weist darauf hin, dass nicht nur verschiedene Kanäle eines Anbieters miteinander in einem solchen *Prozesswettbewerb* stehen, sondern auch verschiedene Unternehmen. Entsprechend mag beispielsweise die Internetsite eines Reiseanbieters bezüglich der Bestellungsabwicklung mit Amazon und ein stationäres Reisebüro bezüglich der problemgerechten Beratungszuteilung mit einer Bank in einem Prozesswettbewerb stehen (Bachem 2002, S. 500 ff.).

- *Kunden nutzen in unterschiedlichen Phasen des Kundenprozesses unterschiedliche Kanäle:* Es handelt sich um einen einfachen Fall, wenn Kunden alle Aktionen einer Transaktion über jeweils einen Kanal abwickeln. Besonders hervorzuheben sind hingegen Fälle, in denen Kunden je nach Kaufentscheidungsphase unterschiedliche Kanäle nutzen. Entsprechend zeigen verschiedene Studien, dass ein Großteil der Kunden während der verschiedenen Kaufphasen drei und mehr Kanäle nutzt, um mit einem Anbieter in Kontakt zu treten (Cambridge-TechnologyPartners 2001; Shop.org 2002).

- *Privacy-Aspekte:* Sensibilisiert durch ihre eigenen Erfahrungen mit neuen Technologien sowie durch das, was sie im Kontakt mit anderen, auch branchenfremden Akteuren erlebt haben, erwarten Kunden eine verantwortungsbewusste und an ihrem Nutzen orientierte Erfassung und Nutzung von Kundendaten (Fournier et al. 1998). Diese beinhaltet neben dem seriösen Umgang mit persönlichen Informationen auch, dass bei allen Beteiligten der Wertschöpfungskette exakt die Daten zur Einsicht bzw. zur sinnvollen weiteren Verwendung vorliegen, die sie beim letzten Kontakt hinterlassen haben. Diese Erwartungen bezüglich der Nutzung beziehen sich also langfristig nicht nur auf den Datenfluss innerhalb einer Wertschöpfungsstufe (beispielsweise sollen die während eines Telefonats mit dem Call-Center eines Reisemittlers erhobenen Informationen auch beim nächsten Besuch im Reisebüro vorliegen); statt dessen erwarten Kunden auch, dass Informationen über verschiedene Stufen hinweg, u.a. vom Reisebüro über den Veranstalter bis ins Zielgebiet transportiert werden können (wurde beispielsweise bereits im Reisebüro bei der Buchung der Kundenwunsch nach einem rollstuhlgerechten Transfer notiert, so erwartet der Kunde am Zielort, diesen ohne nochmaliges Nachfragen zu erhalten).

2.2 Wettbewerbsverhalten der Konkurrenz

Massgeblichen Einfluss auf die eigene Distributionsstrategie hat das Wettbewerbsverhalten der Konkurrenz. Dabei lassen sich folgende markante Trends beobachten:

- *Alternative Absatzkanäle:* Viele Anbieter erschließen immer häufiger sogenannte „alternative Absatzkanäle“. In verschiedenen Branchen besteht die Herausforderung darin, nach neuen Wegen zu suchen, um die eigenen Leistungen für ihre Kunden zu profilieren und von der Konkurrenz abzugrenzen (Schögel et al. 1999, S. 297). Alternative Absatzkanäle werden nur von einem geringen Teil der Marktteilnehmer eingesetzt oder konnten sich in einer Branche bisher noch nicht durchsetzen (Schögel/Tomczak 1999, S. 17 f.). In diese Kategorie fällt z.B. der Verkauf von Pauschalreisen über das Fernsehen („Teleshopping“) in der Reisebranche (Jüngert 2002, S. 32). Alternativen Absatzkanälen wird in den nächsten Jahren ein nicht zu unterschätzendes Wachstum eingeräumt (Schögel/ Tomczak 1999, S. 13; Harris/Dennis 2002, S. 191 ff.). Die Umsätze zwischen den klassischen Distributionsformen und alternativen Absatzkanälen werden sich in der Zukunft nachhaltig zugunsten neuer Wege zum Kunden verschieben.
- *Neue Geschäftsmodelle:* Gerade zu den Hochzeiten der New Economy sahen sich insbesondere etablierte Anbieter durch neue Geschäftsmodelle in ihren Kerngeschäften bedroht. Start Up‘s und aggressive Nischenanbieter versuchten mit neuen Geschäftsideen Kunden zu akquirieren und sich als dauerhafte Alternative im Markt zu positionieren. Auch wenn der Hype um diese neuen Geschäftsmodelle vorerst vorüber ist, so zeigen sich doch immer wieder neue Konzepte, die sich zur Bedrohung für traditionelle Unternehmensstrategien entwickeln (Schögel 2002). In auffälliger Weise ist davon vor allem der Bereich der Absatzkanäle und der Distribution betroffen, da sich hier anscheinend Differenzierungspotenziale bieten, die bisher nur in wenigen Fällen voll ausgeschöpft sind (vgl. hierzu u.a. Meyer/Oppermann 1999, S. 108 ff.). So beobachteten beispielsweise etablierte Luftverkehrsgesellschaften wie Lufthansa oder Swiss zunächst kritisch die ambitionierten Geschäftsmodelle der Billig-Airlines wie etwa Ryanair oder Easy Jet. Diese distribuieren ihre Flüge ausschliesslich über die kostengünstigen Absatzkanäle Call-Center und Internet und können ihren Kunden folglich wesentlich günstigere Konditionen anbieten. Entsprechend zeugt beispielsweise die 25%-ige Beteiligung der Lufthansa an der Billig-Airline Germanwings, dass das Unternehmen die Frage, ob es strategisch sinnvoll bzw. erforderlich ist, solche aggressiven Geschäftsmodelle in das bestehende Mehrkanalsystem zu integrieren, bejaht hat.
- *Clicks-and-Mortar-Konzepte:* Während es in den letzten Jahren vor allem neu gegründete Unternehmen, Start-Ups und ausgesprochene Internet-Pure Plays waren, die die neuen Informations- und Kommunikationstechnologien für die Distribution nutzten (Schögel et al. 2002, S. 16), sind es mittlerweile mehr und mehr die „traditionellen“ Anbieter, die das Internet als neuen Absatzkanal für ihre Leistungen erfolgreich entdecken (Porter 2001, S. 65 ff.): „Multichannel re-

tailing is the new game in town, but the players remain largely the same." (Barsh et al. 2000, S. 109). Nicht zuletzt die Versandhandelshäuser zeigen, wie man im Internet Kunden nicht nur erfolgreich akquiriert, sondern auch die Kundenbeziehung langfristig profitabel gestaltet. Mit diesen sogenannten „Clicks and Mortar"-Strategien versuchen nun verschiedenste Anbieter, die Off- und Online-Welt zu einem neuen Einkaufserlebnis zu verknüpfen, das dem Kunden das beste beider Welten bieten kann (Eierhoff 2002, S. 344). Nennenswert ist hier u.a. das von den beiden Handelsunternehmen OBI und OTTO gegründete und im Do-It-Yourself-Handel angesiedelte Unternehmen OBI@OTTO, welches die Absatzkanäle des stationären Handels, des Katalogs und des Internets miteinander verbindet (Brexendorff/Engberding 2002).

2.3 Interne Unternehmensentwicklungen

Folgende interne Unternehmensentwicklungen sind von besonderer Bedeutung für das Multi-Channel Management im CRM:

Einsatz neuer Informations- und Kommunikationstechnologien: Zahlreiche Unternehmen erkennen, dass es immer schwieriger wird, sich vorrangig auf den Kernnutzen zu konzentrieren und ihre Produkte dadurch von der Konkurrenz zu differenzieren. Als „Problemlösungen" bieten Beratungs-, Soft- und Hardwareanbieter neueste, immer bedienerfreundlichere Technologien an. Zunehmend erkennen Unternehmen, dass neue Technologien alleine in den seltensten Fällen einen langfristigen und schwer imitierbaren Wettbewerbsvorteil bieten. Vielmehr sind sie gefordert, diese Technologien intensiv zu nutzen, um mehr über Kunden zu erfahren, mit diesen über alle Kanäle hinweg einen engen Dialog zu führen und diese möglichst personalisiert und bedürfnisorientiert zu behandeln. Auf diese Weise kann die Kundenbindung und damit die Effektivität von Marketingaktivitäten erhöht werden.

Distributionsmanagement als unternehmerische Aufgabe: Mehrkanalsysteme als eine Kombination verschiedener Absatzkanäle stellen für die meisten Anbieter seit vielen Jahren ein etabliertes Thema dar (Schoenbachler/Gordon 2002, S. 42; Coughlan et al. 2001, S. 252). Durch den Einzug neuer elektronischer Kanäle, sowie der Möglichkeiten neuer Informations- und Kommunikationstechnologien hat das Thema allerdings in jüngster Zeit eine erhöhte Aufmerksamkeit erfahren (Yanker et al. 2001). Folglich spielen Mehrkanalsysteme eine essentielle Rolle im Rahmen des CRM, um Kunden tatsächlich bedürfnisgerecht zu akquirieren und zu binden, wodurch das Thema einen gänzlich veränderten Stellenwert in Unternehmen erhält (Schierenbeck 1998, S. 42). In diesem Zusammenhang wird Technologie nur als Enabler verstanden, durch dessen Unterstützung sich ein Anbieter die Fähigkeit aufbauen kann für Kunden tatsächlich mehrwertstiftende Leistungen zu erbringen (Day 2000, S. 3 f.). Es wird deutlich, dass distributionspolitische Entscheidungen immer mehr zu „general management decisions" (Cespedes 1998, S. 100) werden, weil sie eine wachsende Interdependenz zu vielen anderen Unternehmensbereichen aufweisen.

3 Zentrale Aspekte des Multi-Channel Management

Unabhängig von der konkreten Markt- und Wettbewerbssituation in unterschiedlichen Branchen sind mit der Distribution über Mehrkanalsysteme spezifische Chancen und Risiken verbunden (Schögel 1997, S. 25 ff.).

3.1 Chancen von Mehrkanalsystemen

Die Chancen von Mehrkanalsystemen ergeben sich vor allem aus einer differenzierteren Gestaltung der Distributionsstrukturen. Im einzelnen lassen sich folgende Argumente als Chancen nennen:

- *Erhöhte Marktabdeckung:* Durch den Einsatz eines einzigen Kanals erreichen die Anbieter häufig nur einen Teil des anvisierten Marktes. Andere Teilmärkte oder neue Verwendergruppen sind damit nur schlecht anzusprechen. Erst durch die Distribution über mehrere Absatzkanäle wird das Marktpotential umfassend erschlossen.
- *Kundengerechte Methoden:* Die Distribution ist teilweise eine zentrale Nutzenkomponente für den Kunden. Dabei können sich die Bedürfnisse der Kunden innerhalb eines Marktes maßgeblich unterscheiden, so dass erst eine Distribution über verschiedene Absatzkanäle die Ansprüche verschiedener Kundengruppen erfüllt. Einzelne Absatzkanäle im Mehrkanalsystem bieten Kundengruppen spezifische Leistungen und erhöhen dadurch den Kundennutzen. Zudem kaufen die gleichen Kunden je nach Situation in verschiedenen Kanälen.
- *Wirtschaftlichkeit:* Die Motivation für die Distribution über Mehrkanalsysteme hat ihren Ursprung jedoch nicht nur in Effektivitätsüberlegungen. Nicht selten verursacht die Distribution enorme Kosten. Die Zahlen schwanken je nach Unternehmung und Branche zwischen 10% - 40% der produktbezogenen Gemeinkosten. Mehrkanalsysteme können dazu beitragen, Kosten zu senken und damit die Wirtschaftlichkeit der Distribution zu erhöhen.
- *Risikoausgleich:* In den Absatzkanälen können starke Abhängigkeiten von einzelnen Kundengruppen oder Absatzmittlern entstehen. Werden verschiedene Absatzkanäle eingesetzt, lassen sich Abhängigkeiten im vertikalen Marketing reduzieren. Wird beispielweise die Distribution über mächtige Einzelhändler durch ein Franchisingsystem ergänzt, wird der Durchgriff erhöht und die Abhängigkeit vom indirekten Absatzkanal reduziert.

3.2 Gefahren von Mehrkanalsystemen

Den Chancen stehen jedoch auch nicht zu unterschätzende Risiken gegenüber. Ein Vorgehen nach dem „Gießkannenprinzip" lässt verflochtene Distributionsstrukturen entstehen. Im Kern basieren die Risiken auf einer mangelhaften Abstimmung der Aufgaben und Rollen der einzelnen Absatzkanäle innerhalb des Mehrkanalsystems. Zum Teil handelt es sich um spiegelbildliche Argumente zu den bereits dargestellten Chancen. Spezifische Risiken sind:

- *Verwirrung der Kunden:* Durch den parallelen Einsatz mehrerer Kanäle sind die Kunden irritiert. Werden beispielsweise den selben Kunden verschiedene Leistung durch unterschiedliche Kanäle angeboten, so kann dies zu einer Überforderung der Kunden führen, indem sie nicht in der Lage sind, zu beurteilen, welches Angebot für sie den größeren Vorteil bietet.
- *Konflikte zwischen den Absatzkanälen:* Konflikte sind die zentrale Gefahr der Distribution über Mehrkanalsysteme (u.a. Moriarty/Moran 1991, S. 98 f.). Zusätzlich zu den klassischen Konflikten im vertikalen Marketing entstehen Spannungen zwischen den einzelnen Absatzkanälen. Sie stehen untereinander in Konkurrenz und fühlen sich in ihrer Wettbewerbsposition bedroht. Derartige Multikanalkonflikte können kontraproduktiv auf die Beziehungen zu den einzelnen Absatzkanälen wirken. Zudem kann ein Wettbewerb zwischen den Kanälen die bestehenden Umsätze kannibalisieren und gleichzeitig den Aufwand in der Abstimmung steigern.
- *Kontrollverlust:* Eine weitere Gefahr besteht im Verlust des Handlungsspielraums des Anbieters. Der Anbieter muss sich auf die spezifische Situation in den einzelnen Absatzkanälen einstellen und jeweils geeignete Koordinations- und Steuerungsmechanismen einsetzen. Die zunehmende Komplexität erschwert es, das Mehrkanalsystem einheitlich zu steuern.
- *Suboptimierungen:* Jeder Kanal stellt spezifische Anforderungen an einen Anbieter. Um den Eigenschaften der Kanäle gerecht zu werden, muss er verschiedene Aufgaben erfüllen. Die Gefahr besteht zum einen in einer Suche nach allgemeingültigen Lösungen, die sich in allen Absatzkanälen anwenden lassen. Die Unterschiede der Kanäle werden nicht beachtet und die eigentlichen Vorteile des Mehrkanalsystems nivelliert. Werden zum anderen die Unterschiede zwar antizipiert, aber keine integrierten Lösungen gefunden, entstehen zusätzliche Aufwendungen und die Wirtschaftlichkeit der Distribution wird gefährdet.

Vor dem Hintergrund der dargestellten Chancen und Risiken wird deutlich, dass sich die Herausforderungen nicht auf isolierte Entscheidungen für oder gegen einzelne Absatzkanäle reduzieren lassen. Vielmehr stellen vor allem die Wechselwirkungen innerhalb des Mehrkanalsystems besondere Anforderungen an das Distributionsmanagement. Die grundsätzliche Aufgabe besteht somit in der Gestaltung eines „doppelten Fit" des Mehrkanalsystems (Schögel 1997, S. 30 f.):

- Der *„externe Fit"* eines Mehrkanalsystems ist durch die Kontingenz des Systems gekennzeichnet, d.h. die Abstimmung der Kanäle mit den Bedürfnissen der Kunden und mit dem Verhalten der Konkurrenten, und
- der *„interne Fit"* eines Mehrkanalsystems, der die Konsistenz des Systems in den Mittelpunkt stellt, d.h. die Abstimmung der Kanäle zueinander, der internen Prozesse und der Verhaltensprämissen im Unternehmen.

Erfolgreiches Management von Mehrkanalsystemen bedeutet also, den Absatzkanal-Mix aktiv zu gestalten. Gelingt es einem Anbieter, die zur Distribution an die Kunden geeigneten Absatzkanäle geschickt zu kombinieren, besteht die Möglichkeit, die Chancen eines Multi-Channel Management erfolgreich zu nutzen und dessen Gefahren zu vermeiden.

4 Prozessorientierung des Multi-Channel Management

Der Gedanke des CRM lässt sich mittels einer Kundenprozessorientierung in das Multi-Channel Management integrieren. Entsprechend ist der Kundenprozess zu analysieren, um hieraus Implikationen für die Gestaltung des Absatzkanal-Mix zu ziehen. Anschliessend ist zu diskutieren, wie eine prozessorientierte Koordination des Absatzkanal-Mix zu realisieren ist und wie Konflikte im Mehrkanalsystem gehandhabt werden können.

4.1 Vom Kundenprozess zum Unternehmensprozess

Im Rahmen des Multi-Channel Management kommt der Segmentierung eine wichtige Bedeutung zu. Im Kern müssen die Anbieter folgende Frage beantworten: Für welche Kunden sollen wir mit welchen Leistungen in welchen Absatzkanälen tätig werden (Schögel 2001, S. 25)? Um eine Antwort zu finden und damit von Kundenprozessen auf Unternehmensprozesse zu schliessen, kann ein dreigeteiltes Vorgehen vorgeschlagen werden:

Segmentierung: Anbieter können sich ein vertieftes Verständnis für die Bedürfnisse ihrer Kunden erarbeiten, indem sie darauf fokussieren, welche Erwartungen Kunden an einen Kanal haben, wie sie sich über eine Leistung informieren und diese schließlich kaufen bzw. nutzen (Coughlan et al. 2001, S. 43 ff.; Stern/Sturdivant 1987, S. 34; Soliman et al. 1997, S. 22 f.). Für traditionelle Methoden der Marktsegmentierung gestaltet es sich heute zunehmend schwierig, das Kanalwahlverhalten der multioptionalen Kunden abzubilden. Hier setzt der Ansatz der Nutzensegmentierung an, der darauf beruht, Kunden bezüglich ihrer Nutzenerwartungen an Absatzkanäle in unterschiedliche bearbeitbare Segmente zu unterteilen (Haley 1968; Moriarty/Reibstein 1986; Meffert 1998, S. 196 ff.; Coughlan et al. 2001, S. 43 ff.; Perrey 1998, S. 23 ff.). Mit Hilfe einer solchen Nutzensegmentierung kann ein Erklärungsbeitrag geleistet werden, warum Kunden möglicherweise in verschiedenen Phasen des Kundenprozesses auf Grund des unterschiedlichen Nutzens unterschiedliche Kanäle präferieren. Entsprechend wird dem Ansatz eine hohe Aussagekraft für den zielgruppenspezifischen Einsatz des distributionspolitischen Instrumentariums zugeschrieben (Meffert 1998, S. 197; Mühlbacher/ Botschen 1990, S. 159).

Prozessanalyse: Auf Basis der Kundensegmentierung können in einem nächsten Schritt die jeweiligen Kundenprozesse der ermittelten Segmente analysiert werden. Auf diese Weise kann ermittelt werden, welche Prozessschritte bei welchen Kunden besonders relevant sind, wo im Prozess Schwerpunkte zu setzen sind und wo welche Verbesserungspotentiale existieren (Soliman et al. 1997, S. 22 f.). Auf diese Weise lassen sich reale oder idealtypische Wege der verschiedenen Segmente durch ein Mehrkanalsystem abbilden. Abb. 4 illustriert dies anhand eines fiktiven Beispiels, das den Weg verschiedener Kunden beim Erwerb einer Hausratversicherung durch das Mehrkanalsystem eines Versicherers darstellt (Schögel et al. 2002, S. 35). Ein neu zugezogener Student präferiert eine umfassende Versicherungsbroschüre, die wichtige Tips für junge Menschen, die ihren ersten eigenen Haushalt gründen, enthält. Auch erklärt die Broschüre den Sinn einer solchen Versicherung und stellt die für den Studenten relevanten Optionen dar. Um noch offene Fragen zu klären, besucht der Student die Website, wo er auch gleich die Versicherung abschließt. Im Schadensfall nutzt er das Telefon, um mit der Versicherung in Kontakt zu treten. Ganz anders ein Familienvater; er benötigt keine allgemeinen Informationen über eine Hausratsversicherung, da er sehr genau weiss, was er braucht. Aufgrund der Zeitersparnis bestellt er über das Call-Center eine Offerte, schließt diese in Papierform ab und erweitert die Versicherungssumme nach ein paar Monaten in einer Filiale, an der er gerade vorbeiläuft. Dabei ist zu beachten, dass die dargestellten Kunden, mit einer anderen Situation, beispielsweise dem Abschluss einer Lebensversicherung konfrontiert, andere Kanäle präferieren können.

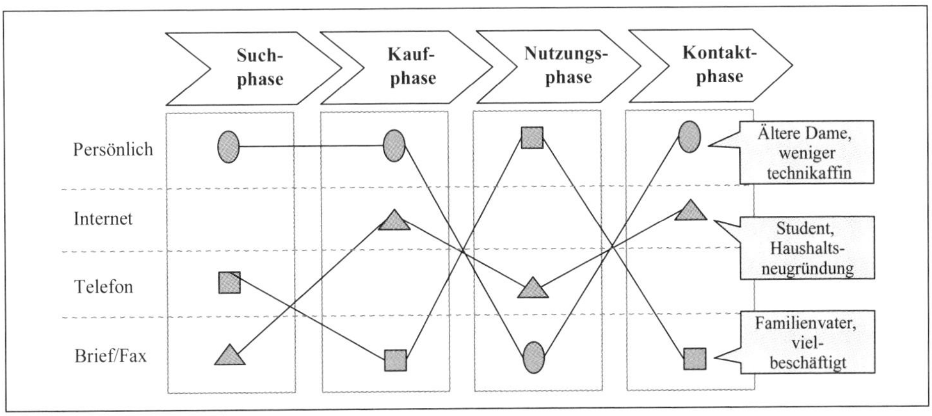

Abb. 4: Der Weg verschiedener Kundensegmente durch ein Mehrkanalsystem

Eine solche Prozessanalyse hebt zweierlei hervor: einerseits verstärkt sie das Verständnis für die spezifischen Kundenbedürfnisse und zeigt auf, wo im Kundenprozess die Kunden durch welche Maßnahmen gezielt unterstützt werden können (Muther/Österle 1998, S. 106 f.), andererseits macht sie deutlich, dass unterschiedliche Kanäle zunehmend unterschiedlichere Aufgaben erfüllen. Zwar transportieren sie alle die Leistung vom Anbieter zum Kunden – doch das „wie" scheint zunehmend wichtiger zu werden.

Anforderungen für das Unternehmen ableiten: Auf Basis der Prozessanalyse für verschiedene Kundensegmente ist letztlich ein adäquates Aufmerksamkeitsniveau bezüglich finanzieller, personeller und technischer Ressourcen entsprechend der jeweiligen Segmente bzw. deren Wert für das Unternehmen zu definieren (Rudolf-Sipötz/Tomczak 2001). Die Forderung, das Maß des Distributions- und Kundenbeziehungsmanagements an die Bedürfnisse und den Wert von Kunden anzupassen, bedeutet nicht, den potenziell attraktivsten Kunden eine Auswahl aus mehreren Kanälen zu offerieren und weniger attraktive Kunden mit Standards zu bedienen bzw. ihnen die Nutzung eines bestimmten Kanals vorzugeben. Statt dessen zielt die Forderung darauf ab, jedem Kunden die Wahl der Kanäle offen zu stellen. Eine solche Wahlfreiheit für jedes Kundensegment erscheint zunächst kostspielig. Ein Lösungsansatz besteht darin, spezifische Funktionalitäten und Services innerhalb der jeweiligen Kanäle entsprechend des Kundenwertes anzupassen. Entsprechend bietet Dell seinen Kunden verschiedene Kanäle an, um mit dem Unternehmen in Kontakt zu treten. Innerhalb eines Kanals, beispielsweise dem Internet, existieren individuell angepasste „Premium Sites", die nur großen bzw. wertvollen Kunden zugänglich sind, während kleinere Kunden nur von eingeschränkten Services profitieren können (Yanker et al. 2001).

Soll ein Mehrkanalsystem langfristig erfolgreich sein, so muss es zum einen als Absatzkanal-Mix einen klaren zielgruppengerechten Nutzen und damit einen wahrnehmbaren Mehrwert bieten. Dabei kann der erwartete Nutzen selbstverständlich sehr unterschiedlich ausfallen, so könnte er beispielsweise schneller, bequemer, unterhaltsamer, sicherer, individueller, situativ besser anpassbar oder auch schlicht günstiger sein. Im Kern muss es gelingen, die einzelnen Kanäle für den Kunden in einem Gesamtportfolio erfolgreich zu positionieren (Schögel et al. 2002, S. 36).

4.2 Prozessorientierte Gestaltung des Absatzkanal-Mix

Im Rahmen des Distributionsmanagements gilt es nun entsprechend der im vorhergehenden Abschnitt erarbeiteten Kundenprozessorientierung, die Rollen und Aufgaben der Absatzkanäle festzulegen. Hierfür lassen sich zwei grundsätzliche Realisierungsformen unterscheiden, die im folgenden als Endpunkte eines Kontinuums der Aufgabenverteilungen dargestellt werden (in Anlehnung an Cespedes/Corey 1990, S. 72 ff.; Schögel 1997, S. 140 ff.):

- *Autarke Aufgabenverteilung:* Jeder Kanal nimmt die Aufgaben der Distribution selbständig wahr. Abhängigkeiten zwischen den Kanälen werden bewusst vermieden.

- *Interdependente Aufgabenverteilung:* Die Absatzkanäle nehmen die Distributionsaufgaben als Gesamtsystem wahr. Abhängigkeiten zwischen den Kanälen werden bewusst gefördert.

Je mehr ein Anbieter die Zusammenhänge zwischen den Kanälen fördert bzw. je mehr diese von Kunden gefordert werden, desto eher besteht die Tendenz zu einer interdependenten Aufgabenverteilung. Abb. 5 zeigt das Kontinuum potenzieller Aufgabenverteilungen.

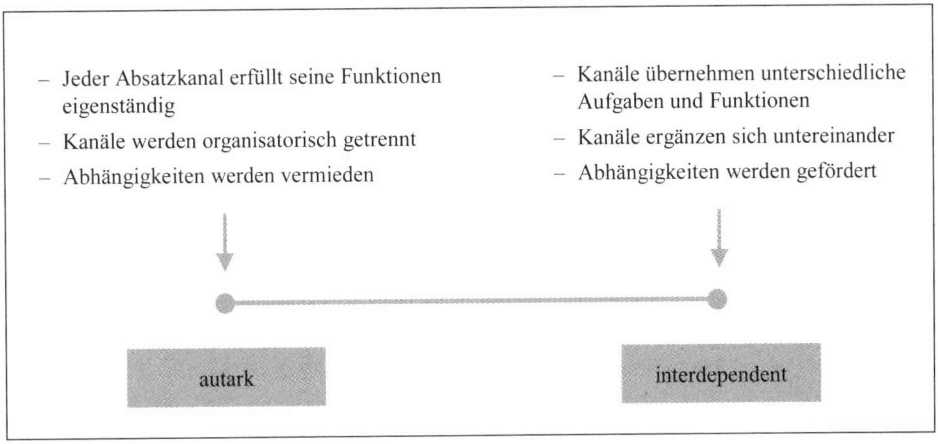

Abb. 5: Kontinuum der Aufgabenverteilung in Mehrkanalsystemen
Quelle: Schögel 1997, S. 142

Autarke Aufgabenverteilung: Hier übernimmt jeder Absatzkanal eigenständig alle Aufgaben, die zur Distribution an ein Kundensegment notwendig sind. Mit strikt voneinander getrennten Kanälen vermeidet ein Anbieter bewusst Abhängigkeiten zwischen den Kanälen. Er erhält dabei die Möglichkeit, in den Absatzkanälen Spezialisierungsvorteile zu erlangen, indem er sich auf die Ansprüche der einzelnen Kundengruppen einstellt. Die Trennung kann dabei unterschiedlich weit gehen. Während es sich zum Beispiel anbietet, in der Distribution über den Fachhandel und über Factory Outlets auch die Leistungen umfassend und weitreichend (z. B. über den Neuigkeitsgrad der Produkte) zu trennen, werden in anderen Fällen beispielsweise nur Beratung oder Warenpräsentation getrennt. Eine typische Form der autarken Aufgabenverteilung ist die getrennte Organisation des Aussendienstes eines Anbieters nach einzelnen Absatzkanälen (beispielsweise Fachhandel und Discounter). Eine autarke Aufgabenverteilung ist dann eine geeignete Option, wenn die Absatzkanäle des Anbieters jeweils auf einzelne, klar abgegrenzte Markt- und Kundensegmente ausgerichtet sind, jeder Kanal die Distribution einer bestimmten Marktleistung mit einem bestimmten Preis an eine Kundengruppe übernimmt – und der Kunde nicht erwartet, unterschiedliche Kanäle, zu nutzen und dort jeweils eine konsistente Leistung sowie eine konsistente Ansprache zu erhalten.

Interdependente Aufgabenverteilung: Hier erfüllen die Kanäle die Distributionsaufgaben als integriertes System. Sie werden sowohl von Anbietern als auch vom Kunden als Gesamtsystem wahrgenommen. Sie fördern bewusst die Querbeziehungen zwischen den Absatzkanälen. Erst aus der kanalübergreifenden Koordination resultiert die Verbundwirkung des Mehrkanalsystems (Cespedes/Corey 1990, S. 76). Eine interdependente Aufgabenverteilung ist für einen Anbieter insbesondere dann eine strategische Option, wenn

- die Kunden bewusst einzelne Kanäle, möglicherweise während verschiedener Phasen des Kundenprozesses, kombinieren oder unterschiedliche Leistungen des Anbieters erwarten,
- mit dem Multi-Channel Management kanalübergreifende Ziele für eine Kundengruppe verfolgt werden oder
- dadurch Doppelspurigkeiten in den Absatzkanälen verringert und somit die Distributionskosten reduziert werden.

Insbesondere die Ergänzung der Distribution über traditionell-stationäre Kanäle durch zunehmend gleichberechtigte alternative Kanäle löste in vielen Branchen eine intensive Diskussion über die Vorteilhaftigkeit einer autarken versus einer interdependenten Kanalführung aus. Diese wurde zunächst verstärkt aus der Unternehmensperspektive geführt. Im Mittelpunkt standen Aspekte wie die Minimierung von Kanalkannibalisierung und -konflikten, die Steuerung der Provisionisierung sowie die Frage ‚wem gehört der Kunde' bzw. die Frage nach dem mit ihm getätigten Umsatz (Schögel 1997, S. 28; Homburg et al. 2002, S. 38 ff.).

In autark bzw. interdependent geführten Mehrkanalsystemen kommt der Gestaltung des Front- und Back-Ends eine wichtige Rolle zu (vgl. Abb. 6). Entscheidet sich ein Anbieter für eine autarke Aufgabenverteilung, stellt es für ihn eine Option dar, verschiedene Kanäle im Back-End zu integrieren oder sie getrennt zu führen. Denkbar ist beispielsweise eine Konsolidierung der Daten über alle Kanäle oder eine einheitliche Koordination und Führungsverantwortung verschiedener Kanäle. Im Front-End, dem Kunden gegenüber, treten die Kanäle jedoch autark auf, wodurch für diesen weder eine Vernetzung der verschiedenen Kanäle noch eine konsistente Ansprache ersichtlich ist. Bei einer Entscheidung zugunsten einer interdependenten Aufgabenverteilung wird dem Kunden eine Vernetzung der Kanäle, einhergehend mit einer konsistenten Ansprache über alle Kanäle, kommuniziert. Solche Aufgaben scheinen langfristig nur durch eine Integration des Back-Ends realisierbar, indem eine kanalübergreifende Datenkonsolidierung gewährleistet ist und die verschieden Kanäle über eine einheitliche Führung und Koordination verfügen.

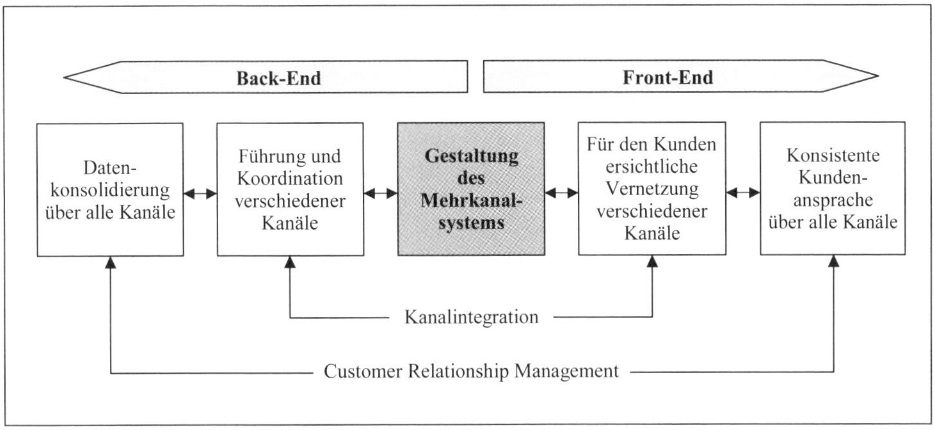

Abb. 6: Front- und Back-End von Mehrkanalsystemen

Insgesamt ist bei Unternehmen ein unterschiedliches Verständnis von Integration zu beobachten. Als Beispiel soll die Reisebranche gewählt werden. Teils bündeln Anbieter mehrere separate Kanäle, ohne sie untereinander zu vernetzen. Entsprechend kann der Reisekunde wohl wählen, ob er eine Reiseleistung online oder über ein stationäres Reisebüro erwerben möchte, ist dann aber an den Kanal, für den er sich einmal entschieden hat, gebunden. Ein Kanalwechsel im Verlauf des Kundenprozesses ist nicht mehr möglich, man spricht von „Partialintegration“ oder einem „Silo-Ansatz“ (Yanker et al. 2001). Zunehmend ist jedoch zu beobachten, dass Reisekunden situationsspezifisch unterschiedliche Kanäle nutzen (möchten), um ihre konkreten Informations-, Beratungs- oder Buchungsbedürfnisse zu decken. Beispielsweise konstatieren Expedienten, dass Kunden vermehrt mit einem Internetausdruck in der Hand den stationären Kanal betreten, um nach einer persönlichen Einschätzung der Internetinformationen zu bitten. Auch erwartet ein Kunde unabhängig davon, über welchen Kanal er eine Reiseleistung erworben hat, (mit-) zu bestimmen, über welchen Kanal er die Reiseunterlagen in Empfang nehmen möchte. Zukünftig muss es selbstverständlich sein, dass ein im Internet gebuchtes Ticket in einem stationären Reisebüro abgeholt werden kann. Dabei handelt es sich um eine „vollständige Integration“. Dies gilt auch für die Handhabung von Beschwerden, indem diese nicht nur in dem Kanal entgegengenommen werden können, in dem sie ausgelöst wurden, sondern eben dort, wo der Kunde sie äußert („one face to the customer“).

Ein Beispiel für eine interdependente Aufgabenverteilung der Kanäle liefert L'TUR (vgl. Abb. 7). Ein Reisekunde kann sich beispielsweise via Internet umfassend über das Angebot informieren und die in Frage kommenden Reisen in einen virtuellen und personalisierten Warenkorb (Zugang via Name und E-Mail) legen. Hierdurch erhält der Kunde die Möglichkeit, die Reise zu einem späteren Zeitpunkt nochmals anzusehen. Entschließt er sich für die Buchung dieser Reise, kann er diese entweder direkt über das Internet abschließen, im Call-Center anrufen oder einen beliebigen L'TUR Shop persönlich besuchen. Indem er sich jeweils identifiziert, kann der Expedient (oder die Website) auf die für diesen Kunden hinterlegte Reise sowie mögliche weitere hinterlegte Daten zurückgreifen. Durch den Einsatz des Internets als zusätzlichen Kanal gelingt es L'TUR, den Kunden bereits vor dem eigentlichen Kauf umfassend zu informieren, ohne dass dazu ein persönlicher Kontakt notwendig ist. Der Kunde kann seine Buchungsentscheidung selbständig planen und ist unabhängig von einem Beratungsgespräch. Dadurch ergeben sich auch Vorteile für den Anbieter, indem sich der Berater auf Kunden konzentrieren kann, die eine persönliche Beratung wünschen (Schmidt et al. 2003).

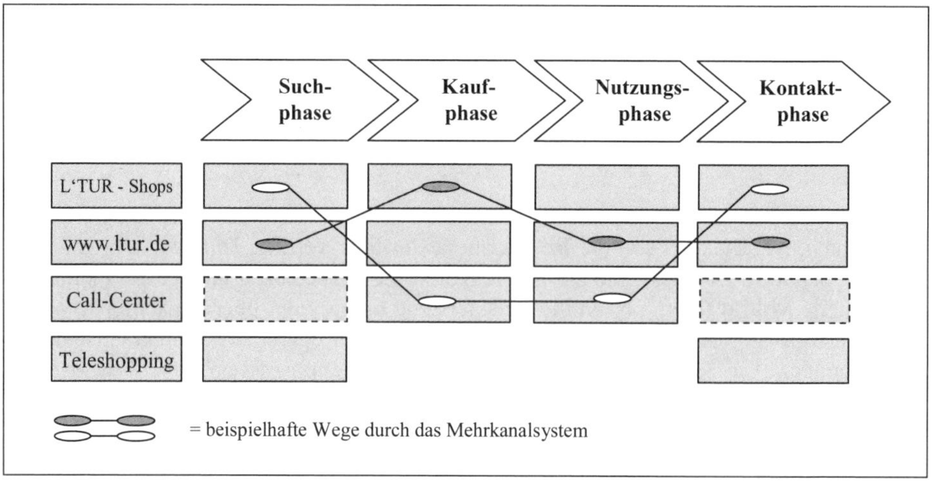

Abb. 7: Das Mehrkanalsystem von L'TUR
Quelle: in Anlehnung an Orth 2002; www.ltur.de

4.3 Prozessorientierte Koordination des Absatzkanal-Mix

Bezüglich der Koordination gilt es insbesondere, die angestrebte Aufgabenverteilung zwischen den Kanälen im Mehrkanalsystem mittels spezifischer Instrumente zu erreichen. Dazu sind einerseits die angestrebte Verteilung (autark oder intedependent) zu konkretisieren und zu kommunizieren, andererseits Anreize zu schaffen, die Partner und Mitarbeiter zu einem entsprechenden Verhalten zu motivieren. Für die Koordination der Absatzkanäle und der darin beteiligten Unternehmen und Mitarbeiter finden sich verschiedene Koordinationsinstrumente. Im Folgenden werden zwei wesentliche Ansatzpunkte diskutiert.

4.3.1 Kreuzungsraster zur Abstimmung von Aufgaben

Das Kreuzungsraster stellt die verschiedenen Phasen des Buying Cycles dem Absatzkanal-Mix gegenüber und ordnet die Aufgaben der einzelnen Kanäle den Kundenprozessphasen der einzelnen Kundengruppen zu (Moriarty/Moran 1991, S. 101). Es ermöglicht einerseits eine zielgerichtete Aufgabenverteilung im Mehrkanalsystem und vermeidet damit mögliche Dysfunktionalitäten, Doppelspurigkeiten bzw. die sogenannte „3E Trap" („Everything to Everyone Everywhere") (Yulinski 2000, S. 1). Andererseits kann sichergestellt werden, dass Kunden über das gesamte Mehrkanalsystem begleitet werden, um letztlich dort einen bestehenden Kundenkontakt wieder aufzunehmen, wo er zuletzt unterbrochen wurde (Peppers/Rogers 1999, S. 12).

Wie bereits anhand des beispielhaften Erwerbs einer Hausratsversicherung dargestellt, führen die Ansprüche der Kundengruppen und der Problemlösungsbedarf einzelner Segmente zu unterschiedlichen Schwerpunkten in den einzelnen Phasen des Buying Cycles. Je nach Branche und verfolgter Marketingstrategie ergeben sich verschiedene Phasen und unterschiedlich gewichtete Aufgaben (Belz 1999, S. 197 ff.).

Abb. 8 illustriert die grundlegende Struktur des Kreuzungsrasters. Ein solches Raster kann Anbieter auch bezüglich ihrer CRM-Orientierung in dreifacher Hinsicht unterstützen: Erstens kann es nützlich sein, den Weg des Kunden im Verlauf des Kundenprozesses durch das Mehrkanalsystem zu erfassen, zweitens kann es dazu dienen, für die jeweiligen Kundensegmente den optimalen Weg durch das Mehrkanalsystem zu bestimmen und diese anschließend diesbezüglich zu steuern. Letztlich kann es ein Instrument sein, um festzulegen, welche CRM-Maßnahmen in den einzelnen Phase des Buying Cycles über welchen Kanal am besten geeignet sind, um bestimmte Kundensegmente zu bedienen (Schögel/Schmidt 2002, S. 68).

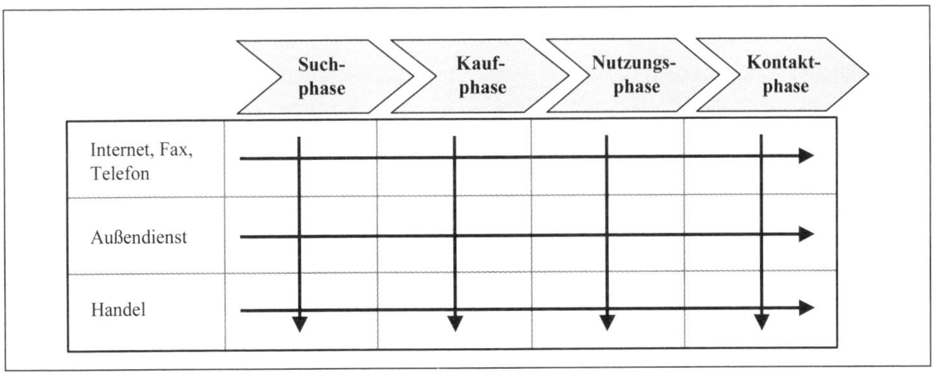

Abb. 8: Kreuzungsraster zur Aufgabenverteilung zwischen verschiedenen Absatzkanälen im Buying Cycle
Quelle: in Anlehnung an Moriarty/Moran 1991, S. 101

Grundvoraussetzung für eine Steuerung von CRM-Maßnahmen während verschiedener Phasen des Kundenprozesses und über alle Kanäle des Mehrkanalsystems sind umfassende IT-Systeme, welche alle Beteiligten über alle Phasen wirkungsvoll unterstützen, indem sie die notwendigen Informationen und Instrumente zur richtigen Zeit, in der richtigen Menge und am richtigen Ort zur Verfügung stellen. Es ist zu beobachten, dass Anbieter hierzu entweder selbst anforderungsgerechte Applikationen entwickeln oder Standardsoftware zum CRM an die unternehmerischen Anforderungen anpassen, wobei beide Alternativen situativ gegeneinander abzuwägen sind. Es ist jedoch der Trend ersichtlich, dass für immer mehr Anwendungsschwerpunkte Standardsoftware oder Branchenlösungen zur Verfügung stehen, was zu einer abnehmenden Bedeutung der Eigenentwicklung führt (Schulze 2000, S. 19 ff.).

Es erfordert häufig enorme Anstrengungen, um tatsächlich eine zentrale Sicht auf Kundenkontakt- und Geschäftsfalldaten und damit eine unternehmenseinheitliche Datenbasis zu ermöglichen. Nicht selten müssen hierfür unterschiedliche Datenbanksysteme zusammengeführt werden. Sind Kundenstammdaten beispielsweise im Enterprise Rescource Planning-System (ERP-System), die Kundenhistorie jedoch im CRM-System angelegt, erfordert dies, dass Datenstrukturen neu definiert werden (Schulze 2000, S. 42). Auch generieren die durch neue Informations- und Kommunikationstechnologien entstandenen Touchpoints zwischen Anbietern und Kunden neue Arten von Datenmaterial, gedacht sei hier an das Nutzungsverhalten von Short Message Services (SMS) oder Navigationssystemen bzw. dem Internet, die es ebenfalls sinnvoll in Datenbanken einzugliedern gilt. Eine zentrale Datenbank des CRM-Systems, die zur Handhabung aller relevanten Kundendaten über alle Phasen des Management von Kundenbeziehungen und über alle Kanäle hinweg dient, scheint dabei zwingend erforderlich.

Day weist in diesem Zusammenhang auf eine weitere Herausforderung hin. Wenn Kundendaten an verschiedenen Stellen im Unternehmen genutzt und hieraus relevante Informationen abgeleitet werden können, so entwickelt sich ein immer spezifischeres und möglicherweise stark situationsabhängiges (teils implizites) Wissen (vonKrogh et al. 2000, S. 6 f.; Scharmer 2000, S. 37). Obwohl aus technischer Sicht höchst anspruchsvoll, besteht die Kunst also nicht nur darin, umfassende Kundeninformationen über alle Kanäle zu generieren und an einem zentralen Ort zu verwalten, sondern vor allem darin, diese Informationen in Wissen umzumünzen, welches den Umgang des Anbieters mit diesen Kunden tatsächlich positiv beeinflusst (Day 2000, S. 14 f.).

An dieser Stelle soll kurz auf die hieraus erwachsenden spezifischen Herausforderungen an die interne Organisation, also an die Zusammenarbeit unterschiedlicher Abteilungen und Kompetenzen, sowie zur Überwindung von möglicherweise opportunistischem Verhalten von Mitarbeitern, die sich durch neue Technologien bedroht sehen, hingewiesen werden. Das Teilen von Informationen stellt doch oft einen Gegensatz zur gängigen Geschäftspraxis dar, in der darüber debattiert wird, wem welcher Kunde ‚gehört' und wer wen wann und wie ansprechen ‚darf'. Es scheint naiv davon auszugehen, dass mit der Implementierung einer umfangreichen CRM-Software auch gleichzeitig für eine ausgeprägte „Kundendenke" Sorge getragen würde. Vielmehr bedarf es einer weitsichtigen und starken Unternehmensführung, die auf ein Umdenken der grundlegenden

Geschäftsphilosophie, einhergehend mit einer veränderten Einstellung aller Mitarbeiter, abzielt (Kanter 2001, S. 92 f.; Peppers/Rogers 1999, S. 14; Pries 2001, S. 50). Um hier anzusetzen, werden nachfolgend zunächst verschiedene Anreiz- und Konditionensysteme und anschließend Ansätze für ein erfolgreiches Konfliktmanagement in Mehrkanalsystemen präsentiert.

4.3.2 Motivation der Mitarbeiter und Partner: Anreiz- und Konditionensysteme

Monetäre Anreiz- und Konditionensysteme des Anbieters stellen ein zentrales Instrument für die Koordination in Mehrkanalsystemen dar. Diese sollten nicht darauf abzielen, sich mittels umfassender Konditionen den Beitrag eines Absatzkanals „zu erkaufen", statt dessen sollten die Leistungen in einem möglichst ausgeglichenen Verhältnis zur Gegenleistung des Absatzkanals stehen. Es sollte einem Anbieter also gelingen, die Beteiligten zu einem zielgerichteten Verhalten zu motivieren. Im Rahmen eines Mehrkanalsystems ist vor allem die Frage der Abstimmung zwischen den Kanälen, unabhängig davon ob es sich um direkte oder indirekte Kanäle handelt, von Bedeutung. Grundsätzlich kann ein Anbieter zwischen drei Ansätzen zur Konditionengestaltung wählen (Schögel 1997, S. 213 ff.):

- *Kundengruppenorientierte Konditionensysteme:* Bei diesen Systemen orientieren sich die Konditionen an den Anforderungen der einzelnen Absatzmittler- und Endkunden im jeweiligen Absatzkanal. Die Anreize der Anbieter variieren in Abhängigkeit des Umfangs der angebotenen Anbieterleistung und der spezifischen Aufgabenverteilung im Absatzkanal. Da sich die Leistungen in den Absatzkanälen deutlich unterscheiden können, werden die Konditionensysteme auf die spezifischen Eigenheiten des jeweiligen Kanals zugeschnitten. Die Abstimmung der Anreize und Konditionen erfolgt auf Basis des „kleinsten gemeinsamen Nenners" der Kanäle des Mehrkanalsystems und der Ziele des Anbieters. Ein solches System eignet sich nicht dafür, unterschiedliche Kanäle miteinander zu verknüpfen, sondern insbesondere für Mehrkanalsysteme mit autarken Aufgabenverteilungen, in denen die einzelnen Kanäle getrennt geführt werden (Pabst/Brettenthaler 1995, S. 48 ff.).

- *Integrierte Konditionensysteme:* Diese Systeme zielen auf eine kanalübergreifende Abstimmung der Kanäle im Mehrkanalsystem ab. Um einen solchen abgestimmten Auftritt der Leistungen in den Kanälen zu realisieren, übernehmen die integrierten Systeme zwei zentrale Aufgaben. Einerseits differenzieren sie die Leistungs-Gegenleistungs-Relation zwischen Anbieter und Kanal nach der kanalspezifischen Form der Zusammenarbeit. Dies kann beispielsweise bedeuten, dass Kanäle, die in enger Kooperation mit dem Anbieter stehen, im Verhältnis geringere monetäre Beiträge erhalten, als andere Kanäle, mit denen der Anbieter weniger eng kooperiert, da der Anbieter im erst genannten Fall bereits weitreichende Leistungen erbringt. Andererseits integriert die Konditionenstruktur die einzelnen Kanäle auf das Gesamtziel des Multi-Channel Management. Integrierte Konditionensysteme eignen sich insbesondere für Mehrkanalsysteme, welche über eine interdependente Aufgabenverteilung verfügen (Steffenhagen 1995, S. 69 ff.).

- *Verkreuzte Konditionensysteme:* Solche Systeme werden vorrangig eingesetzt, um die Aufgaben im Mehrkanalsystem kanalübergreifend zu koordinieren, um sie auf die Distribution an verschiedene Kundengruppen auszurichten und eine intensive Zusammenarbeit zwischen den verschiedenen Kanälen zu gewährleisten. Besonders hervorzuheben ist, dass jeder Absatzkanal eine gestaffelte Provision für seine definierte Kundengruppe erhält, und zwar unabhängig davon, in welchem Kanal der Kunde die Leistung tatsächlich erwirbt. Dabei können die Systeme an die Aufgabenverteilung und die Koordinationsform des Mehrkanalsystem angepasst werden. Ein solches System ist insbesondere geeignet, wenn einzelne, meist lange etablierte Akteure des Mehrkanalsystems starke Ressentiments gegen ein am Kundenprozess ausgerichteten Kanal-Mix hegen, von dem sie Einschnitte in ihren angestammten Einflussbereich befürchten. Abb. 9 illustriert beispielhaft die Konzeption eines verkreuzten Anreizsystems. In diesem Fall erhält der Außendienst auch dann vom Anbieter eine Provision, wenn der Kunde in einem anderen Kanal kauft (Schögel 1997, S. 217 f.).

Provisionsanteil für ... / Kunde kauft oder bestellt beim ...	**Internet, Fax, Telefon**	**Außendienst**	**Broker**
Internet, Fax, Telefon	**25%**	**75%**	**-**
Außendienst	**-**	**100%**	**-**
Broker	**-**	**25%**	**75%**

Lesebeispiel:
Kauft ein Kunde über Internet, Fax oder Telefon, dann erhält der Außendienst 75% und der Kanal Internet, Fax oder Telefon 25% der Provision.

Abb. 9: Beispiel eines verkreuzten Konditionensystems
Quelle: Schögel 1997, S. 218

4.4 Konfliktmanagement in Mehrkanalsystemen

Konflikte stehen in Mehrkanalsystemen häufig an der Tagesordnung. Sie erscheinen Anbietern als systemimmanent und lassen sich nicht vollständig ausschalten (Magrath/ Hardy 1987, S. 29). Dabei ist zu beobachten, dass bereits eine neue Leistung in nur einem Kanal zusätzliche Konflikte verursachen kann, während die Umgestaltung der Distribution, die Aufnahme eines neuen Kanals oder die Etablierung eines kanalübergreifenden CRM-Systems noch weitreichendere Folgen haben kann, welche zu Spannungen oder Meinungsverschiedenheiten führen können, die sich häufig in Form von Konflikten äußern. Auch wenn sich Anbieter um ein aktives Konfliktmanagement bemühen, entstehen immer wieder kontraproduktive Konfliktwirkungen. Eine fehlerhafte Konfliktwahrnehmung lässt sich auf folgende Ursachen zurückführen (Schögel 2001, S. 30 f.):

- *Bedrohung durch neue Absatzkanäle:* Durch zusätzliche Kanäle verlieren Stammkanäle an Bedeutung, und ihre Gewichtung in der Distribution des Anbieters ändert sich. Obwohl häufig als Entlastung gemeint, nehmen Mitarbeiter der etablierten Kanäle die zusätzlichen Kanäle als Bedrohung wahr.
- *Leistungsdifferenzierungen fallen zu gering aus:* Anbieter interpretieren die Leistungsunterschiede zwischen den Kanälen anders als die Beteiligten. Je weniger die Unterschiede zwischen den Leistungen durch den Anbieter hervorgehoben werden, desto eher entsteht eine subjektive Konkurrenz zwischen den Kanälen; letztlich mag der Eindruck entstehen, dass es sich nur um Pseudodifferenzierung und Alibimaßnahmen des Anbieters handelt.
- *Unterschiedliches Kompetenzverständnis der Partner:* Anbieter schätzten ihre Entscheidungen und Aktivitäten anders ein, als sie in der Realität auf die Distribution wirken. Häufig führt ein divergierendes Kompetenzverständnis zu Reibungen und verursacht eine erhöhte Konfliktintensität. Will der Anbieter durch die differenzierte Gestaltung der Kanäle, beispielsweise der Einführung eines Direktkanals oder eines kanalübergreifenden CRM-Systems seinen Durchgriff zum Endkunden verbessern, gerät er damit in Konflikt mit dem Selbstverständnis anderer (indirekter) Kanäle.

Wie auch in anderen Konfliktsituationen muss im Multi-Channel Management die Frage gestellt werden, welche Konflikte produktiv sind und welche sich negativ auf die Unternehmensleistung und damit die Gestaltung der Anbieter-Kunden-Beziehung auswirken. Abb. 10 stellt positive und negative Folgen von Konflikten im Distributionsmanagement gegenüber.

Positive Konfliktwirkung	Negative Konfliktwirkung
• Freisetzung neuer Energien	• Instabilität und Unsicherheit
• Förderung neuer Ideen	• Koordination wird erschwert
• Veränderungen werden möglich	• Abnahme der Rationalität
• Klarheit in missverständlichen Situationen	• Weigerung und Ablehnung

Abb. 10: Positive und negative Konfliktwirkungen in Mehrkanalsystemen
Quelle: Schögel 1997, S. 92; in Anlehnung an Staehle 1994, S. 365 f.

Ziel des Multi-Channel Managements ist es nicht, Konflikte zwischen verschiedenen Kanälen des Mehrkanalsystems zwingend zu vermeiden. Vielmehr ist ein „optimales Konfliktniveau“ (Staehle 1994, S. 366 f.) anzustreben, welches sich positiv auf die Funktionsweise des Mehrkanalsystems auswirkt. Abb. 11 verdeutlicht den Zusammenhang zwischen Konfliktniveau und Effizienz im Mehrkanalsystem in Form einer inversen U-Kurve. Entsprechend liegt ein optimales Konfliktniveau dann vor, wenn durch ein gewisses Maß an Konflikten eine Spannung zwischen den Absatzkanälen erzeugt wird, die sich positiv auf die Effizienz der Distribution auswirkt.

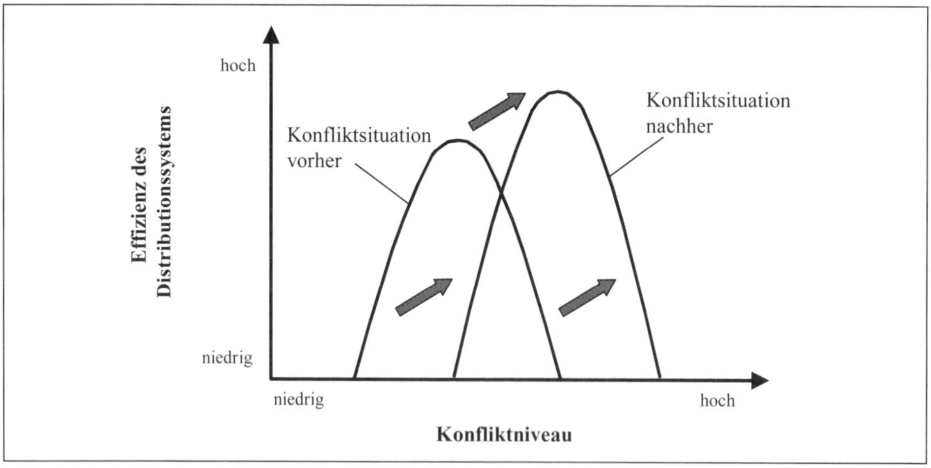

Abb. 11: Verändertes Konfliktniveau bei der Distribution über Mehrkanalsysteme
Quelle: Schögel 1997, S. 93; in Anlehnung an Kast/Rosenzweig 1985, S. 344

Anbieter müssen sich die grundlegende Frage stellen, welche Konfliktwirkungen sich aus dem Multi-Channel Management ergeben und wie in spezifischen Konfliktsituationen agiert werden soll. Zwei Aktionsbereiche lassen sich unterscheiden:

- *Präventives Konfliktmanagement:* Dieses betrifft die grundlegende Entscheidung über den Umgang mit Konflikten. Der Handlungsrahmen für das Konfliktmanagement kann dabei als Kontinuum zwischen Harmonie und Konkurrenz der Absatzkanäle zueinander betrachtet werden. Eine bewusste Konkurrenz zieht völlig andere Konsequenzen nach sich als ein Abbau der Spannungen. In einem Fall wird ein Wettbewerb geschaffen, im anderen sollen harmonische Beziehungen zwischen den Kanälen entstehen (Schögel 1997, S. 95 f.).

- *Phasengerechtes Konfliktmanagement:* Im Gegensatz zum präventiven Konfliktmanagement zielt das phasengerechte Konfliktmanagement nicht auf die Frage von Harmonie und Konkurrenz, sondern darauf, wie Spannungen im Veränderungsprozess reduziert oder gar vermieden werden können. Hierzu erweist sich ein dreiphasiges Vorgehen als erfolgreich, das bereits vor der eigentlichen Veränderung ansetzt und Konflikte langfristig kanalisiert (Lewin 1947, S. 34, zitiert nach Staehle 1994, S. 553 f.). Während der ersten Phase, dem sog. *Unfreezing*, wird das bisherige Konfliktniveau aufgetaut, indem zunächst ein Bewusstsein für den Wandel geschaffen wird. Wichtig ist in diesem Moment eine offene Kommunikation über die aktuelle Situation und die angestrebte Konfiguration des Mehrkanalsystems, um alle notwendigen Veränderungen bereits anzukündigen. Missverständnisse lassen sich reduzieren, indem Klarheit über die Rollenverteilung zwischen den Kanälen geschaffen wird. Während der zweiten Phase, dem sog. *Moving*, steht die eigentliche Veränderung des Konfliktniveaus im Mittelpunkt. Es ist davon auszugehen, dass nun bereits latent vorhandene Konflikte aufbrechen und Interessensdivergenzen offen zu Tage treten, so dass sich das Konfliktmanagement auf die konkreten Probleme in den bestehenden Kanälen richten sollte. Da sich nicht alle Konflikte vermeiden lassen, sind besonders kontraproduktive Situationen zu verhindern. Im Rahmen der letzten Phase, dem sog. *Freezing*, ist das neue Konfliktniveau anzustreben. Abb. 11 illustriert die Veränderung des Konfliktniveaus im Verlauf des phasengerechten Konfliktmanagements. Hier muss der Anbieter über Regeln und Routinen verfügen, um das Konfliktniveau in einem produktiven Bereich zu halten. Eine Alternative kann es hier sein, kanalübergreifende Belohnungen einzusetzen, in dem beispielsweise ein Kanal eine zusätzliche Provision erhält, wenn er sich mit den anderen Kanälen abstimmt oder das gesamte Mehrkanalsystem unterstützt (Schögel 1997, S. 183 ff.).

5 Fazit

Mehrere Absatzkanäle stellen Anbieter vor neue Herausforderungen. Nur wenn es einerseits gelingt, dass Kanäle bzw. der Absatzkanal-Mix für Kunden einen klaren, zielgruppenspezifischen Nutzen bieten, der in direkten Zusammenhang mit dem Kanalwahlverhalten von Kunden steht und diese somit motiviert, den gesamten Kundenprozess in den Kanälen eines Anbieters zu durchlaufen und andererseits die Bedeutung des einzelnen Kanals in der Distributionsstrategie des Anbieters richtig gewichtet ist, kann gewährleistet werden, dass Kanäle sowohl kunden- als auch unternehmensgerecht eingesetzt werden.

Einige Anbieter verfallen heute der Vision, für den Kunden zu einer „Multiaccess Corporation" zu werden, in denen der Kunde frei von jeglicher Beschränkung die Kanäle beliebig miteinander kombinieren kann. Jedoch lehren uns vielfältige Erfahrungen im Channel- und Distributionsmanagement, dass es eine Sache ist, einen Kanal aufzunehmen; eine andere ist es jedoch, auch erfolgreich in diesem Kanal zu agieren, Kunden zu akquirieren und dann auch langfristig zu binden. Anstatt in einer passiven Haltung hinter den verschiedenen Kunden-Zugängen darauf zu harren, bis der Kunde den Kontakt sucht, sind Anbieter gefordert, das Mehrkanalsystem aktiv anhand des Kundenprozesses zu gestalten, um für Anbieter und Kunden tatsächlich die viel gepriesene Win-Win-Situation zu erzielen.

Literaturverzeichnis

Ahlert, D. (1996): Distributionspolitik. Das Management des Absatzkanals, 3. Aufl., Stuttgart.

Bachem, Ch. (2002): Anforderungen an ein erfolgreiches Multi-Channel-Management, in: Schögel, M.; Schmidt, I. (Hrsg.): E-CRM – mit Informationstechnologien Kundenpotentiale nutzen, Düsseldorf, S. 491-509.

Barsh, J.; Crawfod, B.; Grosso, C. (2000): How E-Tailing Can Rise from the Ashes, in: McKinsey Quarterly, No. 3, S. 98-109.

Belz, Ch. (1989): Konstruktives Marketing. Marketing-Diagnose und Lösung für umkämpfte Märkte in Sättigung, Stagnation und Schrumpfung, Savosa/St.Gallen.

Belz, Ch. (1999): Verkaufskompetenz, 2. Aufl., St. Gallen/Wien.

Berry, L.L. (1983): Relationship Marketing, in: Berry, L.L.; Shostack, G.L.; Upah, G.D. (Hrsg.): Emerging Perspectives on Service Marketing, American Marketing Association, Chicago, S. 25-28.

Brexendorff, T.O.; Engberding, K. (2002): Bedeutung, Philosophie und Umsetzung des Multi-Channel-Managements am Beispiel der OBI@OTTO GmbH & Co. KG, in: Ahlert, D.; Becker, J.; Knackstedt, R.; Wunderlich, M. (Hrsg.): Customer-Relationship-Management im Handel: Strategien – Konzepte – Erfahrungen, Berlin/Heidelberg, S. 295-307.

CambridgeTechnologyPartners (2001): Multi Channel Commerce in Deutschland. Sonderbestimmungen und Empfehlungen für die Branchen Telekommunikation, Versicherung, Handel, Banken, Energieversorgung, Cambridge.

Cespedes, F.V. (1998): Channel Management is General Management, in: California Management Review, Vol. 39, No. 1, S. 98-120.

Cespedes, F.V.; Corey, R.E. (1990): Managing Multiple Channels, in: Business Horizons, Vol. 33, No. 4, S. 67-77.

Coughlan, A.T.; Anderson, E.; Stern, L.W.; El-Ansary, A.I. (2001): Marketing Channels, 6. Aufl., Upper Saddle River.

Day, G.S. (2000): Capabilities for Forging Customer Relationships, Report No. 00-118, Marketing Science Institute, Cambridge.

Day, G.S. (1990): Market Driven Strategy, New York.

Eierhoff, K. (2002): Medienprodukte über alle Kanäle für mehr Kunden – die Click and Mortar Strategie der Bertelsmann AG, in: Schögel, M.; Tomczak, T.; Belz, Ch. (Hrsg.): Roadm@p to E-Business – Wie Unternehmen das Internet erfolgreich nutzen, St. Gallen, S. 344-360.

Fournier, S.; Dobscha, S.; Mick, D. (1998): Preventing the Premature Death of Relationship Marketing, in: Harvard Business Review, Vol. 76, No. 1, S. 42-51.

Gierl, S. (1989): Individualisierung und Konsum, in: Markenartikel, Nr. 8, S. 422-429.

Gronover, S.; Riempp, G. (2001): Kundenprozessorientiertes Multi-Channel-Management, in: io managment, Nr. 4, S. 25-31.

Gross, P. (1994): Die Multioptionsgesellschaft, Frankfurt/Main.

Haley, R.I. (1968): Benefit Segmentation, a Decision-Orientated Research Tool, in: Journal of Marketing, Vol. 32, No. 3, S. 30-35.

Harris, L.; Dennis, C. (2002): Marketing the e-Business, London/New York.

Homburg, Ch.; Schäfer, H.; Scholl, M. (2002): Wie viele Absatzkanäle kann sich ein Unternehmen leisten?, in: Absatzwirtschaft, Nr. 3, S. 38-41.

Jüngert, T. (2002): Sonnenklar TV zieht Veranstalter an. Gemeinsames Konzept für den Fernsehvertrieb, in: FVW International, Nr. 13, S. 32.

Kanter, R.M. (2001): The Ten Deadly Mistakes of "Wanna-Dots", in: Harvard Business Review, Vol. 79, No. 1, S. 91-100.

Kast, F.E.; Rosenzweig, J.E. (1985): Organizations and Management. A Systems and Contingency Approach, 4. Aufl., New York.

Kroeber-Riel, W.; Weinberg, P. (1999): Konsumentenverhalten, 7. Aufl., München.

Levitt, T. (1986): Marketing Imagination, New York.

Lewin, K. (1947): Frontiers in Group Dynamics, in: Human Relations, Vol. 1, No. 1, S. 5-41.

Magrath, A.J.; Hardy, K.G. (1987): Avoiding the Pitfalls in Management Distribution Systems, in: Business Horizons, Vol. 30, No. 5, S. 29-33.

Mauch, W. (1990): Besserer Kundenkontakt dank Sales Cycle, in: Thexis, Nr. 1, S. 15-18.

Meffert, H. (1998): Marketing. Grundlagen marktorientierter Unternehmensführung. Konzepte, Instrumente, Praxisbeispiele, 8. Aufl., Wiesbaden.

Meyer, A.; Oppermann, K. (1999): Vertrieb von Financial Services – Gedanken zur zukünftigen Gestaltung kundenorientierter Geschäftsmodelle, in: Tomczak, T.; Belz, C.; Schögel, M.; Birkhofer, B. (Hrsg.): Alternative Vertriebswege, St. Gallen, S. 108-122.

Moriarty, R.T.; Moran, U. (1991): Die Absatzhybriden sind da. Was tun damit?, in: Harvard Business Manager, Nr. 3, S. 97-108.

Moriarty, R.T.; Reibstein, D.J. (1986): Benefit Segmentation in Industrial Markets, in: Journal of Marketing Research, Vol. 23, No. 6, S. 463-486.

Mühlbacher, H.; Botschen, G. (1990): Benefit-Segmentierung von Dienstleistungsmärkten, in: Marketing Zeitschrift für Forschung und Praxis, Nr. 3, S. 159-168.

Muther, A.; Österle, H. (1998): Electronic Customer Care – Neue Wege zum Kunden, in: Wirtschaftsinformatik, Nr. 2, S. 105-113.

Orth, M. (2002): Reise-Websites: Planen, buchen, reisen – alles im Internet, Vortrag im Rahmen des FVW Kongress der Zukunft, Wiesbaden, 26.09.2002.

Pabst, O.; Brettenthaler, M. (1995): Kundengruppenorientierte Konditionenpolitik im vertikalen Marketing, in: Thexis, Nr. 3, S. 48-54.

Peppers, D.; Rogers, M. (1999): Enterprise One to One – Tools for Competing in the Interactive Age, New York.

Perrey, J. (1998): Nutzenorientierte Marktsegmentierung. Ein integrativer Ansatz zum Zielgruppenmarketing im Verkehrsdienstleistungsbereich, Wiesbaden.

Porter, M. (2001): Strategy and the Internet, in: Harvard Business Review, Vol. 79, No. 3, S. 62-79.

Pries, P. (2001): Der Kunde wird König, in: Business 2.0, Nr. 6, S. 46-50.

Raffée, H.; Wiedmann, K.P. (1987): Dialoge 2: Konsequenzen für das Marketing, Hamburg.

Rapp, R. (2000): Customer Relationship Management. Das neue Konzept zur Revolutionierung der Kundenbeziehung, Frankfurt/Main.

Reichheld, R.F.; Shefter, P. (2001): Warum Kundentreue auch im Internet zählt, in: Harvard Business Manager, Nr. 1, S. 70-80.

Rudolf-Sipötz, E.; Tomczak, T. (2001): Kundenwert in Forschung und Praxis, in: Thexis, Nr. 2, St. Gallen.

Scharmer, C.O. (2000): Organizing Around Not-Yet-Embodied Knowledge, in: vonKrogh, G.; Nonaka, I.; Nishiguchi, T. (Hrsg.): Knowledge Creation: A New Source of Value, New York, S. 36-60.

Schierenbeck, H. (1998): Die Vertriebskanäle der Zukunft im Privatkundengeschäft, in: Basler Bankenvereinigung (Hrsg.): Multi Channel Distribution im Banking, Basler Bank Studien, Bern et al., S. 3-50.

Schmidt, I.; Schögel, M.; Tomczak, T. (2003): Nutzung von Distributionskanälen aus Kundensicht: eine explorative Analyse der Reisebranche. Thexis Fachbericht für Marketing, Nr. 2, St. Gallen (im Druck).

Schoenbachler, D.D.; Gordon, G.L. (2002): Multi-Channel Shopping: Understanding what Drives Channel Choice, in: Journal of Consumer Marketing, Vol. 19, No. 1, S. 42-53.

Schögel, K. (2002): Bezugsrahmen der Geschäftsmodelle im Electronic Commerce, in: Schögel, M.; Tomczak, T.; Belz, Ch. (Hrsg.): Roadm@p to E-Business. Wie Unternehmen das Internet erfolgreich nutzen, St. Gallen, S. 374-399.

Schögel, M. (1997): Mehrkanalsysteme in der Distribution. Wiesbaden.

Schögel, M. (2001): Multichannel Marketing. Erfolgreich in mehreren Vertriebswegen, GfM-Manual, Zürich.

Schögel, M.; Birkhofer, B.; Jazbec, M.; Tomczak, T. (2002): Roadm@p to E-Business – Eine Methode für den erfolgreichen Umgang mit Technologien in der marktorientierten Unternehmensführung, in: Schögel, M.; Tomczak, T.; Belz, Ch. (Hrsg.): Roadm@p to E-Business. Wie Unternehmen das Internet erfolgreich nutzen, St. Gallen, S. 16-67.

Schögel, M.; Sauer, A. (2002): Multi-Channel Marketing – Die Königsdisziplin im CRM, in: Thexis, Nr. 1, S. 26-31.

Schögel, M.; Sauer, A.; Schmidt, I. (2002): Multichannel Marketing – Fokus auf Kunden und Kanäle, in: Thexis, Nr. 2, S. 34-38.

Schögel, M.; Schmidt, I. (2002): E-CRM – Management von Kundenbeziehungen im Umfeld neuer Informations- und Kommunikationstechnologien, in: Schögel, M.; Schmidt, I. (Hrsg.): E-CRM – mit Informationstechnologien Kundenpotenziale nutzen, Düsseldorf, S. 29-86.

Schögel, M.; Tomczak, T. (1999): Alternative Vertriebswege – Neue Wege zum Kunden, in: Belz, Ch.; Tomczak, T.; Schögel, M.; Birkhofer, B. (Hrsg.): Alternative Vertriebswege, St. Gallen, S. 12-38.

Schögel, M.; Tomczak, T.; Birkhofer, B. (1999): Einsatzmöglichkeiten des Electronic Commerce in der Distribution, in: Tomczak, T.; Belz, Ch.; Schögel, M.; Birkhofer, B. (Hrsg.): Alternative Vertriebswege, St. Gallen, S. 288-308.

Schulze, J. (2000): Prozessorientierte Einführungsmethode für das Customer Relationship Management, St. Gallen.

Sheth, M.; Sisodia, R. (1997): Consumer Behavior in the Future, in: Peterson, R. (Hrsg.): Electronic Marketing and the Consumer, Thousand Oaks, S. 17-37.

Shop.org (2002): The Multi-Channel Retail Report Executive Summary, o.A.

Soliman, P.; Justus, G.; Arena, G. (1997): Wie Hersteller ihren Vertrieb auf Kundengruppen ausrichten, in: Harvard Business Manager, Nr. 2, S. 19-30.

Stadelmann, M.; Finsterwalder, J.; Reinecke, S.; Stadelmann, M.; Finsterwalder J.; Wolter, S.; Reinecke, S.; Starkey, M.; Woodcock, N. (2001): Customer Relationship Management (CRM) in der Schweiz, Zürich.

Staehle, W.H. (1994): Management, 5. Aufl., München.

Steffenhagen, H. (1995): Konditionengestaltung zwischen Industrie und Handel, Wien.

Steffenhagen, H. (1975): Konflikt und Kooperation in Absatzkanälen, Wiesbaden.

Stern, L.W.; Sturdivant, F.D. (1987): Customer-driven distribution systems, in: Harvard Business Review, Vol. 65, No. 4, S. 34-41.

Tomczak, T. (1994): Relationship-Marketing – Grundzüge eines Modells zum Management von Kundenbeziehungen, in: Tomczak, T.; Belz, Ch. (Hrsg.): Kundennähe realisieren, St. Gallen, S. 193-215.

Tomczak, T.; Dittrich, S. (1996): Kundenzufriedenheit als strategischer Erfolgsfaktor, in: Dichtl, E. (Hrsg.): Kundenzufriedenheit – erreichbar und bezahlbar?, Ergebnisse des 2. CPC Trend Forums, Mainz, S. 16-37.

Tomczak, T.; Reinecke, S. (1998): Best Practice in Marketing – Auf der Suche nach Marketing-Spitzenleistungen, in: Tomczak, T.; Reinecke, S. (Hrsg.): Best Practice in Marketing – Erfolgsbeispiele zu den vier Kernaufgaben im Marketing, St. Gallen, S. 9-34.

Tomczak, T.; Schögel, M. (1997): Management von Distributionssystemen, in: Belz, Ch.; Tomczak, T. (Hrsg.): Kompetenz für Marketing Innovationen, Schrift 4: Marktbearbeitung und Distribution, St. Gallen, S. 190-225.

vonKrogh, G.; Ichijo, K.; Nonaka, I. (2000): Enabling Knowledge Creation: How to Unlock the Mystery of Tacit Knowledge and Release the Power of Innovation, New York.

Yanker, R.; John, R.; Lawver, T.; Randery, T. (2001): E-Sales: Profitables Wachstum durch Multi-Channel-Vertrieb, http://www.n-tv.de/2777164.html (Zugriff: 13.03.2003).

Yulinski, C. (2000): Multi-Channel Marketing. Making "Bricks and Clicks" Stick, o.A.: Arbeitspapier der Reihe "McKinsey Marketing Practice".

Hajo Hippner, Martina Leber, Klaus D. Wilde

Controlling von CRM-Projekten

1 Einleitung

Nach einer Phase grenzenloser Euphorie über die Möglichkeiten von Customer Relationship Management (CRM) gewinnen zunehmend solche Stimmen an Gewicht, welche die Kosten-Nutzen-Relation von CRM kritisch hinterfragen (Schwetz 2000, S. 33; Kenning 2002, S. 100). Diese nunmehr eher vorsichtig abwartende Grundeinstellung resultiert aus den alarmierenden Meldungen über den hohen Anteil gescheiterter CRM-Projekte (Smock/Watkins 2000, S. 2).

Derartig negative Nachrichten aus dem CRM-Umfeld werden durch aktuelle empirische Untersuchungen relativiert, die messbare Erfolge durch CRM auf der Grundlage unternehmens*übergreifender* Analysen belegen. So hat z.B. die internationale Unternehmensberatung Accenture in einer Befragung von ca. 500 Führungskräften aus etwa 250 vorwiegend nordamerikanischen Unternehmen den Zusammenhang zwischen der CRM-Kompetenz und dem Return on Sales empirisch untersucht (vgl. Dull et al. 2001). Als ein wesentliches Ergebnis zeigte sich, dass ein Unternehmen mit einem Umsatz von 1 Mrd. US$, dem es gelingt, sich in allen CRM-Kernkompetenzen von einem mittleren auf ein hohes Qualifikationsniveau zu verbessern, seinen Gewinn vor Steuern um 120 bis 150 Mio. US$ erhöhen kann.

Die Skepsis gegenüber den hohen CRM-Investitionen kann bei den Unternehmen durch derartige empirische Nachrichten jedoch nicht in entscheidendem Maße reduziert werden. Nötig sind dazu vielmehr unternehmens*spezifische* Untersuchungsmethoden, die aufzeigen, ob CRM seine Wirkung tatsächlich auch im eigenen Unternehmen entfaltet. Die Konzeption eines umfassenden und aussagekräftigen Messsystems gestaltet sich jedoch als überaus komplex – nicht zuletzt deshalb, da die Implementierung eines CRM-Systems sämtliche Unternehmensbereiche tangiert: „Comprised of several distinct disciplines and cutting across just about all business units within most companies, customer relationship management measurement is complex." (Kellen 2002, S. 2). Neben investitionsrechnerischen Ansätzen zur finanziellen Erfolgsmessung einzelner CRM-Maßnahmen (Rust et al. 1995, S. 58) finden sich daher zunehmend integrierte Ansätze zum Controlling von CRM-Projekten. Hierzu zählen Bewertungsmethoden auf der Grundlage umfassender „CRM-Metriken", die auf die Steuerung und Überwachung des gesamten CRM-Projektes ausgerichtet sind.

Im Folgenden werden nach der Darstellung der Notwendigkeit für ein umfassendes Controlling im Rahmen jedes CRM-Projektes sowie dessen Zielsetzung (Kap. 2) zunächst theoretische Grundlagen des CRM-Controlling (Kap. 3) und darauf aufbauend die Wirkungskette des CRM (Kap. 4) aufgezeigt. Eine anschließende Darstellung der Probleme, die mit der Bewertung von CRM-Projekten einhergehen (Kap. 5), verdeutlicht die Anforderungen, die an ein umfassendes CRM-Bewertungssystem gestellt werden (Kap. 6). Sodann werden Möglichkeiten zur unternehmensspezifischen Bewertung von CRM-Projekten skizziert (Kap. 7). In einem kurzen Überblick werden zunächst traditionelle Methoden der Wirtschaftlichkeitsmessung aufgelistet und anhand dreier ausgewählter Beispiele ihre Schwächen im Hinblick auf die zuvor identifizierten Anforderungen erörtert (Kap. 7.1). Die Balanced Scorecard, die den Anforderungen an ein

CRM-Bewertungssystem am umfassendsten gerecht wird, wird im Anschluss genauer vorgestellt, sowie eine Standard-CRM-Scorecard, die an die spezifischen Bedürfnisse jedes Unternehmens angepasst werden kann, erarbeitet (Kap. 7.2). Die gesammelten Erkenntnisse werden schließlich in einem Fazit (Kap. 8) zusammengefasst.

2 Notwendigkeit und Zielsetzung des Controlling von CRM

Da es sich beim CRM um eine Unternehmensstrategie handelt, die von der obersten Führungsebene getragen werden sollte, stellt ein umfassendes Controlling eine notwendige Bedingung zur Sicherstellung einer zielgerechten Lenkung des gesamten Projektes dar. Bzgl. der Zwecksetzung des Controllings ist in der Literatur eine Vielzahl unterschiedlicher Ansätze anzutreffen. Für eine vergleichende Literaturanalyse sei auf Küpper (1995, S. 8 f.) verwiesen. Im Rahmen dieser Ausführungen wird auf die vielfach zitierte Konzeption von Horváth zurückgegriffen, der die Funktion des Controlling in der Koordination von Planung und Kontrolle sowie Informationsversorgung sieht (Horváth 1993, S. 130).

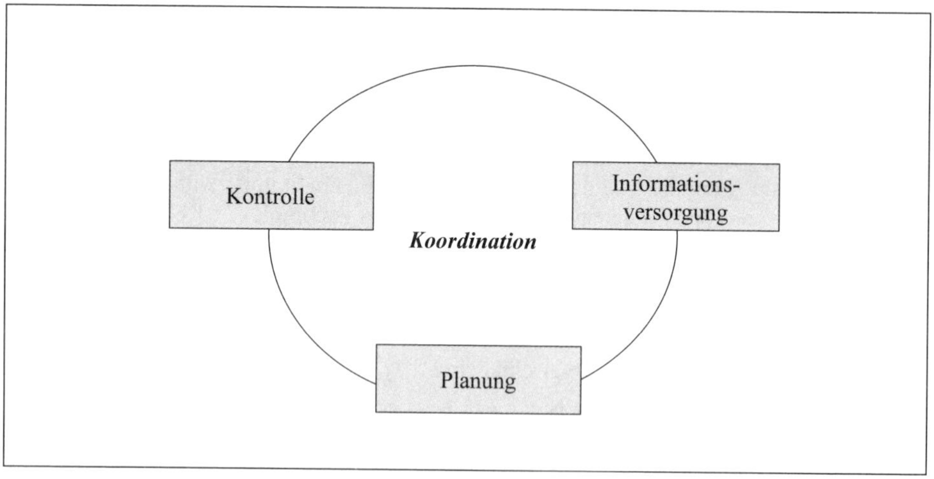

Abb. 1: Elemente des Controlling

Planung und *Kontrolle* lassen sich als Teil der Systemgestaltung und damit als Subsysteme der Führung interpretieren (Jacob 1993, S. 488). Die beiden Führungsteilbereiche werden dabei oft als Einheit angesehen, da Planung ohne Kontrolle sinnlos und Kontrolle ohne Planung nicht möglich ist (Weber 1994, S. 69). So sind im Rahmen der Planung durch die gedankliche Vorwegnahme des zukünftigen Handelns Art und Richtung der

Ziele für sämtliche Unternehmensteilbereiche festzulegen. Zur Gewährleistung der Realisierung geplanter Maßnahmen sind die Ausführungsergebnisse ex-ante sowie ex-post zu kontrollieren (Ziegenbein 1992, S. 19 ff.). Basierend auf den Ergebnissen der Kontrolle werden die ergriffenen Maßnahmen entweder bestätigt oder Korrekturen geplant und eingeleitet. „Da Planung und Kontrolle informationsverarbeitende Vorgänge darstellen, ist das Planungs- und Kontrollsystem ohne seine Ergänzung durch ein *Informationsversorgungssystem* [Herv. d. Verf.] nicht funktionsfähig." (Jacob 1993, S. 488; siehe auch Horváth 1994, S. 345 f.). Zur Steuerung des Unternehmens auf das geplante Ziel hin muss daher die notwendige Informationsgrundlage für das Management beschafft, aufbereitet und geprüft werden. Gerade neu entwickelte Planungsinstrumente können hierbei nur dann rational und damit sinnvoll angewendet werden, wenn die für ihren Einsatz notwendigen Informationen ausreichend vorliegen (Weber 2002, S. 10).

Zur Sicherstellung einer zielgerichteten Lenkung eines CRM-Projektes müssen diese drei Teilsysteme der Unternehmensführung laufend sowohl innerhalb jedes Führungsteilsystems als auch untereinander ergebnisorientiert koordiniert werden (Horváth 1993, S. 130; Weber 2002, S. 13 f.).

3 Grundlagen des Controlling von CRM

Möglich ist eine informationsbasierte Planung und Steuerung sowie Koordination des gesamten CRM-Projektes erst mit Hilfe von zweckorientiertem Wissen über unternehmensinterne und -externe Zustände (feedback) sowie über Handlungsmöglichkeiten und deren Wirkung (feedforward) (Horváth 1994, S. 351). Das gesamte Projekt ist damit kontinuierlich sowohl feedback als auch feedforward zu bewerten. Unter der „Bewertung" von CRM-Projekten wird im Folgenden die Analyse der Wirtschaftlichkeit verstanden, also die Gegenüberstellung der aus der Einführung von CRM resultierenden Kosten und Nutzen (Bruhn/Georgi 2000, S. 532). Eine Wirtschaftlichkeitsanalyse kann in vier Schritte zerlegt werden (siehe Abb. 2). In einem ersten Schritt müssen zunächst die CRM-Investitionen zeitlich und sachlich genau spezifiziert werden, um anschließend nach Festlegung der Kostenkategorien des CRM das Ausmaß der einzelnen Kosten zu ermitteln (Schritt 2). Den Kosten des CRM ist dabei derjenige bewertete Güterverzehr zuzurechnen, der durch Aktivitäten zur Gewinnung neuer, Bindung und Wertsteigerung bestehender und Rückgewinnung ehemaliger Kunden sowie durch Investitionen zur Optimierung der kundenorientierten Geschäftsprozesse entsteht. Im wohl anspruchsvollsten Schritt 3 sind schließlich die von CRM beeinflussten Nutzenkategorien festzulegen und ebenfalls einer Quantifizierung zu unterziehen. CRM führt dann zu Nutzensteigerungen für ein Unternehmen, wenn es im Vergleich zum vorherigen Zustand einen höheren Beitrag zur Erreichung von übergeordneten Unternehmenszielen leistet. Gemäß dem Zielansatz der Erfolgsforschung (Fritz 1995, S. 219) stellt der Nutzen des CRM damit das bewertete Maß der Zielerreichung durch Aktivitäten des CRM dar. Abschließend sind die ermittelten Kosten und Nutzen im Rahmen einer Wirtschaftlichkeitsanalyse (Schritt 4) gegenüberzustellen und aussagekräftige Kennzahlen zu ermitteln. Diese gilt es zum Zwecke der Wirtschaftlichkeitsoptimierung einzusetzen.

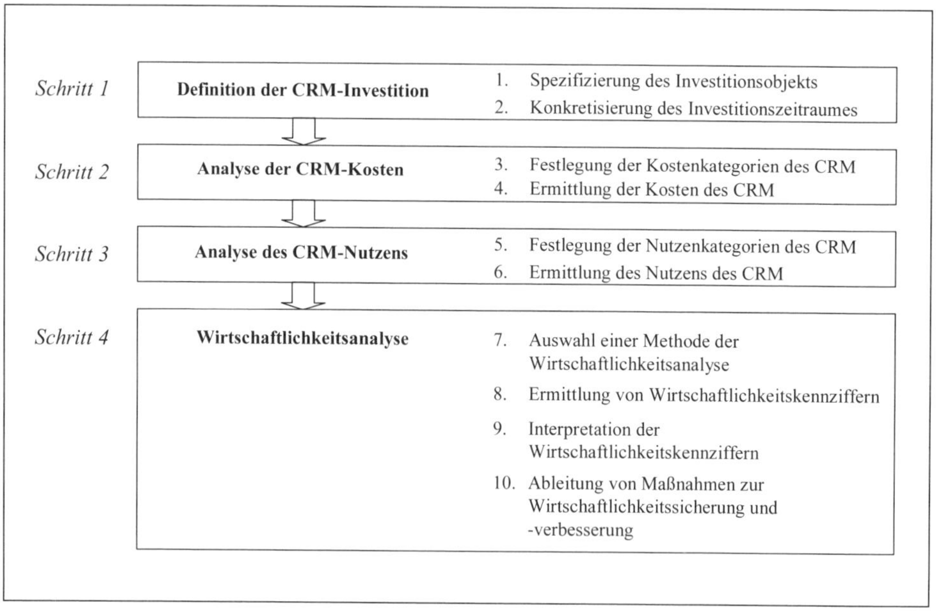

Abb. 2: Elemente der Wirtschaftlichkeitsanalyse des CRM
Quelle: in Anlehnung an Bruhn/Georgi 2000, S. 533

4 Wirkungskette des CRM-Projektmanagements

CRM ist eine kundenorientierte Unternehmensstrategie, deren Implementierung in einem kontinuierlichen organisatorischen Lernprozess abläuft. Dabei gilt es, die strategischen Ziele des CRM durch konkrete Maßnahmen zu verwirklichen, deren Auswirkungen im Rahmen der in Kap. 3 dargestellten CRM-Wirtschaftlichkeitsbeurteilung zu überwachen sind. Die dabei gewonnenen Erfahrungen über Schwachstellen in Konzeption und Implementierung oder über weitere Verbesserungspotentiale münden in einem kontinuierlichen, organisatorischen Lernprozess zur Verwirklichung der Vision des CRM. Voraussetzung für diesen Lernprozess ist neben weiteren Kompetenzen im Bereich Geschäftsprozessoptimierung und Change Management die intensive IT-Unterstützung durch leistungsfähige CRM-Systeme („technological enabler"). Grundlage für die Bewertung und Steuerung des unternehmensspezifischen CRM-Projektes ist deshalb zunächst eine klare Vorstellung über die im Projektverlauf benötigten Kompetenzen und die dazugehörigen KPIs (Key Performance Indicators).

Die in Abb. 3 dargestellte Wirkungskette zeigt das CRM-Projektmanagement als organisatorischen Lernprozess, der Strategieentwicklung, Geschäftsprozessoptimierung, IT-Implementierung und Change Management steuert und sich dabei auf deren Auswirkungen auf Geschäftsprozess-, Mitarbeiter- und Informationsqualität, Kundenwahrnehmung, Kundenverhalten und Unternehmenswert stützt.

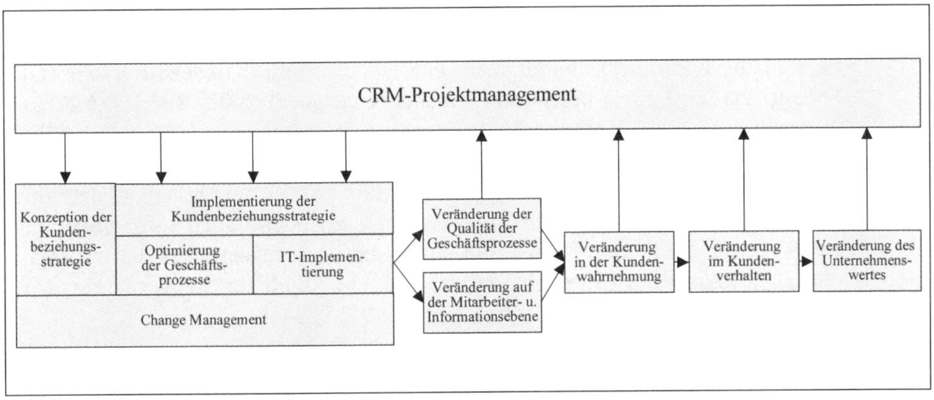

Abb. 3: Wirkungskette des CRM-Projektes

Konzeption der Kundenbeziehungsstrategie

Grundlage einer Quantifizierbarkeit des CRM-Nutzens bilden klar definierte Ziele. Bevor CRM in einem Unternehmen implementiert werden kann, muss daher zunächst genau festgelegt werden, was mit welchen Kunden durch welche Maßnahmen über welchen Zeitraum erreicht werden soll. Dabei gilt es, die strategischen Zielsetzungen des Unternehmens in den operativen Geschäftsprozessen abzubilden und mit ihrer Hilfe umzusetzen. Aufgrund der Dominanz kundenbezogener Ziele im CRM ist eine Ausrichtung sämtlicher Geschäftsprozesse auf den Kunden vorzunehmen, wobei eine Orientierung entlang des Kundenlebenszyklus naheliegt. Danach lassen sich die Gestaltungsbereiche Interessentenmanagement, Kundenbindungsmanagement (mit den Teilbereichen Neukundenmanagement, Zufriedenheitsmanagement, Beschwerdemanagement und Kündigungspräventionsmanagement) und Rückgewinnungsmanagement (mit den Teilbereichen Kündigungsmanagement und Revitalisierungsmanagement) unterscheiden, die mit konkreten Inhalten und Maßnahmen auszufüllen sind (siehe Stauss 2000a).

Implementierung der Kundenbeziehungsstrategie

- *Optimierung der Geschäftsprozesse:* Im Rahmen der Implementierung der Kundenbeziehungsstrategie müssen zunächst die konzipierten kundenbezogenen Geschäftsprozesse umgesetzt werden. Meist sind hierzu die bestehenden Geschäftsprozesse abteilungsübergreifend zu reorganisieren oder neue abteilungsübergreifende Geschäftsprozesse zu implementieren. Für eine wirtschaftliche Realisation der i.d.R. sehr aufwändigen kundenorientierten Geschäftsprozesse besitzen neben Kundenzufriedenheit und Kundenbindung insbesondere Effizienz- und Effektivitätsgesichtspunkte oberste Priorität bei der Implementierung der Prozesse.

- *IT-Implementierung:* Weiterer notwendiger Bestandteil einer erfolgreichen CRM-Implementierung ist daher ein hochwertiges Informationsmanagement, das zum einen die im Unternehmen anfallenden Kundendaten integriert (One Face of the Customer) und zugleich eine abgestimmte Kundenansprache (One Face to the Customer) unterstützt (Becker/Knackstedt 2002, S. 131). Moderne Informations- und Kommunikationstechnologien stellen dabei als „CRM-Enabler“ Werkzeuge zur Unterstützung und Optimierung der kundenbezogenen Geschäftsprozesse zur Verfügung (Krcmar 2003, S. 33) und erlauben, deren Effizienz und Effektivität nachhaltig zu verbessern (siehe auch Link/Hildebrand 1995, S. 37). So konnte Hildebrand empirisch nachweisen, dass die Informationstechnologie eines Unternehmens fast ausschließlich zur Steigerung des wirtschaftlichen Erfolges beiträgt (Hildebrand 1997, S. 248).

  Operative CRM-Systeme unterstützen die Mitarbeiter an den Kundenkontaktpunkten bei der Abwicklung kundenbezogener Geschäftsprozesse. Die Konfiguration operativer CRM-Systeme muss deshalb auf den Ergebnissen der Geschäftsprozessoptimierung aufsetzen, wenn eine optimale Unterstützung der strategischen Ziele des CRM-Projektes angestrebt wird. Analytische CRM-Systeme dienen der Auswertung der in den kundenbezogenen Geschäftsprozessen anfallenden Daten zur Optimierung der kundenbezogenen Geschäftsprozesse (siehe hierzu auch Bensberg 2002, S. 201 ff.). Die Konfiguration analytischer CRM-Systeme erfolgt deshalb im Regelfall parallel zur Implementierung operativer CRM-Systeme oder darauf aufbauend (zum Einsatz von Informations- und Kommunikationstechnologien im CRM siehe Link 2001; Muther 2000).

Change Management

Da Unternehmen von Menschen bestimmte Organisationen sind und die Erreichung der Unternehmensziele daher stark vom Verhalten und Können der Mitarbeiter abhängig ist (Bruhn 1995, S. 16; George/Grönroos 1995, S. 65 f.; Berry/Parasuraman 1995, S. 107), bilden qualifizierte und motivierte Mitarbeiter eine entscheidende – wenn nicht die wichtigste – Voraussetzung zur Erzielung einer Unternehmenswertsteigerung auch im CRM (Huldi 1991, S. 1115 f.). Die Durchsetzung einer neuen Kundenbeziehungsstrategie und der daraus resultierenden Veränderungen in den Geschäftsprozessen des Unternehmens erfordert daher neben dem Commitment der Geschäftsführung, dass die Mitarbeiter an allen Kundenkontaktpunkten diesen Prozess aktiv mittragen. Dies setzt voraus, dass die Mitarbeiter vom Start des CRM-Projektes an im Rahmen eines begleitenden Change Management dazu motiviert und qualifiziert sowie Widerstände gezielt abgebaut werden (zum Change Management siehe z.B. Doppler/Lauterburg 2002; Helmke et al. 2002, S. 307 ff.).

Die Mitarbeiter sollten nicht nur in der Lage sein, die implementierte Informationstechnologie sowie die quantitativ und qualitativ angereicherte Datenbasis effizient einzusetzen, sondern zugleich motiviert sein, die Interaktionsqualität zum Kunden durch das eigene Verhalten zu optimieren. Notwendig ist hierfür ein internes (personalorientiertes) Marketing, dessen Ziel es ist „... hochmotivierte kundenorientierte Mitarbeiter zu gewinnen, zu entwickeln und an das Unternehmen zu binden; Mitarbeiter, die fähig und bereit sind, die externen Marketingziele auf effiziente Weise zu realisieren." (Stauss 2000b, S. 210).

Wie die bisherigen Ausführungen zeigen, handelt es sich bei einem CRM-Projekt um einen komplexen Prozess der Organisationsentwicklung, in dessen Verlauf verschiedene Kompetenzen zeitpunktgenau integriert werden müssen. Die Steuerung dieses Prozesses erfordert klare Vorgaben, welche strategischen Ziele mit Hilfe des CRM-Projektes erreicht werden sollen. Da eine Änderung des Kundenverhaltens oder gar die Steigerung des Unternehmenswertes erst langfristig zu beobachten ist, werden zur Steuerung des CRM-Projektes zusätzlich auch Frühindikatoren benötigt, die rechtzeitig signalisieren, wenn die Erreichung der strategischen Ziele durch das CRM-Projekt gefährdet ist und konkrete Hinweise auf erforderliche Anpassungsmaßnahmen geben.

Veränderung der Qualität der Geschäftsprozesse

Die genannte Umstrukturierung der Geschäftprozesse sowie die Implementierung und Optimierung der Informations- und Kommunikationstechnologie (Huber 1999, S. 109) verbunden mit einem qualitativen Change Management führt dazu, dass sowohl die Effektivität als auch die Effizienz der betroffenen Prozesse gesteigert wird. So kommt es im Rahmen des Interessentenmanagements z.B. durch die vergrößerte Informationsbasis zu einer Streuverlustsenkung bei der Ansprache von Nichtkunden sowie einer Effizienzsteigerung durch die automatische Generierung von Direct Mailings mit Hilfe von CRM-Systemen. Das Kundenbindungsmanagement profitiert neben der implementierten IT insbesondere vom Change Management, indem motivierte kundenorientierte Mitarbeiter gerade bei zunehmend identischen Produkten für eine Differenzierung vom Wettbewerb durch den Aufbau einer individuelleren Kundenbeziehung sorgen. Auch die Wirtschaftlichkeit und Wirksamkeit des Rückgewinnungsmanagements wird in erheblichem Maße erhöht, indem sowohl Kündigungs- als auch Revitalisierungsmanagement automatisiert und individuell nur noch wertvolle abgewanderte bzw. inaktive Kunden kontaktiert werden (siehe für Maßnahmen des Rückgewinnungsmanagements auch Stauss 2000c, S. 464 ff.).

Veränderung auf Mitarbeiter- und Informationsebene

Das ein CRM-Projekt vorbereitende und begleitende Change Management bewirkt nicht nur eine Steigerung des Qualifikationsniveaus sowie der Kundenorientierung des Personals (George/Grönroos 1995, S. 84), sondern ebenso eine erhöhte Mitarbeiterzufriedenheit und damit -bindung, was dazu führt, dass das v.a. im Rahmen von Kundeninteraktion und Datenanalysen hinzugewonnene Wissen sowie die Erfahrung im eigenen Unternehmen verbleiben. Mit Hilfe des darauf aufbauenden Informationsmanagements wird der Umfang der Kundendatenbank und die effektive Nutzung derselben erhöht. Das neu erworbene Wissen über den Kunden versetzt das Unternehmen in die Lage, das Verhalten genau an die Bedürfnisse des Kunden anzupassen (Handlbauer 2000, S. 143). Das Unternehmen gewinnt an Lernfähigkeit, Flexibilität und Innovationskraft, womit seine Fähigkeit zur Realisierung von Wettbewerbsvorteilen am Markt steigt (Stauss 2002, S. 280; Lesser et al. 2000, S. 37).

Veränderung der Kundenwahrnehmung

Die oben genannten innerorganisatorischen Änderungen führen zu einer höheren Beziehungsqualität, die sich v.a. in einem erhöhten Niveau von Vertrauen sowie Zufriedenheit beim Kunden manifestiert – eine Wirkungsbeziehung, die empirisch in einer Vielzahl von Studien nachgewiesen wurde (siehe z.B. Crosby et al. 1990; Boles et al. 2000). Gerade bei Dienstleistungen ist hierbei in hohem Maße die gestiegene Mitarbeiterzufriedenheit, -motivation und -loyalität mitverantwortlich für das erhöhte Ausmaß an Zufriedenheit und Vertrauen der Kunden (Bruhn 1995, S. 29; Stauss 2000b, S. 205 f.). So konnten z.B. Williams/Attaway (1996) empirisch eine positive Wirkung der Kundenorientierung der Vertriebsmitarbeiter auf die vom Kunden wahrgenommene Beziehungsqualität nachweisen.

Zufriedenheit und Vertrauen sind dabei zwei sich gegenseitig unterstützende Konstrukte (Jung 1999, S. 189; Ganesan 1994, S. 5). So lässt zum einen die durch Produkt- und Leistungsindividualisierung erzielte Kundenzufriedenheit mit steigernder Zahl an Interaktionen das Vertrauen des Kunden in die Geschäftsbeziehung anwachsen (siehe auch Garbarino/Johnson 1999, S. 75). Zum anderen wirkt sich ein erhöhtes Vertrauen eines Kunden zu einem Unternehmen positiv auf die Zufriedenheit mit diesem Unternehmen aus. Diller/Kusterer konstatieren bspw., dass bei überdurchschnittlich vertrauenswürdig eingeschätzten Geschäftsbeziehungen die Zufriedenheit mit dem entsprechenden Unternehmen deutlich größer ist (Diller/Kusterer 1988, S. 219).

Veränderung des Kundenverhaltens

Die veränderte Kundenwahrnehmung wirkt sich auf das Verhalten der Kunden aus, das sich aus Unternehmenssicht in drei Formen manifestiert:

- Kunden(rück)gewinnung: Das hinsichtlich Effizienz und Effektivität optimierte Interessentenmanagement führt zu einer höheren Zahl an Neukunden (Schulze 2000, S. 52 ff.). Zugleich wird der Erfolg der Kundenrückgewinnung durch eine individuellere Ansprache und Behandlung abgewanderter Kunden erhöht.
- Kundenbindung: Der für den Erfolg der CRM-Wirkungskette entscheidende Kausalzusammenhang liegt in der positiven Wirkung, den die veränderte Wahrnehmung der Kunden auf deren Verbundenheit gegenüber dem Unternehmen ausübt. Untermauert wird die Beziehung zwischen den beiden Faktoren sowohl theoretisch als auch empirisch. So belegt neben zahlreichen theoretischen Postu-

laten einer entsprechenden positiven Wirkungsbeziehung (z.B. die Theorie der kognitiven Dissonanz, die Zentralhypothese des Zufriedenheitskonzeptes, die Lerntheorie sowie die Risikotheorie (Doney/Cannon 1997, S. 35)) eine kaum mehr überschaubare Zahl an Studien den positiven Einfluss der Kundenwahrnehmung auf deren Bindung. Hierbei wird sowohl auf den direkten Zusammenhang vom Vertrauen der Kunden auf die Kundenbindung, als auch auf den indirekten Zusammenhang vom Vertrauen der Kunden auf deren Zufriedenheit und von der Zufriedenheit auf die Kundenbindung abgestellt (siehe z.B. Anderson et al. 1994, S. 53 ff.; Kenning 2002, S. 98; Morgan/Hunt 1994, S. 29 ff.).

Insbesondere die Wirkung der Kundenzufriedenheit auf die Kundenbindung ist hierbei Gegenstand intensiver theoretischer und empirischer Untersuchungen. Auch wenn eine Reihe moderierender Faktoren den Zusammenhang abschwächen können, kann von einem grundlegenden positiven Einfluss der Zufriedenheit auf die Kundenbindung ausgegangen werden (Giering 2000, S. 197). Hinsichtlich des Funktionsverlaufs des Wirkungszusammenhangs ist in der Literatur eine Dominanz des progressiven sowie sattelförmigen Verlauf festzustellen. Beiden Verläufen ist in ihrem oberen Bereich eine konvexe Form gemein, womit bereits eine geringe Steigerung der Kundenzufriedenheit zu einem deutlichen Anstieg der Kundenbindung führt (Giering 2000, S. 30).

- Kundenwertsteigerung: Die für den wirtschaftlichen Erfolg des CRM bedeutendste Form der Kundenverhaltensänderung äußert sich in einer Steigerung des Kundenwerts (Schulze 2000, S. 54 f.), der z.B. in die Faktoren Erlöse, Kosten, Informations-, Referenz- und Sicherheitswert untergliedert werden kann (Eberling 2002, S. 130). Auch hier konnte der positive Einfluss von vorgelagerten Elementen der Wirkungskette auf sämtliche der genannten Faktoren bereits mehrfach empirisch bestätigt werden. So zeigten Untersuchungen, dass von kooperativer Zusammenarbeit, Informationsaustausch sowie Flexibilität des Anbieters (siehe z.B. Giering 2000, S. 170; Homburg et al. 1999), aber auch von einer erhöhten Mitarbeiterkompetenz (Crosby et al. 1990; Boles et al. 2000), Kundenorientierung der Mitarbeiter (Evans et al. 1999) sowie erhöhtem Vertrauen der Kunden (Homburg et al. 1999) ein positiver Einfluss auf die Cross Buying-Absicht eines Kunden ausgeht. Auf weitere kundenwertbeeinflussende Faktoren des Kundenverhaltens, wie z.B. dem Referenzverhalten, wurde eine positive Wirkung der Kundenzufriedenheit in zahlreichen Untersuchungen theoretisch und empirisch nachgewiesen (theoretisch: Homburg et al. 2000, S. 86; Kehl 2000, S. 349; Kotler/Bliemel 1992, S. 27; Krafft 1999, S. 519; Krafft 2002, S. 21; empirisch: Giering 2000, S. 196; Krüger 1997, S. 320; Meyer/Dornach 1992, S. 121; Meyer/Dornach 1995, S. 85).

Veränderung des Unternehmenswertes

Die Gesamtheit der bis hier durchlaufenen Wirkungskette wirkt sich direkt oder indirekt in einem höheren Unternehmenswert aus, der mit Hilfe der beiden Komponenten Markt-/Kundenerfolg (Effektivitätsanstieg) und wirtschaftlicher Erfolg (Effizienzanstieg) des unternehmerischen Handelns konzeptualisiert werden kann (Hildebrand 1997, S. 159; Huldi 1991, S. 1117). Exemplarisch für die positive Wirkung der gesamten Wirkungskette auf den Unternehmenswert sei im Folgenden der Einfluss der beiden Komponenten Kundenzufriedenheit sowie Kundenbindung dargestellt.

Im Hinblick auf die Wirkung der *Kundenzufriedenheit* auf den Unternehmenswert konnte beobachtet werden, dass Unternehmen, die im American Customer Satisfaction Index überdurchschnittlich gut abschneiden, auch einen höheren Marktwert besitzen, woraus eine positive Wirkung der Kundenzufriedenheit auf den Unternehmenswert vermutet werden kann (Winkelmann 2000, S. 10). Empirisch bestätigt wurde dieser Effekt zudem von Anderson et al. (1994), die feststellten, dass eine höhere Kundenzufriedenheit mit einem erhöhten wirtschaftlichen Erfolg einhergeht: „Firms that actually achieve high customer satisfaction also enjoy superior economic returns. An annual one-point increase in customer satisfaction has a net present value of $7.48 million over five years for a typical firm in Sweden.“ (Anderson et al. 1994, S. 63; siehe beispielhaft für weitere empirische Untersuchungen, die den genannten Zusammenhang bestätigen: Fornell 1992; Hallowell 1996). Matzler/Stahl (2000) kritisieren jedoch bei einer Vielzahl derartiger Studien die Gleichsetzung von Gewinn- und Rentabilitätskennzahlen mit dem Unternehmenswert, da „... die Verfahren mit der Art des Rechnungswesens variieren, Risiko- und Zeitfaktoren oft unberücksichtigt sowie Investitionserfordernisse ausgeschlossen bleiben.“ (Matzler/Stahl 2000, S. 629). Aus diesem Grund entwerfen sie für die Wirkung der Kundenzufriedenheit auf den Unternehmenswert ein Modell, das den Einfluss der Kundenzufriedenheit auf die Treiber des Unternehmenswertes darlegt (siehe hierzu Matzler/Stahl 2000, S. 631) und konstatieren aus der Analyse mehrerer empirischer Studien über Teilzusammenhänge ihres Wirkungsmodells sowie durch Schließen bestehender empirischer Lücken mittels Plausibilitätsüberlegungen eine sattelförmige und damit ebenfalls positive Beziehung zwischen Kundenzufriedenheit und Unternehmenswert.

Die positive Wirkung der *Kundenbindung* auf den Unternehmenswert wird ebenso empirisch durch eine Vielzahl an Studien über den Einfluss der Kundenbindung auf Teilkomponenten des Unternehmenswertes belegt. So decken z.B. Kalwani/Narayandas auf, dass Umsatz, Return on Investment (RoI) und Lagerumschlagshäufigkeit signifikant höher sind bei Lieferanten, die langfristige Beziehungen zu ihren Kunden pflegen (Kalwani/Narayandas 1995). Auch Kumar belegt empirisch eine signifikant höhere Gesamtkapitalrendite bei Anbietern mit langfristigen Geschäftsbeziehungen (Kumar 1999).

5 Probleme des Controlling von CRM-Projekten

“A customer relationship management (CRM) practitioner at a large consumer goods company once said many in his company have determined the three-letter acronym CRM stands for ‘Can’t Really Measure’.” (Kellen 2002, S. 2). Diese ungewöhnliche Interpretation des CRM-Begriffs fasst die Vielzahl an Hindernissen zusammen, die mit der Bewertung von CRM-Projekten einhergehen. Um der in Theorie und Praxis all zu häufig konstatierten Nichtmessbarkeit von CRM begegnen zu können, müssen zunächst die Ursachen identifiziert werden, denen die schlechte Bewertbarkeit von CRM-Projekten zuzuschreiben ist.

Gemäß der klassischen Investitionstheorie wird hierzu eine Trennung der positiven (Nutzen) bzw. negativen (Kosten) Investitionskonsequenzen, die zwischen Investitionszeitpunkt und -horizont eintreten, vorgenommen (Bruhn/Georgi 2000, S. 532). Bereits die Ermittlung der Kosten, die mit der Implementierung von CRM einhergehen, ist mit Hindernissen verbunden. Neben der Quantifizierung der einmaligen Investitionen in den CRM-Prozess (wie bspw. IT, Schulung) wird hierbei versucht, dem Problem der Bewertung der Veränderungen in den laufenden Prozesskosten durch den Einsatz der Prozesskostenrechnung (vgl. z.B. Kaplan/Cooper 1999; Remer 1997) zu begegnen, die in ihrer Anwendung allerdings als sehr aufwändig zu bezeichnen ist. Während damit jedoch zumindest ein Konzept zur Ermittlung der Kosten des CRM existiert, erweist sich die Quantifizierung des Nutzens, den CRM für ein Unternehmen erbringt, als hochgradig problematisch (siehe Abb. 4).

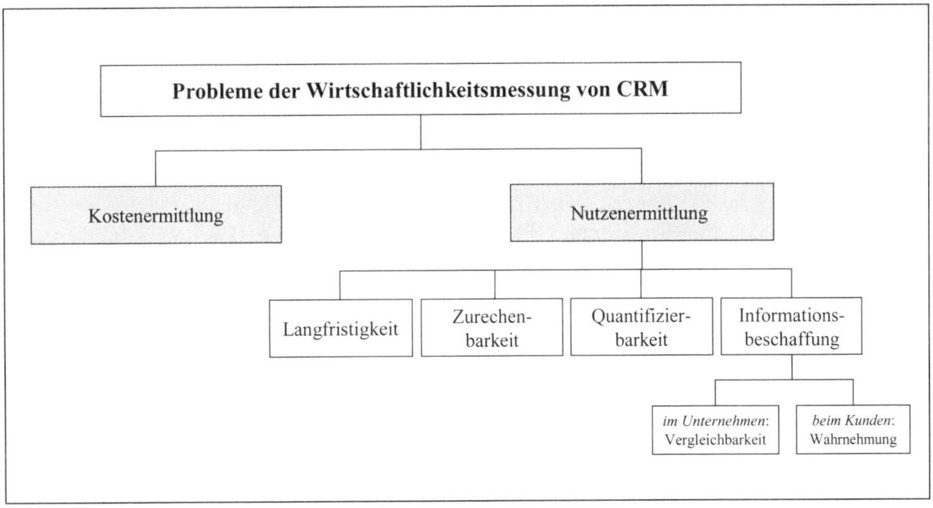

Abb. 4: Probleme der Wirtschaftlichkeitsmessung von CRM

5.1 Langfristigkeit

Steve Diorio, Chef der IMT Strategies in Stamford, behauptete einst: "There's no tangible short-term benefit to this [CRM, Anm. d. Verf.], it's like brushing your teeth or education." (Sims 2000, S. 2). Auch wenn Diorio mit dieser Behauptung etwas über die

Realität hinausschießt, da durchaus kurzfristig fassbare Nutzeffekte (sog. Quick Wins) durch CRM zu realisieren sind, verdeutlicht diese Feststellung dennoch eines der grundsätzlichsten Probleme bei der Bewertung von CRM-Projekten. Denn bedenkt man,

- dass im Verlauf von CRM-Projekten zunächst eine tragfähige Kundenbeziehungsstrategie konzipiert und mit Hilfe neuer und reorganisierter Geschäftsprozesse sowie innovativer Informationstechnologien implementiert werden muss,
- dass sich die hierfür notwendigen Reorganisationen erst in einer kontinuierlichen Qualitätsverbesserung der kundenbezogenen Geschäftsprozesse niederschlagen müssen und
- dass dieser strategische Wandel des Unternehmens noch in die Wahrnehmung der Kunden Eingang finden und sich in verändertem Kundenverhalten manifestieren muss,

bevor ein RoI sichtbar werden kann, so wird klar, dass der Nutzen von CRM erst mit einem gewissen Time-lag eintritt. Damit kann der letztlich entscheidende finanzielle Erfolg von CRM-Projekten je nach Dauer und Effektivität des organisatorischen Wandels und Dauer der Kaufzyklen erst mittel- bis langfristig beobachtet werden. Nach übereinstimmenden Erfahrungen aus zahlreichen CRM-Projekten ist vor Ablauf von drei bis vier Quartalen ein messbarer RoI nicht zu erwarten. Auf Grund dieser langen „Carry-over-Effekte“ muss sich die ex-ante-Bewertung von CRM-Maßnahmen primär auf Frühindikatoren aus dem Bereich der Geschäftsprozessqualität, der Kundenwahrnehmung oder des Kundenverhaltens stützen oder auf stets mit Ungenauigkeiten behaftete Prognoseverfahren zurückgreifen.

Die relativ lange Reaktionszeit des RoI schließt wie oben erwähnt kurzfristig messbare finanzielle Erfolge durch einzelne CRM-Maßnahmen nicht aus. Derartige Quick Wins sind aber nur bei punktuellen CRM-Maßnahmen zu erwarten, die aufgrund ihres überschaubaren Umfangs und Reorganisationsbedarfs kurze Implementierungszeiten aufweisen und denen aufgrund ihres „lokalen“ Charakters Wirkungen eindeutig zugerechnet werden können. Dies trifft nur auf einen Teil der CRM-Maßnahmen zu. Insbesondere die integrative Zielsetzung des CRM (One Face to the Customer bzw. One Face of the Customer) erfordert oft umfangreiche, bereichsübergreifende Umstrukturierungen mit langen Implementierungszeiten. Quick Wins haben deshalb ihre Bedeutung in erster Linie im Motivationsaufbau und -erhalt bei den Sponsoren, Beteiligten und Betroffenen des CRM-Projektes, können aber aufgrund ihres Volumens die erheblichen Investitionen in das CRM-Projekt unter dem Aspekt des RoI alleine nicht rechtfertigen.

5.2 Zurechenbarkeit

„No doubt, the financial impacts of CRM systems are enormous. The problem is that the cause-and-effect connections are muddled.” (Costello 2000, S. 1). Dieses Zitat stellt ein weiteres zentrales Problem im Rahmen der Wirtschaftlichkeitsbeurteilung von CRM-Projekten heraus – die Zurechnung der beobachteten RoI-Veränderungen auf die

CRM-Aktivitäten bei gleichzeitiger Abgrenzung von anderen Ursachen (z.B. weitere strategische Programme im Unternehmen, veränderte Markt- und Wettbewerbsstrukturen) (Bruhn/Georgi 2000, S. 545; Wehrmeister 2001, S. 41). Zumindest in der ex-post-Bewertung muss sich zwar jede Investition am RoI – und daraus resultierend an ihrem Beitrag zum Unternehmenswert – messen lassen. Doch erweist sich die Abgrenzung der Wirkung des CRM von anderen Aktivitäten der Unternehmen als schwer realisierbar (Kehl 2000, S. 117; Schnapka 2000, S. 323). Zudem wirken auch die Kernkompetenzen innerhalb des CRM-Projektes hochgradig interaktiv und synergetisch zusammen, so dass eine Erfolgszurechnung auf einzelne Kompetenzbereiche (z.B. die Frage nach dem RoI des installierten IT-Systems; Huber 1999, S. 112; Becker, J. 1994, S. 52) weder möglich noch sinnvoll ist und nur das CRM-Projekt in seiner Gesamtheit bewertet werden kann (was die Entwicklung von Indikatoren zur Aufdeckung punktueller Schwachstellen im CRM-Projekt nicht ausschließt).

Dabei stellt die lange Reaktionszeit bis zum vollständigen Eintritt der RoI-Wirkungen von CRM-Maßnahmen eine der wesentlichen Ursachen für das Problem der Zurechenbarkeit dar. Denn da die Adaptionsgeschwindigkeit des Marktes stark variieren kann, sind allgemeine Aussagen über das Ausmaß der Verzögerungen bis zur Verhaltensänderung beim Kunden und den daraus resultierenden ökonomischen Wirkungen nicht zu treffen. Für die Nutzenmessung von CRM entsteht daher die Herausforderung der Periodizität, d.h., dass die aus dem CRM resultierenden Kosten und Nutzen zeitlich korrekt von anderen Aktivitäten abgegrenzt werden müssen (Kehl 2000, S. 320). In diesem Zusammenhang sind ebenso wie „Carry-over-Effekte" auch sog. „Decay-Effekte" im Rahmen der Nutzenkalkulation zu berücksichtigen. Dabei handelt es sich um Nachwirkungen von vor der Einführung von CRM stattgefundenden Aktivitäten, die zu einer zu hohen Bewertung des Erfolgsbeitrages von CRM führen können (Becker 1998, S. 790).

Das Problem der Zurechenbarkeit wächst jedoch nicht nur mit der Länge der Reaktionszeit bis zum Eintritt der RoI-Wirkungen des CRM-Projektes, sondern ebenso mit dem Umfang der zur Implementierung der Kundenbeziehungsstrategie erforderlichen Reorganisationsmaßnahmen und mit der Anzahl der betroffenen Fachbereiche und Geschäftsprozesse. Diese Faktoren erhöhen die Wahrscheinlichkeit, dass parallel zum CRM-Projekt andere unternehmensinterne Ursachen auf die Entwicklung des RoI einwirken. Doch auch von unternehmensexternen Einflüssen, wie z.B. Marktentwicklungen oder Wettbewerbseinflüssen, muss die Wirkung des CRM isoliert werden (Wilde 2001, S. 16; Uebel 2001, S. 336).

Im Gegensatz zum RoI, der faktisch durch das gesamte Unternehmensgeschehen mit beeinflusst wird, sind die Qualität der kundenbezogenen Geschäftsprozesse, die Kundenwahrnehmung und das Kundenverhalten durch Maßnahmen außerhalb des CRM-Kernbereichs weniger betroffen, weshalb sich gerade unter dem Aspekt der Zurechenbarkeit Indikatoren aus diesen, dem RoI vorgelagerten Wirkungsfeldern zur Bewertung von CRM-Projekten anbieten. Mangels eines starren Transformationsmechanismus zwischen den Stufen der Wirkungskette des CRM-Projektes kann allerdings nicht mit Sicherheit davon ausgegangen werden, dass sich z.B. gemessene Qualitätsverbesserungen der kundenbezogenen Geschäftsprozesse stets im gleichen Umfang im RoI manifestieren. Da die Persistenz und Geschwindigkeit, mit der die Wirkung eines CRM-Projektes die Stufen der Wirkungskette durchläuft, von zahlreichen Rahmenfaktoren abhängig ist, sind aufgrund der Frühindikatoren der ersten Wirkungsstufen nur Tendenz- und Wahrscheinlichkeitsaussagen über die zu erwartende Veränderung des RoI möglich. Die Volatilität derartiger Aussagen nimmt zudem mit der Anzahl der Wirkungsstufen zwischen dem „Messpunkt" und dem RoI zu.

5.3 Quantifizierbarkeit

„The project team quickly realized that there might be as many, if not more, intangible benefits as there were tangible ones." (Younker 2001, S. 6). Die hier festgestellte hohe Verantwortlichkeit qualitativer Teilnutzen für den Gesamterfolg des CRM stellt das nächste Problem im Rahmen der Nutzenmessung von CRM dar. Da für das finale Ziel des CRM, der Unternehmenswertsteigerung durch das Management profitabler Kunden, maßgeblich qualitative Faktoren, wie z.B. Kundenzufriedenheit, Mitarbeitermotivation oder Kundenvertrauen, verantwortlich sind, setzt sich die Wirkungskette auch hauptsächlich aus diesen immateriellen Einflussgrößen zusammen.

Das eben geschilderte Problem der Zurechenbarkeit bedingt, dass genau diese, dem RoI vorgelagerten Faktoren für eine hinreichend genaue Nutzenbestimmung zu messen und damit diese sog. „intangible assets" – auch als „soft benefits" bezeichnet – in quantitative Dimensionen zu überführen sind (Uebel 2001, S. 339; Krafft 1999, S. 513). Besondere Bedeutung kommt in diesem Zusammenhang auch der implementierten CRM-Software zu, die einen wesentlichen Beitrag zum CRM-Gesamterfolg leistet. Jedoch erweist sich die Messung derartiger Faktoren – wie z.B. des Nutzens des implementierten IT-Systems – als überaus komplex und schwer realisierbar (Baumöl/Frie 1999, S. 126; Becker, L. 1994, S. 15). Denn die herkömmlichen betriebswirtschaftlichen Controllinginstrumente stoßen hierbei aufgrund ihrer starken Fokussierung auf betriebswirtschaftliche Finanzkennzahlen sehr schnell an ihre Grenzen, weshalb häufig auf subjektive Beurteilungen zurückgegriffen werden muss. Da sich diese jedoch einer neutralen Quantifizierbarkeit entziehen, ist ein genauer Vergleich der Ausprägungen vor und nach CRM nicht möglich.

Auch wenn dieses Problem im Marketing im Rahmen der Messung von Werbewirkungen keineswegs neu ist (Bach/Österle 2000, S. 198) und daher seit jeher ein vieldiskutiertes Problem darstellt, konnte es bis heute nur teilweise befriedigend gelöst werden und erweist sich auch im CRM als eines der Haupthindernisse bei der Bewertung des Erfolges.

5.4 Informationsbeschaffung

Zur Messung der Wirtschaftlichkeit eines CRM-Projektes ist ferner eine weitere große Hürde zu nehmen. Denn auch wenn Unternehmen viele Kennzahlen konzipieren könnten, erweist sich die Verfügbarkeit der tatsächlich notwendigen Informationen, die Auskunft über die aktuelle Ausprägung der untersuchten Größe und über das Ausmaß der Veränderung zum Zustand vor der Einführung von CRM geben, als gering. Die Beschaffung dieser Informationen, die nach dem Ort ihrer Entstehung in unternehmensexterne (Kunde) und unternehmensinterne (Unternehmen) Informationen differenziert werden können, ist oft mit erheblichen Problemen verbunden.

Da CRM in erster Linie auf die Veränderung des Kundenverhaltens abzielt, sollte der *Kunde* auch Zentrum der Untersuchung im Rahmen der Nutzenbewertung von CRM sein. Problematisch erweist sich hierbei jedoch, dass sich sämtliche Aktivitäten des Kunden, die außerhalb der direkten Interaktion mit dem eigenen Unternehmen liegen (wie z.B. Referenzaktivitäten), der Beobachtbarkeit entziehen. Möglich sind hier nur Expertenschätzungen oder Hochrechnungen aus aufwändigen Kundenumfragen, die stets mit Ungenauigkeiten behaftet sind. So erweist sich z.B. die wichtige Einschätzung der Kundenzufriedenheit sowie die Berechnung des vollständigen Kundenwertes aufgrund fehlenden Datenmaterials oft als nicht durchführbar (Krüger 1997, S. 148).

Doch selbst im eigenen *Unternehmen* können häufig keine hinreichend genauen Aussagen über das Ausmaß der Nutzensteigerung durch CRM getroffen werden. Verantwortlich ist hierfür, dass die Einführung von CRM i.d.R. mit einer Umstrukturierung der gesamten Ablauforganisation von einer produkt- hin zu einer kundenzentrierten Prozessgestaltung verbunden ist. Damit einher geht jedoch ebenso die Implementierung neuer Messgrößen für die Erfassung von Zeit, Qualität und Kosten der einzelnen Prozesse. "Many companies are seeking to shift the central focus of corporate activity away from products and on to customers or at the very least to learn new ways of managing customer-facing activities. To effect this change, businesses will need to build out new, more robust measurement systems, replacing or standing alongside existing product oriented measurement systems." (Kellen 2002, S. 2). Eine direkte Vergleichbarkeit der einzelnen Messgrößen mit dem Zustand vor der Einführung von CRM ist somit nicht möglich, was eine Bewertung des tatsächlichen CRM-Nutzens deutlich erschwert.

6 Anforderungen an ein System zum Controlling von CRM

Aus der vorgestellten CRM-Wirkungskette sowie den dargelegten Problemen, die mit der Nutzenmessung von CRM verbunden sind, lassen sich verschiedene Anforderungen ableiten, die an ein umfassendes System zur Nutzenbewertung des CRM zu stellen sind.

Um den Erfolg des CRM-Projektes ex-ante zu prognostizieren oder ex-post zu kontrollieren, müssen auf inhaltlicher Ebene *Indikatoren auf allen Stufen der CRM-Wirkungskette* abgebildet werden. Diese Notwendigkeit resultiert aus dem oben geschilderten Problem der Zurechenbarkeit, durch das eine alleinige Betrachtung der Veränderung des Unternehmenswertes keine hinreichend genauen Aussagen über den tatsächlichen Nutzen des CRM zulässt. Die Zurechenbarkeit der im Unternehmen gemessenen Veränderungen auf die Aktivitäten des CRM steigt mit der Nähe zum Beginn der Wirkungskette, wohingegen die Volatilität hinsichtlich der Auswirkung auf den Unternehmenswert gegen das Ende der Wirkungskette zunimmt. Für eine auf die Wirkung des CRM beschränkte und dennoch aussagekräftige Bewertung von CRM-Projekten sind daher Indikatoren aus allen Teilbereichen der Wirkungskette zu integrieren.

Da gerade zum Zwecke der Planung und Steuerung des CRM-Projektes ein kontinuierliches Controlling nötig ist, sollten zu jedem Zeitpunkt alle Elemente der Wirkungskette bewertbar und damit stets *sowohl feedback- als auch feedforward-Aussagen* über den Erfolg des CRM-Projektes möglich sein. Eine umfassende CRM-Bewertungsmethode muss daher in der Lage sein, nicht nur die aktuelle Ausprägung der untersuchten Indikatoren und damit rückwirkend die im Unternehmen stattgefundenen Veränderungen zu ermitteln, sondern ebenso ex-ante abschätzen können, wie sich die Gesamtheit der untersuchten Größen und damit langfristig der Unternehmenswert unter den gegebenen Bedingungen entwickeln wird.

Feedback und feedforward können aussagekräftige und dennoch auf die alleinige Wirkung des CRM beschränkte Bewertungen zudem nur dann realisiert werden, wenn *sowohl kurzfristige als auch langfristige* Veränderungen im Unternehmen untersucht werden. Als notwendig erweisen sich erstere insbesondere deshalb, da bei deren (feedback- und feedforward-) Ermittlung eine verbesserte Zurechenbarkeit der Veränderungen auf die Maßnahmen des CRM und damit mit ihrer Hilfe eine „isoliertere" Messung möglich ist.

Für die Integration kurzfristiger Indikatoren sprechen jedoch ebenso weitere unternehmensinterne Gründe, die nicht die Genauigkeit und Aussagekraft des Bewertungssystems betreffen. So sind zum einen gerade zum Zwecke der Rechtfertigung ex-ante- oder ex-post-Informationen über kurzfristige Veränderungen im Unternehmen unabdingbar. Gerade die Unternehmensleitung ist aufgrund der hohen Investitionen, die in eine CRM-Implementierung fließen, häufig sehr kritisch gegenüber dem erzielbaren Nutzen durch CRM eingestellt. Auch viele Mitarbeiter wehren sich aufgrund der Veränderungen, die den eingefahrenen Unternehmensabläufen widerfahren, durch negative Vorurteile gegenüber dem Nutzen von CRM. Liegen nur langfristig prognostizierte potenzielle Unternehmenswertsteigerungen vor, können Kritiker nicht von der positiven Wirkung des CRM überzeugt werden; der dadurch erzeugte Widerstand im Unternehmen kann ein unüberwindbares Hindernis zur erfolgreichen CRM-Einführung bilden. Zum zweiten sind kurzfristige Kennzahlen zur Motivationssteigerung der Mitarbeiter dringend notwendig. Ihr überdurchschnittliches Engagement zur Erhöhung der Kundenorientierung kann nur dann aufrechterhalten werden, wenn es auch tatsächlich – z.B. in Form von Kundenzufriedenheitssteigerungen – „belohnt" wird.

Die Notwendigkeit der gleichzeitigen Integration langfristiger Indikatoren ergibt sich im Rahmen von feedback-Analysen, da durch CRM eingetretene Veränderungen im Unternehmen stets in Relation zu den langfristigen (also auch vor der CRM-Implementierung stattgefundenen) Veränderungen betrachtet werden müssen, um die tatsächliche (Netto-) Wirkung von CRM abschätzen zu können. Feedforward sind langfristige Analysen insbesondere für die frühzeitige Abschätzung der Unternehmenswertentwicklung von Nöten.

Unabdingbar bei einem für Planung, Steuerung und Kontrolle einsetzbaren CRM-Controlling-Instrumentarium ist ferner die *Analyse der Wirkungsbeziehungen* zwischen den einzelnen Elementen der Wirkungskette. Insbesondere die oben geforderten feedforward-Betrachtungen können auf der Basis unternehmensindividueller Untersuchungen über den Verlauf des Wirkungszusammenhangs zwischen sämtlichen betrachteten Größen um ein Vielfaches genauer und damit sicherer durchgeführt werden. Zugleich ist nur mit Hilfe von Angaben über die Wirkungsbeziehungen eine Identifikation der Haupterfolgsfaktoren und damit eine nutzenmaximale Planung und Steuerung der CRM-Wirkungskette realisierbar.

Eine Abstufung kann hinsichtlich der Analyse von Wirkungsbeziehungen dahingehend vorgenommen werden, ob im Rahmen einer Bewertungsmethode (zumindest) eine Analyse der Ursache-Wirkungsketten zwischen den untersuchten Elementen erfolgt und damit eine Bestimmung des Vorzeichens des Wirkungszusammenhangs vorgenommen werden kann. Im Idealfall sollte jedoch unternehmensindividuell der genaue Kurvenverlauf zwischen sämtlichen Elementen der Wirkungskette analysiert werden.

Eine letzte Anforderung an ein CRM-Bewertungssystem kann als grundsätzliche Notwendigkeit im Rahmen jeder Analysemethode erachtet werden. So findet der Trade-Off zwischen theoretischer Vollständigkeit und praktischer Umsetzbarkeit auch in die Bewertung eines CRM-Projektes Eingang, womit bei der Identifikation einer geeigneten CRM-Bewertungsmethode stets auch auf die *Praktikabilität der Implementierung* im Unternehmen geachtet werden sollte.

Gerade in kleineren Unternehmen ist eine CRM-Bewertung, die sämtliche Faktoren der Wirkungskette mit lang- und kurzfristigen Indikatoren sowohl auf der Basis von feedback- als auch feedforward-Messungen abdeckt und sämtliche Wirkungsbeziehungen unternehmensindividuell analysiert, häufig nur mit einem ökonomisch nicht vertretbaren Aufwand umsetzbar. Aus diesem Grund ist bei der Auswahl einer geeigneten Bewertungsmethode auf einen positiven RoI der Implementierung der Bewertungsmethode im Unternehmen Wert zu legen, der dann gegeben ist, wenn der Nutzen der CRM-Bewertung mit der entsprechenden Methode höher ist als der zur Implementierung notwendige Aufwand.

Abb. 5 fasst die Gesamtheit der genannten Anforderungen zusammen.

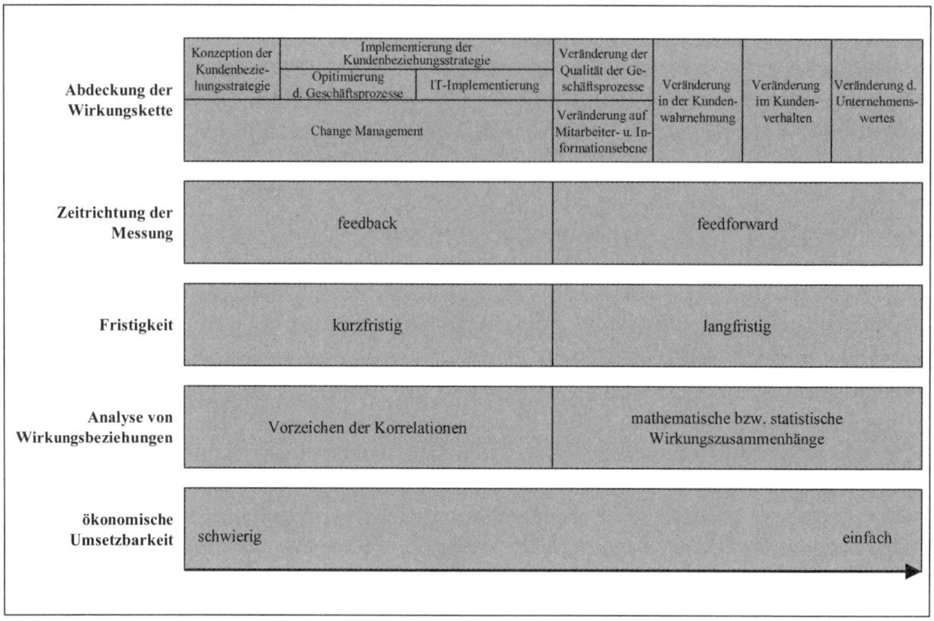

Abb. 5: Anforderungen an ein CRM-Bewertungssystem

7 Instrumentarien zum Controlling von CRM-Projekten

Im Folgenden werden verschiedene Analysemethoden aufgezeigt, die Ansatzpunkte für eine den dargestellten Anforderungen gerechte CRM-Bewertung liefern.

7.1 Traditionelle Analysemethoden

Ein CRM-Projekt kann angesichts der hohen Investitionen, die in die informationstechnologische Ausstattung des Unternehmens fließen, sowie der starken Abhängigkeit seiner Funktionsfähigkeit von der Informations- und Kommunikationstechnologie zum einen als reines *IT-Projekt* betrachtet werden. Naheliegend ist daher, zur Bewertung von CRM-Projekten Verfahren des IT-Controlling einzusetzen, wobei eine Unterteilung in strategische und operative Controlling-Verfahren vorzunehmen ist. Eine sehr weite Verbreitung findet zum anderen jedoch die Auffassung von CRM als *Unternehmensstrategie*, also als „Weg zur Umsetzung eines Unternehmenszieles" (Baum et al. 1999, S. 2). Zum Einsatz können daher auch Verfahren des strategischen Controlling kommen.

Bei der Anwendung eines *IT-Controlling* kann auf eine Vielzahl von in jüngster Zeit entwickelten IT-spezifischen Kennzahlen zurückgegriffen werden, bei denen allerdings eine zu schwache Verknüpfung und damit mangelnde Einsetzbarkeit für eine vorausschauende Planung und Steuerung zu kritisieren ist (Heilmann 2001, S. 5). Allzu häufig verhindert zudem eine zu restriktive operative Ausrichtung der Wirtschaftlichkeitsanalyse die Identifikation und Erringung strategischer Wettbewerbsvorteile (Horváth/Rieg 2001, S. 12; Heinrich/Pomberger 2001, S. 19). Das tatsächliche Ausmaß des strategischen Nutzens von IT-Anwendungen ist jedoch nur schwer zu ermitteln und kann oft erst nach der Implementierung erkannt werden (Lucas 1999, S. 204 f.). Da primär qualitative Faktoren zu analysieren sind, die aufgrund ihrer schlechten Quantifizierbarkeit und zudem zukunftsgerichteten Orientierung mit hoher Unsicherheit verbunden sind (Baum et al. 1999, S. 9), ist eine ausschließliche Betrachtung der strategischen Potenziale ebenso von geringer Aussagekraft. In vielen IT-Projekten wird daher derzeit versucht, die einzelnen operativen Kennzahlen zusammenzufassen und zu erweitern, und dabei zugleich eine verstärkte Ausrichtung auf die Bewertung der Strategie-, Zukunfts- und Kundenorientierung sowie der Effizienz der IT-Leistungen vorzunehmen (Heilmann 2001, S. 5). „Den Nutzen der IT nachzuweisen ist und bleibt [jedoch] ein komplexes Unterfangen." (Horváth/Rieg 2001, S. 16; siehe auch van der Zee 1996, S. 87).

Primäre Aufgabe des *Strategie-Controlling* ist die Transformation der Strategie in konkret messbare Steuerungsgrößen (Horváth/Rieg 2001, S. 15), um beurteilen zu können, inwieweit die verfolgte Strategie zur Unternehmenswertsteigerung beiträgt (Voigt 1996, S. 26). Der Fokus liegt hier insbesondere auf der Abbildung der zukünftigen Leistungsfähigkeit des Unternehmens, wozu die Erfolgspotentiale – als Barwert aller zukünftigen Rückflüsse (Baum et al. 1999, S. 6) – zu quantifizieren sind. Entwickelt wurden hierzu eine Reihe strategischer Bewertungsmethoden, die allesamt darauf abzielen, das Unternehmen in seiner Gesamtheit abzubilden um möglichst sämtliche Werttreiber in die Messung zu integrieren.

Abb. 6 zeigt exemplarisch mögliche Verfahren zur Bewertung von CRM-Projekten im Rahmen der beiden dargestellten Betrachtungsvarianten. Aufgenommen wurden hier nur solche Bewertungsverfahren, auf deren Basis eine Quantifizierung von Kosten- und Erlösfaktoren bzw. des Unternehmenswertes (wie in Kap. 3 gefordert) möglich ist; verbale Nutzenbeschreibungen (wie Kreativitätstechniken, Expertenbefragung, Argumentebilanz etc.) werden daher nicht berücksichtigt. Ebenso unbeachtet blieben reine Kostenanalysen (wie Prozesskostenrechnung, Times Saving Times Salary-Modell, Hedonic-Wage-Model etc.), da der Fokus des CRM nicht ausschließlich auf der Kostensenkung liegt.

Gegliedert wurden die identifizierten Bewertungsverfahren in

- *Kennzahlensysteme,* als logische und/oder rechnerische Verknüpfung mehrerer Kennzahlen, die zueinander in einem Abhängigkeitsverhältnis stehen und
- *Performance Measurement-Systeme,* als Systeme zur ganzheitlichen Überwachung der strategischen Ziele und Zielerreichungsgrade eines Unternehmens,

wobei diese im Gegensatz zu den Kennzahlensystemen auch nicht-finanzielle Kennzahlen berücksichtigen. Eine Unterscheidung kann im Rahmen von Performance Measurement-Systemen dahingehend vorgenommen werden, ob

- eine Verbindung der untersuchten Kennzahlen mit Hilfe von Ursache-Wirkungsbeziehungen vorgenommen wird *(Performance Measurement-Systeme mit Wirkungsbeziehungen),*
- oder die einzelnen Kennzahlen nur isoliert gemessen werden und eine Analyse von Ursache-Wirkungsbeziehungen unterbleibt *(Performance Measurement-Systeme ohne Wirkungsbeziehungen).*

IT-Projekte	**Strategie**
Kennzahlensysteme - Investitionsrechnung - IV-Kennzahlensystem nach Reichmann **Performance Measurement-Systeme** *ohne Wirkungsbeziehungen* - Ansatz von Parsons - Ansatz von Grosse - Excess-Tangible-Cost-Methode - Vier-Ebenen-Modell von Picot/Reichwald (1987, S. 107) *mit Wirkungsbeziehungen* - Erfolgsfaktorenanalyse - IT-Balanced Scorecard - Nutzwertanalyse - Zwei-Phasen-Modell	**Kennzahlensysteme** - Du-Pont-Kennzahlensystem - Ertrags-/Substanzwertmethode - EVA-Kennzahlensystem - Finanzielle Werttreibermodelle - Pyramid Structure of Ratios - Rentabilitäts- und Liquiditäts-Kennzahlensystem - Tableau de Bord - ZVEI-Kennzahlensystem **Performance Measurement-System** *ohne Wirkungsbeziehungen* - Quantum Performance Measurement-Konzept *mit Wirkungsbeziehungen* - Balanced Scorecard - Erfolgsfaktorenanalyse - Nutzwertanalyse - Performance Measurement-Model - Performance Pyramid

Abb. 6: Exemplarische traditionelle Bewertungsmethoden

Da an dieser Stelle nicht auf sämtliche Verfahren näher eingegangen werden kann, sollen mit der Darstellung des Du-Pont-Kennzahlensystems, der Nutzwertanalyse und der Performance Pyramid beispielhaft die Prinzipien der Kennzahlen- sowie Performance Measurement-Systeme vorgestellt und mit ihrer Hilfe die Stärken und Schwächen der Gesamtheit traditioneller Bewertungsmodelle im Hinblick auf ihre Eignung zur CRM-Bewertung aufgezeigt werden.

Du-Pont-Kennzahlensystem

Um den Erfolg von CRM-Projekten global zu belegen oder zu prognostizieren, wurden ausgehend von wirtschaftlichen Zielen Zielhierarchien entwickelt, in denen der wirtschaftliche Erfolg eines CRM-Projektes auf operational messbare Indikatoren herunter gebrochen wurde. Dabei lassen sich Ansätze auf der Grundlage unterschiedlicher Zielkriterien (Gewinn, RoI, Wertzuwachs des Unternehmens etc.) unterscheiden. Der RoI wurde jedoch als eine der wichtigsten Kennzahlen zur strategischen Leistungsmessung identifiziert (Chakravarthy 1986, S. 441) und neben dem Customer Lifetime Value auch als typische Kennzahl zur Messung des CRM-Nutzens deklariert (McKim/Hughes 2003, S. 1). Die Du-Pont-Kennzahlenhierarchie (siehe u.a. Schierenbeck/Lister 1998, S. 36 ff.) folgt dem Konzept eines geschlossenen Kennzahlensystems mit dem RoI als Zielkriterium. Der finanzielle Gesamterfolg (RoI) wird dabei definitorisch auf immer detailliertere Kennzahlen zurückgeführt, die sich im Hinblick auf die Zurechenbarkeit und Langfristigkeit der CRM-Wirkungen besser fassen lassen als die finanziellen Globalziele. Der exemplarische Aufbau eines für CRM-Maßnahmen erstellten modifizierten Du-Pont-Kennzahlensystems ist in Abb. 7 dargestellt (siehe auch Winkelmann 2000, S. 17).

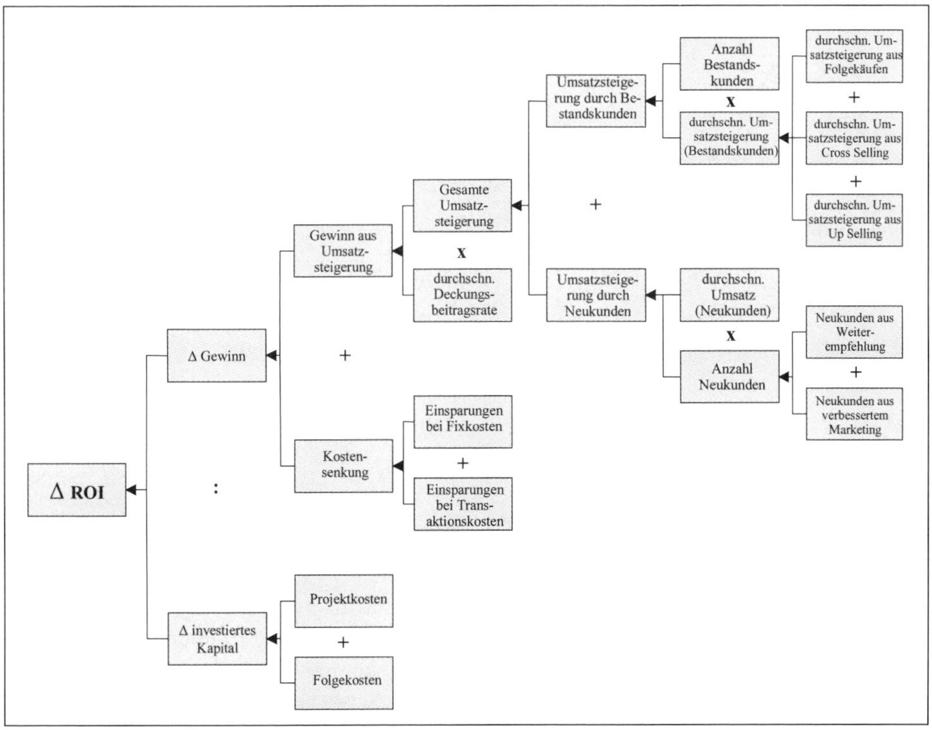

Abb. 7: Modifiziertes Du-Pont-Kennzahlensystem zur Ermittlung eines CRM-RoI

Einschränkend anzumerken ist zu dem Du-Pont-Kennzahlensystem zunächst generell, dass sein Einsatz zur Steuerung eines CRM-Projektes leicht zu Unterinvestitionen führen kann, da die angestrebte Erhöhung des RoI durch eine Reduktion des investierten Kapitals möglich ist. Doch auch mit einigen weiteren wesentlichen Einschränkungen ist dieses zunächst umfassend erscheinende Kennzahlensystem verbunden, da ein Großteil der dargestellten Anforderungen nur unzureichend erfüllt wird. So ist bereits die Abdeckung der Wirkungskette als ungenügend zu bezeichnen, da fast ausschließlich Kosten- und Umsatzveränderungen betrachtet und damit die Auswirkungen auf Unternehmenswertebene fokussiert werden, während v.a. Kundenzufriedenheitswerte sowie Angaben über den Erfolg von Konzeption und Implementierung der Kundenbeziehungsstrategie völlig vernachlässigt werden (siehe auch Wasem-Gutensohn 2003, S. 48).

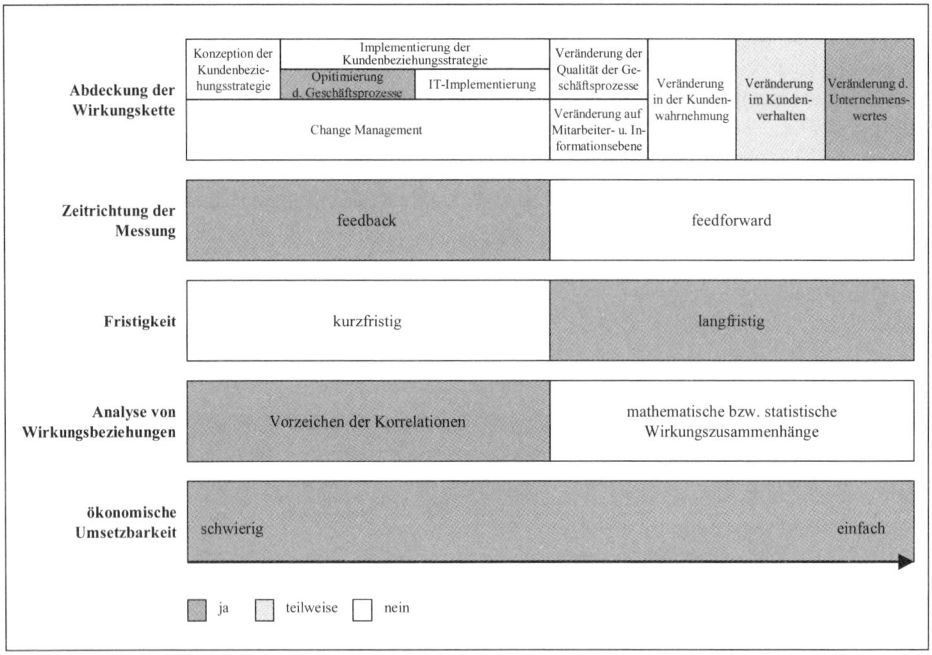

Abb. 8: Erfüllung der Anforderungen für ein CRM-Bewertungssystem durch das modifizierte Du-Pont-Kennzahlensystem

Der Anforderung hinsichtlich der Zeitrichtung der Messung wird nur zur Hälfte und damit ebenfalls unzureichend begegnet, da die Du-Pont-Kennzahlenhierarchie auf Feedback-Analysen beruht. Mit der Fokussierung auf die hinteren Stufen der Wirkungskette geht zugleich eine ungenügende Abdeckung kurzfristiger Wirkungen und der früheren Stufen der Wirkungskette einher, da lediglich langfristige Veränderungen berücksichtigt werden. Da es sich bei einer Kennzahlenhierarchie nur um die mathematische Aufspaltung einer finanziellen Kennzahl in ihre Komponenten handelt, kann zwar von der geforderten Ermittlung von Ursache-Wirkungs-Ketten gesprochen werden; eine genaue statistische Analyse der Wirkungsbeziehungen zwischen den einzelnen Kennzahlen hingegen wird nicht vorgenommen.

Die Praktikabilität der Umsetzbarkeit einer derartigen Kennzahlenhierarchie ist hingegen als relativ hoch zu bezeichnen, da es sich bei den (wenigen) untersuchten Größen um zwar mit hohen Bewertungsspielräumen behaftete, aber dennoch objektiv messbare und damit leicht erfassbare Kennzahlen handelt. Da die einfache Umsetzbarkeit dieser Methode jedoch primär auf die ungenügende Abdeckung der restlichen Anforderungen zurückzuführen ist, kann das Du-Pont-Kennzahlensystem nicht als für die Bewertung von CRM-Projekten geeignet eingestuft werden.

Performance Pyramid

Das Ziel der sog. Performance Pyramid besteht darin, Zielvorgaben des Managements in alle Organisationseinheiten zu übertragen (Gleich 2001, S. 68). Dadurch sollen controllingrelevante Informationen je Leistungsebene und leistungsebenenübergreifend zur Verfügung stehen, wobei – im Gegensatz zu einer Vielzahl weiterer traditioneller Methoden der Wirtschaftlichkeitsbeurteilung – neben finanziellen auch nichtfinanzielle Kennzahlen berücksichtigt werden. Abb. 9 zeigt die grundsätzliche Struktur einer Performance Pyramid, die zum Zwecke der CRM-Bewertung mit CRM-spezifischen Kennzahlen zu füllen ist.

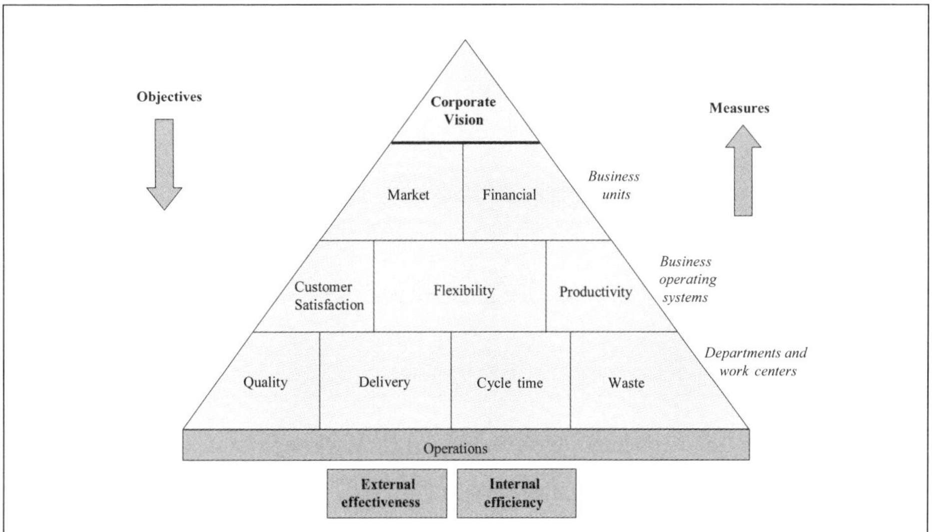

Abb. 9: Performance Pyramid
Quelle: Gleich 2001, S. 68

Als entscheidende Verbesserung der Performance Pyramid gegenüber dem dargestellten Du-Pont-Kennzahlensystem ist hinsichtlich der Abdeckung der Wirkungskette neben der Integration von Kennzahlen über die Qualität der Geschäftsprozesse (z.B. Qualität, Durchlaufzeit, Produktivität) die zumindest teilweise Berücksichtigung der Kundenwahrnehmung (Kundenzufriedenheit) zu vermerken, der für die Funktionsfähigkeit der CRM-Wirkungskette eine hohe Bedeutung zukommt.

Gänzlich vernachlässigt werden hingegen auch hier weite Teile der restlichen Wirkungskette, so z.B. das Kundenverhalten. Die Messungen werden auch bei der Performance Pyramid lediglich feedback durchgeführt, wodurch ex-ante-Indikatoren zur frühzeitigen Planung, Steuerung und Kontrolle von CRM-Projekten ebenfalls vermisst werden. Die Fristigkeit der Messungen ist gegenüber der Kennzahlenhierarchie wiederum erweitert, da neben langfristigen Veränderungen in der Wirkungskette auch kurzfristige Verbesserungen, wie z.B. die Durchlaufzeit, bewertet werden.

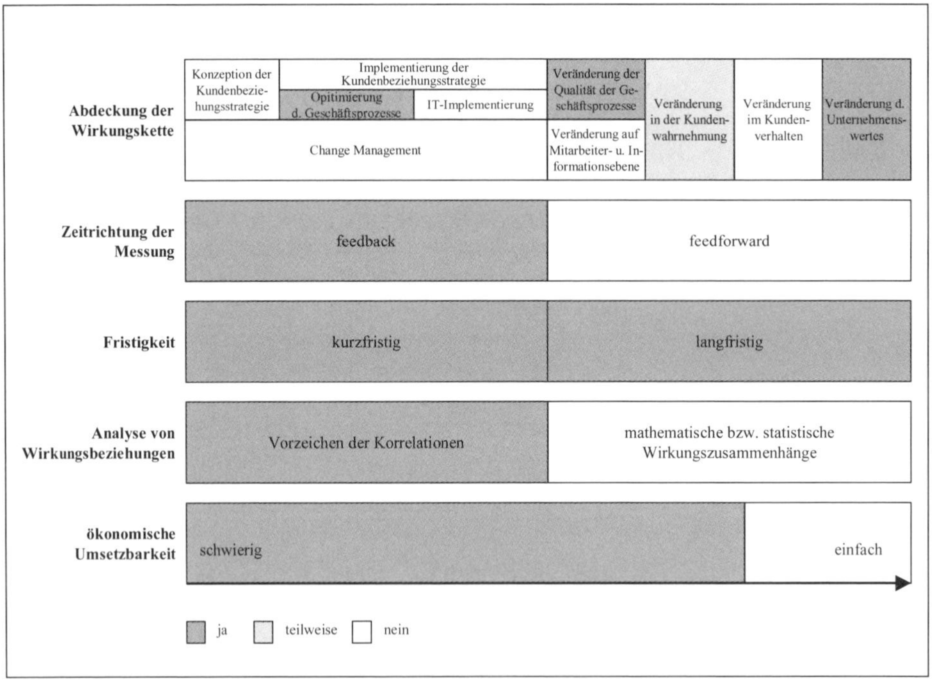

Abb. 10: Erfüllung der Anforderungen für ein CRM-Bewertungssystem durch die Performance Pyramid

Hinsichtlich der geforderten Analyse von Wirkungsbeziehungen wird bei der Performance Pyramid zumindest eine Untersuchung von zusammenhängenden „Wirkungsblöcken", und damit eine Untersuchung der Vorzeichen bestehender Korrelationen vorgenommen. Eine genaue Analyse von Wirkungsbeziehungen zwischen den einzelnen Bausteinen der Pyramide wird jedoch auch hier nicht vorgenommen. Auch wenn diese Bewertungsmethode v.a. durch die mangelnde Ermittlung der Wirkungsbeziehungen ebenfalls relativ leicht umsetzbar ist, kann die Eignung der Performance Pyramid zur Bewertung von CRM-Projekten gegenüber der Du-Pont-Kennzahlenhierarchie zwar insgesamt als höherwertig, jedoch ebenfalls als nur unzureichend beurteilt werden.

Nutzwertanalyse

Andere Metriken orientieren sich am Konzept einer hierarchischen Nutzwertanalyse (siehe z.B. Hoffmeister 2000; Heinrich 2002, S. 425 ff.) und brechen den finanziellen Gesamterfolg über mehrere Zielebenen auf operationale Teilziele herunter, die über erfahrungsbasiert zu schätzende Gewichtungsfaktoren miteinander verknüpft sind. Die einzelnen Ebenen der Zielhierarchie können dabei an den Stufen der CRM-Wirkungskette anknüpfen und bilden somit die Wirkungen des CRM-Projektes ganzheitlich ab. Damit wird es möglich, detaillierte Zielvorgaben für das CRM-Projekt über alle Stufen des CRM-Projektes hinweg zu formulieren und zu verfolgen und so zu jedem Zeitpunkt des CRM-Projektes ein klares Stärken-Schwächen-Profil des Projektverlaufs zu zeichnen. Beispiel eines derartigen Ansatzes sind die von Gartner Research vorgeschlagenen „CRM Metrics“ (siehe Younker 2001, S. 3).

Den Anforderungen an ein CRM-Bewertungssystem wird die Nutzwertanalyse bereits in umfassenderem Maße gerecht. So sind in sachlicher Hinsicht keine Einschränkungen bzgl. der zu berücksichtigenden Elemente der Wirkungskette mehr gegeben; vielmehr können unternehmensspezifisch Indikatoren aus allen Elementen der Wirkungskette festgelegt werden, die in die Nutzenfunktion zur Messung des Zielerreichungsgrades integriert werden. Vorbehalte gegenüber der Nutzwertanalyse resultieren hier lediglich aus der subjektiv gestaltbaren Vorgehensweise (Heinrich 2002, S. 433), weshalb zum Zwecke eines Vorher-/Nachher-Vergleichs zur CRM-Bewertung eine vorher festgelegte Nutzenfunktion nicht verändert werden darf.

Hinsichtlich der Zeitrichtung der Messung ist die Nutzwertanalyse für Feedforward-Analysen konzipiert und wird damit durch die gleichzeitige Anwendbarkeit für Feedback-Analysen der zeitlichen Bewertungsanforderung umfassender als die beiden eben dargestellten Analysemethoden gerecht. Die Fristigkeit der ex-ante durchzuführenden Schätzungen ist allerdings zeitlich beschränkt – ein Problem, das jedoch sämtlichen Feedforward-Bewertungsmethoden aufgrund des Prognoseproblems innewohnt.

Wirkungsbeziehungen werden im Rahmen der Nutzwertanalyse genau untersucht und in Form von Nutzenfunktionen abgebildet. Auch wenn als abhängige Variable ursprünglich nur der Endzielwert – hier also der Unternehmenswert – vorgesehen ist, können Teil-Nutzwertanalysen für jedes Element der Wirkungskette durchgeführt und somit die Gesamtheit der bestehenden Wirkungsbeziehungen abgebildet werden. Damit einher geht allerdings ein hoher Aufwand zur Implementierung dieses Controlling-Instrumentariums, was dessen ökonomische Umsetzbarkeit je nach Anzahl berücksichtigter Elemente der Wirkungskette einschränkt.

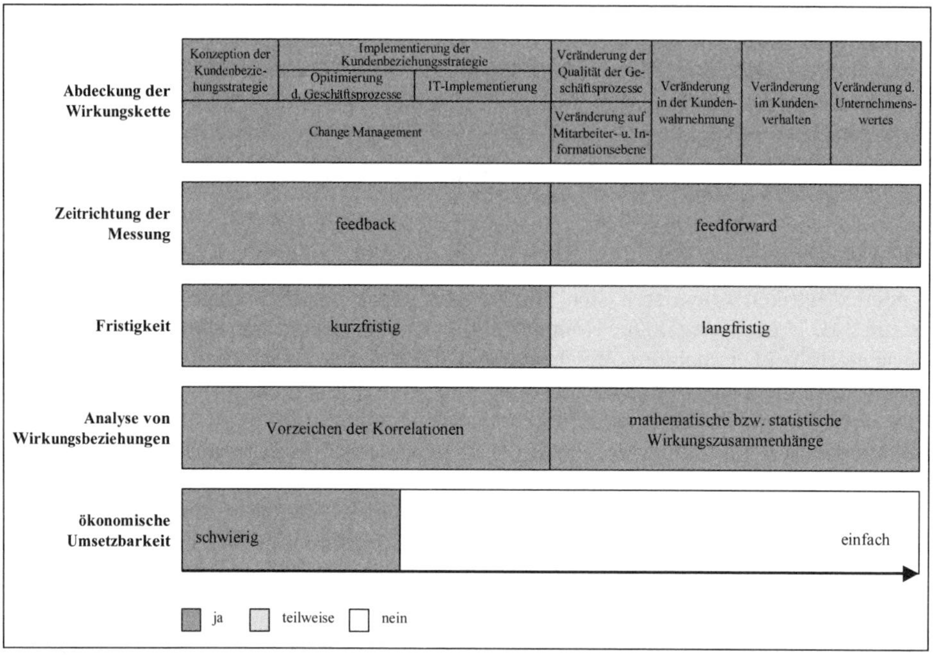

Abb. 11: Erfüllung der Anforderungen für ein CRM-Bewertungssystem durch die Nutzwertanalyse

Damit kommt die Nutzwertanalyse einer globalen CRM-Bewertungsmethode theoretisch insgesamt zwar sehr nahe. Problematisch erweist sich allerdings zum einen die korrekte Gewichtung der Teilnutzendimensionen, die nur erfahrungsbasiert und damit frei von Angaben über die Richtigkeit der festgelegten Werte erfolgen kann. Zudem sind durch die vollkommen subjektive Wahl der Nutzenindikatoren keinerlei Anhaltspunkte für die zur CRM-Messung zu berücksichtigenden Elemente gegeben.

Im Gegensatz dazu beinhalten die von Wissenschaft und Beratungspraxis entwickelten IT- sowie finanzwirtschaftlichen Bewertungsansätze (so z.B. das IV-Kennzahlensystem nach Reichmann oder Ansätze zur Berechnung des Shareholder Value (z.B. von Rappaport, Copeland/Koller/Murrin, Boston Consulting Group, siehe hierzu z.B. Peschke 1997, S. 55 ff.)) zwar in der Regel eine genaue Vorgabe gut strukturierter finanzwirtschaftlicher Werttreiber; jedoch werden in diesen Werttreibermodellen wiederum die vorgelagerten strategischen Einflussfaktoren vernachlässigt (Peschke 1997, S. 5), wodurch eine nur partielle CRM-Bewertung möglich ist. Auch die insbesondere für Prognosen bedeutenden Wirkungszusammenhänge können dadurch nicht erfasst werden. Somit besteht die Gefahr, dass die wertorientierte Strategiebewertung „... leicht zu einem von absatzmarktbezogenen Überlegungen losgelösten Zahlenspiel degeneriert (*number crunching*).“ (Peschke 1997, S. 5 f.). Zudem muss grundsätzlich bei allen traditionellen Analysemethoden eine zu schwache Verzahnung von Unternehmens- und IT-Strategie-Controlling bemängelt werden (Heilmann 2001, S. 6).

Ein Instrumentarium, das dieser geforderten Verknüpfung von IT- und Strategie-Controlling durch die Abdeckung der gesamten Wirkungskette nachkommt, ist die Balanced Scorecard, die im Folgenden dargestellt wird.

7.2 CRM-Scorecard

7.2.1 Globale Bewertung von CRM-Projekten

Die Balanced Scorecard (BSC), die erfolgreich als Führungsinstrument zur Implementierung strategischer Unternehmensziele über die Ableitung operativer Maßnahmenkataloge und Zielvorgaben auf der Basis messbarer Kennzahlen entwickelt wurde (siehe Kaplan/Norton 1992; 1997; Horváth/Kaufmann 1998), weist im Vergleich zu traditionellen Analysemethoden eine Reihe von Vorteilen auf und kann damit als geeigneter Ansatzpunkt zur Entwicklung einer globalen und aussagekräftigen Bewertungsmethode für CRM-Projekte angesehen werden:

- So decken die generischen Dimensionen der BSC Entwicklung & Lernen, Prozesse, Kunden und Finanzen umfassend die gesamte CRM-Wirkungskette ab (siehe Abb. 12) und müssen zur Erstellung einer CRM-Scorecard lediglich mit CRM-spezifischen Kennzahlen gefüllt werden. Gerade die im Rahmen der traditionellen Analysemethoden kritisierte mangelnde Verknüpfung von Strategie- und IT-Controlling kann auf diese Weise bewerkstelligt werden, was als entscheidender Fortschritt in Richtung einer globalen Bewertung von CRM-Projekten zu bezeichnen ist. Durch die Abdeckung der gesamten CRM-Wirkungskette ist damit das wesentliche Fundament für eine globale und aussagekräftige CRM-Bewertung gelegt.
- Zudem erfolgt bei der BSC im Gegensatz zu klassischen Kennzahlensystemen eine Verbindung von *Vision und Strategie* des Unternehmens mit den Indikatoren der vorgelagerten Ebenen (siehe auch Weber/Schäffer 1998, S. 349; Schaltegger/Dyllick 2002, S. 28). Zu diesem Zweck wird auch eine multidimensionale Betrachtung des Zielsystems durch die *Analyse von Querverbindungen* und Synergieeffekten zwischen den Teilzielen vorgenommen, mit deren Hilfe Ursache-Wirkungsketten zur strategischen Unternehmensführung identifiziert werden können. Die Berücksichtigung derartiger sachlicher Interdependenzen bezeichnete Bischof als wesentliche Anforderung an moderne Controllinginstrumente (Bischof 2002, S. 33). Damit kommt die BSC der geforderten Analyse von Wirkungsbeziehungen zwar nicht nach, doch werden zumindest die Ursache-Wirkungs-Ketten und damit die Vorzeichen der Wirkungsbeziehungen ermittelt.

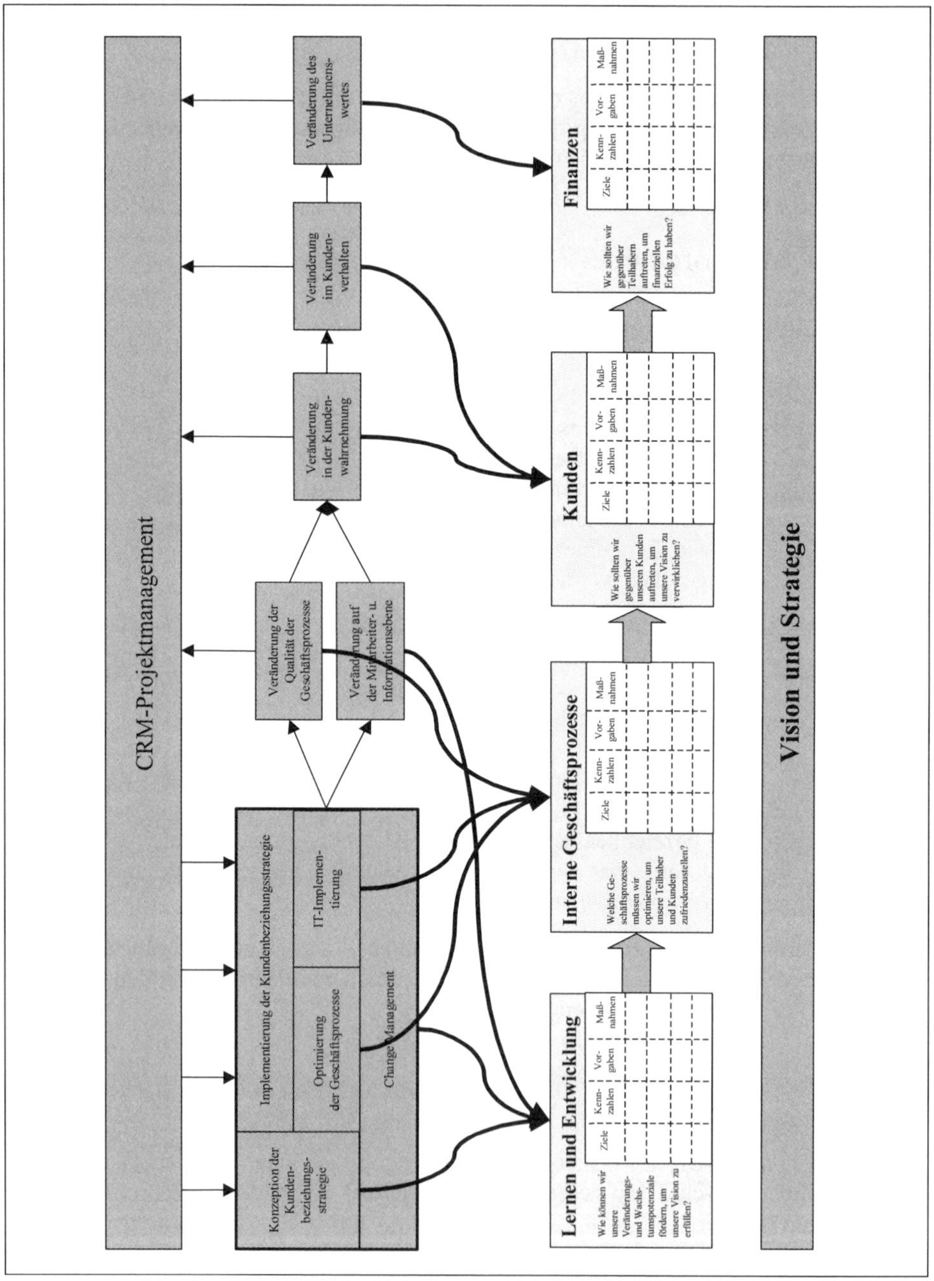

Abb. 12: Inhaltliche Übertragung der Wirkungskette auf die Perspektiven der Balanced Scorecard

- Auch gegenüber den strategieorientierteren Kennzahlensystemen – wie bspw. der Performance Pyramid – kann eine Weiterentwicklung durch den BSC-Ansatz konstatiert werden, da letzterer neben der statischen Betrachtung und Verbesserung von Kosten-, Zeit- und Qualitätsfaktoren auch eine *Dynamisierung* der Prozesse durch die Identifikation von Innovationspotentialen anstrebt (Werner 2000, S. 455; siehe auch Wefers 2000, S. 123 f.).

Damit kann die BSC durch die Überwindung der statischen Vergangenheits- und Kurzfristorientierung klassischer Kennzahlensysteme als eigenständiger Managementansatz bezeichnet werden (Böckmann/Gotta 2000, S. 268): „... a set of measures that gives top managers a fast but comprehensive view of the business." (Kaplan/Norton 1992, S. 71). Nicht umsonst ist das Konzept der BSC nur wenige Jahre nach seiner Entwicklung durch Robert S. Kaplan und David P. Norton sowohl in Nordamerika als auch in Europa sehr weit verbreitet (Brunner 1999, S. 13 ff.; Weber/Schäffer 1998, S. 341; Töpfer et al. 2002, S. 79).

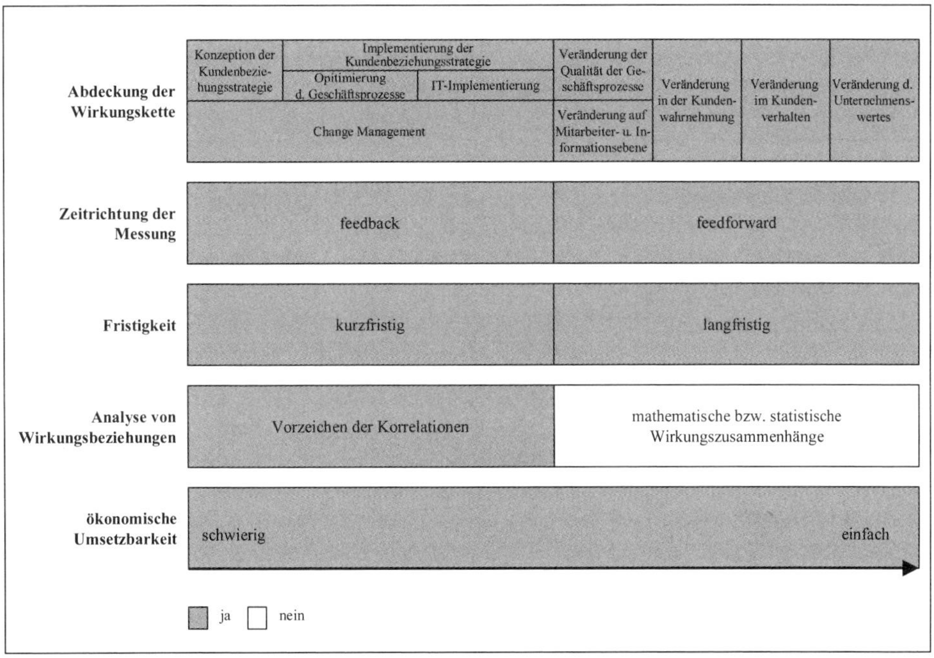

Abb. 13: Erfüllung der Anforderungen für ein CRM-Bewertungssystem durch die BSC

Für die Übertragung des BSC-Konzeptes auf den CRM-Ansatz müssen die einzelnen Perspektiven mit Indikatoren aus den entsprechenden Elementen der Wirkungskette gefüllt werden. In einem zweiten Schritt sind die Ursache-Wirkungs-Ketten, die zwischen den einzelnen Kennzahlen innerhalb und zwischen den Perspektiven bestehen, unternehmensindividuell zu analysieren. Die CRM-Scorecard schafft damit messbare, durchgängig aufeinander aufbauende Zielvorgaben, die aufgrund der integrierten Frühindikatoren der ersten Stufen der CRM-Wirkungskette sowohl für die ex-ante-Bewertung und das CRM-Projektmanagement wie auch für die ex-post-Bewertung eine solide Grundlage liefern (siehe auch Kaufmann 1997, S. 424). Zurechenbarkeits- und Langfristigkeitsprobleme der Wirkungen des CRM-Projektes werden durch Verbindung der Indikatoren der verschiedenen Wirkungsstufen noch am Besten bewältigt. Abb. 14 zeigt eine „Standard"-CRM-Scorecard, die sämtliche Elemente der oben dargestellten Wirkungskette integriert. Bestehende Wirkungsbeziehungen zwischen den einzelnen Elementen werden durch Pfeile dargestellt.

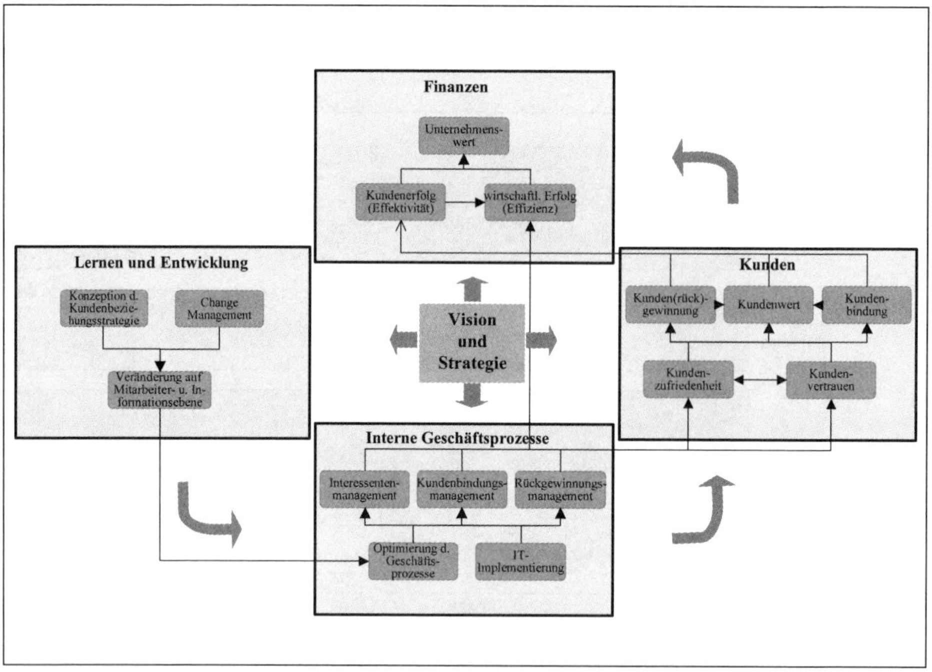

Abb. 14: CRM-Scorecard

Wichtig zu erwähnen ist hierbei, dass jedes Unternehmen und damit auch jede Scorecard spezifisch ist (Horváth/Rieg 2001, S. 15). Neben einer unternehmensindividuellen Auswahl geeigneter Kennzahlen ist daher ggf. auch eine Modifikation der Elemente der Scorecard vorzunehmen.

7.2.2 Kennzahlen

Im Folgenden werden beispielhafte Kennzahlen, sog. Key Performance Indicators, für die einzelnen Elemente der dargestellten CRM-Scorecard aufgezeigt.

Lern- und Entwicklungsperspektive		
Scorecard-Element	***Ziel***	***Messgröße***
Konzeption der Kundenbeziehungs-strategie	Festlegung klar definierter Ziele	Anzahl Ziele pro Unternehmenseinheit
		Konformität der Ziele operativer Geschäftseinheiten mit strateg. Zielsetzung
	Ausrichtung der Ziele am Kunden	Anteil der Ziele mit Kundenbezug
	Priorisierung der CRM-Strategie	Ausmaß der Beteiligung der Unternehmensführung
		Entwicklungsdauer
	Einbeziehung des gesamten Unternehmens	Integrationsgrad des gesamten Unternehmens
Change Management	Antrieb des organisatorischen Wandels	Anteil am Kunden ausgerichteter Prozesse
		Anteil erkannter Prozesse mit Effizienzoptimierungspotenzial
		Anzahl Weiterbildungsseminare
	Antrieb des mentalen Wandels	Anzahl Aufklärungsseminare über strategische Zielsetzung des Unternehmens und deren Nutzen
		Ausmaß der Koppelung des Lohnniveaus mit Erreichung strateg. Ziele
Veränderung auf Mitarbeiterebene	Steigerung der Mitarbeiter-motivation	Anzahl Verbesserungsvorschläge je Mitarbeiter
		Anzahl freiwilliger Überstunden
		Beteiligungsquote an Weiterbildungsseminaren
	Steigerung der Mitarbeiter-qualifikation	Mitarbeiterqualifikationsindex
	Steigerung der Mitarbeiter-zufriedenheit und -bindung	Mitarbeiterzufriedenheitsindex
		Fluktuationsrate
		Mitarbeiterbeschwerden
		Krankheitsquote
	Verbesserung der Dienstleistungsqualität	Effektivität des internen Marketing
		interne/externe Dienstleistungsqualität
	Erhöhung der Produktivität	Mitarbeiterproduktivität
		Systemnutzung
		Akzeptanz/Anwendung neuer IT-Werkzeuge
	Steigerung der Kundenorientierung	Kundenorientierung der Mitarbeiter
		Anzahl Dateneinträge in der Kundendatenbank
Veränderung auf Informationsebene	Steigerung des Datenumfangs	Anzahl Variablen/Datensätze
	Steigerung der Datenqualität	Qualität der Kundendatenbank (z.B. Abdeckungsgrad der drei Informationskategorien Identifikations-, Deskriptionsdaten u. Kontakthistorie)
		Unzustellbarkeitsquote von Mailings
		Pflegezustand der Kundendatenbank

Tab. 1: Exemplarische Kennzahlen für die Lern- und Entwicklungsperspektive einer CRM-Scorecard

Geschäftsprozessperspektive		
Scorecard-Element	*Ziel*	*Messgröße*
Optimierung der Geschäftsprozesse	Steigerung der Effizienz	Auftragsdurchlauf-/Lieferzeit
		Aktiver Verkaufszeitanteil (=Summe der aktiven Verkaufszeit pro Mitarbeiter/Gesamtarbeitszeit aller Mitarbeiter)
		Anfragebearbeitungsdauer
	Senkung der Kosten	Neukundengewinnungskosten
		Anfragebearbeitungskosten
		Kosten pro Kundenkontakt
	Steigerung der Servicequalität	Service-/Beratungszeit
		Eskalationsrate (=1- Serviceanfragen, die vom Bearbeiter direkt geschlossen wurden/Gesamtheit der Serviceanfragen)
IT-Implementierung	Erzielung eines hohen Unterstützungsgrades durch die Software	Funktionsumfang der implementierten Software
		Durchdringungsgrad der Anwendungen und Informationen
		Ausmaß operativer und analytischer Unterstützungsfunktion in Marketing, Vertrieb und Service
	Erzielung einer hohen Systemqualität	Anteil der mit dem System zufriedenen Mitarbeiter
		Antwortzeit der Applikationen
		Synchronisationszeit
Interessenten-management	Steigerung des Bekanntheitsgrades bei profitablen Interessenten	Anzahl Direktwerbeaktionen an profitable Nichtkunden
		Anzahl der Anfragen
		Bekanntheitsgrad / Image
	Erhöhung der Zufriedenheit von Interessenten	Anfragebearbeitungsdauer
		zeitliche/lokale Erreichbarkeit
Kundenbindungs-management	Verbesserung des Neukunden-managements	Anteil Neukunden, die einen Zweitkauf tätigen
		Referenzquote von Neukunden
		Eintrittsquote von Neukunden in Kunden-club/Kundenkartenprogramm
	Verbesserung des Zufriedenheits-managements	Anzahl/Umfang von Konditionenanpassungen
		Call Center Service Level
		Anzahl Kundenschnittstellen
		Bereitstellung von Servicenummern/Kundenzeitschriften etc.
		Ausmaß der Individualisierung von Produkteigenschaften und Dialoginhalten
	Verbesserung des Beschwerde-managements	Qualität des Beschwerdemanagements (Zugänglichkeit, Interaktions-qualität, Reaktionsschnelligkeit, Angemessenheit/Fairneß des Beschwerdeergebnisses)
		durchschn. Responsedauer für Beschwerden
		Anzahl Problemlösungsstandards
	Verbesserung des Kündigungs-präventionsmanagements	Problemlösungsdauer im Call Center
		1st kill rate (=Problemlösung nach erstem Gespräch)
		Vergabe von Boni/Rabatten/Geschenken für Beschwerden oder sonstige vom Unternehmen verursachte Probleme beim Kunden
Rückgewinnungs-management	Verbesserung des Kündigungsmanagements	Verhältnis profitabler/unprofitabler abgebrochener Beziehungen
		Anzahl der durch das Unternehmen unprofitablen abgebrochenen Kundenbeziehungen
	Verbesserung des Revitalisierungs-managements	Anteil profitabler Kunden an zurückgewonnenen Kunden
		Automatisationsgrad des Revitalisierungsmanagements

Tab. 2: Exemplarische Kennzahlen für die Geschäftsprozessperspektive einer CRM-Scorecard

Kundenperspektive		
Scorecard-Element	***Ziel***	***Messgröße***
Kundenwahrnehmung	Steigerung der Kundenzufriedenheit	Kundenzufriedenheitsindex (auf Basis von Leistungs-, Erwartungs- oder Zufriedenheitsskalen)
		Anteil hochzufriedener Kunden
		Beschwerde-/Reklamationsquote
		Beschwerdezufriedenheit
		Häufigkeit von Gewährleistungsansprüchen
	Steigerung des Kundenvertrauens	Kundenvertrauensindex
Kundenverhalten	Steigerung der Kunden(rück-)gewinnung	Responserate von Nicht-Kunden
		Konversionsrate
		Anzahl Neukunden
		Reaktivierungsquote
		Responserate inaktiver Kunden auf Mailings
	Steigerung des Kundenwertes	Umsatz pro Kunde
		Cross Selling-Rate/-Umsätze
		Up Selling-Rate/-Umsätze
		Kundendeckungsbeitrag
		Anzahl Weiterempfehlungen
		Anzahl Verbesserungsvorschläge/Beschwerden
		Customer Equity
	Steigerung der Kundenbindung	Kundenbindungsquotient
		Kündigungs-/Storno-/Fluktuationsrate
		durchschn. Kundenverweildauer
		Halbwertszeit des Kundenstamms
		Wiederkaufbereitschaft
		Anzahl erworbener Kundenkarten
		Umsatzanteil mit Stammkunden
		Beschwerdeführer-Fluktuationsrate

Tab. 3: Exemplarische Kennzahlen für die Kundenperspektive einer CRM-Scorecard

Finanzperspektive		
Scorecard-Element	***Ziel***	***Messgröße***
Wirtschaftlicher Erfolg	Senkung der Kosten	Gesamtkosten der Kundenbearbeitung (=Akquisition, Bindung, Wertsteigerung, Rückgewinnung)
		Streuverlust
		Prozesskosten
Kundenerfolg	Erhöhung des Gewinns	Absatz- und Umsatzwachstum
		Customer Lifetime Value
		Preisbereitschaftsindex
		Neugeschäftsanteil (=Umsatz mit Neukunden/Gesamtumsatz)
		Bestandsgeschäftsanteil (=Umsatz mit Bestandskunden/Gesamtumsatz)
	Verbesserung der Wettbewerbsposition	Relative Wettbewerbsposition
Unternehmenswert	Erhöhung des Shareholder Value	Shareholder Value
		RoI
		EVA

Tab. 4: Exemplarische Kennzahlen für die Finanzperspektive einer CRM-Scorecard

7.2.3 Ursache-Wirkungs-Ketten

Entscheidend für eine erfolgreiche Prognose des Nutzens von CRM und damit für eine optimale Planung und Steuerung der Wirkungskette ist eine ausreichende Kenntnis der Wirkungsbeziehungen zwischen den einzelnen Elementen der CRM-Scorecard (Herrmann et al. 2000, S. 53). Die Zusammenhänge müssen dabei sowohl zwischen den vier Perspektiven der Scorecard als auch innerhalb jeder einzelnen Perspektive analysiert werden. Wie oben dargelegt kommt die BSC dieser Forderung zumindest hinsichtlich der Analyse des Vorzeichens der Wirkungszusammenhänge nach. Anhaltspunkte bieten hierbei eine Vielzahl empirischer Analysen, die die Ursache-Wirkungs-Beziehungen von und zu sämtlichen Elementen der Wirkungskette auf der Basis von Umfragen analysierten.

Zur Optimierung des BSC-Konzeptes in Richtung einer umfassenden CRM-Bewertungsmethode bietet sich eine Modifikation des BSC-Konzeptes dahingehend an, dass nicht nur die Ursache-Wirkungs-Ketten, sondern auch die genauen Wirkungsbeziehungen zwischen sämtlichen Indikatoren ermittelt werden. Zurückgegriffen werden kann hierbei ebenfalls auf die eben genannten empirischen Analysen, aus denen sich Erkenntnisse hinsichtlich des wahrscheinlichen Verlaufs der Wirkungsbeziehung zwischen den beiden untersuchten Variablen ableiten lassen.

So konnte z.B. Kenning empirisch einen Anstieg des durchschnittlichen Wochenumsatzes mit der Dauer der Kundenbeziehung vom 6. Monat bis zum 16. Jahr der Kundenbeziehung und damit eine positive Wirkungsbeziehung zwischen den Komponenten Umsatz und Kundenbindungsdauer belegen (Kenning 2002, S. 92). Hinsichtlich des Kurvenverlaufes konstatierte er als Faustformel für den genannten Zeitraum, „... dass eine Verdoppelung der Beziehungsdauer eine Umsatzerhöhung pro Kunde von zehn bis fünfzehn Prozent intendiert." (Kenning 2002, S. 93).

Doch auch wenn eine positive Wirkung von Kundenbindungsmanagement über Kundenbindung zum ökonomischen Erfolg empirisch sowohl auf Meta-Ebene (z.B. Capon et al. 1990) als auch auf Kundenbeziehungsebene (z.B. Reichheld/Sasser 1990) mehrfach nachgewiesen wurde, kann keineswegs von der Allgemeingültigkeit dieses Zusammenhangs ausgegangen werden. Vielmehr sollten Unternehmen die Wirkung ihrer CRM-Aktivitäten auf den Unternehmenswert individuell analysieren (Bruhn/Georgi 2000, S. 532), wobei keinesfalls von linearen oder symmetrischen Zusammenhängen ausgegangen werden darf (Herrmann et al. 2000, S. 47). So verzeichnen viele Indikatoren über einen langen Zeitraum keine bzw. nur moderate Anstiege, um dann plötzlich ab Überschreitung eines bestimmten Schwellwertes stark anzusteigen.

Für eine genaue Eruierung der Kurvenverläufe kann auf das Konzept des System Dynamics zurückgegriffen werden, mit dem das Stabilitätsverhalten von ökonomischen Systemen mit Hilfe von Rückkopplungsbeziehungen untersucht wird (Weber 1979, S. 6). Die Wirkungsbeziehungen zwischen den einzelnen Indikatoren werden dabei analytisch oder empirisch – unter Zuhilfenahme statistischer Verfahren wie Regressions- oder Kausalanalysen – determiniert (Rowell/Wormley 1997, S. 3). Einschränkend anzumerken ist hierbei, dass die System Dynamics-gestützte Analyse der Wirkungsbeziehungen bereits bei wenigen untersuchten Elementen mit nicht unerheblichem Arbeitsaufwand einhergeht. Die Eruierung des genauen Kurvenverlaufes zwischen sämtlichen Elementen der CRM-Scorecard ist daher ein langwieriger Prozess, der der Forderung einer einfachen Umsetzbarkeit im Unternehmen widerspricht. Sind die notwendigen Kapazitäten im Unternehmen dazu jedoch vorhanden, ist damit ein Instrumentarium geschaffen, dass einem umfassenden CRM-Controlling am nächsten kommt.

7.2.4 CRM-Scorecard-Beispiele

Die CRM-Scorecard wird mittlerweile in zahlreichen Unternehmen erfolgreich zur Bewertung und zum Management von CRM-Projekten eingesetzt, so z.B. bei der Euro-Shell Deutschland AG (Schröter/Dusch 2001, S. 63), der Muldental AG (siehe Abb. 15) oder der Continental AG (Kohl/Zimmermann 2001, S. 38).

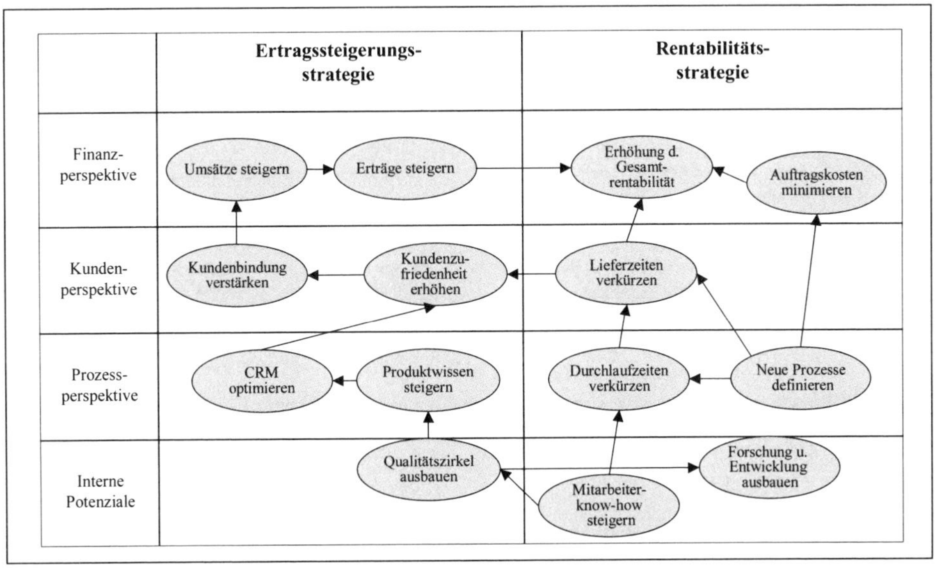

Abb. 15: CRM-Scorecard bei der Muldental AG
Quelle: Antoni et al. 2001, S. 41

Gerade im Falle der Fokussierung spezifischer CRM-Ziele – wie bspw. die Steigerung des durchschnittlichen Kundenwertes – bietet sich zur Erhöhung der Genauigkeit und damit Aussagekraft der Scorecard die Schaffung spezifischer BSCs an. So zeigen z.B. Müller/Zupancic (2002) mögliche Ausprägungen der einzelnen Perspektiven einer Scorecard für das Key Account Management (KAM) auf (siehe Tab. 5).

	Ziel	Messgröße
Kunden-perspektive	Steigerung der Kundenzufriedenheit	- Kundenzufriedenheitsindex - Qualitative Fragen
	Reduktion der Beschwerden/Reklamationen	- Anzahl der Beschwerden - Ausmaß der Problemursache
	Steigerung der Effizienz in der KAM-Team-Koordination	- Qualitative Befragung des Kunden - Qualitative Befragung des KAM-Teams
	Steigerung der Angebotsqualität	- Anzahl der Zuschläge in Ausschreibungen
	Status eines bevorzugten Lieferanten beim Kunden	- Lieferantenbewertungen durch den Key Account
	Akquise neuer Key Accounts	- Aufträge von neuem Key Account
	Intensivierung der Zusammenarbeit mit dem Key Account	- Anzahl gemeinsamer Innovationen, neuer F&E-Projekte oder gemeinsamer Events
	Verbesserung der Beziehungsqualität	- Anzahl außergeschäftlicher Kontakte - Anzahl Kundenevents
Finanz-perspektive	Schnelleres Wachstum mit dem Key Account	- (Weltweit) kumulierter Umsatz
	Senkung der Bearbeitungskosten des Key Accounts	- (Weltweit) kumulierte Transaktionskosten im Verhältnis zum Umsatz
	Erschließen von Kostensynergien	- Kostensenkung aufgrund neuer Funktionsaufteilung der KAM-Teams
	Steigerung der Profitabilität des Key Accounts	- (Weltweit) Kumulierter Gewinn bzw. Kundendeckungsbeitrag
	Ausschöpfung des Kundenpotenzials	- (Weltweit) Share of Wallet des Key Accounts
Prozess-perspektive	Steigerung der Angebotsqualität	- Anzahl der Zuschläge
	Steigerung der Qualität in der Auftragsrealisierung	- Zeit, Qualität, Flexibilität, Beschwerden, First Pass Yield
	Koordination der Leistungserstellung verbessern	- Projektlaufzeit - Auftragsbearbeitungszeiten
	Optimierung logistischer Prozesse	- Zeit, Qualität, Flexibilität, Beschwerden
	Optimierung der unternehmensübergreifenden Zusammenarbeit	- Qualitative Befragung von Kunden- und KAM-Teammitgliedern - Zeit, Qualität, Flexibilität, Beschwerden
	Transparenz der Schlüsselkunden-Beziehung steigern	- Dokumentation gemeinsamer Projekte, Meilensteine und Ergebnisse in der Datenbank
	Verrechenbarkeit erhöhen	- Verhältnis in Rechnung gestellter zu den einem Key Account erbrachten Leistungen
Wachstums- und Lern-perspektive	Über eine bestimmte Zeit soll die Teamkonfiguration möglichst stabil sein	- Teaminterne Fluktuation
	Zufriedenheit der Teammitglieder	- Qualitative Befragung
	Steigerung der Mitarbeiterqualifikation für KAM-Teamaufgaben	- Trainingsrate, Turnus Job Rotation - Anzahl potenzieller Mitarbeiter für KAM-Teams
	Steigerung des Informationsaustauschs	- Nutzung eines internen Knowledgesystems - KAM-Workshops
	Anstoßen gemeinsamer Lernprozesse	- Mitarbeiteraustausch - Integration von technischem Personal in die Fertigungs- und Entwicklungsprozesse des Kunden - Gemeinsame Schulungen
	Verbesserung der Neuproduktentwicklung	- Anzahl gemeinsamer Neuentwicklungen - Anzahl gemeinsam generierter Ideen

Tab. 5: Key Account Management-Scorecard
Quelle: Müller/Zupancic 2002, S. 50 f.

Da mehrere unternehmensinterne BSCs dennoch eine gemeinsame Strategie verfolgen sollten und daher voneinander abhängig sind, sollte jedoch auf alle Fälle eine Abstimmung der einzelnen BSCs untereinander sowie mit der Gesamtunternehmensstrategie erfolgen (Knoll 2001, S. 82).

8 Ausblick: Kombinierte Ansätze zum Controlling von CRM-Projekten

Da die IT-Strategie in Zukunft noch mehr als bisher mit der Unternehmensstrategie konvergieren wird (Horváth/Rieg 2001, S. 16), eignet sich die diese beiden Bereiche verknüpfende CRM-Scorecard auch künftig zur umfassenden Bewertung von CRM-Projekten. Kritische Schwachstellen der Wirkungsmessung von CRM-Projekten bestehen aufgrund des Zurechnungs- und Langfristigkeitsproblems der CRM-Wirkungen jedoch auch bei der CRM-Scorecard, da insbesondere auf den letzten Stufen der Wirkungskette keine hinreichend genauen Aussagen über die Verantwortlichkeit des CRM getroffen werden können. Dafür können die ersten Stufen der CRM-Wirkungskette mit allen Besonderheiten des individuellen Unternehmens und seines Markt- und Wettbewerbsumfeldes detailliert erfasst werden.

Dagegen existieren jedoch auch eine Reihe unternehmens*übergreifender* Analysen zum Erfolg von CRM-Projekten – wie z.B. die ACSI- oder Accenture-Analyse (Dull et al. 2001). Diese Analysen beschränken sich entweder nur auf einen Teil der Wirkungskette oder nehmen eine Wirkungsmessung in Form einer Querschnittsanalyse vor (siehe hierzu Hippner et al. 2002, S. 279 ff.). Dadurch sind sie in der Lage, ein objektives Bild über die Zusammenhänge auf den letzten Stufen der CRM-Wirkungskette bis hin zum RoI oder Unternehmenswert zu liefern. Den Besonderheiten des unternehmensindividuellen Markt- und Wettbewerbsumfeldes können derartige Analysen hingegen nicht Rechnung tragen.

Für eine unternehmensspezifische Bewertung von CRM-Projekten, die mit dem Fortschreiten der Wirkungskette zumindest empirisch gefestigte Aussagen über die Auswirkungen des CRM auf die Kunden- und Finanzperspektive treffen kann, bietet es sich damit an, das Konzept der System Dynamics-gestützten BSC mit den unternehmensübergreifenden Formen der Erfolgsmessung zu kombinieren. Gelingt es, unternehmensübergreifende Analysen über kompatible Indikatoren-Kataloge mit den unternehmensspezifischen Analysen auf den unteren Stufen der CRM-Wirkungskette zu verknüpfen, so kommt man dem Ideal einer objektiv abgesicherten, unternehmensindividuellen Bewertung von CRM-Projekten über alle Stufen der CRM-Wirkungskette, bis hin zum RoI oder Unternehmenswert, sehr nahe.

Literaturverzeichnis

Anderson, E.W.; Fornell, C.; Lehmann, D.R. (1994): Customer Satisfaction, Market Share, and Profitability: Findings from Sweden, in: Journal of Marketing, Vol. 58, No. 3, S. 53-66.

Antoni, A.; Kruczynski, K.; Reichmann, S. (2001): Balanced Scorecard mit ARIS BSC, in: is report, Nr. 6, S. 40-43.

Bach, V.; Österle, H. (2000): Customer Relationship Management in der Praxis – Erfolgreiche Wege zu kundenzentrierten Lösungen, Berlin u.a.

Baum, H.; Coenenberg, A.; Günther, T. (1999): Strategisches Controlling, 2. Aufl., Stuttgart.

Baumöl, U.; Frie, T. (1999): Ein integriertes IV-Controlling-Instrumentarium für Investitions- und Betriebsphase, in: von Dobschütz, L.; Baumöl, U. (Hrsg.): IV-Controlling aktuell: Leistungsprozesse – Wirtschaftlichkeit – Organisation, Wiesbaden, S. 123-152.

Becker, J. (1994): Informationsmanagement und -controlling, Würzburg.

Becker, J. (1998): Marketing-Konzeption: Grundlagen des strategischen Marketing-Managements, 6. Aufl., München.

Becker, J.; Knackstedt, R. (2002): Prozess- und Informationsmanagement für das CRM, in: Ahlert, D.; Becker, J.; Knackstedt, R.; Wunderlich, M. (Hrsg.): Customer Relationship Management im Handel, Berlin u.a., S. 131-169.

Becker, L. (1994): Integrales Informationsmanagement als Funktion einer marktorientierten Unternehmensführung, Bergisch Gladbach u.a.

Bensberg, F. (2002): CRM und Data Mining, in: Ahlert, D.; Becker, J.; Knackstedt, R.; Wunderlich, M. (Hrsg.): Customer Relationship Management im Handel, Berlin u.a., S. 201-223.

Berry, L.; Parasuraman, A. (1995): Dienstleistungsmarketing fängt beim Mitarbeiter an, in: Bruhn, M. (Hrsg.): Internes Marketing – Integration der Kunden- und Mitarbeiterorientierung, Wiesbaden, S. 87-110.

Bischof, J. (2002): Die Balanced Scorecard als Instrument einer modernen Controlling-Konzeption – Beurteilung und Gestaltungsempfehlungen auf der Basis des Stakeholder-Ansatzes, Wiesbaden.

Böckmann, D.; Gotta, A. (2000): Balanced Scorecard, in: Zerres, M. (Hrsg.): Handbuch Marketing-Controlling, Berlin u.a., S. 267-279.

Boles, J.S.; Johnson, J.T.; Barksdale, H.C. (2000): How Salespeople Build Quality Relationships – A Replication and Extension, in: Journal of Business Research, Vol. 48, No. 1, S. 75-82.

Bruhn, M. (1995): Internes Marketing als Forschungsgebiet der Marketingwissenschaft – Eine Einführung in die theoretischen und praktischen Probleme, in: Bruhn, M. (Hrsg.): Internes Marketing – Integration der Kunden- und Mitarbeiterorientierung, Wiesbaden, S. 13-61.

Bruhn, M.; Georgi, D. (2000): Wirtschaftlichkeit des Kundenbindungsmanagements, in: Bruhn, M.; Homburg, C. (Hrsg.): Handbuch Kundenbindungsmanagement, Wiesbaden, S. 529-558.

Brunner, J. (1999): Value-Based Performance Management – Wertsteigernde Unternehmensführung: Strategien – Instrumente – Praxisbeispiele, Wiesbaden.

Capon, N.; Farley, J.U.; Hoenig, S.M. (1990): Determinants of Financial Performance – Meta-Analysis, in: Management Science, Vol. 36, No. 10, S. 1143-1159.

Chakravarthy, B.S. (1986): Measuring Strategic Performance, in: Strategic Management Journal, Vol. 7, No. 5, S. 437-458.

Costello, D. (2000): New Measures of CRM Performance, in: CRM Magazine, Vol. 23, Nr. 10, http://www.destinationcrm.com/articles/default.asp?ArticleID=900 (Zugriff: 07.04.2003).

Crosby, L.A.; Evans, K.R.; Cowles, D. (1990): Relationship Quality in Service Selling – An Interpersonal Influence Perspective, in: Journal of Marketing, Vol. 54, No. 3, S. 68-81.

Diller, H.; Kusterer, M. (1988): Beziehungsmanagement – Theoretische Grundlagen und explorative Befunde, in: Marketing ZFP, Nr. 3, S. 211-220.

Doney, P.; Cannon, J. (1997): An Examination of the Nature of Trust in Buyer-Seller Relationships, in: Journal of Marketing, Vol. 61, No. 2, S. 35-51.

Doppler, K.; Lauterburg, C. (2002): Change Management – Den Unternehmenswandel gestalten, Frankfurt a. M. u.a.

Dull, S.F.; Stephens, T.; Wolfe, M.T. (2001): How Much Are Customer Relationship Management Capabilities Really Worth? What Every CEO Should Know, Executive Summary, Accenture, Palo Alto.

Eberling, G. (2002): Kundenwertmanagement – Konzept zur wertorientierten Analyse und Gestaltung von Kundenbeziehungen, Wiesbaden.

Evans, K.R.; Arnold, T.J.; Grant, J.A. (1999): Combining Service and Sales at the Point of Customer Contact, in: Journal of Service Research, Vol. 2, No. 1, S. 34-49.

Fornell, C. (1992): The American Customer Satisfaction Index: Nature, Purpose and Findings, in: Journal of Marketing, Vol. 60, No. 6, S. 7-18.

Fritz, W. (1995): Marketing-Management und Unternehmenserfolg – Grundlagen und Ergebnisse einer empirischen Untersuchung, 2. Aufl., Stuttgart.

Ganesan, S. (1994): Determinants of Long-Term Orientation in Buyer-Seller Relationships, in: Journal of Marketing, Vol. 58, No. 2, S. 1-19.

Garbarino, E.; Johnson M. (1999): The Different Roles of Satisfaction, Trust, and Commitment in Customer Relationships, in: Journal of Marketing, Vol. 63, No. 2, S. 70-87.

George, W.; Grönroos, C. (1995): Internes Marketing: Kundenorientierte Mitarbeiter auf allen Unternehmensebenen, in: Bruhn, M. (Hrsg.): Internes Marketing – Integration der Kunden- und Mitarbeiterorientierung, Wiesbaden, S. 63-86.

Giering, A. (2000): Der Zusammenhang zwischen Kundenzufriedenheit und Kundenloyalität – Eine Untersuchung moderierender Effekte, Wiesbaden.

Gleich, R. (2001): Das System des Performance Measurement – Theoretisches Grundkonzept, Entwicklungs- und Anwendungsstand, München.

Hallowell, R. (1996): The Relationship of Customer Satisfaction, Customer Loyalty, and Profitability: An Empirical Study, in: Journal of Service Industry Management, Vol. 7, No. 4, S. 27-42.

Handlbauer, G. (2000): Kundenorientiertes Wissensmanagement, in: Hinterhuber, H.; Matzler, K. (Hrsg.): Kundenorientierte Unternehmensführung – Kundenorientierung – Kundenzufriedenheit – Kundenbindung, Wiesbaden, S. 141-159.

Helmke, S.; Brinker, D.; Wessoly, H. (2002): Change Management für den erfolgreichen Roll Out von CRM-Systemen, in: Helmke, S.; Uebel, M.; Dangelmaier, W. (Hrsg.): Effektives Customer Relationship Management, Wiesbaden, S. 307-318.

Heilmann, H. (2001): IT-Strategie und IT-Controlling im Wandel am Beispiel eines Großunternehmens, in: Heilmann, H. (Hrsg.): Strategisches IT-Controlling, HMD, Nr. 217, S. 3-8.

Heinrich, L. (2002): Informationsmanagement – Planung, Überwachung und Steuerung der Informationsinfrastruktur, 7. Aufl., München u.a.

Heinrich, L.J.; Pomberger, G. (2001): Erfolgsfaktorenanalyse – Instrument für das strategische IT-Controlling, in: Heilmann, H. (Hrsg.): Strategisches IT-Controlling, HMD, Nr. 217, S. 19-28.

Herrmann, A.; Huber, F.; Braunstein, C. (2000): Kundenzufriedenheit garantiert nicht immer mehr Gewinn, in: Harvard Business Manager, Vol. 22, No. 1, S. 45-55.

Hildebrand, V. (1997): Individualisierung als strategische Option der Marktbearbeitung – Determinanten und Erfolgswirkungen kundenindividueller Marketingkonzepte, Wiesbaden.

Hippner, H.; Leber, M.; Wilde, K.D. (2002): Bewertung von CRM-Prozessen, in: Meyer, M. (Hrsg.): CRM-Systeme mit EAI – Konzeption, Implementierung und Evaluation, Braunschweig u.a., S. 269-293.

Hoffmeister, W. (2000): Investitionsrechnung und Nutzwertanalyse – Eine entscheidungsorientierte Darstellung mit vielen Beispielen und Übungen, Stuttgart.

Homburg, C.; Giering, A.; Hentschel, F. (2000): Der Zusammenhang zwischen Kundenzufriedenheit und Kundenbindung, in: Bruhn, M.; Homburg, C. (Hrsg.): Handbuch Kundenbindungsmanagement: Grundlagen – Konzepte – Erfahrungen, 3. Aufl., Wiesbaden, S. 81-113.

Homburg, C.; Giering, A.; Menon, A. (1999): Relationship Characteristics as Moderators of the Satisfaction-Loyality Link: Findings in a Business-to-Business Contact, Arbeitspapier W20, Institut für Marktorientierte Unternehmensführung der Universität Mannheim.

Horváth, P. (1993): Controllingfunktion, in: Horváth, P. (Hrsg.): Vahlens großes Controllinglexikon, München, S. 130.

Horváth, P. (1994): Controlling, 5. Aufl., München.

Horváth, P.; Kaufmann, L. (1998): Balanced Scorecard – ein Werkzeug zur Umsetzung von Strategien, in: Harvard Business Manager, Nr. 5, S. 39-48.

Horváth, P.; Rieg, R. (2001): Grundlagen des strategischen IT-Controllings, in: Heilmann, H. (Hrsg.): Strategisches IT-Controlling, HMD, Nr. 217, S. 9-17.

Huber, H. (1999): Die Bewertung des Nutzens von IV-Anwendungen, in: von Dobschütz, L.; Baumöl, U. (Hrsg.): IV-Controlling aktuell: Leistungsprozesse – Wirtschaftlichkeit – Organisation, Wiesbaden, S. 107-122.

Huldi, C. (1991): Nutzenpotenziale von CRM im Unternehmen, in: Dallmer, H. (Hrsg.): Handbuch Direct Marketing, 6. Aufl., Wiesbaden, S. 1103-1119.

Jacob, O. (1993): Planung, in: Horváth, P. (Hrsg.): Vahlens großes Controllinglexikon, München, S. 488-489.

Jung, S. (1999): Das Management von Geschäftsbeziehungen – Ein Ansatz auf transaktionskostentheoretischer, sozialpsychologischer und spieltheoretischer Basis, Wiesbaden.

Kalwani, M.; Narayandas, N. (1995): Long-Term Manufacturer-Supplier Relationships: Do They Pay Off for Supplier Firms?, in: Journal of Marketing, Vol. 59, No. 1, S. 1-16.

Kaplan, R.; Cooper, R. (1999): Prozesskostenrechnung als Managementinstrument, Frankfurt a. M. u.a.

Kaplan, R.; Norton, D. (1992): The Balanced Scorecard – Measures That Drive Performance, in: Harvard Business Review, Vol. 70, No. 1, S. 71-79.

Kaplan, R.; Norton, D. (1997): Balanced Scorecard – Strategien erfolgreich umsetzen, Stuttgart.

Kaufmann, L. (1997): ZP-Stichwort: Balanced Scorecard, in: Zeitschrift für Planung, Nr. 8, S. 421-428.

Kehl, R. (2000): Controlling mit Database Marketing – Effizienzmessung absatzpolitischer Instrumente, Ettlingen.

Kellen, V. (2002): CRM Measurement Frameworks, http://crm.ittoolbox.com/ browse.asp?c=CRMPeerPublishing&r=http%3A%2F%2Fwww%2Ekellen%2Enet%2Fcrmmeas%2Ehtm (Zugriff: 15.04.2003).

Kenning, P. (2002): Aufbau langfristiger Kundenbeziehungen im Handel, in: Ahlert, D.; Becker, J.; Knackstedt, R.; Wunderlich, M. (Hrsg.): Customer Relationship Management im Handel – Strategien – Konzepte – Erfahrungen, Berlin u.a., S. 85-102.

Knoll, M. (2001): Die Balanced Scorecard als geschäftsprozess-orientiertes Management- und Controllinginstrument für Kreditinstitute, in: Heilmann, H. (Hrsg.): Strategisches IT-Controlling, HMD, Nr. 217, S. 77-88.

Kohl, M.; Zimmermann, K. (2001): Projekt-Scorecard – Wie Continental eine ECR-Initiative steuert, in: absatzwirtschaft, Nr. 6, S. 36-40.

Kotler, P.; Bliemel, F. (1992): Marketing-Management: Analyse, Planung, Umsetzung und Steuerung, 7. Aufl., Stuttgart.

Krafft, M. (1999): Der Kunde im Fokus: Kundennähe, Kundenzufriedenheit, Kundenbindung – und Kundenwert?, in: Die Betriebswirtschaft, Nr. 4, S. 511-530.

Krafft, M. (2002): Kundenbindung und Kundenwert, Heidelberg.

Krcmar, H. (2003): Informationsmanagement, Berlin u.a.

Krüger, S. (1997): Profitabilitätsorientierte Kundenbindung durch Zufriedenheitsmanagement – Kundenzufriedenheit und Kundenwert als Steuerungsgröße für die Kundenbindung in marktorientierten Dienstleistungsunternehmen, München.

Kumar, P. (1999): The Impact of Long-Term Client Relationships on the Performance of Business Service Firms, in: Journal of Service Research, Vol. 2, No.1, S. 4-18.

Küpper, H.-U. (1995): Controlling – Konzeption, Aufgaben und Instrumente, Stuttgart.

Lesser, E.; Mundel, D.; Wiecha, C. (2000): Managing Customer Knowledge, in: Journal of Business Strategy, Vol. 21, No. 6, S. 35-37.

Lingenfelder, M.; Schneider, W. (1991): Die Kundenzufriedenheit, in: Marketing ZFP, Nr. 2, S. 109-119.

Link, J. (2001): Customer Relationship Management – Erfolgreiche Kundenbeziehungen durch integrierte Informationssysteme, Heidelberg.

Link, J.; Hildebrand, V. (1995): Mit IT immer näher zum Kunden – Kundenorientierte Informationssysteme verschaffen Firmen Wettbewerbsvorteile, in: Harvard Business Manager, Vol. 17, No. 3, S. 30-39.

Lucas, H.C. (1999): Information Technology and the Productivity Paradox – Assessing the Value of Investing in IT, New York u.a.

Matzler, K.; Stahl, H. (2000): Kundenzufriedenheit und Unternehmenswertsteigerung, in: DBW, Nr. 5, S. 626-641.

McKim, B.; Hughes, A. (2003): How to Measure CRM Success, http://www.db marketing.com/articles/Art198.htm (Zugriff: 12.04.2003).

Meyer, A.; Dornach, F. (1992): Feedback für strategische Vorteile – Was leistet das „Deutsche Kundenbarometer“, in: absatzwirtschaft, Sondernummer Oktober, S. 120-126.

Meyer, A.; Dornach, F. (1995): Jahrbuch der Kundenzufriedenheit in Deutschland: Das Deutsche Kundenbarometer 1995 – Qualität und Zufriedenheit, München.

Morgan, R.; Hunt, S. (1994): The Commitment-Trust Theory of Relationship Marketing, in: Journal of Marketing, Vol. 58, No. 3, S. 20-38.

Müller, M.; Zupancic, D. (2002): Scorecard für Schlüsselkunden – Mehrdimensionale Erfolgsmessung im Key-Account-Management über die Balanced Scorecard, in: new management, Nr. 5, S. 49-54.

Muther, A. (2000): Electronic Customer Care. Die Anbieter-Kunden-Beziehung im Informationszeitalter, Berlin u.a.

Peschke, M. (1997): Wertorientierte Strategiebewertung – Modell, Konzeption und Umsetzung, Wiesbaden.

Picot, A.; Reichwald, R. (1987): Bürokommunikation – Leitsätze für den Anwender, 3. Aufl., Hallbergmoos.

Reichheld, F.F.; Sasser, W.E. (1990): Zero Defections – Quality Comes to Service, in: Harvard Business Review, Vol. 68, No. 5, S. 105-111.

Remer, D. (1997): Einführen der Prozesskostenrechnung – Grundlagen, Methodik, Einführung und Anwendung der verursachungsgerechten Gemeinkostenzurechnung, Stuttgart.

Rowell, D.; Wormley, D.N. (1997): System Dynamics – An Introduction, New Jersey.

Rust, R.T.; Zahorik, A.J.; Keiningham, T.L. (1995): Return on Quality (ROQ) – Making Service Quality Financially Accountable, in: Journal of Marketing, Vol. 59, No. 2, S. 58-70.

Schaltegger, S.; Dyllick, T. (2002): Einführung, in: Schaltegger, S.; Dyllick, T. (Hrsg.): Nachhaltig managen mit der Balanced Scorecard – Konzept und Fallstudien, Wiesbaden, S. 19-40.

Schierenbeck, H.; Lister, M. (1998): Finanz-Controlling und Wertorientierte Unternehmensführung, in: Bruhn, M.; Lusti, M.; Müller, W.; Schierenbeck, H.; Studer, T. (Hrsg.): Wertorientierte Unternehmensführung – Perspektiven und Handlungsfelder für die Wertsteigerung von Unternehmen, S. 13-56.

Schnapka, S. (2000): Werbeeffizienzkontrolle, in: Zerres, M. (Hrsg.): Handbuch Marketing-Controlling, Berlin u.a., S. 321-349.

Schröter, G.; Dusch, M. (2001): CRM-System – Den Kundenwert voll ausschöpfen, in: absatzwirtschaft, Nr. 4, S. 62-65.

Schulze, J. (2000): Prozessorientierte Einführungsmethode für das Customer Relationship Management, Bamberg.

Schwetz, W. (2000): Customer Relationship Management – Mit dem richtigen CAS/CRM-System Kundenbeziehungen erfolgreich gestalten, Wiesbaden.

Sims, D. (2000): A New ROI for New Economy CRM? And Just Why Doesn't High-Tech Get It?, http://www.crmguru.com/content/features/sims02.html (Zugriff: 05.04.2003).

Smock, M.; Watkins, R. (2000): CRM or C3i? Why 80% of all customer relationship management (CRM) initiatives fail, http://www.competence-site.de/crm.nsf/1A14C749891100DFC12569980067D9ED/$File/crm%20or%20c3i.pdf (Zugriff: 10.03.2003).

Stauss, B. (2000a): Perspektivenwandel – Vom Produkt-Lebenszyklus zum Kundenbeziehungs-Lebenszyklus, in: Thexis, Nr. 2, S. 15-18.

Stauss, B. (2000b): Internes Marketing als personalorientierte Qualitätspolitik, in: Bruhn, M.; Stauss, B. (Hrsg.): Dienstleistungsqualität – Konzepte – Methoden – Erfahrungen, Wiesbaden, S. 203-222.

Stauss, B. (2000c): Rückgewinnungsmanagement: Verlorene Kunden als Zielgruppe, in: Bruhn, M.; Stauss, B. (Hrsg.): Dienstleistungsmanagement Jahrbuch 2000, Wiesbaden, S. 449-471.

Stauss, B. (2002): Kundenwissens-Management (Customer Knowledge Management), in: Böhler, H. (Hrsg.): Marketing-Management und Unternehmensführung, Stuttgart, S. 273-295.

Töpfer, A.; Lindstädt, G.; Förster, K. (2002): Balanced Scorecard – Hoher Nutzen trotz zu langer Einführungszeit, in: Controlling, Nr. 2, S. 79-84.

Uebel, M. (2001): Kosten- und Nutzenaspekte von CRM als DV-gestütztes Informationssystem, in: Helmke, S.; Dangelmaier, W. (Hrsg.): Effektives Customer Relationship Management – Instrumente – Einführungskonzepte – Organisation, Wiesbaden, S. 327-340.

van der Zee, H.T. (1996): In Search of the Value of Information Technology, Tilburg.

Voigt, K. (1996): Unternehmenskultur und Strategie – Grundlagen des kulturbewußten Managements, Wiesbaden.

Wasem-Gutensohn, J. (2003): Kenngrößen für den Erfolg, in: e-commerce magazin, Nr. 3-4, S. 48-49.

Weber, K. (1979): System Dynamics – Untersuchung eines kybernetisch-systemtheoretischen Modellansatzes unter besonderer Berücksichtigung von wachstumstheoretischen Modellen, Frankfurt a. M.

Weber, J. (1994): Einführung in das Controlling, 5. Aufl., Stuttgart.

Weber, J. (2002): Neue Perspektiven des Controlling, Forschungspapier Nr. 77 des Lehrstuhls für Controlling und Telekommunikation, WHU Koblenz.

Weber, J.; Schäffer, U. (1998): Balanced Scorecard – Gedanken zur Einordnung des Konzepts in das bisherige Controlling-Instrumentarium, in: Zeitschrift für Planung, Nr. 4, S. 341-365.

Wefers, M. (2000): Strategische Unternehmensführung mit der IV-gestützten Balanced Scorecard, in: Wirtschaftsinformatik, Nr. 2, S.123-130.

Wehrmeister, D. (2001): Customer Relationship Management – Kunden gewinnen und an das Unternehmen binden, Köln.

Werner, H. (2000): Die Balanced Scorecard – Hintergründe, Ziele und kritische Würdigung, in: WiSt, Nr. 8, S. 455-457.

Wilde, K.D. (2001): Return on Investment im Customer Relationship Management, Präsentation zur Customer Foundation – Kundenbeziehungen in der e-Economy, 20. September 2001, München.

Williams, M.R.; Attaway, J.S. (1996): Exploring Salespersons´ Customer Orientation as a Mediator of Organizational Culture´s Influence on Buyer-Seller Relationships, in: Journal of Personal Selling & Sales Management, Vol. 16, No. 4, S. 33-52.

Winkelmann, P. (2000): ROI-Faktoren im CRM – Über die Möglichkeiten, das Unmögliche möglich zu machen, Präsentation zur Sitzung des CRM-Forums, 4. Juli 2000, Frankfurt a. M.

Younker, E. (2001): Quantifying the Impact of a CRM Project, in: Inside Gartner This Week, Vol. 17, No. 14, S. 1-9.

Ziegenbein, K. (1992): Controlling, 4. Aufl., Ludwigshafen.

Matthias F. Uebel, Stefan Helmke, Wilhelm Dangelmaier

Change Management: Ursachen und Möglichkeiten zur Bewältigung von Widerständen bei CRM-Projekten

1 Einführung

Die mit der Einführung von CRM-Systemen verbundenen Umgestaltungen von Prozessen und Strukturen in Vertrieb, Marketing und Kundenservice führen zu Veränderungen in den Arbeitstechniken und Aufgabenbereichen der Anwender des CRM-Systems. Diese Veränderungen bewirken, dass die jahrelang angewandten und als richtig erachteten Arbeitsabläufe und -inhalte von Mitarbeitern umgestellt bzw. angepasst werden müssen. Des weiteren sind häufig sensible Kundeninformationen, die sich die Vertriebsmitarbeiter über Jahre selbst erarbeiten mussten und häufig als persönlicher Know-how-Vorteil in der Vertriebsarbeit angesehen werden, offen zu legen. Diese zukünftigen Abweichungen von gewohnten Abläufen erzeugen in der Praxis oft Widerstände bei Mitarbeitern, die im wesentlichen aus der mit diesen Neuerungen einhergehenden Unsicherheiten resultieren.

Diese Unsicherheitsaspekte werden für die Mitarbeiter konkret, sobald das System in den Unternehmensalltag eingeführt wird. Aufgabe des Change Management ist es, diese Aspekte des menschlichen Verhaltens vorausschauend zu identifizieren und frühzeitig aktiv entgegenzuwirken. Dazu muss das Change Management schon in den vorgelagerten Projektphasen ansetzen, um eine optimale Wirkung zu erzielen. Denn bereits während der Konzeptionierungsphasen des CRM-Systems können bereits aus der Unsicherheitssituation resultierende latente Widerstände auftreten, deren Abbau so früh wie möglich aktiv ansetzen sollte. Andernfalls können aus Intransparenz entstehende Gerüchte zu einer sich aufschaukelnden, flächendeckenden Barriere führen, die den Erfolg der CRM-Einführung erheblich in Frage stellt. An dieser Stelle sei hier bereits als grundsätzlicher Leitsatz angemerkt, dass eine Integration der späteren Anwender mit Start des Projektes verfolgt werden sollte, damit potentiell auftretende Widerstände präventiv entgegengetreten wird.

Ohne die Akzeptanz von Veränderungen lassen sich organisatorische Umgestaltungen oft nur mühsam implementieren und der damit verbundene Nutzen nur schlecht realisieren (Schmidt 1994, S. 410 f.). So sind durch Widerstände seitens der Mitarbeiter schon ganze Projekte und damit auch hohe Finanzbudgets "in den Sand" gesetzt worden. Für den Implementierungserfolg von CRM-Systemen stellt sich also die Gretchenfrage, inwieweit es gelingt, auftretende Widerstände zu überwinden. Hierbei ist es entscheidend, an der Wurzel für Widerstände, den Motiven der einzelnen Mitarbeiter bzw. Anwender, anzusetzen. Im folgenden werden deshalb zunächst die verschiedenen Motive für Widerstand dargestellt und anschließend verschiedene Instrumente erläutert, die präventiv zur Vermeidung von Widerständen bzw. zum Abbau möglicher auftretender Widerstände eingesetzt werden können. Da die erfolgreiche Durchführung von Change Management sehr viel praktische Erfahrung erfordert, ist es für Unternehmen häufig hilfreich, hierbei auf einen externen Spezialisten zurückzugreifen. Bei externen Partnern wird insbesondere aufgrund ihrer neutralen Stellung vermieden, dass Widerstände zu persönlichen Konflikten werden und zur Behinderung einer konstruktiven Zusammenarbeit auch nach der CRM-Einführung führen. Dies ist eine nicht zu unterschätzende

Gefahr, wenn Change Management ausschließlich mit unternehmenseigenen Ressourcen durchgeführt wird.

2 Ursachen für Akzeptanzprobleme und Widerstände

Im günstigsten Fall wird die Ablehnung des CRM-Systems seitens der betroffenen Mitarbeiter offen zur Sprache gebracht, zumeist geschieht dies jedoch nur verdeckt innerhalb des Kollegenkreises. Solcherlei Widerstände stellen eine große Gefahr für die erfolgreiche Einführung eines CRM-Systems dar. Die häufigste Ursache für Widerstand gegenüber Veränderungen ist die Angst des Mitarbeiters (Schmidt 1994, S. 26 f.). Angst wiederum resultiert aus Unsicherheit – sozusagen als Motor der Angst über potentielle negative Folgen von Neuerungen auf die jeweilige persönliche Arbeitsplatzsituation (siehe Abb. 1). Um Ängsten und somit Widerständen frühzeitig zu begegnen und den Aufwand für das Change Management möglichst wirtschaftlich vertretbar zu gestalten, ist an der Unsicherheit der Mitarbeiter anzusetzen. Daraus lässt sich grundsätzlich ableiten, dass Transparenz über die mit der CRM-Einführung verfolgten Ziele herrschen sollte (Andersen/Jacobsen 2000, S. 273). Damit wird auch das Entstehen einer unkontrollierbaren "Gerüchteküche" vermieden, die z.B. dramatische Veränderungen auch der persönlichen Situation vieler Mitarbeiter prophezeit, die jedoch mit der geplanten CRM-Einführung weder beabsichtigt noch tatsächlich realisiert werden.

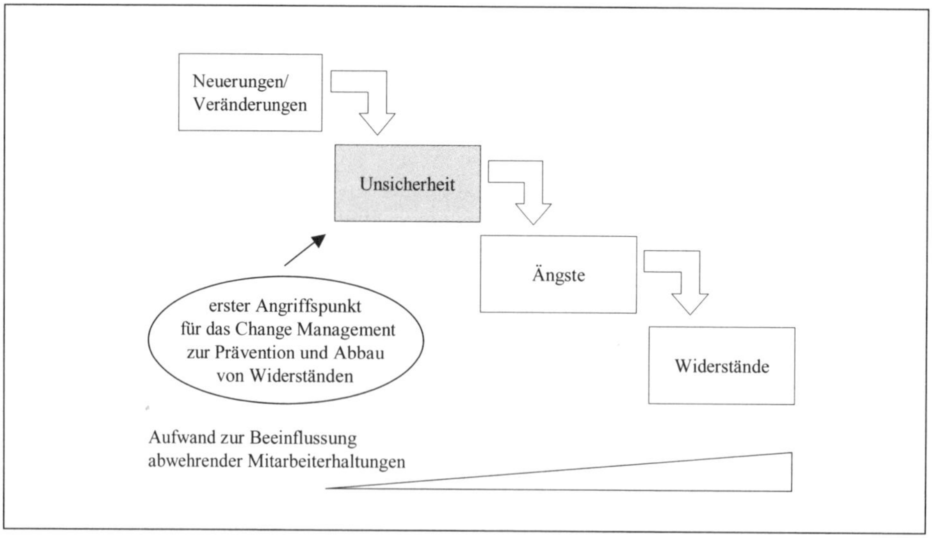

Abb. 1: Ursache-Wirkungs-Kette beim Aufbau von Widerständen

Die mit den Veränderungen des Arbeitsfeldes verbundenen Unsicherheitsmotive umfassen neben möglichen Überforderungs- bzw. Überlastungsmotiven oftmals auch die Befürchtungen, dass künftig Fach- oder Machtinteressen nicht oder nicht mehr im gewünschten Maße verwirklicht werden können (Hoefert 1989, S. 102 f.). Diese beiden Interessenlagen führen zur Unterscheidung in zwei Arten von Gegnern der Veränderungen, den Fach- und den Machtopponenten. Für diese beiden Gruppen haben unterschiedliche Ängste eine besondere Bedeutung, die sie zum Widerstand gegenüber Veränderungen bewegen. Zu beachten ist dabei, dass einige Mitarbeiter zugleich sowohl Macht- als auch Fachopponenten sein können. Ihnen gegenüber stehen die Macht- und Fachpromotoren (Witte 1973, S. 28 f.), die die CRM-Einführung positiv als Chance begreifen und deshalb offensiv für die Überzeugungsarbeit und Kommunikation der resultierenden Vorteile eingesetzt werden sollten (siehe Abb. 2).

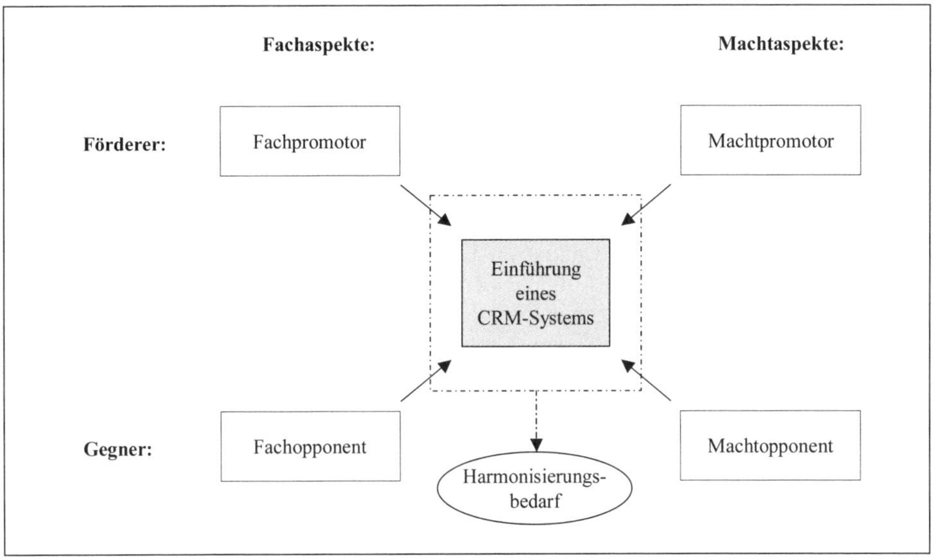

Abb. 2: Spannungsfeld bei einer CRM-Einführung

Der Einsatz der Change Management-Instrumente zielt darauf ab, den entstehenden Harmonisierungsbedarf zu decken. Aufgabe des Change Management-Prozesses ist es somit, nach Möglichkeit Opponenten in Promotoren zu wandeln oder sie zumindest neutral zu stimmen. Zudem ist darauf zu achten, dass im Projektverlauf Promotoren auch Promotoren bleiben.

Um geeignete Ansatzpunkte für die Überzeugungsarbeit zu gewinnen, müssen die Motive für die Widerstände der Opponenten identifiziert werden (Versteegen 2001, S. 68 f.). Klassische Angstmotive und entsprechende Aussagen von Machtopponenten lauten oft wie folgt:

Ängste vorwiegend von Machtopponenten:

- Angst vor Verlust der Einflussmöglichkeiten,
- Angst vor Verlust der Reputation,
- Angst vor eingegrenzten Budgets.

Klassische Aussagen:

- "Das haben andere schon vor Jahren versucht."
- "Unser Expertenwissen ist unentbehrlich."
- "Wir haben schon verschiedenste Ideen angedacht, aber die bisherige Struktur ist die beste."

Zu dem Personenkreis, für den diese Ängste eine größere Rolle spielen, gehören tendenziell Führungskräfte des Top-, Middle- und Lower-Managements. Ihre Ängste treten insbesondere dann auf, wenn umfangreiche, bereichsübergreifende Reorganisationsmaßnahmen mit der Einführung von CRM verbunden sind, z.B. Umstellung von einer Sparten- auf eine Prozess- bzw. Kundenorganisation oder Auflösung bzw. Zusammenlegung von Abteilungen (Brinker et al. 2002, S. 310 f.).

Bei diesen Personenkreis besteht häufig die Angst, auf eine unbedeutende Position "weg belobigt zu werden" und damit an Einfluss zu verlieren oder gar entlassen zu werden. Bei Übernahme neuer Aufgabenbereiche spielt zudem die Angst mit, dass die bisherige Reputation verloren gehen könnte. Denn in neuen Aufgabengebieten mit zudem noch anderen Personal muss sich eventuell auch gegenüber Konkurrenten mit gleichem Wissensstand die bisherige Machtposition und das Ansehen bei den Kollegen neu erarbeitet werden. Diese Ängste vor Machtverlusten können natürlich auch auf Bequemlichkeitsgründen fußen, da die Einarbeitung in neue Gebiete häufig zusätzliche Anstrengungen erfordert (Kotter 1996, S. 134 f.). Zudem spielen fachliche Ängste mit ein, dass Konkurrenten sogar über einen besseren Wissensstand verfügen oder man im neuen Bereich den Anforderungen nicht gerecht wird.

Zur Abwehr derartiger Veränderungsmaßnahmen ziehen sich Mitarbeiter oft auf das unentbehrliche Expertenwissen zurück, um die eigene sichere Machtposition nicht unnötig in Gefahr zu bringen und seine Wissensvorsprünge zu bewahren (Senge 1990, S. 116 f.). Um darüber hinaus Budgeteinschränkungen im eigenen Bereich vorzubeugen, darf nach Aussage der Mitarbeiter das Budget nicht verringert werden, da ansonsten die Aufgaben in der bisherigen Qualität nicht mehr zu realisieren sind. Tatsächlich messen Führungskräfte ihren Einfluss am ihm zur Verfügung stehenden Budget, das natürlich aus ihrer Sicht nicht eingeschränkt werden soll. Das Vorschicken fachlicher Motive soll also häufig nur Machtinteressen verdecken.

Bei Fachopponenten lauten hingegen die klassischen Angstmotive und häufig vorzufindende Aussagen wie folgt:

Ängste vorwiegend von Fachopponenten:

- Angst vor Überforderung, nämlich den aus Neuerungen resultierenden Anforderungen nicht gerecht zu werden,
- Angst vor Kritik an der bisherigen Arbeitsweise bzw. dem Aufdecken von Schwachstellen,
- Angst vor Verlust des Arbeitsplatzes oder anderer Sanktionen als Folge aus den oben beschriebenen Ängsten.

Klassische Aussagen:

- "Das haben wir schon immer so gemacht."
- "Das hat bisher immer gut geklappt."
- "Es ist schon alles optimiert. Was sollen wir da noch ändern?"

Diese Ängste hegen im wesentlichen Mitarbeiter der operativen Ebene und des Lower-Managements. Sie können auftreten, wenn neue Technologien und Arbeitstechniken eingeführt bzw. umgestellt werden oder zusätzliche Aufgabenbereiche übernommen werden sollen (Brinker et al. 2002, S. 313 f.).

Hinter den dargestellten Aussagen steckt nicht nur Ignoranz, sondern oft auch die Angst, z.B. neuen veränderten Arbeitsbedingungen fachlich oder kapazitativ nicht mehr gerecht werden zu können. So steigen aufgrund der immer weiter fortschreitenden Technisierung der Arbeitsplätze oder auch die sich aus der Globalisierung und Dynamik der Märkte ergebenden Anforderungen an Mitarbeiter ständig. Das Erfordernis ständiger Weiterbildung – sozusagen lebenslanges Lernen, ohne sich auf bisherigen Lorbeeren auszuruhen – ist insbesondere für ältere Mitarbeiter oft eine Herausforderung, die große Angst verursacht (von Rosenstiel et al. 2003, S. 62 f.).

Mitarbeiter verstehen zudem zum Teil den Anstoß von Neuerungen als Kritik an ihrer Arbeit, so wie sie sie bisher erledigt haben (Kotter 1996, S. 56 f.). Insbesondere bei Vorschlägen seitens der Mitarbeiter darf der Vorwurf "Warum haben Sie das nicht schon immer so gemacht und kommen erst jetzt?" von Vorgesetzten nicht erhoben werden, da ansonsten sämtliche Innovationskraft der Mitarbeiter im Keim erstickt wird. Des weiteren besteht oft die Angst, dass durch z.B. in Veränderungsprogrammen getätigte Prozessanalysen Schwachstellen aufgedeckt werden. Die Angst vor Überforderung oder Kritik mündet in der Angst vor Sanktionen und im Extremfall vor dem Verlust des Arbeitsplatzes.

Ein weiterer Grund für ablehnende Haltungen seitens der Betroffenen ist oft auch schlicht und einfach Bequemlichkeit. Widerstände können also grundsätzlich neben der "Können"-Komponente auch auf der "Wollen"-Komponente der Mitarbeiter beruhen (Czichos 2002, S. 128 f.). So bedeutet die Anpassung an einen veränderten Arbeitsplatz zunächst einmal eine gewisse Einarbeitung, welche oft mühsam ist. Dabei entsteht dann auch zusätzlich oft die Meinung, dass die alte Arbeitsweise schneller war. Zudem kann es sein, dass den Mitarbeitern – eventuell auch hervorgerufen durch eine gewisse Betriebsblindheit – die Vorstellungskraft fehlt, dass durch Veränderungen Verbesserungen bewirkt werden können.

3 Konzeption einer Change-Management-Strategie

Zur Prävention bzw. zum Abbau von Widerständen ist eine geeignete "Vermarktungsstrategie" für die CRM-Einführung im Rahmen eines Change-Management-Programms zu entwickeln. Dazu sind zunächst Fach- und Machtopponenten und die entsprechenden Motive des Widerstands dieser Mitarbeiter zu identifizieren.

Genauso sollten Befürworter der Veränderungen, also Fach- und Machtpromotoren, erkannt werden, um sich ein Gesamtbild für den Bedarf an "Widerstandsüberwindung" zu verschaffen. Als Instrument eignen sich hierzu Einzel- und Gruppeninterviews. Idealtypisch werden danach die Widerstandsmotive abgebaut und dadurch aus Opponenten Promotoren gemacht. Dieses wird nicht vollständig, sondern in der Regel nur zum Teil gelingen. Wichtig sind jedenfalls dabei die Aufklärung und die Einbeziehung der betroffenen Mitarbeiter (Doppler/Lauterburg 2003, S. 128 f.). Deshalb sind zunächst die Aussagen zu formulieren, welche über die zweitens festzulegenden Kommunikationsinstrumente weiterzugeben sind.

Dabei ist es von grundsätzlicher Bedeutung, dass das CRM-Projekt eine angemessene Management-Attention und ein entsprechendes Commitment seitens des Top-Managements des Unternehmens erfährt (Picot et al. 1999, S. 64). Dieses Verhalten hat eine motivierende Signalwirkung und macht die hohe Priorität des CRM-Projektes deutlich. Durch dieses Vorleben einer positiven Einstellung gegenüber den mit CRM verbundenen Veränderungen, fällt es Mitarbeitern häufig leichter, sich selbst mit dem CRM-Gedanken zu identifizieren

3.1 Formulierung der CRM-Zielsetzungen und Nutzenpotentiale

Die Ziele und die Notwendigkeit der beabsichtigten Veränderungen sind den Mitarbeitern transparent zu machen, um u.a. auch Betriebsblindheit zu überwinden. Durch Transparenz kann ein Großteil der Unsicherheit, der daraus resultierenden Ängste und somit auch der Widerstände seitens der Mitarbeiter ausgeräumt werden (Fopp 1999, S. 53). Denn häufig sind viele Befürchtungen der Mitarbeiter völlig unbegründet und entstehen lediglich aus Intransparenz. Auch wenn Personaleinsparungen geplant sind, sollte man diese nicht verheimlichen, da ansonsten die Vertrauensbasis gegenüber den Mitarbeitern nachhaltig gestört werden kann.

Zudem ist eindeutig darzustellen, dass Veränderungen keine Kritik an der bisherigen Arbeitsweise der Mitarbeiter darstellen und deshalb daraus keine Sanktionen zu befürchten sind. Um die Angst vor künftigen fachlichen Überforderungen zu begegnen, sollten entsprechend Schulungsmaßnahmen in Aussicht gestellt werden (Christensen 2000, S. 38 f.). Der Angst vor kapazitativer Überforderung kann entgegengetreten werden, indem klar dargestellt wird, dass bewusst Zeiträume zur Einarbeitung gewährt oder vorübergehend Überhangkapazitäten geschaffen werden. Des weiteren ist es wichtig, die Vorteile der Veränderungsmaßnahmen offensiv herauszustellen, z.B. Verbesserung der künftigen Ertragslage und damit auch Sicherung der Arbeitsplätze oder Erhöhung der Einkünfte der Mitarbeiter. Das ist entscheidend, um nicht nur das Widerstandsmotiv der Angst aus Überforderung, sondern auch der Bequemlichkeit überwinden zu können.

Des weiteren ist zu beurteilen, inwieweit die einzelnen möglichen Teilfunktionalitäten des CRM-Systems auf Akzeptanz bei den späteren Anwendern stoßen. Die Spezifikation der Teilfunktionalitäten beeinflusst dabei auch die zu kommunizierenden Zielsetzungen des CRM-Projektes. Die Akzeptanz-Analyse liefert wichtige Basisinformationen für Umfang und Intensität des erforderlichen Instrumenten-Einsatzes im Rahmen der Einführung des CRM-Systems (Helmke/Dangelmaier 2002, S. 295 ff.). Bei erwarteter Ablehnung von Teilfunktionalitäten ist diese entweder durch entsprechenden Instrumenten-Einsatz zu überwinden oder die Realisierung der Funktionalität zu überdenken, da eine wenig akzeptierte Funktionalität auch keine großen Erfolge verspricht. Zur Systematisierung der Akzeptanzfrage im Vergleich zum erwarteten Nutzen und zur Veranschaulichung ist die Anwendung des Acceptance-Success-Portfolios hilfreich (siehe Abb. 4).

Erläuterungsbedürftig ist die Success-Achse. Auf ihr ist der rein ökonomische Nutzen bzw. Erfolg aus der Kosten-Nutzen-Analyse abgebildet, wenn man den Faktor Akzeptanz bei den Anwendern ausblenden könnte. Die Einordnung der einzelnen CRM-Funktionalitäten erfolgt hinsichtlich der Akzeptanz idealtypisch auf Basis von Einschätzungen oder Befragungsergebnissen der Anwender. Die konkrete Position der einzelnen Teilfunktionalitäten auf der Achse kann über Paarvergleiche eingeschätzt werden.

Im Quadranten unten links sind diejenigen Funktionalitäten, auf die tendenziell das Unternehmen verzichten sollte. Sie stoßen bei einem relativ geringen ökonomischen Nutzen auf eine eher ablehnende Haltung der Anwender. Die Teilfunktionalitäten im Quadranten oben links versprechen zwar einen relativ hohen Nutzen, stoßen tendenziell aber auf Ablehnung. Hier ist der Hauptansatzpunkt der im folgenden noch vorgestellten Instrumente des Change Managements zur Überwindung der Einführungswiderstände. Im Quadranten unten rechts weisen die Teilfunktionalitäten zwar einen relativ geringen ökonomischen Nutzen auf, allerdings ist hier die Akzeptanz seitens der Anwender hoch. Diese Teilfunktionalitäten sollten extensiv eingeführt werden. Das bedeutet, dass diese Teilfunktionalitäten zwar eingeführt, hierauf jedoch nicht der Schwerpunkt gelegt werden sollte. Im Quadranten oben rechts sind diejenigen Teilfunktionalitäten abgebildet, die sowohl einem hohen ökonomischen Nutzen versprechen als auch tendenziell auf eine hohe Akzeptanz bei den Nutzern stoßen. Bei diesen Teilfunktionalitäten ist die Einführung zu forcieren. Zudem sind sie gut geeignet als "Werbeargumente“ im Rahmen des Change-Management-Prozesses.

Auf Basis der Bewertungen sind abschließend die erfolgversprechendsten Funktionalitäten für die Einführung auszuwählen. Ggf. ist die Einführung weiterer Funktionalitäten für einen späteren Zeitpunkt zu planen.

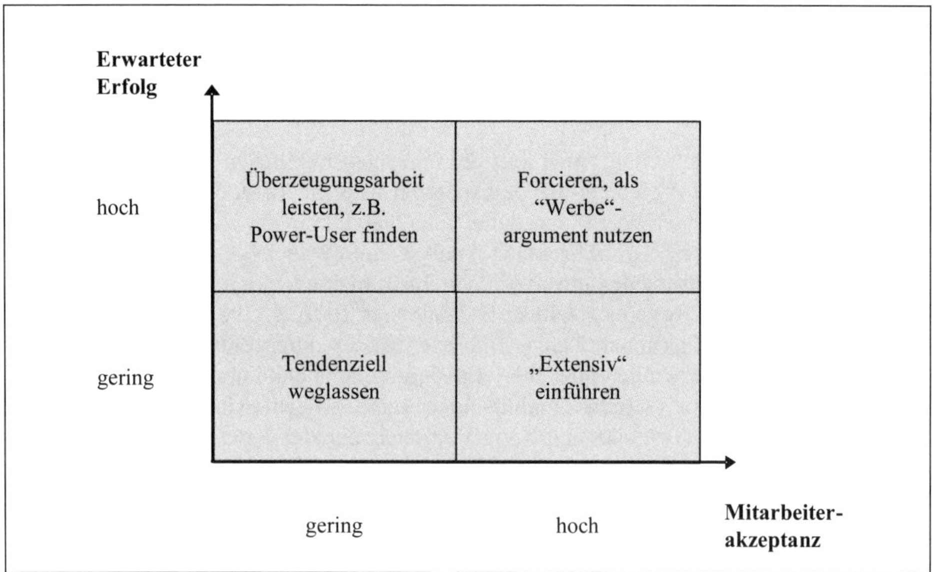

Abb. 3: Acceptance-Success-Portfolio
Quelle: Helmke/Dangelmaier 2002, S. 295 ff.

3.2 Auswahl der Change-Management-Instrumente

Für die Akzeptanzsteigerung sowie die Widerstandsreduktion existieren eine Vielzahl von möglichen kommunikativen Change-Management-Instrumenten (Mohr/Woehe 1998, S. 127 f.). Ihr Einsatz ist phasenspezifisch und entsprechend der vorliegenden konkreten Unternehmenssituation individuell auszugestalten. Ein exemplarischer Einsatzplan ist aus Abb. 4 ersichtlich.

Kernfokus der kommunikativen Maßnahmen ist es, dass das System nicht als Hemmnis aufgefasst werden darf, das lediglich zusätzlichen Verwaltungsaufwand bedeutet. Vielmehr ist bei der Gestaltung des Systems darauf hinzuwirken, dass die kundenbearbeitenden Stellen um administrative Aufgaben entlastet werden, damit sie sich stärker auf ihre Kernaufgaben konzentrieren können und diese durch Hilfestellungen aus den eingeführten Funktionalitäten besser erfüllen können. Somit ist der Nutzen des Systems zu vermarkten, insbesondere dass auch für die Nutzer persönliche Erfolge zu erwarten sind, z.B. aus höheren Umsatzprovisionen (Brinker et al. 2002, S. 315 f.).

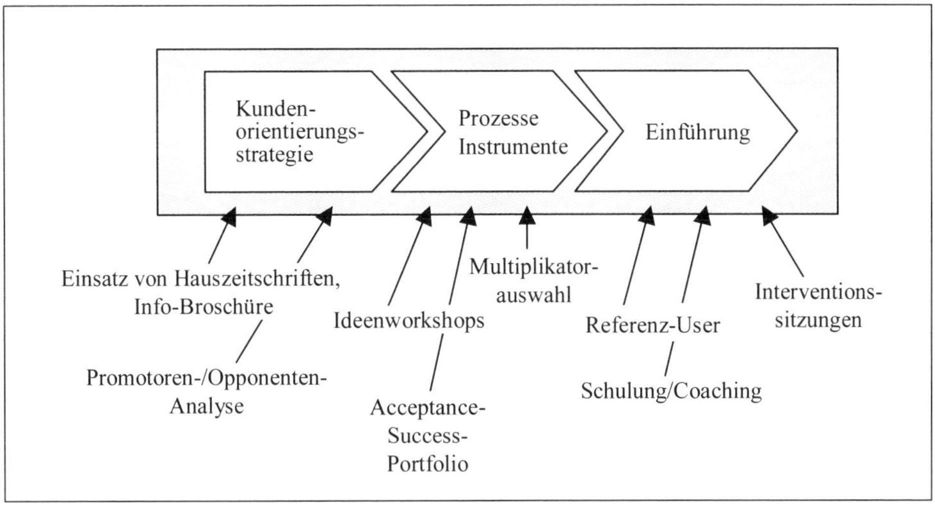

Abb. 4: Überblick zu phasenspezifischen Change-Management-Instrumenten

Beispielsweise besteht die Hauptaufgabe des Multiplikators darin, Bindeglied zwischen Management und Betroffenen zu sein. So soll durch ihn der hierarchiefreie Kommunikationsfluss gewährleistet und beschleunigt werden. Er soll auf der einen Seite den betroffenen Mitarbeitern die Ziele des Projektes näher bringen, sie von der Sinnhaftigkeit überzeugen und ihre oben beschriebenen Befürchtungen ausräumen, andererseits aber berechtigte Sorgen und Einwände an die Verantwortlichen weiterleiten. Als Multiplikatoren sind Personen auszuwählen, die sowohl in fachlicher als auch in sozialer Hinsicht von den Mitarbeitern akzeptiert werden (Czichos 2002, S. 47).

Die Multiplikatoren sollten also sowohl beim Management als auch bei untergeordneten Mitarbeitern Vertrauen genießen. Besteht dieses Vertrauen nur einseitig, besteht die Gefahr, dass Widerstände auf der einen Seite ab-, und auf der anderen Seite aufgebaut werden. Eine solche Entwicklung könnte sogar zu einer Verhärtung der "Fronten" führen.

Der Kontakt zu den Betroffenen kann auf unterschiedliche Weise hergestellt werden. Die Multiplikatoren sollten möglichst kurzfristig nach bekannt werden des Änderungsvorhabens direkt auf betroffene Mitarbeiter zugehen. Dabei ist der zwanglose Kontakt direkt am Arbeitsplatz des Betroffenen oft der einfachste Weg. Ebenso eignen sich Veranstaltungen in "kleineren Kreisen", um die Widerstände der betroffenen Mitarbeiter zu überwinden. Denn in diesem relativ intimen Kreis sind die betroffenen Mitarbeiter tendenziell eher bereit, Fragen zu stellen, die durch den Multiplikator geklärt werden können. Dadurch kann in der Regel ein Großteil der Befürchtungen ausgeräumt werden.

Zudem können Workshops installiert werden, deren Teilnehmerzahl aus Effizienzgründen 8-10 Teilnehmer nicht übersteigen sollte (Hertweck 2003, S. 133 f.). Um verschiedenste Aspekte einzufangen, sollte sich der Teilnehmerkreis jeweils abteilungsübergreifend zusammensetzen. Damit werden zwei verschiedene Zwecke verfolgt. Zum einen zielen diese auf die Anwenderintegration ab, um die Bedürfnisse und Anregungen der Anwender hinsichtlich der Gestaltung des CRM-Systems aufzunehmen. Zum anderen dienen sie dazu, den Mitarbeitern Transparenz zu verschaffen und damit etwaige Unsicherheit auszuräumen.

Die Verbreitung des CRM-Systems im Unternehmen sollte zudem anfänglich über Pilotanwender erfolgen, die aufgeschlossen gegenüber der Einführung des CRM-Systems eingestellt sind (Jenny 1998, S.431). Das führt nicht nur dazu, verbleibende Fehler und Verbesserungspotentiale vor der flächendeckenden Einführung aufzuspüren, sondern auch zu zusätzlichen positiven Multiplikatoreffekten durch die Pilotanwender.

Abteilungsübergreifende Großinformationsveranstaltungen sind zum Ausräumen der Widerstände eher problematisch, da sich die individuellen Ängste der Mitarbeiter kaum thematisieren lassen. Denn bei großen Veranstaltungen ist die Hemmschwelle, was das Stellen von Fragen und die Äußerung von Kritik angeht, zumeist sehr groß (Brinker et al. 2002, S. 317). Oft werden auch nach Aufforderung keine Fragen gestellt. Die Veranstaltung wird beendet und dann erst wird in kleineren Gruppen heftigst diskutiert. Großveranstaltungen eignen sich mehr, um grundsätzliche Transparenz über anstehende Veränderungen zu geben und das Konzept vorzustellen. Sie dienen deshalb insbesondere als Kick-Off-Veranstaltungen, also um den Startschuss für die CRM-Einführung zu geben.

Zur Überzeugung der Machtopponenten sind weitere Maßnahmen zu treffen. Hier eignen sich Einzelgespräche oder die Gestaltung von Anreizsystemen, die bei den Machtopponenten das Interesse an den Veränderungen wecken. (Helmke/Dangelmaier 2002, S. 302 f.). Wird z.B. von einer Sparten- auf eine Kundenorganisation umgestellt, um auf den Bedürfnissen der Großkunden besser gerecht zu werden, könnte künftig nicht mehr der Gesamtumsatz, sondern der mit Großkunden getätigte Umsatz bonusrelevant sein. Um grundsätzlich die Widerstände von Machtopponenten – also Führungskräften – gering zu halten, sollte bereits bei der Personalauswahl auf entsprechende Flexibilität und Veränderungsbereitschaft geachtet werden.

4 Zusammenfassung

Je mehr ein Unternehmen in der Lage ist, bestehende Akzeptanzprobleme und Widerstände zu überwinden, desto größer ist der Erfolg bei der Einführung von CRM-Systemen. Potentielle Widerstände sind systematisch zu erfassen und aktiv zu beheben. Management-Attention bildet dabei eine wesentliche Voraussetzung um die Bedeutung von CRM zu verdeutlichen sowie Mitarbeitermotivation und -identifikation zu erzielen. Frühzeitige Integration der Anwender und bewusste Transparenz schaffen den notwendigen Gestaltungsspielraum, um eine hohe Effektivität der eingesetzten Instrumente des Change Managements zu erreichen.

Literaturverzeichnis

Andersen, H.; Jacobsen, P.O. (2000): Implementierung CRM: 20 Steps to Success, in: Brown, S.A. (Hrsg.): Customer Relationship Management: A Strategic Imperative in the World of e-Business, Ontario, S. 267-282.

Brinker, D.; Helmke, S.; Wessoly, H. (2002): Change Management für den erfolgreichen Roll Out von CRM-Systemen, in: Helmke, S.; Uebel, M.; Dangelmaier, W. (Hrsg.): Effektives Customer Relationship Management, 2. Aufl., Wiesbaden, S. 307-318.

Christensen, C.M. (2000): The Innovator's Dilemma, New York.

Czichos, R. (2002): Change - Management, München.

Doppler, K.; Lauterburg, C. (2002): Change Management: Den Unternehmenswandel gestalten, 10. Aufl., Frankfurt/Main.

Fopp, L.; Schiessl, J.C. (1999): Business Change als neue Management-Disziplin, Frankfurt/Main.

Helmke, S.; Dangelmaier, W. (2002): CRM-Audit: Grundstein für eine erfolgreiche Einführung von CRM, in: Helmke, S.; Uebel, M.; Dangelmaier, W. (Hrsg.): Effektives Customer Relationship Management, 2. Aufl., Wiesbaden, S. 295-306.

Hertweck, D. (2003): Einführungsprozess eines CRM-Systems, in: Horn, C.; Kölmel, B.; Ried, C.: CRM im Mittelstand, 2. Aufl., Karlsruhe, S. 199-137.

Jenny, B. (1998): Projektmanagment in der Wirtschaftsinformatik, 3. Aufl., Zürich.

Kotter, J.P. (1996): Leading Change, Boston.

Mohr, N.; Woehe, J.M. (1998): Widerstand erfolgreich managen. Professionelle Kommunikation in Veränderungsprojekten, Frankfurt/Main.

Picot, A.; Freudenberg, H.; Gassner, W. (1999): Management von Reorganisationen, Wiesbaden.

Rosenstiel, L. von; Molt, W.; Rüttinger, B. (2003): Organisationspsychologie, 8. Aufl., Stuttgart.

Schmidt, G. (1994): Methoden und Techniken der Organisation, Gießen.

Senge, P.M. (1990): The Fifth Discipline, New York.

Versteegen, G. (2001): Change Management bei Softwareprojekten, Berlin/Heidelberg.

Witte, E. (1973): Organisation von Innovationsentscheidungen: Das Promotoren-Modell, Göttingen.

Diana Koch, Dirk Arndt

Rechtliche Aspekte bei CRM-Projekten

1 CRM-Aufgabenbereiche und relevante Rechtsgebiete

Im Customer Relationship Management lassen sich drei generelle Aufgabenbereiche unterscheiden: das strategische CRM (sCRM), das operative CRM (oCRM) und das analytische CRM (aCRM). Im Bereich des sCRM sind die langfristigen CRM-Ziele und Strategien zu definieren, zu kontrollieren und gegebenenfalls anzupassen. Diese umfassen einerseits die kundengerichteten Dialogstrategien, die mittels der operativen CRM-Aktivitäten zu verfolgen sind (Hougaard/Bjerre 2002, S. 251 ff.) und andererseits die strukturgerichteten internen Strategien, die auf den Aufbau der gewünschten internen Unternehmenskultur, Prozesse, IT-Systeme und Organisationseinheiten abzielen. Das oCRM umfasst alle operativen Maßnahmen zur Ausgestaltung und Unterstützung der kundenorientierten Geschäftsprozesse, insbesondere in Marketing, Vertrieb und Service. Unter dem Begriff des aCRM werden alle Aufgaben zusammengefasst, die zur Sammlung, Speicherung und Auswertung der Daten notwendig sind und zur Ausrichtung bzw. Kontrolle der Aktivitäten im oCRM sowie zur Entwicklung der Strategien im sCRM benötigt werden.

Für das CRM sind im wesentlichen zwei Rechtsgebiete von Bedeutung. Dabei handelt es sich zum einen um das Recht gegen unlauteren Wettbewerb und zum anderen um das Datenschutzrecht.

Das *Recht gegen unlauteren Wettbewerb* umfasst vor allem Rechtsnormen gegen Verhaltensweisen im wirtschaftlichen Wettbewerb, welche wegen ihrer Unlauterkeit nicht geduldet werden sollen. Unlauter sind insbesondere solche Maßnahmen, welche die Kaufentscheidung des Kunden nach leistungsbezogenen Kriterien erschweren, besonders indem sie die Kunden unsachlich beeinflussen oder die Konkurrenz mit nichtleistungsbezogenen Mitteln daran hindern, ihre Leistung am Markt zur Geltung zu bringen.

In der Praxis ist vor allem die Werbung an den Regelungen des Gesetzes gegen den unlauteren Wettbewerb (UWG) und der hierzu ergangenen Rechtsprechung zu messen. Relevant für das CRM ist jedoch vor allem der Bereich der direkten Kommunikation. Nach der Rechtsprechung ist die Werbung per Telefon, Fax, Email oder SMS nur mit vorheriger Einwilligung des Empfängers zulässig. Der Bundesgerichtshof sieht in der unverlangten Werbung eine erhebliche, im Ergebnis nicht hinnehmbare und damit wettbewerbsrechtlich unzulässige Belästigung des Empfängers. Liegt dessen Einwilligung nicht vor, ist die Werbung wettbewerbswidrig (§ 1 UWG). Dabei sind an die Einholung des Einverständnisses hohe Anforderungen zu stellen. So ist das Anfordern von Informationsmaterial durch den Interessenten noch nicht als Einwilligung für einen Telefonanruf zu verstehen. Bei der Einholung durch entsprechende Klauseln in Formularverträgen ist zu beachten, dass diese vom übrigen Vertragstext abgehoben sein müssen und sich nach Möglichkeit auf einem gesonderten Blatt zu befinden haben.

Im Geschäftsverkehr sind die Grenzen etwas weiter gesteckt. Grundsätzlich ist auch gegenüber anderen Unternehmen solche Art der Werbung grundsätzlich unzulässig.

Anders als bei Privatpersonen genügt hier jedoch (wenn kein ausdrückliches oder stillschweigendes Einverständnis vorliegt), dass aufgrund konkreter tatsächlicher Umstände ein sachliches Interesse des Empfängers an der Werbung vermutet werden kann. Ein solches Interesse wird bei einer bestehenden Geschäftsbeziehung angenommen.

Im Falle eines Verstoßes gegen die Vorschriften des UWG hat der Betroffene die Möglichkeit gegen das werbetreibende Unternehmen zivilrechtlich vorzugehen. Er kann die Unterlassung der Werbung verlangen oder eine Stelle einschalten, die das Unternehmen abmahnt. Unterstützung dafür erhalten Betroffene durch die Verbraucherschutzverbände oder die Zentrale zur Bekämpfung unlauteren Wettbewerbs e.V.

Folglich tangiert das Recht gegen unlauteren Wettbewerb nur einen Teilbereich des oCRM. Im Gegensatz dazu hat das *Datenschutzrecht* aufgrund des integrierten Ansatzes von aCRM (s.o.) weit umfangreichere Auswirkungen auf den Gesamtbereich des CRM. Zusätzlich gewinnt der Datenschutz gerade in der aktuellen Diskussion als nicht zu unterschätzender Wettbewerbsbestandteil an Bedeutung. Hintergrund ist die zunehmende Sensibilisierung der Verbraucher, welche inzwischen ganz selbstverständlich die Gewährleistung eines vertraulichen Umgangs mit ihren persönlichen Daten fordern. Unternehmen, die mit diesen Daten nicht sorgsam umgehen, werden in Zukunft einen Wettbewerbsnachteil gegenüber der Konkurrenz hinnehmen müssen. Immerhin verzichteten 35 Prozent der Interessenten wegen fehlender Sicherheit über die Verwendung ihrer Daten auf den Kauf bzw. die Nutzung eines Angebotes (IBM 1999, S. 23). Bei der Nutzung des Internets als Kommunikationskanal zwischen Kunden und Unternehmen zeigt sich eine noch stärkere Zurückhaltung: 62 Prozent der deutschen Nutzer entschieden, ein Produkt nicht zu kaufen bzw. eine Dienstleistung einer Website nicht zu nutzen, da sie unsicher über die Verwendung ihrer persönlichen Daten waren (IBM 1999, S. 27).

Dabei glaubt fast jeder Dritte, dass seine Daten durch Unternehmen missbräuchlich verwendet werden (Opaschowski 2001, S. 35 f.). Dieser Eindruck der Bevölkerung muss nicht mit der Realität übereinstimmen, lässt aber durchaus Rückschlüsse auf die persönliche Befindlichkeit der Menschen zu. Positive Erfahrung mit dem Datenschutz haben anscheinend nur wenige gemacht. Das liegt in der Natur der Sache: wenn Datenschutz funktioniert, merkt man in aller Regel nichts davon. Andererseits dürfte die Dunkelziffer derjenigen, die einen Missbrauch ihrer Daten gar nicht wahrgenommen haben, ebenso hoch sein. Letztlich zählt der subjektive Eindruck des Verbrauchers – wer sich einmal als Opfer eines Datenmissbrauchs empfunden hat, fühlt sich in seiner Lebensqualität beeinträchtigt und das Vertrauen zum entsprechenden Unternehmen wird nur schwer wieder herzustellen sein. Somit ist Datenschutz zur Vertrauensfrage geworden. Ziel muss es dementsprechend sein, den Verbraucher spüren zu lassen, dass es sich bei der Geschäftsbeziehung um ein Verhältnis handelt, das von gegenseitigem Respekt geprägt ist. Eine Grundvoraussetzung dafür stellt die Einhaltung der Bestimmungen der geltenden Datenschutzgesetze dar.

Angesichts dessen beschränken sich die Darstellungen im folgenden Beitrag konsequenterweise auf das Rechtsgebiet des Datenschutzes. Dafür werden zunächst die allgemeinen Grundlagen dargestellt, um darauf aufbauend die wichtigsten Rechtsfragen bei CRM-Projekten im Detail zu erläutern.

2 Grundlagen des Datenschutzes

2.1 Schutzbereich der Datenschutzgesetze

Aufgabe des Datenschutzrechts ist es, das Recht des Einzelnen zu schützen, selbst über die Preisgabe und Verwendung seiner persönlichen Daten bestimmen zu dürfen (sog. Recht auf informationelle Selbstbestimmung). Demnach wird jedem die Befugnis eingeräumt, „grundsätzlich selbst zu entscheiden, wann und innerhalb welcher Grenzen persönliche Lebenssachverhalte offenbart werden" (Bundesverfassungsgericht 1983, S. 42). Die Datenschutzgesetze schützen also nicht die Daten selbst, sondern die natürlichen Personen, über welche die Daten Informationen enthalten. Dabei greifen die Schutzvorschriften nicht erst ein, wenn die Rechte einer Person bereits verletzt wurden, sondern versuchen den Umgang mit personenbezogenen Daten so zu regeln, dass konkrete Gefährdungen des informationellen Selbstbestimmungsrechts von vornherein verhindert werden.

Das einschlägige Gesetz in Deutschland, das *Bundesdatenschutzgesetz* (BDSG), stellt dafür allgemeine datenschutzrechtliche Grundregeln auf. Da diese allerdings nicht in jedem Bereich ausreichen, gibt es zahlreiche Spezialregelungen in anderen Gesetzen (z.B. Teledienstedatenschutzgesetz für den Internetbereich). Im Fall der Verarbeitung von Daten in einem dieser speziellen Bereiche gehen diese sog. bereichsspezifischen Datenschutzgesetze dem BDSG vor, basieren aber auf dessen Vorschriften und Begriffen. Der vorliegende Beitrag ist auf die Darstellung der allgemeinen Regelungen des BDSG beschränkt, da die Abhandlung aller in Frage kommenden Datenschutzgesetze im Rahmen dieses Beitrags nicht möglich ist. Für eine Darstellung der Datenschutzfragen speziell für den Online-Bereich sei auf einen früheren Beitrag der Autoren verwiesen (Arndt/Koch 2002).

Der Schutzbereich des BDSG erstreckt sich nicht auf jede mögliche Datenverarbeitung. Vielmehr ist der Anwendungsbereich des BDSG auf die Erhebung, Verarbeitung und Nutzung *personenbezogener Daten* beschränkt. Personenbezogene Daten sind gemäß § 3 Abs. 1 BDSG „alle Einzelangaben über persönliche und sachliche Verhältnisse einer bestimmten oder bestimmbaren natürlichen Person (Betroffener)".

Diese Legaldefinition beinhaltet vor allem folgende Aspekte:

- Personenbezogene Daten liegen nur vor, wenn sich Daten auf eine natürliche Person (den Betroffenen) beziehen. Die Unternehmensdaten juristischer Personen oder von Personenmehrheiten, wie Personengesellschaften, Vereinen und Gruppen, fallen insofern aus dem Schutzbereich des BDSG. Dies stellt insofern eine deutsche Besonderheit dar. In den meisten anderen europäischen Ländern fallen auch diese Daten in den Schutzbereich der Datenschutzgesetze.

- Daten sind außerdem nur personenbezogen, wenn es sich um Einzelangaben handelt. Einzelangaben sind Informationen, die sich auf eine einzelne natürliche Person beziehen oder geeignet sind, einen Bezug herzustellen. Einzelangaben sind daher nicht mehr gegeben, sofern es sich um aggregierte Daten handelt, da diese nur den Bezug auf eine Gesamtmenge von Individuen herstellen und somit keinen Rückschluss auf eine einzelne Person erlauben. Dafür muss eine Personenmehrheit von mindestens drei Personen vorliegen. Dies gilt ausnahmsweise nicht, wenn eine Person als Mitglied einer Personengruppe gekennzeichnet wird, über die bestimmte Angaben gemacht werden und die Daten somit auf die Einzelperson durchschlagen. Zum Beispiel sind die Daten „Personen A, B und C haben gemeinsam ein Körpergewicht von 200 kg“ nicht personenbezogen, da hier ein Rückschluss auf die einzelnen Personen nicht mehr möglich ist. Anders ist es hingegen bei „Personen A, B und C sind Mercedes-Besitzer“, denn die Angabe des Fahrzeugbesitzes schlägt auf die Personen durch und stellt damit ein personenbezogenes Datum dar.
- Ein Personenbezug setzt des Weiteren voraus, dass die Person bestimmt oder bestimmbar ist. Eine Person ist bestimmt, sofern sie eindeutig identifizierbar ist. Bestimmbar hingegen ist sie, wenn die Daten mittels zusätzlicher Informationen zugeordnet werden können. Für die Anwendung der Datenschutzgesetze ergibt sich jedoch kein Unterschied bezüglich der beiden Alternativen.

Abzugrenzen von bestimmten oder bestimmbaren Daten sind *anonyme Daten*. Sie liegen vor, sofern Einzelangaben über persönliche oder sachliche Verhältnisse nicht mehr oder nur mit einem unverhältnismäßig großen Aufwand an Zeit, Kosten und Arbeitskraft einer bestimmten oder bestimmbaren natürlichen Person zugeordnet werden können (§ 3 Abs. 6 BDSG).

Problematisch ist in diesem Zusammenhang insbesondere die Abgrenzung, wann noch personenbezogene Daten (bestimmbar) und wann bereits anonyme Daten (nicht oder nur mit unverhältnismäßig großem Aufwand bestimmbar) vorliegen.

Eine Bestimmbarkeit der Person ist gegeben, wenn zwar nicht durch die Daten alleine, aber durch weiteres legal zugängliches „Zusatzwissen“ die Person von der datenverarbeitenden Stelle identifiziert werden kann. Bestimmbarkeit liegt unabhängig davon vor, ob das Zusatzwissen schon vorhanden ist oder erst beschafft werden muss. Vielmehr kommt es auf die Verfügbarkeit des erforderlichen Zusatzwissens an. Bestimmbarkeit ist folglich relativ. So können Daten für den einen, der über das Zusatzwissen verfügt, personenbezogen sein, während für den anderen – mangels dieser Kenntnis – die Daten nicht personenbezogen sind (Roßnagel/Scholz 2000, S. 721 ff.).

Nach dem gleichen Prinzip arbeiten auch die Methoden der Verschlüsselung. So ist ein verschlüsseltes Datum für denjenigen, der über den entsprechenden Code verfügt, personenbezogen, während für den anderen – mangels dieser Kenntnis – das Datum nicht personenbezogen ist. Entscheidend dafür ist die absolute Unzugänglichkeit der Codes für Dritte (bzw. die Zugänglichkeit mit unverhältnismäßig hohem Aufwand). Die Verschlüsselung nach einem allgemein bekannten Code bewirkt daher keine Anonymisierung.

Folgerichtig ist die getrennte Speicherung von den zur Identifikation geeigneten Daten (wie Name, Anschrift, Telefonnummer) nur eine Sicherungsmaßnahme, macht aber das BDSG nicht unanwendbar, solange eine Wiederzusammenführung ohne unverhältnismäßig großen Aufwand möglich ist. Hierbei handelt es sich um *pseudonyme Daten* gemäß § 3 Abs. 6a BDSG, bei denen der Name oder andere Identifikationsmerkmale durch ein Kennzeichen ersetzt worden sind, um die Bestimmung des Betroffenen auszuschließen oder zumindest wesentlich zu erschweren. Der Betroffene bleibt für den, der die Pseudonymisierung vornimmt identifizierbar, da die als Pseudonym dienende Kennung (z.B. Ziffer) zwar die Person zunächst nicht kenntlich macht, die verarbeitende Stelle jedoch durch eine Referenzliste über die notwendigen Informationen verfügt, um den Personenbezug wiederherzustellen. Werden aber diese pseudonymisierten Datenbestände an einen Dritten weitergegeben, der nicht über diese Referenzliste verfügt und der aller Wahrscheinlichkeit nach auch keine andere Möglichkeit hat, den Personenbezug wiederherzustellen, liegt kein Personenbezug vor. Bei Pseudonymität ist daher zwischen den Personen, welche die Zuordnungsregel kennen und denen, die sie nicht kennen, zu unterscheiden. Demnach sind pseudonyme Daten für den Kenner dieser Zuordnungsregel personenbeziehbar, für alle anderen sind sie anonyme Daten.

Der Kern des Problems liegt in der Verhältnismäßigkeit. Erst wenn der Aufwand einer Herstellung des Personenbezugs der Daten für den Dritten oder den Empfänger der Daten unverhältnismäßig groß ist, handelt es sich mangels ausreichender Bestimmbarkeit um nicht-personenbezogene Daten. Für die Bestimmung, ob der Aufwand der Bestimmbarkeit des Betroffenen „unverhältnismäßig groß" ist, sind das für das Unternehmen vorhandene und erwerbbare Zusatzwissen, die gegenwärtigen und künftigen technischen Möglichkeiten der elektronischen Datenverarbeitung, der mögliche Aufwand und die verfügbare Zeit zu berücksichtigen (Möncke 1998, S. 565; Roßnagel/Scholz 2000, S. 723 f.). Insoweit handelt es sich immer um eine aus objektiver Sicht zu treffende Einzelfallentscheidung.

Im Ergebnis können Daten anhand ihres Personenbezugs in drei Gruppen unterteilt werden: Daten mit direktem, indirektem und ohne Personenbezug (wie in Abb. 1 dargestellt).

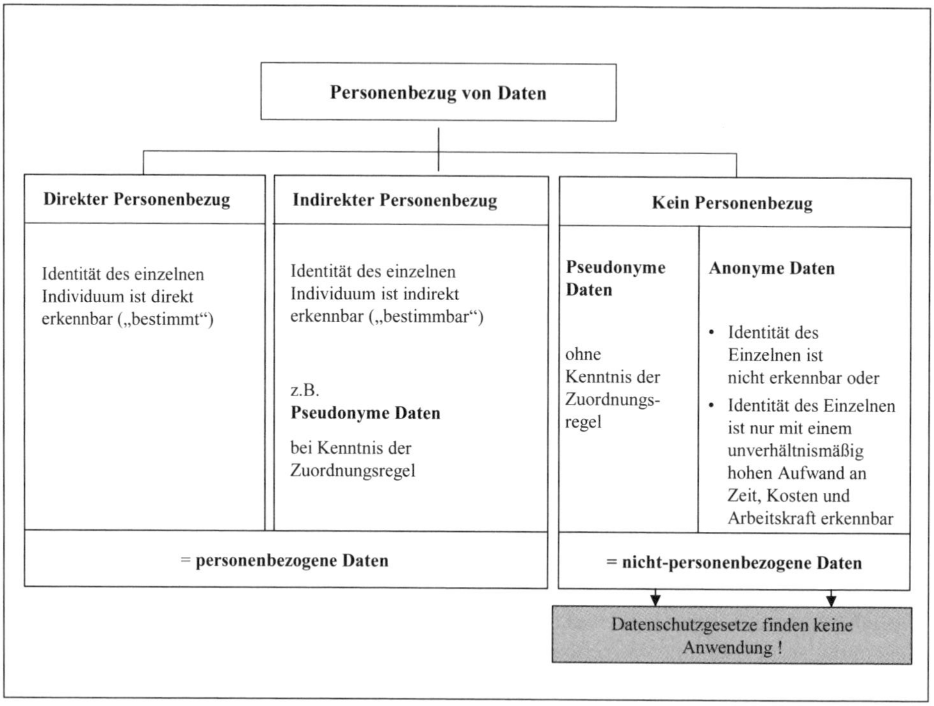

Abb. 1: Personenbezug von Daten

Daten mit direktem bzw. indirektem Personenbezug sind, sofern es sich um Einzelangaben natürlicher Personen handelt, personenbezogene Daten. Dementsprechend entfällt der Personenbezug bei:

- Unternehmensdaten (da hier keine natürliche Person vorliegt),
- aggregierten Daten (da es sich nicht um Einzelangaben handelt) sowie
- anonymisierten bzw. ausreichend pseudonymisierten Daten (da es an der Bestimmbarkeit fehlt).

In diesen Fällen finden die Regelungen des BDSG keine Anwendung und die Verarbeitung dieser Daten unterliegt keinen rechtlichen Restriktionen. Handelt es sich jedoch um personenbezogene Daten, finden die Datenschutzgesetze Anwendung und die Zulässigkeit der Datenverarbeitung richtet sich nach den Bestimmungen des BDSG.

2.2 Zulässigkeit der Datenverarbeitung

Das Datenschutzrecht regelt die Voraussetzungen und Grenzen unter denen personenbezogene Daten verarbeitet werden dürfen. Dabei ist die zentrale Grundregel des BDSG als sog. *Verbot mit Erlaubnisvorbehalt* ausgestaltet (§ 4 Abs. 1 BDSG). Demnach ist jede Datenverarbeitung grundsätzlich verboten. Die Verarbeitung ist vielmehr nur dann zulässig, wenn das BDSG oder eine andere Rechtsvorschrift dies ausdrücklich erlaubt bzw. anordnet (gesetzliche Erlaubnisnorm) oder der Verbraucher zuvor zugestimmt hat (Einwilligung des Betroffenen). Beide Legitimationsmöglichkeiten werden an dieser Stelle näher untersucht.

2.2.1 Gesetzliche Erlaubnisnorm

Das BDSG enthält eine Reihe sog. gesetzlicher Erlaubnisnormen. Zu den im Bereich des CRM bedeutendsten zählt zunächst die sog. *Zweckbestimmung des Vertragsverhältnisses* (§ 28 Abs. 1 S. 1 Nr. 1 BDSG). Danach ist die Verarbeitung personenbezogener Kundendaten zulässig, wenn dies zur Abwicklung des Vertrages notwendig ist. Gleiches gilt für ein sog. vertragsähnliches Vertrauensverhältnis. Dieses wird angenommen bei der Anbahnung eines Kaufvertrages, im Fall von langjährigen Stammkunden eines Unternehmens oder auch kurze Zeit nach Beendigung eines Vertrages.

Hier ist jedoch der Grundsatz der Zweckbindung zu beachten: Daten dürfen nur im Rahmen des konkret festgelegten Zwecks verarbeitet werden. Soweit die Verarbeitung zur Durchführung oder Abwicklung des Vertrages erforderlich ist, bestehen also keine datenschutzrechtlichen Bedenken. Marketingzwecke gehören jedoch nicht dazu und stellen insofern eine Zweckänderung dar, die eine Legitimation durch eine andere Erlaubnisnorm bedarf.

Die Verarbeitung personenbezogener Daten für Marketingzwecke ist durch das BDSG im Rahmen einer sog. *Interessenabwägung* erlaubt (§ 28 Abs. 1 S. 1 Nr. 2 BDSG). Nach dieser Zulässigkeitsalternative ist eine Datenverarbeitung und -nutzung grundsätzlich zulässig, soweit es zur Wahrung berechtigter Interessen der verantwortlichen Stelle erforderlich ist. Marketing stellt dabei ein berechtigtes Interesse des Unternehmens dar. Hier ist zu prüfen, ob Grund zu der Annahme besteht, dass der Betroffene ein überwiegend schutzwürdiges Interesse am Ausschluss der Verarbeitung hat. Dies ist regelmäßig nicht der Fall, da insbesondere zielgruppenorientiertes Marketing grundsätzlich sowohl im Interesse des Unternehmens (Kostensenkung, höhere Response) als auch dem der Betroffenen (Vermeidung überquellender Briefkästen) liegt.

Bei einer rechtmäßigen Datenverarbeitung hat der Betroffene allerdings auch das Recht, jederzeit der Verarbeitung und Nutzung seiner personenbezogenen Daten zu Zwecken der Werbung bzw. Markt- und Meinungsforschung zu widersprechen (§ 28 Abs. 4 BDSG). Dabei kommt dem *Recht auf Widerspruch* im Rahmen des CRM besondere Bedeutung zu. Sobald der Betroffene einer Verarbeitung seiner Daten zu Werbezwecken widersprochen hat, ist diesem Willen des Verbrauchers zu entsprechen. Jede weitere Nutzung der Daten zu Werbezwecken ist damit unzulässig. Eine vollständige Löschung der Daten würde allerdings dazu führen, dass bei erneuter Anmietung einer Adressenliste wieder Werbung an den Betroffenen gesendet würde. Deshalb empfiehlt es sich, die Anschrift in eine interne Sperrliste aufzunehmen, die bei neuen Werbeaktionen mit dem Adressenmaterial abzugleichen ist (Gliss 2002, S. 9).

2.2.2 Einwilligung des Betroffenen

Die Datenverarbeitung ist gemäß § 4a Abs. 1 BDSG außerdem zulässig, wenn der Betroffene darin eingewilligt hat. Die Einwilligung des Betroffenen ist jedoch nur wirksam, wenn sie verschiedene formale und inhaltliche Voraussetzungen erfüllt:

- Sie muss auf der freien Entscheidung des Betroffenen beruhen. Erzwungene oder durch arglistige Täuschung erschlichene Einwilligungen geben nicht den Willen des Betroffenen wieder und sind insofern unzulässig.
- Der Betroffene ist über den Verwendungszweck seiner personenbezogen Daten hinzuweisen. Nur wenn er über die geplante Verarbeitung ausreichende Informationen erhält, ist es ihm möglich, die Tragweite seiner Entscheidung zu erkennen und frei über die Einwilligung zu entscheiden. Dabei muss der Betroffene darüber informiert werden, auf welche Daten sich die Einwilligung bezieht und welchem Zweck die Speicherung dient. Hier sind hohe Anforderungen an die Formulierung der Einwilligungserklärung zu stellen. Häufig verwendete Begriffe wie „zu Zwecken der internen Kundenbetreuung" bzw. „zu Zwecken der Werbe-, Markt- und Meinungsforschung" sind zu unbestimmt. Der Zweck der Speicherung ist demnach näher zu spezifizieren. Ferner sind die Firmen, an welche die Daten weitergegeben werden sollen, explizit zu nennen. Eine pauschale Erklärung „Ich willige ein, dass meine Daten auch an andere Firmen weitergegeben werden." genügt insofern nicht. In der Erklärung ist der Verbraucher außerdem darauf hinzuweisen, dass er die Einwilligung jederzeit widerrufen kann. Hier ist es sinnvoll auf eine Stelle (Telefon-Hotline, E-Mail-Adresse) zu verweisen, bei welcher der Widerruf gegenüber dem Unternehmen geltend gemacht werden kann. Im Falle des Widerrufs hat jede weitere Verarbeitung der Daten dieses Verbrauchers zu unterbleiben.
- Die Einwilligung bedarf grundsätzlich der Schriftform. Soll sie zusammen mit anderen Erklärungen schriftlich abgegeben werden, ist die Einwilligungserklärung vom äußeren Erscheinungsbild besonders hervorzuheben. Eine Ausnahme vom Schriftformerfordernis besteht lediglich soweit wegen „besonderer Umstände" eine andere Form als die Schriftform angemessen ist. Ein besonderer Umstand liegt z.B. vor, wenn ein bestimmter Auftrag telefonisch erteilt wird und dessen sofortige Ausführung notwendig ist. In diesem Fall muss eine mündliche Einwilligung ausreichen. Ferner ist die Einwilligung im Vorfeld zur Da-

tenverarbeitung einzuholen. Ein nachträgliches Einverständnis ändert nichts an der Rechtswidrigkeit der bis dahin erfolgten Datenverarbeitung.

Eine Besonderheit besteht bei der Einwilligung bezüglich besonders schützenswerter Daten. Als „besonderes schützenswerte Daten" sind alle Daten über rassische und ethnische Herkunft, politische Meinungen, religiöse oder philosophische Ansichten, Gewerkschaftszugehörigkeit, Gesundheit und Sexualleben zu qualifizieren (§ 3 Abs. 9 BDSG). Bei der Verarbeitung dieser Kategorie bedarf es einer sich ausdrücklich auf diese Daten beziehenden Einwilligung.

Sofern alle zuvor aufgeführten Voraussetzungen erfüllt sind, ist die Datenverarbeitung zum angegebenen Zweck grundsätzlich zulässig. Sobald jedoch eine dieser Voraussetzung nicht erfüllt ist, ist die gesamte Einwilligung unwirksam. Die darauf aufbauende Datenverarbeitung ist dann unzulässig, sofern sie nicht durch eine gesetzliche Erlaubnisnorm legitimiert werden kann.

2.3 Rechte des Verbrauchers

Neben dem oben bereits dargestellten Widerspruchsrechts weist das BDSG den betroffenen Personen eine Reihe von anderen Rechten ausdrücklich zu. Der Verbraucher muss insbesondere in der Lage sein, sich zu informieren wer was wann und bei welcher Gelegenheit über ihn weiß. Erst die Offenlegung der Verarbeitung seiner Daten macht es dem Betroffenen möglich, ihre Rechtmäßigkeit zu überprüfen und seine Rechte in Bezug auf die Datenverarbeitung geltend zu machen.

Daher regelt das BDSG verschiedene Benachrichtigungs- und Auskunftspflichten des Unternehmens (§ 34 BDSG). Der Betroffene hat jederzeit das Recht auf *Auskunft* über die zu seiner Person gespeicherten Daten. Dieses Auskunftsrecht umfasst insbesondere die Herkunft, den Zweck der Speicherung und die Stellen, an welche die Daten übermittelt werden. Die Auskunft ist regelmäßig schriftlich und unentgeltlich zu erteilen. Ein anderes wichtiges Recht ist das der *Benachrichtigung*. Sofern die Daten nicht beim Betroffenen erhoben worden sind, ist das Unternehmen insbesondere verpflichtet, ihn ohne dessen Verlangen über die erstmalige Speicherung seiner Daten zu unterrichten. Dies kann mit dem ersten Werbeschreiben geschehen. An dieser Stelle ist der Betroffene auch über sein Widerspruchsrecht zu informieren.

Neben den angeführten Informationsrechten stehen dem Betroffenen außerdem sog. Korrekturrechte zu (§ 35 BDSG). Ein Anspruch auf *Berichtigung* ergibt sich, sofern die zu einer Person gespeicherten Daten unrichtig sind. Weiter hat er insbesondere einen Anspruch auf *Löschung* seiner personenbezogenen Daten, wenn ihre Speicherung unzulässig war oder ihre Kenntnis zur Erfüllung des Zwecks nicht länger erforderlich ist. In einigen Fällen tritt an die Stelle des Anspruchs auf Löschung einer auf *Sperrung* der Daten (z.B. wenn der Löschung Aufbewahrungsfristen entgegenstehen).

2.4 Kontroll- und Sanktionssystem

Um dem Betroffenen einen effektiven Schutz seiner Rechte zu gewährleisten, sieht das BDSG die Einrichtung verschiedener Kontrollinstanzen vor. Ein interner Datenschutzbeauftragter hat im Unternehmen die Pflicht, die innerbetriebliche Organisation so zu gestalten, dass sie den Anforderungen des Datenschutzes gerecht wird. Der Betroffene hat das Recht, sich jederzeit an ihn zu wenden. Im Gegensatz dazu haben Bundes- und Landesdatenschutzbeauftragte, ebenso wie die Datenschutzaufsichtsbehörde, als externe Kontrollinstanzen die Aufgabe, die Einhaltung aller datenschutzrechtlichen Vorschriften zu kontrollieren. Dabei hat die Behörde das Recht, dies jederzeit ohne konkreten Anlass zu prüfen.

Ein Verstoß gegen die Regelungen des BDSG kann zu einer Vielzahl von rechtlichen Sanktionen führen:

- Datenschutzverstöße (wie z.B. das unzulässige Erheben, Verarbeiten und Nutzen von personenbezogenen Daten, das Nichtbeachten von Rechten der Betroffenen oder Verstöße gegen die Zweckbestimmung) stellen Ordnungswidrigkeiten dar, die mit *Bußgeldern* bis zu 250.000 Euro geahndet werden können. Erfolgt der Verstoß gegen Entgelt oder in der Absicht der Bereicherung bzw. einen anderen zu schädigen, so kann ferner ein Straftatbestand vorliegen. Dieser kann mit einer *Freiheitsstrafe* bis zu zwei Jahren oder mit einer Geldstrafe geahndet werden.

- Dem Betroffenen selbst steht bei unzulässiger oder unrichtiger Erhebung, Verarbeitung oder Nutzung von personenbezogenen Daten außerdem ein Anspruch auf *Schadensersatz* zu. Dieser entfällt jedoch, wenn die verantwortliche Stelle nachweist, dass sie die nach den Umständen des Falles gebotene Sorgfalt beachtet hat.

- Zusätzlich zu dem Betroffenen sind auch Verbraucherverbände und konkurrierende Unternehmen zur Klage ermächtigt, sofern es sich bei dem Verstoß gegen das BDSG zugleich um eine Verletzung der guten Sitten handelt. In diesem Fall liegt ein *Wettbewerbsverstoß* gemäß § 1 UWG vor.

Neben diesen gesetzlich geregelten Rechtsfolgen besteht außerdem die Gefahr eines nur schwer wieder herstellbaren Imageverlustes des Unternehmens. Besonders wenn es um den vertraulichen Umgang mit ihren personenbezogenen Daten geht, reagieren Verbraucher sehr sensibel. Damit wird deutlich, dass die eigentliche Bedeutung der Beachtung der Vorschriften des BDSG weit über die im Gesetz geregelten Rechtsfolgen hinaus geht.

3 Datenschutzaspekte bei CRM-Projekten

3.1 Arten von CRM-Projekten

Um datenschutzrechtliche Aspekte bei CRM-Projekten untersuchen zu können, ist es zuerst notwendig zu klären, was genau unter einem CRM-Projekt zu verstehen ist. Mit dem Begriff CRM-Projekt wird in der Literatur oftmals die erstmalige Implementierung des CRM-Ansatzes in einem Unternehmen verbunden. Diese Ansicht reicht von der Implementierung kundenorientierter Informationssysteme (Rudolph/Rudolph 2001, S. 154) bis zur technischen, prozessualen und organisatorischen Neugestaltung weiter Unternehmensteile (Duffner/Henn 2001, S. 231). In Arndt et al. 2003 wird beschrieben, dass sich einzelne Analysen im aCRM auch als Projekte auffassen lassen, solange es sich nicht um Routineuntersuchungen handelt. Gleiches gilt für die Erweiterung oder Veränderung bereits implementierter CRM-Konzepte oder bestimmter CRM-Teilbereiche (Rapp 2000, S. 153).

Vor diesem Hintergrund ist es schwierig, den Begriff CRM-Projekt allgemeingültig zu definieren. Es wird vielmehr klar, dass es verschiedene Arten von CRM-Projekten gibt. Unabhängig davon kann CRM als Querschnittsfunktion entlang des Customer Lifecycle in drei Bereiche eingeteilt werden: das *Akquisitionsprogramm*, das *Loyalitätsprogramm* und das *Rückgewinnungsprogramm* (Arndt/Gersten 2001, S. 27). Alle der zuvor angesprochenen Arten von CRM-Projekten lassen sich einem oder mehreren dieser Bereiche zuordnen. Da sich entlang des Customer Lifecycle die CRM-Ziele, die daraus erwachsenden analytischen Aufgaben und die zur Verfügung stehenden Daten verändern, eignet sich diese Einteilung auch zur Untersuchung datenschutzrechtlicher Fragestellungen. Im Folgenden wird also davon ausgegangen, dass sich die zu beachtenden rechtlichen Aspekte eines CRM-Projektes an seiner Zuordnung zu einem der drei Programme orientieren.

3.2 CRM-Projekte im Akquisitionsprogramm

Bei der Kundenakquisitionsstrategie steht die Gewinnung von Neukunden als zentrales Ziel im Mittelpunkt. Dafür ist es notwendig, einen Dialog mit jenen Interessenten aufzubauen, die zu einer vordefinierten Zielgruppe gehören und diese Schritt für Schritt als Neukunden zu gewinnen.

Zunächst ist dafür eine erfolgreiche Ansprache möglicher Interessenten notwendig. Dabei bestehen grundsätzlich zwei Möglichkeiten, an die entsprechenden Identifikationsdaten zu kommen: es werden Adressen von externen Anbietern gekauft oder vom Unternehmen selbst intern erhoben. Da zu Beginn der Geschäftsbeziehung kaum qualifizierte interne Informationen über die Interessenten vorliegen, werden für die Adressqualifikation meist weitere Deskriptionsdaten aus externen Quellen beschafft (Arndt/ Gersten 2001, S. 25 ff.). Dabei ist es oftmals sinnvoll und notwendig verschiedene Datenquellen gleichzeitig zu nutzen und deren Merkmale miteinander zu kombinieren (wie in Abb. 2 dargestellt).

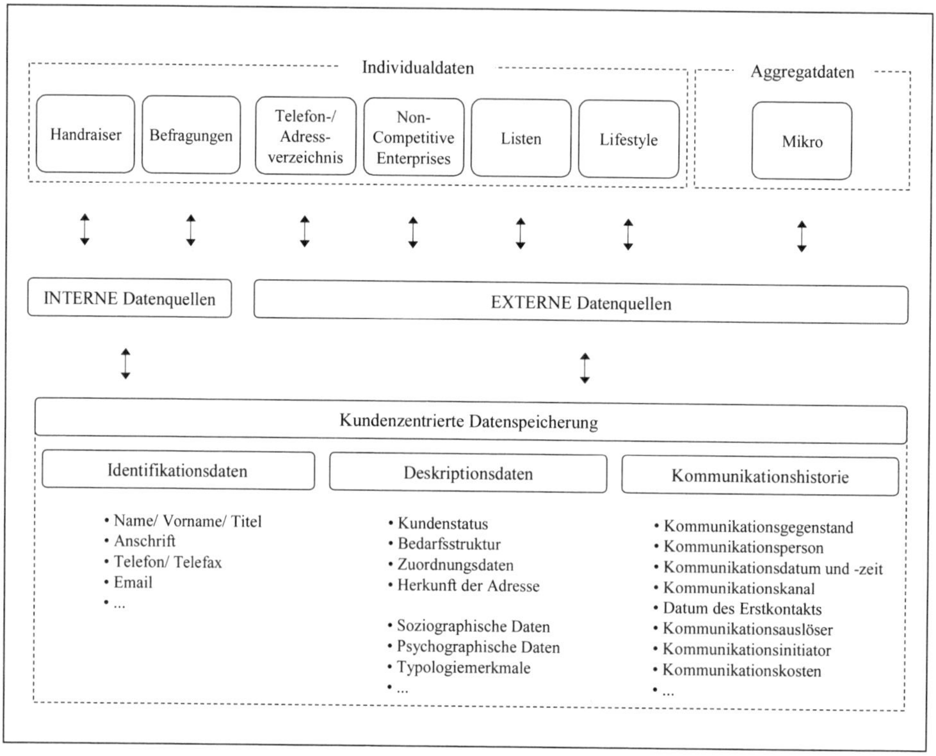

Abb. 2: Einschlägige Datenquellen im Akquisitionsprogramm

Neben der Unterscheidung zwischen internen und externen Datenquellen kann auch eine Differenzierung nach Individualdaten, die sich auf eine bestimmte Person beziehen und Aggregatdaten, die lediglich eine Personengruppe beschreiben, vorgenommen werden. Diese Unterscheidung spielt besonders für die juristische Zulässigkeitsbeurteilung eine entscheidende Rolle. Weiterhin muss dafür der Umfang der gespeicherten Daten beachtet werden. Neben den für einen Kontakt zum potenziellen Neukunden erforderlichen Identifikationsdaten sind besonders Deskriptionsdaten und, soweit vorhanden, Daten der Kommunikationshistorie für eine zielgruppenspezifische Ansprache von Bedeutung.

Die Erhebung dieser personenbezogenen Daten ist bereits ein Eingriff in das informationelle Selbstbestimmungsrecht des Interessenten und bedarf insofern der Legitimation durch eine entsprechende Rechtsgrundlage. Diese ergibt sich entweder aus einer gesetzlichen Erlaubnisnorm oder der Einwilligung des Betroffenen, dass seine personenbezogenen Daten erhoben und zu Werbezwecken weiterverwendet werden dürfen. Die einschlägige Rechtsgrundlage muss für den konkreten Einzelfall ermittelt werden und differiert je nach Datenquelle. Im Ergebnis ist es erforderlich, nachfolgend eine rechtliche Untersuchung der in Abb. 2 exemplarisch dargestellten Datenquellen vorzunehmen:

(1) Im Falle der sogenannten *Handraiser* melden sich Interessenten aus eigenem Entschluss und Willen beim Unternehmen. Sie fordern z.B. Auskünfte über das Unternehmen an oder äußern ein konkretes Produktinteresse. Dabei besteht im Akquisitionsprogramm noch kein Vertragsverhältnis zwischen Interessent und Unternehmen. Vielmehr kann hier ein sog. vorvertragliches Vertrauensverhältnis die Erhebung und weitere Verwendung der personenbezogenen Daten (z.B. Zusendung von Informationsmaterial) legitimieren. Eine weitergehende Verarbeitung dieser Kontaktdaten für Werbezwecke ist im Rahmen einer Interessenabwägung zulässig, sofern kein Widerspruch des Betroffenen zur Verwendung seiner Daten zu diesem Zweck vorliegt.

(2) Eine andere Form der internen Datenerhebung ist die *Befragung* von möglichen Interessenten. Befragungen können grundsätzlich persönlich, telefonisch, schriftlich oder computergestützt durchgeführt werden. Dabei ist es möglich, sowohl Adressdaten als auch zusätzliche Informationen für das Akquisitionsprogramm zu erheben. Solche Erhebungen werden zumeist zu bestimmten Anlässen wie Messen, Sportveranstaltungen etc. durchgeführt und können mit Gewinnspielen oder fest zugesagten Incentives gekoppelt sein. Dabei ist zu beachten, dass personenbezogene Daten, die der Interessent z.B. im Rahmen eines Gewinnspiels angegeben hat, nicht automatisch für Werbezwecke verarbeitet werden dürfen. Personenbezogene Interessentenbefragung bedürfen vielmehr generell der Legitimation durch eine Einwilligung des Betroffenen. In der Einwilligungserklärung ist stets der konkrete Zweck der Datenerhebung festzulegen (z.B. „zu Zwecken der Beratung und Information über Produkte und Dienstleistungen"). Die hier erhobenen Daten dürfen dann nur im Rahmen dieses festgelegten Zwecks verarbeitet werden. Werden die Daten zu anderen Zwecken verarbeitet (z.B. Verkauf der personenbezogenen Daten an andere Unternehmen) liegt eine Zweckänderung vor, die nicht mehr von der Legitimation der Einwilligung gedeckt ist. Diese Verarbeitung ist insofern grundsätzlich unzulässig.

(3) Daten aus *Telefon- und Adressverzeichnissen* können u.a. Aufschluss über Berufsbezeichnungen und Wohnverhältnisse von Privathaushalten geben. Für diese Daten existiert eine Sonderregelung im BDSG. Sofern Daten allgemein zugänglich oder veröffentlicht sind, können sie unter erleichterten Zulässigkeitsbedingungen erhoben werden. Unter diese Datenkategorie fallen vor allem personenbezogene Daten aus Zeitungen, Internet, öffentlichen Registern sowie Telefon- und Adressverzeichnissen. Gemäß § 28 Abs. 1 S. 1 Nr. 3 BDSG ist die Verarbeitung von diesen perso-

nenbezogenen Daten generell zulässig. Das gilt nur ausnahmsweise nicht, sofern ein schutzwürdiges Interesse des Betroffenen offensichtlich überwiegt. Das ist nicht der Fall, sofern den Daten keine besondere Sensibilität zukommt.

(4) Im Rahmen einer Zusammenarbeit mit kooperierenden Unternehmen, deren Angebotspaletten sich gegenseitig ergänzen oder sich zumindest nicht überschneiden (sog. *Non-Competitive Enterprises*), können Kundendaten zielgerichtet für Akquisitionszwecke ausgetauscht werden. Grundsätzlich ist der Datenaustausch (juristisch: Übermittlung) von Kundendaten an andere Unternehmen nur möglich, wenn eine ausdrückliche Einwilligung des Betroffenen dafür vorliegt. Dabei müssen die Unternehmen, an die personenbezogene Daten übermittelt werden sollen, in der Einwilligungserklärung ausdrücklich genannt werden. Das ist jedoch für gewöhnlich nicht der Fall.

Insofern kommt eine Übermittlung zu Akquisitionszwecken lediglich im Rahmen des sog. Listenprivilegs in Frage (§ 28 Abs. 3 S. 1 Nr. 3 BDSG). Danach unterliegen listenmäßig oder sonst zusammengefasste Daten einer erleichterten Übermittlung und Nutzung. Außer dem Umstand der Zugehörigkeit zu einer Personengruppe dürfen nur folgende Angaben genutzt werden: Berufs-, Branchen- oder Geschäftsbezeichnung, Namen, Titel, akademischer Grad, Anschrift und Geburtsjahr. Um das Tatbestandsmerkmal „listenmäßig oder sonst zusammengefasst" zu erfüllen, ist zu beachten, dass lediglich eine Angabe zur Gruppenbeschreibung (z.B. „Kunden der Firma XY") zulässig ist. Eine weitere Angabe in der Gruppenbeschreibung (z.B. „Kunden, die Waren im Wert über 1.000,- Euro bestellten") fällt hingegen nicht mehr unter das Listenprivileg. Außerdem dürfen schutzwürdige Interessen des Betroffenen der listenmäßigen Übermittlung nicht erkennbar entgegenstehen. Solche entgegenstehenden schutzwürdigen Interessen werden insbesondere angenommen, wenn die Liste „besondere Arten personenbezogener Daten" (§ 3 Abs. 9 BDSG) enthält. Das könnte z.B. der Fall sein, wenn ein „Spezialversender" seine Kunden preisgibt (wie Bewohner einer Heilanstalt, da sich aus dem Aufenthalt unter Umständen auf bestimmte Krankheitstypen schließen lässt). Das ist jedoch regelmäßig nicht der Fall.

Im Ergebnis ist die listenmäßige Übermittlung grundsätzlich zulässig, sofern auch hier nicht ausnahmsweise ein Widerspruch des Betroffenen gegen die Übermittlung und Nutzung seiner Daten zu Werbezwecken vorliegt. Dennoch besitzen Listdaten aufgrund der engen Grenzen der Gruppenbeschreibung grundsätzlich nur eine begrenzte Aussagekraft. Ein Lösungsansatz für dieses Problem könnte eine andere Form der Zusammenarbeit zweier Unternehmen sein. Dabei wird auf die Übermittlung der Kundendaten verzichtet, indem das jeweilige Unternehmen seine eigenen Kunden selbst im Namen der Non-Competitve Enterprise kontaktiert. Insofern handelt es sich nur um eine Nutzung der eigenen Kundendaten, die aufgrund einer Interessenabwägung grundsätzlich zulässig ist (§ 28 Abs. 1 S. 1 Nr. 2 BDSG). Während eine Interessenabwägung die Übermittlung von Adressdaten an eine Drittfirma zu Werbezwecken nicht rechtfertigt, kann eine lediglich Bereitstellung der Kundendaten zur diesbezüglichen Nutzung noch zulässig sein. Hintergrund ist, dass die Übermittlung stärker in das informationelle Selbstbestimmungsrecht des Betroffenen eingreift, weil dies ohne seine Mitwirkung erfolgt und er deshalb über keine Kontrollmöglichkeiten mehr verfügt. Sollte der Kunde dennoch die Ansprache der Non-Competitive Enterprise nicht wünschen, hat er das Recht, dem jederzeit zu widersprechen.

(5) *Listbroker* hingegen vermitteln qualifizierte Adressenlisten zwischen Unternehmen generell in Form von Listen (z.B. Kundenlisten, Adressen von Verbrauchern mit bestimmten Produktinteressen). Die Übermittlung und weitere Nutzung dieser personenbezogenen Daten ist unproblematisch. Sie fallen unter das zuvor dargestellte Listenprivileg (§ 28 Abs. 3 S. 1 Nr. 3 BDSG). Die Verarbeitung dieser Daten ist zulässig, soweit sich die übermittelten Daten auf die o.g. Merkmale beschränken und kein Widerspruch des Betroffenen vorliegt.

(6) *Lifestyleanbieter* wiederum führen flächendeckende Haushaltsbefragungen durch, bei denen neben grundlegenden demographischen Haushaltsdaten detaillierte Konsumprofile und -interessen abgefragt werden (Lifestyledaten). Aus dem entstandenen Lifestyle-Datenpool können Adressen angemietet werden, die mit Informationen über die Bedarfsituation, aktuelle Kaufabsichten, Präferenzen des Verbrauchers etc. angereichert sind. Mittlerweile stehen entsprechende Daten für mehrere Millionen Haushalte zur Verfügung. Dabei geben die Befragten ihre Daten ausdrücklich für werbliche Zwecke frei. Insofern ist die Übermittlung und weitere Verwendung der Informationen zu Werbezwecken aufgrund der Einwilligung des Betroffenen grundsätzlich zulässig. Zu beachten bleibt, dass der Betroffene auch hier das Recht besitzt, seine Einwilligung jederzeit zu widerrufen. Geschieht dies, dürfen die personenbezogenen Daten zukünftig nicht mehr zu Werbezwecken verwendet werden.

(7) Ergänzend besteht die Möglichkeit, die Adressdaten von Interessenten mit Daten von *Mikrogeographie-Anbietern* anzureichern. Mit Hilfe der mikrogeographischen Segmentierung werden dafür Privatadressen nach dem Wohnumfeld selektiert, um genau die Zielgruppe herauszusuchen, die angesprochen werden soll. Der Anbieter legt ein feinmaschiges Netz von mehreren Millionen Straßenabschnitten über die gesamte Bundesrepublik. Für jede dieser Marktzellen, die in Deutschland grundsätzlich mindestens fünf Haushalte umfassen, kann die Datenbank eine Reihe von Informationen zu Wohnumfeld, Bonität, Status, Kfz-Nutzung etc. liefern. Wie zuvor in Abb. 2 dargestellt, beziehen sich mikrogeographische (Aggregat-)Daten lediglich auf eine Personengruppe (Marktzelle). Damit ist ein Rückschluss auf eine einzelne Person nicht möglich und es handelt sich insofern nicht um personenbezogene Daten i.S.v. § 3 Abs. 1 BDSG. Folglich finden die Regelungen des BDSG keine Anwendung auf die Erhebung und Speicherung mikrogeographischer Daten durch das Unternehmen und es sind insofern keine datenschutzrechtlichen Schranken zu beachten.

3.3 CRM-Projekte im Loyalitätsprogramm

Hat ein Erstkauf durch einen Interessenten stattgefunden, wird er zum Kunden und soll an das Unternehmen gebunden werden. Hier gilt es im CRM vor allem, einen aktiven und für beide Seiten fruchtbaren Dialog zu etablieren, um Verbundenheit mit dem Unternehmen aufzubauen. Dadurch sollen letztendlich Folge- und Erweiterungskäufe stimuliert werden.

Im Laufe einer solchen Beziehung kommt es zu vielfältigen Kontakten zwischen den beiden beteiligten Parteien. Die personenbezogenen Daten fallen besonders im Verlauf der Vertragsbeziehung an verschiedenen Stellen im Unternehmen (Customer Touch Points) zu unterschiedlichen Zwecken an. Dementsprechend können diese Informationen verteilt im gesamten Unternehmen vorliegen. Um ein umfassendes Bild des Kunden zu gewinnen, ist es daher zunächst notwendig, diese personenbezogenen Daten zusammenzuführen.

Die Datenzusammenführung ist aus datenschutzrechtlicher Sicht jedoch problematisch. Besonders in Konzernen, bei denen in verschiedenen Konzerngesellschaften über den Kunden personenbezogene Daten anfallen, ist zu beachten, dass kein sog. „Konzernprivileg“ für die Übermittlung personenbezogener Daten besteht. Sobald der Datenempfänger eine eigene juristische Person ist, bedarf die Übermittlung personenbezogener Kundendaten zwischen Konzernunternehmen stets einer Rechtsgrundlage. Geschieht dies zu Werbezwecken und geht der Umfang der übermittelten Daten über das Listenprivileg hinaus, bedarf die Übermittlung stets einer Einwilligung des Betroffenen. Hierbei müssen die (Konzern-)Unternehmen, an welche die personenbezogenen Daten übermittelt werden sollen, in der Einwilligungserklärung explizit genannt werden.

Eine legitimationsbedürftige Übermittlung liegt nur ausnahmsweise nicht vor, wenn:

- ein Datentransfer innerhalb eines Unternehmens stattfindet,
- es sich um eine Mitteilung an den Betroffenen selbst handelt oder
- um einen Datentransfer im Rahmen einer Auftragsdatenverarbeitung zwischen Auftraggeber und Auftragnehmer (sofern dessen Sitz in der EU liegt).

Diese Datentransfers bedürfen insofern keiner Rechtsgrundlage und sind ohne datenschutzrechtliche Beschränkungen personenbezogen möglich.

Mit der umfangreichen Zusammenführung aller im Unternehmen vorhandenen Kundendaten geht jedoch auch die Gefahr einher, dass dabei ein umfassendes Kundenprofil entsteht. Die Problematik der Erstellung von solchen Persönlichkeitsprofilen ist datenschutzrechtlich generell sehr kritisch. Dabei stellt nicht so sehr das einzelne Datum das Risiko für die informationelle Selbstbestimmung dar, sondern vielmehr die Gesamtinformation, die sich für das Unternehmen aus diesen Daten in Kombination mit anderen Daten und bezogen auf das Auswertungsinteresse ergibt. Vor diesem Hintergrund hat das Bundesverfassungsgericht schon in seinem Volkszählungsurteil das Anfertigen von

Persönlichkeitsprofilen gegen den Willen des Betroffenen generell als verfassungswidrig erklärt (Bundesverfassungsgericht 1983).

Der Begriff des Persönlichkeitsprofils wird nicht im Gesetz definiert. Nach überwiegender Literaturmeinung lässt sich von einem Persönlichkeitsprofil sprechen, sobald der Tatbestand der Veränderung von Daten gemäß § 3 Abs. 4 Nr. 2 BDSG erfüllt ist (Wittig 2000, S. 61; Roßnagel/Pfitzmann/Garstka 2002, S. 118). Dafür muss über die Summe der Einzelinformationen hinaus eine neue und weitergehende Gesamtinformation über den Betroffenen vorliegen. Dies hat zur Folge, dass es sich um ein Persönlichkeitsprofil handelt, sobald über die Zusammenführung der einzelnen Daten hinaus eine Klassifikation stattfindet (z.B. ein Typ B-Kunde). Dabei ist zu beachten, dass die Klassifikation selbst ebenfalls ein personenbezogenes Datum darstellt (Möncke 1999, S. 47).

Die Verarbeitung zu diesem Zweck kann grundsätzlich nicht auf das bestehende Vertragsverhältnis zwischen Kunde und Unternehmen gestützt werden. Alle Vertragsdaten sind mit der konkreten Zweckbestimmung der Vertragsabwicklung gespeichert. Gemäß dem Prinzip der Zweckbindung dürfen diese Daten zu keinem anderen Zweck verarbeitet werden, als zu dem, zu welchem sie zulässigerweise erhoben oder übermittelt wurden.

Das bedeutet zum einen, dass wenn der Kunde einen Vertrag über einen bestimmten Kaufgegenstand abschließt, die Analyse seines Kaufverhaltens mit dem Ziel, ihn möglichst optimal zu bewerben, nicht mehr unter den Vertragszweck fällt. Damit stellt eine Nutzung dieser Daten zu Marketingzwecken regelmäßig eine Zweckänderung dar. Besonders die Erstellung von Kundenprofilen bewegt sich grundsätzlich außerhalb des operativen Geschäfts und eine Legitimation allein durch das bestehende Vertragsverhältnis kommt daher nicht in Frage.

Aus dem Prinzip der Zweckbindung folgt zum anderen, dass Kundendaten nicht auf Vorrat gesammelt werden dürfen. Eine Speicherung der Daten zu (noch) unbestimmten Zwecken, z.B. in einem permanenten Data Warehouse ist folglich generell unzulässig. Auch eine Einwilligung zu unbestimmten Zwecken ist nicht wirksam. Diese bedarf zu ihrer Zulässigkeit vielmehr der Bestimmung eines konkreten Zwecks der geplanten Datenverarbeitung.

Sofern personenbezogene Daten aber für ein konkretes Projekt (und damit zu einem bestimmten Zweck) temporär gespeichert und zusammengeführt werden, gilt das generelle Verbot der Vorratspeicherung nicht. Problematisch ist hier allerdings, dass die zusammengeführten Daten möglicherweise ursprünglich zu verschiedenen Zwecken gesammelt wurden (z.B. gefahrene Kilometer beim Servicedienst einer Werksniederlassung und monatliche Rate für eine Kreditfinanzierung bei der Bank des Herstellers). Werden diese Daten bspw. zu Zwecken einer Cross-Selling Analyse zusammengeführt, stehen sie nicht mehr nur im Zusammenhang des Zwecks, zu dem sie ursprünglich erhoben wurden. Demnach handelt es sich insofern um eine grundsätzlich unzulässige Zweckänderung. Dies gilt hingegen nicht, sofern nur personenbezogene Daten mit der gleichen Zweckbestimmung (z.B. lediglich Servicedaten) zusammengeführt werden und sich die weitere Datenverarbeitung auch auf diesen Zweck beschränkt.

Eine Profilbildung „auf Vorrat" ist jedoch oft nicht mehr notwendig. So werden die Daten bspw. beim Ansatz des Distributed Data Mining bereits in den verteilten operativen Systemen ausgewertet und lediglich die Data Mining Ergebnisse werden im zentralen Data Warehouse zusammengeführt. Dabei handelt es sich dann meist um anonymisierte bzw. aggregierte Daten, deren Verarbeitung nicht in den Anwendungsbereich des BDSG fallen.

3.4 CRM-Projekte im Rückgewinnungsprogramm

Das Hauptziel des Rückgewinnungsprogramms besteht darin, ehemals profitable aber bereits verlorene Kunden zurückzugewinnen. Um dies zu erreichen und die Abwanderung von bestehenden Kunden zu vermeiden, gilt es einerseits einen erneuten Dialog mit den ehemaligen Kunden zu etablieren und andererseits die Gründe für die Abwanderung zu identifizieren.

Kundendaten werden in den einzelnen CRM-Programmen nicht isoliert genutzt. Es findet vielmehr ein permanenter Austausch von Informationen zwischen allen Programmen zu unterschiedlichen Zwecken statt (Arndt/Gersten 2001, S. 35). So können bspw. im Akquisitionsprogramm gewonnene Daten des Verbrauchers auch im Loyalitäts- und im Rückgewinnungsprogramm genutzt werden, gleichzeitig aber werden auch Informationen aus dem Rückgewinnungsprogramm im Loyalitätsprogramm verwendet (z.B. zur Verhinderung der Abwanderung). Über den Zeitverlauf einer Kundenbeziehung hinweg steigt dabei das Volumen der bezüglich eines Kunden im Unternehmen vorhandenen (internen) Daten stetig an und erreicht in jedem Fall zum Zeitpunkt der Abwanderung des Kunden seinen Höchststand. Dieser Zusammenhang ist in Abb. 3 dargestellt.

In dieser Abbildung wird aufgezeigt, welche Datenkategorien im jeweiligen CRM-Programm über den Kunden bereits vorliegen. Diese werden regelmäßig erstmals im Akquisitionsprogramm erhoben und gegebenenfalls zu einem späteren Zeitpunkt durch neue Daten der selben Kategorie erweitert (grau hinterlegt). Hierbei wird davon ausgegangen, dass die Geschäftsbeziehung zum Kunden mit dem Akquisitionsprogramm beginnt. Dies ist aber nicht zwingend der Fall, wenn der Kunde nicht durch das Akquisitionsprogramm, sondern auf andere Weise gewonnen wurde (z.B. klassische Werbung). Die erstmalige Erhebung von Daten aller Datenkategorien erfolgt dann regelmäßig erst im Loyalitätsprogramm.

Datenkategorie \ CRM-Programm	**Akquisitions-programm**	**Loyalitäts-programm**	**Rückgewinnungs-programm**
Identifikationsdaten • Name/Vorname/Titel • Anschrift • Telefon/Telefax/Email	(+) →	(+) →	(+)
Deskriptionsdaten • Kundenstatus, Bedarfsstruktur, Zuordnungsdaten, etc. • Soziodemographische Daten, Psychographische Daten, etc.	(+) →	(+) →	(+)
Kommunikationshistorie • Kommunikationsgegenstand, -person, -kosten, -datum und -zeit • Kommunikationskanal • Datum des Erstkontakts, etc.	(+) →	(+) →	(+)
Kaufhistorie • Produkt, Menge, Zeitpunkt, Reklamation, etc. • Produktnutzungsverhalten • Bonitätsdaten, etc.	(-)	(+) →	(+)

Abb. 3: Personenbezogener Datenaustausch zwischen den CRM-Programmen

Aus Sicht des Datenschutzes ist beim Rückgewinnungsprogramm problematisch, dass mit der Abwanderung des Kunden eine Beendigung des bis dahin bestehenden Vertragsverhältnisses einhergeht. Damit ist die weitere Kenntnis eines Großteils der Daten über den Betroffenen für den Zweck der Speicherung (Abwicklung des Vertragsverhältnisses) nicht mehr erforderlich. Für eine weitere Verwendung dieser Daten fehlt es regelmäßig an der erforderlichen Rechtsgrundlage. In diesem Fall besteht für das Unternehmen die Pflicht zur Löschung dieser im Rahmen der Zweckbestimmung des Vertrages erhobenen Daten (§ 35 Abs. 2 S. 2 Nr. 3 BDSG).

Ein Bestreben im Rückgewinnungsprogramm besteht jedoch gerade darin, soweit möglich, die Kundendatenbasis weitgehend zu erhalten. Gerade die zu löschenden Daten enthalten unter Umständen wertvolle Informationen. So können die bezüglich der Profitabilität eines Kunden enthaltenen Daten (Kaufhistorie, Kulanz-Beschwerden etc.) bspw. entscheidend für den Versuch der Rückgewinnung sein. Andere Kundeninformationen werden etwa für Vergleiche im Zeitverlauf (Längsschnitte) oder für die Verhinderung künftiger Abwanderungen benötigt. Obwohl viele dieser Aufgaben theoretisch auch mit anonymisierten oder pseudonymisierten Daten zu erfüllen sind, werden in der Praxis die Identifikationsdaten häufig weiter benötigt, da interne Daten zusammenzuführen sind und keine eindeutigen Schlüssel existieren oder weil zusätzliche externe Informationen zu einem bestimmten Datensatz hinzugefügt werden sollen. Deshalb ist im Rückgewinnungsprogramm neben dem monetären Wert eines Kunden immer auch der Informationswert desselben zu bedenken. Wenn die Kundendaten einmal verloren sind, ist es nicht möglich, sie wieder zu beschaffen. Das bedeutet, dass der Datenverlust nicht durch den Kauf von externen Daten kompensiert werden kann. Ziel muss es also sein, diese Daten trotz bestehender Löschungspflicht weiterhin behalten zu können. Im Folgenden sollen daher mögliche Ausnahmetatbestände der Löschungsverpflichtung untersucht werden.

Entgegen dem ersten Anschein bedeutet die Regelung des § 35 Abs. 2 S. 2 Nr. 3 BDSG nicht, dass eine Pflicht zur Löschung besteht, wenn der „ursprüngliche“ Speicherzweck entfallen ist. Ergibt sich vielmehr nach dem Wegfall des ursprünglichen Speicherungszwecks (Abwicklung des Kaufvertrages) eine neue Legitimationsgrundlage, so besteht hinsichtlich der insoweit erforderlichen Daten keine Löschungsverpflichtung.

Da unter Umständen auch nach Beendigung des Vertrages nachwirkende Rechte und Pflichten fortbestehen, kann die Speicherung bestimmter Daten weiterhin gerechtfertigt sein. Dies ist insbesondere der Fall, wenn noch eine weitere Betreuung des Kunden erforderlich ist. Dafür dürfen jedoch nur die zu diesem Zweck erforderlichen Daten verarbeitet und genutzt werden. Eine Legitimation für die gesamten Daten des ehemaligen Kunden kann sich hieraus nicht ergeben. Außerdem dürfen diese Daten nur zu Zwecken der weiteren Betreuung und nicht automatisch zu Werbezwecken verwendet werden.

Die weitere Verarbeitung und Nutzung der Daten des ehemaligen Kunden durch das Unternehmen kann zur Wahrung berechtigter Interessen des Unternehmens erforderlich sein. Die Rückgewinnung ehemaliger Kunden ist zweifellos geeignet, ein berechtigtes Interesse im Sinne dieser Vorschrift zu begründen. Auch hier beschränkt sich der Umfang der berechtigten Interessen auf die hierfür erforderlichen Daten. Die weitere Speicherung der gesamten Datenbasis kann hierdurch nicht legitimiert werden. Vielmehr darf lediglich ein begrenzter Datensatz für Werbezwecke in eine Werbedatei eingebracht werden. Grundsätzlich gilt, dass gegen die Umwidmung von Vertragsdaten in Werbedaten keine grundsätzlichen Bedenken bestehen, soweit sich die Werbedatei auf die in § 28 Abs. 3 Nr. 3 BDSG (Listenprivileg) erwähnten Daten beschränkt. Dies gilt ausnahmsweise nicht, wenn der Betroffene der Nutzung seiner personenbezogenen Daten zu Zwecken der Werbung, Markt- und Meinungsforschung widersprochen hat.

Eine anderweitige Rechtsgrundlage könnte sich aus einer Einwilligung des ehemaligen Kunden ergeben. Die Einwilligung des Betroffenen wird fast vorsorglich schon gerne eingeholt, um das Risiko einer unzulässigen Datenverarbeitung zu vermeiden und findet sich beinahe auf jedem Kaufvertrag. Eine Einwilligung aus dem Kaufvertrag ist jedoch grundsätzlich nicht geeignet, eine weitere Speicherung der Vertragsdaten im Rückgewinnungsprogramm zu rechtfertigen. Der Verbraucher wird in aller Regel nicht davon ausgehen müssen, dass seine Einwilligung auch nach Beendigung des Vertrages weiter wirken soll. Das könnte lediglich dann der Fall sein, sofern die Einwilligung einen ausdrücklichen Hinweis darauf enthält, dass ihre Wirkung sich auch auf den Zeitraum nach Beendigung des Vertrages erstreckt. Vor diesem Hintergrund sollte eine erneute Einwilligung vom Betroffenen eingeholt werden, in welcher er der weiteren Verwendung seiner Vertragsdaten zustimmt. Hierbei könnte der Kunde zu Beginn des Rückgewinnungsprogramms gezielt kontaktiert werden, um ihn zu fragen, ob er einen weiteren Kontakt zum Unternehmen wünscht. So könnte z.B. eine Zusendung von Informationsmaterial über neue Produkte und Dienstleistung des Unternehmens oder die weitere Zustellung des Kundenmagazins angeboten werden.

Die übrigen noch vorhandenen personenbezogenen Kundendaten, die im Rahmen der Zweckbestimmung eines Vertragsverhältnisses erhoben wurden, sind zu löschen. Dabei ist es nicht notwendig, die gesamten Daten tatsächlich zu löschen. Vielmehr reicht es aus, die entsprechenden Daten zu anonymisieren. In diesem Fall liegt kein Personenbezug der Daten mehr vor und die Regelungen des BDSG finden keine Anwendung. Insofern besteht dann auch keine Löschungspflicht. Zu den wichtigsten Methoden der Anonymisierung zählen:

- die Löschung der Identifikationsdaten wie Name, Anschrift, Personenkennzeichen, Kontonummer, etc. Es ist auch möglich, die Identifikationsdaten lediglich durch eine Kennung zu ersetzen. Dabei darf mittels dieser Kennung eine Wiederzusammenführung der pseudonymisierten Daten mit den Identifikationsdaten des Betroffenen nicht mehr möglich sein. Die entsprechende Referenzliste ist folglich zu löschen.
- So ist es im Rahmen sog. Churn-Analysen möglich, das Profil eines typischen Kündigers mittels anonymisierter Daten zu generieren. Lediglich die Anwendung des generierten Profils im Rahmen des Loyalitätsprogramms auf aktive Kunden, benötigt die Verarbeitung personenbezogener Daten. Erst diese Verarbeitung unterliegt dann dementsprechend auch den Zulässigkeitsbestimmungen des BDSG.
- eine (ausreichende) Merkmalsaggregation. Begründet sich eine Bestimmbarkeit des Datums darauf, dass eine Merkmalsausprägung nur bei ihr vorliegt (z.B. „Einwohner der Gemeinde A mit 103 Jahren“), so müssen diese Angaben gelöscht oder durch allgemeinere Angaben ersetzt werden (beispielsweise „Alter über 50 Jahre“).

4 Zusammenfassung

Die Ausführung in diesem Beitrag haben gezeigt, dass im Rahmen von CRM-Projekten vor allem zwei Rechtsgebiete Anwendung finden: das Recht gegen unlauteren Wettbewerb und das Datenschutzrecht.

So ist insbesondere die Werbung per Telefon, Telefax, Email oder SMS nach der Rechtsprechung des Bundesgerichtshof nur mit vorheriger Einwilligung des Empfängers zulässig. Liegt diese nicht vor, ist die Werbung wettbewerbswidrig (§ 1 UWG). Während das Recht gegen unlauteren Wettbewerb das CRM damit nur im Bereich der direkten Kommunikation tangiert, hat das Datenschutzrecht aufgrund des integrierten Ansatzes des aCRM weit umfangreichere Auswirkungen auf den Gesamtbereich des CRM.

Im Rahmen von CRM-Projekten werden eine Reihe personenbezogener Daten erhoben, gespeichert und ausgewertet. Für diese personenbezogene Datenverarbeitung sieht das BDSG ein Verbot mit Erlaubnisvorbehalt vor (§ 4 Abs. 1 BDSG). Danach bedarf jede Verarbeitung personenbezogener Daten einer Legitimation durch eine gesetzliche Erlaubnisnorm oder durch die Einwilligung des Betroffenen, um zulässig zu sein. Die Verarbeitung personenbezogener Daten für Marketingzwecke ist regelmäßig im Rahmen einer Interessenabwägung erlaubt (§ 28 Abs. 1 S. 1 Nr. 2 BDSG). Außerdem besteht für die Verarbeitung für Zwecke der Werbung, Markt- und Meinungsforschung die Möglichkeit einer erleichterten Übermittlung und Nutzung der personenbezogenen Daten über das sog. Listenprivileg (§ 28 Abs. 3 S. 1 Nr. 3 BDSG). Eine an sich zulässige Verarbeitung ist jedoch dann unzulässig, wenn der Betroffene der Verarbeitung seiner Daten zu diesen Zwecken widersprochen hat (§ 28 Abs. 4 BDSG). Auch eine Einwilligung ist ohne Angabe von Gründen mit Wirkung für die Zukunft durch den Betroffenen jederzeit widerrufbar.

Besondere Bedeutung besitzt das Prinzip der Zweckbindung. Danach ist bereits bei der Datenerhebung der Verarbeitungszweck festzulegen (§ 28 Abs. 1 S. 2 BDSG). Dementsprechend ist eine Speicherung der personenbezogenen Daten „auf Vorrat“ zu (noch) unbestimmten Zwecken generell unzulässig. Die spätere Verarbeitung darf vielmehr nur im Rahmen der ursprünglichen Zweckbestimmung erfolgen. Eine nachträgliche Zweckänderung bedarf einer erneuten Legitimation (§ 28 Abs. 2 BDSG). Letztlich sind die personenbezogenen Daten mit der Erreichung ihrer Zweckbestimmung gemäß § 35 Abs. 2 S. 2 Nr. 3 BDSG zu löschen (z.B. Beendigung des Vertragsverhältnisses bei Vertragsdaten).

So ergeben sich bei CRM-Projekten im Akquisitions-, im Loyalitäts- und im Rückgewinnungsprogramm eine Reihe von rechtlichen Problemfeldern, die in diesem Beitrag beleuchtet wurden. Bei der Umsetzung der Projekte besteht die Herausforderung insbesondere darin, die Zusammenarbeit der fachlich Verantwortlichen und der Rechtsabteilung des Unternehmens zu managen. Hier gilt es vor allem, zwischen den beiden Berufswelten zu vermitteln. Datenschützer müssen erkennen, welche Daten zu welchem Zweck verarbeitet werden sollen und CRM-Manager müssen sich der rechtlichen Schranken ihres Handelns bewusst werden. Letztlich jedoch besteht die größte Herausforderung für das Unternehmen darin, das Vertrauen des Verbrauchers zu gewinnen und zu erhalten. Erst wenn dieser überzeugt ist, dass mit seinen persönlichen Daten verantwortungsvoll umgegangen wird, kann die eigentliche Zielsetzung des CRM – langfristig profitable Kundenbeziehungen aufzubauen und zu festigen – verwirklicht werden.

Literaturverzeichnis

Arndt, D.; Frank, M.; Roggon, A. (2003): Aktives CRM in der Automobilindustrie, in: Rapp, R.; Payne, A. (Hrsg.): Handbuch Relationship Marketing, 2. Aufl., München, S. 329-344.

Arndt, D.; Gersten, W. (2001): Data Management in Analytical Customer Relationship Management, in: Proceedings of the Workshop „Data Mining for Marketing Applications“ at the 12th European Conference on Machine Learning and the 5th European Conference on Principles and Practices of Knowledge Discovery in Database, Freiburg, S. 25-38.

Arndt, D.; Koch, D. (2002): Datenschutz im Web Mining – Rechtliche Aspekte des Umgangs mit Nutzerdaten, in: Hippner, H.; Merzenich, M.; Wilde, K.D. (Hrsg.): Web Mining im Marketing, Braunschweig/Wiesbaden, S. 77-84.

Bundesverfassungsgericht (1983): Bundesverfassungsgericht-Urteil vom 15.12.1983 – 1 BvR 209, 269, 362, 420, 440, 484/83, in: BVerfGE 65, S. 1-71.

Duffner, A.; Henn, H. (2001): CRM verstehen, nutzen, anwenden! – Ein Leitfaden für kundenorientierte Unternehmen, Würzburg.

Gliss, H. (2002): Direktmarketing – Informationspflichten und Datenschutz, in: DSB, Nr. 3, S. 8-10.

Hougaard, S.; Bjerre, M. (2002): Strategic Relationship Marketing, Heidelberg et al.

IBM (1999): IBM Multi-National Consumer Privacy Survey, http://www-1.ibm.com/services/files/privacy_survey_oct991.pdf (Zugriff: 12.12.2002).

Möncke, U. (1998): Data Warehouses – eine Herausforderung für den Datenschutz?, in: DuD, Nr. 10, S. 561-569.

Möncke, U. (1999): Sicherheit im Data Warehouse – Profilbildung und Anonymität, in: Horster, P.; Fox, D. (Hrsg.): Datenschutz und Datensicherheit, Konzepte – Realisierungen – Rechtliche Aspekte – Anwendungen, Braunschweig/Wiesbaden, S. 30-59.

Opaschowski, H. (2001): Der gläserne Konsument – Die Zukunft von Datenschutz und Privatsphäre in einer vernetzten Welt, 2. Aufl., Hamburg.

Rapp, R. (2000): Customer Relationship Management – Das neue Konzept zur Revolutionierung der Kundenbeziehungen, Frankfurt/New York.

Roßnagel, A.; Pfitzmann, A.; Garstka, H. (2002): Modernisierung des Datenschutzrechts – Gutachten im Auftrag des Bundesministeriums des Innern, http://www.bmi.bund.de/downloadde/11659/Download.pdf (Zugriff: 24.09.02).

Roßnagel, A.; Scholz, P. (2000): Datenschutz durch Anonymität und Pseudonymität – Rechtsfolgen der Verwendung anonymer und pseudonymer Daten, in: MMR, Nr. 12, S. 721-731.

Rudolph, A.; Rudolph, M. (2001): Customer Relationship Marketing – individuelle Kundenbeziehungen, Berlin.

Wittig, P. (2000): Die datenschutzrechtliche Problematik der Anfertigung von Persönlichkeitsprofilen zu Marketingzwecken, in: RDV, Nr. 2, S. 59-62.

Armin Töpfer

Vision und Realität von CRM-Projekten

1 Angestrebte Wirkungen von CRM-Projekten

Heute nehmen Unternehmen immer häufiger wahr, dass ihre Kunden eher eine „lockere“ Beziehung zum Unternehmen pflegen. Die Kunden sind relativ schnell bereit, eine Geschäftsbeziehung zu beenden; oder sie stehen gleichzeitig in Beziehung zu mehreren Anbietern und wechseln je nach Angebot zwischen diesen. Für die Unternehmen wird es immer schwieriger, sich über die Produkte und Dienstleistungen nachhaltig am Markt zu positionieren. Dies verstärkt den Kampf um den Kunden.

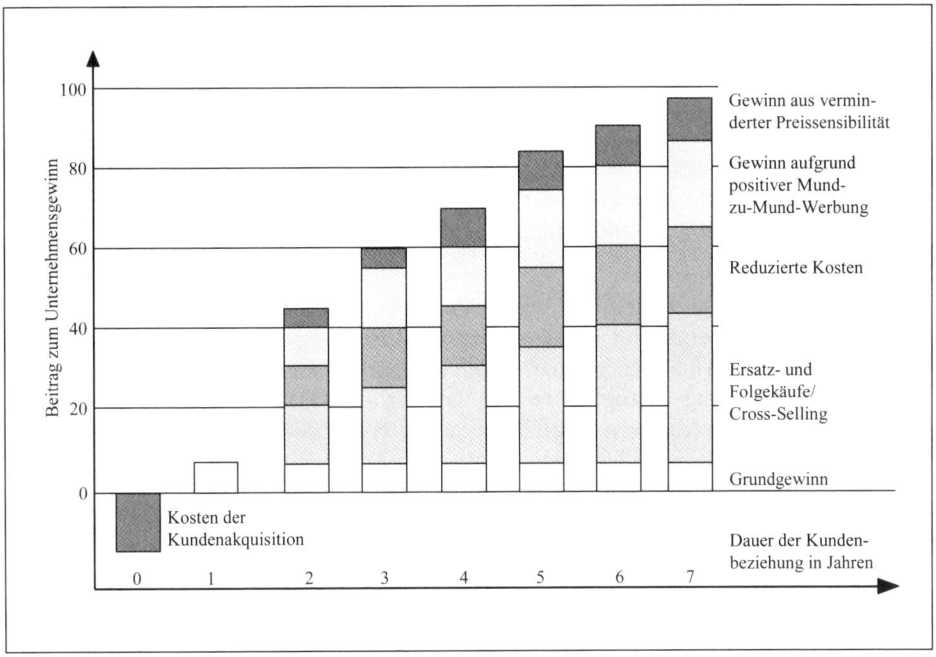

Abb. 1: Effekte aus langfristigen Kundenbeziehungen
Quelle: Reichheld/Sasser 1990, S. 108

Erfahrungswerte belegen, dass es bis zu sechs Mal teurer ist, einen neuen Kunden zu gewinnen, als einen Kunden durch gute Betreuung an das Unternehmen zu binden (Müller/Riesenbeck 1991, S. 69). Die in Abb. 1 dargestellten Ergebnisse der Untersuchungen von Reichheld/Sasser verdeutlichen, dass bei ertragreichen Kunden mit zunehmender Dauer der Kundenbeziehung auch ihre Profitabilität ansteigt (Reichheld/ Sasser 1990, S. 108). Und nicht zuletzt: Ein Unternehmen, das fünf Prozent mehr Kundenbindung erreicht, also weniger Abwanderung von Kunden zu verzeichnen hat, kann die Gewinne – je nach Branche und Produkt – um 25 Prozent bis 85 Prozent erhöhen (Müller/Riesenbeck 1991, S. 67 ff.).

Vor diesem Hintergrund ist die konsequente Ausrichtung auf den Kunden und seine Anforderungen heute nicht nur eine notwendige Voraussetzung, um gegenüber den maßgeblichen Wettbewerbern zu bestehen. Zugleich ist diese konsequente Kundenorientierung notwendig, um den Kundenwert für das Unternehmen zu stabilisieren, zu vergrößern und dann zu nutzen. Das wesentliche Ziel eines Unternehmens geht also dahin, durch die gezielte Berücksichtigung der wesentlichen Kundenanforderungen und durch eine individuelle Kundenansprache eine hohe Kundenzufriedenheit und eine Verlängerung und Verstärkung der Kundenbindung zu erreichen. Dabei kommt es darauf an, ertragreiche Kundenpotenziale zu erkennen, besonders profitable Kunden zu identifizieren und genau in diese Richtung den Kundenstamm zu erweitern und zu festigen.

Die Chance, solche längerfristig profitablen Kundenbeziehungen aufzubauen und zu gestalten, bietet das Customer Relationship Management (CRM) als ganzheitlicher Ansatz der kundenorientierten Unternehmensführung (Drefs/Schlüter 2002, S. 64; Eggert 2001, S. 91 ff.; S. 64; Bruhn 2000, S. 31 f.). Trotz hoher Investitionen wurden und werden diese Ziele mit CRM-Projekten jedoch häufig nicht erreicht. So wird die Anzahl der gescheiterten CRM-Projekte in der Literatur mit bis zu 70 Prozent angegeben (Henn 2002, S. 66): Eine ernüchternde Bilanz für dieses strategisch bedeutungsvolle Vorhaben.

Ein Hauptgrund für das Scheitern von CRM-Initiativen ist die fälschliche Annahme, dass der Kern der operativen Umsetzung des CRM lediglich ein Softwareprojekt ist und diese Software dem Unternehmen mehr oder weniger nachhaltig hilft, eine bisher geringe Kundenorientierung auszugleichen und das Gestalten und Managen der Kundenbeziehung deutlich zu verbessern (Graf 2002; Strawe et al. 2002, S. 32). Die Unternehmen gaben sich also der Illusion hin, dass sie mit dem Kauf einer Softwarelösung auch die Philosophie der Kundenorientierung „per Mausklick" implementieren.

Dem ist bei weitem nicht so. Im Folgenden wird aufgezeigt, welche inhaltlichen Anforderungen Unternehmen bei der Einführung von CRM als Erfolgskriterien zu erfüllen haben. Werden sie nicht erfüllt, vermittelt nur noch eine Analyse der Gründe für das Scheitern die notwendigen Lerneffekte. Dabei wird insbesondere zwischen den harten Faktoren der kundenorientierten Informationstechnik und den weichen Faktoren der kundenorientierten Einstellung unterschieden.

2 Konzeptionelle Bausteine des professionellen Kundenbeziehungsmanagements

2.1 Balance zwischen Kultur und Informationstechnik

Es ist keine neue Erkenntnis, dass CRM ein strategisches Konzept ist, welches weit über Aufgaben wie Kontaktmanagement und Vertriebssteuerung hinausgeht. Wenn die Organisation konsequent und stärker auf den Kunden ausgerichtet werden soll, dann wird im CRM die Chance gesehen, diese Sichtweise im gesamten Unternehmen zu implementieren. CRM greift dabei tief in die Geschäftsprozesse ein und wird so zu einem wesentlichen Veränderungstreiber im gesamten Unternehmen.

Auf den Märkten vieler Branchen ist das Prinzip eines möglichst intensiven und individuellen Kundenkontakts für sehr große Kundenzahlen umzusetzen. Wirtschaftlich ist dies nur mit Unterstützung der Informationstechnologie zu erreichen. Denn erst mit der systematischen Erfassung von Kundendaten und der gezielten Aufbereitung kundenspezifischer Informationen können individuelle Kundenanforderungen identifiziert und entsprechende Produktangebote sowie direkte Kommunikationsaktivitäten entwickelt werden. Eine spezielle Software ist also ein Kernelement praktisch jeder CRM-Strategie – jedoch nicht deren einziger Baustein (Mann 2002, S. 18; Strawe et al. 2002, S. 32).

Für ein erfolgreiches CRM-Projekt sind notwendigerweise – wie in Abb. 2 skizziert – in allen Umsetzungsschritten des Projektes die Philosophie und Kultur der Kundenorientierung des Unternehmens mit dem technikgestützten Kundenbeziehungsmanagement in Einklang zu bringen.

Das Wissen über die Struktur, das Verhalten und die Bedürfnisse der Kunden ist – wie oben bereits angesprochen – eine wesentliche Voraussetzung für den Aufbau langfristiger Kundenbeziehungen. Die Organisation und Analyse dieses Wissens ist dabei der zentrale Ansatz des analytischen CRM (Wehrmeister 2001, S. 246).

Die Basis des analytischen CRM bildet die Implementierung eines Data Warehouse als spezieller unternehmensweiter Datenpool zur Analyse der Kundendaten. Der Schwerpunkt des analytischen CRM liegt damit auf der Auswertung der Daten – immer unter der Voraussetzung, dass aussagefähige Daten bereits erhoben wurden und damit vorhanden sind, um insbesondere Aufschluss über das Kundenverhalten und entsprechende Kaufmotive zu erhalten (Homburg/Sieben 2000, S. 491). Die Analysetools des Data Mining bieten hier die Möglichkeit, Sachzusammenhänge automatisch aus den gesammelten Daten zu erkennen und daraus Ansatzpunkte für gezieltes Handeln abzuleiten (Brezina 2001, S. 222 f.; Kehl 1997, S. 11; Strawe et al. 2002, S. 34). Ein weiterer wesentlicher Bestandteil des analytischen CRM ist die Einteilung der Kunden in möglichst homogene Kundensegmente. Auf diese Klassifizierung entsprechend dem Kundenwert als zentrale Voraussetzung für die gezielte Ausrichtung der CRM-Aktivitäten auf profitable und potenziell profitable Kunden wird in Kapitel 2.3. noch ausführlicher eingegangen.

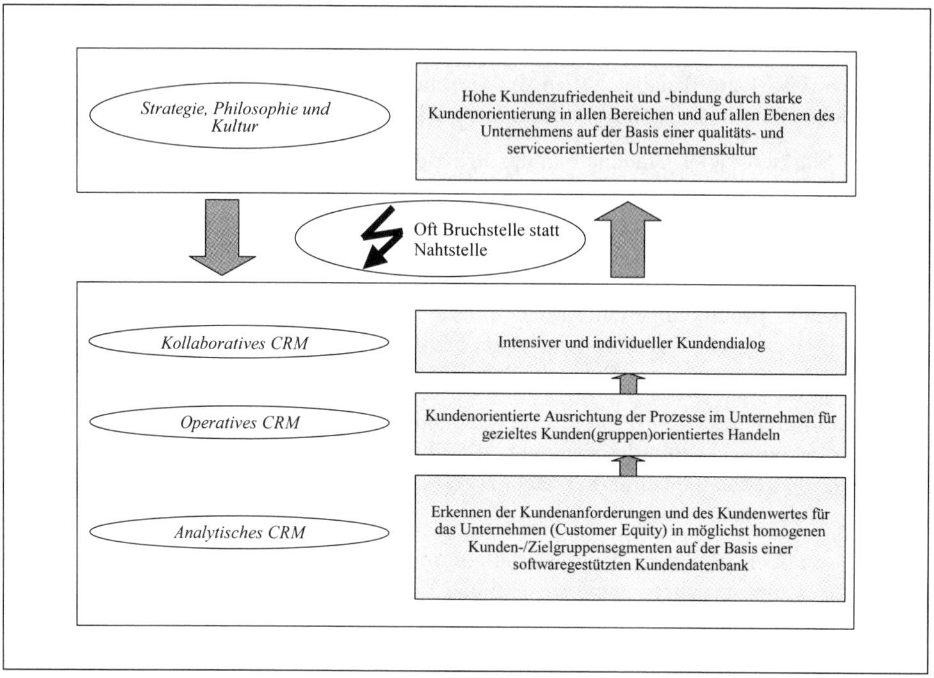

Abb. 2: Bausteine eines ganzheitlichen CRM

Die Ergebnisse des analytischen CRM bilden somit die Ausgangsbasis für das operative CRM, in dem die erarbeiteten Erkenntnisse über den Kunden in konkrete Handlungsmaßnahmen umgesetzt werden. Sie beziehen sich vor allem auf die kundenorientierte Ausgestaltung und Veränderung der Prozesse im Unternehmen. Hierdurch soll sichergestellt werden, dass diese Abläufe die vom Kunden geforderte Qualität der Ergebnisse mit möglichst kurzen Durchlaufzeiten und einem – aus Unternehmenssicht – ausreichendem Ertragsniveau bieten. Hierin liegt in der Regel die größte Herausforderung für das Unternehmen, da die IT-gestützte Strategie des analytischen CRM unmittelbare Auswirkungen auf die gesamte Organisation des Unternehmens mit seinen Prozessen hat respektive haben soll. Durch die Prozessoptimierung soll nicht nur Blindleistung abgebaut bzw. vermieden werden, sondern zugleich auch der strukturelle Aufbau des Unternehmens einem stärkeren Prozessdenken weichen. Wenn durch den zweiten Ansatz die Hierarchie aufgebrochen wird und kundenorientierte Prozesseigner eine mehr und mehr dominierende Rolle spielen, dann birgt dies viel Konfliktpotenzial in sich. Dieser Aspekt zeigt, dass die Veränderung zwar durch die technologische CRM-Ausstattung in Gang gesetzt, aber keinesfalls dadurch bewältigt werden kann. Hierfür sind zusätzlich ein entsprechendes Bewusstsein sowie eine spezifische Strategie und Kultur – angestoßen durch die Unternehmensleitung – notwendig.

Hinzu kommt ein weiterer wesentlicher Aspekt: Mit den Bausteinen eines analytischen CRM, und dabei insbesondere mit dem Data Warehouse, in das qualifizierte Kundendaten eingespeist werden, ist es zugleich möglich, einen wesentlichen Beitrag zum Wissensmanagement im Unternehmen zu leisten. Dies geschieht vor allem auch in der Weise, dass bei den Mitarbeitern vorhandenes kundenspezifisches Detailwissen jetzt in das System eingepflegt wird. Tacit Knowledge wird damit zu Explicit Knowledge, das auch jedem anderen Mitglied des Unternehmens zugänglich ist (Polanyi 1967; Nonaka 1991, S. 96 ff.).

Das kollaborative CRM ergänzt das analytische und operative CRM um das Management der Kontaktkanäle zum Kunden. Ziel ist hier ein intensiver und – je nach Kunde – mehr oder weniger individueller Kundendialog, der alle Kontaktkanäle integriert und gleichzeitig eine einheitliche Aussage der Mitarbeiter im Kundenkontakt gewährleistet (Strawe et al. 2002, S. 34).

2.2 Entwicklungsstufen des CRM-Niveaus

Das Erreichen des angestrebten kundenorientierten Verhaltens im Unternehmen ist – wie jeder Veränderungsprozess – ein komplexes und langwieriges Vorhaben. Versprechen der Softwareindustrie, wie beispielweise die Einführung von CRM in neun Tagen (Jost 2003), verleiten schnell zu der Erwartung, dass die Implementierung der Software ein einfach und zügig durchzuführender Prozess ist, der nur die Abteilungen mit direktem Kundenkontakt betreffen würde und in kurzer Zeit eine volle Funktionsfähigkeit erreicht. Hier entsteht beim Topmanagement, den Führungskräften und den zuständigen Mitarbeitern eine falsche Erwartungshaltung.

Der Ausrichtungsprozess auf ein kundenorientiertes Unternehmen vollzieht sich häufig in den in Abb. 3 aufgeführten Entwicklungsstufen.

Ein reduzierter Steuerungsansatz entsprechend Entwicklungsstufe 1 beschränkt sich auf wichtige Ergebnisgrößen wie Gewinn, Marktanteil, Umsatz und Deckungsbeitrag. Diese werden periodisch erhoben und können positiv beeinflusst werden. Da Größen wie Kundenzufriedenheit, Kundenbeschwerden, Kundenloyalität und Kundenbindung aber nicht im Zentrum stehen sowie nicht explizit und systematisch ermittelt werden, können in diesen Unternehmen die Erwartungen an das CRM aufgrund des fehlenden Wissens über ihre Kunden nicht erfüllt werden.

Für sie ist es besonders wichtig, zunächst die Vision einer umfassenden Kundenorientierung im Unternehmen zu verankern und eine entsprechende Strategie zu entwickeln, bevor mit der kundenorientierten Optimierung der Prozesse und Produkte bzw. Dienstleistungen begonnen wird.

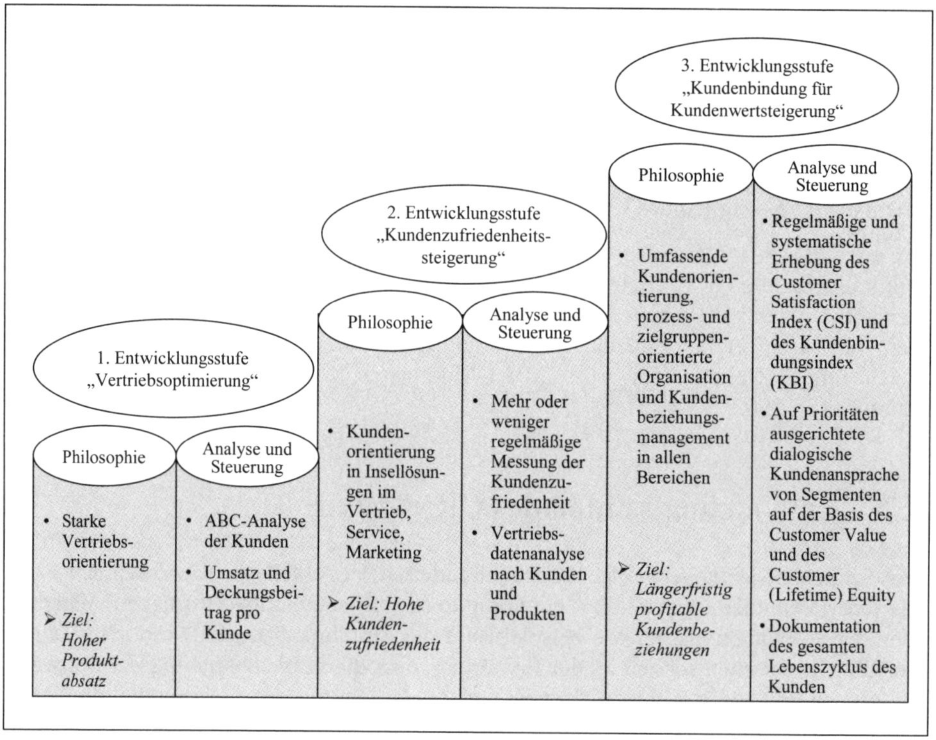

Abb. 3: Entwicklungsstufen des CRM

Auch für Unternehmen, die bereits relativ regelmäßige Messungen der Kundenzufriedenheit durchführen (Entwicklungsstufe 2), die Anforderungen ihrer Kunden erfragen sowie Anregungen und Beschwerden als Basis für die Anpassung der Prozesse im Unternehmen verwenden, gilt der Grundsatz zunächst die Voraussetzungen auf strategischer, organisatorischer und kultureller Ebene zu schaffen, bevor ein höheres Niveau in der Umsetzung erreicht werden kann.

Es liegt auf der Hand, dass eine systematische Erfassung und Analyse der Kundenzufriedenheit eine deutliche Verbesserung bewirken kann. Allerdings konzentriert sich die Kundenzufriedenheit immer nur auf Ergebnisse in der Vergangenheit. Liegt eine hohe Zufriedenheit vor, dann wird sie als angestrebtes Niveau in die Zukunft projiziert. Dass sie erhalten bleibt und ein hohes Maß an Kundenloyalität und Kundenbindung erzeugt, ist jedoch nicht automatisch gegeben. Deshalb ist es zusätzlich erforderlich, durch geeignete Maßnahmen die positive Einstellung der Kunden gegenüber dem Unternehmen und damit ihre Loyalität und Bindung zu erhöhen und zu messen (Töpfer 1999, S. 9).

Um es an einem Bild zu verdeutlichen: Das gegenüber dem reduzierten Steuerungsansatz der quantitativen Controllinggrößen zwar fortschrittlichere Management der Kundenzufriedenheit entspricht – im Bild des Autofahrers – dem Blick in einen großen „Rückspiegel". Erst die Erfassung und Beeinflussung der für die zukünftige Zusammenarbeit wichtigen Loyalität und Bindung kennzeichnet den nach vorne und damit in die Zukunft gerichteten Blick durch eine große „Frontscheibe" (Töpfer 1999, S. 10).

Dies ist bei den Unternehmen der dritten Stufe des CRM mit einer prozess- und zielgruppenorientierten Organisation der Fall. Hier hat die Kundenzufriedenheit bereits einen festen Platz im Zielsystem und ist außerdem oft Messgröße und Erfolgskriterium für einen Teil der Tantiemenzahlung an Führungskräfte. Dies definiert zugleich die Anforderungen an die Qualität der Messung im CRM-Konzept. Dadurch wird die Kundenzufriedenheit zusätzlich auch im Handeln der Mitarbeiter verankert.

Diese Unternehmen dokumentieren den gesamten Lebenszyklus ihrer Kunden und basieren auf der Kundenhistorie, um mit ihren Kunden einen gezielten Dialog zu führen. Neben den Kaufdaten ihrer Kunden registrieren sie in der Kundenhistorie auch zusätzliche Detailinformationen, um das Kundenprofil zu schärfen. Dies können sowohl Daten zur Vermögenslage, Versicherungen oder zum Kauf von Konkurrenzprodukten sein als auch Daten zu Einstellungen, Hobbys und spezifischen Bedürfnissen ihrer Kunden. Im Business-to-Business-Bereich sammeln die meisten Unternehmen bereits seit längerer Zeit derartige Zusatzinformationen zum Beispiel über die speziellen Bedürfnisse der Kunden ihrer Absatzmittler, um so diese Vertriebspartner mit gezielt ausgerichteten Marktleistungen für deren Kunden besser unterstützen zu können.

2.3 Segmentierung nach dem Kundenwert

Im Rahmen des CRM ist eine wesentliche Vorarbeit für eine konsequente Ausrichtung auf die richtigen, also die profitablen Kunden, die entsprechende Segmentierung der Kunden. Der klassische Ansatz mit der Differenzierung nach dem Kundennutzen greift heute zu kurz. Er bewertet lediglich den Nutzen der Marktleistung für den Kunden (Customer Benefit) und noch nicht den wahrgenommenen Wert der Geschäftsbeziehung und ihrer Inhalte und Ergebnisse aus Sicht des Kunden (Customer Value). Zu ergänzen ist diese kundenorientierte Analyse durch die Ermittlung des Kundenwertes für das Unternehmen (Customer Equity). Dabei sind jeweils die Nutzen-Kosten-Relationen zu ermitteln. In der dritten Entwicklungsstufe der Abb. 3 und ausführlich in Abb. 4 sind diese drei kundenorientierten Steuerungs- und Ergebnisgrößen wiedergegeben.

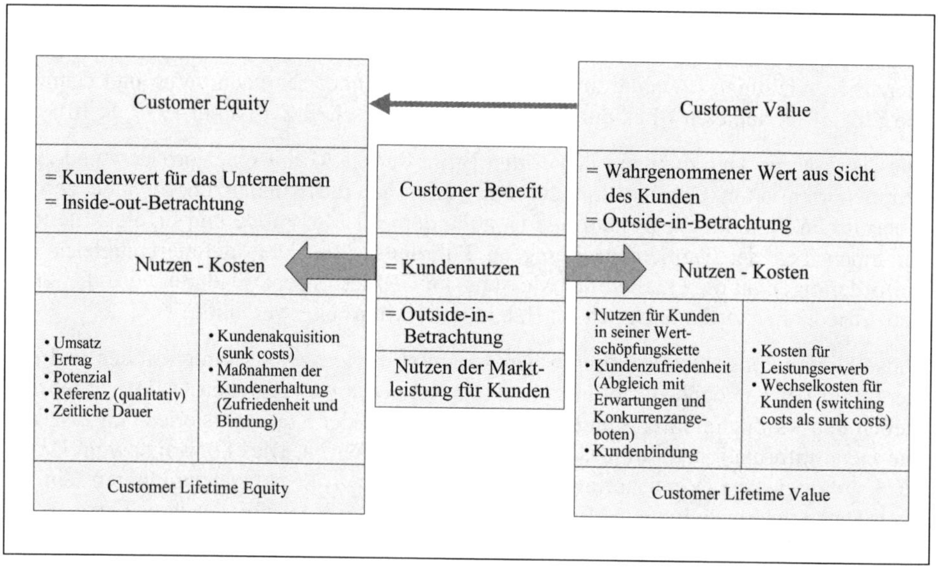

Abb. 4: Dimensionen des Kundenwertes

Um bei der Berechnung des Kundenwertes für das Unternehmen (Customer Equity) nicht nur auf Vergangenheitsgrößen zurückzugreifen, sondern auch das Ertragspotenzial der Kunden einfließen zu lassen, können Verfahren des Customer Lifetime Value (Homburg/Beutin 2001, S. 225 f.) verwendet werden. In der Literatur steht der Customer Lifetime Value für den Kapitalwert der Geschäftsbeziehung für das Unternehmen, entsprechend unserer Nomenklatur wird im Folgenden der Begriff Customer Lifetime Equity – als (Kapital)Wert der Beziehung zwischen Unternehmen und Kunde für die gesamte Dauer der Beziehung aus Unternehmenssicht – definiert. Um es an einem Beispiel zu verdeutlichen: Ein Bankkunde kann einen hohen Customer Lifetime Value – also Lebenszeitwert im Sinne von Wert der Geschäftsbeziehung über ihre gesamte Dauer aus Sicht des Kunden – haben. Aber trotzdem hat die Bank unter bestimmten Bedingungen nur einen geringen Customer Lifetime Equity – da der Kunde derzeit nur ein Gehaltskonto besitzt und keine zusätzliche Vermögensanlage bei dieser Bank plant oder tätigen kann. Der Wert der Geschäftsbeziehung mit einer renommierten Bank ist für den Kunden sehr hoch, da er unbürokratisch und kostengünstig seinen laufenden Zahlungsverkehr abwickeln kann. Für die Bank ist der Kapitalwert der Kundenbeziehung im Gegensatz dazu sehr gering, da durch die häufigen Transaktionen Kosten verursacht werden, die durch die Erträge der Bank für das Gehaltskonto nur knapp oder nicht ausgeglichen werden können.

Der Customer Lifetime Equity ermittelt den Kundenwert unter Berücksichtigung aller dem Kunden direkt zurechenbaren Ein- und Auszahlungen über die gesamte Beziehungsdauer (Büttgen 2003, S. 66). Er kann dabei um Faktoren, wie die

- Bindungsrate, als die Wahrscheinlichkeit eines Wiederkaufs in der nächsten Periode, und
- Interaktionswerte, als Berücksichtigung der Kontakte zwischen Kunde und Unternehmen,

erweitert werden (Bruhn et al. 2000, S. 167 ff.).

Bei der Ermittlung des Kundenwertes sind immer neben den Erträgen, die der Kunde in einem definierten Zeitraum erbringt, auch die erforderlichen Kosten für Kundenbetreuung und -bindung zu berücksichtigen. Als Grundlage für die Einordnung in Kundensegmente eignet sich insbesondere der Present Customer Lifetime Equity, also der auf den gegenwärtigen Zeitpunkt abgezinste Customer Lifetime Equity. Dies entspricht damit einem Discounted Customer Lifetime Equity. Damit wird also auch der zeitliche Anfall von Einnahmen und Ausgaben berücksichtigt. Im Unterschied hierzu berechnet der einfache Customer Lifetime Equity sowohl die bisherigen als auch die zukünftigen Zahlungen gleichbedeutend ohne Abschläge (Link/Hildebrand 1993, S. 55; Bruhn et al. 2000, S. 173).

Die Segmentierung der Kunden kann auf dieser mehr oder weniger differenzierten Basis mit verschiedenen Methoden durchgeführt werden, die grundlegendste stellt dabei eine erweiterte ABC-Analyse – wie sie in Abb. 5 ausgeführt ist – dar.

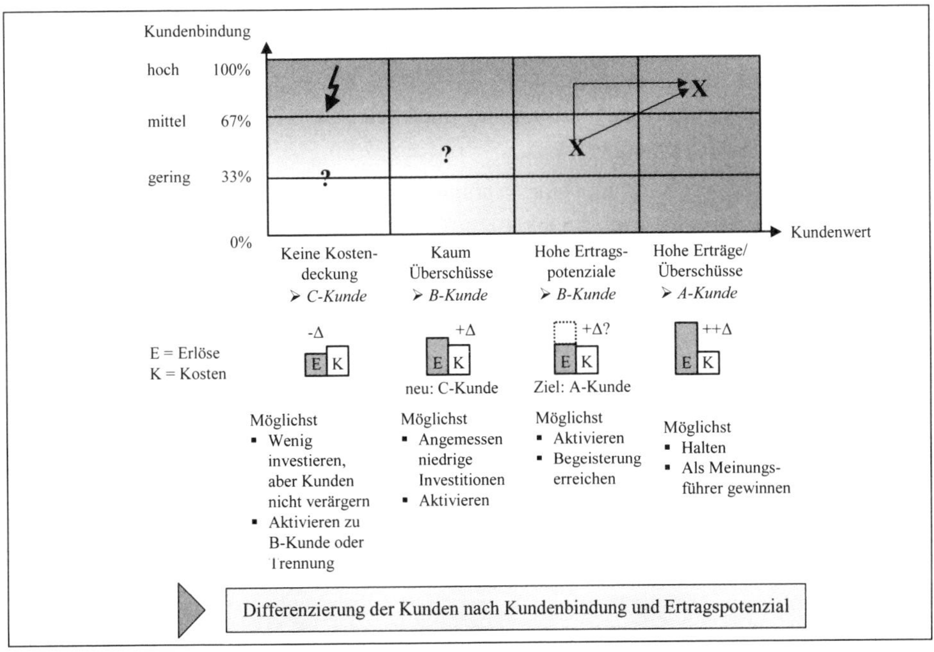

Abb. 5: Typologie des Kundenwertes

Die klassische ABC-Analyse, die sich nur an quantitativen Größen wie beispielsweise Umsatz orientiert, wird hierfür durch qualitative Kriterien erweitert und verfeinert. Dies ist vor allem die durch hohe Kundenzufriedenheit bewirkte Kundenloyalität und -bindung als Basis für den zukunftsgerichteten Customer Lifetime Equity. Seine Aktivierung und seine erreichbare Höhe sind immer nur wahrscheinlich und nicht deterministisch. Dabei geht es darum, nicht nur die aktuelle Kundenposition zu bestimmen, sondern zugleich auch das zukünftige Kundenpotenzial zu erkennen (Töpfer 2001, S. 185 f.). Aufgabe eines wirkungsvollen CRM ist es gerade, die prognostizierten Einnahmeströme auch wirklich entstehen zu lassen.

Gezieltes Handeln setzt eine aussagefähige Messung voraus. Kundenzufriedenheit ist immer eine subjektive Größe, bei der Einstellung und Erwartung auf der einen Seite sowie Wahrnehmung und Bewertung auf der anderen Seite zu berücksichtigen sind. In der Unternehmenspraxis reicht es also nicht, nur die Zufriedenheit der Kunden zu messen. Zusätzlich ist auch die Kenntnis der Wichtigkeit einzelner Kriterien erforderlich, um so einen Customer Satisfaction Index (CSI) ermitteln zu können.

Durch diese Analyse wird es also erst möglich, gezielte Maßnahmen zur Aktivierung von Zufriedenheitstreibern umzusetzen. Dies sind die Maßnahmen, mit denen das Unternehmen bisher bereits eine hohe Kundenzufriedenheit erreicht hat. Zusätzlich ist aber vor allem auch an den Kriterien anzusetzen, denen aus Kundensicht eine hohe Bedeutung zukommt und bei denen der erreichte Grad an Zufriedenheit bisher deutlich geringer ist. Auf diese Weise kann dann die Zufriedenheit der Kunden wesentlich gesteigert werden, ohne in Kostenfallen zu geraten. Diese sind nämlich dort gegeben, wo der Kunde bestimmten Anforderungen eine deutlich geringere Wichtigkeit beimisst, so dass Investitionen des Unternehmens nicht die gewünschte Wirkung erbringen (Töpfer 2001, S. 186 f.). Ein effizientes CRM muss in der Lage sein, auch diese Daten und Analysen zu liefern.

Das eigentliche Ziel ist nicht nur eine Erhöhung der Kundenzufriedenheit, sondern die Steigerung der Kundenbindung. Es kommt also darauf an, nicht nur die Basis- und Leistungsfaktoren zu erfüllen, sondern zugleich die Begeisterungsfaktoren für den Kunden zu erkennen. Dieser Zusammenhang lässt sich im Kano-Modell (Kano et al. 1994, S. 39 ff.) der Kundenzufriedenheit – siehe Abb. 6 verdeutlichen (Töpfer 1999, S. 188 f.).

Alle Verbesserungsmaßnahmen sind darauf auszurichten, zunächst die Basisanforderungen abzusichern, so dass die Unzufriedenheit von Kunden abgebaut und zumindest die „Nulllinie" erreicht wird. Sie ist dadurch gekennzeichnet, dass die wesentlichen Kriterien respektive Leistungsanforderungen aus Kundensicht ausreichend erfüllt werden. Eine Kundenbindung tritt hierdurch noch nicht automatisch ein, sondern wird entsprechend dem Kano-Modell nur erreichbar sein, wenn auch die Begeisterungsanforderungen realisiert werden. Diese wiederum sind Anforderungen, die in höherem Maße Kundenloyalität und Kundenbindung erzeugen. In der Realität besteht das Problem darin, dass sie häufig vom Kunden nicht klar artikuliert werden und dass sie nur in einer kundenspezifischen Ausrichtung eine größere Wirkung erreichen. In allen Fällen müssen die Anforderungen – zumindest über Indikatoren – aber so formuliert werden, dass sie quantitativ messbar sind und damit einem Bewertungs- und Verbesserungsprozess in der Zukunft zugänglich sind (Töpfer 2001, S. 188). Genau hierin besteht eine entsprechende Anforderung an alle IT-gestützten CRM-Konzepte.

Die Frage in der Praxis ist, inwieweit die IT-gestützten CRM-Konzepte die strategische Philosophie und Ausrichtung der Kundenorientierung in der skizzierten Weise fördern respektive zulassen und zugleich die konkrete operative Umsetzung der Kundenorientierung aktiv unterstützen.

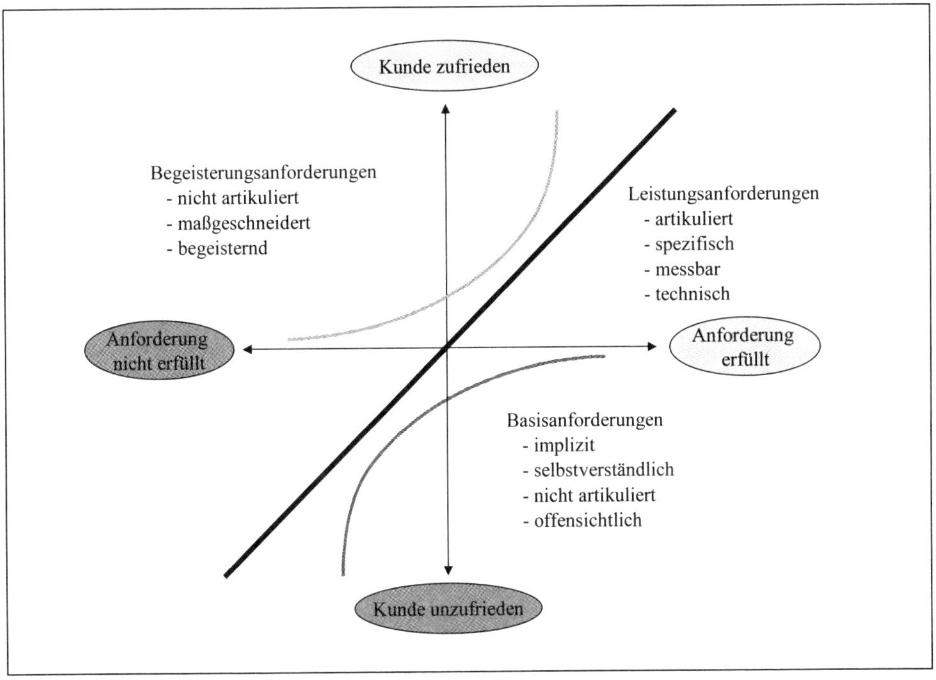

Abb. 6: Das Kano-Modell der Kundenzufriedenheit
Quelle: Berger et al. 1993, S. 26

3 Gründe für das Scheitern von CRM-Projekten

3.1 Strategische Versäumnisse

Ein wesentlicher Grund dafür, dass viele CRM-Projekte nicht die in sie gesetzten Erwartungen erfüllt haben, liegt in folgenden Sachverhalten. In nicht wenigen Unternehmen – wie vorstehend bereits ausgeführt – wurden CRM-Projekte initialisiert, ohne vorher

- das Ziel Kundenorientierung in der Philosophie des Unternehmens verankert (Henn 2002, S. 66),
- eine konkret ausgestaltete Strategie zum Umgang mit den Kunden definiert (Rigby et al. 2002, S. 58) und
- frühzeitig spezifische messbare Ziele für die CRM-Projekte formuliert (Henn 2002, S. 68 f.; o.V. 2002b) zu haben.

Mit dem Kauf einer CRM-Software und der Verteilung einer Hochglanzbroschüre – „Wir arbeiten ab heute kundenorientiert." – ist die Ausrichtung eines jeden Mitarbeiters auf die Kunden allein allerdings nicht zu erreichen.

Defizite und Fehler entstehen durch das Problem, die Strategie zum Umgang mit dem Kunden an der Leistungsfähigkeit der Software auszurichten. Das eigentliche Ziel muss neben den oben angesprochenen drei Punkten sein, die im Unternehmen vorhandenen Insellösungen für das Kundenbeziehungsmanagement zu vereinen, so dass das Unternehmen im Kundendialog in einer einheitlichen Art und Weise auftritt.

Ein Beispiel ist die Zusammenführung des Wissens über den Kunden vor allem aus den Bereichen Service und Support, Beschwerdemanagement sowie Marketing. Dies ermöglicht die gezielte Ansprache des einzelnen Kunden mit dem konkreten Bezug auf seine Historie. Dieses Vorhaben setzt – ganz banal – zunächst voraus, dass die Kundenadressen auf einem qualifizierten Niveau vorliegen, also nur eine geringe Fehlerquote aufweisen. Erst danach stellt sich das Problem der Vollständigkeit und Genauigkeit aller Daten der bisherigen Kundenbeziehung. Beispielsweise sollte eine Bank als Vertriebspartner einer Versicherung ihrem Kunden keine Kfz-Versicherung anbieten, wenn dieser dem Mitarbeiter in seiner Filiale bereits mitgeteilt hat, dass er sich nicht mehr für Kfz-Versicherungen interessiert, da er keinen PKW mehr besitzt.

Ein weiteres, hiermit manchmal in Zusammenhang stehendes Problem ist, dass in der Unternehmenspraxis Kunden oft unterschiedliche Kundennummern erhalten haben, wenn sie in Geschäftsbeziehung mit mehreren relativ selbstständig am Markt operierenden Business Units eines Unternehmens stehen. Allein die Aufgabe der Vereinheitlichung der Kundennummern auf eine einzige für alle Unternehmenssparten gleiche ist eine nicht zu unterschätzende Herausforderung an die Basisaktivitäten eines CRM-Projektes.

Das Thema Kundenbelästigung kommt vor allem dadurch zu Stande, wenn der Kundendialog intensiviert wird, ohne dass vorher die Voraussetzungen an einfache und integrierte Strukturen erfüllt werden. Ein Beispiel: Wenn ein Unternehmen im Rahmen des CRM die Intensität des schriftlichen Kundenkontaktes deutlich erhöht, dann führt dies zu einer Verstimmung und Verärgerung des Kunden, wenn vorher die verschiedenen für ihn verwendeten Kundennummern der unterschiedlichen Produktbereiche des Unternehmens nicht harmonisiert werden und er deshalb die gleiche Post mehrfach erhält.

Eine weitere Hürde stellt die Anbindung des CRM-Projektes im Unternehmen dar. Hier werden teilweise immer noch die Projektzuständigkeiten falsch gewählt, so dass es sich um ein isoliertes Vertriebs-, Marketing- oder IT-Projekt handelt (Stengl et al. 2001; o.V. 2002a). Ein CRM-Projekt ist ein wichtiger Baustein der Unternehmensentwicklung und sollte deshalb vom Bereich Unternehmensentwicklung gesteuert werden. Alle anderen relevanten Bereiche arbeiten daran im Team mit. Erst diese Vorgehensweise sichert ein integriertes CRM-Konzept.

Typische Fragen, die sich das Top-Management in Zusammenhang mit dem Start eines CRM-Projektes stellen sollte, sind:

(1) Welche Kunden sollen in Zukunft gezielter und individueller angesprochen werden – und welche Kunden nicht?

(2) Was sind die Erwartungen und Bedürfnisse dieser Kunden (O.V. 2002b)? Was wissen wir bereits über unsere Kunden und wie können wir dieses Wissen umfassend nutzen?

(3) Was können wir im Moment leisten und wo wollen wir einmal hin? Also wann, wo und wie will ich für meinen Kunden da sein?

(4) Welche Schritte unternimmt die Konkurrenz bzw. wird sie unternehmen, um ihre Kunden zu binden, und können sie einige unserer profitablen Kunden hiermit abwerben? Wie können wir unser Angebot auf dieser Basis verbessern?

(5) In welchen Schritten und Zeitrastern können wir dahin gelangen, wenn wir die Komplexität und den Prozesscharakter des CRM-Projektes berücksichtigen?

(6) Wie ist der durch CRM notwendig gewordene Veränderungsprozess im Unternehmen zu gestalten und zu kommunizieren? Wie können die Mitarbeiter in den Einführungsprozess integriert werden?

3.2 Organisatorische und informationstechnische Defizite

Defizite in den organisatorischen Voraussetzungen sahen 28 Prozent der befragten Manager – in einer von der Meta Group durchgeführten Analyse – als Grund für das Scheitern von CRM-Projekten an (Büning 2002, S. 45). Hier fehlen bereits häufig Analysen, welches die kundenorientierten Prozesse im Unternehmen sind und welche Kundenanforderungen durch welche Prozesse erfüllt werden. Nur auf der Basis dieser grundsätzlichen Analyse können Defizite erkannt und beseitigt werden (Töpfer 2003, S. 71 f.).

Weitere typische Versäumnisse sind:

- Keine klare Abgrenzung von Zuständigkeiten
- Fehlende Ressourcen zur Einführung und Umsetzung des Projektes

- Zu kurze avisierte Projektlaufzeit, da nicht berücksichtigt wird, dass der organisationale Wandel in Verbindung mit einer Neuausrichtung des Unternehmens und der Optimierung von Prozessen einen Zeitraum von mindestens 24 Monaten in Anspruch nehmen wird (Rigby et al. 2002, S. 56)
- Mangelhafte oder fehlende unternehmensinterne Wissensübertragung aus vorherigen Projekten (Graf 2002).

Auf informationstechnischer Seite fehlt häufig ein konzernweiter Test der Kompatibilität und Zweckmäßigkeit der Systeme (Kloss 2002). Es fällt den Unternehmen aufgrund der wenig konkreten Zielsetzungen für die CRM-Einführung schwer, einen geeigneten Partner für die IT-Umsetzung aus den etwa 150 deutschen und circa 1.000 weltweiten Anbietern von CRM-Software auszuwählen (Henn 2002, S. 66). Dies führt nicht selten dazu, dass die Software die Anforderungen des Unternehmens nicht erfüllen kann (Kloss 2002).

So brach RTS Realtime Systems, ein Frankfurter Softwareanbieter für den elektronischen Börsenhandel, sein erstes CRM-Projekt bereits nach einem Jahr ab, obwohl rund eine halbe Million Euro in das Projekt geflossen waren. Ziel des CRM-Projektes war die Verbesserung des Managements von Kundenanfragen und Beschwerden in Verbindung mit deren jeweiligen Vorgangsnummern, Prioritäten und Zieldaten. Bereits in der Testphase stellte sich heraus, dass die Software die Anforderungen der Kunden von RTS an die Antwortzeiten des Support nicht erfüllen konnte. Denn Betriebs- und Verbindungsprobleme müssen mittels einer Fernwartung sehr schnell gelöst werden. Inzwischen wurde ein neues Projekt gestartet, welches zumindest erfolgreich begonnen wurde (Kloss 2002).

Ein weiteres Beispiel ist das Arbeitsvermittlungsunternehmen Monster.com: Das Unternehmen investierte 1998 bei der Durchführung eines CRM-Projektes rund eine Million Dollar in eine Software, die alle bisherigen Computersysteme integrierte. Das Ziel des CRM-Projektes bestand in der Verwaltung der Kundenbeziehungen mit sofortiger Zugriffsmöglichkeit der Mitarbeiter auf die Daten potenzieller Kunden. Da das System jedoch viel zu langsam war, konnten die Außendienstmitarbeiter nicht auf die notwendigen Informationen zugreifen – im Gegenteil, ihre Laptops stürzten ab. In der Zwischenzeit schwand das Vertrauen der Kunden in Monster.com erheblich (Rigby et al. 2002, S. 55).

Weiterhin wird oft kritisiert, dass die Beratung zu den Software-Produkten mit unverständlichen Fremdwörtern gespickt und so für den Praktiker unverständlich ist (Roth 2002). Auch dies zieht schnell Probleme bei der Auswahl und der Anwendung der Software nach sich, was wiederum eine mangelnde Unterstützung der CRM-Projekte im Unternehmen zur Folge hat (o.V. 2002a).

3.3 Fehlende flankierende Maßnahmen des Personalmanagements

CRM ist ein Umgestaltungsprozess, der das gesamte Unternehmen betrifft. CRM-Maßnahmen bringen also immer Veränderungen mit sich. Insofern ergeben sich auch neue Anforderungsprofile für die Mitarbeiter, die – wenn sie nicht entsprechend kommuniziert und die Mitarbeiter nicht genügend und frühzeitig eingebunden werden – Ängste und Widerstände entstehen lassen. Die Umsetzung eines CRM-Projektes kann bis an den Rand des Scheiterns gelangen, wenn die Mitarbeiter zum Beispiel nicht darüber informiert werden,

- warum Kundenorientierung für das Unternehmen notwendig ist,
- wie die geplanten Maßnahmen den Mitarbeiter im Kundenkontakt unterstützen können,
- wer was wann und wie zu tun hat,
- wer welche Kunden betreut,
- woran die Leistung der Mitarbeiter in Zukunft gemessen wird und
- warum und wie die Informationen in die Kundendatenbanken eingepflegt werden müssen.

Selbst bei einer ausführlichen Kommunikation und Aufklärung können Ängste und Widerstände im Unternehmen zur Ablehnung der CRM-Maßnahmen führen. Dies ist der Fall, wenn sich die Mitarbeiter aufgrund der größeren Offenheit von Kundeninformationen kontrolliert oder bedroht fühlen. Werden Kundenbeschwerden in den Geschäftsstellen eines Unternehmens entgegengenommen, kann dies beispielsweise dazu führen, dass die Mitarbeiter kleinere Beschwerden nicht extra in das System aufnehmen.

Dieser Verweigerung, das neu geschaffene CRM-Konzept konsequent zu nutzen, kann unter anderem durch die Freistellung von Mitarbeitern aus den umsetzenden Abteilungen für die Projektdurchführung begegnet werden, welche dann auch die (Teil)Verantwortung für dieses Projekt übertragen bekommen. Die IT-Abteilung sollte bei der Einführung von CRM nur eine Beratungsfunktion in Bezug auf die Softwareauswahl haben und verantwortlich für alle Fragen der Implementierung der Technik sein.

Zusätzlich können auch Schulungsmaßnahmen als Verkaufstraining gegenüber Kunden und als Training im Umgang mit den Kundendatenbanken zu einer höheren Akzeptanz von CRM im Unternehmen und damit auch zu einer größeren Kundenorientierung des einzelnen Mitarbeiters führen.

Ein überaus wichtiger Punkt ist das Verbinden der CRM-Ziele mit den Leistungsbewertungs- und Incentivesystemen im Unternehmen. Hierbei muss ebenfalls berücksichtigt werden, dass beispielsweise kleinere Filialen – welche jetzt, um eine bessere Betreuung zu ermöglichen, die profitabelsten Kunden an ein Kundenbetreuungs-Center abgeben sollen – nicht mehr daran gemessen werden können, wie viele besonders profitable

Kunden sie haben, von denen sie größere Aufträge bekommen können. Dies würde schnell zu einer Demotivierung der Mitarbeiter oder sogar zu Versuchen führen, die Datenbasis zu verändern – beispielsweise durch eine Neueinstufung der Kunden in eine andere Kategorie (Jost 2003).

Werden diese Punkte nicht berücksichtigt, fehlt oft auf der Anwenderebene die grundsätzliche Akzeptanz einer kundenorientierten Unternehmenskultur (Jost 2003; o.V. 2002a).

4 Fazit und Ausblick

Auch wenn die Mehrzahl der oben angesprochenen Fehler und Defizite durch eine gute Strategie und konsequente Umsetzung vermieden werden kann, verbleibt ein Restrisiko des Scheiterns. Denn ein derartiges CRM-Projekt weist eine hohe Komplexität auf, allein dadurch dass mehrere Unternehmenseinheiten einbezogen werden müssen. Insbesondere gilt dies, wenn ein großer Konzern in allen seinen Tochtergesellschaften aufeinander abgestimmte CRM-Systeme einführt (Roth 2002; Henn 2002, S. 68).

Die Frage ist, wie geht es weiter mit der CRM-Umsetzung in der Unternehmenspraxis. Die gegenwärtige Situation ist ziemlich eindeutig. Die bisherigen Kunden sind in erheblichem Maße frustriert und wenig investitionsbereit. Die bisherigen Anbieter haben zum Teil erhebliche Umsatzeinbrüche aufgrund der Systemschwächen und der nicht erfüllten Erwartungen erlitten. Die Forderung geht also eindeutig in die Richtung einer Verbesserung der CRM-Konzepte, einer Präzisierung und Offenlegung der hierfür zu schaffenden Voraussetzungen sowie vor allem auch einer gezielten inhaltlichen Beratung und Unterstützung für die oben angesprochene Balance zwischen der kundenorientierten Ausrichtung, Organisation und Kultur des Unternehmens auf der einen Seite sowie der kundenorientierten IT-Konfiguration auf der anderen Seite.

Zwei wesentliche Entwicklungslinien sind vorgezeichnet: Zum einen die professionelle Weiterentwicklung und Ausgestaltung von CRM-Software-Konzepten durch die Anbieter. Hier ist Handlungsbedarf gegeben aufgrund der sich eher verschärfenden Wettbewerbssituation. Zum anderen das Schaffen der notwendigen Voraussetzungen in den Unternehmen, die CRM-Konzepte wirkungsvoll einsetzen wollen. Dies fängt bei einem umfassenden Verständnis für Kundenorientierung an, erfordert eine klare Strategie und erstreckt sich vor allem auch auf die Bereitschaft, im Vorfeld in die Information und Qualifizierung von Mitarbeitern, die Veränderung der Organisation in Richtung stärkere Prozessorientierung und in das Entwickeln von kundenorientierten Messgrößen und Standards zu investieren, bevor das Investment in die Software-Konfiguration erfolgt. Als Faustregel gilt, dass nicht selten die Investition in die weichen Faktoren fast genauso hoch ist wie die Investition in die harten Faktoren. Erst auf dieser Grundlage rechnet sich ein CRM-Projekt.

Literaturverzeichnis

Berger, C.; Blauth, R.; Boger, D.; Bolster, C.; Burchill, G.; DuMouchel, W.; Pouliot, F.; Richter, R.; Rubinoff, A.; Shen, D.; Timko, M.; Walden, D. (1993): Kano's Methods for Understanding Customer-defined Quality, in: Center for Quality of Management Journal, Vol. 2, No. 4, http://cqmextra.cqm.org/cqmjournal.nsf/ issues/vol2no4/$FILE/2.4_Whole_Issue.pdf (Zugriff: 13.06.2003).

Brezina, R. (2001): Analytisches Customer Relationship Management, in: Controlling, Nr. 4/5, S. 219-226.

Bruhn, M. (2000): Das Konzept der kundenorientierten Unternehmensführung, in: Bruhn, M.; Homburg, C. (Hrsg.): Handbuch Kundenbindungsmanagement: Grundlagen, Konzepte, Erfahrungen, 3. Aufl., Wiesbaden, S. 23-48.

Bruhn, M.; Georgi, D.; Treyer, M.; Leumann, S. (2000): Wertorientiertes Relationship Marketing: Vom Kundenwert zum Customer Lifetime Value, in: Die Unternehmung, Nr. 3, S. 167-187.

Büning, M. (2002): Was ist CRM/eCRM?, in: notesmagazin, Nr. 4, S. 44-46, http:// www.team4.de/T4Home/WG5_2_16.nsf/vwfiles/Was_ist_CRM_Teil3/$File/Notes%20Magazin_Teil_03.pdf (Zugriff: 13.06.2003).

Büttgen, M. (2003): Recovery Management – Systematische Kundenrückgewinnung und Abwanderungsprävention zur Sicherung des Unternehmenserfolges, in: Die Betriebswirtschaft, Nr. 1, S. 60-76.

Drefs, M.; Schlüter, C. (2002): B2B: Mit Permission Marketing Kunden gewinnen, in: Thexis, Nr. 3, S. 64-70.

Eggert, A. (2001): Konzeptionelle Grundlagen des elektronischen Kundenbeziehungsmanagement, in: Eggert, A.; Fassot, G. (Hrsg.): eCRM – Electronic Customer Relationship Management: Management der Kundenbeziehungen im Internet-Zeitalter, Stuttgart, S. 87-106.

Graf, N. (2002): Survival of the Smartest: Organizational Intelligence – Wissen als kritischer Erfolgsfaktor im globalen Wettbewerb, http://www.knowtech2002.de/ Graf_Synesis_Heilbronn_Folien.pdf (Zugriff: 03.06.2003).

Henn, H. (2002): Mission Possible: CRM-Projekte zum Erfolg führen: Balance zwischen strategischer Entscheidung und Kurzfristigkeit, in: Jahrbuch Direktmarketing, S. 66-69.

Homburg, C.; Beutin, N. (2001): Kundenstrukturmanagement als Controlling-Herausforderung, in: Reinecke, S.; Tomczak, T.; Geis, G. (Hrsg.): Handbuch Marketing Controlling: Marketing als Motor von Wachstum und Erfolg, Frankfurt/ Wien, S. 212-233.

Homburg, C.; Sieben, F.G. (2000): Customer Relationship Management (CRM) – Strategische Ausrichtung statt IT-getriebenem Aktivismus, in: Bruhn, M.; Homburg, C. (Hrsg.): Handbuch Kundenbindungsmanagement: Grundlagen, Konzepte, Erfahrungen, 3.Aufl., Wiesbaden, S. 473-501.

Jost, A. (2003): E-Interview: Erfolgreiche CRM-Einführung ist keine Hexerei, http:// www.camelot-idpro.de/pdf/E-Interview_Dr_Jost_Camelot.pdf (Zugriff: 27.05.2003).

Kano, N.; Seraku, N.; Takahasi, F.; Tsuji, S. (1994): Attractive Quality and Must-Be Quality, in: Hinshitsu, Vol. 14, No. 2, S. 39-48.

Kehl, R.E. (1997): Informationsverarbeitung im Database Marketing, in: Sonderheft Database Marketing der Zeitschrift Direkt Marketing, Nr. 9, S. 10-12.

Kloss, K. (2002): Aufhören, bevor es zu spät ist, in: Informationweek, Nr. 18, http://www.informationweek.de/index.php3?/channels/channel46/021836.htm (Zugriff: 27.05.2003)

Link, J.; Hildebrand, V.G. (1993): Database Marketing und Computer Aided Selling, München.

Mann, A. (2002): Sind es Ihre Kunden wert, in: WN, Nr. 3, S. 18.

Müller, W.; Riesenbeck, H.-J. (1991): Wie aus zufriedenen auch anhängliche Kunden werden, in: Harvard Business Manager, Nr. 3, S. 67-79.

Nonaka, I. (1991): The Knowledge-Creating Company, in: Harvard Business Review, Vol. 69, No. 6, S. 96-104.

o.V. (2002a): Das Nutzenpotential von CRM in vollem Umfang erschließen, in: Informationen für Handel & E-Commerce, Nr. 7-8, S. 1-7, http://www.handelsverband.at/hvmagazin/Hv402.pdf (Zugriff: 03.06.2003).

o.V. (2002b): CRM hat viele Gesichter, Pressemitteilung VDVF 28.09.2002, http://www.vdvf.de/download/3Herr_Eichinger_CRM-VDVF.doc (Zugriff: 03.06.03).

Polanyi, M. (1967): The Tacit Dimension, New York.

Reichheld, F.F.; Sasser, W.E. (1990): Zero Defections: Quality comes to services, in: Harvard Business Review, Vol. 68, No. 5, S. 105-111.

Rigby, D.K.; Reichheld, F.F.; Schefter, P. (2002): CRM – wie Sie die vier größten Fehler vermeiden, in: Harvard Businessmanager, Nr. 4, S. 55-63.

Roth, S. (2002): Think big – start small, in: acquisa, Nr. 7, http://www.competence-site.de/C125693E0069B482/0/B3BF95B788F92D90C1256C020059F009?Open (Zugriff: 27.05.2003).

Stengl, B.; Sommer, R.; Ematinger, R. (2001): Warum scheitern CRM-Projekte wirklich? 13 Gründe, in: Stengl, B.; Sommer, R.; Ematinger, R. (2001): CRM mit Methode – Intelligente Kundenbindung in Projekt und Praxis mit iCRM, Bonn, http://www.updatekmu.at/news/news.php4?id_aktuell=59 (Zugriff: 13.06.2003).

Strawe, O.V.; Saddei, D.; Knapp, P.; Plehwe, K.; Scheib, M. (2002): CRM: Allheilmittel oder teurer Trend, in: Jahrbuch Dialogmarketing 2002, Bonn, S. 32-34.

Töpfer, A. (1999): Die Brücke zwischen Kundenerwartung und Kundenbindung, in: Töpfer, A. (Hrsg.): Kundenzufriedenheit messen und steigern, 2. Aufl., Neuwied/Kriftel, S. 3-42.

Töpfer, A. (2001): Gezieltes Customer Relationship Management, in: Controlling, Nr. 4/5, S. 185-195.

Töpfer, A. (2003): Six Sigma als Projektmanagement für höhere Kundenzufriedenheit, in: Töpfer, A. (Hrsg.): Six Sigma – Konzeption und Erfolgsbeispiele, Berlin u.a., S. 38-85.

Wehrmeister, D. (2001): Customer Relationship Management: Kunden gewinnen und an das Unternehmen binden, Köln.

Zweiter Teil

CRM in unterschiedlichen Märkten

Michael Kleinaltenkamp, Beate Dahlke, Stefan Wengler

CRM auf Business-to-Business-Märkten

1 Customer Relationship Management auf Business-to-Business-Märkten – eine neue Idee?

Customer Relationship Management (CRM) wird in den Medien immer wieder als ein neuer Managementansatz vorgestellt, der insbesondere auf die Fortschritte in der Informations- und Kommunikationstechnologie (I&K-Technologie) zurückzuführen sei. In der Tat eröffnen die neuen Technologien vielen Unternehmen erweiterte Möglichkeiten zur Kundenanalyse, Kundengewinnung und Kundenbindung. Jedoch ist Customer Relationship Management keineswegs ein rein technologiegetriebener Managementansatz, sondern er kann inhaltlich auf die Überlegungen zum Relationship Marketing bzw. Geschäftsbeziehungsmanagement zurückgeführt werden. Und diese sind wiederum maßgeblich von den Erfahrungen und Vorgehensweisen auf Business-to-Business-Märkten geprägt, auf denen die aktive Steuerung von Kundenbeziehungen bereits seit langem zum Unternehmensalltag gehört (Sheth/Parvatiyar 1995, S. 397; Grönroos 1997, S. 337).

1.1 Vom Relationship Marketing zum Customer Relationship Management

Versteht man unter eine Geschäftsbeziehung „eine Folge von Markttransaktionen zwischen einem Anbieter und einem Nachfrager, die nicht zufällig ist" (Plinke 1997, S. 23), so handelt es sich beim Relationship Marketing um ein Verhaltensprogramm, „das explizit auf die Existenz und die Bedeutung anhaltender Austauschbeziehungen zwischen *einem* anbietenden Unternehmen und *einem* Kunden abstellt und das Wiederkaufverhalten des Kunden zum Fokus der Marketing-Maßnahmen macht" (Plinke 1997, S. 5). Auch wenn das Phänomen des Relationship Marketing schon seit Jahrhunderten zu beobachten ist, hat seine theoretische Durchdringung erst in den 80er Jahren begonnen (Berry 1983; Sheth/Parvatiyar 1995, S. 403). Angestoßen wurden die Überlegungen durch die zunehmende Bedeutung der Kundenorientierung und die Defizite in traditionellen Marketingkonzepten (Sheth/Parvatiyar 1995, S. 399), die lediglich auf die Kundenzufriedenheit innerhalb *einer* Transaktion abgestellt haben. Demgegenüber steht im Relationship Marketing die langfristige Schaffung von Werten auf den Seiten der Transaktionspartner im Vordergrund. Dazu trägt insbesondere das kollaborative Verhalten zwischen Kunden und Anbietern bei, was letztendlich zum Aufbau von strategischen Wettbewerbsvorteilen führen kann (Day/Wensley 1983; Gruen 1997, S. 34).

Die Entwicklung einer Geschäftsbeziehung im Rahmen eines Relationship Marketing lässt sich in unterschiedliche Phasen einteilen (Dwyer et al. 1987, S. 15 ff.), wobei insbesondere der Verteidigung und Pflege von Geschäftsbeziehungen eine hohe Bedeutung zukommt. Die damit verbundene In-Supplier/Out-Supplier-Problematik (Robinson et al. 1967, S. 202 f.; Plinke 1997, S. 21; Preß 1997) korrespondiert mit der Einsicht vieler Unternehmen, dass die Kosten der Neukundenakquisition oftmals viel höher sind als

Bemühungen, Kunden langfristig an das eigene Unternehmen zu binden (Gruen 1997, S. 34). Eine Erhöhung der Kundenbindung und die Erzeugung von Wechselkosten bei den eigenen Kunden erscheinen somit attraktiver als eine kontinuierliche Neukundengewinnung (Jackson 1985, S. 124). Gleichzeitig ist aber auch zu beachten, dass die Betreuung marktmächtiger Großkunden (Key Accounts) in aller Regel sehr kostenintensiv ist und die mit ihnen zu erzielenden Deckungsbeiträge im Vergleich zu den Umsätzen oft relativ gering sind. Im Konzept des Relationship Marketing wird daher nicht nur die aktive Pflege und Steuerung von Kundenbeziehung als eine wichtige Hauptaufgabe angesehen, bei der Aspekte wie Kundenzufriedenheit, Kundenorientierung und Kundenbindung eine wichtige Rolle spielen. Ebenso wird dem Controlling der Profitabilität von Kundenbeziehungen große Beachtung geschenkt.

In diesem Sinne kann Customer Relationship Management als eine Weiterentwicklung des Relationship Marketing angesehen werden, das mit Hilfe des Einsatzes neuster I&K-Technologie versucht, die Gedanken und Ideen des Relationship Marketing noch stärker in die Realität umzusetzen.

1.2 Customer Relationship Management – mehr als Technologie

Auf diesen Zusammenhang, dass nämlich Customer Relationship Management eine Verbindung von Relationship Marketing und Informationstechnologie darstellt, hat Payne explizit hingewiesen (Payne 2002, S. 8). Neben einem umfangreichen Informationsmanagement schließt CRM somit aus seiner Sicht auch die Strategieentwicklung, Aspekte der Wertschöpfung, die Integration von Kunden sowie eine Leistungsbewertung mit ein (Abb. 1). Ausgehend von der gewählten Unternehmensstrategie müssen die Wertschöpfungsprozesse und damit auch die internen Unternehmensstrukturen derart organisiert werden, dass eine in sich geschlossene Gestaltung aller Aktivitäten der Kundenbetreuung möglich wird. Unterstützt werden diese Prozesse durch ein integriertes Informationsmanagement, das die einzelnen Teilaktivitäten informationstechnisch miteinander verbindet. Deshalb wird Customer Relationship Management auch als eine Verknüpfung von Mensch, Ressource und Informationstechnologie verstanden (Dahlke/Ehret 2002, S. 300).

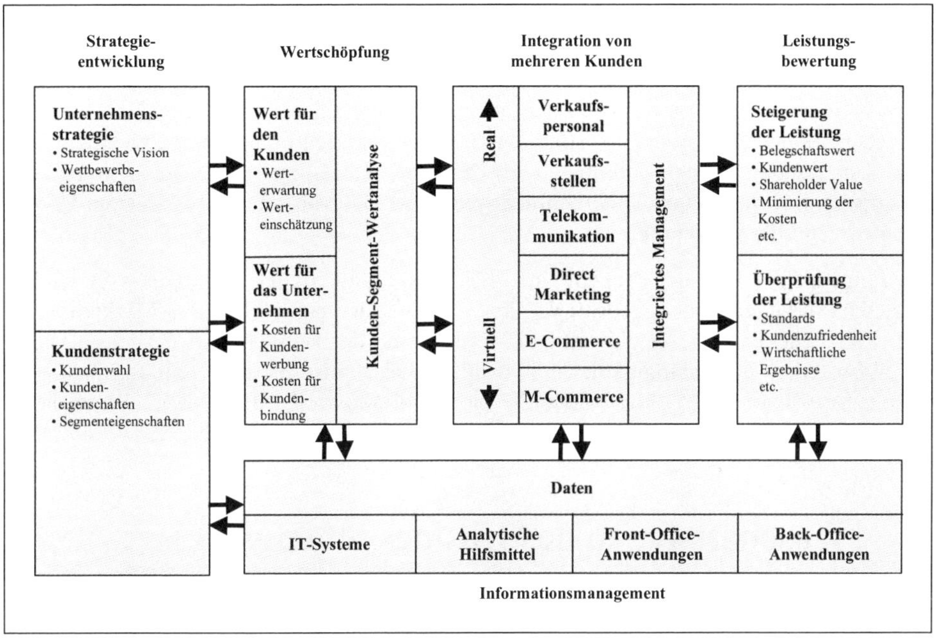

Abb. 1: Strategierahmen des Customer Relationship Management
Quelle: Payne 2002, S. 8

Customer Relationship Management ist somit keineswegs ein neuer Managementansatz, sondern kann vielmehr als eine technologische Ergänzung bzw. „Untermauerung“ des Relationship Marketing angesehen werden. Eine solche informationstechnische Unterstützung des Geschäftsbeziehungsmanagements ist allerdings auf Business-to-Business-Märkten schon seit langem vor allem in Form sogenannter Vertriebsinformationssysteme (VIS) angestrebt worden. Dabei handelte es sich zumeist um individuell angefertigte, in erster Linie auf die Bedürfnisse einzelner Unternehmen ausgerichtete Software-Lösungen. Aufgrund technologischer Schwierigkeiten und des Fehlens standardisierter Schnittstellen aber auch wegen oft mangelnder Akzeptanz bei den Anwendern konnten diese Software-Lösungen den in sie gesetzten Hoffnungen jedoch vielfach nicht oder nur teilweise gerecht werden. Im Zuge des technologischen Fortschritts und insbesondere aufgrund der Standardisierung von ERP-Systemen und Software-Schnittstellen scheint es nun möglich geworden zu sein, alle Bereiche des Relationship Marketing in einem CRM-System abzubilden und dieses System in die IT-Infrastruktur der Unternehmen vollständig zu integrieren. Damit wäre zumindest der Teil der Probleme, die sich der Nutzung von VIS aus technischer Sicht entgegengestellt hatten, als gelöst anzusehen.

So verwundert es nicht, dass mittlerweile auch immer mehr Unternehmen auf Business-to-Business-Märkten standardisierte CRM-Systeme implementiert haben oder einen solchen Schritt erwägen, auch wenn die Popularität von CRM-Systemen in den letzten

Jahren vorwiegend mit ihrem Einsatz auf Business-to-Consumer-Märkten im Zusammenhang stand. Die betreffenden Unternehmen wollen auf diese Weise ihre alten, maßgeschneiderten VIS-Lösungen durch neue, leistungsfähigere CRM-Systeme ersetzen bzw. zum ersten Mal ein CRM-System in ihrem Unternehmen einführen. Vorteile versprechen die neuen Systeme vor allem durch die erweiterten Funktionalitäten sowie ihre zum Teil standardisierten Schnittstellen, was neben einer informationstechnologischen Integration innerhalb eines Unternehmens auch den Datenaustausch mit anderen Unternehmen vereinfachen würde.

Im Folgenden sollen der Nutzen und die Notwendigkeit des Einsatzes von CRM-Systemen in Unternehmen geprüft werden, die auf Business-to-Business-Märkten agieren. Dabei rücken drei Aspekte in den Vordergrund der Betrachtung: der Einsatz von CRM-Systemen in Abhängigkeit des jeweiligen Geschäftstyps, die Mehrstufigkeit von Business-to-Business-Märkten sowie die sich kontinuierlich verändernden Wertschöpfungsstrukturen.

2 Geschäftstypen des Business-to-Business-Marketing

2.1 Abgrenzung von Geschäftstypen auf Business-to-Business-Märkten

Business-to-Business-Märkte sind dadurch gekennzeichnet, dass Unternehmen Leistungen anbieten, welche wiederum von anderen Unternehmen zur Erstellung eigener Produkte und Dienstleistungen eingesetzt werden (Kleinaltenkamp 2000, S. 602). In der Praxis fallen hierunter eine große Vielzahl von Branchen mit den unterschiedlichsten Marktstrukturen und Vermarktungsbedingungen. Gleichwohl lassen sich die auf Business-to-Business-Märkten stattfindenden Transaktionen einer überschaubaren Zahl von Geschäftstypen zuordnen, welche durch vermarktungsspezifische Gemeinsamkeiten geprägt sind und sich deshalb auch sinnvoll für eine Ableitung von Anforderungen an CRM-Systeme, die hier zum Einsatz kommen sollen, nutzen lassen.

In dieser Hinsicht besteht in der einschlägigen Literatur eine gewisse Übereinstimmung in der Ansicht, dass Vermarktungsprozesse auf Business-to-Business-Märkten im Wesentlichen durch die Ausprägungen zweier Merkmale charakterisiert sind (Backhaus 1999, S. 291 ff.; Kleinaltenkamp 2000; Plinke 2000b):

- das Ausmaß, in dem die angebotenen Problemlösungen auf die individuellen Wünsche und Belange einzelner Kunden zugeschnitten sind (Kundenintegration) sowie
- die Intensität der zwischen Kunden und Lieferanten existierenden Geschäftsbeziehungen.

Kombiniert man diese beiden Kriterien miteinander und unterstellt man vereinfachend, dass ihre jeweiligen Ausprägungen „hoch“ und „niedrig“ sein können, resultieren aus einer solchen Sichtweise vier Geschäftstypen: das „Spot-Geschäft“, das „Commodity-Geschäft“, das „Projektgeschäft“ und das „Verbundgeschäft“ (Abb. 2; Kleinaltenkamp 2000, S. 604; ähnlich Backhaus 1993; Plinke 2000b).

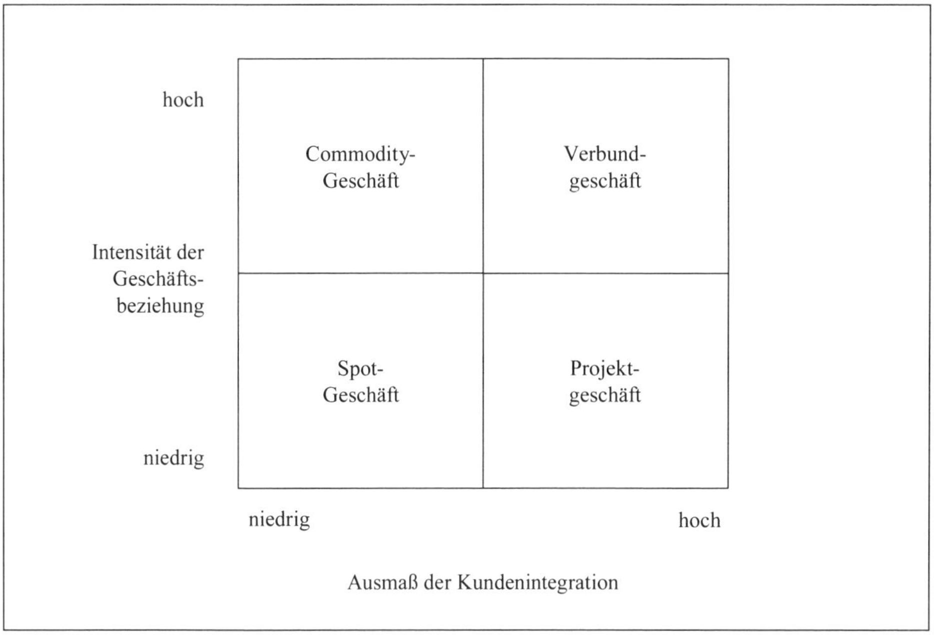

Abb. 2: Geschäftstypologie auf Business-to-Business-Märkten
Quelle: Kleinaltenkamp 2000, S. 604

Spot-Geschäft

Spot-Geschäfte liegen somit immer dann vor, wenn die gehandelten Güter standardisiert und homogen sind, d.h. eine Mitwirkung des Nachfragers an der Leistungserstellung nicht oder kaum gegeben ist, und sich zwischen Anbieter und Nachfrager keinerlei Geschäftsbeziehungen entwickeln. Diese Merkmale sind z.B. oft im Geschäft mit Rohstoffen und anderen Bulk-Products anzutreffen, die über Auktionen und Warenbörsen abgewickelt werden.

Commodity-Geschäft

Commodity-Geschäfte sind im Gegensatz zu Spot-Geschäften dadurch gekennzeichnet, dass hier trotz der Homogenität der vermarkteten (Kern-)Leistungen Geschäftsbeziehungen eine gewisse Bedeutung zukommt. Sie resultiert daraus, dass im Zusammenhang mit der Verwendung der homogenen Güter „Zusatzleistungen" erbracht werden (müssen), um sich von den anderen Anbietern zu differenzieren. Hierbei handelt es sich typischerweise um Dienstleistungen wie Anwendungsberatung, Kommissionierung, Logistik, Wartung und Instandhaltung u.ä.

Projektgeschäft

Projektgeschäfte sind demgegenüber durch zumeist lange Zeitabstände zwischen den einzelnen Kaufentscheidungen geprägt, so dass es in der Regel nicht zum Aufbau von Geschäftsbeziehungen kommt. Projektgeschäfte, wie sie etwa üblicherweise bei der Vermarktung von Großanlagen anzutreffen sind, sind allerdings durch eine sehr individuelle Leistungserstellung und deshalb durch ein hohes Maß an Kundenintegration gekennzeichnet.

Verbundgeschäft

Als Verbundgeschäfte werden schließlich alle solche Vermarktungskonstellationen bezeichnet, die sowohl durch eine hohe Kundenindindividualität der angebotenen Problemlösungen als auch durch intensive Anbieter-Kundenbeziehungen geprägt sind. Typische Beispiele hierfür sind in den Bereichen der computerintegrierten Fertigungssysteme, der Bürokommunikations- oder der Telekommunikationssysteme anzutreffen.

2.2 Einsatzfähigkeit von CRM-Systemen bei unterschiedlichen Geschäftstypen

Folgt man den Überlegungen zur Bildung von Geschäftstypen auf Business-to-Business-Märkten, wird deutlich, dass nur in zwei der vier Geschäftstypen, nämlich im Commodity-Geschäft und im Verbundgeschäft, ein Customer Relationship Management in größerem Umfang sinnvoll betrieben werden kann. Hierbei stellt sich dann allerdings die Frage, inwieweit die momentan auf dem Markt verfügbaren CRM-Systeme geeignet sind, die notwendigen Aktivitäten des Geschäftsbeziehungsmanagements bei den betreffenden Geschäftstypen zu unterstützen. Dies soll im Folgenden geprüft werden.

2.2.1 Der Einsatz von CRM-Systemen im Commodity-Geschäft

Auf den ersten Blick sprechen viele Argumente für die Implementierung eines CRM-Systems im Commodity-Geschäft, da CRM-Software-Systeme grundsätzlich in der Lage zu sein scheinen, Anbieterunternehmen bei ihren Aktivitäten sowohl der Kundenpflege als auch der Kundenbindung wertvolle Hilfestellung zu leisten (Gentsch 2002, S. 155 ff.): Neben einer Erfassung der Kundendaten in strukturierter Form und nach vergleichbaren Kriterien sowie einer Verbesserung der Transparenz hinsichtlich der Kundeninformation (Umsatz, Rendite, etc.) bieten CRM-Systeme die Möglichkeit zur Durchführung von Kundensegmentierungen. Zudem kann das CRM-System eine Entscheidungshilfe dabei geben, welche Marketingmaßnahmen in welchem Kundensegment am sinnvollsten eingesetzt werden sollen.

Gleichwohl unterstützen diese reinen Informationsfunktionen nicht alle im Commodity-Geschäft bedeutsamen Unternehmensprozesse. Vor dem Hintergrund der Notwendigkeiten von Commodity-Geschäften erscheinen vor allem Erweiterungen der CRM-Systeme um die folgenden Funktionalitäten wünschenswert:

- preispolitische Entscheidungsunterstützung,
- automatische Bündelung von Zusatzdienstleistungen,
- Erweiterung des Serviceangebotes für den Kunden,
- Austausch von Kundendaten mit Partnern sowie
- Möglichkeiten zum Angebot von gemeinsamen Leistungsbündeln.

Der Preispolitik kommt als Marketinginstrument im Commodity-Geschäft wegen der Homogenität der vermarkteten Kernleistungen eine zentrale Bedeutung zu. Deshalb sollte diesem Aspekt auch bei der Ausgestaltung entsprechender CRM-Systeme Rechnung getragen werden. Auch wenn CRM-Systeme alle relevanten Kundendaten zur Verfügung stellen sollten, mangelt es oft an einer geeigneten preispolitischen Entscheidungsunterstützung. Ein entsprechend ausgestaltetes, automatisches Vorschlagswesen würde jedoch den Mitarbeitern nicht nur Referenzwerte als Anhaltspunkte für preispolitische Entscheidungen zur Verfügung stellen, sondern würde zudem eine sofortige Berücksichtigung von Änderungen in der Preisstrategie der Unternehmensleitung ermöglichen.

Eine weitere, äußerst nützliche Funktionalität wäre eine automatische Bündelung von Zusatzdienstleistungen, um Synergien bei der Durchführung entsprechender Services zu erreichen. Auch wenn dies nicht unbedingt als eine Aufgabe eines CRM-Systems angesehen werden kann, sollte es die entsprechende Zusammenführung von Daten unterstützen und notwendige, standardisierte Schnittstellen zur Verfügung stellen. Eine Anbindung bzw. Integration in weitere Computersysteme erscheint daher unerlässlich.

Immer wieder wird im Zusammenhang mit CRM-Systemen auf die Vorteile automatischer Empfehlungssysteme verwiesen. Insbesondere die Analysefunktionen von CRM-Systemen ermöglichen es, bestimmte Verhaltensmuster zu identifizieren bzw. anhand zuvor festgelegter Parameter Vorschläge für neue Serviceangebote an den Kunden zu unterbreiten (Gentsch 2002, S. 153). Auch wenn derzeit noch von der Nutzung vollkommen automatisierter Empfehlungssysteme abzuraten ist (Gentsch 2002, S. 172), wäre hier zumindest eine Verbesserung der Entscheidungsunterstützung äußerst sinnvoll.

Fraglich ist zudem, inwieweit CRM-Systeme dem Unternehmen einen Austausch von Kundendaten mit ihren Partnern ermöglichen, um auf dieser Informationsbasis dem Kunden gemeinsame Leistungsbündel anzubieten. Insbesondere die Forderung nach einem unternehmensübergreifenden Informationsaustausch macht deutlich, dass in diesem Bereich die Herausforderungen für die Weiterentwicklung entsprechender CRM-Systeme in den kommenden Jahren liegen werden (vgl. Picot et al. 2001, S. 319).

Somit kann als Fazit hinsichtlich der Einsatzmöglichkeiten von CRM-Systemen im Commodity-Geschäft folgendes festgehalten werden: Im Allgemeinen scheinen CRM-Systeme für den Einsatz im Commodity-Geschäft gut geeignet, auch wenn Defizite bzgl. des entscheidungsunterstützenden Einsatzes sowie der Möglichkeiten der kooperativen Zusammenarbeit zu erkennen sind.

Spielt dieser unternehmensübergreifende Aspekt im Commodity-Geschäft allerdings nur eine eher untergeordnete Rolle, so ist er in dem im Folgenden zu betrachtenden Verbundgeschäft von überragender Bedeutung.

2.2.2 Der Einsatz von CRM-Systemen in Verbundgeschäften

Im Gegensatz zum Commodity-Geschäft steht die Integration des Kunden in den Wertschöpfungsprozess des Anbieters im Vordergrund des Verbundgeschäftes. Damit eine bedarfsgerechte Leistungserstellung durch den Anbieter realisiert werden kann, ist bei diesem Geschäftstyp ein umfassender, unternehmensübergreifender Datenaustausch zwischen Anbieter und Nachfrager unumgänglich (Dahlke/Ehret 2002, S. 304). Um die Komplexität und die Kosten, die mit einer individuellen Leistungserstellung verbunden sind, möglichst gering zu halten und letztlich auf eine effiziente und effektive Kundenintegration hinwirken zu können, muss dieser Datenaustausch weitgehend reibungslos erfolgen. Bereits an diesem zentralen Punkt stellt sich die Frage, inwieweit CRM-Systeme in der Lage sind, die Kundenintegration entsprechend zu unterstützen, d.h. eine reibungslose und zielgerichtete Interaktion zwischen Anbieter und Nachfrager zu ermöglichen.

Dabei ist ferner zu beachten, dass mit jeder Durchführung eines kundenintegrierenden Leistungserstellungsprozesses Informationen gewonnen werden (können), die für nachfolgende Transaktionen mit dem gleichen oder auch mit anderen Kunden von hohem Nutzen sein können. Ein CRM-System sollte somit auch diesen Aspekt berücksichtigen, damit eine optimale Ausnutzung des Einsatzpotenzials ermöglicht wird. Es ist davon auszugehen, dass derartige Integrationsmöglichkeiten für die betroffenen Unternehmen zukünftig zu einem Kernaspekt bei der Auswahl entsprechender CRM-Systeme werden.

Die Tatsache, dass insbesondere im Verbundgeschäft Unternehmensprozesse der Anbieter und Nachfrager stark ineinander greifen, führt zudem zu der Überlegung, dass die Implementierung einer CRM-Software, die diesem Aspekt Rechnung tragen will, nicht als eine autonome Entscheidung des Anbieterunternehmens angesehen und getroffen werden kann. Schließlich beinhaltet die Kundenintegration nicht nur einen informationsbezogenen Datenaustausch, sondern erfordert die Mitwirkung des Kunden an vielen Stellen des Leistungserstellungsprozesses (Kleinaltenkamp 1997a, S. 84). Da sich CRM-Systeme mit den kundenorientierten Geschäftsprozessen an der Schnittstelle zwischen Anbieter und Kunden befassen, müssen sich die Anbieter von CRM-Systemen verstärkt auch mit den Möglichkeiten der Kollaboration zwischen Anbieter und Nachfrager auseinandersetzen, was bislang allerdings nicht der Fall zu sein scheint.

Die Ergebnisse sind bis dahin somit ernüchternd: Weder beim Commodity-Geschäft noch beim Verbundgeschäft scheint eine weitreichende Unterstützung der Geschäftsbeziehungsprozesse durch die auf dem Markt verfügbaren CRM-Systeme gewährleistet zu sein, wobei beim Verbundgeschäft die gravierendsten Defizite festzustellen sind.

3 Herausforderungen der Mehrstufigkeit von Business-to-Business-Märkten

Ein weiteres wesentliches Kennzeichen von Business-to-Business-Märkten, das bei der Nutzung von CRM-Systemen in diesem Umfeld zu beachten ist, ist deren Mehrstufigkeit. Da die Nachfrager auf diesen Märkten selbst als Anbieter auf ihren Absatzmärkten auftreten, durchlaufen die von ihnen nachgefragten Leistungen mindestens eine Weiterverarbeitungs-, Nutzungs- und/oder Handelsstufe, bevor sie zum Letztverwender gelangen. Somit kann nicht nur die direkte, sondern auch die indirekte Nachfrage, die auch als *abgeleitete* oder *derivative* Nachfrage bezeichnet wird (Kleinaltenkamp/Rudolph 2002, S. 285), den Absatz nachhaltig beeinflussen.

3.1 Bedeutung des mehrstufigen Marketing

Für Unternehmen, die auf Business-to-Business-Märkten agieren, kann es vor diesem Hintergrund durchaus sinnvoll sein, die Marketingaktivitäten nicht nur auf die unmittelbar nächsten Abnehmer, sondern auch auf die nachfolgenden Wertschöpfungsstufen auszurichten. Eine solche Vorgehensweise wird als *mehrstufiges Marketing* bezeichnet. Es umfasst „alle absatzpolitischen Maßnahmen, die auf eine oder mehrere den unmittelbaren Abnehmern nachfolgende Marktstufe(n) („Kunden des Kunden") gerichtet sind" (Rudolph 1989, S. 34). Ziel ist es, die Entscheidungen der Akteure nachfolgender Marktstufen zu beeinflussen, um letztlich den eigenen Absatzerfolg zu sichern.

Im Gegensatz zur *Push-Strategie*, bei der die absatzpolitischen Maßnahmen eines Anbieters den direkten Kunden fokussieren, zielt ein Anbieter mit dem Einsatz der *Pull-Strategie* im Rahmen des mehrstufigen Marketing darauf ab, auf den nachgelagerten Wertschöpfungsstufen Präferenzen für seine Erzeugnisse zu schaffen und so über den indirekten Weg Nachfrage zu erzeugen. Die beiden Strategiealternativen müssen sich jedoch nicht gegenseitig ausschließen. Nicht zuletzt aufgrund möglicher Widerstände seitens der betroffenen direkten Kunden erscheint vielmehr ein aufeinander abgestimmter und sich ergänzender Einsatz beider Strategievarianten ratsam. Beispielsweise kann ein Anbieter im Rahmen einer *Push-Strategie* seine direkten Kunden bei ihren Verkaufsaktivitäten unterstützen (z.B. durch das Zurverfügungstellen von Produktkatalogen oder die Durchführung von Schulungsmaßnahmen), zugleich aber über eine *Pull-Strategie* auf den nachgelagerten Marktstufen Interesse für die eigene Marktleistung wecken (z.B. durch zielgruppenspezifische Werbemaßnahmen). Mit einer entsprechenden Ausrichtung auf die Interessen der beteiligten Nachfragergruppen kann es gelingen, die absatzpolitische Konzeption eines Anbieters innerhalb einer mehrgliedrigen Absatz- und/oder Weiterverarbeitungskette durchzusetzen. Zugleich können so die Vorteile einer vertikal abgestimmten Zusammenarbeit genutzt und stufenübergreifende Lieferbeziehungen stabilisiert werden. Zusätzlich ist zu berücksichtigen, dass nicht nur die an der Weiterverarbeitungskette unmittelbar beteiligten Unternehmen für den Absatzerfolg von Bedeutung sind, sondern dass auch Einflüsse weiterer Personen oder Organisationen wirksam werden können (z.B. externe Berater, die von den Kunden zur Entscheidungsfindung herangezogen werden). Auch diese stellen mögliche Adressaten einer mehrstufigen Marketingkonzeption dar.

Die gewünschten Effekte eines mehrstufigen Marketing können allerdings nur erzielt werden, wenn die angesprochenen Marktteilnehmer die Leistungen der vorgelagerten Stufen für ihre eigene Wettbewerbsfähigkeit als bedeutend erachten bzw. darin einen Einflussfaktor auf ihren eigenen Markterfolg sehen (Kleinaltenkamp/Rudolph 2002, S. 289 ff.).

3.2 Marketingaufgaben bei mehrstufigen Marktstrukturen

Die bisherigen Ausführungen haben deutlich gemacht, dass die Mehrstufigkeit auf Business-to-Business-Märkten von dem Unternehmensmanagement ein Denken über die direkten Kunden hinaus erforderlich macht. Um eine effektive und effiziente mehrstufige Marketingkonzeption zu entwickeln, müssen sich Anbieter zudem sehr genau mit den Wertschöpfungsprozessen der nachfolgenden Marktstufen auseinandersetzen. Daher soll im Folgenden auf die verschiedenen Analyse- und Planungsschritte eines mehrstufigen Marketingkonzeptes (Kleinaltenkamp/Rudolph 2002, S. 295 ff.) näher eingegangen werden.

3.2.1 Analyse der Marktstufen

Da aus den jeweiligen Marktgegebenheiten unterschiedliche Gestaltungsmöglichkeiten und -notwendigkeiten für eine mehrstufige Marketingkonzeption resultieren, sollte eine genaue Analyse der relevanten Marktstufen stets den Ausgangspunkt für derartige Überlegungen bilden. Dazu gehören insbesondere

- die Analyse der Verarbeitungs- und Distributionswege, welche die erstellte Leistung innerhalb der Wertschöpfungskette zurücklegt,

- die Identifikation der betreffenden Weiterverarbeitungs-, Handels- und/oder Nutzungsstufen,
- die Analyse der Gegebenheiten auf den jeweiligen Marktstufen (insbesondere im Hinblick auf bestehende Substitutions- und Komplementaritätsbeziehungen zwischen den jeweiligen Produkten, aber auch im Hinblick auf bestehende Wettbewerbsverhältnisse, wesentliche Charakteristika der Marktakteure und ihrer Verhaltensweisen, etc.),
- die Analyse der Bedeutung des eigenen Leistungsangebots für den Markterfolg der Akteure auf den nachfolgenden Marktstufen sowie
- die Analyse potenzieller Einflussfaktoren auf das Verhalten der beteiligten Akteure.

Dass die Absatzwege und damit auch die Marktstufenstrukturen durchaus vielfältige Gestaltungsformen annehmen können, verdeutlicht Abb. 3. Für den Business-to-Business-Bereich ist zudem typisch, dass die erstellte Leistung auf verschiedenen Absatzwegen gleichzeitig vermarktet wird (sog. „mehrgleisiger Vertrieb"). Entsprechend ergeben sich auch unterschiedliche Ansatzpunkte für ein mehrstufiges Marketing. Zusätzlich ist zu beachten, dass sich die Marktstufenstrukturen im Zeitablauf verändern und eine Anpassung der ein- oder mehrstufigen Strategien erforderlich machen können.

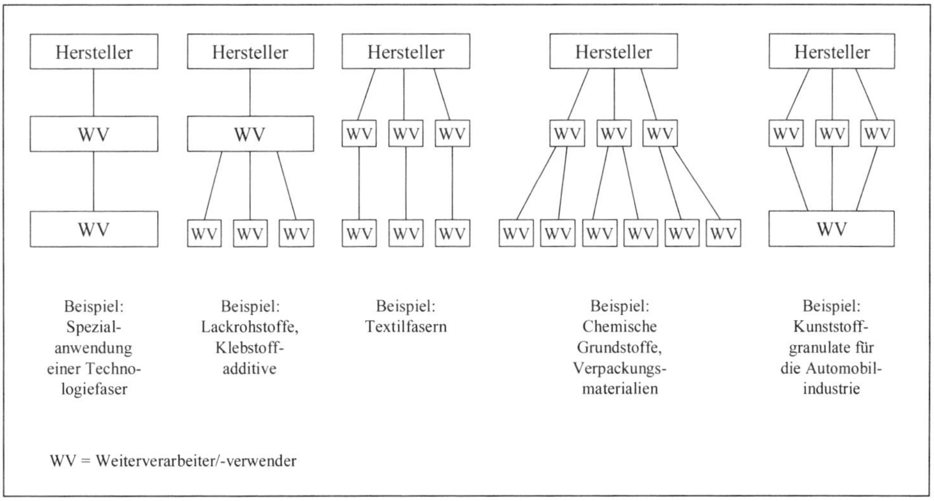

Abb. 3: Beispiele für Marktstufenstrukturen
Quelle: Rudolph 1989, S. 140

Je genauer ein Unternehmen über die Marktgegebenheiten auf nachfolgenden Marktstufen informiert ist, desto besser wird es in der Lage sein, geeignete Aktivitäten im Rahmen eines mehrstufigen Marketing zu ergreifen.

3.2.2 Voraussetzungen für die Durchführung eines mehrstufigen Marketing

Aufbauend auf den in der Analyse der Marktstufen gewonnenen Erkenntnissen ist zu prüfen, ob der Einsatz einer mehrstufigen Marketingkonzeption überhaupt Sinn macht. Dies hängt im Wesentlichen von folgenden Punkten ab (Kleinaltenkamp/Rudolph 2002, S. 298 ff.):

- Existenz und Kaufrelevanz eines Kundenvorteils,
- Kommunizierbarkeit des betreffenden Kundenvorteils,
- Identifizierbarkeit des eigenen Produktes auf den nachfolgenden Marktstufen,
- Mindestmaß an Markt- und Marketing-Know-how sowie
- Sicherheit, dass der gewünschte Nachfragesog nicht durch konterkarierende Maßnahmen einer nachgelagerten Marktstufe verhindert wird bzw. werden kann.

Grundvoraussetzung für ein erfolgreiches mehrstufiges Marketing ist zunächst, dass die angebotene Leistung über einen Kundenvorteil verfügt, der für mindestens eine der nachfolgenden Marktstufen kaufrelevant ist. Sollten die Nachfrager durch den Einsatz der entsprechenden Leistung auf ihren Absatzmärkten keine Wettbewerbsvorteile erzielen können, so wird ihr Interesse an diesem Angebot gering ausgeprägt sein. Zudem ist wichtig, dass dieser Kundenvorteil kommunizierbar und das eigene Produkt in den nachfolgenden Marktstufen identifizierbar ist. Die Identifizierbarkeit kann dabei auch durch die Kennzeichnung der Erzeugnisse der nachfolgenden Marktstufen mit Firmen- oder Produktmarken der darin enthaltenen Produktkomponenten des Vorlieferanten erreicht werden, wie es beispielsweise bei mit *Intel*-Chips ausgerüsteten Computern der Fall ist. In diesem Zusammenhang wird auch von einem „*Ingredient Branding*" gesprochen. Von großer Bedeutung ist zudem ein ausreichendes Know-how des Anbieters über die Folgestufen, um die Maßnahmen eines mehrstufigen Marketing zielgerichtet einsetzen zu können. Dabei ist darauf zu achten, dass die mehrstufige Marktbearbeitung nicht auf unüberwindbare Widerstände auf den nachfolgenden Marktstufen trifft. Sofern die Nachfragerseite Widerstand zeigt und über eine derartige Macht verfügt, die eigenen Interessen gegebenenfalls auch gegenüber anderen Marktakteuren durchzusetzen, kann dies verheerende Folgen für die Vermarktung der eigenen Leistung und damit für den Erfolg des Unternehmens haben.

Der Einsatz einer mehrstufigen Marketingkonzeption erscheint folglich nur dann ratsam, wenn alle genannten Voraussetzungen erfüllt sind.

3.2.3 Bestimmung der Schlüssel- und Zielstufen

Ist dies der Fall, gilt es, in einem weiteren Schritt die Schlüssel- und Zielstufen des Marketingkonzeptes zu bestimmen. Während es sich bei den Zielstufen um diejenigen Marktstufen handelt, die mit den Marketingaktivitäten direkt angesprochen werden sollen, versteht man unter den Schlüsselstufen die Marktstufen, deren Kaufverhalten für den Erfolg einer mehrstufigen Marketingkonzeption von ausschlaggebender Bedeutung ist (Kleinaltenkamp/Rudolph 2002, S. 305 f.). Aufgrund ihrer Bedeutung sind Schlüsselstufen zumeist auch Zielstufen – während Zielstufen keineswegs auch Schlüsselstufen sein müssen. Ein Verzicht auf eine direkte Ansprache von Schlüsselstufen könnte fatale Folgen haben, da in diesem Fall Widerstände zu erwarten wären, von ihrem Verhalten jedoch der Erfolg der eingesetzten Marketingmaßnahmen wesentlich abhängt. Die Marketingaktivitäten bezüglich der reinen Zielstufen hingegen können als begleitende, die Schlüsselstufen indirekt beeinflussende Maßnahmen angesehen werden.

3.2.4 Ausgestaltung des mehrstufigen Marketing

Im Hinblick auf die konkrete Ausgestaltung und Realisierung einer mehrstufigen Marketingkonzeption ist zunächst zu klären, ob ein kooperatives oder ein einzelbetriebliches Vorgehen als sinnvoll erachtet wird. Aus den bisherigen Ausführungen ist deutlich geworden, dass die Realisierung eines mehrstufigen Marketing nicht nur mit erheblichem finanziellem und organisatorischem Aufwand verbunden ist, sondern dass es zudem eines umfassenden Markt- und Marketing-Know-hows bedarf. Somit kann es sehr sinnvoll sein, bei der Umsetzung einer mehrstufigen Marketingkonzeption mit anderen Unternehmen zu kooperieren. Die Zusammenarbeit kann dabei mit Unternehmen einer vor- oder nachgelagerten Marktstufe (vertikale Kooperation), mit Unternehmen der gleichen Marktstufe (horizontale Kooperation) oder in einer Mischform, bei der horizontale sowie vertikale Kooperationen zusammenwirken, erfolgen. Es ist davon auszugehen, dass die Kooperationsbereitschaft der Unternehmen steigt, je höher der Aufwand für eine alleinige Durchführung eines mehrstufigen Marketing und je höher das Risiko für das Unternehmen sind, dass seine Marketingbemühungen wirkungslos verpuffen bzw. zu einem großen Teil den Konkurrenten zu Gute kommen.

Um eine mehrstufige Marketingkonzeption möglichst wirkungsvoll umzusetzen, bedarf es zudem einer differenzierten Betrachtung der Marketinginstrumente und ihrer Einsatzmöglichkeiten. Die Gestaltungsbereiche der Distributions- und Preispolitik unterliegen im Rahmen des mehrstufigen Marketing gewissen Einschränkungen: Da die Vertriebswegeentscheidung überhaupt erst den Einsatz eines mehrstufigen Marketing ermöglicht, ist diese als dessen Grundlage, nicht aber als ein Teilbereich einer entsprechenden Marketingkonzeption anzusehen. Bei der Preispolitik verhält es sich dagegen anders: Ihrer Gestaltungsmöglichkeit stehen aufgrund der u.U. mehrfachen Weiterverarbeitung auf den nachfolgenden Marktstufen Durchsetzungsschwierigkeiten und letztlich auch gesetzliche Einschränkungen (Preisbindungsverbote) entgegen. Somit verfügen Unternehmen, die den Markt mit einem mehrstufigen Marketingkonzept bearbeiten möchten, mit der Gestaltung des Leistungsprogramms und der Kommunikationsgestaltung lediglich über eine eingeschränkte Auswahl der Marketinginstrumente. Jedoch bieten sich hier, beispielsweise im Rahmen einer an den Bedürfnissen nachfolgender Marktstufen ausgerichteten Produktentwicklung oder Erweiterung des Leistungsangebots (z.B. Zusatz- oder Beratungsleistungen) sowie mit Werbemaßnahmen oder durch den persönlichen Verkauf, vielfältige Möglichkeiten. Ergänzendes Aktionspotenzial bieten marktübergreifende Formen der Vertragsgestaltung, die beispielsweise entsprechende Regelungen in Bezug auf die Erbringung von Zusatzleistungen sowie die Gestaltung der Markierungspolitik umfassen können (Kleinaltenkamp/Rudolph 2002, S. 314).

Schließlich gilt es, die ein- und mehrstufigen Marketingaktivitäten, die in der Regel parallel zum Einsatz kommen, aufeinander abzustimmen, um ein effektives und effizientes Auftreten am Markt sicherzustellen.

3.3 Mehrstufigkeit und Customer Relationship Management

Die vorangegangenen Ausführungen haben deutlich gemacht, dass im Rahmen eines mehrstufigen Marketing zahlreiche Aufgaben zu bewältigen sind und zudem eine Vielzahl von Beteiligten auf unterschiedlichen Marktstufen, deren Verhalten es zu koordinieren gilt, zu berücksichtigen ist. Entsprechend hoch sind auch die Anforderungen, die an ein CRM-System zu stellen sind, wenn es hier eine konkrete Hilfestellung bieten soll. Mehrstufiges Marketing kann dabei „gleichsam als ein *Systemgeschäft* verstanden werden, bei dem das Leitunternehmen durch seine Strategie eine 'Systemarchitektur' miteinander vernetzter Marketingaktivitäten festlegt" (Kleinaltenkamp/Rudolph 2002, S. 307). Die organisatorischen, personellen und finanziellen Herausforderungen, die daraus resultieren, dürfen nicht unterschätzt werden. Um ein Scheitern eines entsprechend ausgerichteten Konzeptes zu verhindern, müssen die dabei erforderlichen Aufgaben detailliert durchdacht und ihre Umsetzung systematisch überwacht werden.

Vor dem Hintergrund der zuvor skizzierten Aufgabenbereiche und Besonderheiten des mehrstufigen Marketing sind bei einer informationstechnischen Unterstützung insbesondere folgende Aspekte zu berücksichtigen:

- Marktstufenübergreifende Datengewinnung,
- Analyse und Nutzung marktstufenübergreifender Daten sowie
- Koordination der mehrstufigen Marketingaktivitäten.

Marktstufenübergreifende Datengewinnung

Damit ein CRM-System den Anforderungen eines mehrstufigen Marketing gerecht werden kann, muss es auch die Gewinnung von Informationen über die nachfolgenden Marktstufen mit einschließen. Gerade hier greifen jedoch die in der Literatur und Praxis derzeit diskutierten CRM-Ansätze und die gängigen CRM-Softwarelösungen meist zu kurz: Sie sind in der Regel lediglich auf die Erfassung von Daten der direkten Kunden zugeschnitten. Mit der entsprechenden Datenbasis soll einer kundenorientierten Unternehmung ein ganzheitlicher Blick auf die Kundenbeziehung und eine auf die kundenindividuellen Belange zugeschnittene Kommunikation und Leistungserstellung erleichtert werden. Dabei wird jedoch übersehen, dass insbesondere auf Business-to-Business-Märkten mit ihrem Spezifikum der Mehrstufigkeit die Kundenorientierung eines Unternehmens nicht bei den eigenen Kunden enden darf, sondern auch die Kunden der Kunden berücksichtigen muss. Fehlt diese Sichtweise, dann ist auch eine adäquate Erfassung marktstufenübergreifender Kundendaten nicht möglich. Das Erfassungsproblem wird zusätzlich dadurch verschärft, dass sich der Datenstrom mit zunehmender Vernetzung der verschiedenen Unternehmen erheblich vergrößert, den Unternehmen aber oftmals nur begrenzte Möglichkeiten der Datenerfassung zur Verfügung stehen. Gerade der Umgang mit diesen zusätzlich erworbenen Informationen stellt jedoch eine der großen Herausforderungen für das zukünftige Management auf Business-to-Business-Märkten dar.

Analyse und Nutzung marktstufenübergreifender Daten

Um den umfassenden Datenpool systematisch aufbereiten und dessen zielgerichtete Nutzung ermöglichen zu können, sind ferner die Extraktion und Auswertung der relevanten Daten erforderlich. Im Rahmen einer mehrstufigen Marketingkonzeption sollte ein entsprechendes *analytisches CRM* auch die Möglichkeit bieten, Schlüssel- und Zielstufen zu bestimmen sowie deren Eignung im Hinblick auf den Einsatz mehrstufiger Marketingmaßnahmen gemäß den oben genannten Anforderungen und Gestaltungsmöglichkeiten einzuschätzen. Von Bedeutung ist ferner, dass alle betroffenen Unternehmensbereiche und Mitarbeiter mit den relevanten Informationen versorgt werden und eine reibungslose Integration des CRM-Systems in bereits vorhandene Geschäftsprozesse und Systeme gewährleistet wird (*operatives CRM*). Schließlich gilt es, im Rahmen eines *kollaborativen CRM* die Interaktionen mit den Kunden aufeinander abzustimmen, und zwar sowohl im Hinblick auf die Kontakte mit den direkten Kunden als auch im Hinblick auf marktstufenübergreifende Aktivitäten.

Koordination der mehrstufigen Marketingaktivitäten

Wie zuvor herausgestellt wurde, erfordert der Einsatz einer mehrstufigen Marketingkonzeption oftmals die Zusammenarbeit mit Unternehmen vor- oder nachgelagerter Marktstufen oder auch der gleichen Marktstufe. Dabei ist es wichtig, dass nicht nur die unternehmensinternen Marketingaktivitäten aufeinander abgestimmt werden, sondern unternehmensübergreifend alle auf die Schlüssel- und Zielstufen gerichteten Aktivitäten aus der Sicht des betreffenden Vorproduktherstellers strategiekonform eingebunden werden. Im Rahmen einer entsprechenden kooperativen Bearbeitung mehrstufiger Märkte kann es dabei auch sinnvoll sein, auf gemeinsam genutzte Kundendatenbanken und Systeme zurückzugreifen, um die Kundenakquisitions- und Kundenbindungsmaßnahmen effektiv und effizient gestalten zu können. Informationen über die Kunden, die den unterschiedlichen Unternehmen zugänglich sind, können so gemeinsam genutzt, Aktivitäten zeitlich und inhaltlich besser abgestimmt und eine redundante Kundenansprache vermieden werden.

Eine derart unternehmensübergreifende Zusammenarbeit erfordert jedoch eine unternehmensübergreifende Integration der vorhandenen Konzepte und Systeme, was nicht zuletzt auch eine technische Herausforderung darstellt. Ohne den Einsatz geeigneter Softwarelösungen erscheint eine Bewältigung des mit einer entsprechenden Umsetzung eines mehrstufigen Marketing verbundenen erheblichen Koordinations- und Kommunikationsaufwands sowohl innerhalb eines Unternehmens als auch zwischen den Unternehmen kaum denkbar. Schließlich soll ein ganzheitliches System gebildet werden, mit dem die eigentliche Herausforderung, die Erschließung und Ausschöpfung von Kundenpotenzialen, bewältigt werden kann. Gängige Software-Lösungen dürften hier allerdings an ihre Grenzen stoßen. Sie sind ebenso wenig auf die marktstufenübergreifende Informationsgewinnung und -auswertung zugeschnitten wie auf die Notwendigkeit einer darauf abgestimmten unternehmensübergreifenden Zusammenarbeit.

Zusammenfassend kann festgehalten werden, dass ein auf die Erfordernisse eines mehrstufigen Marketing zugeschnittenes, umfassendes CRM weit reichende Konsequenzen für die Aufbauorganisation, die Marketing- und Vertriebsprozesse und nicht zuletzt für die Strategien und Aktivitäten aller beteiligten Akteure hat. Es erfordert ein ganzheitliches Vorgehen und geht über die reine Anwendung einzelner Marketingtools weit hinaus. Eine darauf abgestimmte Softwarelösung könnte ein wertvolles Hilfsmittel darstellen, würde jedoch nicht die notwendigen strategischen Vorüberlegungen und Entscheidungen ersetzen. Wichtig und zugleich schwierig ist es, die besonderen Chancen und Herausforderungen einer mehrstufigen Marketingkonzeption richtig einschätzen zu können. Dieses Problem wird durch die den Business-to-Business-Märkten inhärente Dynamik, die sich in kontinuierlich verändernden Wertschöpfungsstrukturen niederschlägt, weiter verschärft. Wechselnde Partner, wechselnde Kunden und das Agieren auf unterschiedlichen Märkten stellen hohe Anforderungen an zukünftige Systeme, um für ein flexibles mehrstufiges Marketing die entsprechenden Voraussetzungen und Umsetzungsmöglichkeiten zu schaffen.

4 Dynamik auf Business-to-Business-Märkten

Wie im vorangegangenen Abschnitt bereits angedeutet, darf bei der Betrachtung des Einsatzes von CRM-Systemen ein weiterer entscheidender Aspekt nicht vernachlässigt werden, nämlich die Markt- und Wettbewerbsdynamik. Die sich zunehmend beschleunigenden Veränderungsprozesse auf Business-to-Business-Märkten sind dabei nicht zuletzt auf einen verbesserten Informationsfluss zwischen den Unternehmen zurückzuführen, zugleich aber auch Ausdruck eines verstärkten Wettbewerbs, vorhandener Überkapazitäten und der Homogenisierung vieler Güter (Plinke 2000b, S. 109). Diese Marktdynamik schlägt sich in einer kontinuierlichen Veränderung der Zusammensetzung der Wertschöpfungs- und damit auch der Marktstrukturen nieder. CRM-Systeme bedürfen daher einer flexiblen Gestaltung, um eine schnelle Anpassung an sich verändernde Organisationsformen gewährleisten zu können. Um ein besseres Verständnis für die Marktdynamik und die daraus resultierenden Herausforderungen für das CRM zu erhalten, ist es hilfreich, zunächst den Zusammenhang zwischen dem Informationsaustausch und der Marktdynamik näher zu erläutern.

4.1 Information als Treiber der Marktdynamik

Jede einzelne Transaktion, jede Handlung eines Individuums sendet Informationen an die anderen Marktteilnehmer aus und beeinflusst dadurch wiederum die Handlungen der anderen Marktteilnehmer – und somit das gesamte Marktgeschehen (Kirzner 1973, S. 10). Es kommt zu einem Rückkopplungseffekt, der lediglich auf dem Austausch von Informationen beruht und zu Verhaltensänderungen bei allen Marktteilnehmern führt. Information und Wissen werden somit als die zentralen Elemente innerhalb des Marktprozesses und als Grundlage für die Handlung der Marktbeteiligten angesehen (Hayek 1949, S. 21): Durch das Aufnehmen von bestehendem und neuentstehendem Wissen werden nicht nur Unsicherheiten hinsichtlich des Marktgeschehens abgebaut, sondern es besteht zudem die Möglichkeit zum Aufbau von Wettbewerbsvorteilen. Beim Wettbewerb auf Märkten geht es daher primär um einen Wettbewerb um Informationen.

Die Dynamik im Marktprozess wird dabei maßgeblich von drei Komponenten beeinflusst (Picot et al. 2001, S. 35):

- der Findigkeit des Unternehmers,
- der Diffusion von Informationen sowie
- der Entwicklung der Technologie.

Die Geschwindigkeit, mit der sich das Wissen im Markt verbreitet bzw. sich die Anpassung der Prozesse vollzieht, hängt in erster Linie von der Findigkeit des Unternehmers und damit von seiner eigenen Lernfähigkeit ab (Plinke 2000a, S. 66). Ein findiger Unternehmer verfügt über bessere Informationen als die anderen Marktakteure. Er deckt Preisdifferenzen auf, nutzt diese aus und erzielt dadurch Arbitrage, also risikolose Gewinne.

Derartige Gewinne sind jedoch nur von kurzfristiger Dauer, da Unternehmer aufgrund ihrer Tätigkeit Signale an den Markt aussenden. Abhängig von der Diffusionsgeschwindigkeit der Informationen erhalten die anderen Marktakteure neues Wissen, erkennen die Möglichkeit außerordentlicher Gewinnerzielung und ahmen erfolgreiches Verhalten nach. Dies führt zu einer Erosion der Gewinngelegenheiten. Das Ungleichgewicht wird durch den Marktprozess abgebaut und nähert sich einem Marktgleichgewicht an (Kirzner 1978, S. 10; Picot et al. 2001, S. 35).

Die Marktdynamik unterliegt insbesondere in den letzten Jahren zunehmend dem Einfluss der I&K-Technologien. Dies hängt nicht mit einer Bedeutungsverschiebung weg von der Information und hin zur Technologie zusammen. Im Gegenteil: Informationen fließen immer schneller – mit Hilfe neuester Technologie. Die zunehmende Vernetzung, aber auch die vielfältigen Möglichkeiten des Informationserwerbs aufgrund der I&K-Technologie führen dazu, dass Wissensvorsprünge gegenüber den Kunden sowie den Wettbewerbern schneller abgebaut werden können. Signale werden schneller transportiert und verarbeitet und führen zu unmittelbaren Veränderungen im Verhalten der Marktakteure – und damit zu einer wachsenden Marktdynamik (Day 2000, S. 3).

Der Wettbewerb um Informationen (Picot/Franck 1988, S. 544) hat in den Unternehmen nicht nur zu einer Verbesserung der informationstechnologischen Infrastruktur geführt, um einen reibungslosen Informationsfluss zu gewährleisten. Die verstärkte Nutzung der I&K-Technologien sowie die zunehmende Vernetzung der Unternehmen untereinander haben zudem zu einer Senkung der Koordinations- und Kommunikationskosten beigetragen, was einen höheren Grad der Arbeitsteilung effizienter macht (Haase/Kleinaltenkamp 2002, S. 13). In diesem Zusammenhang kommt der Bildung von *Business Webs* eine besondere Bedeutung zu, auf die daher im Folgenden näher eingegangen werden soll.

4.2 Die Bildung von Business Webs

Aus Sicht der Transaktionskostentheorie führt die Erhöhung der Arbeitsteilung, die auf die sinkenden Koordinations- und Kommunikationskosten zurückzuführen ist, zwangsläufig zu einer Veränderung der Transaktionsarrangements zwischen den Unternehmen (Picot et al. 2001, S. 13). Auch wenn diesbezügliche Diskussionen vordergründig die Auswahl der entsprechenden Koordinationsform Markt, Hybrid oder Unternehmung fokussieren, steht damit zugleich die Bestimmung der Tiefe der Wertschöpfung im Mittelpunkt der Überlegungen. Dabei wird verstärkt der Frage nachgegangen, welche Wertschöpfungsaktivitäten das Unternehmen sinnvollerweise selbst durchführt, um den Kunden eine befriedigende Leistung anbieten zu können und sich selber eine sichere Ausgangsposition im Wettbewerb zu verschaffen.

Die geringer ausfallenden Informations- und Koordinationskosten lassen es für viele Unternehmen attraktiv erscheinen, eine noch stärkere Form der Arbeitsteilung zu forcieren und sich lediglich auf die Bereiche in der Wertschöpfungskette zu spezialisieren, die mit ihren *Kernkompetenzen* übereinstimmen (Prahalad/Hamel 1990; Picot et al. 2001, S. 244 f.). Die Konzentration auf Kernkompetenzen kann auch als ein Ergebnis des Marktprozesses angesehen werden: Viele Unternehmen haben erkannt, dass das von ihnen im Laufe des Marktprozesses generierte Wissen nicht nur in ihrer Branche sinnvoll einsetzbar ist. Durch die Nutzung dieses Wissens erschließen sich die Unternehmen neue Potenziale in anderen Branchen – bei gleichzeitiger Reduktion ihrer eigenen Wertschöpfungstiefe. Die übrigen Bereiche innerhalb der Wertschöpfungskette, die nicht zu ihren Kernkompetenzen zählen, werden an partnerschaftlich verbundene Unternehmen ausgelagert. Entsprechend entwickelt sich ein eng gewobenes Netzwerk, ein sogenanntes *Business Web*.

Business Webs sind Netzwerke aus Unternehmen, die zum Teil ganze Wertschöpfungsketten umfassen und aus kleinen, flexiblen Unternehmen bestehen. Diese Unternehmen sind oftmals Spezialisten im Bereich ihrer Wertschöpfungsstufen und haben sich auf ihre Kernkompetenzen konzentriert (Zerdick et al. 2001, S. 181). Aufgrund der Forderung nach höherer Individualisierung sowie Flexibilisierung der Leistungserstellung erscheint diese Form der Zusammenarbeit zwischen Unternehmen effizient und effektiv: Unternehmen spezialisieren sich nicht mehr auf Produkte, sondern auf Prozesse und erweitern auf diese Weise stetig ihr Wissen sowohl im Bereich der Prozessgestaltung als auch im Bereich des Prozessmanagements (Stalk et al. 1992; S. 64).

Mit der Beteiligung eines Unternehmens an einem solchen Business Web entgeht ein Unternehmen jedoch keineswegs der zunehmenden Wettbewerbsdynamik. Im Gegenteil: Der Wettbewerb wird das Unternehmen dazu zwingen, mit seinen Kernkompetenzen neue Geschäftsfelder in anderen Branchen zu entwickeln bzw. in bereits bestehende Märkte einzusteigen. Es bilden sich neue Wertschöpfungspartnerschaften, die für das Unternehmen den Anschluss an andere Netzwerke notwendig machen. Das Mitwirken an unterschiedlichen Business Webs hat den Vorteil, dass sich das Unternehmen aus dem Abhängigkeitsverhältnis eines einzigen Business Webs zumindest ansatzweise lösen kann. Gleichzeitig wirft eine solche Konstellation aber auch erhebliche Probleme bei dem Informationsaustausch auf: Neue Netzwerke bedeuten neue Partner, die in anderen Kundensegmenten einer konkurrierenden Wertschöpfungspartnerschaft angehören oder aber Konkurrenten zu den eigenen Partnern in anderen, bereits bestehenden Business Webs sein können. Hinzu kommt, dass sich diese partnerschaftlichen Verhältnisse je nach Marktsituation und Kundenbedürfnissen kontinuierlich verändern: Business Webs lösen sich auf bzw. formieren sich in neuen Konstellationen. Dieser kontinuierliche Veränderungsprozess darf durch eine unflexible und starre IT-Infrastruktur keineswegs behindert werden. Deshalb ist auch für diesen Fall eine geeignete informationstechnologische Lösung zur Umsetzung von Kundenorientierung bzw. -bindung gefordert.

4.3 Der Einsatz von CRM-Systemen in Business Webs

Beginnen Unternehmen damit, sich in der Wertschöpfung auf ihre Kernkompetenzen zu fokussieren, erfordert die Zusammenarbeit in Form eines solchen Netzwerkes einen reibungslosen und kontinuierlichen Informationsaustausch – sowohl hinsichtlich der Kunden als auch des Leistungserstellungsprozesses. Diese informationstechnische Unterstützung sowohl unternehmensinterner als auch unternehmensexterner Prozesse kann zu erheblichen Synergien innerhalb dieser Wertschöpfungspartnerschaften führen: Schließlich trägt eine unternehmensübergreifende Integration nicht nur zur Erhöhung der Effizienz bei der Kommunikation zwischen den Unternehmen bei, sondern kann auch zu Effektivitätsvorteilen führen. Der kontinuierliche Austausch von Kundenwissen innerhalb des Business Webs erhöht bei jedem Wertschöpfungspartner das Wissen über die Kundenbedürfnisse der Endabnehmer. Die Wissensteilung kann letztendlich in der gemeinsamen Entwicklung innovativer Leistungsbündel münden, die sich nicht nur von den Angeboten der Wettbewerber absetzen, sondern auch noch die Bedürfnisse des Endabnehmers ausreichend und zufrieden stellend berücksichtigen (Kleinaltenkamp/ Frauendorf 2002, S. 378).

Damit die Unternehmensprozesse ausreichend unterstützt werden, sollten CRM-Systeme noch besser auf einen solchen umfangreichen Informationsaustausch abgestimmt werden. Insbesondere hinsichtlich der Kundendaten muss die Flexibilisierung der CRM-Systeme gewährleistet sein. Zugriffsrechte auf bestimmte Kundendaten und Unternehmensressourcen müssen in Abhängigkeit der einzelnen Kunden unterschiedlichen Business Webs zugeteilt werden können. Nur mit Hilfe einer derart modularisierten, auf Kundensegmente zugeschnittenen unternehmensübergreifenden Datenintegration ist die Bildung bzw. die Zugehörigkeit eines Unternehmens zu mehreren Netzwerken überhaupt vorstellbar.

5 Zusammenfassung und Ausblick

Ein gezielter Einsatz der Informations- und Kommunikationstechnologie eröffnet Unternehmen neue Chancen, Wettbewerbsvorteile auf- und auszubauen. Insbesondere CRM-Systeme können Unternehmen helfen, wertvolle Informationen über die Kunden zu generieren und Kundenbeziehungen professionell zu managen. So gesehen stellt die informationstechnische Unterstützung des Relationship Marketing in Form des Customer Relationship Management für Unternehmen – insbesondere für die Realisierung des Beziehungsmanagement – einen großen Fortschritt dar.

Die nähere Betrachtung zentraler Merkmale von Business-to-Business-Märkten hat jedoch gezeigt, dass die bislang entwickelten CRM-Systeme den besonderen Anforderungen dieser Märkte sowohl in konzeptioneller als auch in technologischer Hinsicht (noch) nicht gerecht werden. Im Rahmen der Diskussion potenzieller Einsatzmöglichkeiten von CRM-Systemen wurde deutlich, dass bei allen drei Besonderheiten (Geschäftstypen, Mehrstufigkeit und Marktdynamik) insbesondere die Integrationsproblematik einer optimalen Unterstützung der Unternehmensprozesse entgegensteht. Neben einer Integration interner Software-Systeme (z.B. vorhandene Produktions- oder Supply-Chain-Management-Systeme) bedarf es nämlich auch einer unternehmensübergreifenden Datenintegration. Wie Abb. 4 noch einmal verdeutlicht, geht es dabei um die Abstimmung zwischen Anbieter und Kunden – speziell im Verbundgeschäft –, zwischen dem Hersteller und nachfolgenden Marktstufen – im Rahmen des mehrstufigen Marketing – sowie um die Abstimmung zwischen partnerschaftlich verbundenen Unternehmen, was auch Business Webs mit einschließen kann. Bereits bei dieser stark vereinfachten Darstellung wird das Ausmaß des Abstimmungsbedarfs deutlich. Die Komplexität erhöht sich noch, wenn zudem die Anbindung an vorhandene Systeme, eine Vielzahl von Kunden und Partnern bzw. Netzwerken sowie Informationen über potenzielle Einflussfaktoren und darüberhinaus weitere marktdynamische Aspekte berücksichtigt werden sollen.

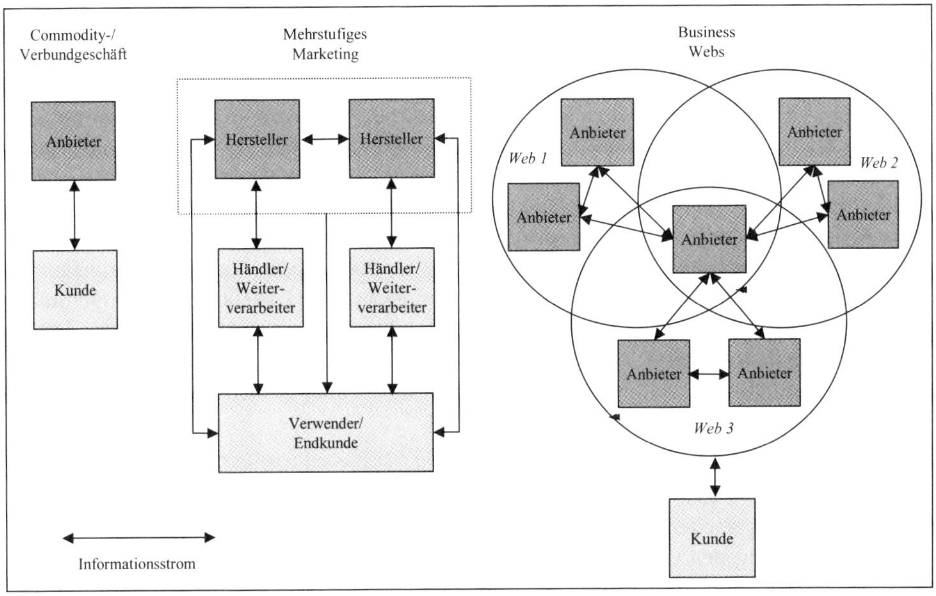

Abb. 4: Unternehmensübergreifende Zusammenarbeit auf Business-to-Business-Märkten

Die Weiterentwicklung von CRM-Systemen sollte aber nicht allein auf eine Verbesserung der Datenintegration und eine Standardisierung der Schnittstellen zwischen den Systemen fokussiert sein. Vielmehr bedarf es neben der unternehmens- und systemübergreifenden Datenintegration weiterer, umfangreicher Anpassungen der Funktionalitäten von CRM-Systemen, damit sie den spezifischen Anforderungen von Business-to-Business-Märkten gerecht werden. Anbieter von CRM-Systemen sollten vor diesem Hintergrund bei der Entwicklung ihrer Software insbesondere folgende Aspekte beachten:

- Standardisierung der Schnittstellen,
- flexible Anbindung der Kunden sowie der Partner,
- Unterstützung der unternehmensübergreifenden Wissensteilung,
- Berücksichtigung der Mehrstufigkeit sowie
- selektive Informationssteuerung in dynamischen Wertschöpfungsstrukturen.

Dabei dürfen jedoch zwei zusätzliche Problembereiche des Informationsmanagements nicht übersehen werden: Zum einen betrifft dies die Fülle an zu verarbeitenden Informationen, die sich mit einer marktstufenübergreifenden Unternehmensausrichtung und einer zunehmenden Vernetzung der Unternehmen noch weiter vergrößern wird. Zukünftige CRM-Systeme sollten in der Lage sein, Unternehmen bei der Bewältigung dieses

Informations(über)flusses Unterstützung zu bieten und je nach Zielsetzung und Aufgabenbereich die relevanten Informationen herauszufiltern. Zum anderen erfordert die Umsetzung eines unternehmensübergreifenden Konzeptes auch die Bereitschaft der beteiligten Unternehmen zu einer kooperativen Zusammenarbeit sowie zur notwendigen Anpassung und Wissensbereitstellung. Aufgrund der möglichen Vielzahl der Beteiligten sowie der heterogenen Komplementaritäts- und Substitutionsbeziehungen dürfte gerade das Fehlen der erforderlichen Kooperationsbereitschaft von Kunden und Partnern in der Praxis den kritischen Punkt bei der Realisierung von unternehmensübergreifenden CRM-Systemen darstellen. Um mögliche Interessenkonflikte oder Spannungen zwischen den Akteuren überwinden zu können, müssen die Vorteile einer kooperativen Zusammenarbeit aufgezeigt und überzeugende Anreize geschaffen werden. Zudem bedarf es konkreter Entscheidungen, auf welche Informationen die einzelnen Geschäftspartner bei einer unternehmensübergreifenden Datenintegration Zugriff haben sollen bzw. dürfen und auf welche nicht.

Es zeigt sich somit deutlich, dass die CRM-Technologie nur als ein „enabler" angesehen werden kann, nicht jedoch in der Lage ist, eine gute Strategie zu ersetzen. Zur Umsetzung eines erfolgreichen Customer Relationship Managements ist vielmehr auch eine aktive Beteiligung des Unternehmensmanagements erforderlich: Die Informationstechnologie muss angemessen in die Unternehmensstrategie integriert werden. Es sollten Prozesse klar strukturiert, Umsetzungskonzepte geschrieben, die Bereitschaft der beteiligten Unternehmen zu einer kooperativen Zusammenarbeit erreicht sowie notwendige, interne Anpassungen durchgeführt werden. Diese Managementproblematik entbindet jedoch die CRM-Anbieter nicht von ihrer Aufgabe, praktikable, einfache und schnell zu implementierende Lösungsvorschläge zu entwickeln. Schließlich müssen dem Management adäquate Möglichkeiten zur Verfügung stehen, die eine differenzierte und zielgerichtete Informationsbereitstellung gewährleisten. Die Unternehmen stecken bei ihrer Strategieentwicklung dabei in einem Dilemma: Auf der einen Seite gibt die Strategie den Rahmen für den Einsatz der I&K-Technologie vor, andererseits hängt die Ausgestaltung der Unternehmens- bzw. Geschäftsfeldstrategie in entschiedenem Maße von den Möglichkeiten der Einbindung der CRM-Systeme ab. Demzufolge sind die Softwareanbieter aufgefordert, die notwendigen Ergänzungen in ihre CRM-Systeme zu integrieren und entsprechend den Bedürfnissen der Unternehmen anzupassen. Die optimale Ausnutzung der potenziellen Einsatzmöglichkeiten des CRM im Business-to-Business-Bereich stellt somit noch eine große Herausforderung für die Zukunft dar.

Literaturverzeichnis

Backhaus, K. (1999): Industriegütermarketing, 6. Aufl., München.

Berry, L.L. (1983): Relationship Marketing, in: Berry, L.L.; Shostack, G.L.; Upah, G.D. (Eds.): Emerging Perspectives of Services Marketing, American Marketing Association, Chicago, IL., S. 25-28.

Dahlke, B.; Ehret, M. (2002): Erfolgspotenziale der Kundenorientierung – Neue Chancen durch E-CRM, in: Schlögel, M.; Schmidt, I. (Hrsg.): eCRM – mit Informationstechnologie Kundenpotenziale nutzen, Düsseldorf, S. 295-316.

Day, G.S. (2000): Capabilities for Foreign Customer Relationships, Working Paper, Report No. 00-118, Cambridge, MA.

Day, G.S.; Wensley, R. (1983): Marketing Theory with a Strategic Orientation, in: Journal of Marketing, Vol. 47, No. 4, S. 79-89.

Dwyer, F.R.; Schurr, P.H.; Oh, S. (1987): Developing Buyer-Seller Relationships, in: Journal of Marketing, Vol. 51, No. 2, S. 11-27.

Gentsch, P. (2002): Kundengewinnung und Kundenbindung im Internet: Möglichkeiten und Grenzen des analytischen E-CRM, in: Schlögel, M.; Schmidt, I. (Hrsg.): eCRM – mit Informationstechnologie Kundenpotenziale nutzen, Düsseldorf, S. 151-182.

Grönroos, C. (1997): Form marketing mix to relationship marketing – towards a paradigmatic shift in marketing, in: Management Decision, Vol. 35, No. 4, S. 322-339.

Gruen, T. (1997): Relationship Marketing: The Route to Marketing Efficiency and Effectiveness, in: Business Horizons, Vol. 40, No. 6, S. 32-38.

Haase, M.; Kleinaltenkamp, M. (2002): From the Old Economy towards the New Economy: Managing the Transformation from the Marketing Point of View, Paper präsentiert auf der International Conference on Managing Enterprises of the New Economy by Modern Concepts of the Theory of the Firm, 12.-14. Dezember, Hagen.

Hayek, F.A. v. (1949): Individualism and Economic Order, London.

Jackson, B.B. (1985): Build customer relationships that last, in: Harvard Business Review, Vol. 63, No. 6, S. 120-128.

Kirzner, I.M. (1973): Competition and Entrepreneurship, Chicago.

Kirzner, I.M. (1978): Wettbewerb und Unternehmertum, Tübingen.

Kleinaltenkamp, M. (1997a): Integrativität als Kern einer umfassenden Leistungslehre, in: Marktleistung und Wettbewerb: Backhaus, K.; Günter, B.; Kleinaltenkamp, M.; Plinke, W.; Raffée, H. (Hrsg.): Strategische und operative Perspektiven der marktorientierten Leistungsgestaltung, Wiesbaden, S. 83-115.

Kleinaltenkamp, M. (1997b): Kundenintegration; in: WiSt, Nr. 7, S. 350-354.

Kleinaltenkamp, M. (2000): Business-to-Business-Marketing, in: Gabler Wirtschaftslexikon, 15. Aufl., Band 1, A-D, Wiesbaden, S. 602-607.

Kleinaltenkamp, M. (2002): Customer Integration im E-Business – Effektivität und Effizienz der Kundenintegration, in: Weiber, R. (Hrsg.): Handbuch E-Business, Wiesbaden, S. 333-358.

Kleinaltenkamp, M.; Frauendorf, J. (2003): Wissensmanagement im Service Engineering, in: Bullinger, H.J.; Scheer, A.-W. (Hrsg.): Service Engineering – Entwicklung und Gestaltung innovativer Dienstleistungen, Berlin, S. 371-389.

Kleinaltenkamp, M.; Rudolph, M. (2002): Mehrstufiges Marketing, in: Kleinaltenkamp, M.; Plinke, W. (Hrsg.): Strategisches Business-to-Business Marketing, 2. Aufl., Berlin, S. 285-320.

Kotler, P. (1997): Marketing Management – Analysis, Planning, Implementation and Control, 9th ed., Englewood Cliffs, N.J.

Payne, A. (2002): A Strategic Framework for CRM, Präsentation auf der 6th Research Conference on Relationship Marketing and Customer Relationship Management, June 10th 2002, Atlanta.

Picot, A.; Franck, E. (1988): Die Planung der Unternehmensressource Information (I), in: Das Wirtschaftsstudium, Nr. 10, S. 544-549.

Picot, A.; Reichwald, R.; Wiegand, R.T. (2001): Die grenzenlose Unternehmung: Information, Organisation und Management, 4. Aufl., Wiesbaden.

Plinke, W. (1997): Grundlagen des Geschäftsbeziehungsmanagements, in: Kleinaltenkamp, M.; Plinke, W. (Hrsg.): Geschäftsbeziehungsmanagement, Berlin, S. 1-61.

Plinke, W. (2000a): Grundlagen des Marktprozesses, in: Kleinaltenkamp, M.; Plinke, W. (Hrsg.): Technischer Vertrieb – Grundlagen des Business-to-Business Marketing, 2. Aufl., Berlin, S. 1-99.

Plinke, W. (2000b): Grundkonzeption des industriellen Marketing-Managements, in: Kleinaltenkamp, M.; Plinke, W. (Hrsg.): Technischer Vertrieb – Grundlagen des Business-to-Business Marketing, 2. Aufl., Berlin, S. 101-169.

Prahalad, C.K.; Hamel, G. (1990): The Core Competences and the Corporation, in: Harvard Business Review, Vol. 68, No. 3, S. 79-91.

Preß, B. (1997): Kaufverhalten in Geschäftsbeziehungen, in: Kleinaltenkamp, M.; Plinke, W. (Hrsg.): Geschäftsbeziehungsmanagement, Berlin, S. 63-111.

Robinson, P.J.; Faris, C.W.; Wind, Y. (1967): Industrial Buying and Creative Marketing, Boston.

Rudolph, M. (1989): Mehrstufiges Marketing für Einsatzstoffe, Frankfurt am Main.

Sheth, J.; Parvattiyar, A. (1995): The Evolution of Relationship Marketing, in: International Business Review, Vol. 4, No. 4, S. 397-418.

Stalk, G.; Evans, P.H.; Shulman, L. E. (1992): Competing on Capabilities: The New Rules of Corporate Strategy, in: Harvard Business Review, Vol. 70, No. 2, S. 57-69.

Zerdick, A., Picot, A.; Schrape, K.; Artorpé, A.; Goldhammer, K.; Heger, D.K.; Lange, U.T.; Vierkant, E.; Lopez-Escobar, E.; Silverstone, R. (2001): Die Internet-Ökonomie – Strategien für die digitale Wirtschaft, European Communication Councial Report, 4. Aufl., Berlin et al.

Joachim Zentes, Hanna Schramm-Klein

CRM im Kontext internationaler Unternehmenstätigkeit

1 Einführung

Customer Relationship Management (CRM) als beziehungsorientiertes Konzept der Kundenpolitik weist im internationalen Kontext auf Grund der Heterogenität der Kundenbeziehungen, die aus dem unterschiedlichen Länder- und Kulturkontext der beteiligten Akteure resultiert, eine Vielzahl von Unterschieden gegenüber rein national orientierten Vorgehensweisen auf. Wegen der ausgeprägten Heterogenität und – verglichen mit Business-to-Business-Beziehungen – geringeren Spezifität ist dabei insbesondere die Gestaltung von konsumentenorientierten Beziehungen im internationalen Zusammenhang von besonderer Komplexität. Die folgenden Ausführungen beziehen sich deshalb vornehmlich auf die Konsumgüterbranche, so die Konsumgüterindustrie und den Konsumgüterhandel, unter Fokussierung auf die Betrachtung von Business-to-Consumer-Beziehungen.

Der Einsatz von Customer-Relationship-Management-Systemen in der Konsumgüterbranche weist im internationalen Ländervergleich Unterschiede auf, so zum einen bezüglich der eingesetzten Maßnahmen und weiterhin bezüglich des Ausmaßes bzw. der Intensität, mit der Customer Relationship Management praktiziert wird. Auf der anderen Seite zeigen sich auch Unterschiede in der Nutzung bzw. Inanspruchnahme von Kundenbindungsmaßnahmen durch die Konsumenten. So ist z.B. die Nutzung von Kundenkarten durch Konsumenten in Deutschland wesentlich geringer als in Großbritannien, Frankreich oder den USA (KPMG/EHI 2001). Diese Unterschiede ergeben sich insbesondere auf Grund der Verschiedenartigkeit der Rahmenbedingungen, die zwischen den jeweiligen Ländern besteht. Daraus resultiert eine besondere Komplexität, die im Rahmen des Customer Relationship Managements im internationalen Kontext zum Tragen kommt und spezifische Gestaltungsanforderungen an die Konzeption von Customer-Relationship-Management-Strategien stellt. Die Tendenz zu fortschreitender Internationalisierung in der Konsumgüterbranche forciert die Relevanz der Thematik des Customer Relationship Managements im Kontext internationaler Unternehmenstätigkeit und macht die Bedeutung eines strategischen und koordinierten Vorgehens im Rahmen der Bestimmung und Umsetzung der Customer-Relationship-Management-Strategie deutlich.

2 Internationalisierungstendenzen in der Konsumgüterbranche

Das Customer Relationship Management wird wesentlich durch den Internationalisierungsgrad der Unternehmenstätigkeit beeinflusst. Internationale Unternehmenstätigkeit stellt in zunehmendem Maße nicht die Ausnahme, sondern die Regel dar. Weisen die Unternehmen dabei nicht selbst internationales Engagement auf, so stehen sie dennoch im Rahmen ihrer absatz- oder beschaffungsseitigen Tätigkeit einem durch die Globalisierung geprägten Umfeld gegenüber.

Internationalisierungstendenzen zeigen sich dabei zunächst auf der Seite des Handels. Zusätzlich zu der seit langem im Handel praktizierten internationalen Beschaffung (Zentes/Bartsch 2002, S. 136 ff.; Liu/McGoldrick 1996, S. 9) erfolgt seit den achtziger Jahren in zunehmendem Maße eine internationale Ausrichtung des Absatzes, indem Handelsunternehmen ihre absatzseitigen Aktivitäten anhand der Etablierung von Vertriebsschienen im Ausland internationalisieren. Die in diesem Zusammenhang verfolgten Internationalisierungsstrategien sind dabei unterschiedlich. Während ein Teil der Handelsunternehmen fast unverändert die Übertragung der Betriebstypen- und Sortimentspolitik auf weitere Länder vornimmt, erfolgt im Rahmen einer gegensätzlich orientierten Strategie eine starke Anpassung an die jeweiligen Länderspezifika (Morschett/Schramm-Klein 2003). Je spezifischer diese Strukturen an die Landesgegebenheiten angepasst werden, umso stärker ist die Ausrichtung an den Kundenanforderungen. Die zunehmende Internationalisierung ist damit verbunden, dass die Handelsunternehmen mit dem Auftreten ausländischer Konkurrenten konfrontiert werden. Dies ist zum einen mit einer verschärften Wettbewerbssituation verbunden, die in einem positiven Verhältnis zu dem Streben nach erhöhter Kundenbindung steht (Duke 1991), und forciert auf der anderen Seite den Know-how-Transfer zwischen unterschiedlichen Ländermärkten. So wird z.B. Großbritannien ein Kompetenzvorsprung im Bereich der Kundenpolitik des Handels zugesprochen (Zentes et al. 2003).

Neben der Internationalisierung des Handels vollziehen sich auf der Seite der Industrie Prozesse fortschreitender Internationalisierung, indem Wertschöpfungsaktivitäten in das Ausland verlagert werden. Die Internationalisierung der Hersteller kann dabei zum Teil auch als Konsequenz der Internationalisierung des Handels interpretiert werden, indem Konsumgüterhersteller ihren Abnehmern auf der Handelsseite im Sinne einer „Follow-the-Customer-Strategie" bei der Internationalisierung auch in Länder folgen, in denen sie zuvor nicht tätig waren. Dabei erfolgt oftmals auf Grund der zunehmenden länderübergreifenden Bündelung von Einkaufsvolumina durch den Handel eine Koordination der einzelnen Tochtergesellschaften im Sinne eines Euro- oder Global-Key-Account-Managements, um ebenfalls zentral agieren zu können (Morschett/Schramm-Klein 2003).

3 Customer Relationship Management im internationalen Kontext

3.1 Überblick

Customer Relationship Management bedeutet einen Wandel in der Marketingphilosophie von einer Transaktionsorientierung, die lediglich auf die Anbahnung von einzelnen Transaktionen mit nicht näher konkretisierten Kunden ausgerichtet ist, hin zur Beziehungsorientierung (Berry 1983, 1995; Grönroos 1994; Bruhn 2001). Im Rahmen der Beziehungsorientierung erfolgt eine Ausrichtung auf den Aufbau und die Steuerung der gesamten Kundenbeziehungen. Die Zielsetzung liegt nicht in der Realisierung einzelner Transaktionen, also der Fokussierung auf die Gewinnung von Neukunden, sondern in dem Initiieren, Stabilisieren und Intensivieren von Kundenbeziehungen (Bruhn 2001, S. 8 ff.). Das Customer Relationship Management knüpft an dieser Orientierung an, indem der Aufbau und Ausbau von Kundenbeziehungen durch die Ermittlung und Förderung der Kundenbedürfnisse das Ziel darstellen. Durch die Steigerung der Loyalität soll eine langfristige Beziehung aufgebaut werden. Dabei stehen die Erhöhung der Profitabilität der Kundenbeziehung und die Optimierung des Kundenportfolios im Vordergrund (Homburg/Sieben 2003, S. 431). Es werden einzelne Kunden bzw. Kundengruppen in den Mittelpunkt des Beziehungsmarketing gerückt, die für die Unternehmen „wertvoll" sind, also einen hohen Kundenwert („customer value") aufweisen (Cornelsen 1998). Im Rahmen des Customer Relationship Managements ist somit die Kundenbindung die Zielgröße unternehmerischer Aktivitäten. Dabei ist es erforderlich, den Kunden zusätzlich zu dem direkten Nutzen, der aus dem Produkt- und Leistungsangebot resultiert, einen weiteren direkten Nutzen aus der Fortsetzung der Geschäftsbeziehung („relationship equity") mit dem betreffenden Anbieter zu bieten (Rust et al. 2001, S. 5).

3.2 Formen des Customer Relationship Managements im internationalen Kontext

Bei der Betrachtung des Customer Relationship Managements im internationalen Kontext kann zwischen der Internationalität des betrachteten Unternehmens sowie der Internationalität der Kunden unterschieden werden (siehe Abb. 1). Beide Dimensionen sind für die Ausgestaltung des Customer Relationship Managements von Bedeutung. Sind sowohl der Anbieter als auch die Kunden rein national engagiert, so ist das Customer Relationship Management durch eine rein national orientierte Vorgehensweise gekennzeichnet (*nationales CRM*). Dennoch zeigt sich in diesem Zusammenhang eine Beeinflussung der Wettbewerbsdimensionen durch internationale Einflüsse. So sind auch auf den Heimatmärkten internationale Player repräsentiert, welche die Unternehmenstätigkeit beeinflussen.

Internationalität auf der Abnehmerseite bei nationalem Engagement der Anbieter bedeutet, dass sich Einflüsse auf die Kundenbeziehungen des Unternehmens ergeben, die aus dessen internationalem Engagement bzw. dessen internationaler Mobilität resultieren. Dies ist insbesondere für die Wettbewerbsbedingungen von Relevanz und hat somit Einfluss auf die Gestaltungsanforderungen des Customer Relationship Managements. Deshalb kann diese Form des Customer Relationship Managements als *international beeinflusstes CRM* gekennzeichnet werden.

Engagement des Kunden		Engagement des Anbieters: national	Engagement des Anbieters: international
	national	Nationales CRM	Multinationales CRM
	inter-national	International beeinflusstes CRM	Globales CRM

Abb. 1: Formen des Customer Relationship Managements im internationalen Kontext

Ist der Anbieter durch ein internationales Engagement gekennzeichnet, während die Kunden auf den jeweiligen Ländermärkten rein national agieren, so handelt es sich bei der Customer-Relationship-Management-Strategie um *multinationales CRM*. Die Anbieter stehen dabei einem international unterschiedlichen Umfeld gegenüber, wobei unterschiedliche Kunden und Wettbewerbsbedingungen zu beachten sind.

Sind sowohl die Kunden als auch die Anbieter international engagiert, so kann man die Customer-Relationship-Management-Strategie als *globales CRM* bezeichnen. Hierbei ist die höchste Komplexität im Rahmen des Customer Relationship Managements zu verzeichnen, da nicht nur die Unterschiede alternativer Ländermärkte zu beachten sind, sondern zusätzlich Wechselwirkungen durch komplexe Internationalisierungszusammenhänge auf Anbieter- und Kundenseite auftreten.

Die ersten systematischen Untersuchungen des Relationship Marketing im internationalen Zusammenhang beziehen sich auf die Betrachtung von B2B-Beziehungen, insbesondere von Beziehungen zwischen Exporteuren und Importeuren in unterschiedlichen Ländern (z.B. Håkansson 1982; Rosson/Ford 1980, 1982). Spätere Untersuchungen beinhalten eine Fokussierung auf die Analyse vertikaler Beziehungen international tätiger Unternehmen der Industrie- und Konsumgüterindustrie (z.B. Mayo/Hadaway 1994; Feldman/Thompson 1993; Swift 1999) sowie die Analyse von B2C-Beziehungen im internationalen Kontext (Fam/Merrilees 1998; de Wulf et al. 2001; McGauran 2001).

Die spezifischen Fragestellungen im Rahmen des Customer Relationship Managements im Kontext internationaler Unternehmenstätigkeit liegen zunächst darin, dass eine Heterogenität der Rahmenbedingungen im internationalen Umfeld besteht. So ergeben sich im internationalen Umfeld z.B. Unterschiede in den politisch-rechtlichen, sozio-kulturellen und sozio-ökonomischen Rahmenbedingungen. Das Customer Relationship Management international tätiger Unternehmen ist deshalb durch eine höhere Komplexität gekennzeichnet, da mit steigendem internationalen Engagements die Zahl der Entscheidungsparameter zunimmt (Quelch et al. 1991). Den Entscheidungen liegt dabei ein höheres Maß an Unsicherheit zu Grunde und es ergeben sich höhere zusätzliche Risiken, was mit einem höheren Informations- und Kommunikationsbedarf verbunden ist (Meffert/Bolz 1998, S. 23).

3.3 Perspektiven des Customer Relationship Managements im Wertschöpfungsprozess

Die Bedeutung des Customer Relationship Managements bei internationaler Unternehmenstätigkeit kann aus unterschiedlichen Perspektiven betrachtet werden. Legt man eine Betrachtung des Relationship Marketing im Wertschöpfungsprozess zu Grunde, kann man die Stufen der Industrie, des Handels sowie der Konsumenten unterscheiden. Im Rahmen des Customer Relationship Managements sind (unter Vernachlässigung von Wertschöpfungsstufen wie Vorlieferanten, Großhandel, Logistikdienstleister usw.) vier unterschiedliche Dimensionen (siehe Abb. 2) zu unterscheiden (Zentes/Schramm-Klein 2003).

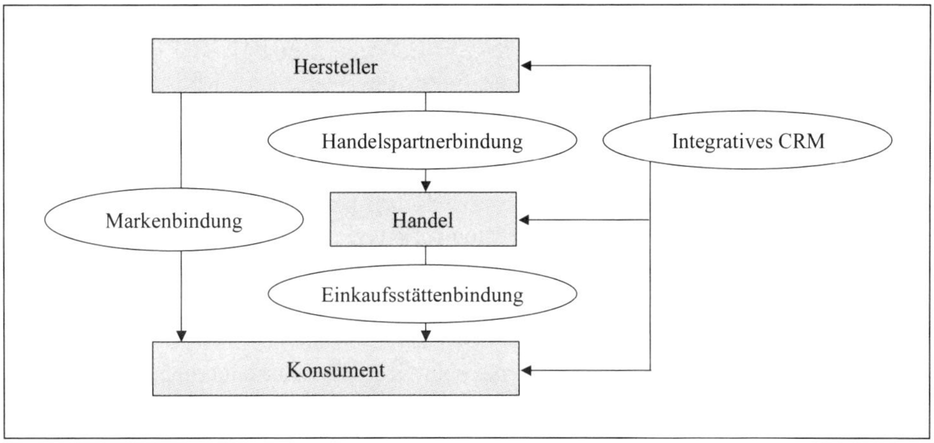

Abb. 2: Dimensionen des Customer Relationship Managements
Quelle: Zentes et al. 2003

Die Basis des Marketing von Konsumgüterherstellern liegt in der Etablierung ihrer Produkte als Marke. In ihrer Beziehung zu den Konsumenten als Endabnehmer der Produkte steht i.d.R. nicht die Bindung der Konsumenten an das Herstellerunternehmen im Vordergrund, sondern die Bindung an die Marke. Die Orientierung an der Markenbindung stellt deshalb den Kernbereich des Customer Relationship Managements von Konsumgüterherstellern in ihrer Ausrichtung auf die Konsumenten dar. Der Handel ist im Gegensatz zur Konsumgüterindustrie durch den direkten Kontakt zu den Konsumenten gekennzeichnet. Hierin liegt die häufig stärkere Bindung der Konsumenten an den Handel begründet. Die „Marke" des Handels stellen seine Geschäfte bzw. Betriebs- und

Vertriebstypen dar (Morschett 2002, S. 2). Der Handel fokussiert im Rahmen des Customer Relationship Managements somit darauf, die Kunden an seine Einkaufsstätten zu binden.

Die konfliktären Interessen von Industrie und Handel im Rahmen ihrer Zielsetzungen gegenüber den Konsumenten, die insbesondere daraus resultieren, dass für die Hersteller die Fokussierung auf ihre Produkte bzw. Produktlinien und für die Handelsunternehmen die Fokussierung auf die Einkaufsstätten besteht, wobei einzelne Marken u. U. von geringerer Bedeutung sind, weisen darauf hin, dass sowohl die Hersteller als auch die Handelsunternehmen „Nachfrager" im Rahmen der vertikalen Beziehung darstellen. Die Handelsunternehmen sind Nachfrager nach den Produkten des Herstellers und die Hersteller treten als Nachfrager nach „Regalplatz" auf. Die Komplexität dieser Beziehung und die Machtkonstellationen in diesem Zusammenhang verschärfen sich dabei im Rahmen der internationalen Tätigkeit der Akteure. Die weiteren Dimensionen der Kundenbindung knüpfen an diesen Überlegungen an. So betrifft die dritte Dimension der Kundenbindung die Bindung der Handelspartner aus Sicht der Konsumgüterhersteller. Diese Dimension der Kundenbindung dominiert dabei, insbesondere im internationalen Kontext, für viele Hersteller bereits das konsumentenbezogene Customer Relationship Management (Tomczak/Gussek 1992).

Zwischen den Kundenbindungssystemen von Herstellern und Handel gegenüber den Konsumenten besteht eine Interdependenz. So hat die Bindung der Konsumenten an die Handelsunternehmen, die von der Zufriedenheit der Konsumenten mit den Leistungsdimensionen des Handels abhängig ist, einen wesentlichen Einfluss auf die Bindung der Konsumenten an die Marke der Hersteller (Bloemer/Lemmink 1992, S. 359). Diese Abhängigkeit der Kundenbindungssysteme zwischen Hersteller- und Handelsunternehmen bildet die Basis für die vierte Dimension der Kundenbindung, die in der Integration der bisher genannten Kundenbindungsdimensionen liegt. Sie beinhaltet die Abstimmung der jeweiligen Customer-Relationship-Management-Maßnahmen bzw. ihre koordinierte Nutzung (Zentes et al. 2003).

Wenngleich sich im internationalen Kontext eine Komplexitätssteigerung der betrachteten Beziehungen einstellt, die sich durch die internationalen Verflechtungen auf allen Ebenen ergibt, und die damit verbundene Heterogenität auf der Ebene unternehmensinterner und unternehmensexterner Kontextfaktoren, liegt in der Realisierung koordinierter Systeme des Customer Relationship Managements die Möglichkeit, die Effizienz und Effektivität der Maßnahmen zu erhöhen. So kann zum einen eine Konzentration von Hersteller- und Handelsunternehmen auf gemeinsame Ziele anhand eines kooperativen Vorgehens erfolgen. Im Rahmen der Etablierung abgestimmter Customer-Relationship-Management-Systeme können Synergieeffekte realisiert werden und es kann eine Bündelung der Kundeninformationen erfolgen, was insbesondere im Rahmen des internationalen Engagements von Bedeutung ist und eine Bündelung der unterschiedlichen Kompetenzen der Akteure beinhaltet.

4 Kundenbeziehungen im internationalen Kontext

4.1 Wirkungskette zum Aufbau von Kundenbeziehungen

Einen Ansatzpunkt für die Strukturierung der Aspekte des Aufbaus von Kundenbeziehungen aus verhaltenswissenschaftlicher Sicht unter Integration der anbieter- und nachfragerbezogenen Sichtweise liefert das Konzept der Wirkungskette (Anderson/Mittal 2000; Homburg/Bruhn 2003). Dabei werden die Customer-Relationship-Management-Aktivitäten des Unternehmens als Ausgangspunkt der Wirkungskette angesehen. Hierbei sind neben den im Rahmen des internationalen Marketing-Mix eingesetzten „klassischen" Maßnahmen der „4 P" insbesondere die explizit mit der Zielsetzung der Kundenbindung eingesetzten Instrumente, die vornehmlich auf den Aufbau, die Aufrechterhaltung bzw. den Ausbau von Kundenbeziehungen ausgerichtet sind, relevant.

Die Wahrnehmung der Customer-Relationship-Management-Maßnahmen bewirkt psychische Reaktionen bei den Konsumenten. Das Ziel des Customer Relationship Managements liegt in der Erreichung von Loyalität bei den Kunden. Dabei sind als Einflussfaktoren auf die Loyalität unter anderem psychische Determinanten wie das Vertrauen, die Zufriedenheit oder das Commitment der Konsumenten von besonderer Relevanz (Anderson/Weitz 1989; Moorman et al. 1992; Morgan/Hunt 1994; Andaleeb 1996). Unter Loyalität wird die langfristige Bindung an ein Unternehmen verstanden (Dick/Basu 1994, S. 102), wobei das Ziel in der Erreichung von Loyalität aus Verbundenheit, also einer freiwilligen Überzeugung, liegt. Die Hauptzielsetzung des Customer Relationship Managements besteht darin, nicht lediglich einzelne Transaktionen zu generieren, sondern langfristige Kundenbindung aufzubauen und zu erhalten.

Bei idealtypischem Verlauf der Wirkungskette manifestieren sich diese psychischen Determinanten im (ökonomischen) Erfolg der Unternehmen (Homburg/Bruhn 2003, S. 9 f.; Bruhn 2001, S. 57 ff.). Ein exemplarischer Verlauf der Erfolgskette ist in Abb. 3 dargestellt. Der Verlauf dieser Wirkungskette ist nicht eindeutig, sondern variiert in Abhängigkeit von unterschiedlichen Einflussfaktoren, die auf die Beziehungszusammenhänge einwirken. In Abb. 3 sind Beispiele unternehmensinterner und unternehmensexterner Faktoren dargestellt, welche die Beziehungszusammenhänge zwischen den Komponenten der Erfolgskette moderieren. Bei der Betrachtung der Besonderheiten des Customer Relationship Managements bei internationaler Unternehmenstätigkeit sind insbesondere die sich aus der internationalen Orientierung der Unternehmen ergebenden moderierenden Faktoren von Relevanz, welche die Stärke bzw. die Richtung der Zusammenhänge der Erfolgskette beeinflussen, so z.B. Länderspezifika der Rahmenbedingungen oder kulturelle Einflüsse.

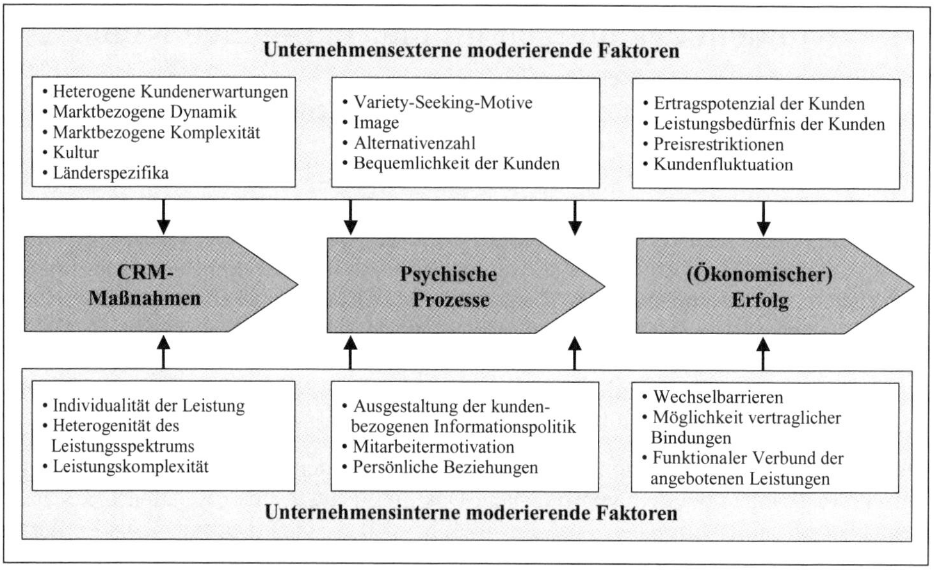

Abb. 3: Wirkungskette des Customer Relationship Managements
Quelle: in Anlehnung an Bruhn 2001, S. 58

4.2 Rahmenbedingungen des Customer Relationship Managements bei internationaler Unternehmenstätigkeit

4.2.1 Überblick

International tätige Unternehmen sind durch eine Vielzahl von Besonderheiten gekennzeichnet, die aus dem Einfluss unterschiedlicher Ländermärkte und -strukturen und der damit verbundenen Heterogenität des Umfeldes resultieren (Mauritz 1996, S. 162 ff.). Im Folgenden wird der Schwerpunkt auf die Analyse des Einflusses der international unterschiedlichen Rahmenbedingungen der Ländermärkte in ihrer Wirkung auf die Beziehung zwischen Käufer und Verkäufer gelegt. Als wichtigste Einflussbereiche werden dabei das politisch-rechtliche, das sozio-ökonomische, das sozio-kulturelle, das technologische Umfeld sowie unternehmensspezifische Dimensionen betrachtet.

4.2.2 Politisch-rechtliche Rahmenbedingungen

Die politisch-rechtlichen Rahmenbedingungen beziehen sich auf den Einfluss staatlicher und öffentlicher Organisationen. Sie beeinflussen das Customer Relationship Management bezüglich der Ausgestaltungsmöglichkeiten bzw. der Maßnahmeneinsatzmöglichkeiten, indem sie die im Rahmen der Strategiefestlegung realisierbaren Optionen betreffen. Sie können dabei sowohl einschränkenden Charakter haben als auch fördernde Dimensionen darstellen.

Von besonderer Bedeutung im Hinblick auf das Customer Relationship Management sind insbesondere rechtliche Bestimmungen, z.B. wettbewerbsrechtliche Regelungen, Datenschutzbestimmungen, Regelungen der Konditionengewährung oder werberechtliche Aspekte. Dabei zeigen sich Unterschiede dieser Bestimmungen zwischen den Ländermärkten, welche die Realisierbarkeit von Strategien im Rahmen des Customer Relationship Managements maßgeblich beeinflussen (Thorne LeClair 2000), so z.B. Regelungen bezüglich vergleichender Werbung oder Superlativwerbung (Meffert/Bolz 1998, S. 48), Werbeverbote für bestimmte Produktgruppen wie z.B. Alkohol oder Tabak (Hoek/Sparks 2000) oder Regelungen die Gewährung von Sonderleistungen, den Einsatz (moderner) Kommunikationsmittel oder die Durchführung von Gewinnspielen betreffend (Schotthöfer 2001).

Die Entwicklung der politisch-rechtlichen Rahmenbedingungen im internationalen Zusammenhang ist durch Komplexität und Dynamik gekennzeichnet. So zeigen sich z.B. im Rahmen der EU Harmonisierungstendenzen bezüglich der rechtlichen Regelungen in den beteiligten Ländern, die komplexitätsreduzierenden Charakter haben. Für Fragestellungen im Rahmen des Customer Relationship Managements sind dabei z.B. die Harmonisierungen bzw. Harmonisierungsbestrebungen der Verbraucherschutzbestimmungen, so bezüglich der Bereiche der Datenschutzbestimmungen, der preispolitischen, Verkaufsförderungs- oder Werbebestimmungen, relevant (Thorne LeClair 2000). Zudem zeigen sich (z. T. im Zusammenhang mit diesen Harmonisierungsbestrebungen) Deregulierungstendenzen im CRM-relevanten Rechtsumfeld. Vor diesem Hintergrund sind z.B. der Wegfall des Rabattgesetzes und der Zugabeverordnung in Deutschland zu sehen. Dadurch besteht ein erweiterter Spielraum im Rahmen der Gewährung von Sonderleistungen, so z.B. die individualisierte Gestaltung und Staffelung von Rabatten bzw. Konditionen oder die Möglichkeit der Verknüpfung der Produktabgabe mit Zusatzleistungen (Schotthöfer 2001, S. 276 ff.).

Diese nationalen Deregulierungstendenzen sind nicht nur vor dem Hintergrund der Ausweitung der Optionen des Customer Relationship Managements im Rahmen der Gestaltung nationaler Kundenbindungsmaßnahmen zu sehen, sondern sie ermöglichen es, kundenpolitische Maßnahmen zu realisieren, die zuvor lediglich in einzelnen Ländern umgesetzt werden konnten, so dass eine länderübergreifende Standardisierung des Customer-Relationship-Management-Instrumentariums ermöglicht wird.

4.2.3 (Sozio-)ökonomische und sozio-kulturelle Rahmenbedingungen

Das (sozio-)ökonomische Umfeld bezieht sich auf die allgemeine Wirtschaftslage, die wirtschaftliche Entwicklung und die Entwicklung des allgemeinen Geschäftsklimas, so z.B. bezüglich der Kaufkraft, der Preisstabilität, der Arbeitsmarktlage sowie des verfügbaren Einkommens. Diese Determinanten sind für das Entwicklungspotenzial der möglichen Ausgaben der Konsumenten von besonderer Bedeutung. Sie bestimmen die Konsum- bzw. Sparquote bzw. -neigung der Konsumenten. Diese Determinanten sind im internationalen Umfeld durch eine weite Streuung gekennzeichnet.

Von besonderer Bedeutung für das Customer Relationship Management im Kontext internationaler Unternehmenstätigkeit sind weiterhin kulturelle Rahmenbedingungen. Kultur beinhaltet dabei sichtbare Elemente wie spezifische Verhaltensweisen, Sitten und Gebräuche der Mitglieder einer sozialen Gruppe sowie die hinter diesen beobachtbaren Verhaltensmustern stehenden kollektiv geteilten Werte, Einstellungen, Überzeugungen und Motive, die durch ihre Verankerung in Sitten und Gebräuchen über Generationen überliefert werden (v. Keller 1982, S. 118 f.).

Die Kultur wird als wichtiger Einflussfaktor auf das Verhalten der Menschen, so der Konsumenten im Rahmen ihrer Kaufentscheidungen und der Entscheidungsträger bzw. Akteure in den Unternehmen, angesehen (Erickson et al. 1984; Kumar 1988; Thomas 1996; Dülfer 1996; Hagemann 2000). Im Hinblick auf Fragestellungen bezüglich der Bedeutung der Kultur als Einflussfaktor auf die Kundenbeziehungen im Rahmen der internationalen Unternehmenstätigkeit wurde eine Vielzahl von Untersuchungen durchgeführt, so hinsichtlich B2B-Beziehungen (Francis 1991; Kanter/Corn 1994; LaBahn/Harich 1997) und bezüglich B2C-Beziehungen (z.B. McCracken 1988; Whitelock/Chung 1989; Fam/Merrilees 1998).

Im Rahmen der Analyse von Kundenbeziehungen im internationalen Kontext wird dabei insbesondere die Bedeutung der kulturellen Distanz, also des Ausmaßes, zu dem sich die Kulturen von Anbieter und Nachfrager unterscheiden (Ford 1984, S. 102), herausgestellt (Tse et al. 1988; Feldman/Thompson 1993; Conway/Swift 2000). Oftmals wird dabei unterstellt, dass die kulturellen mit den nationalen Grenzen deckungsgleich sind, so dass eine Kultur auch einer Landeskultur entspricht (Keillor/Hult 1999). In anderen Ansätzen wird davon ausgegangen, dass nationale Grenzen und kulturelle Grenzen nicht notwendigerweise deckungsgleich sein müssen (Donnan 1994).

4.2.4 Technologische Rahmenbedingungen

Die Entwicklungen im Rahmen des Customer Relationship Managements im internationalen Kontext sind wesentlich durch die Etablierung neuer Kanäle der Kundenansprache geprägt. Dadurch ist neben der Nutzung traditioneller Wege der Kundenansprache auf Grund technologischer Neu- und Fortentwicklungen der Einsatz einer Vielzahl neuer Kommunikationsmedien möglich. Auf Grund der bereits sehr hohen Etablierung steht im Rahmen der Betrachtungen häufig das Internet als zentraler Bestandteil neuer Formen der Kundenansprache im Vordergrund. Daneben können weitere bzw. andere Medien wie mobile Endgeräte (z.B. Mobiltelefone oder Personal Digital Assistants) im Rahmen der technisch unterstützten Kontakte mit den Kunden eingesetzt werden. Auf diese Weise sind neue und innovative Formen nicht nur der Kundenansprache, sondern auch der Unterstützung von Distributionsprozessen möglich (Möhlenbruch/Schmieder 2002, S. 68).

Erfolgt im Customer Relationship Management der Einsatz interaktiver Kommunikationsmedien, können z.B. Methoden der One-to-One-Kommunikation etabliert werden, welche die individuelle Ansprache der Kunden ermöglichen (Tomczak 2000, S. 20 ff.). Solche interaktiven Medien verfügen damit über das Potenzial, eine individualisierte Kundenansprache bzw. Mass-Customization-Ansätze zu realisieren (Ansari et al. 2000, S. 363 f.; Diez 2000, S. 22 ff.; Klein/Güler 2000, S. 88 ff.). Das Vorhandensein technischer Systeme bzw. eine IT-technische Unterstützung anhand von analytischen und operativen Customer-Relationship-Management-Systemen ist dabei notwendig, um individualisierte Strategien realisieren zu können, d. h., es müssen Systeme zur Datenerhebung, -speicherung, -übertragung, -verarbeitung und -auswertung existieren. Eine weitere wichtige Voraussetzung zur Realisierung solcher individualisierten Prozesse im Rahmen des Customer Relationship Managements besteht darüber hinaus – insbesondere im Rahmen von Kundenbeziehungen mit Konsumenten – in der Bereitschaft der Kunden, ihre Anonymität aufzugeben und sich (z.B. anhand der Vorlage von Kundenkarten) identifizieren zu lassen.

Eine wichtige Erscheinungsform im Zusammenhang mit der Etablierung neuer Kommunikationskanäle sind Multi-Channel-Systeme. Dabei werden parallel unterschiedliche Maßnahmen oder Kanäle zur Ansprache der Kunden eingesetzt (Schramm-Klein 2003). Diese sind insbesondere relevant, wenn das Konsumentenverhalten durch Erscheinungsformen wie Multioptionalität oder Variety Seeking gekennzeichnet ist (Zentes/Swoboda 1998, S. 26 ff.; Bänsch 1995, S. 342 f.). Dieses Verhalten führt dazu, dass sich die Konsumenten je nach Situations- und Umfeldbedingungen unterschiedlich verhalten, da jeweils unterschiedliche Bedürfnisse im Vordergrund stehen, entsprechend derer sie entscheiden, welcher Kanal ihren jeweiligen (situativen) Bedürfnissen entspricht (Schmalen 1994). So kann kein Kanal alleine alle Bedürfnisse der Konsumenten erfüllen. Multi-Channel-Systeme ermöglichen es, diese Problematik zu durchbrechen, indem den variierenden Anforderungen der Konsumenten durch ein alternatives Kanalangebot entsprochen wird (Zentes/Schramm-Klein 2001, S. 292 ff.).

Multi-Channel-Ansätze im international orientierten Customer Relationship Management sind dadurch gekennzeichnet, dass nicht in jedem Land identische Kommunikationskanäle in gleicher Form repräsentiert sein müssen. Solche Unterschiede in der Verfügbarkeit bzw. der Nutzung einzelner Kanäle sind für den Aufbau des Kanal-Mixes im Rahmen des internationalen Customer Relationship Managements von Bedeutung. Die in diesem Kontext bestehenden Verschiedenartigkeiten sind zum großen Teil auf Abweichungen in den wirtschaftlichen Entwicklungsniveaus der Länder sowie auf Nutzungsgewohnheiten und Affinitäten, die unter anderem aus kulturellen Gesichtspunkten heraus bestehen, zurückzuführen. So zeigen sich im internationalen Kontext insbesondere Unterschiede in der Nutzung neuer Kommunikationskanäle wie z.B. des Internet. Etwa 40% der Europäer nutzen das Internet, während die Internetnutzung in den USA bei knapp 60% liegt. Auch innerhalb von Europa zeigen sich dabei deutliche Unterschiede. So liegt die Verbreitung des Internet in den Skandinavischen Ländern bei 60 bis 70%, während in Portugal, Spanien oder Italien lediglich 20 bis 22% der Bevölkerung das Internet nutzen (IP Deutschland 2002). Bezogen auf Medien der mobilen Kommunikation wird z.B. SMS als Kommunikationsform in den USA auf Grund der

Vorherrschaft analoger Netze deutlich weniger genutzt als in Europa (AT Kearney/ University of Cambridge 2002).

Im Rahmen des Customer Relationship Managements bei international tätigen Unternehmen ergibt sich durch die Virtualisierung, die auf Grund innovativer technologischer Systeme im Rahmen der Kommunikationskanäle realisiert werden kann, ein weiterer Trend zu verstärkter Vernetzung. Insbesondere ermöglichen solche Systeme eine Ausweitung der Unternehmenstätigkeit und der Kundenansprache auch im internationalen Zusammenhang. Dies äußert sich auf der anderen Seite auch darin, dass die Konsumenten die Möglichkeit haben, über Kanäle des E- oder M-Commerce auch die Angebote ausländischer Anbieter nutzen zu können (Quelch/Klein 1996). Der Einsatz neuer Technologien erleichtert es den Unternehmen, im internationalen Kontext Informationen über die Konsumenten zu gewinnen (Palmer 1997). Konzepte wie Marketing Intelligence spielen hier eine wichtige Rolle (Hamill 1997).

4.2.5 Unternehmensspezifische Dimensionen

Neben den dargestellten allgemeinen unternehmensexternen Rahmenbedingungen im internationalen Unternehmensumfeld sind die spezifischen Umfeldbedingungen der jeweiligen Unternehmen von Bedeutung, so insbesondere das spezifische Wettbewerbsumfeld. Hier sind zum einen die Beschaffungsbedingungen von Relevanz. Dabei erfolgt eine Steigerung der Bedeutung international orientierter Beschaffungsstrategien („global sourcing"), die nicht nur auf einzelwirtschaftlicher Ebene, sondern zunehmend in kooperativer Form, sowohl auf vertikaler als auch auf horizontaler Ebene, realisiert werden (Zentes/Bartsch 2002, S. 35). Zudem ist die aktuelle und potenzielle Struktur der Konkurrenzbeziehungen zu beachten, die sich insbesondere im Rahmen der internationalen Unternehmenstätigkeit als besonders relevant und dynamisch darstellt, da sowohl auf der Seite der Marktpartner in vertikaler Hinsicht (Kunden, Lieferanten) als auch auf horizontaler Ebene eine zunehmende Internationalisierung stattfindet. Dies führt dazu, dass neue Konkurrenten auftreten bzw. Konkurrenz in neuen (geografischen) Bereichen forciert wird.

Bezogen auf die Mikroebene der Unternehmen ergeben sich zusätzlich die gleichen Problembereiche wie auf der Umfeldebene. Relevant sind auch hier sozio-ökonomische, sozio-demografische, sozio-kulturelle, politisch-rechtliche oder technologische Fragestellungen. So zeigen sich die angesprochenen Problemfelder auch auf der Ebene der unternehmensinternen Kommunikation und Koordination, bezogen z.B. auf die Ebene der Mitarbeiter bzw. die Anbindung, Unterstützung und Steuerung von Unternehmensteilen.

4.3 Prozess des Aufbaus von Kundenbeziehungen im internationalen Kontext

Im Rahmen des Customer Relationship Managements liegt die Hauptzielsetzung darin, nicht lediglich einzelne Transaktionen zu generieren, sondern langfristige Kundenbeziehungen aufzubauen und zu erhalten. Der Aufbau von Kundenbeziehungen kann dabei in einer Prozessbetrachtung in unterschiedliche Phasen bzw. Stufen aufgeteilt werden (Kenning 2002, S. 93 ff.). Diese Stufen betreffen individuelle Kundenbeziehungen. Sie sind von besonderer Relevanz, wenn Unternehmen in Ländermärkte neu eintreten. Der allgemeine Prozess des Aufbaus einer langfristigen Beziehung ist bereits von hoher Komplexität geprägt. Im internationalen Kontext wird diese Komplexität dadurch verstärkt, dass die Entwicklung von Beziehungen im Rahmen eines inter-kulturellen Kontextes erfolgt, bei dem die Parteien durch einen unterschiedlichen kulturellen Hintergrund geprägt sind (Lin/Germain 1998, S. 182).

Grundlegend für die Etablierung von Kundenbeziehungen ist dabei zunächst die Bekanntheit des Unternehmens bei dem Kunden. Die Herausforderung für Unternehmen, die im Rahmen von Internationalisierungsprozessen in neue Länder expandieren, liegt darin, ihren Bekanntheitsgrad bei den Konsumenten aufzubauen und zu steigern. In Abb. 4 ist exemplarisch als Ländervergleich zwischen Deutschland und Großbritannien die Bedeutung der Bekanntheit von Handelsunternehmen für die Frequentierung der Geschäfte dargestellt. Die Bekanntheit stellt dabei den Ausgangspunkt, aber nicht die Voraussetzung für die Frequentierung der Outlets dar.

	Bekannt	→	Besucht	→	Eingekauft	→	Häufiger eingekauft	→	Stammkunde	
H&M Deutschland	60 %	x	80 %	x	73 %	x	74 %	x	42 %	*= 11 %*
Karstadt	86 %	x	92 %	x	90 %	x	77 %	x	27 %	*= 15 %*
Next	87 %	x	87 %	x	80 %	x	64 %	x	36 %	*= 14 %*
Marks & Spencer	97 %	x	99 %	x	92 %	x	74 %	x	28 %	*= 18 %*

Abb. 4: Bekanntheit als Ausgangspunkt für Loyalität: Vergleich von Bekleidungsspezialisten und -generalisten in Deutschland und Großbritannien
Quelle: McKinsey 2001

Als weitere Stufe im Rahmen der Entwicklung von Kundenbeziehungen ist die *Kompetenzwahrnehmung* von Bedeutung. Die Kompetenz bezieht sich auf die Fähigkeiten, Qualifikationen und Kenntnisse des Unternehmens, die Erfüllung bestimmter Aufgaben bewältigen zu können (Mayer et al. 1995, S. 717). Sie hängt eng mit der Zufriedenheit der Kunden zusammen (Meyer/Dornach 2001, S. 100) und ist mit der Identität des Unternehmens verbunden. Im internationalen Kontext zeigt sich neben den spezifischen Erfahrungen der Konsumenten in diesem Zusammenhang auch die Bedeutung von Country-of-Origin-Effekten, also die Ausstrahlung des Herkunftslandes auf die Positionierung der Unternehmen (Klein et al. 1998). Zudem haben die Konsumenten unterschiedliche Anforderungen und Erwartungen, die sich aus dem unterschiedlichen länderspezifischen oder kulturellen Kontext ergeben.

Die *Identität*, als nächste Stufe, beinhaltet das, wofür ein Unternehmen bei dem Kunden steht. Insbesondere ist es dabei das Ziel, eine Position als glaubwürdiges, zuverlässiges, etabliertes und professionelles Unternehmen zu erreichen, denn dies stellt eine wichtige Voraussetzung für die Erreichung von Vertrauen bei den Kunden dar (Weiss et al. 1999, S. 75). Für Unternehmen, die sich im Internationalisierungsprozess befinden, bedeutet dies, dass die Notwendigkeit besteht, ein positives Image in den neuen Ländermärkten aufzubauen. In diesem Zusammenhang stellt sich die Frage, ob ein international standardisiertes Image oder ein länderspezifisch differenziertes Image aufgebaut werden soll.

Eine zentrale Bedeutung im Rahmen des Aufbaus und der Stabilisierung von Kundenbeziehungen kommt dem *Vertrauen* zu. Vertrauen bedeutet, dass die Kunden das Unternehmen als langfristig zuverlässig, konsistent, kompetent und ehrlich wahrnehmen (Morgan/Hunt 1994) und sich auf das Unternehmen im Hinblick auf sein weiteres Verhalten ohne weitere Prüfung verlassen (Andaleeb 1996, S. 79). Die Erreichung von Vertrauen stellt eine wichtige Voraussetzung für die nächste Stufe der Kundenbeziehung, die Zielsetzung der Loyalität, dar (Ganesan 1994). Im Rahmen des Vertrauensaufbaus im internationalen Kontext ist insbesondere die psychische Distanz zwischen den Konsumenten und dem Unternehmen von Relevanz. Darunter versteht man das Ausmaß, zu dem sich die Beziehungspartner hinsichtlich ihrer persönlichen Normen und Werte auf Grund ihres kulturellen und sozialen Hintergrunds unterscheiden (Hallén/Wiedersheim-Paul 1984). Das Ausmaß der psychischen Distanz bestimmt sich im internationalen Kontext anhand von drei Komponenten, dem Ausmaß der kulturellen Distanz, dem Ausmaß des Vertrauens der Konsumenten gegenüber dem Unternehmen sowie den Erfahrungen, welche die Konsumenten in ihrem Umgang mit dem Unternehmen in der Vergangenheit gesammelt haben (Conway/Swift 2000, S. 1400). Die Interdependenzen dieser drei Komponenten sind in Abb. 5 dargestellt.

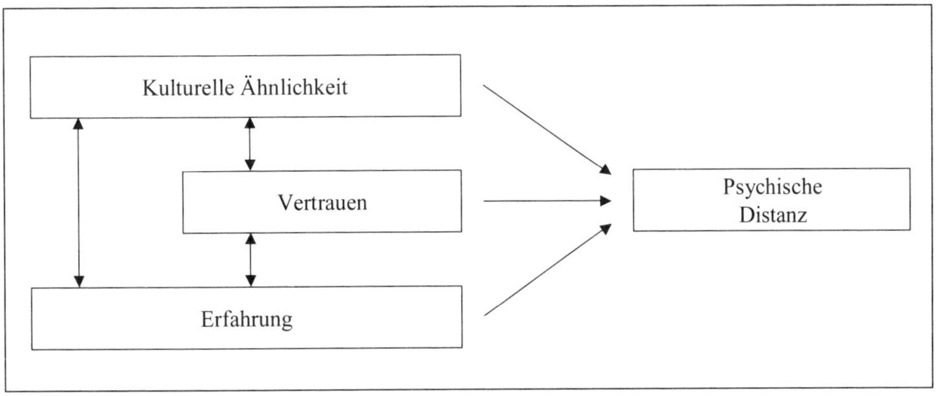

Abb. 5: Komponenten der psychischen Distanz
Quelle: Hallén/Wiedersheim-Paul 1984, S. 18

Die im Rahmen des Customer Relationship Managements eingesetzten Maßnahmen dienen dazu, das Ausmaß der psychischen Distanz der Konsumenten gegenüber dem Unternehmen zu minimieren. Dabei wird versucht, den Konsumenten positive Erfahrungen zu vermitteln und Vertrauen aufzubauen. Gleichzeitig wird versucht, die kulturelle Distanz zwischen den Konsumenten und dem Unternehmen zu reduzieren, um die Hauptzielsetzung des Customer Relationship Managements zu realisieren, die in der Erreichung von Loyalität bei den Kunden liegt. Unter *Loyalität* wird die langfristige Bindung an ein Unternehmen verstanden (Dick/Basu 1994, S. 102). Dabei liegt das Ziel in der Erreichung von Loyalität aus Verbundenheit, also einer freiwilligen Überzeugung heraus, gegenüber dem Unternehmen.

5 Gestaltung des Customer Relationship Managements bei international tätigen Unternehmen

5.1 Standardisierung und Differenzierung als Grundoptionen

Die Diskussion internationaler Marketingstrategien beinhaltet üblicherweise die Fragestellung, ob standardisierte, also international einheitlich ausgestaltete, Marketing-Strategien, oder differenzierte Strategien, also im internationalen Umfeld unterschiedlich ausgestaltete Vorgehensweisen realisiert werden sollen (Bolz 1992, S. 10 ff.). Im Rahmen der (traditionellen) Analyse der Gestaltungsoptionen ist diese Fragestellung insbesondere deshalb von Relevanz, weil zu eruieren ist, ob eine Internationalisierbarkeit von Kundenbindungsmaßnahmen möglich ist bzw. in welcher Ausgestaltungsform der Einsatz von Kundenbindungsinstrumenten im internationalen Kontext zu realisieren ist.

In der Literatur zum internationalen Marketing steht dabei die Diskussion der Fragestellung im Vordergrund, ob die Globalisierung der Weltwirtschaft zu einer Annäherung des Konsumentenverhaltens im Sinne einer international zunehmenden Homogenisierung führt, oder ob sich regionale Unterschiede zeigen. Angestoßen wurde diese Diskussion durch die Globalisierungsthese von Levitt (1983), die auch aktuell noch kontrovers diskutiert wird (O'Donnell/ Jeong 2000; Malhotra et al. 1998). Bei der Globalisierungsthese handelt es sich um eine Argumentationskette, deren Inhalt als selbstverständlicher Globalisierungsprozess interpretiert werden kann. Levitt geht davon aus, dass sich eine zunehmende Homogenierung der Weltmärkte vollzieht, die mit einer weltweiten Annäherung des Konsumentenverhaltens verbunden ist (Konvergenzthese) (Levitt 1983). Bei Bestehen einer solchen Homogenität ist der Einsatz einer international standardisierten Marketingstrategie möglich (McCracken 1988).

Gegner dieser Globalisierungsthese argumentieren, dass Globalisierungstendenzen nicht notwendigerweise mit einer Homogenisierung des Konsumentenverhaltens verbunden sind. Insbesondere bestreiten sie die These der fortschreitenden Übernahme euro-amerikanischer Lebensstile in andere Kulturen. Sie gehen davon aus, dass im internationalen Zusammenhang eine Transformation globaler Tendenzen in regionale Interpretationen erfolgt (Belk 1996). Eine weitere Sichtweise beinhaltet die Annahme, dass sich im Rahmen der Globalisierungstendenzen der Weltwirtschaft nicht eine Homogenisierung der Kulturen bzw. des Konsumentenverhaltens ergibt, sondern dass sich eine Polarisierung der Kulturen auf der Basis materieller bzw. abstrakter kultureller Unterschiede (insbesondere „östliche" versus „westliche" Kulturen) einstellt (Douglas/Wind 1987; Manrai/Manrai 1996) bzw. sich die Bildung regionaler Blöcke im Rahmen der Weltwirtschaft (insbesondere EU, NAFTA, ASEAN) ergibt, die gleichermaßen durch signifikante Unterschiede in den Kulturen zwischen diesen regionalen Blöcken gekennzeichnet sind (Malhotra et al. 1998).

Bei Vorliegen von international homogenem Konsumentenverhalten ist die Realisierung standardisierter Strategien im Rahmen des Customer Relationship Managements möglich. Ein standardisiertes Vorgehen bietet die Vorteile, die sich aus der Möglichkeit der Realisierung von Kosteneinsparungen auf Grund von Economies of Scale ergeben. Weiterhin können im Rahmen von standardisierten Systemen ein einheitliches und konsistentes Unternehmensimage sowie eine konsistente Identität im internationalen Kontext realisiert werden (Papavassiliou/Stathakopoulus 1997). Auf der anderen Seite kann anhand eines differenzierten Vorgehens den jeweiligen Bedürfnissen der Ländermärkte begegnet werden. Dies entspricht den jeweils unterschiedlichen Rahmenbedingungen, die in den jeweiligen Ländern bestehen, so insbesondere den kulturellen oder politisch-rechtlichen Bedingungen (Kale 1995).

5.2 Global-Local-Balance im Rahmen des Customer Relationship Managements

Ein pragmatisch orientierter Ansatz zur Lösung dieser grundsätzlichen Problematik von Standardisierung versus Differenzierung des Marketing-Mix-Instrumentariums liegt in der Realisierung der Global-Local-Balance. Diese stellt den optimalen Standardisierungs- bzw. Differenzierungsgrad dar, der von den Unternehmensressourcen auf der einen Seite sowie den internationalen Aktivitäten der Unternehmen und der Unterschiedlichkeit der Länder auf der anderen Seite abhängig ist (Brielmaier 1997, S. 95 ff.). Die Einflussfaktoren auf die Global-Local-Balance sind in Abb. 6 dargestellt. Die Global-Local-Balance ist dadurch gekennzeichnet, dass sie dem Prinzip der Standardisierung „so viel wie möglich" unter Differenzierung „soweit wie notwendig" folgt.

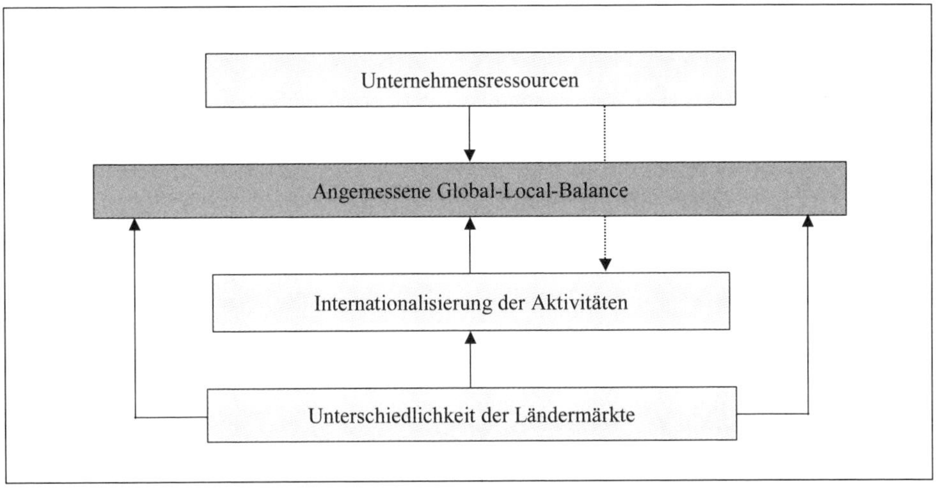

Abb. 6: Einflussfaktoren der Global-Local-Balance
Quelle: in Anlehnung an Brielmaier 1997, S. 98

Im Rahmen des Customer Relationship Managements bei international tätigen Unternehmen kann die Ausgestaltung bzw. Vorgehensweise bei der Konzeption des Customer-Relationship-Management-Prozesses dabei z.B. anhand eines iterativen Verfahrens erfolgen. Ausgehend von den spezifischen unternehmens- bzw. produkt- oder markenorientierten Zielsetzungen des Unternehmens, den Unternehmensressourcen und der unternehmensspezifischen Organisation kann zunächst eine idealtypische Ausgestaltung der Customer-Relationship-Management-Strategie und der Customer-Relationship-Management-Maßnahmen vorgenommen werden. Diese ist im Anschluss auf ihre Realisierbarkeit in den jeweiligen (aktuellen und potenziellen) Ländermärkten zu untersuchen. Dabei ist im Sinne von Feasibility-Untersuchungen insbesondere zu überprüfen, inwieweit die jeweiligen Komponenten der Customer-Relationship-Management-Strategie und der damit in Verbindung stehende Maßnahmeneinsatz mit den jeweiligen Rahmenbedingungen der Ländermärkte vereinbar sind.

Der Hintergrund einer solchen Vorgehensweise liegt darin, notwendige Teilbereiche der Customer-Relationship-Management-Strategie bzw. Customer-Relationship-Management-Maßnahmen an spezifische Ländergegebenheiten, Kulturkreise bzw. Kunden oder Kundensegmente anzupassen, so dass insgesamt eine möglichst konsistente internationale Customer-Relationship-Management-Strategie realisiert werden kann. Dabei können unter Berücksichtigung notwendiger Differenzierungserfordernisse soweit wie möglich Skaleneffekte und Synergiepotenziale sowie Lerneffekte bei einer koordinierten und abgestimmten Vorgehensweise erzielt werden.

5.3 Zielgruppenorientierte Perspektive des Customer Relationship Managements im internationalen Kontext

Die traditionelle Diskussion von Standardisierung versus Differenzierung stellt sich im Rahmen des Customer Relationship Managements bei international tätigen Unternehmen nicht in der gleichen Form. Customer Relationship Management ist dadurch gekennzeichnet, dass nicht die Frage, ob eine vollständig einheitliche Marketingstrategie im Sinne eines globalen „Mass Marketing“ oder eine länderspezifisch differenzierte Marktbearbeitung erfolgen soll. Die Fragestellung bezüglich der Standardisierung bzw. Differenzierung bezieht sich hingegen auf das kundenbezogene Marketing auf der Mikroebene im Sinne einer zielgruppengerechten Kundenansprache (Wehrmeier 2001, S. 27 ff.). Im Rahmen des Customer Relationship Managements bei international tätigen Unternehmen steht somit die Differenzierung der Kundenansprache im Rahmen der Etablierung langfristig orientierter Kundenbeziehungen im Vordergrund. Dabei kann die Ansprache der Zielgruppen z.B. im Sinne eines One-to-One, One-to-Some bzw. One-to-All erfolgen. Das Customer Relationship Management bei international tätigen Unternehmen ist zusätzlich durch die Komplexität gekennzeichnet, dass sich diese Frage nicht mehr nur auf der nationalen Ebene stellt, sondern zusätzlich auch im internationalen Kontext.

Die Handlungsoptionen beziehen sich damit nicht lediglich darauf, dass die Frage in unterschiedlichen, voneinander isolierten Ländermärkten zu beantworten ist, sondern dass eventuell länderübergreifende Kundencluster bestehen. Beim internationalen Customer Relationship Management ist damit nicht mehr nur die nationale Sicht, sondern zusätzlich die internationale und länderübergreifende Betrachtung erforderlich. Dabei sind nicht nur unterschiedliche Länderkulturen von Relevanz, sondern die Zielgruppen im Rahmen des Customer Relationship Managements sind vielmehr auf der Mikroebene der Konsumenten zu betrachten. Diese Überlegungen sind für die Ausgestaltung der Customer-Relationship-Management-Systeme von Bedeutung, denn sie weisen darauf hin, dass im Rahmen des Customer Relationship Managements international tätiger Unternehmen eine nach Ländern differenzierte Vorgehensweise möglicherweise nicht ausreichend ist, sondern eine koordinierte Vorgehensweise notwendig ist, die es ermöglicht, länderübergreifend vorzugehen.

6 Prozess des Customer Relationship Managements in international tätigen Unternehmen

6.1 Prozess-Struktur

Die Verfolgung der Zielsetzung einer langfristig orientierten Gestaltung der Kundenbeziehungen erfordert ein systematisches Vorgehen. Der Prozess des Customer Relationship Managements kann deshalb als allgemeiner Managementprozess dargestellt werden. Dabei lässt er sich ausgehend von den allgemeinen Unternehmenszielen unterteilen in die Phasen der CRM-Analyse, der Festlegung der CRM-Ziele, der Festlegung der CRM-Maßnahmen, der Implementierung und der Kontrolle (Deeg 2002, S. 24; Bruhn 2001, S. 78 ff.).

Im Rahmen des Customer Relationship Managements im Kontext internationaler Unternehmenstätigkeit ist dieser Prozess durch ein höheres Ausmaß an Komplexität gekennzeichnet, da in allen Phasen nicht nur die Bedingungen eines nationalen Umfeldes zu berücksichtigen sind, sondern jeweils unterschiedliche Länder bzw. Ländermärkte zu betrachten und in einen Kontext zueinander zu bringen sind, um ein international konsistentes Customer Relationship Management realisieren zu können (siehe Abb. 7).

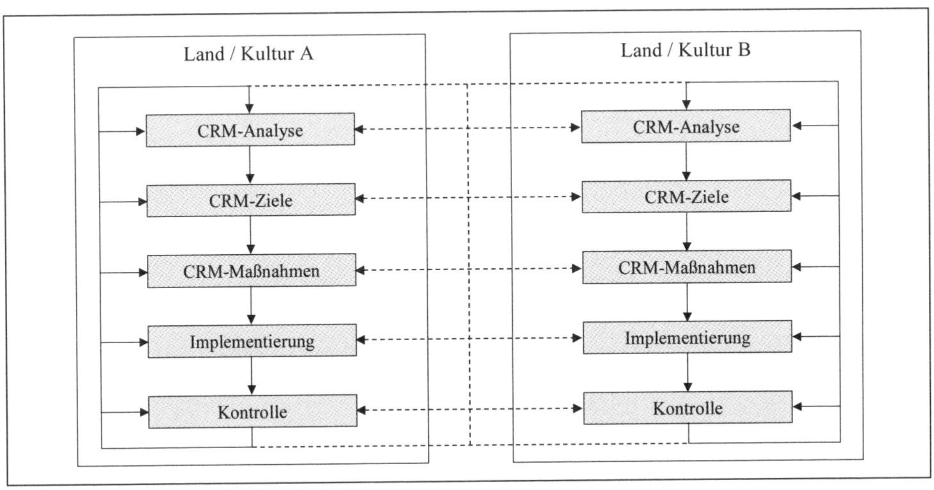

Abb. 7: Customer-Relationship-Management-Prozess bei internationaler Unternehmenstätigkeit

Dabei sind neben unternehmensinternen Dimensionen insbesondere unternehmensexterne Dimensionen, wie z.B. das Wettbewerbsumfeld, das politisch-rechtliche Umfeld und das technologische Umfeld von Bedeutung für die Ausgestaltung des Customer Relationship Managements. Diese sind dabei nicht nur hinsichtlich einzelner Ländermärkte zu analysieren, sondern zusätzlich auf einer übergeordneten, so regionalen oder globalen Ebene, bezogen auf das relevante Umfeld des Unternehmens.

Die CRM-Analyse beinhaltet die Untersuchung aller für die Steuerung der internationalen Kundenbeziehungen relevanten Aspekte. Im Rahmen des Customer Relationship Managements ist dabei insbesondere die Kundenanalyse, auf Grund der Fokussierung auf die Kunden als Zielobjekte im Rahmen der Beziehungsorientierung, von besonderer Bedeutung. Besondere Relevanz hat dabei die Kundensegmentierung. Hierunter versteht man die Aufteilung aller aktuellen und potenziellen Kunden in unterschiedliche Gruppen, die intern möglichst homogen und im Vergleich zu den übrigen Kundengruppen möglichst heterogen sein sollen. Die Segmentierung der Kunden bildet die Grundlage der differenzierten Kundenansprache.

Im internationalen Zusammenhang zeigt sich eine höhere Komplexität im Rahmen der Kundensegmentierung. Diese besteht insbesondere bei einer länderübergreifenden (integralen) Kundensegmentierung (siehe hierzu auch Abb. 11). Dabei wird keine länderspezifische Segmentierung der Kunden vorgenommen, sondern es wird versucht, die Kunden länderübergreifend zu homogenen Segmenten zusammenzufassen (Meffert/ Bolz 1998, S. 114).

Einen Ansatz für eine solche Vorgehensweise stellen die Euro-Socio-Styles der GfK-Gruppe dar. Dabei erfolgt eine mehrdimensionale Segmentierung der Kunden auf europäischer Ebene. Die Konsumenten werden anhand psychografischer Kriterien (so genannter Life-Style-Typologien) in acht unterschiedliche Konsumenten-Typologien eingeteilt (siehe Abb. 8).

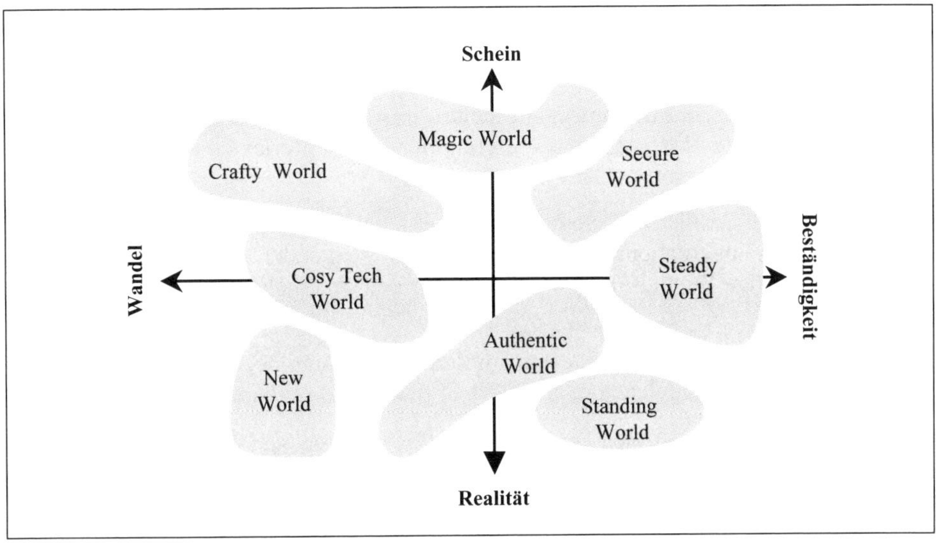

Abb. 8: Euro-Socio-Styles
Quelle: GfK Lebensstilforschung 2003

Jeder dieser Euro-Socio-Styles lässt sich in jedem der einbezogenen fünfzehn europäischen Länder identifizieren, wobei sich die jeweiligen Länder bezüglich der Größe bzw. der Bedeutung der jeweiligen Konsumentengruppen unterscheiden (siehe Abb. 9).

	Deutschland	Frankreich	Großbritannien	Niederlande	Österreich	Schweiz	Spanien
Steady		135			159		124
Secure			142				
Magic			147	115			
Crafty	120	110					
Cosy Tech			160	203			
New	112						
Authentic	126				132	197	
Standing				122	114	133	

Indices; Europa = 100.

Abb. 9: Euro-Socio-Styles: Schwerpunkte in ausgewählten Ländern
Quelle: GfK Lebensstilforschung 2003

Customer Relationship Management ist dadurch gekennzeichnet, dass eine Wirtschaftlichkeitsorientierung verfolgt wird. Somit ist es notwendig, die Kundengruppen zu identifizieren, zu denen die Kundenbeziehungen profitabel ausgestaltet werden können. Einen Ansatz in diesem Zusammenhang stellt – in Analogie zu der Vorgehensweise im Rahmen des Category Managements – die Zuordnung von Rollen zu den identifizierten Kundensegmenten dar, so:

- Profilierungsrolle: z.B. Segmente mit sehr hoher Segmentgröße, hoher Bedeutung im internationalen Zusammenhang, steigender Segment-Entwicklung (langfristige Prognose), hoher Reichweite des Unternehmens, hoher Profitabilität.
- Pflichtrolle: z.B. Segmente mit mittlerer Segmentgröße, weiter internationaler Verbreitung, stagnierender Segment-Entwicklung, mittlerer Reichweite, mittlerer Profitabilität.
- Ergänzungsrolle: z.B. Segmente mit geringer Segmentgröße, mittlerer bis niedriger Reichweite, niedriger Profitabilität.

Die Maßnahmenfestlegung knüpft an die segmentspezifischen Ziele an. Im Sinne einer umfassenden Ausrichtung an den Kundenbedürfnissen kann eine Orientierung im Rahmen des Maßnahmeneinsatzes auf die Kaufphasen erfolgen. In Abb. 10 sind Beeinflussungsmöglichkeiten der Kunden in den einzelnen Kaufphasen beispielhaft dargestellt.

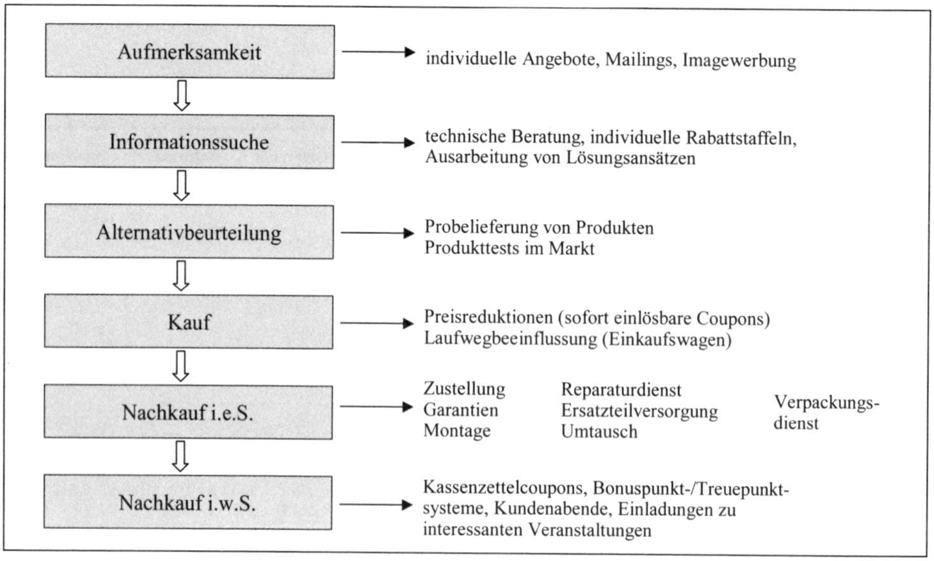

Abb. 10: Beeinflussungsmöglichkeiten von Konsumenten im Rahmen des Kaufprozesses
Quelle: Zentes et al. 1999, S. 83

Im Rahmen des internationalen Customer Relationship Managements ist dabei zu beachten, dass auch bei Vorliegen länderübergreifender Kundensegmente ein länderübergreifend ausgerichteter Maßnahmeneinsatz möglicherweise auf Grund länderspezifischer Rahmenbedingungen, wie z.B. rechtlicher Aspekte, nicht möglich ist.

6.2 Ausgestaltung der Customer-Relationship-Management-Prozesse im internationalen Kontext

Unabhängig davon, ob im internationalen Kontext einheitliche oder unterschiedliche Customer-Relationship-Management-Strategien realisiert werden, ist es in internationalen Unternehmen notwendig, eine Kompatibilität zwischen den Unternehmensteilen zu erreichen, um im internationalen Kontext ein integriertes und konsistentes Unternehmensbild realisieren zu können und Synergien ausschöpfen zu können. Dazu ist es erforderlich, eine Prozessstandardisierung im Sinne einer einheitlichen Strukturierung und ablauforganisatorischen Vereinheitlichung der Customer-Relationship-Management-Prozesse zu etablieren. Flankierend ist dabei der Einsatz standardisierter Prozess-Unterstützungstools, so IT-technische Customer-Relationship-Management-Systeme, sinnvoll, um eine einheitliche Unterstützung, Koordination und Abstimmung im internationalen Kontext zu erreichen. Dabei können im Rahmen des Unternehmens einheitliche Tools des analytischen, operativen und kollaborativen Customer Relationship Managements eingesetzt werden. So ist eine übergreifende Steuerung des Customer Relationship Managements möglich, der unternehmensinterne Datenaustausch bzw. die Verfügbarkeit der Daten kann erreicht werden und es können übergreifende Customer-Relationship-Management-Konzepte realisiert werden, bei denen ein international orientiertes Vorgehen verfolgt wird.

Als Schwierigkeit ergibt sich dabei im internationalen Kontext, dass, wenngleich die technische Unterstützung relativ standardisiert erfolgt, ein Datenaustausch zwischen den Unternehmensteilen insofern erschwert wird, als im internationalen Kontext unterschiedliche Datenstandards, so z.B. unterschiedliche Artikelstammdatenpools, üblich sind, deren Einsatz im Rahmen der internationalen Geschäftstätigkeit zur Koordination der Geschäftstätigkeit und Anbindung von Wertschöpfungspartnern notwendig ist. Dies kompliziert den Austausch von Daten zwischen den Unternehmensteilen eines international agierenden Unternehmens. Unter Umständen ist aus diesen Gründen dann ein doppeltes Führen von Daten erforderlich, indem zum einen die unternehmensinternen Standards zur unternehmensinternen Koordination und Abstimmung bzw. zum Austausch genutzt werden, und auf der anderen Seite die jeweils länderspezifisch erforderlichen Datenstandards zusätzlich geführt werden müssen, um im Rahmen der Geschäftstätigkeit die Anbindung an das Umfeld zu realisieren.

7 Zielgruppenorientierung und Efficient Consumer Response

Die Kundenbeziehungen in der Konsumgüterbranche im B2C-Bereich sind dadurch gekennzeichnet, dass der Grad der Integration der Kunden in die Leistungserstellung in der Regel vergleichsweise gering ist (Bruhn 2001, S. 252). Ein direkter Kontakt zu den Konsumenten besteht dabei vornehmlich – mit Ausnahme von Direktvertriebssystemen der Industrie – seitens des Handels. Insbesondere weisen die Beziehungen der Unternehmen zu den Konsumenten dabei eine weitaus stärkere Heterogenität auf als bei B2B-Beziehungen. Die Implementierung und Institutionalisierung von Konzepten des Customer Relationship Managements weist im B2C-Bereich eine wesentlich höhere Komplexität auf. Institutionalisierte Formen werden deshalb bisher nur in seltenen Fällen etabliert, während in B2B-Beziehungen der Einsatz von Konzepten des Customer Relationship Managements in institutionalisierter Form bereits die Regel darstellt. So werden im Rahmen des Beziehungsmanagements Konzepte wie das Key Account Management eingesetzt (Sidow 1997, S. 21 ff.), deren Zielsetzung in der Etablierung langfristig orientierter Kundenbeziehungen mit der Orientierung auf die Ausschöpfung des Kundenpotenzials liegt. Dabei erfolgt eine Orientierung auf die Kunden, die ein besonders hohes Potenzial aufweisen. Key Account Management beinhaltet die differenzierte und individuelle Betreuung dieser strategisch wichtigen Kunden (Schlüsselkunden) (Kleinaltenkamp/Rieker 1997, S. 166 ff.). Im Rahmen des Internationalen Key Account Managements wird diese Perspektive erweitert, indem eine Ausrichtung des Unternehmens auf internationale Schlüsselkunden erfolgt. Es ist insbesondere durch eine länderübergreifende Koordination der Kundenbeziehungen gekennzeichnet (Macharzina/Oesterle 1995). Euro Key Account Management stellt eine Sonderform des Internationalen Key Account Managements dar, bei der eine Fokussierung auf den europäischen Markt bzw. die Betreuung der in europäischen Ländermärkten tätigen Unternehmen erfolgt (Brielmaier 1997).

Während der Einsatz solcher Konzepte des Customer Relationship Managements im Rahmen von B2B-Beziehungen somit bereits eine etablierte Vorgehensweise darstellt, führt die Heterogenität und Individualität der Konsumenten dazu, dass Konzepte wie das Internationale Key Account Management nicht übertragbar sind, da die Zersplitterung auf der individuellen Ebene zu stark ist. Wenngleich die Heterogenität der Konsumenten im internationalen Zusammenhang eine einheitliche Konzeption bzw. die Berücksichtigung individueller Anforderungen auf übergeordneter Ebene erschwert, lassen sich dennoch Ansätze ableiten, die eine stärkere Beziehungsorientierung ermöglichen. So liegt ein möglicher Ansatz in der Strukturierung nach Zielgruppen. Eine Fokussierung auf Zielgruppen im Rahmen des Customer Relationship Managements kann dabei in dezentraler Form realisiert werden, um eine stärkere Orientierung an den spezifischen Bedürfnissen der Konsumenten erreichen zu können.

Dabei kann die Orientierung an Zielgruppen damit verbunden sein, dass im Rahmen der internationalen Tätigkeit die Zielgruppen als Sub-Cluster bzw. spezifische Kulturen in unterschiedlichen Ländern identifiziert werden können (siehe Abb. 11). Diese können bei einer länderübergreifenden Ausrichtung im Rahmen der organisatorischen Umsetzung übergreifend koordiniert werden.

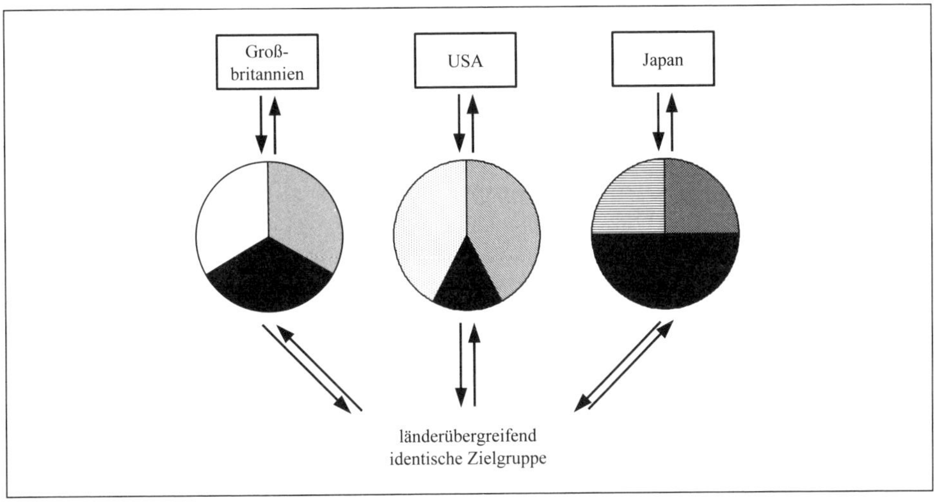

Abb. 11: Länderübergreifend identische Zielgruppen
Quelle: in Anlehnung an Kutschker/Schmid 2002, S. 945

Einen weiteren Ansatzpunkt zur Gestaltung der Beziehungen zu den Endkonsumenten, der die Integration der hersteller- und handelsorientierten Perspektive beinhaltet, stellt das Konzept des Efficient Consumer Response dar. Die Zielsetzung dieses auf die Hersteller-Handels-Kooperation im Rahmen der Logistik (Supply Chain Management) sowie des Marketing (Category Management) abzielenden Konzeptes liegt dabei insbesondere in der Erreichung einer höheren Kundenloyalität, um die Kundenprofitabilität steigern zu können (Kenning 2002, S. 85 ff.). Insbesondere hinsichtlich internationaler B2C-Beziehungen zeigen sich im Rahmen des abgestimmten Vorgehens wichtige Vorteile, die sich aus dem Pooling der Kompetenzen und der Informationen der Akteure der Wertschöpfungskette im internationalen Zusammenhang ergeben.

8 Fazit und Ausblick

Im Kontext internationaler Unternehmenstätigkeit ist das Customer Relationship Management durch eine Vielzahl unterschiedlicher Rahmenbedingungen auf den alternativen Ländermärkten gekennzeichnet. Dabei sind bezüglich der Kundenbeziehungen, die beim Customer Relationship Management im Vordergrund stehen, insbesondere Kulturunterschiede zwischen den Beziehungspartnern von besonderer Bedeutung. Solche

Unterschiede zwischen den jeweiligen Ländern bzw. Kulturen oder Kunden bedingen, dass, wenngleich sich dadurch Möglichkeiten bieten, Economies of Scale zu realisieren, standardisierte Vorgehensweisen im Rahmen der Realisierung von Customer-Relationship-Management-Strategien nicht immer adäquat sind. Hingegen ist zu überprüfen, inwieweit unterschiedliche Umfeldbedingungen es erfordern, Anpassungen an das jeweilige Länder- oder Kulturumfeld vorzunehmen und somit einen differenzierten Ansatz im Rahmen des globalen oder multinationalen Customer Relationship Managements zu verfolgen.

Die Prozesse fortschreitender Internationalisierung der Unternehmenstätigkeit und zunehmender internationaler Mobilität der Konsumenten weisen darauf hin, dass zur Realisierung einer differenzierten Kundenansprache im Rahmen des Aufbaus langfristiger Kundenbeziehungen die Fragestellungen der länderbezogenen Standardisierung bzw. Differenzierung um eine spezifischere, zielgruppenorientierte Vorgehensweise im Rahmen des Customer Relationship Managements im internationalen Kontext erweitert werden muss. Ansatzpunkte zur Optimierung der Kundenbindungssysteme stellen auf Grund der Interdependenz der Systeme der unterschiedlichen Wertschöpfungsstufen dabei insbesondere auch Strategien des Customer Relationship Managements dar, die eine Kooperation von Hersteller- und Handelsunternehmen auf internationaler Ebene im Sinne einer ECR-Orientierung beinhalten.

Literaturverzeichnis

Andaleeb, S.S. (1996): An experimental investigation of satisfaction and commitment in Marketing-channels: The role of trust and dependence, in: Journal of Retailing, Vol. 72, No. 1, S. 77-93.

Anderson, E.; Weitz, B.A. (1989): Determinants of continuity in conventional industrial channel dyads, in: Marketing Science, Vol. 8, No. 4, S. 310-323.

Anderson, E.W.; Mittal, V. (2000): Strengthening the satisfaction-profit-chain, in: Journal of Services Research, Vol. 3, No. 2, S. 107-120.

Ansari, A.; Essegaier, S.; Kohli, R.(2000): Internet recommendation systems, in: Journal of Marketing Research, Vol. 37, No. 3, S. 363-375.

AT Kearney; University of Cambridge (2002): Mobinet Index # 5, Chicago/Cambridge, http://www.atkearney.de/veroeffentlichungen/doc/Mobinet_5_S.pdf (Zugriff: 23.01.2003).

Bänsch, A. (1995): Variety Seeking – Marketingfolgerungen aus Überlegungen und Untersuchungen zum Abwechslungsbedürfnis von Konsumenten, in: Jahrbuch der Absatz- und Verbrauchsforschung, Nr. 4, S. 342-365.

Belk, R.W. (1996): Hyperreality and globalization: culture in the age of Ronald McDonald, in: Journal of International Consumer Marketing, Vol. 8, No. 3/4, S. 23-37.

Berry, L.L. (1983): Relationship marketing, in: AMA (Hrsg.): Emerging Perspectives on Services Marketing, Chicago, S. 25-28.

Berry, L.L. (1995): Relationship marketing of services. Growing interest, emerging perspectives, in: Journal of the Academy of Marketing Science Vol. 23, No. 4, S. 236-245.

Bloemer, J.; Lemmink, J. (1992): The importance of customer satisfaction in explaining brand and dealer loyalty, in: Journal of Marketing Management, Vol. 8, No. 4, S. 351-364.

Bolz, J. (1992): Wettbewerbsorientierte Standardisierung der internationalen Marktbearbeitung, Darmstadt.

Brielmaier, A. (1997): Euro Key Account Management: Konzeptionelle und organisatorische Gestaltung des Vertriebsmanagements im Konsumgütergeschäft mit internationalen Key Accounts, Nürnberg.

Bruhn, M. (2001): Relationship Marketing, Wiesbaden.

Conway, T.; Swift, J.S. (2000): International relationship marketing: The importance of psychic distance, in: European Journal of Marketing, Vol. 34, No. 11/12, S. 1391-1413.

Cornelsen, J. (1998): Kundenwertanalysen im Beziehungsmarketing, Nürnberg.

de Wulf, K.; Odekerken-Schröder, G.; Iacobucci, D. (2001): Investments in consumer relationships: a cross-country and cross-industry exploration, in: Journal of Marketing, Vol. 65, No. 4, S. 33-50.

Deeg, R. (2002): König Kunde? Customer Relationship Management (CRM) als Differenzierungsstrategie, in: Coorganisation, Nr. 4, S. 20-25.

Dick, A.; Basu, K. (1994): Customer loyalty: Toward an integrated conceptual framework, in: Journal of the Academy of Marketing Science, Vol. 22, No. 2; S. 99-113.

Diez, W. (2000): Wenn das Internet als Verkäufer arbeitet, in: Harvard Business Manager, Nr. 1, S. 22-29.

Donnan, H. (1994): Border approaches, anthropological perspectives on frontiers, Lanham et al.

Douglas, S.P.; Wind, Y. (1987): The myth of globalization, in: Columbia Journal of World Business, Vol. 21, No. 4, S. 19-29.

Duke, R. (1991): Post-saturation competition in UK grocery retailing, in: Journal of Marketing Management, Vol. 7, Nr. 1, S. 63-76.

Dülfer, E. (1996): Möglichkeiten und Grenzen westlicher Organisationskulturkonzepte im Hinblick auf Osteuropa, in: Lang, R.: Wandel von Unternehmenskulturen in Ostdeutschland und Osteuropa, München/Mering, S. 23-41.

Erickson, G.M.; Johansson, J.K.; Chao, P. (1984): Image variables in multi-attribut product evaluations: Country-of-origin-effects, in: Journal of Consumer Research, Vol. 11, No. 2, S. 694-700.

Fam, K.S.; Merrilees, B. (1998): Cultural values and personal selling, in: International Marketing Review, Vol. 15, No. 4, S. 246-256.

Feldman, D.C.; Thompson, H.B. (1993): Entry shock, culture shock: Socializing the new breed of global managers, in: Human Resource Management, Vol. 31, No. 4, S. 345-362.

Ford, D. (1984): Buyer/seller relationships in international industrial markets, in: Industrial Marketing Management, Vol. 13, No. 2, S. 101-113.

Francis, J.P. (1991): When in Rome? The effect of cultural adaptation on international business negotiations, in: Journal of International Business Studies, Vol. 22, No. 3, S. 403-428.

Grönroos, C. (1995): From marketing mix to relationship marketing: Towards a paradigm shift in marketing, in: Management Decision, Vol. 32, No. 2, S. 4-20.

Hagemann, H. (2000): Die Diagnose und Handhabung interkultureller Konfliktpotentiale und Konflikte in deutschen Tochtergesellschaften und Joint-Ventures in Rumänien, Bamberg, http://elib.uni-bamberg.de/volltexte/2000/5.html (Zugriff: 18.11.2002).

Håkansson, H. (Hrsg.) (1982): International marketing and purchasing of industrial goods, Chichester.

Hallén, L.; Wiedersheim-Paul, F. (1984): The evolution of psychic distance in international business relationships, in: Haag, L.; Wiedersheim-Paul, F. (Hrsg.): Between markets and hierarchie, Uppsala.

Hamill, J. (1997): The Internet and international marketing, in: International Marketing Review, Vol. 14, No. 5, S. 300-323.

Hoek, J.; Sparks, R. (2000): Tobacco promotion restrictions - an international regulatory impasse?, in: International Marketing Review, Vol. 17, No. 3, S. 216-230.

Homburg, Ch.; Bruhn, M. (2003): Kundenbindungsmanagement – Eine Einführung in die theoretischen und praktischen Problemstellungen, in: Bruhn, M.; Homburg, Ch. (Hrsg.): Handbuch Kundenbindungsmanagement, 4. Aufl., Wiesbaden, S. 3-37.

Homburg, Ch.; Sieben, F. (2003): Customer Relationship Management (CRM) – Strategische Ausrichtung statt IT-getriebenem Aktivismus, in: Bruhn, M.; Homburg, Ch. (Hrsg.): Handbuch Kundenbindungsmanagement, 4. Aufl., Wiesbaden, S. 423-450.

IP Deutschland (2002): Internet 2002 – International Key Facts, Köln.

Kale, S.H. (1995): Grouping Euroconsumers: a culture-based clustering approach, in: Journal of International Marketing, Vol. 3, No. 4, S. 35-48.

Kanter, R.M.; Corn, R.I. (1994): Do cultural differences make a business difference? Contextual factors affecting cross-cultural relationship success, in: Journal of Management Development, Vol. 13, No. 2, S. 5-23.

Keillor, B.D.; Hult, G.T.M. (1999): A five-country study of national identity: implications for international marketing research and practice, in: International Marketing Review, Vol. 16, No. 1, S. 65-82.

Kenning, P. (2002): Aufbau langfristiger Kundenbeziehungen im Handel, in: Ahlert, D.; Becker, J.; Knackstedt, R.; Wunderlich, M. (Hrsg.): Customer Relationship Management im Handel, Berlin u.a., S. 85-102.

Klein, J.G.; Ettenson, R.; Morris, M.D. (1998): The animosity of model of foreign product purchase: an empirical test in the People's Republic of China, in: Journal of Marketing, Vol. 62, No. 1, S. 89-100.

Klein, S.; Güler, S. (2000): Personalisierung im elektronischen Handel, in: Das Wirtschaftsstudium, Nr. 1, S. 88-94.

Kleinaltenkamp, M.; Rieker, S.A. (1997): Kundenorientierte Organisation, in: Kleinaltenkamp, M.; Plinke, W. (Hrsg.): Geschäftsbeziehungsmanagement, Berlin u.a., S. 161-218.

KPMG; EHI (2001): Status Quo und Perspektiven im deutschen Lebensmittelhandel, Köln.

Kumar, B. (1988): Interkulturelle Managementforschung. Ein Überblick über Ansätze und Probleme, in: Wirtschaftswissenschaftliches Studium, Nr. 8, S. 389-394.

Kutschker, M.; Schmid, S. (2002): Internationales Management, München u.a.

LaBahn, D.W.; Harich, K.R. (1997): Sensitivity to national business culture: effects on US-Mexican channel relationship performance, in: Journal of International Marketing, Vol. 5, No. 4, S. 29-51.

Levitt, T. (1983): After the sale is over, in: Harvard Business Review, Vol. 61, No. 5, S. 87-93.

Lin, X.; Germain, R. (1998): Sustaining satisfactory joint venture relationships: the role of conflict resolution strategy, in: Journal of International Business Studies, Vol. 29, No. 1, S. 179-196.

Liu, H.; McGoldrick, P.J. (1996): International retail sourcing: Trend, nature, and process, in: Journal of International Marketing, Vol. 4, No. 4, S. 9-33.

Macharzina, K.; Oesterle, M.-J. (1995): Organisation des internationalen Marketing-Managements, in: Herrmanns, A.; Wissmeier, U.K. (Hrsg.): Internationales Marketing-Management, München, S. 309-338.

Malhotra, N.K.; Agarwal, J.; Baalbaki, I. (1998): Heterogeneity of regional trading blocs and global marketing strategies, in: International Marketing Review, Vol. 15, No. 6, S. 476-506.

Manrai, L.A.; Manrai, A.K. (1996): Current issues in cross-cultural and cross-national consumer research, in: Journal of International Consumer Research, Vol. 8, No. 3/4, S. 9-22.

Mauritz, H. (1996): Interkulturelle Geschäftsbeziehungen, Wiesbaden.

Mayer, R.C.; Davis, J.H.; Schoorman, F.D. (1995): An integrative model of organizational trust, in: Academy of Management Review, Vol. 20, No. 3, S. 709-734.

Mayo, A.; Hadaway, T. (1994): Cultural adaption – The ICL – Noika Data Merger 1991-1992, in: Journal of Management Development, Vol. 13, No. 2, S. 59-71.

McCracken, G. (1988): Culture and consumption: New approaches on the symbolism of consumer goods and activities, Bloomington.

McGauran, A.-M. (2001): Retail is detail: cross-national variation in the character of retail selling in Paris and Dublin, in: International Review of Retail, Distribution and Consumer Research, Vol. 11, No. 4, S. 437-458.

McKinsey (2001): McKinsey European Retail Branding Research 2001, Düsseldorf et al.

Meffert, H.; Bolz, J. (1998): Internationales Marketing-Management, 3. Aufl., Stuttgart u.a.

Meyer, A.; Dornach, F. (2001): Kundenmonitor Deutschland - Qualität und Kundenorientierung, München.

Möhlenbruch, D.; Schmieder, U.-M. (2002): Mobile Marketing als Schlüsselgröße für Multichannel-Commerce, in: Silberer, G.; Wohlfahrt, J.; Wilhelm, T. (Hrsg.): Mobile Commerce – Grundlagen, Geschäftsmodelle, Erfolgsfaktoren, Wiesbaden, S. 67-89.

Moorman, Ch.; Zaltman, G.; Deshpande, R. (1992): Relationships between providers and users of market research: The dynamics of trust within and between organizations, in: Journal of Marketing Research, Vol. 29, No. 3, S. 314-328.

Morgan, R.M.; Hunt, S.D. (1994): The commitment-trust theory of relationship marketing, in: Journal of Marketing, Vol. 58, No. 3, S. 20-38.

Morschett, D. (2002): Retail Branding und Integriertes Handelsmarketing, Wiesbaden.

Morschett, D.; Schramm-Klein, H. (2003): Der Einfluss der Internationalisierung auf die Supply Chain des Handels, in: Thexis, Nr. 3, S. 48-52.

O'Donnell, S.; Jeong, I. (2000): Marketing standardization within global industries – An empirical study of performance implications, in: International Marketing Review, Vol. 17, No. 1, S. 19-33.

Palmer, A. (1997): Defining relationship marketing: an international perspective, in: Management Decision, Vol. 35, No. 4, S. 319-321.

Papavassiliou, N.; Stathakopoulus, V. (1997): Standardization versus adaptaion of international advertising strategies: Towards a framework, in: European Journal of Marketing, Vol. 31, No. 7, S. 504-527.

Quelch, J.; Joachimsthaler, E.; Nueno, J. (1991): After the Wall: Marketing Guidelines to Eastern Europe, in: Sloan Management Review, Vol. 32, No. 2, S. 82-93.

Quelch, J.A.; Klein, L.R. (1996): The internet and international marketing, in: Sloan Management Review, Vol. 37, No. 3, S. 60-75.

Rosson, P.J.; Ford, I.D. (1980): Stake, conflict, and performance in export marketing channels, in: Management International Review, Vol. 20, No. 4, S. 31-37.

Rosson, P.J.; Ford, I.D. (1982): Manufacturer-overseas distributor relations and export performance, in: Journal of International Business Studies, Vol. 13, No. 2, S. 57-72.

Rust, R.; Lemon, K.; Zeithaml, V. (2001): Driving customer equity: Linking customer lifetime value to strategic marketing decisions, Marketing Science Institute Working Paper No. 01-108, Cambridge.

Schmalen, H. (1994): Das hybride Kaufverhalten und seine Konsequenzen für den Handel, in: Zeitschrift für Betriebswirtschaft, Nr. 1, S. 1221-1240.

Schotthöfer, P. (2001): Rechtliche Aspekte des "Customer Relationship Management", in: Link, J. (Hrsg.): Customer Relationship Management, Berlin u.a., S. 275-303.

Schramm-Klein, H. (2003): Multi-Channel-Retailing, Wiesbaden.

Sidow, H.D. (1997): Key Account Management: Wettbewerbsvorteile durch kundenbezogene Strategien, Landsberg a. L.

Swift, J.S. (1999): Cultural closeness as a facet of cultural affinity: A contribution to the theory of psychic distance in international marketing, in: International Marketing Review, Vol. 16, No. 2/3, S. 182-201.

Thomas, A. (1996), Psychologische Wirksamkeit von Kulturstandards im interkulturellen Handeln, in: Thomas, A.: Psychologie interkulturellen Handelns, Göttingen, S. 107-135.

Thorne LeClair, D. (2000): Marketing planning and the policy environment in the European Union, in: International Marketing Review, Vol. 17, No. 3, S. 193-215.

Tomczak, T. (2000): One to One Marketing im LEH - Grundlagen und Perspektiven, in: Zentes, J. (Hrsg.): One to One Marketing – Sinnvoll und umsetzbar?, Ergebnisse 9. Bestfoods TrendForum, Wiesbaden, S. 19-38.

Tomczak, T.; Gussek, F. (1992): Handelsorientierte Anreizsysteme der Konsumgüterindustrie, in: Zeitschrift für Betriebswirtschaft, Nr. 7, S. 783-806.

Tse, D.K.; Lee, K.; Vertinsky, I.; Wehrung, D.A. (1988): Does culture matter? A cross-cultural study of executives' choice, decisiveness, and risk adjustment in international marketing, in: Journal of Marketing, Vol. 52, No. 4, S. 81-95.

von Keller, E. (1982): Management in fremden Kulturen: Ziele, Ergebnisse und methodische Probleme der kulturvergleichenden Managementforschung, Bern.

Wehrmeier, D. (2001): Customer Relationship Management, Köln.

Weiss, A.M.; Anderson, E.; MacInnis, D.J. (1999): Reputation management as a motivation for sales structure decisions, in: Journal of Marketing, Vol. 63, No. 3, S. 74-89.

Whitelock, J.; Chung, D. (1989): Cross-cultural advertising – an empirical study, in: International Journal of Advertising, Vol. 8, No. 3, S. 291-310.

Zentes, J.; Bartsch, A. (2002): HandelsMonitor Band 6 – Neuorientierung des Beschaffungsmanagements, Frankfurt a. M.

Zentes, J.; Janz, M.; Morschett, D. (1999): Neue Dimensionen des Handelsmarketing, Saarbrücken/Walldorf.

Zentes, J.; Schramm-Klein, H. (2001): Multi-Channel-Retailing – Ausprägungen und Trends, in: Hallier, B. (Hrsg.): Praxisorientierte Handelsforschung, Köln, S. 290-296.

Zentes, J.; Schramm-Klein, H. (2003): Bedeutung des Marketing für das vertikale Marketing, in: Bruhn, M. (Hrsg.): Handbuch Markenartikel, 2. Aufl., Wiesbaden (im Druck).

Zentes, J.; Swoboda, B. (1998): HandelsMonitor I/98 - Trends & Visionen: Wo wird im Jahre 2005 Handel ‚gemacht'?, Frankfurt a. M.

Zentes, J.; Swoboda, B.; Morschett, D. (2003): Kundenbindung im vertikalen Marketing, in: Bruhn, M.; Homburg, Ch. (Hrsg.): Handbuch Kundenbindungsmanagement, 4. Aufl., Wiesbaden, S. 163-192.

Sven Reinecke, Sven Köhler

CRM bei Dienstleistungsunternehmen

1 Einleitung

In den vergangenen Jahren ist eine Vielzahl von Unternehmen dazu übergegangen, Kundenbeziehungen stärker unter dem Blickwinkel eines langfristigen und für alle Beteiligten wertvollen Beziehungsmanagements zu betrachten anstatt sich auf eine kurzfristige Optimierung von Geschäftstransaktionen zu fokussieren. Die schnelle Umsetzung dieser neuen Philosophie wurde durch den sich verbreitenden Glauben gefördert, dass sich eine intensivere Beziehung zwischen Nachfrager und Anbieter positiv auf die Kundenzufriedenheit und damit auf die Kundenloyalität auswirkt (Claycomb/ Martin 2002, S. 616). Aus einzelnen Geschäftstransaktionen, die auf Grund der damit verbundenen hohen Suchkosten für beide Geschäftspartner suboptimal waren, haben sich kontinuierliche Abläufe von Wiederholungskäufen entwickelt, die für beide Seiten vorteilhafter sind und höheres Potenzial für langfristig ausgerichtete Profitabilitätssteigerungen bieten (Dwyer et al. 1987; Jackson 1985; Reichheld/Sasser 1990; Vavra 1992). Insbesondere Dienstleistungsunternehmen haben frühzeitig erkannt, dass die Profitabilität einer Kundenbeziehung in der Regel mit fortschreitender Dauer zunimmt und entsprechende Maßnahmen zur Verbesserung von Kundenbeziehungen umgesetzt (Berry 1983; Reichheld/Sasser 1990). Untersuchungen ergaben, dass eine fünfprozentige Erhöhung der Kundenbindung je nach Branche zu einem Gewinnzuwachs von 20 bis 125 Prozent führen kann (Payne 2000, S. 3; Reichheld 1999, S. 55). Hinweise auf langfristig positive Wirkungen der Kundenbeziehungen für einen Anbieter sind auch bei Tomczak, Dittrich und Reinecke zu finden, wobei Kundenbindungsmaßnahmen auf wirtschaftlich interessante Kundengruppen fokussiert sein sollten (Tomczak et al. 2002). Gegen die Bindung eines Kunden an ein bestimmtes Unternehmen spricht jedoch der zunehmende Trend des Variety-Seeking unter den Kunden (Bauer/Grether 2002, S. 6). Selbst zufriedene Kunden möchten sich nicht mehr nur an eine Marke bzw. an ein Unternehmen binden, sondern nehmen trotz etwaiger Wechselkosten immer öfter einen Anbieterwechsel in Kauf. Ein strategisch ausgerichtetes und in die Gesamtorganisation integriertes Kundenbeziehungsmanagement kann wesentlich dazu beitragen, solchen Bewegungen auf der Nachfragerseite entgegenzuwirken und Geschäftstransaktionen profitabler werden zu lassen.

2 Grundlagen des CRM für Dienstleistungsunternehmen

2.1 Definition und Verständnis

Das Erschließen und Ausschöpfen von Kundenpotenzialen ist Gegenstand des Customer Relationship Managements. Von der Akquisition attraktiver Kundengruppen durch die Gewinnung von Nicht-Verwendern oder Kunden der Konkurrenz (Karg 2001) bis zur Bindung der Kunden an das Unternehmen mittels Retention und Penetration (Dittrich

2000), umfasst CRM alle Maßnahmen eines Unternehmens, um Kundenpotenziale auszuschöpfen, profitable Kundenbeziehungen aufzubauen und diese langfristig zu sichern (Tomczak/Reinecke 1996, 1999).

Nach Day (Day 2000, S. 4) nimmt CRM dabei verschiedene Perspektiven ein. Unter CRM versteht er einen „...crossfunctional process for achieving a continuing dialogue with customers across all their contact and access points, with personalized treatment of the most valuable customers, to increase customer retention and the effectiveness of marketing initiatives." CRM als Prozess betrachten auch Srivastava, Shervani und Fahey, indem sie formulieren: "...with CRM being defined as the process that identifies customers, creates customer knowledge, builds customer relationships, and shapes customers' perception of the organization and its solutions (Srivastava et al. 1999).

CRM als ganzheitliches Führungskonzept ist deshalb so interessant und komplex zugleich, weil es verschiedene Teilgebiete des Marketing, die scheinbar unabhängig voneinander agieren, miteinander verbindet und zu einer Einheit führt (Zinkhan 2002, S. 83). Auf Grund dieser Komplexität und funktionalen Vielfalt ist Relationship Management in vielen Fällen schwer in der Praxis umzusetzen (siehe ausführlich Reinecke et al. 1998). Meist sind von einer Implementierung mehrere Abteilungen bzw. Verantwortungsbereiche betroffen, von denen jeder für sich andere Ziele innerhalb der Organisation verfolgt. Auf der anderen Seite bietet das Relationship Management eine Fülle von Möglichkeiten zur Schaffung von Wettbewerbsvorteilen für ein Unternehmen. Eine solide und stabile Beziehung zwischen Anbieter und Nachfrager kann für beide Beteiligten Nutzenvorteile bringen. Positiveffekte überwiegen vor allem dann, wenn sowohl Kunde als auch Dienstleister daran interessiert sind, sich einen langfristigen Nutzen aus der Beziehung zu verschaffen (Ganesan 1994). Daher besteht ein durchaus berechtigter Zweifel darüber, ob CRM-Konzepte für alle Dienstleistungsunternehmen Vorteile bringen oder ob es für einige Unternehmen in Business-to-consumer-Märkten nicht Sinn machen würde, sich nach wie vor auf die Optimierung von Einzeltransaktionen zu fokussieren und die Stärke bzw. emotionale Bindung einer Marke auszuschöpfen.

Beispielsweise konzentriert sich die europäische Point-to-point Airline easyJet.com allein auf die Abwicklung von Einzeltransaktionen mit dem Ziel der Erreichung der Kundenzufriedenheit und setzt vielmehr auf Maßnahmen zur Steigerung der Markenbekanntheit und -sympathie. Aufwändige und kostspielige CRM-Konzepte blieben bislang in der Unternehmensstrategie unberücksichtigt; und dies mit Erfolg.

Die Frage, ob von einem grundlegenden Paradigmenwechsel im Marketing gesprochen werden kann (Grönroos 1994 und Kotler 1991), bedarf daher noch eingehenden Beobachtungen und Forschungsbemühungen; insbesondere, wenn sich weiterhin erweist, dass viele CRM-Implementierungen für die beteiligten Partner wenig nutzenstiftend und aus ökonomischer Sicht sogar unprofitabel sind.

2.2 Entwicklung und Bedeutung

Die Wirtschaftskrise in den Siebziger Jahren, verursacht durch eine weltweite Knappheit an Energieressourcen führte nicht nur in den U.S.A. zu einem Einbruch in den Absatzzahlen (Sheth 2002, S. 590). Angebotsüberschüsse auf vielen Gebrauchs- und Investitionsgütermärkten forcierten eine rasche Zunahme des Wettbewerbs auf globaler Basis. In dieser Not erkannten die betroffenen Unternehmen sehr rasch die Notwendigkeit des Abbaus von kostenintensiven (Neu-)Kundenakquisitionsmaßnahmen und der Fokussierung auf die Kundenbindung (Sheth 2002, S. 590).

Parallel fand zu dieser Zeit eine andere Entwicklung im Marketing statt. Service Management und Dienstleistungsmarketing gewannen durch neue Erkenntnisse und empirische Forschungsarbeiten schnell an Bedeutung. Obwohl sich die Wissenschaft schon sehr früh darüber einig war, dass sich das Dienstleistungsmarketing wesentlich vom Konsum- oder Gebrauchsgütermarketing unterscheidet, vollzog sich diese Erkenntnis im Management der Unternehmen erst gegen Ende der Siebziger Jahre (Interview mit Gary Knisely in Zeithaml/Bitner 2000, S. 11). Die frühen Arbeiten von Grönroos, Gummesson, Levitt und später auch Berry (Berry 1983, Grönroos 1979 und 1980, Gummesson 1978, Levitt 1981) bildeten die Grundlage für den erst zu einem späteren Zeitpunkt stattfindenden „Refokussierungsprozess" im Marketing (Finsterwalder 2002, S. 32) und der Entstehung des Begriffes „CRM" beziehungsweise des Kundenbeziehungsmanagements. Die Grundlagen für das, was wir heute unter CRM kennen und verstehen, entstammen demnach weitestgehend aus den vorangegangenen Forschungsarbeiten in den Bereichen des Dienstleistungsmarketing (Sheth et al. 2000).

Das Kundenbeziehungsmanagement erreichte bisher im Dienstleistungssektor aus mehreren Gründen einen höheren Stellenwert als in anderen Branchen. Als Ursache hierfür sind vor allem die folgenden Eigenschaften von Dienstleistungsgütern zu nennen, welche die Bedeutung der Qualität einer Beziehung im Rahmen von Geschäftstransaktionen zusätzlich fördern (Claycomb/Martin 2002, S. 617):

- Dienstleistungen zeichnen sich durch eine hohe Intangibilität aus. Diese Tatsache macht es im Gegensatz zu Industrie- oder Konsumgütern dem Kunden schwierig, den konkreten Nutzen und die Qualität einer Dienstleistung vor dem Kauf bedürfnisgerecht evaluieren zu können. Die Wahrnehmung des Kunden in Bezug auf die entgegengebrachte Beziehung zum Unternehmen selbst oder zu einer Einzelpersonen des Unternehmens reflektiert somit direkt auf die Qualität der Dienstleistung. Hinterlässt beispielsweise beim Betreten eines Hotels das Personal am Empfang einen negativen Eindruck beim Gast, so wirkt sich dies maßgeblich auf dessen Gesamtzufriedenheit bei einer Hotelübernachtung aus.

- Den Aspekten Vertrauen und Glaubwürdigkeit kommt im Dienstleistungsbereich eine hervorgehobene Bedeutung zu. Auf Grund der Immaterialität von Dienstleistungen kaufen Kunden in aller Regel nur ein Leistungsversprechen. Sie sind bei der Vorbereitung einer Kaufentscheidung auf ein weitaus höheres Maß an bestehende Erfahrungen oder auf das Vertrauen in einen Anbieter angewiesen als es bei Konsum- oder Verbrauchsgütern der Fall ist. Eine bereits bestehende Beziehung kann das Vertrauen in einen Dienstleister nachhaltig stärken und sogar vor Kundenabwanderungen im Falle von Qualitätsmängeln bei der Dienstleistungserstellung schützen.

- Viele Dienstleistungsprozesse setzen die direkte Interaktion zwischen Anbieter und Nachfrager voraus, ohne die eine Erstellung der Leistung gar nicht erst möglich wäre. Vor allem fachspezifische Dienstleistungen in Business-to-business-Märkten sind auf ein sehr hohes Maß an Kommunikation zwischen Anbieter und Nachfrager angewiesen. Kommt keine harmonische Beziehung zwischen beiden Parteien zu Stande oder ist das Verhältnis aus einem anderen Grund gestört, leidet darunter die Qualität des Leistungserstellungsprozesses.
- Bei einer großen Anzahl von Dienstleistungen besteht oftmals kein akuter Nachfragebedarf seitens des Kunden. Es liegt im eigenen Ermessen des Kunden, ob er die Leistung selbst erstellt oder hierfür einen externen Dienstleister beauftragt (bspw. Steuerberatung, Autoreparatur, Haus- und Gartenarbeit etc.). Existiert eine starke Beziehung zu einem hierfür geeigneten Dienstleister, ist es weniger wahrscheinlich, dass der Kunde die Leistung selbst erstellt. Darüber hinaus bestehen psychologische Barrieren beim Kunden, die eine Aufgabe der Beziehung verhindern.

2.3 Fokussierungsstrategien für Dienstleistungsunternehmen

Typische Hauptziele eines Unternehmens innerhalb des Kundenbeziehungsmanagements sind die Berücksichtigung von Kundenwünschen, die Steigerung der Kundenzufriedenheit, die Ausweitung des Kundenumsatzes und die Stabilisierung von Geschäftsbeziehungen (Belz 1998, S. 100). Ein gutes Kundenbeziehungsmanagement ist vor allem dann für ein Dienstleistungsunternehmen besonders relevant, wenn die Leistung permanent oder in periodisch wiederkehrenden Abständen nachgefragt wird, wenn die Auswahl des Lieferanten vollständig vom Endverbraucher der Leistung vorgenommen wird, wenn der Kunde Kenntnis über ein breites Portfolio von Anbietern hat und zudem Anbieterwechsel in der Branche üblich sind (Berry 2002, S. 62).

Vor allem in solchen Fällen ist es um so wichtiger, sich über eine klare Positionierung vom Wettbewerb differenzieren zu können (Ryans/Wittink 1977, S. 314). Berry hat hierzu insgesamt fünf zentrale Differenzierungsstrategien des Relationship Marketing bei Dienstleistungsunternehmen identifiziert, welche die Erreichung der oben genannten Ziele maßgeblich unterstützen (Berry 2002, S. 62 ff.):

- *Strategiefokussierung auf eine Kerndienstleistung*: Kundenbeziehungen sollten um eine Kerndienstleistung gestaltet werden, welche für Kunden attraktiv ist, weil sie auf deren Wünsche abgestimmt ist, ein hohes Maß an Qualität besitzt, aus einzelnen Modulen besteht, langfristig ausgerichtet ist und eine gute Basis für Cross-Selling-Möglichkeiten bietet. Eine Autowerkstatt kann sich beispielsweise über einen preiswerten und professionellen Ölwechselservice, der stark beworben wird und Kunden anlockt, am Markt differenzieren, wobei das Potenzial zum Verkauf weiterer Leistungen, wie z.B. Lichtprüfung, Reifenwechsel, Auspuffreparatur etc. sehr hoch ist.

- *Kundenspezifische Gestaltung der Beziehung:* Die Anwendung von Wissen über die Eigenschaften und Bedürfnisse eines Kunden im Rahmen des Erstellungsprozesses einer Dienstleistung kann die Qualität der Leistung aus Sicht des Kunden spürbar erhöhen. Im direkten Wettbewerbsvergleich halten Kunden eher an der Beziehung zu solchen Anbietern fest, die es durch den Einsatz von Informationstechnologie oder einer entsprechenden Qualifikation der Mitarbeiter schaffen, individualisierte Dienstleistungen anzubieten.

- *Steigerung des Dienstleistungsniveaus:* Eine weitere Differenzierungsstrategie liegt in der Anhebung des Dienstleistungsniveaus in der Form, dass man den Kunden mit unerwarteten Extraleistungen überrascht. Die Folge ist eine höhere Kundenzufriedenheit und eine Bindung an das Unternehmen. Zur Schaffung von Wettbewerbsvorteilen sollten vor allem solche Zusatzleistungen in Betracht gezogen werden, die eine besondere Wertschätzung seitens des Kunden erfahren und von der Konkurrenz nicht einfach imitiert werden können.

- *Beziehungsorientierte Preisgestaltung:* Preis ist ein sehr flexibles Marketinginstrument und kann daher in unterschiedlichen Situationen und für unterschiedliche Kunden variabel eingesetzt werden. Ein attraktiver Preis ist aus Sicht des Nachfragers eine Art der Belohnung und Wertschätzung des Anbieters für den Erhalt der Beziehung. Eine beziehungsorientierte Preisgestaltung resultiert somit in einer spürbaren Förderung einer beginnenden oder bestehenden Kundenbeziehung mit dem Ziel, den Kunden langfristig an das Unternehmen zu binden.

- *Internes Marketing:* Personalintensive Dienstleistungsunternehmen, deren Leistungserstellungsprozess sehr stark von den Fähigkeiten und den Arbeitseinstellungen ihrer Mitarbeiter abhängt, können durch den Einsatz interner Marketingmaßnahmen ihr Personal besser motivieren und an das Unternehmen binden. In letzter Konsequenz führt dies zu einer höheren Dienstleistungsqualität, die dem Kunden zu Gute kommt und großes Potenzial für Wettbewerbsvorteile bietet.

Die Umsetzung derartiger Strategien ist in besonderem Maße für solche Unternehmen von großer Notwendigkeit, die einer stärkeren Wettbewerbsintensität ausgesetzt sind und für die eine Abwanderung strategisch wichtiger Kunden fatale Folgen für die Geschäftstätigkeit hätte.

2.4 Kern und Wesen des CRM – Der Aufbau von Vertrauensbeziehungen

Bei aller Diskussion um das Thema CRM wird oft vergessen, worum es im Kern eigentlich geht: Kundenbeziehungsmanagement basiert auf der Herstellung einer gegenseitigen Vertrauensbeziehung, die den Zweck besitzt, beiden Parteien den gewünschten Nutzen aus der Beziehung stiften zu können. Auf Grund dieser herausragenden Bedeutung soll diesem Aspekt des CRM an dieser Stelle eine verstärkte Aufmerksamkeit geschenkt werden.

Bei der Zielfindung und Planung von Maßnahmen zur Gestaltung von Kundenbeziehungen bei Dienstleistungsunternehmen bestehen große Nutzenpotenziale, wenn die Schaffung einer soliden Vertrauensbasis im Mittelpunkt des Interesses steht (Claycomb/Martin 2002, S. 626; Scanzoni 1979, S. 61 ff.). Vertrauen und Commitment können als Schlüsselerfolgsfaktoren für langfristige Kundenbeziehungen angesehen werden (Dittrich/Reinecke 2001, S. 267 f.; Ganesan 1994, S. 1 f. und Morgan/Hunt 1994, S. 20 ff.). Im Rahmen des CRM ist somit der Messung und Analyse der Zufriedenheit und Vertrauensleistung in einer Kundenbeziehung ein erhöhter Stellenwert einzuräumen. Hierbei sind in Anlehnung an Hart und Johnson (Hart/Johnson 1999; ähnlich auch Tomczak/Dittrich 1997, S. 35 ff.) insbesondere die folgenden Aspekte zu berücksichtigen (siehe Abb. 1):

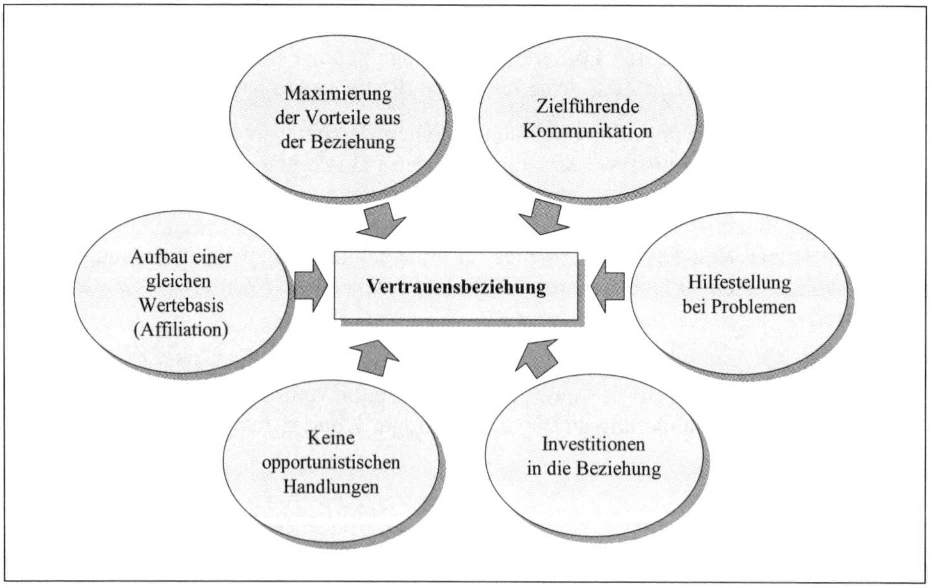

Abb. 1: Aufbau von Vertrauensbeziehungen
Quelle: in Anlehnung an Hart/Johnson 1999

- *Aufbau einer gleichen Wertebasis:* Der Aufbau und Erhalt einer gleichen Wertebasis ist ein wichtiger Ausgangpunkt für eine solide Vertrauensbeziehung. Hierbei ist zu prüfen, wie groß die Übereinstimmungen zwischen den Wertschätzungen der Kunden mit den Strategien und Maßnahmen des Unternehmens sind. Es stellt sich die Frage, ob der Anbieter überhaupt die Möglichkeit hat, die Anforderungen und Wertschätzungen der Kunden zu identifizieren und bei der Gestaltung der Serviceleistungen und -prozesse zu berücksichtigen. Grundsätzlich ist im Rahmen einer CRM-Konzeption sicher zu stellen, dass Maßnahmen in Richtung der Gestaltung einer gemeinsamen Wertebasis berücksichtigt und eingehalten werden.

- *Maximierung der Vorteile aus einer Kundenbeziehung:* Entsteht innerhalb einer Kundenbeziehung nur ein einseitiger Nutzen für das Unternehmen und kann der Kunde bis auf die Leistungserbringung keine weiteren Vorteile aus der Beziehung schöpfen, wird die Vertrauensbeziehung nachhaltig gestört. Demzufolge ist zu prüfen, dass eine wirtschaftlich vertretbare Optimierung des Kundennutzens durch das Unternehmen erfolgt.

- *Zielführende Kommunikation:* Wie bereits erwähnt, spielen die Interaktion und Kommunikation im Kundenbeziehungsmanagement von Dienstleistungsunternehmen eine entscheidende Rolle. Aufgabe des Managements sollte es daher sein, Kunden nur mit den von ihnen gewünschten Informationen zu bedienen und die Intensität der Kommunikation auf ein optimales Maß zu reduzieren. Sehr schnell kann sich ein Kunde durch einen Anbieter belästigt fühlen. Hierbei eignen sich insbesondere Konzepte aus dem Permission Marketing (Godin/Peppers 1999), damit Kunden nur mit solchen Informationen und Leistungsangeboten bedient werden, die ausdrücklich von ihnen angefordert wurden. Eine zielführende und vom Kunden gewünschte Kommunikation des Anbieters kann in erheblichem Maße dazu beitragen, das Vertrauen in eine Geschäftsbeziehung zu stärken (Silverstein 2000, S. 140).

- *Hilfestellung bei Problemen:* Kann einem Kunden in einer kritischen Situation eine konkrete Hilfestellung zur Lösung eines Problems gegeben werden, steigt dadurch das Vertrauen in den Anbieter. Kundenanfragen sollten in jedem Fall durch den Anbieter ernst genommen werden und sind über die Zuweisung fester Bearbeitungszeiten – in Abhängigkeit von der jeweiligen Priorität der Anfrage – zu beantworten.

- *Investition in eine Beziehung:* Ist für einen Kunden die Intensivierung einer Beziehung durch zusätzliche Investitionen des Anbieters erkennbar, so können diese Maßnahmen positiven Einfluss auf das Vertrauen in ein Unternehmen nehmen. Demnach kann sich das Bereitstellen kundenspezifischer Informationen oder Zusatzdienstleistungen für besonders attraktive oder profitable Kunden langfristig auf den Erhalt der Vertrauensbeziehung auswirken.

- *Keine opportunistischen Handlungen:* Eine solide Vertrauensbeziehung ist nur dann erreichbar, wenn für den Kunden keine opportunistischen Verhaltensweisen seitens des Anbieters erkennbar sind. Beispielsweise ist die Preisgabe persönlicher Daten durch den Kunden nur dann gerechtfertigt, wenn der Kunde dafür einen direkten Gegenwert in Form einer wertvollen Information oder optimierten Dienstleistung erhält. Die reine „Absammlung" von Kundendaten ohne erkennbaren Kundennutzen kann eine Kundenbeziehung negativ beeinträchtigen.

2.5 Das CMAT™ -Kundenmanagement-Modell für Dienstleistungen

Damit das Ziel einer europäischen Benchmarking-Studie, den gegenwärtigen Stand des Customer Relationship Managements bei Dienstleistungsunternehmen zu ermitteln, erreicht werden konnte, musste ein einheitliches Kundenmanagement-Modell herangezogen werden, um eine Vergleichbarkeit der Ergebnisse zu ermöglichen. Ein solches Modell hat zur Aufgabe, sich einerseits am Lebenszyklus eines Kunden von der Akquisition über die Kundenbindung bis zur Kundenrückgewinnung auszurichten und andererseits eine integrierte Betrachtung aller betroffenen Bereiche des CRM von der Marktanalyse und Produktplanung über die Serviceprozessabwicklung bis hin zur Organisations- und Technologiegestaltung sicher zu stellen. Nur durch diese vereinheitlichte Vorgehensweise ist eine ernsthafte und umfassende Beurteilung des Umsetzungsfortschritts des CRM in Dienstleistungsunternehmen möglich.

Demnach wurde das von dem britischen Beratungsunternehmen QCi Ltd. entwickelte CMAT™-Modell, welches mit insgesamt 250 Fragen eine reichhaltige Auswahl von möglichen strategischen und operativen Fragestellungen im CRM darstellt, eingesetzt, um einen vergleichbaren und länderübergreifenden Status quo zu erheben.

Dieses Modell besteht aus insgesamt acht sogenannter „CRM-Bausteine", welche sich in ihrer Gesamtheit zu einem umfassenden und integrierten Ansatz des Kundenmanagements als unternehmensweites Führungs- und Organisationsprinzip (siehe Abb. 2) ergänzen (Stadelmann et al. 2001; Stone et al. 2000).

Der Baustein *Analyse und Planung* umfasst die Planung von Neukundengewinnung, -bindung und -entwicklung auf Basis von Kundenanalysen und beschreibt im Wesentlichen das Management des Wissens über den Kunden, die Analyse der Wettbewerbsposition hinsichtlich der zentralen Merkmale des Leistungsangebots sowie der Festlegung von Kundensegmenten anhand von Kundenverhaltensstudien und Kundenwertberechnungen.

Die Beurteilung der Fähigkeit eines Unternehmens, das Wissen über die Bedürfnisse der einzelnen Kundensegmente in die Entwicklung des *Produkt- und Serviceangebots* einfließen zu lassen, ist ebenfalls Bestandteil des zu Grunde gelegten CRM-Modells. Es wird untersucht, ob die Entwicklung und Kommunikation des Produkt- und Serviceangebots bedarfsgerecht erfolgt und Leistungsangebote an den sich wandelnden Kundenbedürfnissen angepasst werden.

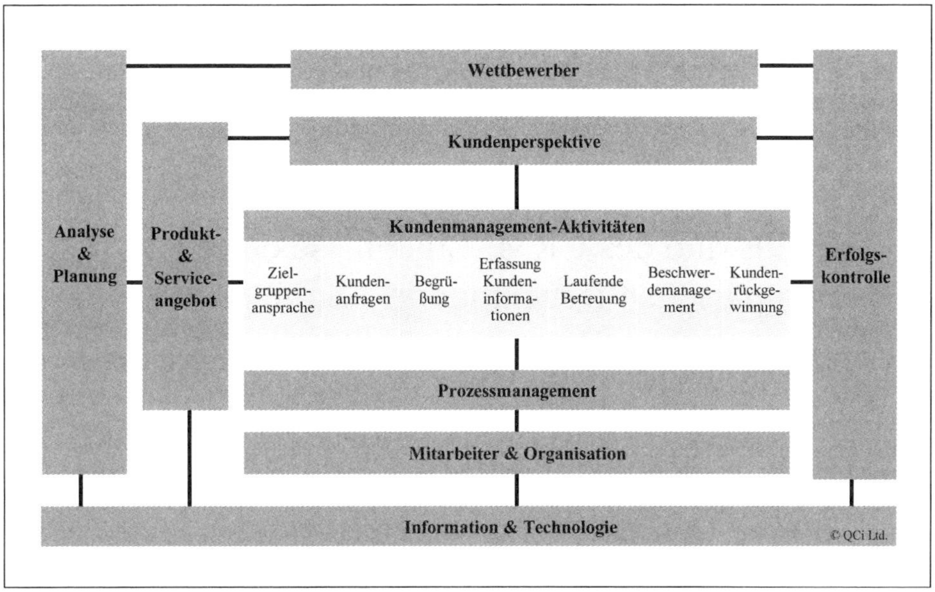

Abb. 2: Bausteine des CMAT™-Kundenmanagement-Modells
Quelle: QCi Ltd.

Im Mittelpunkt des Modells steht der Baustein *Kundenmanagement-Aktivitäten*, in welchem von der Zielgruppenansprache über die laufende Betreuung bis hin zur Kundenrückgewinnung alle erforderlichen Maßnahmen des Kundenmanagements entlang der einzelnen Kundenlebenszyklusphasen (Interessent, Neukunde, Bestandskunde und ggf. zurückzugewinnender Kunde) optimiert werden. Im Bereich *Mitarbeiter & Organisation* wird analysiert, inwiefern die Mitarbeiter und die Gesamtorganisation an Kundenbedürfnissen ausgerichtet sind, da die Qualifikationen und Kompetenzen der Mitarbeiter als Träger des gesamten Kundenmanagements in jedem Dienstleistungsunternehmen eine große Rolle spielen.

Der Baustein *Information & Technologie* umfasst die Optimierung der Beschaffung von Kundeninformationen und die damit einhergehende Systemunterstützung und analysiert Aspekte der Erfassung und Pflege von Kundeninformationen, der Zugänglichkeit und Benutzerfreundlichkeit der Kundeninformationssysteme, eingesetzter Anreizsysteme zur Verbesserung der Datenqualität sowie der Definition von Systemanforderungen und der Entwicklung neuer Softwaresysteme.

Das *Prozessmanagement* ist ein ebenfalls wichtiges Element des CMAT™-Modells. Anhand eines spezifisches Fragenkatalogs soll analysiert werden, inwieweit die Kundenmanagement-Prozesse der Unternehmen auf die Kundenbedürfnisse ausgerichtet sind sowie zielgerichtet und effizient gesteuert werden. Das Element *Kundenperspektive* soll untersuchen, ob in den Unternehmen das Verständnis der Kundenwahrnehmung und -zufriedenheit als wesentlicher Erfolgsfaktor des CRM vorhanden ist und in den

Kundenkontaktsituationen den Erwartungen der Kunden entsprochen werden kann. Alle Maßnahmen innerhalb des Kundenmanagements sollten zudem auf ihre Wirksamkeit geprüft und deren Aufwand-Ergebnis-Relation über die Festlegung geeigneter Mess- und Zielgrößen ermittelt werden. Diese Messungen sind Gegenstand des Bausteins *Erfolgskontrolle*.

3 Status quo des CRM: Ergebnisse einer europäischen Benchmarking-Studie

3.1 Anlage der Untersuchung

Die Frage nach der Qualität des Kundenmanagements europäischer Dienstleistungsunternehmen stand im Mittelpunkt eines Forschungsprojekts, an dem sich insgesamt 77 Unternehmen aus Deutschland, 53 aus der Schweiz, 35 aus Österreich und 27 aus Großbritannien beteiligt haben. Untersucht wurden unterschiedliche Aspekte des Customer Relationship Management. Das Ziel dieser Studie lag in der Analyse des aktuellen Status quo des Customer Relationship Management (CRM) von Dienstleistungsunternehmen und entstand aus einer Forschungsinitiative der Mummert + Partner Unternehmensberatung AG, dem Institut für Marketing und Handel an der Universität St. Gallen (IMH-HSG) und dem britischen Beratungsunternehmen QCi Ltd. Die Konzeption und Datenerhebung fokussierte sich ausschließlich auf Business-to-consumer-Märkte. Über ein international einheitliches Benchmarking-Verfahren konnte ein repräsentativer Querschnitt des aktuellen Status quo des CRM in europäischen Dienstleistungsunternehmen ermittelt werden und ein Ländervergleich unternommen werden.

An der Befragung, welche im Zeitraum November 2000 bis August 2001 durchgeführt wurde, nahmen ausschließlich Top-Management-Führungskräfte von Dienstleistungsunternehmen der Branchen Bank- und Versicherungswesen, Telekommunikation, Energieversorgung und Transport teil.

Die Erhebung wurde auf Basis des zuvor beschriebenen CMAT^{TM}-Modells durchgeführt, welches es ermöglicht, unterschiedlichen Facetten innerhalb des CRM zu betrachten und eingehend zu analysieren. Mit Hilfe der acht Bausteine dieses CRM-Modells lassen sich alle Funktionsbereiche und Aktivitäten eines Unternehmens abbilden, welche bei Erarbeitung einer umfassenden CRM-Strategie zu berücksichtigen sind. Aus der Gesamtsumme der 250 möglichen Fragen dieses CMAT^{TM}-Modells, wurde eine selektive Stichprobe von insgesamt 49 geeigneten Fragestellungen ausgewählt.

Dieser europaweit einheitliche Fragenkatalog, eine gleichbleibende Forschungsmethodik sowie der Einsatz des gleichen Softwaretools bei allen Befragungen erlaubten es, einen Vergleich der Ergebnisse der einzelnen Länder durchzuführen.

3.2 Europäische Dienstleistungsunternehmen im Länder- und Branchenvergleich

Die Unternehmen aus der Schweiz brachten das eindeutig beste Ergebnis hervor. Mit einem Realisierungsgrad von 63% lagen sie noch vor Österreich und führten in insgesamt sieben von acht CRM-Bausteinen (siehe Abb. 3). Die Dienstleistungsunternehmen in Deutschland erzielten zusammen mit Großbritannien insgesamt das schlechteste Ergebnis und weisen mit einem Erfüllungsgrad (Status quo des CRM) von 52% noch deutliche Defizite gegenüber ihren ausländischen Mitbewerbern auf. Hierbei ist anzumerken, dass im europäischen Vergleich insbesondere deutsche Versicherungsunternehmen ein wesentlich geringer entwickeltes Kundenmanagement besitzen. Bei einer weiteren Deregulierung des europäischen Versicherungsmarktes könnte dies zu deutlichen Wettbewerbsnachteilen gegenüber ausländischen Anbietern führen.

CRM-Baustein	Deutschland	Schweiz	Österreich	Groß-britannien	Ergebnis aller Länder
	n = 77	n = 53	n = 35	n = 27	n = 192
Analyse und Planung	49%	62%	59%	49%	54%
Produkt- und Serviceangebot	63%	71%	65%	42%	63%
Mitarbeiter & Organisation	63%	71%	67%	59%	65%
Information & Technologie	47%	63%	56%	62%	55%
Prozessmanagement	51%	59%	55%	42%	53%
Kundenmanagement-Aktivitäten	49%	65%	56%	53%	55%
Erfolgskontrolle	54%	67%	62%	55%	59%
Kundenperspektive	42%	43%	51%	51%	45%
Gesamt	**52%**	**63%**	**59%**	**52%**	**56%**

Grau = bestes Ergebnis im Vergleich

Abb. 3: Ergebnisse im Ländervergleich
Quelle: Roos et al. 2001, S. 20

Bei der Analyse der Ergebnisse aus den untersuchten Ländern trat ein Aspekt besonders hervor: Es scheint einen eindeutigen Zusammenhang zwischen der Größe eines Landes und der Qualität des Kundenmanagements zu existieren. Demzufolge haben Dienstleistungsunternehmen aus Großbritannien und Deutschland vergleichsweise schlechtere Ergebnisse erzielt als ihre Kollegen aus Österreich und der Schweiz. Eine weitere Befragung von etwa 20 Retailbanken in den U.S.A. konnte diese Beobachtung weiter bestätigen, da diese im Vergleich zu ihren europäischen Branchenvertretern ein eindeutig schlechteres Kundenmanagement vorweisen konnten.

Zu begründen wäre diese Beobachtung durch das Phänomen der wachsenden Anonymität zwischen Unternehmen und Kunden innerhalb eines größeren Marktes. Je kleiner ein Markt, desto stärker ausgeprägt ist das Kundenmanagement. Dies könnte dadurch erklärt werden, dass mit einer zunehmenden Größe der Kundenbasis, persönliche Beziehungen zwischen Kunden und Mitarbeitern in den Hintergrund treten und somit weniger Informationen über den Kunden in einem Unternehmen vorhanden sind, um Produkte und Dienstleistungen an Bedürfnissen auszurichten, bessere Kundenanalysen durchzuführen und die Organisationsstruktur kundenorientiert zu gestalten.

Dies ist deshalb überraschend, da in einem großen Markt wie den U.S.A. das Angebot vielfältiger und der Wettbewerb wesentlich intensiver ist und somit eigentlich das Kunden- und Beziehungsmanagement eine bedeutendere Rolle als Differenzierungsfaktor gegenüber der Konkurrenz spielen sollte.

Eine andere Hypothese, die durch das Ergebnis der Befragung bestätigt wurde, ist die Vermutung, dass der Einsatz von Informationstechnologie keineswegs hinreichend für ein erfolgreiches Customer Relationship Management ist. So konnten hohe Investitionen im Bereich Informationsmanagement und Technologie britischen Unternehmen nicht dazu verhelfen, ein besseres Ergebnis hinsichtlich der Gesamtqualität ihres Kundenmanagements zu erzielen als ihre ausländischen Kollegen, die weniger in diesem Bereich investiert haben.

Daraus kann abgeleitet werden, dass eine gut funktionierende IT-Infrastruktur zwar eine notwendige, aber nicht hinreichende Bedingung für eine kunden- und marktorientierte Unternehmensführung darstellt und keinesfalls Defizite bei der Analyse und Planung des Kundenmanagements, der Kundenperspektive, eines kundenorientierten Produkt- und Serviceangebots sowie einer Ausrichtung der Organisation auf die Kundenbedürfnisse ausgleichen kann. Die Qualität des Kundenmanagements eines Unternehmens hängt also in einem wesentlich stärkerem Maße von anderen Einflussfaktoren ab.

Klassifiziert man die Ergebnisse aus Deutschland nach einzelnen Dienstleistungsbranchen, so wird deutlich, dass Unternehmen der Telekommunikations- und Bankenbranchen ein vergleichbar höheres Gesamtniveau bei der erfolgreichen Implementierung ihrer CRM-Strategie erzielt haben als beispielsweise Versicherungs- oder Energieversorgungsunternehmen (Roos et al. 2001, S. 21). Eine mögliche Hypothese hierfür lässt sich daraus ableiten, dass Telekommunikationsprovider und Banken in einem stärkeren internationalen Wettbewerbsumfeld stehen als andere Dienstleistungsbranchen. Demzufolge haben sie in den letzten Jahren massiv in Reorganisationsmaßnahmen sowie neue IT-Infrastrukturen investiert. Dadurch sind sie in der Lage, bessere Analyse- und Planungsprozesse durchzuführen, operative Kundenmanagement- und Dienstleistungsprozesse effizienter abzuwickeln und auch den Erfolg ihrer Maßnahmen ständig zu überwachen. Eine stärker marktorientierte Organisationsstruktur erlaubt es ihnen vor allem mehr Kundennähe zu verwirklichen.

3.3 Charakteristika der Top-10-Dienstleistungsunternehmen in Deutschland

Benchmarking im Rahmen des CRM bedeutet, sich an Best Practice-Ansätzen bzw. den besten Ergebnissen zu orientieren und übertragbare Kundenbeziehungskonzepte auf das eigene Unternehmen anzuwenden. Neben den Gesamtergebnissen über alle Unternehmen wurden in der Studie auch solche Elemente innerhalb des CRM identifiziert, in denen die Top-10-Dienstleistungsunternehmen einen höheren Erfüllungsgrad auswiesen als die verbleibenden 67 Unternehmen aus Deutschland. Über diese Analyse konnten Wettbewerbsvorteile innerhalb des CRM ermittelt und die Charakteristika der besten Unternehmen beschrieben werden.

Zwar besitzen die Top-10-Unternehmen deutliche Stärken gegenüber der verbleibenden Grundgesamtheit in fast allen CRM-Bausteinen, jedoch zeichnen sich die Top-10 als besonders führend in den Bereichen des Prozessmanagements, der Analyse und Planung, der Kundenmanagementaktivitäten sowie des Informationsmanagements und des Technologieeinsatzes aus (siehe Abb. 4).

CRM-Baustein	**Top-10 n = 10**	**Rest n = 67**	**Differenz in Prozentpunkten**
	Durchschnittlicher Erfüllungsgrad		
Prozessmanagement	88%	45%	43
Analyse & Planung	83%	44%	39
Kundenmanagement-Aktivitäten	81%	44%	37
Information & Technologie	78%	43%	35
Erfolgskontrolle	79%	49%	30
Kundenperspektive	68%	38%	30
Mitarbeiter & Organisation	81%	60%	21
Produkt- & Serviceangebot	79%	60%	19

Abb. 4: Ergebnisse der Top-10-Dienstleister aus Deutschland
Quelle: Reinecke et al. 2002, S. 63

Best-Practice-Unternehmen haben ihre kritischen CRM-Prozesse in hohem Maße identifiziert, dokumentiert und mit Qualitätsstandards versehen und überprüfen diese regelmäßig auf Akzeptanz bei ihren Kunden. Darüber hinaus sind alle CRM-Prozesse in einen systematischen und kontinuierlichen Verbesserungsprozess eingebunden.

Weitere Wettbewerbsvorteile liegen in einer differenzierten Marketingplanung und -budgetierung für einzelne Kundensegmente, in der Fähigkeit zur Identifikation von Kunden mit hohem Potenzial und in der Analyse des Kundenwerts. Zusätzlich erfolgt eine regelmäßige Beobachtung der Kundenbasis und Messung der Kundenbindungsquote.

Innerhalb der Kundenmanagementaktivitäten sind die Top-10-Unternehmen insofern führend, als dass Sie konkrete Leistungsstandards für die Bearbeitung von Kundenanfragen definiert haben, Kundenbeschwerden in einem fest definierten Zeitraum bearbeiten und Betreuungskonzepte für ihre Schlüsselkunden entwickelt haben.

Weiterhin wurden Anreizsysteme zur Erhöhung der Datenqualität in IT-Systemen entwickelt und implementiert sowie Kundeninformationspläne eingesetzt, die eine systematische Sammlung von Kundendaten erlauben und es den Unternehmen ermöglichen, besonders wertvolle Kundendatenbanken aufzubauen. Im Bereich der Erfolgskontrolle können die Top-10-Unternehmen ein besser ausgeprägtes Vertriebswegecontrolling verzeichnen.

3.4 Untersuchung grundlegender Zusammenhänge im CRM

Weiteres Ziel der Untersuchung war die Überprüfung grundlegender Zusammenhänge zwischen der informationstechnologischen Basis und der Sammlung sowie Anwendung von Kundenwissen im Rahmen eines Customer Relationship Management-Ansatzes. Bislang lagen zwar viele Vermutungen und konzeptionelle Aussagen über den Erfolgsfaktor und Kernbaustein Informationstechnologie im CRM vor; quantitative und empirisch valide Erhebungen existieren jedoch kaum.

Aus der Fülle bereits existierender Theorien und konzeptioneller Arbeiten des CRM wurden acht zentrale Forschungshypothesen abgeleitet und mit Hilfe einer Kausalanalyse nach LISREL anhand eines reduzierten Datensatzes von nun mehr 165 Unternehmen aus Deutschland, Österreich und der Schweiz überprüft (Reinecke/Mühlmeier 2002).

Im Fokus stand die Analyse möglicher Zusammenhänge zwischen der Sammlung von Kenntnissen über die Kunden eines Unternehmens und der Anwendung dieser Kenntnisse bei der Kundenbearbeitung. Hierbei sollte vor allem auch der Einfluss der Informationstechnologie auf das Kundenmanagement untersucht werden.

Aus theoretischen Überlegungen wurden für die zu Grunde liegenden Konstrukte „Sammlung der Kenntnisse über die Kunden“, „Anwendung der Kundenkenntnisse bei der Kundenbearbeitung“ und „Informationstechnologische Basis“ verschiedene Indikatoren abgeleitet, welche durch Einsatz der explorativen Faktoranalyse geprüft werden konnten (siehe Abb. 5).

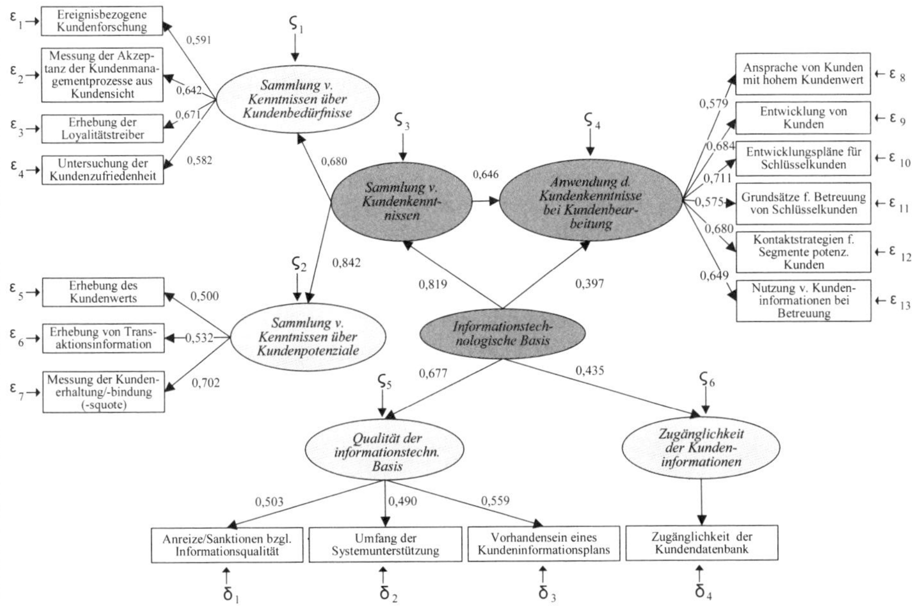

ULS-Schätzung;
Kriterien: GFI: 0,950; AGFI: 0,939; NFI: 0,912

Abb. 5: Überprüfung grundlegender Zusammenhänge im CRM
Quelle: Reinecke/Mühlmeier 2002, S. 28

Auf Basis der Ergebnisse dieser Zusatzuntersuchung konnte festgestellt werden, dass es einen eindeutig positiven Zusammenhang zwischen der Sammlung von Kundenkenntnissen und der Anwendung dieser Kenntnisse bei der Kundenbearbeitung gibt. Das bedeutet, dass Unternehmen ihre gesammelten Kundenkenntnisse tatsächlich bei der Kundenbearbeitung einsetzen. Es reicht jedoch nicht aus, das Wissen über seine Kunden einzig und allein zu sammeln. Damit Kunden differenziert und bedürfnisgerecht bedient werden können, müssen die vorhandenen Kundenkenntnisse auch tatsächlich genutzt werden. Aus diesem Grund sollte die Nutzung und Anwendung des Wissens intensiviert werden.

Des Weiteren wurde festgestellt, dass die informationstechnologische Basis in einem etwa gleich hohem Maße die Sammlung von Kundenwissen als auch die Anwendung der Kundenkenntnisse bei der Kundenbearbeitung unterstützt. Hiermit zeigt sich die große Bedeutung der informationstechnologischen Komponente im Rahmen des Customer Relationship Managements, auf die schon früher mehrfach von Hippner und Wilde hingewiesen wurde (Hippner/Wilde 2001a).

Mit Hilfe moderner IT-Systeme können einerseits Kenntnisse über die Kundenbedürfnisse und Kundenpotenziale individueller und effizienter erfasst werden. Andererseits ermöglichen neuere Data Mining-Anwendungen eine gezieltere und effektivere Kundenbearbeitung durch eine verbesserte Analyse und Verarbeitung von Kundeninformationen (Hippner/Wilde 2001b und Hippner/Wilde 2001c).

4 Zusammenfassung und Ausblick

Auf der Grundlage einer europäischen CRM-Benchmarking-Studie konnten mehrere Defizite von deutschen Dienstleistungsunternehmen in Bezug auf die Qualität des CRM ermittelt werden. Vor allem bei der Berechnung von Kundenwertanalysen und deren Berücksichtigung in der Marketingplanung wurden erhebliche Schwachstellen identifiziert. Zudem sind nur wenige Unternehmen ausreichend in der Lage, die Beurteilung des eigenen Leistungsspektrums aus Kundensicht nachvollziehen zu können. Weitestgehend fehlt es an der so notwendigen „Kundenbrille“ und nur in vereinzelten Fällen findet eine solide Erforschung und Berücksichtigung von Kundenbedürfnissen statt. Hingegen werden Kundenzufriedenheitsmessungen sehr häufig durchgeführt. Aus der Befragung konnte festgestellt werden, dass die kontinuierliche Beurteilung der Kundenbetreuungsqualität der Mitarbeiter und umfangreiche Schulungs- und Motivationsmaßnahmen inzwischen zu einem branchenübergreifenden Standard avanciert sind.

Leider werden Ressourcen für Kundenmanagement- und Marketingaktivitäten bislang noch unzureichend auf Kundengruppen und Schlüsselkunden mit dem höchsten Kundenwert aufgeteilt, so dass hier noch weitere Effizienzverbesserungen zu erwarten und Ansatzpunkte für den Einsatz umfangreicher Marketingcontrollingmaßnahmen abzuleiten sind. Insgesamt konnten vereinzelte CRM-Aktivitäten auf einem hohen Niveau identifiziert werden, jedoch haben solche isolierten Kundenmanagementaktivitäten nur wenig Chancen, um den erhofften Mehrwert aus einem CRM-Projekt zu erzielen. Hieraus entsteht die Forderung nach einem übergreifenden CRM-Ansatz. Dabei ist die richtige Auswahl und Implementierung von IT-Systemen ein wesentliches, aber nicht das erfolgsentscheidende Kriterium bei der Umsetzung einer CRM-Strategie. Ausschlaggebend ist in erster Linie die Verankerung der Kundenorientierung in den Köpfen der Mitarbeiter und der Gesamtorganisation.

Demnach unterstützen die Ergebnisse dieser Studie die vorausgehenden Arbeiten von Grönroos (Grönroos 1980 und 1991), in denen er zeigt, dass Kernmarketingfunktionen im Gegensatz zur Konsumgüterbranche bei vielen Dienstleistungsunternehmen noch unzureichend wahrgenommen werden. Bei vielen Dienstleistern stehen vielmehr Aspekte der Ressourcenoptimierung, der Finanzierung, des Personalmanagements und des Technologieeinsatzes im Vordergrund. Erforderlich wäre es jedoch, die Marketingfunktion in den Mittelpunkt der Unternehmensorganisation zu stellen und mit ausreichend Personalkapazität auszustatten, um den notwendigen Kundenfokus sicherstellen zu können. Vor allem große Dienstleistungsunternehmen stehen in der Gefahr, Entscheidungen zu weit entfernt vom Kunden zu treffen, nicht schnell genug handeln zu können und gravierende Mängel in einer interaktiven Kundenbeziehung aufzuweisen. Die Wettbewerbsvorteile der Großunternehmen aus Economies-of-scale und Attraktivität als Arbeitgeber können in vielen Dienstleistungsbereichen (bspw. Private Asset Management) diese Nachteile nicht kompensieren. Kundenabwanderungen und Umsatzverluste sind die Folge.

Nur eine vollständige Integration des Customer Relationship Managements in den Leitlinien und Führungsgrundsätze einer Organisation und einer damit einhergehenden Gestaltung bzw. Anpassung der Leistungsprozesse unter der Zielsetzung Kundenpotenziale zu erschließen und auszuschöpfen, führt zu einer systematischen Verbesserung der Kundenbeziehungen und trägt letztlich zu einer wertsteigernden Unternehmensperformance bei.

Literaturverzeichnis

Bauer, H.H.; Grether, M. (2002): CRM – Mehr als nur Hard- und Software, in: THEXIS, Nr. 1, St. Gallen , S. 6-9.

Belz, C. (1998): Management von Geschäftsbeziehungen: Konzepte – Integrierte Ansätze – Anwendungen in der Praxis; St. Gallen/Wien.

Berry, L.L. (1983): Relationship Marketing, in: Berry, L.L; Shostak, G.L.; Upah, G.D. (Hrsg.): Emerging perspectives on services marketing, Chicago, S. 25-38.

Berry, L.L. (2002): Relationship marketing of services – Perspectives from 1983 and 2000, in: Journal of Relationship Marketing, Vol. 1, No. 1, S. 59-77.

Claycomb, C.; Martin, C.L. (2002): Building relationships: An inventory of service provider's objectives and practices, in: Journal of Services Marketing, Vol. 16, No. 7, S. 615-635.

Day, G.S. (2000): Capabilities for forging customer relationships. Working Paper Series, Report No. 00-118, Marketing Science Institute, Cambridge.

Dittrich, S. (2000): Kundenbindung als Kernaufgabe im Marketing: Kundenpotentiale langfristig ausschöpfen, St. Gallen.

Dittrich, S.; Reinecke, S. (2001): Analyse und Kontrolle der Kundenbindung, in: Reinecke, S.; Tomczak, T.; Geis, G. (Hrsg.): Handbuch Marketingcontrolling, St. Gallen, S. 258-291.

Dwyer, F.R.; Schurr, P.H.; Oh, S. (1987): Developing buyer-seller relationships, in: Journal of Marketing, Vol. 51, No. 4, S. 11-27.

Finsterwalder, J. (2002): Transformation von Kundenbeziehungen – Ansätze für das Mengenkundengeschäft von Dienstleistungsunternehmen, Bamberg.

Ganesan, S. (1994): Determinants of long-term orientation in buyer-seller relationships, in: Journal of Marketing, Vol. 58, No. 2, S. 1-19.

Godin, S.; Peppers, D. (1999): Permission marketing: Turning strangers into friends, and friends into customers, New York.

Grönroos, C. (1979): Marketing of services: a study of the marketing function of service firms, Econ. D. dissertation, Swedish School of Economics (Finland).

Grönroos, C. (1980): Designing a long range marketing strategy for services, in: Long Range Planning, Vol. 18, No. 2, S. 36-42.

Grönroos, C. (1991): Innovative marketing strategies and organization structures for service firms, in: Lovelock, C.H.: Services marketing, 2. Aufl., London.

Grönroos, C. (1994): From marketing mix to relationship marketing: Towards a paradigm shift in marketing, in: Management Decision, Vol. 32, No. 2, S. 4-20.

Gummesson, E. (1978): Toward a theory of professional service marketing, in: Industrial Marketing Management, Vol. 7. No. 2, S. 89-95.

Hart, C.W.; Johnson, M.D. (1999): A Framework for Developing Trust Relationships, in: Marketing Management, Vol. 8, No. 2, S. 20-22.

Hippner, H.; Wilde, K.D. (2001a): CRM – Ein Überblick, in: Helmke, S.; Dangelmaier, W. (Hrsg.): Effektives Customer Relationship Management: Instrumente – Einführungskonzepte – Organisation, Wiesbaden, S. 3-37.

Hippner, H.; Wilde, K.D. (2001b): Data Mining im CRM, in: Helmke, S.; Dangelmaier, W. (Hrsg.): Effektives Customer Relationship Management: Instrumente – Einführungskonzepte – Organisation, Wiesbaden, S. 211-231.

Hippner, H.; Wilde, K.D. (2001c): Der Prozess des Data Mining im Marketing, in: Hippner, H.; Küsters, U.; Meyer, M.; Wilde, K.D. (Hrsg.): Handbuch Data Mining im Marketing – Knowledge Discovery in Marketing Databases, Wiesbaden, S. 21-91.

Jackson, B.B. (1985): Build customer relationships that last, in: Harvard Business Review, Vol. 63, No. 6, S. 120-128.

Karg, M. (2001): Kundenakquisition als Kernaufgabe im Marketing, St. Gallen.

Kotler, P. (1991): "Philip Kotler Explores the New Marketing Paradigm", Marketing Science Institute Review, Newsletter, Cambridge (MA), Spring, S. 1-5

Levitt, T. (1981): Marketing intangible products and product intangibles, in: Harvard Business Review, Vol. 59, No. 3, S. 94-102.

Morgan, R.M.; Hunt, S.D. (1994): The Commitment-Trust Theory of relationship marketing, in: Journal of Marketing, Vol. 58, No. 3, S. 20-38.

Payne, A. (2000): Customer relationship management, paper taken from the inaugural meeting of the London-based Customer Management Foundation, 17. Juli 2000, CRM-Forum (www.crm-forum.com), Bristol.

Reichheld, F.F. (1999): Loyalität und die Renaissance des Marketing, in: Payne, A.; Rapp, R. (Hrsg.): Handbuch Relationship-Marketing: Konzeption und erfolgreiche Umsetzung, München, S. 49-67.

Reichheld, F.F.; Sasser, W.E. (1990): Zero defections: Quality comes to services, in: Harvard Business Review, Vol. 68, No. 5, S. 105-111.

Reinecke, S.; Köhler, S.; Roos, U. (2002): Kundenmanagement bei Dienstleistungsunternehmen: Ergebnisse einer CRM-Benchmarketing-Studie, in: THEXIS, Nr. 1, St. Gallen, S. 59-63.

Reinecke, S.; Mühlmeier, S. (2002): Customer Relationship Management bei europäischen Dienstleistern: Untersuchung grundlegender Zusammenhänge im CRM sowie Länder- und Branchenunterschiede; Arbeitspapier Nr. 4 des Instituts für Marketing und Handel, St. Gallen.

Reinecke, S.; Mühlmeier, S.; Köhler, S. (2002): Customer Relationship Management and European Service Providers: Empirical investigation into the fundamental links associated with customer relationship management, as well as differences across nations and industries. Proceedings of the 10th ICRM conference, 29. September – 02. Oktober 2002, Kaiserslautern, S. 649-672.

Reinecke, S.; Sipötz, E.; Wiemann, E.-M. (1998) (Hrsg.): Total Customer Care – Kundenorientierung auf dem Prüfstand, Wien.

Roos, U.; Köhler, S.; Reinecke, S.; Fronius, M.; Wetzke, E.; Symannek, R. (2001): Customer Relationship Management im europäischen Vergleich – Wie gut ist das Kundenmanagement bei Dienstleistungsunternehmen in Deutschland?, CRM-Benchmarking-Studie, Hamburg/St. Gallen.

Ryans, A.B.; Wittink, D.R. (1977): The marketing of services: Categorization with implications for strategy, in: Greenberg, B.; Bellenger, D. (Hrsg.): Contemporary marketing thought, Chicago, S. 312-314.

Scanzoni, J. (1979): Social exchange and behavioral interdependence, in: Burgess, R.L.; Houston, T.L. (Hrsg.): Social exchange in developing relationships, Academic Press, New York, S. 61-98.

Sheth, J.N. (2002): The future of relationship marketing, in: Journal of Services Marketing, Vol. 16, No. 7, S. 590-592.

Sheth, J.N.; Sisodia, R.; Sharma, A. (2000): The antecedents and consequences of customer-centric marketing, in: Journal of the Academy of Marketing Science, Vol. 28, No. 1, S. 55-66.

Silverstein, B. (2000): Business-to-business Internet marketing, 2. Aufl., Gulf Breeze.

Srivastava, R.K.; Shervani, T.A.; Fahey, L. (1999): Marketing, business processes, and shareholder value: An organizationally embedded view of marketing activities and the discipline of marketing, in: Journal of Marketing, Vol. 63, Special Issue, S. 168-179.

Stadelmann, M.; Finsterwalder, J.; Wolter, S.; Reinecke, S.; Starkey, M.; Woodcock, N. (2001): Customer Relationship Management (CRM) in der Schweiz – Wie gut ist das Kundenmanagement der Schweizer Dienstleister?, Benchmarking-Studie, St. Gallen/Zürich.

Stone, M.; Woodcock, N.; Machtynger, L. (2000): Relationship marketing. Get to know your customers and win their loyalty, 2. Aufl., London u.a.

Tomczak, T.; Dittrich, S. (1997): Erfolgreich Kunden binden – Eine kompakte Einführung, Zürich.

Tomczak, T.; Dittrich, S.; Reinecke, S. (2002): Kundenpotentiale ausschöpfen – Gestaltungsansätze für Kundenbindung in verschiedenen Geschäftstypen, in: Hinterhuber, H.H.; Matzler, K. (Hrsg.): Kundenorientierte Unternehmensführung, Kundenorientierung – Kundenzufriedenheit, Kundenbindung, 3. Aufl., Wiesbaden, S. 117-141.

Tomczak, T.; Köhler, S. (2001): Customer Relationship Management, in: persönlich – Die Zeitschrift für Marketing und Unternehmensführung, Nr. 10, S. 88-90.

Tomczak, T.; Köhler, S. (2001): Kunden pflegen im Internet, in: persönlich – Die Zeitschrift für Marketing und Unternehmensführung, Nr. 12, S. 64-67.

Tomczak, T.; Reinecke, S. (1996): Der aufgabenorientierte Ansatz: Eine neue Perspektive für das Marketing Management, in: Fachbericht für Marketing, Nr. 5, St. Gallen.

Tomczak, T.; Reinecke, S. (1999): Der aufgabenorientierte Ansatz als Basis eines marktorientierten Wertmanagements, in: Grünig, R.; Pasquier, M. (Hrsg.): Strategisches Management und Marketing, Festschrift für Richard Kühn, Bern u.a., S. 293-327.

Vavra, T.G. (1992): Aftermarketing: How to keep customers for life through relationship marketing, Homewood.

Zeithaml, V.A.; Bitner, M.J. (2000): Services marketing: Integrating customer focus across the firm, 2. Aufl., New York.

Zinkhan, G.M. (2002): Relationship marketing: Theory and implementation, in: Journal of Market-Focused Management, Vol. 5, No. 2, S. 83-89.

Dieter Ahlert, Josef Hesse, Maren Wunderlich

CRM im Handel

1 Einleitung

Customer Relationship Management (im Folgenden CRM) ist ein ganzheitlicher Ansatz der Unternehmensführung. Er integriert und optimiert abteilungsübergreifend alle kundenbezogenen Prozesse mit dem Ziel, nachhaltig profitable Geschäftsbeziehungen mit ausgewählten Kunden aufzubauen und zu pflegen (Ahlert/Hesse 2002, S. 4 f.). Die gewachsene Bedeutung dieses Managementansatzes im Handel kann durch vier wesentliche Treiber erklärt werden. So ist ein zentraler Treiber im veränderten Kundenverhalten, welches sich durch eine zunehmende Anspruchshaltung bei abnehmender Loyalität kennzeichnen lässt, zu sehen. Zum anderen erlauben neue Informations- und Kommunikationstechnologien auch im Massenmarkt den direkten Brückenschlag zum individuellen Kunden. Der Aufbau eines Data Warehouses, die Anwendung von OLAP- und Data Mining-Tools, die eine Analyse von Kunden- und Scannerdaten ermöglichen, stehen aktuell auf der Tagesordnung des Informationsmanagements zahlreicher Handelsunternehmungen. Die massiven Überkapazitäten im Handel bei weitgehend stagnierender Nachfrage sowie der Markteintritt ausländischer Handelsunternehmungen haben darüber hinaus die Wettbewerbsintensität in den letzten Jahren weiter verschärft. Die Gewinnung neuer Kunden wird vor diesem Hintergrund erheblich erschwert, und nicht zuletzt die Erkenntnis, dass die Akquisition eines Kunden um ein Vielfaches teurer ist als die Pflege von „Stammkunden“, haben den Handel dazu veranlasst, das Augenmerk auf das Management von Kundenbeziehungen zu richten.

2 Ansatzpunkte für den Aufbau von langfristigen Kundenbeziehungen im Handel

Im Fokus des CRM stehen die emotionale Verbundenheit und die faktische Gebundenheit besonders attraktiver Kunden an die Handelsunternehmung und an ihre Angebotsleistungen. Die faktische Gebundenheit kann dabei von der Handelsunternehmung durch den gezielten Aufbau von rechtlichen, technisch-funktionalen oder ökonomischen Wechselbarrieren forciert werden. Will der Kunde dennoch den Anbieter wechseln, so ist dies mit Wechselkosten verbunden, die sich sowohl in monetärer Form als auch durch Nutzeneinbußen bemerkbar machen können. Ein derzeit vom Handel oft eingesetztes Instrument sind Bonusprogramme, die Boni in Form von Bargeld und/oder Prämien in Abhängigkeit vom Umsatz gewähren. Hierbei ist aus Sicht des Kunden die Weiterführung der Geschäftsbeziehung folglich mit ökonomischen Vorteilen verbunden.

Als Schlüsselfaktoren zum Aufbau einer emotionalen Verbundenheit wird die Kundenzufriedenheit angesehen. Ganz allgemein beschreibt Kundenzufriedenheit das positive Ergebnis eines Vergleichsprozesses zwischen der erwarteten (Soll) und tatsächlich wahrgenommenen Leistung (Ist) eines Anbieters. Eine Besonderheit im Handel ist hierbei, dass es sich bei der zu bewertenden Angebotsleistung um Leistungsbündel aus

Ware und Dienstleistung (z.B. Beratung, Bestellung etc.) handelt. Neben materiellen Faktoren spielen folglich auch immaterielle Komponenten eine wesentliche Rolle bei der Zufriedenheitsbildung. Wie auch eine aktuelle Studie des Instituts für Handelsmanagement und Netzwerkmarketing (IfHM) bestätigt, liefern die Faktoren Personal, gefolgt von Sortiment und Preis, den höchsten Erklärungsbeitrag für die Zufriedenheit der Kunden im Handel (Wunderlich/Köster 2002, S. 34 ff.). Während in der Vergangenheit der Handel vor allem das Personal respektive die Schulung von Mitarbeitern sowie die Förderung der Mitarbeitermotivation in den Mittelpunkt seiner Kundenbindungsaktivitäten stellte (Kaapke/Dobbelstein 2001, S. 63 f.), hat mit dem Wegfall des Rabattgesetzes im Jahr 2000 die Preispolitik immer mehr an Bedeutung gewonnen, wie die steigende Anzahl von Bonus-, Rabatt- und Mehrwertprogrammen belegt. Im Zuge der schlechten Wirtschaftslage – verbunden mit massiven Umsatzeinbrüchen im Einzelhandel – ist darüber hinaus seit 2002 eine Zunahme kurzfristiger Sonderangebots- und Rabattaktionen zu verzeichnen. Die positiven Wirkungen dieser preispolitischen Aktionen auf den ökonomischen Erfolg bleiben jedoch vielfach hinter den Erwartungen zurück. Vielmehr ist durch den einseitigen Einsatz des Marketing-Mix-Instrumentes Preis eine weitere Angleichung der Betreibungskonzepte zu verzeichnen, die eine Profilierung konterkarieren. Vor diesem Hintergrund gilt es aufzuzeigen, welche Möglichkeiten sich dem Handel beim Faktor Sortiment bieten, um sich nicht nur gegenüber dem Wettbewerb zu profilieren, sondern auch langfristige Kundenbeziehungen über eine hohe Sortimentszufriedenheit aufzubauen.

Grundsätzlich muss ein Händler bei der Sortimentsoptimierung entscheiden, ob er alleine oder mit einem oder mehreren Herstellern zusammen arbeiten möchte. Der vorliegende Beitrag fokussiert auf die Option einer kooperativen Zusammenarbeit zwischen Hersteller und Händler, konkret auf eine ECR-Partnerschaft. Dabei liegt der Schwerpunkt auf der ECR-Strategie Category Management. Arbeiten Hersteller und Händler im Rahmen ihrer Customer Relationship Management-Aktivitäten zusammen, so sprechen wir im Folgenden vom kooperativen CRM.

3 Customer Relationship Management und Category Management – zwei Seiten ein und derselben Medaille?

3.1 Efficient Consumer Response-Partnerschaften als Basis des Category Management

Efficient Consumer Response (ECR) stellt ein Konzept zur Optimierung des Güter- und Informationsflusses zwischen Industrie, Handel und Verbraucher dar (Ahlert/Borchert 2000, S. 80 f.).

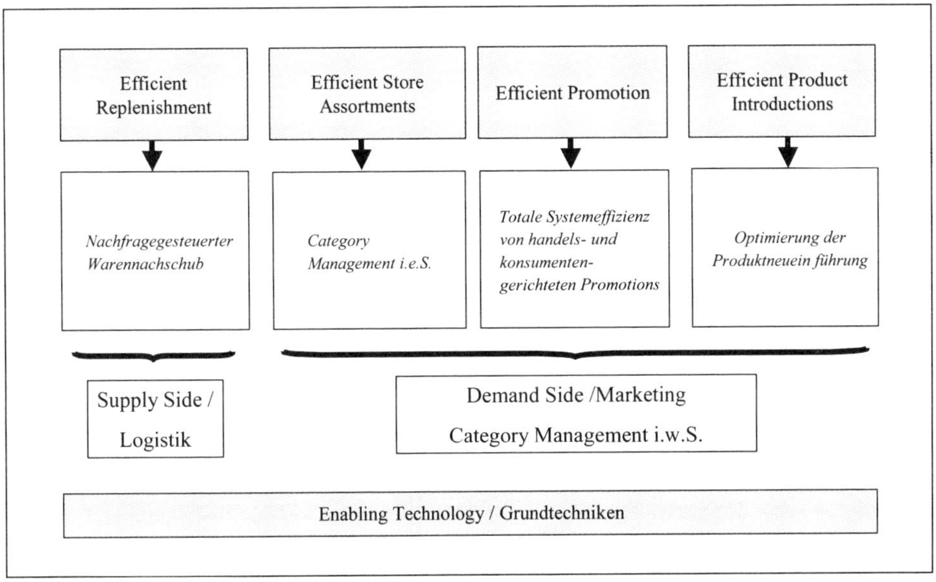

Abb. 1: Die vier Basisstrategien des ECR
Quelle: in Anlehnung an Borchert 2001, S. 29

Die mit dem Konzept verbundenen Strategien und Maßnahmen lassen sich in die Bereiche Supply Side und Demand Side einteilen (ECR Europe 1997, S. 3 ff.). Die informationstechnische Grundlage für die Durchführung von ECR bilden die Enabling Technologies. Die *Supply Side* respektive das *Supply Chain Management* beschreiben die Strategien und Konzepte, die sich mit dem Strom von Waren und Informationen entlang der Wertschöpfungskette befassen. Repräsentiert wird das Supply Chain Management im Rahmen des ECR-Konzeptes durch die Basisstrategie Efficient Replenishment (ERP) (von der Heydt 1998, S. 74 ff.; Strüber 1998, S. 53 ff.; Poirier/Reiter 1997, S. 17 ff.; Ahlert/Borchert 2000, S. 83).

Efficient Replenishment – die effiziente Warenversorgung – zielt darauf ab, „[...] Effizienzen des Waren- und Informationsflusses entlang der Versorgungskette zu optimieren, indem das herkömmliche Belieferungssystem [...] durch einen, sich an der tatsächlichen bzw. prognostizierten Nachfrage der Konsumenten orientierenden, abgestimmten Prozess ersetzt wird [...].“ (von der Heydt 1998, S. 74). Efficient Replenishment stellt also eine Basisstrategie zur effizienten Gestaltung und Koordination des Waren- und Informationsflusses zwischen Industrie bzw. Herstellern, Handel und Konsumenten dar. Bei der Umsetzung der Efficient Replenishment-Strategien kann sich die Handelsunternehmung besser auf ihre Kernfunktionen am POS konzentrieren, während der Hersteller seine Produktion synchronisieren und bedarfsgerecht distribuieren kann. Im Rahmen des ECR-Konzeptes nimmt Efficient Replenishment einen hohen Stellenwert ein, weil es der ECR-Philosophie „Provide the right product, to the right place, at the right time, in the right quantity, and in the most efficient manner possible.“ (Food Marketing Institute, zitiert nach von der Heydt 1998, S. 100) weitgehend entspricht. Die Umsetzung der Supply Side-Strategien gilt zudem – neben den Enabling Technologies – als Basis für die erfolgreiche Umsetzung der Demand-Side-Strategien.

Die *Demand Side* beinhaltet alle Aktivitäten, die mit den Verbraucherbedürfnissen und der daraus abgeleiteten Nachfrage in Verbindung stehen. Das Spektrum nachfrageorientierter Strategien im Rahmen von Efficient Consumer Response umfasst die effiziente Sortimentsgestaltung und -präsentation (Efficient Assortment), Neuprodukteinführung (Efficient Product Introduction) und Verkaufsförderung (Efficient Promotion) (Ahlert/ Borchert 2000, S. 83 ff.). Anhand dieser Strategien ist deutlich zu erkennen, dass die genannten Konzepte sowohl an der Schnittstelle von Industrie und Handel als auch an der Schnittstelle von Handel und Verbraucher ansetzen.

Efficient Assortment ist eine ECR-Basisstrategie, „[...] die durch eine von Handel und Hersteller getragene effiziente Sortimentsgestaltung den am POS zur Verfügung stehenden Platz optimal nutzen und gleichzeitig die Kundenzufriedenheit steigern will, um so den beteiligten Unternehmen wie auch den Konsumenten einen maximalen Nutzen zu stiften." (von der Heydt 1998, S. 103). Die effiziente Sortimentsgestaltung umfasst neben der Regal- und Flächenoptimierung (Space Management) die effiziente Produktplatzierung. Im Idealfall nutzt der Händler sein vor Ort erworbenes spezifisches Wissen über die Kundschaft und bringt es mit den Kenntnissen der Hersteller über ihre Produkte (beispielsweise aus der Marktforschung) in die Kooperation ein.

Die Durchführung effizienter Verkaufsförderungs- und Werbemaßnahmen ist Bestandteil der Strategie *Efficient Promotion*, „[...] die darauf abzielt, Ineffizienzen bei der Verkaufsförderung zu beseitigen und das System der Bevorratung mit großen Warenmengen zu Aktionspreisen (Forward Buying) zu ersetzen, um die Schlagkraft der eigenen Absatzorganisation und die des Absatzmittlers zu erhöhen und andererseits den Konsumenten bei der problemlosen Beschaffung und Verwendung der Produkte in einem Höchstmaß zu unterstützen." (von der Heydt 1998, S. 136 ff.). Voraussetzung für die erfolgreiche Umsetzung kooperativer Verkaufsförderungsmaßnahmen ist somit die partnerschaftliche Durchführung durch Hersteller und Händler.

In engem Zusammenhang mit den Teilstrategien Efficient Promotion und Efficient Assortment steht *Efficient Product Introduction* (effiziente Neuprodukteinführung), da die Einführung neuer Produkte direkte Effekte auf die Sortimentsfindung und -gestaltung ausübt und der Verkaufsförderung und Werbung bedarf (Mei 1999, S. 142 ff.). „Efficient Product Introduction [...] zielt als die vierte Basisstrategie des ECR-Ansatzes auf eine enge Zusammenarbeit zwischen Handel und Industrie bei der gemeinschaftlichen Entwicklung und Einführung neuer Produkte, um einerseits die damit verbundenen Kosten zu senken und andererseits den Konsumenten eine größere Zahl qualitativ hochwertiger Produkte in kürzerer Zeit anbieten zu können." (von der Heydt 1998, S. 155). Als Kooperationsgewinn stehen auf Herstellerseite geringere Flopraten und damit Einsparungen bei den wertvolle Ressourcen verzehrenden Produktentwicklungs- und -einführungsprozessen zu Buche. Die Händlerseite kann sich gegenüber dem Konsumenten profilieren und durch ertragreichere Sortimente profitieren. Der Konsument kommt in den Genuss von bedarfsgerechten Produkten (Ahlert/Borchert 2000, S. 86 ff.; von der Heydt 1998, S. 163 ff.).

Die Umsetzung der Teilstrategien im Bereich der Demand Side erfordert ein hohes Maß an Offenheit und Vertrauen zwischen den Kooperationspartnern, da diesen Einblick in sensible und vertrauliche Geschäftsdaten gewährt werden muss. Derzeit werden vor allem diese eher kundenorientierten Kernkonzepte des ECR noch nicht oder nur ansatzweise umgesetzt. Ein weiteres Problem der Kooperation im Bereich der Demand-Side – insbesondere aus Sicht des Handels – stellt das Multifächerproblem dar. Dies resultiert aus der Tatsache, dass z.B. ein Hersteller nicht nur mit einem Händler zusammenarbeitet und vice versa. Die interne Konkurrenz zwischen den Kooperationspartnern belastet eine Kooperation unter Umständen so stark, dass sie bereits nach kurzer Zeit wieder beendet wird.

Die Enabling Technologies stellen die informationstechnischen Voraussetzungen für die Umsetzung der schnittstellenspezifischen Anforderungen im Bereich der Supply- und Demand-Side dar. So bildet die automatisierte elektronische Datenübermittlung (Electronic Data Interchange) eine grundlegende Voraussetzung für die erfolgreiche Zusammenarbeit im Bereich von Efficient Replenishment.

Der Begriff des *Category Management* (im Folgenden kurz: *CM*) wird in der Literatur unterschiedlich weit gefasst. Wie aus Abb. 1 zu erkennen ist, erstreckt sich das CM im engeren Sinne auf das kooperative Sortimentsmanagement, während es im weiteren Sinne auch die Zusammenarbeit bei Promotions und der Neuprodukteinführung, also alle Basisstrategien der Demand Side des ECR-Konzeptes (EA, EP, EPI), einschließt (Ahlert/Borchert 2000, S. 81). Im Kern stellt das CM i. e. S. aus der Sicht der Handelsunternehmung ein Organisationskonzept zur Steuerung von Sortiment und Warenwirtschaft dar, in dem bestimmte Warengruppen als gewinnverantwortliche Geschäftseinheiten unter einheitlicher Leitung von Einkaufs-, Marketing- und Verkaufsaktivitäten geführt werden (Ahlert/Borchert 2000, S. 82).

3.2 Das Category Management als Basis eines kooperativen Customer Relationship Management

Am Beispiel des CM i. e. S. soll im Folgenden aufgezeigt werden, dass gerade die kooperative Zusammenarbeit von Hersteller und Handel im Beziehungsnetz dazu geeignet ist, die Wünsche und Bedürfnisse der Konsumenten im Sinne des CRM zu erfüllen, um so dauerhafte, profitable Kundenbeziehungen zu generieren und stetig auszubauen.

Zur Darstellung der evolutionären Entwicklung des CM wird das in Abb. 2 dargestellte Schema herangezogen. Das Schema stellt das Angebots- und Nachfragesystem einer Konsumgüterbranche in vereinfachter Form dar. Dabei wird der Hintergrund des Angebotssystems in die Fälle der Hersteller- und Handelsdominanz unterteilt.

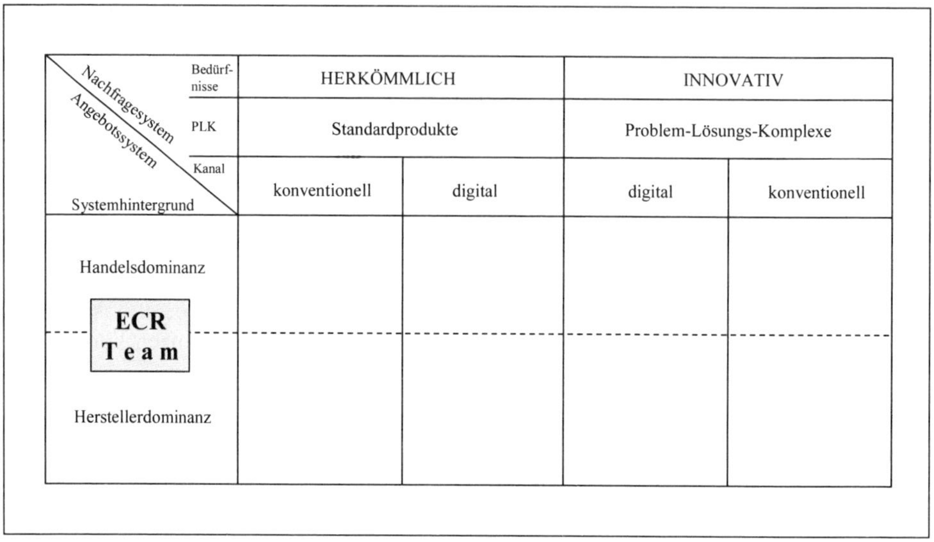

Abb. 2: Schema zur Darstellung der evolutionären Entwicklung des CM

Das kooperative ECR-Konzept befindet sich gemäß Definition zwischen diesen beiden Extremen. Das Nachfragesystem bildet die Bedürfnisse, die gewählten Preis-Leistungs-Kombinationen (PLK) sowie den vom Konsumenten gewählten Beschaffungskanal ab.

3.2.1 Das konventionelle Category Management

Das *konventionelle CM* bezeichnet eine kooperative Sortimentserstellung durch Kombination von Flächen- und Sortiments-Know-how des Händlers mit dem Marktforschungs- und Marketing-Know-how des Herstellers.

Die Zielsetzung von Hersteller und Händler ist es, gemeinsam unterscheidbare, eigenständig steuerbare Gruppen von Waren zu bilden, die von den Verbrauchern als zusammenhängend und/oder austauschbar empfunden und von ihnen zur Bedürfnisbefriedigung angesehen werden. Abb. 3 verdeutlicht dies am Beispiel der Differenzierung in die Bedürfnisorientierung, die Orientierung nach Erlebnisbereichen und die Orientierung an Zielgruppen.

Die *Orientierung nach Bedarfsbereichen* sieht die Bündelung solcher Waren vor, die der Verbraucher in der Verwendung als zusammenhängend betrachtet. Beispielsweise könnten in solchen Categories alle Waren gebündelt werden, die ein Konsument benötigt, um seinen Garten zu pflegen. Die Zusammenstellung der Categories nach *Erlebnisbereichen* sieht vor, dass Waren, die für einen Anlass als zusammenhängend eingeschätzt werden, für den Verbraucher gebündelt werden. So ist es dem Konsumenten beispielsweise möglich, alles für einen anstehenden Grillabend zu besorgen.

Category:
Unterscheidbare, eigenständig steuerbare Gruppe von Waren, die von den Verbrauchern als zusammenhängend und/ oder austauschbar zur Bedürfnisbefriedigung angesehen wird.

Kriterien einer Warengruppen-Zusammenfassung:	Erläuterungen:
• Bedarfsorientierte Zusammenfassung	• Waren, die der Verbraucher als in der *Verwendung* zusammenhängend betrachtet (z.B. Gartenbedarf)
• Orientierung an Erlebnisbereichen	• Waren, die für einen *Anlass* zusammenhängend eingeschätzt werden (z.B. alles für den Grillabend)
• Orientierung an Zielgruppen	• Zusammenfassung von *konsumententypspezifischen* Waren (z.B. alles für die "Studenten"-Category)

Abb. 3: Kriterien einer Warengruppen-Zusammenfassung
Quelle: in Anlehnung an Ahlert/Borchert 2000, S. 94

Die *Orientierung nach Zielgruppen* beschreibt eine Zusammenführung von konsumententypspezifischen Waren. Hier wäre eine Category mit der Bezeichnung „alles für Studenten" denkbar. Die Grundlage für die Zusammenstellung bilden die Konsumenten, die durch ihre Einkaufsgewohnheiten bei Standardprodukten die Inhalte der Categories bestimmen.

Das konventionelle CM ist dem herkömmlichen Bedürfnisbereich und dem konventionellen Absatzkanal (stationärer Handel) zugeordnet (vgl. Abb. 4), obwohl es mit neuen Warengruppenordnungen durchaus auf neuartige Akzentuierungen der Verbraucherbedürfnisse reagieren kann. Auch können sich im Rahmen des konventionellen CM bereits erste Ansatzpunkte einer Integration des CRM-Gedankens wiederfinden.

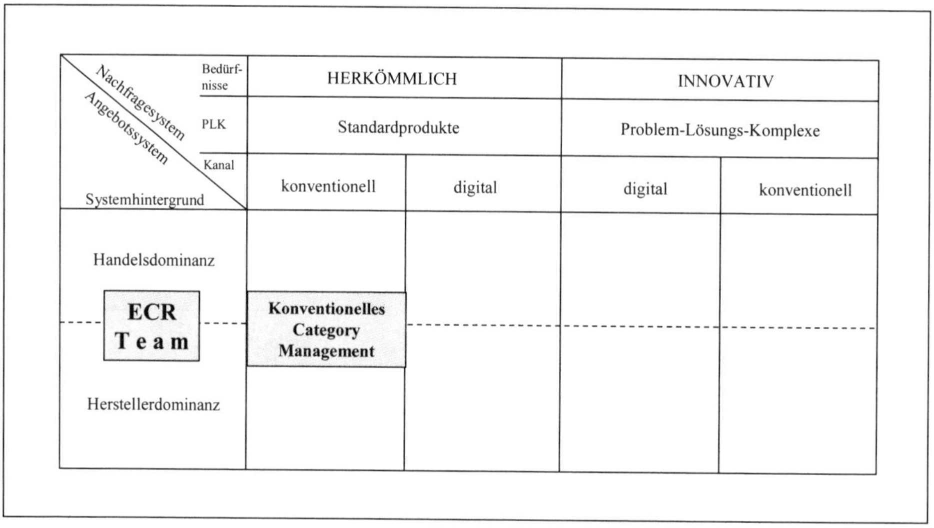

Abb. 4: Einordnung des konventionellen CM in das Schema zur Darstellung der evolutionären CM-Entwicklung

Durch die konsumentenorientierte Zusammenstellung der Category kann auf die spezifischen Bedürfnisse der Kunden verstärkt eingegangen werden. Zu beachten ist, dass die Qualität der Kundenbeziehung durch die Schaffung eines konventionellen CM noch nicht verbessert wird. Bevor von einer Verbesserung der Beziehungsqualität im Sinne des CRM gesprochen werden kann, gilt es, die Categories kundenindividuell zusammenzustellen. Begrenzt wird ein solches Vorhaben durch die räumlichen Kapazitäten des Handels. Um die Bedürfnisse einzelner Kunden hinsichtlich der Zusammenstellung von Categories zu erfüllen, müssten vielfältige Warenkombinationen vor Ort vorhanden sein. Das „100.000 x 100.000 Kombinationen"-Problem kann im konventionellen Beschaffungskanal nicht gelöst werden.

3.2.2 Das digitale Category Management

Im Gegensatz zum konventionellen CM findet die kundenorientierte Zusammenstellung der Categories im Rahmen des *digitalen CM* im virtuellen Raum statt. Die Abb. 5 zeigt eine Handelsunternehmung, die Standardprodukte im digitalen Absatzkanal anbietet.

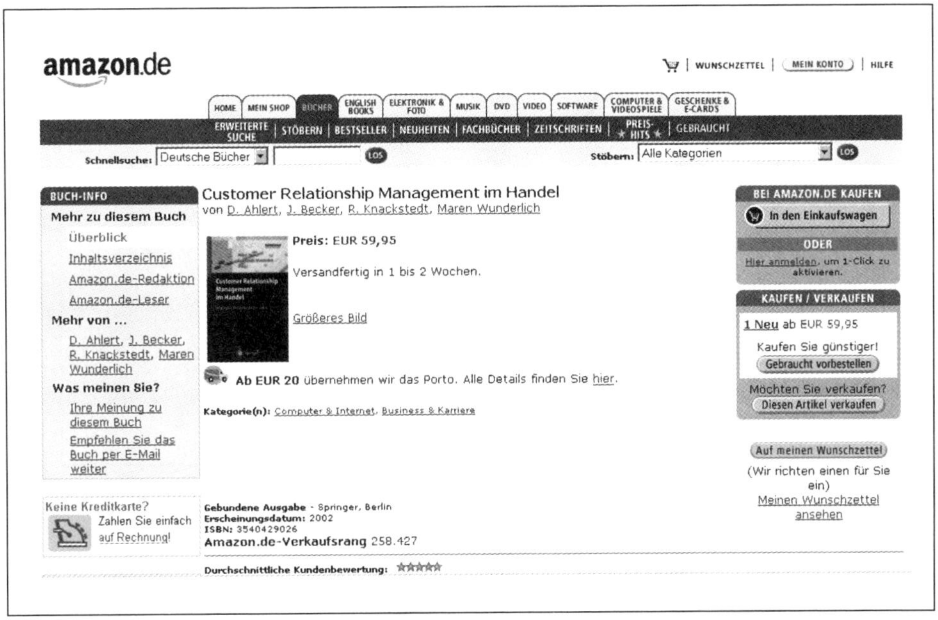

Abb. 5: Digitales CM im Internet
Quelle: www.amazon.de

Hier kann die Zusammenstellung der Categories kundenindividuell ablaufen. Die Handelsunternehmung löst das „100.000 x 100.000 Kombinationen"-Problem, indem sie ihre Waren digital anbietet. Sie unterliegt im virtuellen Raum keinen Beschränkungen hinsichtlich des Raumbedarfes. Dieses Beispiel zeigt, welche Einflüsse die technologischen Entwicklungen auf das CM haben können. Raumbeschränkungen, Kombinationsprobleme und Darstellungsschwierigkeiten sind in der virtuellen Welt bedeutungslos. Der Wegfall zeitlicher Beschränkungen erlaubt es den Konsumenten, zu jeder Zeit ihre Bedürfnisse zu befriedigen. Die Kundenbeziehung kann somit jederzeit vom Kunden aufgenommen und von der Unternehmung bearbeitet werden. Des Weiteren können die im Internet gewonnenen Informationen gespeichert und zur späteren Kommunikation mit den Konsumenten verwandt werden.

Das *digitale CM* ist dem Bereich der konventionellen Bedürfnisbefriedigung durch das Angebot von Standardprodukten über digitale Absatzkanäle zuzuordnen (Abb. 6).

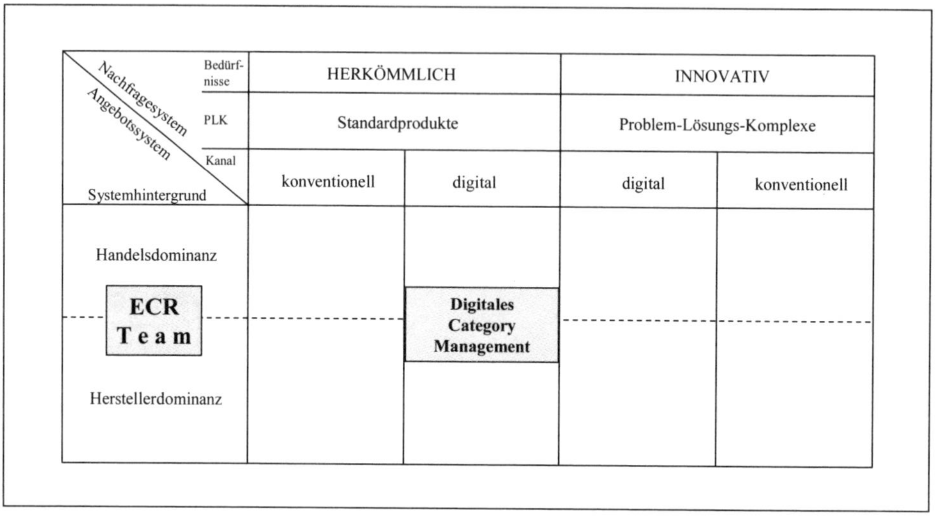

Abb. 6: Einordnung des digitalen CM in das Schema zur Darstellung der evolutionären CM-Entwicklung

3.2.3 Das hybride Category Management

Eine weitere Entwicklungsstufe zum innovativen, kundengetriebenen CM bildet das *hybride CM.* Dabei gehen Unternehmungen dazu über, die Möglichkeiten des digitalen mit denen des konventionellen CM zu kombinieren (vgl. Abb. 7)

Die Kombination der digitalen und konventionellen Absatzkanäle wird dabei im Sinne einer Multi-Kanal-Strategie bzw. eines Multi-Channel-Retailings durchgeführt. Unter Multi-Channel-Retailing versteht man allgemein den integrierten, koordinierten Einsatz verschiedener Vertriebskanäle durch eine Handels- oder Herstellerunternehmung (Ahlert/Hesse 2003, S. 11 ff.). In diesem Fall können sich die Konsumenten für einen der beiden Vertriebswege entscheiden. Die Initiierung und Weiterentwicklung der Kundenbeziehung kann dabei über die verschiedenen Absatzkanäle (bzw. Beschaffungskanäle aus Sicht der Konsumenten) erfolgen. So bietet die Handelsunternehmung Schlecker seit einigen Jahren auch im Internet ihre Waren an. Es bleibt den Konsumenten überlassen, ihre Bedürfnisse in den Filialen vor Ort oder im virtuellen Raum des Internets zu befriedigen. Für die Unternehmung bieten sich durch die im Falle einer erstmaligen Internetbestellung gespeicherten Daten besondere Möglichkeiten der kundenindividuellen Ansprache. Des Weiteren können die Daten des Bestellvorganges direkt an die jeweilige Herstellerunternehmung weitergeleitet werden, so dass die Ware automatisch im Lager der Handelsunternehmung nachgefüllt wird. Auch hier wird der Einfluss der technologischen Entwicklung auf das Beziehungsnetz zwischen Hersteller, Handel und Konsumenten deutlich.

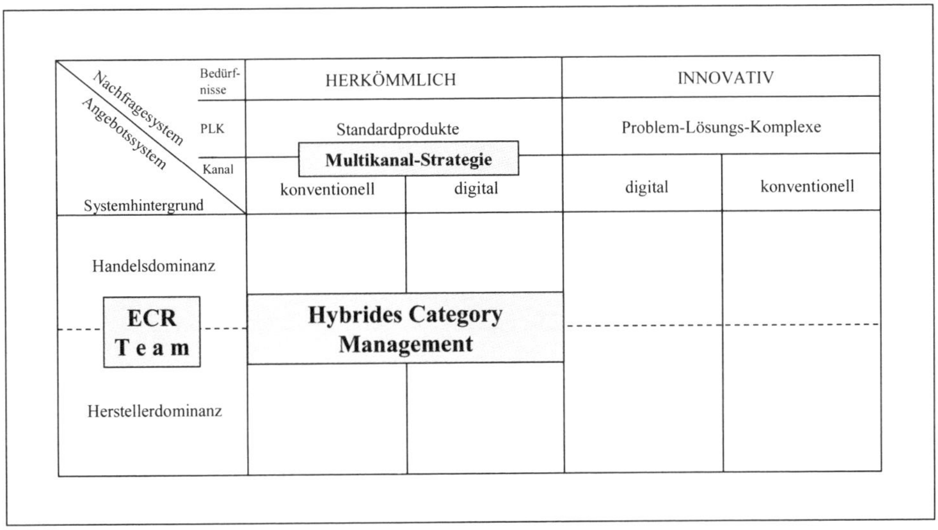

Abb. 7: Einordnung des hybriden CM in das Schema zur Darstellung der evolutionären CM-Entwicklung

Das CM von Standardprodukten ist die Form, die bereits heute im Handel realisiert wird. Die Sortimentserstellung durch Kombination von Flächen- und Sortiments-Know-how des Händlers, Marktforschungswissen der Agenturen und Marketing-Know-how des Herstellers bietet die zuvor genannten Möglichkeiten – dabei spielt es primär keine Rolle, welcher Art (konventionell, digital oder hybrid) der Absatzweg ist.

Um das CM im Sinne des CRM durchzuführen, also die Beziehungsqualität zum Kunden nachhaltig zu verbessern, bedarf es mehr als der bedarfsgerechten Zusammenstellung von Standardprodukten. Es gilt, die individuellen Bedürfnisse der Kunden mit den richtigen Angeboten zu erfüllen.

3.2.4 Das innovative, kundengetriebene Category Management

Unter *innovativem, kundengetriebenem CM* versteht man die (Neu-) Gestaltung der kompletten Wertschöpfungskette mit dem Ziel, innovative Lösungskonzepte für komplexe Kundenprobleme effizient zu vermarkten, um durch die Befriedigung des Kundenproblems die Beziehungsqualität im Sinne des CRM auszubauen. Ein komplexes Konsumproblem beschreibt den Wunsch des Konsumenten nach einem bestimmten Problem-Lösungs-Komplex, bestehend aus der Kombination verschiedener Produkte, Handwerks- und Dienstleistungen. In jeder Branche gibt es vielfältige komplexe Konsumprobleme. So stellt der Wunsch nach einer adäquaten Multimediaausstattung bereits ein komplexes Konsumproblem dar. Dies wird bei der Betrachtung der notwendigen

Komponenten einer Multimediaausstattung deutlich. So werden beispielsweise ein TV, ein DVD-Player, eine Stereoanlage, ein Computer, die entsprechende Software, eine Raumverdunklung, differente Handwerksleistungen und vieles mehr für die Lösung des komplexen Kundenproblems benötigt. Diese Bestandteile sinnvoll zu kombinieren und dem Kunden „wie aus einer Hand" zu liefern, stellt ein äußerst komplexes Problem dar (Näheres dazu bei Ahlert 2001, S. 25 ff.).

Die Abb. 8 zeigt die Einordnung des kundengetriebenen CM in das Angebots- und Nachfrageschema.

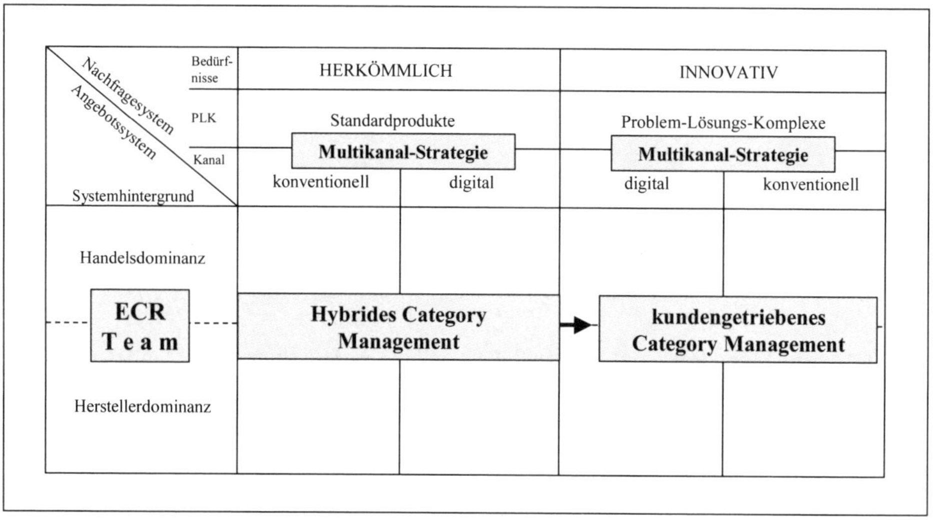

Abb. 8: Einordnung des kundengetriebenen CM in das Schema zur Darstellung der evolutionären CM-Entwicklung

Das *kundengetriebene CM* nutzt ebenfalls die Vorteile einer Kombination der digitalen und konventionellen Absatzwege zur Lösung der komplexen Konsumprobleme. Dabei könnten die zur Lösung notwendigen Bestandteile von verschiedenen Hersteller- und Handelsunternehmungen kommen. Eine kooperative Beziehung zwischen Hersteller und Handel im Sinne von ECR vorausgesetzt, bieten die technologischen Konzepte bereits heute die Möglichkeit, die Teilnehmer der Category zur Lösung von komplexen Konsumproblemen erfolgreich miteinander zu verbinden. Die Enabling Technologies zur Realisation sind bereits heute vorhanden.

Festzuhalten bleibt, dass der Konsument bei der Erstellung einer Lösung des komplexen Konsumproblems in den Prozess integriert werden muss, so dass die Qualität der Kundenbeziehung als sehr hoch zu bezeichnen ist. Wird das komplexe Konsumproblem in den Augen des Konsumenten erfolgreich gelöst, werden seine Bedürfnisse und Wünsche erfüllt, wird der Kunde auch künftig die Einkaufsstätte aufsuchen. Die Realisierung eines innovativen, kundengetriebenen CM stellt somit die Krönung einer Kombination von ECR und CRM dar.

4 Fazit

Am Beispiel des *kundengetriebenen CM* wurde verdeutlicht, dass die Kombination von ECR und CRM dazu geeignet ist, über die Erhöhung der Sortimentszufriedenheit die emotionale Verbundenheit der Verbraucher nachhaltig zu stabilisieren und zu verbessern. Die kooperative Zusammenarbeit von Hersteller- und Handelsunternehmungen im Rahmen des *kundengetriebenen CM* stellt dabei nur eine von vielen denkbaren *kooperativen CRM-Maßnahmen* innerhalb eines gebundenen Distributionssystems dar. Auch in den verbleibenden Bereichen des CM i. w. S., Efficient Product Introduction (EPI) und Efficient Promotion (EP), ist eine kooperative Zusammenarbeit zur Umsetzung von CRM-Maßnahmen sinnvoll. So kann bspw. die Einbeziehung des Konsumenten in die kooperative Produktneueinführung (EPI) die Qualität der Kundenbeziehung und somit die Bindung des Kunden an die Unternehmung deutlich erhöhen.

Abschließend bleibt festzuhalten, dass für den Handel eine stärkere Fokussierung auf das Sortiment als Treiber für mehr Kundenzufriedenheit und -bindung eine erfolgversprechende Strategie darstellt, um sich gegenüber dem Wettbewerb zu differenzieren und aus dem Preiskrieg auszubrechen.

Literaturverzeichnis

Ahlert, D. (2001): Markenmanagement und Category Management in der Wertschöpfungskette – Zwei Seiten einer Medaille?, in: Ahlert, D.; Olbrich, R.; Schröder, H. (Hrsg.): Jahrbuch Handelsmanagement 2001, Vertikales Marketing und Markenführung im Zeichen von Category Management, Frankfurt am Main, S. 17-59.

Ahlert, D.; Borchert, S. (2000): Prozessmanagement im vertikalen Marketing – Efficient Consumer Response (ECR) in Konsumgüternetzen, Berlin et al.

Ahlert, D.; Hesse, J. (2003): Das Multikanalphänomen – viele Wege führen zum Kunden, in: Ahlert, D.; Hesse, J.; Jullens, J.; Smend, P. (Hrsg.): Multikanalstrategien – Konzepte, Methoden und Erfahrungen, Wiesbaden.

Ahlert, D.; Hesse, J. (2002): Relationship Management im Beziehungsnetz zwischen Hersteller, Händler und Verbraucher, in: Ahlert, D.; Becker, J.; Knackstedt, R.; Wunderlich, M. (Hrsg.): Customer Relationship Management im Handel – Strategien, Konzepte, Erfahrungen, Berlin et al.

Borchert, S. (2001): Führung von Distributionsnetzwerken, Wiesbaden.

ECR Europe (1997): Efficient Consumer Response – Eine Einführung, in: Edition ECR Deutschland der CCG, Band 2, Köln.

Kaapke, A.; Dobbelstein, T. (2001): Kundenbindung im Handel – Empirische Ergebnisse, in: Müller-Hagedorn, L. (Hrsg.): Kundenbindung im Handel, 2. Aufl., Frankfurt am Main, S. 47-66.

Mei, S. (1999): Efficient product Introduction (EPI) – Der klassische Category Management Ansatz greift zu kurz, in: von der Heydt, A. (Hrsg): Handbuch Efficient Consumer Response: Konzepte, Erfahrungen, Herausforderungen, München, S. 141-149.

Poirier, C.C.; Reiter, S.E. (1997): Die optimale Wertschöpfungskette – Wie Lieferanten, Produzenten und Handel bestens zusammenarbeiten, aus dem Englischen von Rastalsky, J.H., Frankfurt am Main/New York.

Strüber, H.H. (1998): Die neue Logistik (1): Hebel für mehr Effizienz, in: Kilimann, J. (Hrsg): Efficient Consumer Response: strategische Waffe für Handel und Industrie, Stuttgart, S. 53-68.

von der Heydt, A. (1998): Efficient Consumer Response (ECR): Basisstrategien und Grundtechniken, zentrale Erfolgsfaktoren sowie globaler Implementierungsplan, 3. Aufl., Frankfurt am Main u.a.

von der Heydt, A. (1999): Handbuch Efficient Consumer Response: Konzepte, Erfahrungen, Herausforderungen, München, S. 3-23.

Wunderlich, M.; Köster, L. (2002): Münsteraner Handelskrone, in: Ahlert, D. (Hrsg.): Diskussionsforum für Handel, Distribution und Netzwerkmanagement 2002, S. 34-35.

Hans H. Bauer, Mark Grether

CRM für öffentliche Verwaltungen

1 Die Verwaltung auf dem Weg zum kundenorientierten Dienstleister

Customer Relationship Management (CRM) in der öffentlichen Verwaltung ist ein Thema, das zunächst in sich widersprüchlich anmutet: CRM verkörpert ein stark betriebswirtschaftlich orientiertes Konzept, das sich in den letzten Jahren für viele private Unternehmen zu einem der zentralen Geschäfts- und Managementmodelle entwickelt hat. Auf die fundamentalen Aussagen reduziert ist CRM ein Ansatz, mit dem man die Kunden langfristig an sich binden und dadurch versuchen will, den Unternehmens- und Kundenwert durch ein systematisches Management der existierenden Kundenbeziehungen zu steigern (Rapp 2000, S. 42).

Da es im öffentlichen Bereich weder „klassische Kunden" noch „klassische Wettbewerber" gibt, die den eigenen „Markterfolg" gefährden, scheint das CRM-Konzept für die öffentliche Verwaltung prinzipiell nicht relevant zu sein. Für viele ist die Beziehung zwischen der Verwaltung und den Abnehmern der Verwaltungsleistungen „naturgegeben", weshalb sich die Frage nach Sinn und Ziel eines Beziehungsmanagements im öffentlichen Bereich gar nicht oder bestenfalls anders stellt.

Erste Ansatzpunkte für die Annahme, dass das Thema CRM in der öffentlichen Verwaltung durchaus von hoher praktischer Relevanz sein kann, ergeben sich aus der Beobachtung verschiedenster Entwicklungen im öffentlichen Bereich. So wird seit einigen Jahren in Wissenschaft und Praxis sehr intensiv die Notwendigkeit einer Verwaltungsreform diskutiert. Dieser Reformbedarf wird auf diverse Veränderungen des gesellschaftlichen, politischen und bürgerbezogenen Umfeldes der Verwaltung sowie auf einige gravierende Missstände im öffentlichen Bereich zurückgeführt (Schedler/Proeller 2000, S. 25 ff.). Die Bewegung der Verwaltungsmodernisierung wird sehr häufig als New Public Management (NPM) bezeichnet (Klimecki/Müller 1999, S. 11). Ein Hauptziel des New Public Managements ist es, die Abnehmer der Verwaltungsdienstleistungen als Kunden zu verstehen und darauf aufbauend die Kundenorientierung der Verwaltung zu steigern (Schedler/Proeller 2000, S. 55).

Wenn die öffentliche Verwaltung im Zuge eines grundsätzlichen Reformprozesses auch die intensive Orientierung an ihren Kunden verfolgt, liegt der Schluss nahe, dass die Übertragung der CRM-Konzeption auf den öffentlichen Bereich durchaus zur Erreichung dieser Zielsetzung beitragen und die Entwicklung der Verwaltung hin zu einem „kundenorientierten Dienstleister" fördern kann.

Ausgehend von der im privatwirtschaftlichen Bereich entwickelten CRM-Systematik soll im Rahmen der vorliegenden Arbeit zunächst überprüft werden, welche Schnittstellen und Gemeinsamkeiten es zwischen privater und öffentlicher Verwaltung gibt. Im folgenden Schritt soll die Übertragbarkeit der CRM-Konzeption auf den Bereich der öffentlichen Verwaltung diskutiert werden. Auf Basis einer empirischen Studie wird anschließend der Status Quo der Anwendung von CRM in der öffentlichen Verwaltung beleuchtet. Schließlich werden auf der Grundlage der theoretischen und empirischen Untersuchungen Implikationen für die „Verwaltung der Zukunft“ abgeleitet.

2 CRM-Modell nach *Clark et al.*

CRM ist eine kundenorientierte Unternehmenspolitik, die mit Hilfe moderner Informations- und Kommunikationstechnologien versucht, auf lange Sicht profitable Kundenbeziehungen durch ganzheitliche und individuelle Marketingkonzepte aufzubauen und zu festigen. Dieses umfassende CRM-Verständnis hat weitreichende Konsequenzen, die das ganze Unternehmen betreffen (Bauer/Grether 2002, S. 3). Im Rahmen der vorliegenden Arbeit bildet das CRM-Modell nach *Clark et al.* die Grundlage für die Diskussion der Übertragbarkeit des CRM auf die Situation der öffentlichen Verwaltung.

Im Mittelpunkt des Modells steht die Relationship Management-Kette. Diese wird von *Clark et al.* als „ein System [...] für die Implementierung einer verbesserten Fokussierung auf bestehende Geschäftsbeziehungen ...“ (Clark et al. 1999, S. 43) bezeichnet. Die Relationship-Kette greift dabei zentrale Elemente des Relationship Managements auf und liefert Hinweise, wie durch beziehungsfokussierte Maßnahmen und Prozesse die Wertschöpfung des Unternehmens gesteigert werden kann. Die Autoren sprechen bewusst ganz allgemein von einer Relationship-Kette, da nicht nur die Endkundenmärkte (Customer), sondern auch Beziehungen zu anderen internen und externen Märkten abgedeckt werden sollen. Hinsichtlich ihrer Konstruktion orientiert sich die Relationship-Kette an der Idee eines Managementprozesses und unterscheidet fünf verschiedene Schritte des Geschäfts- bzw. Beziehungsprozesses (vgl. Abb. 1). Dieses Vorgehen erinnert an die Wertschöpfungskette von *Porter* (Porter 1985). Die Besonderheit der Relationship-Kette besteht aber darin, dass hier nicht wie bei *Porter* eine Reihe aufeinanderfolgender betrieblich-funktionaler Schritte im Mittelpunkt stehen. Vielmehr wird gezeigt, wie Wertschöpfung konkret durch kundenbezogene Analyse- und Maßnahmenschritte erzielt werden kann.

Die Relationship Management-Kette

Management interner Märkte

Erstellung eines Wertschöpfungsplans	**Segmentierung, Zielgruppenbestimmung und Positionierung**	**Arbeitsprozesse und Systeme zur Leistungserbringung**	**Erbrachte Zufriedenheit**	**Messmethoden und Feedback**
Identifizierung der Kernthemen der Dienstleitungen Messung bevorzugter Dienstleistungen Benchmarks/ Wettbewerbsstudien	Dienstleistungs-/ Relationship Segmentierung Kundenprofitabilitätsanalyse Database Marketing Positionierung	Befriedigung individ. Kundenwünsche Konfiguration für jedes Segment Bildung von wertschöpfenden Partnerschaften Prozessvergleichsstudien	Kosten-Nutzen Analyse für jedes Segment Analyse der Servicequalität	Überwachung der Dienstleistungsprozesse Studien zur Kundenzufriedenheit Studien der Mitarbeiterzufriedenheit

Management externer Märkte

Abb. 1: Die Relationship Management-Kette nach *Clark et al.*
Quelle: in Anlehnung an Clark et al. 1999, S. 33

Die Relationship Management-Kette, welche aus den fünf Gliedern „Erstellung eines Wertschöpfungsplans", „Zielgruppenbestimmung und Segmentierung", „Arbeitsprozesse und Systeme zur Leistungserbringung", „Erbrachte Zufriedenheit", sowie „Messmethoden und Feedback" besteht, bildet das zentrale Element des hier vorgestellten CRM-Ansatzes. *Clark et al.* betonen, dass jedes Element abgearbeitet werden muss, um Potenziale für eine höhere Wertschöpfung durch Relationship Management zu identifizieren und um entsprechende Maßnahmen implementieren zu können.

Bei der Erstellung eines Wertschöpfungsplans muss zunächst identifiziert werden, welche Bestandteile einer Dienstleistung für den Kunden besonders wichtig sind. Beispielsweise ist die relative Wichtigkeit einzelner Angebotskomponenten zu analysieren. In einem nächsten Schritt soll erfasst werden, welche Dienstleistungen des kompletten Leistungsportfolios aus Kundensicht besonders bedeutend sind. Abschließend sollen Wettbewerbsstudien durchgeführt werden. Mit diesen soll ermittelt werden, wie der Kunde die von dem Unternehmen erbrachten Leistungen im Vergleich zu denen von Wettbewerbern wahrnimmt und bewertet.

CRM zeichnet sich unter anderem durch eine starke Individualisierung des Leistungsangebotes und der Kundenbearbeitung aus. Um dies zu gewährleisten, muss nach der Identifizierung eines kundenorientierten Leistungsangebotes untersucht werden, ob sich einzelne homogene Kundengruppen hinsichtlich Präferenzen etc. segmentieren lassen.

Die so identifizierten Segmente können dann hinsichtlich Leistungsangebot, Serviceumfang etc. individualisiert betreut und bearbeitet werden. Neben der Individualisierung spielt im CRM auch die Wirtschaftlichkeit der Kundenbeziehung eine zentrale Rolle (Rapp 2000, S. 47). Daher muss in einem weiteren Schritt untersucht werden, ob bzw. in welchem Ausmaß eine individualisierte Bearbeitung verschiedener Kundensegmente tatsächlich rentabel ist. Auf Basis der Dienstleistungs- bzw. Relationship-Segmentierung und der Kundenprofitabilitätsanalyse soll schließlich das eigene Leistungsangebot z.B. hinsichtlich Produktportfolio, Kundenservice und Arbeitsprozesse im Vergleich zum Wettbewerb positioniert werden.

Clark et al. betonen, dass die Art und Weise, wie Arbeitsprozesse organisiert und durchgeführt werden, entscheidend für den wirtschaftlichen Erfolg eines Unternehmens ist. Die von den Kunden gewünschte Flexibilität und Individualität einer Leistung ist nur dann zu realisieren, wenn die dahinterstehenden unternehmensinternen Prozesse flexibel und effizient organisiert sind. Der technologische Fortschritt vor allem im IT-Bereich ermöglicht inzwischen Produktions- und Leistungserstellungsprozesse, die sehr flexibel sind, dennoch aber keinen Kostennachteil für den Kunden verursachen. Im Rahmen des Relationship Managements stellt die Kombination aus individualisierter Leistung bei gleichzeitig wettbewerbsfähigen Preisen einen wichtigen Faktor hinsichtlich der Etablierung langfristiger Kundenbeziehungen dar.

Die Zufriedenheit der Kunden ist eine zentrale Voraussetzung für das Entstehen einer langfristigen Kundenbeziehung (Storbacka et al. 1994, S. 21 ff.). *Clark et al.* betonen, dass die Kundenzufriedenheit nicht nur von tatsächlichen Produkteigenschaften, sondern auch von dem gesamten Produktumfeld (Service, Beziehung etc.) abhängt. In diesem Zusammenhang sollte eine Kosten-Nutzen-Analyse sowie eine Untersuchung der Dienstleistungsqualität durchgeführt werden. *Clark et al.* gehen davon aus, dass Kunden bei einem Kauf vor allem nach individuellen Vorteilen suchen. Das bedeutet, dass neben den Produkteigenschaften Faktoren wie z.B. Serviceumfang und -qualität, Image sowie die antizipierte Beziehungsqualität die Kaufentscheidung mit beeinflussen. Die Kosten-Nutzen-Analyse soll daher den Gesamtnettoeffekt abbilden, der dem Kunden durch ein Leistungspaket (Produkt + Servicekranz) entsteht. Kosten können dabei z.B. Preis, Zeitaufwand sowie physischer und psychischer Aufwand sein. Demgegenüber entsteht dem Kunden ein Nutzen beispielsweise durch den Produktwert, den empfangenen Service, dem Imagewert oder die persönliche Beziehung zum Verkäufer. Um die Entstehung einer langfristigen Kundenbeziehung zu begünstigen, muss der Nutzen für den Kunden größer als die entstehenden Kosten sein. *Clark et al.* weisen darauf hin, dass die vom Kunden wahrgenommene Servicequalität großen Einfluss auf die Gesamtzufriedenheit der Kunden hat. Dementsprechend ist es wichtig, die Servicequalität zu messen bzw. gegebenenfalls zu verbessern.

Damit die Zufriedenheit der Kunden und somit auch die Kundenbeziehung langfristig gesichert bleiben, sollten alle Relationship Management-Maßnahmen einer kontinuierlichen Kontrolle unterzogen werden. Nur so lassen sich Prozesse und Maßnahmen permanent im Sinne einer höheren Kundenzufriedenheit verfeinern. Nach Meinung der Autoren darf sich Qualitätskontrolle nicht nur auf die Qualität des Endproduktes beziehen, sondern muss den gesamten Prozess der Leistungserstellung umfassen. *Clark et al.* weisen darauf hin, dass die Qualität des Endproduktes nur dann gewährleistet werden kann, wenn auch die Qualität aller vorgelagerten Prozessstufen gesichert ist. Dementsprechend sollten potenzielle oder tatsächliche Defizite bzw. Störfaktoren in allen Bereichen der Leistungserstellung identifiziert und beseitigt werden.

Ehe der Frage nachgegangen werden kann, ob diese Relationship Management-Kette auf öffentliche Verwaltungen übertragbar ist, sind zuvor die aktuellen Entwicklungen im Bereich des New Public Management aufzuzeigen, die als Vorstufe einer CRM-Implementierung angesehen werden können.

3 New Public Management

Das New Public Management befasst sich allgemein mit der Reform und Modernisierung öffentlicher Einrichtungen und der Implementierung neuer Konzepte des Verwaltungsmanagements (Eichhorn 1997; Schedler/Proeller 2000, S. 5). New Public Management wird seit etwa Mitte der 80er Jahre in nahezu allen Ländern der Erde, vor allem aber in westlichen Staaten wie z.B. Großbritannien, USA, Niederlande und Neuseeland diskutiert (Hopp/Göbel 1999, S. 10). Zwischen einzelnen, länderspezifischen NPM-Konzepten bestehen zwar Unterschiede z.B. hinsichtlich der konkreten Ausgestaltung und der Diskussionsebenen, dennoch gibt es weltweit große inhaltliche Gemeinsamkeiten (Nagel/Müller 1999, S. 1). Während der Begriff „New Public Management" hauptsächlich im angelsächsischen Bereich verwendet wird, spricht man in Deutschland meistens vom sogenannten „Neuen Steuerungsmodell der Verwaltung" (Schedler/Proeller 2000, S. 43). Initiator der deutschen NPM-Diskussion war und ist vor allem die Kommunale Gemeinschaftsstelle für Verwaltungsvereinfachung (KGSt), die mit der Veröffentlichung des „Neuen Steuerungsmodells für das Dienstleistungsunternehmen Kommune" im Jahre 1993 einen zentralen Grundstein der deutschen NPM-Bewegung legte (KGSt 1993, S. 13 f.). Das von der KGSt vorgestellte, sehr auf die kommunale Ebene bezogene Konzept greift dabei wesentliche Inhalte der internationalen NPM-Diskussion auf und orientiert sich in besonderem Maße am sogenannten Tilburger-Modell (John 1996, S. 10; Hopp/Göbel 1999, S. 10).

In der Literatur werden hauptsächlich die folgenden fünf Punkte für die Entstehung und den Bedeutungszuwachs des NPM genannt:

(1) Verwaltungsinterne Faktoren

- Inflexibilität der öffentlichen Verwaltung durch Hierarchien, Kompetenzordnungen und Normen (Hablützel 1999, S. 45; Hopp/Göbel 1999, S. 21)
- Geringe Kunden- und Dienstleistungsorientierung (John 1996, S. 5)
- Geringe Mitarbeiterorientierung (John 1996, S. 7; Pinkwart 2000, S. 43; Duelli 1999, S. 25; Hopp/Göbel 1999, S. 20; Sperling 1999, S. 15)

- Managementdefizite (Banner 1991, John 1996, S. 4)

(2) Gesellschaftliche Veränderungen (Schedler/Proeller 2000, S. 25 ff.; Nagel/Müller 1999, S. 3 ff.)

- Wandel zur Kommunikations- und Informationsgesellschaft (Budäus 1995, S. 11)
- Abkehr von traditionellen Wertvorstellungen (Schedler/Proeller 2000, S. 26)
- Streben nach Individualisierung (Budäus 1995, S. 13 f.)

(3) Informationstechnologischer Fortschritt

- komplexe Hierarchien und Dienstwege behindern modernes, bereichübergreifendes Datenmanagement (Laux 1993, S. 324 f.; Schedler/Proeller 2000, S. 26)

(4) Politische Faktoren

- Finanzkrise auf Bundes-, Länder- und Kommunalebene (John 1996, S. 3; Hopp/Göbel 1999, S. 10 ff.; Sperling 1999, S. 12)
- Politikverdrossenheit der Bürger (Schedler/Proeller 2000, S. 28)

(5) Veränderung der Marktsituation

- Zunehmender nationaler und internationaler Standortwettbewerb zwischen einzelnen Kommunen (Leistungsfähigkeit der öffentlichen Verwaltung als Standortvorteil) (Dichtl 1994, S. 78 ff.; Reichard 2000, S. 15; Schedler/Proeller 2000, S. 30; Friedrich 1999, S. 254 ff.)

Aus diesen Rahmenbedingungen leiten sich unmittelbar die folgenden Ziele des New Public Managements ab:

- Steigerung der Kunden- und Dienstleistungsorientierung (Hill 1998, S. 129 ff.; Schedler/Proeller 2000, S. 19)
- Abbau der Politikverdrossenheit der Bürger (Finger 1997, S. 48)
- Entwicklung von der Input- zur Outputorientierung (Schedler/Proeller 2000, S. 5)
- Effizienzsteigerung durch Dezentralisierung und Abbau von Hierarchien (John 1996, S. 5)
- Steigerung der Flexibilität (John 1996, S. 5)
- Beilegung der Finanzkrise (Sperling 1999, S. 25)
- Einführung von unternehmerischen Managementkonzepten (Nagel/Müller 1999, S. 3)

- Einführung interner und externer Wettbewerbsmechanismen (John 1996, S. 4)
- Einführung von Kosten-Nutzen-Analysen (Hopp/Göbel 1999, S. 21)
- Steigerung der Mitarbeiterorientierung und -motivation (Sperling 1999, S. 25; John 1996, S. 7)
- Entwicklung eines Kostenbewusstseins (Ösze 2000, S. 40 ff.)
- Modernisierung der Verwaltung als kontinuierlicher Lernprozess (Nagel/Müller 1999, S. 6)

Die Steigerung der Kunden- und Dienstleistungsorientierung ist eines der zentralen Ziele des NPM (McClendon/Letcher 2000, S. 12). In einer 1995 durchgeführten Befragung von Kommunalverwaltungen wurde die mangelnde Bürger- und Kundenorientierung mit 46,3% der Nennungen als wichtigsten Grund für die Verwaltungsreform identifiziert (Pinkwart et al. 1996, S. 4). Auch die Bundesregierung betont im Rahmen des Programms zur Verwaltungsmodernisierung die zentrale Bedeutung einer Steigerung der Kunden- und Dienstleistungsorientierung (Deutsche Bundesregierung 2001).

Obwohl die Kundenorientierung im Rahmen der Verwaltungsmodernisierung eine zentrale Bedeutung einnimmt, sind die genauen Inhalte des Konzeptes „Kundenorientierung“ oftmals unklar. Zu diesem Ergebnis kommt eine Studie der Universität St. Gallen (Klages 1998, S. 124): So bedeutet Kundenorientierung für manche Verwaltungsmitarbeiter beispielsweise, sich besser in den Kunden hineinzuversetzen. Andere hingegen verstehen unter Kundenorientierung die Herausforderung, den Kunden die „unveränderliche Situation der bürokratischen Verwaltung“ bestmöglich zu erklären. Dies verdeutlicht, dass Kundenorientierung trotz der akzeptierten hohen Bedeutung oftmals zu unsystematisch angegangen wird und es auf diesem Gebiet noch substantiellen Verbesserungsbedarf gibt. Bezeichnend hierfür ist, dass viele Kommunen unter „Steigerung der Kundenorientierung“ hauptsächlich das Einrichten eines Bürgerbüros verstehen (Schedler/Proeller 2000, S. 109; John 1996, S. 7; Krämer/Kaufung 2000, S. 93).

Daher kann es wenig überraschen, dass dem Customer Relationship Management im Rahmen des NPM bislang kaum Aufmerksamkeit geschenkt wird. Ein konzeptionell vollständiges Kundenmanagement im Sinne des systematischen Managements der Kundenbeziehungen wird im Verwaltungsbereich bislang praktisch nicht umgesetzt.

4 CRM für die öffentliche Verwaltung

4.1 Zur Notwendigkeit von CRM in der öffentlichen Verwaltung

Die öffentliche Verwaltung befindet sich derzeit in vielen Bereichen im Umbruch. Wie bereits angesprochen ist die Steigerung der Kunden- und Dienstleistungsorientierung ein wesentliches Element des New Public Managements. Diese konsequente Ausrichtung der Dienstleistungen an den Interessen der Bürger, Unternehmen etc. ist Reaktion auf verschiedene Veränderungen. Viele der Gründe für den Bedeutungszuwachs des CRM im privatwirtschaftlichen Bereich sind mit denen im Verwaltungsbereich vergleichbar. Beispiele hierfür sind das gestiegene Kommunikations- und Informationsbedürfnis der Menschen, die geänderten Kundenpräferenzen oder die Globalisierung der Märkte. Schon von daher scheint es durchaus sinnvoll und angebracht, Kundenorientierung in der Verwaltung durch ein integratives und umfassendes Konzept umzusetzen.

Für die Notwendigkeit des CRM in der öffentlichen Verwaltung werden folgende Punkte angeführt:

- Die Steigerung der Kundenorientierung ist eines der obersten Ziele der Verwaltungsreform (Schedler/Proeller 2000, S. 55 ff.). Um dieses Ziel effizient zu erreichen, ist ein umfassendes, integriertes Vorgehen – wie es das CRM ermöglicht – notwendig.
- Die geänderten Kundenwünsche und -präferenzen, denen sich die öffentliche Verwaltung stellen muss, können auf Dauer nur durch einen CRM-Ansatz befriedigt werden.
- Die Kunden der öffentlichen Verwaltung kennen CRM-Maßnahmen und die daraus resultierende flexible und individualisierte Behandlung mittlerweile aus vielen privatwirtschaftlichen Bereichen. Daher erwarten sie diese Behandlung auch vom „Dienstleister Verwaltung" (Cohen/Moore 2000, S. 10 ff.).
- Aufbau und Pflege einer tatsächlichen Kundenbeziehung zwischen Verwaltung und Bürger/Unternehmen hat für alle Beteiligten potenzielle Vorteile.
- CRM ist ein ganzheitlicher Ansatz. Auch im Verwaltungsbereich sollte Kundenorientierung nicht auf die Endkundenmärkte bzw. einzelne Prozessschritte beschränkt sein.
- Durch Aufbau und Pflege einer tatsächlichen Kundenbeziehung besteht die Möglichkeit, die Politikverdrossenheit der Bürger abzubauen (Wehrmeister 2001, S. 30 f.).
- Durch Aufbau und Pflege einer tatsächlichen Kundenbeziehung kann der schwindenden Legitimation der öffentlichen Verwaltung seitens der Bürger potenziell entgegengewirkt werden (Schedler/Proeller 2000, S. 25 ff.).

Konzeptbejahende Äußerungen werden jedoch meistens begleitet von einer Liste kritischer und einschränkender Relativierungen:

- Es muss erst definiert werden, „wer" die Kunden der Verwaltung sind.
- Die Bedeutung der Kundenbeziehung im Verwaltungsbereich muss erst noch belegt werden.
- Es muss geprüft werden, inwieweit ein integriertes, ganzheitliches CRM-Konzept bei den gegebenen Verwaltungsstrukturen implementiert und angewendet werden kann.

4.2 Probleme bei der Adaption eines CRM-Ansatzes in der öffentlichen Verwaltung

In der Betriebswirtschaft ist der Kundenbegriff eindeutig definiert und meint „solche Abnehmer, die bei einem bestimmten Anbieter mit einem gewissen Maß an Regelmäßigkeit ihren Bedarf decken [...].“ (Nieschlag et al. 1994, S. 40).

Wesentlich schwieriger ist die Definition und Abgrenzung des Begriffes „Kunde der öffentlichen Verwaltung“. Im normalen Sprachgebrauch werden meist Bürger, Unternehmen, Vereine etc. als die Kunden der Verwaltung im Sinne von Leistungsempfängern verstanden. Kundenorientierung im öffentlichen Bereich bezieht sich daher hauptsächlich auf diese Gruppen (Hoffmann-Riem 1980, S. 12 ff.). Allerdings ist diese Kundendefinition zu undifferenziert. Dies verdeutlicht beispielsweise schon die Überlegung, ob die „Kunden“ der Polizei die Bürger oder die Kriminellen sind. Zudem sind die Bürger in demokratisch verfassten Staaten auch die indirekten Auftraggeber für die Leistungserstellung der Verwaltung (Schedler/Proeller 2000, S. 56).

In der Literatur werden unterschiedlichste Definitionsansätze des Kundenbegriffs diskutiert. Die KGSt z.B. unterscheidet in ihrem Bericht 6/1995 folgende zehn Kundentypen bzw. -gruppen der öffentlichen Verwaltung (KGSt 1995, S. 27 ff.):

(1) Die Bürger als Teil der örtlichen Gemeinschaft
(2) Die Bürger als Adressaten belastenden Verwaltungshandelns
(3) Die Hilfe-Empfänger
(4) Die Nutzer öffentlicher Einrichtungen (Gemeingebrauch)
(5) Die Nutzer von Einrichtungen gegen Entgelt
(6) Die Nutzer von Einrichtungen mit Monopolcharakter
(7) Die Zuwender
(8) Die Interessengruppen/Investoren
(9) Die Nachfrager interner Dienstleistungen
(10) Die Mitarbeiter

Diese beispielhafte Definition des Kundenbegriffs verdeutlicht, dass der „Kunde“ im Verwaltungsbereich sehr differenziert betrachtet werden muss und nicht analog zum betriebswirtschaftlichen Verständnis aufgefasst werden darf. Nicht so eindeutig wie im Unternehmensbereich ist auch die Einschätzung der Bedeutung von CRM in der öffentlichen Verwaltung. Private Unternehmen versuchen, durch eine stabile und dauerhafte Beziehung zu den Kunden bestimmte Ziele zu erreichen. Diese sind hauptsächlich wirtschaftlicher bzw. finanzieller Natur wie z.B. Steigerung der Wertschöpfung, Schaffung von Wettbewerbsvorteilen oder Risikominimierung in einem stark kompetitiven Umfeld. Vor allem soll durch eine dauerhafte Beziehung erreicht werden, dass ein Kunde mit den angebotenen Leistungen und Services zufrieden ist, dadurch Loyalität zum

Unternehmen aufbaut und nicht zur Konkurrenz abwandert. In Tab. 1 sind potenzielle Vor- und Nachteile des CRM für Kunden dargestellt sowie die Ergebnisse der Überprüfung, inwieweit diese auf die Situation in öffentlichen Verwaltungen übertragbar sind. Hierbei zeigt sich, dass auch Verwaltungskunden in den Genuss von CRM-Maßnahmen kommen können.

Potenzielle Vorteile durch CRM für Kunden privatwirtschaftlicher Unternehmen	**Potenzieller Vorteil prinzipiell auf die Verwaltungskunden übertragbar?**
Kundengerechtes Leistungsangebot	Ja
Kundengerechte Leistungsqualität	Ja
Kundengerechter Service	Ja
Sonderregelungen, besondere Behandlung	Ja, für Segmente
Vertrauen, persönliches Verhältnis	Ja
Verringerung des Kaufrisikos	Nein, weil Verwaltungsleistungen i.d.R. zwingend in Anspruch genommen werden müssen
Flexible, individuelle Anpassung der Leistung an die persönliche Situation	Ja, im Prozess
Geringere Transaktionskosten	Ja
Potenzielle Nachteile durch CRM für Kunden privatwirtschaftlicher Unternehmen	**Potenzieller Nachteil prinzipiell auf die Verwaltungskunden übertragbar?**
Mögliche Abhängigkeit vom Geschäftspartner und dadurch Einschränkung der Kauffreiheit	Nein, weil Abhängigkeit Kunde-Verwaltung grundsätzlich besteht
„Gläserner Kunde“ durch umfangreiche Sammlung kundenbezogener Daten	Ja, in Grenzen des Datenschutzes

Tab. 1: Potenzielle Vor- und Nachteile für die Kunden durch CRM in Unternehmen und Verwaltung

Aus der Perspektive von öffentlichen Verwaltungen sind jedoch die Gründe und Ziele der Kundenbeziehungspflege nicht direkt mit denen im privatwirtschaftlichen Sektor vergleichbar: Die öffentliche Verwaltung ist hinsichtlich ihrer angebotenen Leistungen (meist) Monopolist, weshalb eine langfristige Kundenbeziehung gewissermaßen „naturgegeben“ ist. Damit stellt sich die Frage, welche Vorteile trotzdem aus einem CRM erwachsen könnten. Aufschluss hierüber gibt die folgende Übersicht (vgl. Tab. 2a+b). Die Gegenüberstellung zeigt, dass die potenziellen Effekte durch CRM im privatwirtschaftlichen Bereich weitgehend auf die Situation in der öffentlichen Verwaltung übertragbar sind. Kundenbeziehungsmanagement kann somit als ein geeignetes Konzept betrachtet werden, mit dem die öffentlichen Verwaltungen einige der grundlegenden

NPM-Zielsetzungen (wie z.B. Abbau der Politikverdrossenheit durch Steigerung der Kundenzufriedenheit, Steigerung der Dienstleistungsqualität etc.) erreichen können.

Potenzielle Vorteile durch CRM für privatwirtschaftlicher Unternehmen	**Potenzieller Vorteil prinzipiell auf die öffentliche Verwaltung übertragbar?**
Entwicklung einer langfristigen, stabilen Kundenbeziehung	Bedingt, weil Langfristigkeit und Stabilität der Beziehung grundsätzlich aus dem Monopol folgt
Steigerung der Kundenorientierung	Ja
Erhöhung der Kundenzufriedenheit	Ja
Erhöhung der Kauffrequenz	Nein, weil erwerbswirtschaftliches Prinzip nicht auf Verwaltung zutrifft
Geringere Akquisitionskosten	Nein, weil Verwaltung i.d.R. nicht aktiv Kunden wirbt
Weiterempfehlungen durch Stammkunden	Bedingt, z.B. Ausnutzen eines positiven Imageeffektes hinsichtlich Standortattraktivität
Dauerhafte Wettbewerbsvorteile durch stabile Kundenbeziehungen	Nein, weil die öffentliche Verwaltung nicht im direkten Wettbewerb zu anderen Anbietern steht
Differenzierung von Wettbewerbern	Bedingt, z.B. hinsichtlich Standortattraktivität, wenn man andere lokale Verwaltungen als „Wettbewerber" betrachtet
Wirtschaftlichere Bearbeitung einzelner Kunden (-segmente)	Ja
Schnelle, umfassende Verfügbarkeit von kundenbezogenen Daten durch IT-Einsatz	Ja
Effektivere Marktforschung, Informationssammlung	Ja
Genauere Kenntnis über gewünschte Leistungen	Ja
Genauere Kenntnis über gewünschten Service (qualitativ, quantitativ)	Ja
Gegenseitiges Vertrauen	Ja
Etablierung von Markteintrittsbarrieren	Nein
Steigerung der Wertschöpfung	Ja, im Sinne von mehr Kosteneffizienz
Geringere Transaktionskosten	Ja

Tab. 2a: Potenzielle Vorteile durch CRM für Unternehmen und Verwaltung

Potenzielle Nachteile durch CRM für privatwirtschaftliche Unternehmen	**Potenzieller Nachteil prinzipiell auf die öffentliche Verwaltung übertragbar?**
Anfangsinvestitionen relativ hoch	Ja
Differenziertere Marktforschung notwendig	Ja
Hohe Kosten und Aufwand für Pflege und Gestaltung einer individuellen Beziehung	Ja
Zu umfangreiches Leistungsangebot durch Versuch, möglichst viele Kundenwünsche zu befriedigen	Ja
Risiko der Auflösung der Beziehung durch Beziehungspartner	Nein

Tab. 2b: Potenzielle Nachteile durch CRM für Unternehmen und Verwaltungen

Im Rahmen eines vollständigen CRM-Ansatzes müssen verschiedene interne und externe Unternehmens- bzw. Organisationsbereiche integrativ und möglichst flexibel im Sinne einer Kundenorientierung zusammenarbeiten (Schwetz 2000, S. 17). Dies muss durch entsprechende Organisationsstrukturen ermöglicht werden.

Nun stellt sich die Frage, ob ein ganzheitliches und bereichsübergreifendes Verständnis des Relationship Managements überhaupt bei den gegebenen Verwaltungsstrukturen sinnvoll umgesetzt werden kann.

Von den in der Literatur genannten wesentlichen Strukturmerkmalen der Verwaltung gefährden besonders die folgenden eine ganzheitliche und bereichsübergreifende Implementierung des CRM:

- Zentralistisch organisierte Leistungs- und Arbeitsprozesse (Sperling 1999, S. 13)
- Überzogene Regelungsdichte (Hopp/Göbel 1999, S. 19)
- Starres, inflexibles Dienstrecht (Sperling 1999, S. 25; Hopp/Göbel 1999, S. 20)
- Sachorientierte, nach Funktionen gegliederte Stab-Linienorganisation (Schedler/Proeller 2000, S. 107)
- Prinzip der Spezialisierung (Bühner 1996, S. 103 ff.)
- Hierarchie-Prinzip (Schedler/Proeller 2000, S. 107)
- Im Vergleich zur Privatwirtschaft sehr breite horizontale Produktpalette bei gleichzeitig hoher vertikaler Integration (Naschold 1997, S. 24 f.)

Letztlich treffen aber viele der angesprochenen Punkte auch für privatwirtschaftliche Unternehmen zu. *Clark et al.* weisen darauf hin, dass die diskutierte Strukturschwäche wie z.B. eine streng hierarchische und vertikale Organisation auch im privatwirtschaftlichen Bereich existiert, jedoch nicht als Hinderungsgrund, sondern vielmehr als Indikator für die Notwendigkeit der Einführung und Anwendung eines ganzheitlichen, integrativen Konzeptes und als Anlass für Veränderungen verstanden werden sollte (Clark et al. 1999, S. 31).

Diese Auffassung kann auch auf die Situation der öffentlichen Verwaltung übertragen werden: Die oben angesprochenen Strukturmerkmale stellen sicherlich kritische und sensible Punkte dar, die eine konkrete Umsetzung des ganzheitlichen CRM-Ansatzes beeinträchtigen können. Der Transfer des CRM in den Bereich der öffentlichen Verwaltung wird dadurch aber nicht ausgeschlossen. Vielmehr muss deutlich werden, dass die Einführung von CRM im öffentlichen Bereich im Kontext anderer NPM-Maßnahmen wie z.B. Abbau der Hierarchie, Flexibilisierung und Dezentralisierung etc. umgesetzt werden muss (Müller 1999, S. 35 ff.). Dieser strukturelle Wandel wird im Rahmen des NPM z.B. durch den Einsatz betriebswirtschaftlicher Managementkonzepte angestrebt (König 2000).

4.3 Empirische Befunde zur Implementierung des CRM-Ansatzes in öffentlichen Verwaltungen

Im Folgenden sollen die Ergebnisse einer empirischen Studie vorgestellt werden, bei der 94 öffentliche Verwaltungen befragt wurden. Hierbei bilden Verwaltungen bis zu einer Gesamtkundenzahl (Privatpersonen + Unternehmen) von 50.000 den Hauptanteil der Stichprobe. Die mittlere Kundenzahl über alle Studienteilnehmer liegt bei 49.733. Durchschnittlich 91% der Kunden aller teilnehmenden Verwaltungen sind Privatpersonen; 8,7% sind privatwirtschaftliche Unternehmen. Im Mittel haben 88% der durchschnittlich 561 Verwaltungsmitarbeiter direkten Kundenkontakt. Von den Teilnehmern der Studie bieten 52% der Verwaltungen ein Bürgerbüro und 49% E-Government-Dienste an. Bei immerhin 4,2% der Befragten existiert bereits eine Abteilung, die sich explizit mit dem Thema CRM beschäftigt. Die durchschnittliche personelle Stärke dieser Abteilungen liegt bei 2,5 Mitarbeitern.

Die konzeptionelle Basis der empirischen Studie bildet das CRM-Modell nach *Clark et al.*, dessen Merkmale und Vorteile im Rahmen des vorliegenden Beitrags bereits dargestellt worden sind. Aus den fünf Phasen der Relationship-Kette wurden insgesamt 13 Elemente abgeprüft:

(1) Kundenservice

(2) Angebotene Dienstleistungen

(3) Vergleichsstudien mit anderen Verwaltungen und Wettbewerbern

(4) Dienstleistungssegmentierung

(5) Messung der Kundenprofitabilität

(6) Sammlung von kundenbezogenen Daten

(7) Befriedigung individueller Kundenwünsche
(8) Segmentspezifische Erstellung einer Dienstleistung
(9) Kosten-Nutzen-Analyse
(10) Qualität der Dienstleistung
(11) Permanente Kontrolle des Dienstleistungsprozesses
(12) Studien zur Mitarbeiterzufriedenheit
(13) Studien zur Kundenzufriedenheit

In einem ersten Teil der Studie sollte die Bedeutung gemessen werden, welche diesen Elementen bei den untersuchten Verwaltungen zukommt.

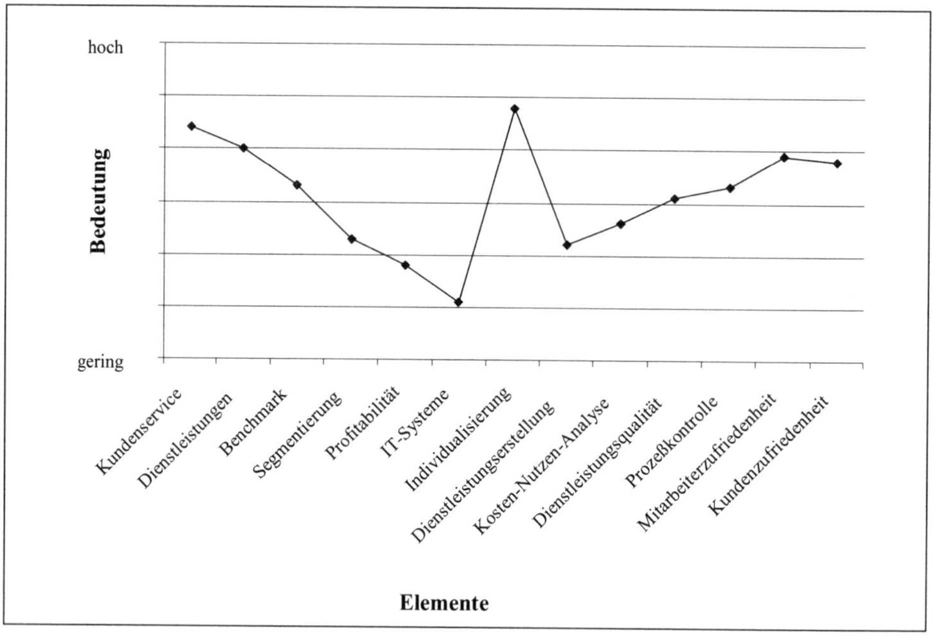

Abb. 2: Bedeutung der einzelnen CRM-Elemente

Aus Abb. 2 wird deutlich, dass viele der besprochenen CRM-Elemente in der öffentlichen Verwaltung bislang noch keine bedeutende Rolle spielen. Insgesamt fünf der 13 Einzelinstrumente haben eine geringe Bedeutung. Besonders kennzeichnend ist dabei, dass der IT-Bereich – als einem der zentralen Customer Relationship Management-Elemente – von allen untersuchten CRM-Bestandteilen im Mittel den schlechtesten Wert erzielt. Vier weitere Elemente, die zentral und typisch für die CRM-Konzeption sind (Elemente 4, 5, 8 und 9), erzielen ebenfalls sehr schlechte Werte. Positiv fallen die relativ hohen Werte bei der Einschätzung der Bedeutung von begleitenden Kundenservices und Individualisierung auf.

In einem zweiten Teil wurde untersucht, inwieweit die skizzierten Bereiche bereits in den untersuchten öffentlichen Verwaltungen umgesetzt werden (vgl. Abb. 3).

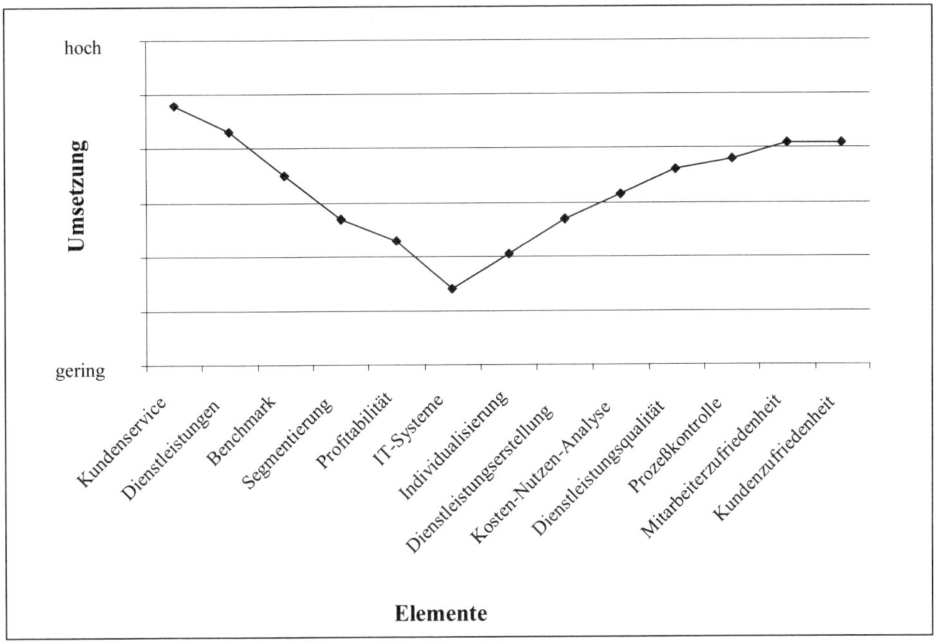

Abb. 3: Praktische Umsetzung der einzelnen CRM-Elemente

Aus Abb. 3 geht hervor, dass CRM – verstanden als ganzheitliches Konzept – in der öffentlichen Verwaltung bislang kaum angewendet wird. Dies ist das zentrale Ergebnis der im Rahmen der vorliegenden Arbeit durchgeführten empirischen Studie. Lediglich einzelne CRM-Elemente, wie etwa die Individualisierung der angebotenen Dienstleistungen oder die Analyse besonders bedeutender Services, werden bereits relativ intensiv von den befragten Verwaltungen vorgenommen. Trotzdem spielen viele der zentralen Merkmale des Customer Relationship Managements in der Verwaltungspraxis bislang eine äußerst untergeordnete bzw. überhaupt keine Rolle. Als Beispiele lassen sich hier vor allem die Elemente „Kundensegmentierung“, „Profitabilitätsanalyse“, „Anwendung von IT-Systemen“ und „Kosten-Nutzen-Analyse“ nennen. Daher kann man im Bereich der öffentlichen Verwaltung (noch) nicht von einer tatsächlichen Anwendung der CRM-Konzeption sprechen. Dennoch zeigen die Studienergebnisse deutlich, dass die Verwaltung sehr bemüht ist, ihre Dienstleistungen und Services an den Wünschen und Bedürfnissen der Kunden auszurichten. Dies äußert sich beispielsweise in der Bekundung relativ intensiver Analysen der aus Kundensicht zentralen Dienstleistungen.

Bei der Erfragung der Gründe, welche die Anwendung der CRM-Konzeption im öffentlichen Bereich be- bzw. verhindern, ergibt sich ein eindeutiges Bild: Bei allen CRM-Elementen benennen die befragten Verwaltungen fehlende personelle Kapazitäten und den hohen Zeitbedarf als entscheidende Faktoren. Diese Ergebnisse decken sich mit den Erkenntnissen der Studie, welche die Universität Eichstätt zum Status Quo des CRM im privatwirtschaftlichen Bereich durchgeführt hat.

Ein weiteres Ergebnis der empirischen Studie stellt die Tatsache dar, dass jeweils nur ein sehr kleiner Anteil der Befragten die untersuchten CRM-Elemente als praktisch nicht relevant bewertet und diese deshalb nicht umsetzt. Dies kann als ein Indiz dafür gewertet werden, dass der Einsatz von CRM in der öffentlichen Verwaltung von den Befragten als durchaus sinnvoll und wichtig angesehen wird.

5 Implikationen für die öffentliche Verwaltung

Den „Quantensprung“ von der bloß deklamatorischen Kundenorientierung zum tatsächlichen Beziehungsmanagement hat die öffentliche Verwaltung (ebenso wie viele Unternehmen) noch längst nicht vollzogen. Obwohl einige der CRM-Elemente im Rahmen der allgemeinen Kundenorientierung bereits relativ stark genutzt werden, kann man im öffentlichen Bereich noch nicht von einem tatsächlichen, ganzheitlichen Relationship Management sprechen.

Die Studienergebnisse haben gezeigt, dass offensichtlich vor allem die knappen Personal- und Zeitressourcen der öffentlichen Verwaltung eine intensive Beschäftigung mit dem Thema „Customer Relationship Management“ verhindern. Die Gründe für den bislang begrenzten Einsatz der CRM-Konzeption im öffentlichen Bereich sind daher durchaus mit denen in der privaten Wirtschaft vergleichbar. Ebenso haben die Studienergebnisse gezeigt, dass CRM von den Studienteilnehmern durchaus als praktisch relevant eingeschätzt wird.

Die oben erwähnten Strukturprobleme, Organisationsbesonderheiten und Datenschutzschwierigkeiten der öffentlichen Verwaltung behindern den Studienergebnissen zufolge nicht die Anwendung bzw. Umsetzung des CRM im öffentlichen Bereich. Diese Feststellung könnte als überraschendes Ergebnis gewertet werden. Sie könnte aber auch so interpretiert werden, dass vielen Befragten die inneren Zusammenhänge des CRM-Konzeptes noch nicht klar sind. Ferner leiten sich aus den Ergebnissen auch Ansatzpunkte für einen Einsatz des Beziehungsmanagements im Bereich der öffentlichen Verwaltung ab. Möchte die Verwaltung CRM nutzen, um eine tatsächliche Beziehung zu ihren Kunden aufzubauen, müssen hierfür zunächst entsprechende personelle und zeitliche Ressourcen geschaffen werden. Gerade im Personalbereich spielen dabei nicht nur quantitative, sondern vor allem auch qualitative Anforderungen eine bedeutende Rolle. Um CRM wirklich sinnvoll umsetzen zu können, benötigt die Verwaltung hochqualifizierte Mitarbeiter, die das Beziehungsmanagement als bereichsübergreifenden Prozess verstehen und entsprechend zielorientiert und integriert arbeiten können. Eine rein quantitative Verbesserung der Manpower würde das Problem der „knappen Humanressourcen“ nur vordergründig lösen können. In diesem Zusammenhang gewinnt das interne Marketing und die aktive Bearbeitung der Personalbeschaffungsmärkte eine zentrale Bedeutung. Die entsprechende Qualifikation und Motivation der Verwaltungsmitarbeiter auf allen Ebenen ist ein entscheidender Faktor bei der Umsetzung und für den Erfolg des CRM im öffentlichen Bereich.

Eine denkbare Vorgehensweise bei der Implementierung des CRM-Konzeptes ist der Einsatz spezieller Projekt- oder Arbeitsgruppen, die spezialisiertes CRM-Know-How besitzen und dieses Wissen an die einzelnen Verwaltungsebenen weitergeben bzw. den CRM-Prozess koordinieren. Eine zentrale Einheit, die das Beziehungsmanagement überwacht und steuert, ist gerade aufgrund des ganzheitlichen und bereichsübergreifenden Charakters des CRM sinnvoll. Zudem könnte eine solche Abteilung entsprechende Schulungen der Verwaltungsmitarbeiter übernehmen bzw. grundsätzliches Verständnis und Motivation für die CRM-Konzeption aufbauen. Dies ist ein zentraler Punkt, denn letztlich kommt es bei der Einführung und Anwendung von CRM - wie bei anderen Maßnahmen der Organisationsentwicklung auch – entscheidend auf die Unterstützung und Einsatzbereitschaft der Mitarbeiter an (Phillips 1999, S. 105 ff.; Hirsch-Kreinsen 1997).

Neben der Bereitstellung von Personal- und Zeitkapazitäten sollte die Verwaltung im Rahmen der CRM-Einführung aber auch konkret bei den noch kaum entwickelten bzw. angewendeten CRM-Elementen ansetzen. So müssen z.B. genau definierte Kennzahlen entwickelt werden, mit denen die Kundenwertigkeit bzw. -profitabilität im öffentlichen Bereich bestimmt werden kann. Letztlich kann die im Rahmen des CRM geforderte, konsequente Wirtschaftlichkeitsorientierung nur über derartige Bewertungssysteme realisiert werden. Weiterhin sollte die öffentliche Verwaltung Verfahren entwickeln, mit denen sinnvolle Kundensegmente identifiziert und definiert werden können, um dadurch die Individualisierung der Dienstleistungen und Services weiter zu verbessern. Besondere Beachtung muss auch dem Bereich der Informationstechnologie (Data Mining, Data Warehousing etc.) geschenkt werden. Der IT-Bereich ist ein zentrales (unterstützendes) Element des CRM, das bislang aber noch kaum in der praktischen Verwaltungsarbeit genutzt wird. Hier kommt es auf eine enge Kooperation der Verwaltungen mit entsprechenden Softwareanbietern an, um vorhandene Data Mining-Systeme zu für die Verwaltung effizienten und praxisorientierten Lösungen weiter zu entwickeln. Die öffentliche Verwaltung sollte nicht zuletzt auch verstärkt den Dialog mit privatwirtschaftlichen Unternehmen suchen, um z.B. im Rahmen eines allgemeinen Informationsaustausches oder durch Public Privat Partnership praktisches Know-How über CRM zu erlangen (Eichhorn 1997, S. 217 ff.).

Literaturverzeichnis

Banner, G. (1991): Von der Behörde zum Dienstleistungsunternehmen – Die Kommunen brauchen ein neues Steuerungsmodell, in: Verwaltung Organisation Personal (VOP), Nr. 1, S. 6-11.

Bauer, H.H.; Grether, M. (2002): CRM – Ein Marketing-Tool und nicht nur Hard- und Software, in: THEXIS, Nr. 1, S. 2-5.

Budäus, D. (1995): Public Management: Konzepte und Verfahren zur Modernisierung der öffentlichen Verwaltung, Berlin.

Bühner, R. (1996): Betriebswirtschaftliche Organisationslehre, München.

Clark, M.; Peck, H.; Christopher, M.; Payne, A. (1999): Vom funktionsorientierten Marketing zur prozessorientierten Relationship Management-Kette, in: Payne, A.; Rapp, R. (Hrsg.): Handbuch Relationship Marketing, München, S. 29-48.

Cohen, S.; Moore, J. (2000): Today's Buzzword: CRM, in: Public Management, Vol. 82, No. 4, S. 10-13.

Deutsche Bundesregierung: Programm zur Verwaltungsmodernisierung (2001): http://www.staat-modern.de/programm/index.html (Zugriff: 07.05.2003).

Dichtl, E. (1994): Strategische Optionen im Marketing, 3. Aufl., München.

Duelli, M. (1999): Kundenorientierung beginnt bei der Mitarbeiterorientierung, Stuttgart.

Eichhorn, P. (1997): Öffentliche Betriebswirtschaftslehre, Baden-Baden.

Finger, M. (1997): Die Rolle des Parlaments beim New Public Management, Entflechtung von strategischen Entscheidungen und operativer Führung, in: Der Schweizer Treuhänder, Nr. 1, S. 47-51.

Friedrich, P. (1999): Die Rolle öffentlicher Unternehmen bei der Konkurrenz zwischen Regionen, in: Bräunig, D.; Greiling, D. (Hrsg.): Stand und Perspektiven der öffentlichen Betriebswirtschaftslehre, Berlin, S. 254-267.

Hablützel, P. (1999): Vom Rationalisierungsdruck zur Lernfähigkeit, in: Klimecki, R.; Müller, W.R. (Hrsg.): Verwaltung im Aufbruch, Zürich.

Hill, H. (1998): Potenziale und Perspektiven der Verwaltungsmodernisierung, in: Lüder, K. (Hrsg.): Öffentliche Verwaltung der Zukunft, Berlin, S. 129-136.

Hirsch-Kreinsen, H. (1997): Organisation und Mitarbeiter im TQM, Berlin.

Hoffmann-Riem, W. (1980): Bürgernahe Verwaltung als Aufgabe für Theorie und Praxis, in: Hoffmann-Riem, W. (Hrsg.): Bürgernahe Verwaltung? Analysen über das Verhältnis von Bürger und Verwaltung, Darmstadt, S. 9-22.

Homburg, C.; Sieben F.G. (2000): Customer Relationship Management: Strategische Ausrichtung statt IT-getriebenem Aktivismus, Mannheim.

Hopp, H.; Göbel, A. (1999): Management in der öffentlichen Verwaltung, Stuttgart.

John, M. (1996): Neue Steuerungsmodelle in Ost- und Westdeutschen Kommunen im Vergleich, Speyer.

KGSt (1993): Das neue Steuerungsmodell – Begründung, Konturen, Umsetzung, KGSt-Bericht 5, Köln.

KGSt (1995): Typen von Kundenbeziehungen, in: KGSt-Bericht 6, Köln, S. 27.

Klages, H. (1998): Verwaltungsmodernisierung. „Harte“ und „weiche“ Aspekte, Speyer.

Klimecki, R.; Müller, W. (1999): Verwaltung im Aufbruch: Einführung, in: Klimecki, R.; Müller, W.R. (Hrsg.): Verwaltung im Aufbruch, Zürich, S. 11-13.

König, K. (2000): Zur Managerialisierung und Ökonomisierung der öffentlichen Verwaltung, Speyer.

Krämer, D.; Kaufung, H. (2000): Binnenmodernisierung der Kommunalverwaltung, in: Günther, A. (Hrsg.): Verwaltungsmodernisierung, Baden-Baden, S. 93-109.

Laux, E. (1993): Vom Verwalten. Beiträge zur Staatsorganisation und zum Kommunalwesen, Baden-Baden.

McClendon, B.; Letcher, M. (2000): Taking Customer Service to the Next Level, in: Public Management, Vol. 82, No. 12, S. 12-17.

Meffert, H. (2001): CRM in Deutschland, http://www.absatzwirtschaft.de/aswwww show/fn/asw/sfn/buildpage/SH/0/cn/cc_crm_news/id/20598/page1/PAGE_1002 979/page2/PAGE_1002909/aktelem/Document_1002910/index.html (Zugriff: 07.05.2003).

Müller, W.R. (1999): Kritische Gestaltungsfelder der Verwaltungsmodernisierung, in: Klimecki, R.; Müller, W.R. (Hrsg.): Verwaltung im Aufbruch, Zürich, S. 31-37.

Nagel, H.; Müller, W.R. (1999): New Public Management – Kein Wandel ohne Kulturentwicklung, Basel.

Naschgold, F. (1997): Umstrukturierung des öffentlichen Sektors, in: Mai, H. (Hrsg.): Dienstleistungen gestalten: Für einen aktiven Wirtschafts- und Sozialstaat, Stuttgart, S. 11-74.

Nieschlag, R.; Dichtl, E.; Hörschgen, H. (1994): Marketing, 17. Aufl., Berlin.

Ösze, D. (2000): Managementinformationen im New Public Management, Bern.

Phillips, G. (1999): Das Konzept der Organisationsentwicklung, Frankfurt.

Pinkwart, A. (2000): New Public Management in Deutschland – Aktueller Entwicklungsstand und zukünftige Herausforderungen, in: Günther, A. (Hrsg.): Verwaltungsmodernisierung, Baden-Baden, S. 43-58.

Pinkwart, A.; Mengert, M.; Nikolainka, N. (1996): Neue Steuerungsmodelle finden breite Anwendung in NRW, in: Städte- und Gemeinderat, Nr. 1, S. 3-9.

Porter , M. (1985): Competitive Advantage: Creating and Sustaining Superior Performance, New York.

Rapp, R. (2000): Customer Relationship Management, Frankfurt.

Reichard, C. (2000): Kommunale Wirtschaft unter Anpassungsdruck, in: Eichhorn, P.; Reichard, C.; Schuppert, G.F. (Hrsg.): Kommunale Wirtschaft im Wandel – Chancen und Risiken, Baden-Baden, S. 15-21.

Schedler, K.; Proeller, I. (2000): New Public Management, Stuttgart.

Schwartz, M. (2001): Spending on CRM still a Priority, in: B to B, Vol. 86, No. 14, S. 8-12.

Schwetz, W. (2000): Customer Relationship Management, Wiesbaden.

Sperling, H.J. (1999): Verwaltungsmodernisierung und Partizipation, Marburg.

Storbacka, K.; Strandvik, T.; Grönroos, C. (1994): Managing Customer Relationships for Profit – The Dynamics of Relationship Quality, in: International Journal of Service Industry Management, Vol. 5, No. 5, S. 21-28.

Wehrmeister, D. (2001): Customer Relationship Management, Köln.

Wilde, K.D. (2000): Customer Relationship Management 2000 – Eine Studie des Lehrstuhls für Wirtschaftsinformatik der Katholischen Universität Eichstätt, in: Sonderpublikation, Düsseldorf.

Williamson, O.E. (1990): Die ökonomischen Institutionen des Kapitalismus, Tübingen.

Dritter Teil

CRM in der Praxis

Jörg Finsterwalder, André Lutz, Daniel Packenius

Kampagnenmanagement bei der AUDI AG – ein CRM-Pilotprojekt zur Audi A8 Einführung in Italien

1 Kampagnenmanagement versus CRM – zwei Gegenpole?

Customer Relationship Management (CRM) nimmt seit Jahren in der gesamten Automobilindustrie eine zentrale Rolle im strategischen Management ein. Auch wenn der durch die Popularisierung des CRM ausgelöste erste „Hype“ vorbei zu sein scheint, werden die Herausforderungen, denen sich ein Automobilunternehmen zu stellen hat, dieselben bleiben. Dieselben, die sie schon vor dem Auftauchen des CRM-Buzzwords waren (Gummesson 1994). Diese Herausforderungen sind die bestmögliche Betreuung und der Umgang mit den potenziellen, bestehenden und ehemaligen Kunden. Im Fokus eines Unternehmens müssen daher die Kunden stehen und ein Denken in Kundenbeziehungen ist von strategischer Bedeutung (Grönroos 1994; Gummesson 1994). Gerade die Premiumhersteller wie Mercedes-Benz, BMW und Audi haben die Bedeutung von Kundenbeziehungsmanagement als entscheidenden Faktor für den nachhaltigen Geschäftserfolg erkannt und tragen diesem Sachverhalt durch umfangreiche Investitionen in diesem Bereich Rechnung.

Ein anderes Buzzword, das in der letzten Zeit sowohl in Unternehmen als auch in der Wissenschaft wiederholt auftaucht, ist das Schlagwort Kampagnenmanagement (u.a. Brussok 2002; Leitzmann 2002). Dieses Thema wird häufig im Zusammenhang mit dem Direkt- bzw. Dialogmarketing diskutiert (Dallmer 2002a). Fraglich bleibt, ob Kampagnenmanagement einen eigenständigen Weg zur Betreuung des Kunden darstellt, inwieweit sich die beiden Bereiche CRM und Kampagnenmanagement ausschließen oder aber zusammenwirken und wie sich deren Anwendung für die Automobilindustrie darstellt.

Der nachfolgende Beitrag beleuchtet in einem kurzen Abriss diese Frage allgemein sowie die beiden Themenfelder „CRM“ und „Kampagnenmanagement“ (Abschnitt 2), nimmt hierbei eine Begriffsklärung und Einordnung vor und erläutert die Zusammenhänge. Darauf aufbauend wird – nun Audi spezifisch – in Abschnitt 3, nach einigen kurzen Ausführungen zum CRM bei der AUDI AG, anhand eines Pilotprojekts im Kampagnenmanagement zur Einführung des neuen Audi A8 im Markt Italien eine konkrete Initiative der Abteilung „Kundenbeziehungsmanagement und Neue Medien“ geschildert. Der Beitrag schließt mit einem Fazit (Abschnitt 4).

2 Kampagnenmanagement und CRM

2.1 Begriffsklärungen und Einordnung

2.1.1 Abgrenzung des Begriffs Customer Relationship Management

Die Definitionen zum CRM sind sehr vielfältig, abhängig davon, welche Forschungsdisziplin oder welches Unternehmen sich mit dem Thema auseinandersetzt. So wird beispielsweise CRM häufig fälschlicherweise mit einer neuen IT-Lösung gleichgesetzt. Ebenso vielfältig wie die Definitionen sind die verwendeten und oft eng miteinander verwandten Begriffe. Sie reichen vom (Kunden-)Beziehungsmanagement und Beziehungsmarketing über das Management von Geschäftsbeziehungen hin zu den verwendeten englischen Termini des (Customer) Relationship Marketing bzw. Customer (Relationship) Management. CRM lässt sich allgemein wie folgt fassen (Day 2000, S. 4; Finsterwalder/Reinecke 2003):

Customer Relationship Management ist ein unternehmensweit integrierendes Führungs- und Organisationsprinzip, das alle Maßnahmen umfasst, die auf eine verbesserte Kundenorientierung und Kundenzufriedenheit gerichtet sind. Die drei wichtigsten Aufgaben des CRM sind:

- das *Gewinnen* von neuen Kundenbeziehungen (Kundenakquisition)
- die *Pflege und Intensivierung* von bestehenden Kundenbeziehungen (Kundenbindung bzw. entwicklung) und
- das *Wiedergewinnen* von verlorenen Kundenbeziehungen (Kundenrückgewinnung).

Diesen drei kundenzentrierten Hauptaufgaben muss sich ein Customer Relationship Management annehmen.

2.1.2 Abgrenzung des Begriffs Kampagnenmanagement

Eine *Kampagne* lässt sich verstehen als eine zielbezogene, zeitlich abgegrenzte, inhaltlich festgelegte und abgestimmte Kommunikationsmaßnahme zur Ansprache einer vorher konkretisierten Zielgruppe. In Anlehnung an Leitzmann (2002, S. 371) wird *Kampagnenmanagement* definiert als die Planung, Abwicklung und Steuerung aller Aktivitäten bei der Durchführung einer Kampagne. Kampagnenmanagement ist damit Bestandteil des *Direkt- bzw. Dialogmarketing* (dazu: Dallmer 1979; 2002b, S. 3 ff.; Schleuning 1997, S. 5 und 61 ff.; Belz 2003, S. 2 ff.). Dies bedeutet, dass ein Kampagnenmanagement die Interaktionskomponente in den Vordergrund rückt und durch Kommunikationsmaßnahmen anstrebt, einen Dialog mit dem Kunden auszulösen.

2.2 Beitrag des Kampagnenmanagement zum CRM

Aufgrund der teilweise eigenständigen Weiterentwicklung von CRM- und Kampagnenmanagement-Ansätzen sowie der Konzepte um das Direkt- und Dialogmarketing lässt sich zwar eine trennscharfe Abgrenzung nicht abschließend herstellen (Belz 2002, S. 5), die obigen Begriffsklärungen zeigen jedoch die Bezüge des Kampagnenmanagement zum CRM bereits deutlich.

Um die Aufgaben der Kundenakquisition, -bindung bzw. -entwicklung sowie der -rückgewinnung wirkungsvoll umsetzen zu können, bedient sich das CRM des Marketing-Mix-Instrumentariums (Kuß/Tomczak 2002, S. 100 f.), dessen Bestandteil die Kommunikation ist. Kampagnen wiederum zählen zu den Kommunikationsmaßnahmen. Ein Kampagnenmanagement liefert demnach einen Beitrag zur Realisierung des CRM. Abb. 1 zeigt den Zusammenhang im Überblick.

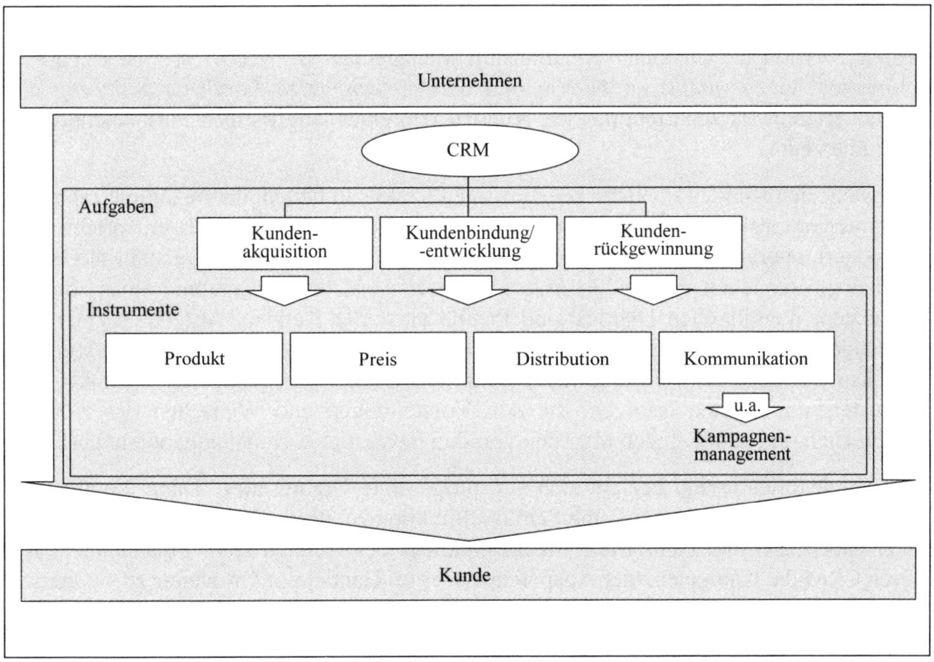

Abb. 1: Perspektive des Kampagnenmanagement und des CRM im Kontext

3 CRM und Kampagnenmanagement bei der AUDI AG

3.1 CRM bei der AUDI AG

Audi gehört zu den drei großen deutschen Automobilherstellern im Premiumsegment. Sportliche Modelle und Sport-Erfolge unterstreichen dabei den Anspruch auf Leistung, Dynamik, Qualität und Hochwertigkeit. Audi führt die sportlich ausgerichtete Markengruppe der Volkswagen AG mit den Marken Audi, SEAT und Lamborghini. Im Audi Konzern sind über 50.000 Mitarbeiter beschäftigt. Im Jahr 2002 lieferte das Unternehmen mehr als 741.700 Audi Modelle an Kunden aus.

Ein Customer Relationship Management muss das Kernprodukt Automobil, die Marke und die Positionierung durch die Gestaltung der Beziehung zum Kunden unterstützen. Dazu wurde bei der AUDI AG vor drei Jahren mit der heutigen Organisationseinheit „Kundenbeziehungsmanagement und Neue Medien" eine spezifische Abteilung gegründet. Vision im Customer Relationship Management der AUDI AG ist es, durch Innovation, einen *intensiven Dialog* und durch *einzigartige Kundenorientierung* ein Kontakterlebnis zu schaffen, das die Kunden von einer langfristigen Partnerschaft mit Audi überzeugt.

Ziel ist es, den Kunden in einem regelmäßigen Dialog zu halten, der bezüglich Inhalten, Kommunikationskanal und Intensität dem jeweiligen Kundenwunsch entspricht. Die Kundenorientierung resultiert aus einem zyklischen Lernen, einem Kreislauf aus Kundendialog, Verstehen der Bedürfnisse und deren Umsetzung. Ergebnis eines solchen vernetzten, individuellen Dialogs sind Profile einzelner Kunden. Auf Basis einer tief greifenden Analyse der Bedürfnisse können konkrete Anforderungen abgeleitet werden. Die Umsetzung bzw. Leistung muss dann mit immer passgenaueren Produkt- und Dienstleistungspaketen erfolgen, die den Vorstellungen und Wünschen des Kunden entsprechen und dem Kunden über den von ihm bevorzugten Kanal angeboten werden.

Die Kundenorientierung bezieht sich auf die gesamte Organisation. Dabei kommt den Handels- und Servicepartnern eine Schlüsselfunktion zu, da sie die meisten Kundenkontakte haben und die wichtigsten Ansprechpartner des Kunden sind. Entscheidend ist, durch CRM die Kompetenz der Ansprechpartner im Handel vor Ort weiter zu stärken.

3.2 Kampagnenmanagement bei der AUDI AG als Pilotprojekt

3.2.1 Hintergrund

Um die Kundenorientierung und den Kundendialog umzusetzen, ist das Kampagnenmanagement für die AUDI AG ein wichtiger Stellhebel zur Gestaltung der Beziehung zum Kunden. In der Vergangenheit lag der Fokus der Automobilhersteller auf dem Aufbau der Grundvoraussetzungen für ein funktionierendes CRM, wie der Schaffung von Datenbanksystemen zur Verwaltung der Kundendaten oder dem Aufbau eines Customer Care Center zur Entgegennahme von Kundenanliegen und -beschwerden. Zwar sind dies wichtige Elemente einer Kundenbetreuung, sie ermöglichen jedoch nur ein reaktives Kundenmanagement durch die stark inbound-geprägte Ausrichtung. Um in einen aktiven Dialog mit dem Kunden zu treten, bedarf es dem Aufbau eines proaktiven Outbound-Managements. Zielgerichtete Kampagnen tragen zu dieser Outbound-Ausrichtung bei.

3.2.2 Ausgangslage und Zielsetzung

Zur Verstärkung der Outbound-Aktivitäten und Operationalisierung verschiedener CRM-Elemente hat sich die AUDI AG im Rahmen eines Konzern-CRM-Pilotprojekts die Aufgabe gestellt, einen ausgewählten Markt bei der Durchführung einer spezifischen Kampagne zu unterstützen. Als Anknüpfungspunkt für eine Kampagne bot sich die Ablösung des Audi A8 durch das Nachfolgemodell an (zu Nachfolgeprodukten Tomczak/Kaetzke 2000; Kaetzke 2003; sowie zur Unterstützung des Kaufentscheidungsprozesses durch Direct Marketing in der Automobilbranche Block 1999). Sowohl vor dem zeitlichen Hintergrund als auch von Seiten der Marktgegebenheiten bot sich für diesen prominenten Anlass der italienische Markt an. Mit der Audi A8 Einführung konnte zudem die Aufmerksamkeit und Motivation aller im Projekt Beteiligten – die National Sales Company und 100%ige Konzerntochtergesellschaft in Italien, Autogerma S.p.A., die italienischen Händler, Europcar sowie Audi Credit – sichergestellt werden.

Eine Untersuchung zum Direkt- bzw. Dialogmarketing in Italien zeigt, dass sich, obwohl die Transformation vom Massenmarketing hin zum Direkt-/Dialogmarketing im Vergleich zu anderen Märkten relativ spät stattfand, die Investitionen in Direkt-/Dialogmarketing in den letzten Jahren an diejenigen Ländern annäherten, in denen diese Form des Marketing schon wesentlich etablierter ist. Für Italien lässt sich eine Zunahme dieser Investitionen parallel zu einer Abnahme der Investitionen in klassische Marketingmaßnahmen verzeichnen (Ostillio/Troilo 1996, S. 71 f.). Des Weiteren zeigt die Erhebung, dass Unternehmen des Gebrauchsgütersektors in Italien Direkt-/Dialogmarketingaktivitäten zum überwiegenden Teil zur Generierung von Leads (45,5 Prozent) nutzen, gefolgt von den Zielen der Kundenbindung (31,8 Prozent) und dem Abverkauf (13,6 Prozent) (Ostillio/Troilo 1996, S. 72).

Diese Untersuchung stützt die Ziele der AUDI AG für diesen Markt. Es galt, mit der Kampagne insbesondere

- bestehende Audi A8-Fahrer (Kundenbindung durch Wiederverkauf bzw. Up-Selling eines höherwertigen Nachfolgeproduktes) und
- Fahrer von Fremdmarken (Kundenakquisition von Kunden der Konkurrenz)

anzusprechen.

3.2.3 Konzeption und Durchführung

Zu diesem Zweck wurde nach Vorbereitung und Planung des Projekts Anfang 2002 eine dreistufige Dialog-Mailing-Kampagne konzipiert und durchgeführt, die die Kunden von der Produktvorankündigung bis hin zur Probefahrt beim Handel begleitet hat. Die Kampagne wird dementsprechend in drei Schritten vorgestellt. Basis für die Mailing-Kampagne war eine zentrale Datenbank, die auf Grundlage eines Zielgruppensollprofils der Marktverantwortlichen aus zielgruppenrelevanten internen Daten der Audi Händler, der Audi Neuwagendatenbank, der Audi Servicedatenbank und von Audi Credit sowie den externen Datenquellen von Europcar und Listbrokern (für Fremdfahreradressen) bestand. Der gesamte Datenbestand wurde im Mai 2002 konsolidiert, d.h. durch Dublettenabgleich und Adressprüfung vereinheitlicht. Grundlage für das Mailing in Kampagnenstufe 1 war eine Datenbasis von rund 35.000 Adressen. Parallel dazu wurde eine Kontrollgruppe von 5.000 Personen eingerichtet, an die keine Mailings versendet wurden, um nach Abschluss die Effektivität der Kampagne beurteilen zu können.

Kampagnenschritt 1:

Das erste Mailing im Juni 2002 sollte als Teaser bei der anvisierten Zielgruppe der ausgewählten potenziellen und bestehenden Kunden unmittelbar vor der Aufhebung der Geheimhaltung und Veröffentlichung der ersten Bilder des Audi A8 Interesse an dem neuen Fahrzeug wecken und die Nachfrage nach mehr Informationen steigern. Für die gesamte Markteinführungskommunikation des neuen Audi A8 wurde ein spezielles Key Visual entwickelt. Das Key Visual – siehe Abb. 2 – vereint Prestige, Exklusivität und Sportlichkeit. Es hat die Teilnehmer durch die gesamte Mailing-Kampagne begleitet und sollte den Wiedererkennungswert aller Kommunikationsmittel (Print) erhöhen.

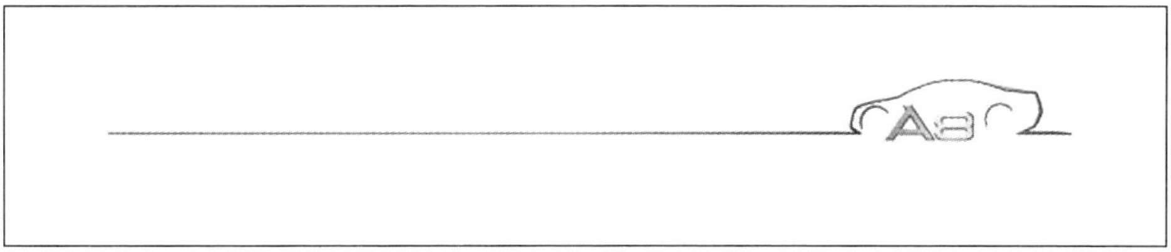

Abb. 2: Das Key Visual

In Stufe 1 der Kampagne wurden die ca. 35.000 Dialog-Mailings an die ausgewählte Zielgruppe versendet. Den angesprochenen Teilnehmern wurde mit einem standardisierten Mailing – personalisiertes Anschreiben inkl. hochwertigem Booklet über Audi und den Audi A8 – das Fahrzeug angekündigt. Die Anschreiben unterschieden nach Audi Kunden und Fremdmarkenfahrern und wurden je nach Absender (Audi oder Europcar) in dessen Namen verschickt. Zudem wurde ein Fragebogen als Responseelement beigelegt, um kundenspezifische Informationen für die nachfolgenden Mailing-Stufen zu erhalten. Das Responseelement von Mailing 1 enthielt Basisabfragen zur Demographie, die Validierung der Empfängeradresse, Fragen zu Produktpräferenzen und den primären Kaufgründen (Sportlichkeit und Leistung versus Design und Stil versus technische Innovation) sowie der gefahrenen Marke und dem Angebot zum Dialog. Daneben war es dem Teilnehmer möglich, den weiteren Verlauf der Kampagnenkommunikation zu steuern. Er konnte aus den Optionen einer weiteren Kommunikation zum neuen Audi A8, Informationen zum neuen Audi A8 und zu anderen Audi Modellen, ausschließlich zu anderen Modellen oder der Beendigung der Kommunikation wählen.

Um die Anzahl der Antworten zu erhöhen, wurde im Abstand von circa 4 Wochen nach der Versendung des Mailings ein Reminder an alle Teilnehmer geschickt, die bis zu diesem Zeitpunkt noch nicht geantwortet hatten. Mit einem Anschreiben, das den Teilnehmer noch einmal auf das exklusive Dialogangebot hinwies, wurde der Fragebogen erneut an die Teilnehmer versandt.

Kampagnenschritt 2:

Nach dem Teaser-Mailing folgte im August und September 2002 für die interessierten sowie die nachträglich eingemeldeten Teilnehmer die zweite Stufe der Kampagne. Im zweiten Mailing, wiederum unter Nutzung des Key Visuals, erhielt der Kunde umfangreichere Informationen zum neuen Audi A8. Das Mailing beinhaltete ein hochwertiges Booklet mit den Produkt-Highlights. Mit Hilfe von modularen Einsteckelementen wurde das Mailing individuell auf die im Responseelement von Mailing 1 identifizierten Kaufgründe des Teilnehmers zugeschnitten bzw. personalisiert. Die Kombination der Einsteckkarten pro Mailing ergab sich aus den Interessengebieten, die der Teilnehmer im Fragebogen des Mailings 1 priorisiert hatte. Die individuelle Zusammenstellung des Mailings wurde dem Teilnehmer im begleitenden Anschreiben angekündigt. Teilnehmer, die keine korrekte Auswahl in Mailing 1 getroffen hatten oder erst zum Mailing 2 an der Kampagne teilnahmen, erhielten Informationen zu allen drei Themenbereichen, d.h. drei Einsteckelemente.

Im Mailing 2 wurde den Teilnehmern über das Produkt hinaus das umfassende Dienstleistungsangebot (Finanzdienstleistungen, Versicherungen, Lifestyle-Angebote) der Marke Audi vorgestellt. Hierzu dienten wiederum weitere Einsteckelemente pro Servicebereich. Da überprüft werden sollte, ob die spezifische Kommunikation von Audi Dienstleistungen einen Einfluss auf den Erfolg der Kampagne hat, wurde die Teilnehmergruppe unterteilt. Nach zufallsgestützter Aufteilung der Teilnehmer von Mailing 2 erhielt eine Hälfte der Teilnehmer das Einsteckelement, die andere Hälfte bekam keine Informationen zum Dienstleistungsangebot, sondern standardisierte, konventionelle Mailings.

Dem Mailing wurde des Weiteren wiederum ein Fragebogen beigefügt, der dem Teilnehmer die Möglichkeit gab, zusätzliche Informationen über sich und seine Präferenzen weiterzugeben. Mit Hilfe dieser Informationen konnte sein Interessenprofil vervollständigt werden. Die Frage nach dem Bedarf an einem Händlerkontakt bzw. an einer Probefahrt zur Identifikation von Leads für die Weiterbetreuung durch den Handel stand im Mittelpunkt des Fragebogens. Denjenigen Teilnehmern, die Informationen zum Dienstleistungsangebot erhalten hatten, gab der Fragebogen außerdem die Möglichkeit, ihr Interesse an den angebotenen Dienstleistungen zu bewerten.

Nach den positiven Erfahrungen mit der Versendung eines Reminderbriefs für Mailing 1 wurde erneut eine Nachfassaktion für die Teilnehmer durchgeführt, die zunächst nicht auf Mailing 2 geantwortet hatten. Soweit die Telefonnummer vorlag, dies war bei 75 Prozent aller Kampagnenbeteiligten der Fall, wurde der Teilnehmer von einem spezifisch ausgebildeten Competence Center des Call Center Dienstleisters angerufen und hatte die Möglichkeit, den Fragebogen am Telefon zu beantworten. Soweit keine Telefonnummer vorlag, wurden Reminderbriefe verschickt.

Kampagnenschritt 3:

Die dritte Dialogstufe sollte die Markteinführung des neuen Audi A8 ankündigen und den Teilnehmer darüber hinaus zu einer Testfahrt motivieren. Die Versendung fand im Oktober 2002 statt. Durch die Weiterführung des Audi A8 Key Visuals erkannte der Teilnehmer die Fortführung des Audi A8 Dialogs. Mit dem Mailing erhielt der Teilnehmer ein Booklet, das den Audi A8 in Szene setzte und damit die Spannung auf den Launch verstärkte. Zusätzlich lagen dem Mailing drei Fotos bei, die den Audi A8 aus verschiedenen Perspektiven zeigten, und die aus dem Mailing herausgelöst werden konnten.

Mit diesem Mailing schloss die Dialogreihe zum Audi A8. Das beigefügte Anschreiben kündigte die Kontaktaufnahme durch einen Händler an, soweit der Teilnehmer vorher Interesse daran gezeigt hatte. In der Einstecktasche waren dem Mailing detaillierte Darstellungen des Audi Dienstleistungsangebots aus den Bereichen Service, Versicherung, Finanzierung/Leasing und Lifestyle beigefügt. Die Einsteckkarten konnten beliebig miteinander kombiniert werden. Welche Dienstleistungsangebote dem Mailing beigefügt waren, hing davon ab, für welche Themengebiete der Teilnehmer im Mailing 2 Interesse gezeigt hatte. So konnte das Mailing erneut ganz individuell auf den Teilnehmer zugeschnitten werden. Nur diejenigen Teilnehmer erhielten die zusätzlichen Dienstleistungsangebote, die schon für Mailing 2 für diese umfassendere Mailingvariante ausgewählt wurden. Die so erreichte Personalisierung der Dialog-Mailings resultierte schließlich in 55 verschiedenen Varianten in Kampagnenstufe 3.

In einem Folgeschritt wurden die Interessenten dem Handel mit allen über die Teilnehmer während der Kampagne gewonnenen Informationen zur weiteren Betreuung weitergeleitet. Alle anderen Daten wurden zur Weiterverfolgung an Autogerma S.p.A. übermittelt. Jeder Händler hat neben den neu gewonnenen Leads ebenso die von ihm ursprünglich gelieferten Kundendaten, angereichert um die zusätzlichen Informationen, zurückerhalten.

Die nachfolgende Abbildung zeigt die gesamte Kampagne bis zur Einführung des Audi A8 im November 2002 nochmals im Überblick.

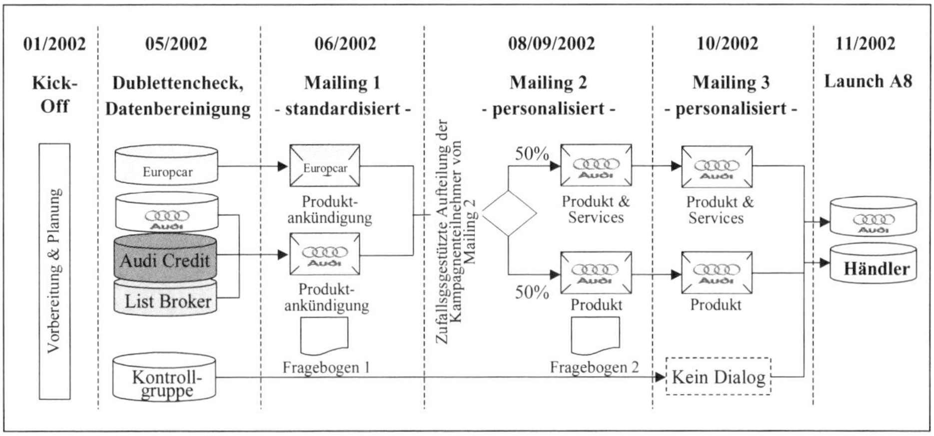

Abb. 3: Ablauf der Kampagne im Überblick

3.2.4 Ergebnisse

Wie im Vorfeld erläutert, bestand die Zielsetzung des Projekts vor allem in der Identifikation von relevanten Kaufinteressenten für den Audi A8 unter den potenziellen Käufern (Audi- und Fremdmarkenfahrer) im Oberklasse-Segment. Bezüglich der Ergebnisse lässt sich eine Unterteilung in quantitative (eher verkaufsorientierte) und qualitative (eher imageorientierte) Ergebnisse vornehmen.

Als ein quantitatives Ergebnis ließ sich verzeichnen, dass mit den rund 35.000 versendeten Mailings, die nicht zusätzlich incentiviert wurden, nach dem ersten Mailing eine

Responserate von 11,97 Prozent erzielt werden konnte. Dies ist im Vergleich zu der in Italien üblichen Rate von 1,5-3,0 Prozent als sehr positiv zu werten. Des Weiteren konnten nach dem dritten Mailing, d.h. nach Abschluss der Kampagne, gut *1.000 Leads* an den lokalen Handel übermittelt werden, wodurch das anvisierte Ziel von 300 zu generierenden Leads um ein Vielfaches übertroffen wurde. Für das Mailing 2 konnte kein signifikanter Unterschied bei den generierten Leads zwischen der Teilnehmergruppe, denen ausschließlich das Produkt kommuniziert wurde, und derjenigen Gruppe, denen zusätzlich spezifische Dienstleistungen ausgelobt wurden, ermittelt werden. Dies lag vor allem an der zu geringen Größe der zur Verfügung stehenden Stichprobe.

Als qualitatives Ergebnis ließ sich – nach Analyse der Kampagnenteilnehmer mit der Kontrollgruppe durch die GfK marketing services, Nürnberg – zum einen ein signifikanter Anstieg der *ungestützten Markenbekanntheit* und der *Markensympathie* ermitteln. Zum anderen erhöhte sich die *Wahrscheinlichkeit des Kaufs* des neuen Audi A8 deutlich. Diese nahm von Mailing 1 hin zu Mailing 3 wesentlich zu. Des Weiteren fand der *Dialog* bei den Kampagnenteilnehmern positiven Anklang. Die Reaktionen der Audi Händler in Italien waren ein *gesteigertes Interesse* an der Einführung von CRM und ein insgesamt äußerst *positives Feedback* auf die Kampagne, d.h. betreffs deren Abwicklung und deren Ergebnisse. Dadurch konnte der Change Management-Prozess bei der Einführung von CRM im Markt Italien erleichtert werden. Abb. 4 zeigt die Projektergebnisse nochmals im Überblick.

Projektergebnisse	
- quantitativ -	- qualitativ -
• Mailing-Response: 11,97% Responserate auf Mailing 1 bei ca. 35.000 Mailings ohne Incentivierung • Leads: Übermittlung von ca. 1.000 Leads an lokalen Handel (ursprüngliches Ziel: 300 Leads	• Marke/Kaufwahrscheinlichkeit: Signifikanter Anstieg von: - ungestützter Markentbekanntheit - Markensympathie - Wahrscheinlichkeit des Kaufs eines Audi A8 (deutlich höher nach Mailing 3 als nach Mailing 1) • Kampagnenteilnehmer: Positive Bewertung des personalisierten Dialogs durch (potenzielle) Kunden • Audi Händler: - Gesteigertes Interesse an Einführung von CRM in Italien - Äußerst positives Feedback auf Kampagne

Abb. 4: Ergebnisse des Projekts

3.2.5 Lessons Learned

Einer der wichtigsten Erfahrungswerte aus dem internationalen Projekt ist es, die Marktverantwortlichen und den beteiligten Handel frühzeitig und durchgängig einzubinden. Nur durch deren permanentes Commitment kann ein solches Projekt erfolgreich sein. Diese Einbindung kann durch eine ausgewogene Kommunikation, bereits beginnend in dem Projektvorfeld, gewährleistet werden. Des Weiteren ist der Aufbau von Vertrauen im Markt wichtig. Hier müssen durch ausführliche Workshops die Rollen, Verantwortlichkeiten und erforderlichen Ressourcen geklärt werden. Hilfreich ist ebenso die Integration konkreter Händlerwünsche in das Projekt, um dessen Akzeptanz zu erhöhen. Den beteiligten Stakeholdern im Markt sollten zudem erste Ergebnisse (Quick Wins) sehr frühzeitig bekannt gegeben werden, um die Beteiligung über die Dauer des Projektes nicht zu gefährden. Aufgrund der Zeitspanne einer solchen Kampagne ist ein straffes Projektmanagement vor dem Hintergrund des gesetzten, vorgegebenen Zeithorizonts essenziell, gerade auch, wenn auf internationaler Ebene und mit mehreren Schnittstellen gearbeitet wird. Letztere sind bewusst zu reduzieren, um Reibungsverluste zu vermeiden. Von ausschlaggebender Bedeutung ist zudem die Qualität der zu nutzenden Daten. Eine sorgfältige Vorqualifizierung und Datenpflege während des Projekts steigern die Anzahl der Leads überproportional. Die Administration der Daten und die Personalisierung wird wesentlich unterstützt durch funktionsfähige Kampagnenmanagement-Werkzeuge, wie das eingesetzte SAP Kampagnenmanagement-Tool SAP CRM 3.0. Die durch das Tool ermöglichte Personalisierung wiederum steigert die Akzeptanz der Mailings durch die Zielgruppe.

4 Fazit

Die Projektergebnisse und die Erfahrungswerte aus dem Pilotprojekt in Italien haben die CRM-Initiative der AUDI AG um einen wesentlichen Schritt vorangebracht. Kampagnenmanagement kann als ein bedeutender Baustein in der Ansprache von potenziellen und bestehenden Kunden identifiziert werden und trägt damit zur Umsetzung eines wirkungsvollen CRM bei.

Zukünftige Herausforderung ist die Ausweitung der Kampagnenmanagement-Aktivitäten auf internationaler Ebene in weiteren Märkten und in ähnlichen Projekten. Es gilt zudem, die Maßnahmen des Kampagnenmanagement mit anderen Marketing- bzw. CRM-Aktivitäten stärker zu verzahnen, um die Erfolge im CRM der AUDI AG zu steigern. Dabei muss neuen Entwicklungen im CRM und Kampagnenmanagement Rechnung getragen werden, um die Wirkungsweise der eingesetzten Maßnahmen permanent zu gewährleisten.

Literaturverzeichnis

Belz, C. (2003): Logbuch Direktmarketing. Vom Mailing zum Dialog-Marketing, Frankfurt.

Block, A. (1999): Direct Marketing zur Unterstützung des Kaufentscheidungsprozesses bei der Neuprodukteinführung – gezeigt anhand der Automobilbranche, St. Gallen.

Brussok, T. (2002): Gezielte Kampagnenvorbereitung als Basis für den Erfolg, in: Dallmer, H. (Hrsg.): Das Handbuch Direct-Marketing and more, 8. Aufl., Wiesbaden, S. 415-426.

Dallmer, H. (1979): Erfolgsbedingungen der Kommunikation im Direct-Marketing, Wiesbaden.

Dallmer, H. (Hrsg.) (2002a): Das Handbuch Direct-Marketing and more, 8. Aufl., Wiesbaden.

Dallmer, H. (2002b): Das System des Direct Marketing – Entwicklungsfaktoren und Trends, in: Dallmer, H. (Hrsg.): Das Handbuch Direct-Marketing and more, 8. Aufl., Wiesbaden, S. 3-32.

Day, G. (2000): Capabilities for Forging Customer Relationships, MSI Working Paper, Report Nr. 00-118, Cambridge Mass.

Finsterwalder, J.; Reinecke, S. (2003): CRM = M^2? – Ist Customer Relationship Management "besseres" Marketing?, in: Tomczak, T.; Reinecke, S.; Stadelmann, M.; Wolter, M. (Hrsg.): Best Practices im Customer Relationship Management (CRM) – Konzepte, Fallstudien und Praxisbeispiele erfolgreicher deutschsprachiger Dienstleister, Zürich (im Druck).

Grönroos, C. (1994): From Marketing Mix to Relationship Marketing: Towards a Paradigm Shift in Marketing, in: Management Decision, Vol. 32, No. 2, S. 4-20.

Gummesson, E. (1994): Making Relationship Marketing Operational, in: International Journal of Service Industry Management, Vol. 5, No. 5, S. 5-20.

Kaetzke, P. (2003): Marketing für Nachfolgeprodukte und neue Produktgenerationen – eine Analyse aus Kundensicht, St. Gallen.

Kuß, A.; Tomczak, T. (2002): Marketingplanung. Einführung in die marktorientierte Unternehmens- und Geschäftsfeldplanung, 3. Aufl., Wiesbaden.

Leitzmann, C.-L. (2002): Kampagnenmanagement zur Steuerung des Multi-Channel-Marketing – eine Einführung mit Fokus E-Mail-Marketing, in: Dallmer, H. (Hrsg.): Das Handbuch Direct-Marketing and more, 8. Aufl., Wiesbaden, S. 371-397.

Ostillo, M.C.; Troilo, G. (1996): The Evolution of Direct Marketing in Italy, in: Journal of Direct Marketing, Vol. 10, No. 4, S. 71-81.

Schleuning, C. (1997): Dialogmarketing. Theoretische Fundierung, Leistungsmerkmale und Gestaltungsansätze, 3. Aufl., Ettlingen.

Tomczak, T.; Kaetzke, P. (2000): Ausschöpfung von Leistungspotenzialen – Ein Konzept zur Gestaltung existierender Leistungen, in: Thexis, Nr. 2, S. 19-22.

Wolfgang Armbrecht, Michael Braekler, Ulrike Wortmann

CRM der BMW Group: Backbone des integrierten Marketing

1 Einleitung

Ähnlicher werdende Produkte, vergleichbare Techniken und ein generell stark intensivierter Wettbewerb haben in vielen Unternehmungen den Fokus auf „weichere" Faktoren als mögliche Differenzierungsmerkmale im Markt gelenkt. Stabilen Kundenbeziehungen gilt hier seit Mitte der 90er Jahre bevorzugtes Interesse – und dies vor allem seitdem neue IT-Techniken erfolgreiche Beziehungsformen wie etwa One-To-One-Kommunikation in „massenhafter" Form versprechen. Für die Automobilindustrie eröffnen sich damit vielfältige neue Möglichkeiten, wovon effiziente Eroberung neuer Kunden sowie regelmäßige Betreuung dieser von nach dem Kauf bis hin zur gewünschten Wiedermotorisierung als vielleicht besonders interessant zu nennen sind. Gleichwohl ermöglicht systematisches Customer Relationship Management (CRM) ein neues Zusammenspiel zwischen Hersteller und Handel – mit der beiderseitigen Chance einer weit tieferen Marktausschöpfung.

Der folgende Beitrag schildert Hintergründe, Ausrichtungen und praktische Umsetzungen der CRM-Arbeit des Automobilherstellers BMW im deutschen Markt. Zugrunde liegt hier ein Verständnis, nachdem systematische CRM-Arbeit, technisches Leistungsvermögen mit sozialen Aspekten verbindet und insofern Plattform wie Steuereinheit (Backbone) wesentlicher Instrumente von Produkt-, Vertriebs- und Kommunikationsmarketing darstellt.

2 Das Beziehungsdreieck zwischen Hersteller, Händler und Kunde – große Chancen für erfolgreiche Beziehungen

2.1 Langfristigkeit und Dialog als Kernanforderungen

Kundenorientierung ist das A und O des modernen Marketings. Diese „Weisheit" wird seit vielen Jahren, ja Jahrzehnten, immer wieder gerne vorgetragen. Wichtig sei die Beziehung zwischen Hersteller und Kunde, die Kenntnis der einen Seite über die andere und umgekehrt. Kundenorientiertes Marketing habe das Wissen der Kunden über Produkte und Marken des Herstellers zu maximieren, lautet der stehende Lehrsatz. So intensiv dieser Hochschulen oder Seminare für den Praktiker durchzieht, so wenig hat diese Erkenntnis im unternehmerischen Marketingalltag bisher einen breiten Durchbruch für ein wirkliches Customer Relationship Management erzeugt. Nach wie vor wissen zu viele Unternehmen zu wenig über ihre Kundschaft oder es gelingt nur unvollkommen, das, was an Information an unterschiedlicher Kontaktpunkten (Werkstatt, Schauraum, Hersteller etc.) hinterlassen wird, zusammenzuführen, auszuwerten und über einen längeren Zeitraum – etwa die Halteperiode eines Fahrzeuges – zu dokumentieren.

Kunden – vor allem Automobilkunden – sind häufig besser informiert als viele Hersteller meinen. Wer sich für Automobile einer bestimmten Marke interessiert, weiß oft erstaunlich viel über ihre Produkte, ihre Geschichte, ihre Technik, ihr Design. Viele Marken pflegen dieses Interesse und unterrichten über das, was ihre Aura ausmacht. Sie organisieren Erlebnisse für Kunden mit ihrer Marke, informieren über Wichtiges und Wissenswertes, schaffen Treffpunkte, gehen auf Messen und Ausstellungen, fördern Internet-Communities und schaffen es manchmal – wie zum Beispiel BMW in den USA, dass sich ein Millionenpublikum darum reißt, Kurzfilme über die Marke im Internet aufzurufen. Weltbekannte Filmer haben seit einigen Jahren in den USA solche Kurzfilme über BMW für BMW produziert. Sie sind auf einer speziellen BMW Website *www.bmwfilms.com* zu sehen und ein absoluter Geheimtipp – für Freunde der Marke ein „*must*".

Aber kaum etwas ist zugleich so anonym wie das Internet. Die Fans dieser Filme begegnen sich nicht, und kein Firmensprecher begegnet ihnen persönlich. Derartige Kundenbeziehungen sind Einbahnstraßen: Die Marke bietet an, und die „*user*" akzeptieren oder klicken sich weiter.

Dauerhaft tragfähige Kundenbeziehungen müssen mehr leisten. Sie fußen nicht auf bloßer Information, sondern auf Kommunikation. Da sendet nicht nur eine Firma Signale an Menschen aus, sondern sie „spricht" auch mit ihnen. Nicht Monolog ist angesagt, sondern Dialog. Im *Business English* der heutigen Marketingwelt heißt das Customer Relationship Management oder kurz CRM. Das ist entschieden mehr als nur ein *Consumer Addressed Marketing*; denn *Relations*, also Beziehungen, entstehen nur, wenn beide Seiten sie wollen, sich einbinden lassen und diese Beziehungen gemeinsam weiterentwickeln.

Wer häufig ins gleiche Restaurant geht, wird nicht nur schnell Menü-Angebote oder Bedienungen kennen lernen, sondern auch bald von diesen wiedererkannt. Automobile hingegen werden, je nach Haltezyklus, nur alle zwei bis drei Jahre gekauft. Auch sind die Zeiten, in denen ein Fahrzeug alle paar tausend Kilometer zum Ölwechsel – zur „Kommunikation" mit dem Hersteller – musste, lange vorbei. Die Wartungsintervalle werden größer, neue Techniken wie etwa Telediagnose oder der PC-gestützte Teleservice an Bord eines Automobils reduzieren Werkstattaufenthalte weiter. Gleichzeitig entstehen neue Organisations- und Vertriebsformen – etwa im Feld der Flotten- oder Fuhrparkmanagement-Betreiber –, in denen die primäre Beziehung zwischen Kunde und Vertriebspartner den Hersteller von vornherein in eine sekundäre Rolle drängt. Auch dies wird den Automobilkunden immer weiter vom Idealbild des regelmäßigen Restaurantbesuchers entfernen, den man dort aufgrund seiner Gewohnheiten immer besser kennt.

Dabei ist gerade das Automobil ein Produkt, das äußerst emotional wirkt. Wer Auto fährt, will Freude am Fahren erleben. Wer Automobile herstellt und verkauft, muss deshalb wissen und spüren, was Kunden denken und meinen. Er muss seine Kundschaft erleben, so wie diese das Automobil. Customer Relationship Management *stellt folglich Beziehungen her und erhält sie dauerhaft* – im Falle Automobilindustrie organisiert und steuert CRM Beziehungen zwischen Hersteller, Handel und Kunde.

2.2 Win-win-Situationen im Vorteilsdreieck zwischen Hersteller, Handel und Kunde

Nach wie vor hat der Händler den persönlichsten und wichtigsten Kontakt zu seinen Kunden. Traditionell läuft dieser Kontakt vor allem über den Handelsbetrieb. Nur in wenigen Fällen hatte ein Kunde in der Vergangenheit direkten Kontakt mit dem Hersteller. Allenfalls bei technischen Anfragen oder bei Reparaturen auf Kulanz wandte er sich direkt an ihn.

Vieles deutet nun darauf hin, dass sich das Verhältnis zwischen Kunde und Automobil verändert. Viele Fahrzeuge sind komplexer und anspruchsvoller geworden. Der Anteil z.B. elektronischer Bauteile ist erheblich gestiegen. Was früher etwa ein simples Gaspedal war, eine Drosselklappe mechanisch zu öffnen oder zu schließen, ist heute ein elektronischer Signalgeber für ein System, das aus gutem Grund Digitales Motormanagement heißt. Simple Autoradios sind längst Hightech-Geräte, die zwar immer noch Radiosender empfangen, aber längst auch Routen berechnen und anzeigen, mit dem heimischen Computer kommunizieren oder von unterwegs Börsendaten abfragen, Parkplätze buchen und der Partnerin zum Geburtstag gratulieren – wenn der Fahrer das will.

Eines möchte der Fahrer solcher Automobile auf jeden Fall: sich beim Hersteller darüber informieren, wie sein High-Tech-Fahrzeug funktioniert, wozu es gut ist und was er tun muss, wenn er einmal nicht mehr weiter weiß.

Autofahrer suchen aus solchen, aber auch aus anderen Gründen immer stärker den direkten Kontakt zum Hersteller ihres Automobils. So hat die BMW Kundenbetreuung in 2002 ca. 170.000 Telefonanrufe, ca. 85.000 Briefe und ca. 130.000 Anfragen über das Internet erhalten. Gerade BMW Kunden haben genaue Vorstellungen von ihrer Marke und präzise Wünsche an die BMW Kundenbetreuung. Befragungen zeigen, dass sie sowohl vom Handel als auch vom Hersteller direkt betreut werden möchten. Sie erwarten individuelle fahrzeugbezogene Services und Informationen aus dem eigentlichen automobilen Aufgabenbereich. Sie wollen beispielsweise an Inspektionen und an TÜV-Termine erinnert werden. Sie möchten über Service-Angebote und über besondere Angebote zu Fahrzeugen informiert werden. Nicht ganz so wesentlich, aber keineswegs zu vernachlässigen sind generelle Informationen über das Unternehmen, zum Beispiel im jährlichen Geschäftsbericht, Einladungen zu Events, Reisevorschläge und Städte-Portraits als weiter gefasste Mobilitätsinformationen, Offerten der BMW Financial Services und interessante Kooperationsangebote. *Ein solches Betreuungsangebot ist für die Kunden ein Richtmaß für die Wertschätzung, die „ihre" Marke ihnen entgegenbringt.*

CRM schafft dazu individuelle Dialogmöglichkeiten, damit Kunden ihre Wünsche möglichst unkompliziert ausdrücken und gewünschte Informationen direkt, aber auch attraktiv aufbereitet abrufen können. Gleichwohl führen die CRM-Angebote – etwa im Internet oder via Dialog-Mailing – neue Interessenten zu BMW. In aufbereiteter (elektronischer) Form gehen ihre Adressen wiederum an den Handel und unterstützen seine Akquisitionsarbeit. *Übergreifende CRM-Maßnahmen liefern damit Leistungspotenziale, die sich aus allein lokaler Handels-Arbeit nicht ergeben würden.* BMW arbeitet systematisch daran, tragfähige Beziehungen zwischen Hersteller und (potenziellen) Kunde zu etablieren und gleichzeitig die traditionellen Bande zwischen Händler und Kunde zu stärken. CRM-Fachleute sprechen denn auch von einem „CRM-Vorteilsdreieck" und einer „*Win-win*-Situation" für alle Beteiligten.

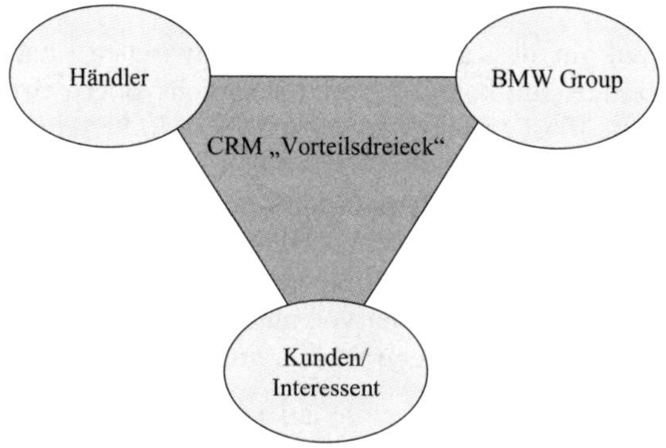

Abb. 1: CRM-Vorteilsdreieck

3 Customer Relationship Management – Definition und Organisation

So schön sich der Grundgedanke des Customer Relationship Management in das Bild eines Vorteilsdreiecks fassen lässt, so schwierig ist es, klare Regeln dafür zu nennen, wie der gemeinsame Vorteil für die drei beteiligten Interessenten erreicht werden soll.

Für CRM existiert kaum ein einheitliches Verständnis. Viele Unternehmen betrachten CRM lediglich als neues informationstechnisches System – als eine Datenbank – zur „Verwaltung" von Kundenkontakten. Für andere ist CRM ein Kontrollsystem zur Dokumentation von Kunden-Aktivitäten, etwa um im Falle mehrfach erhobener Regressansprüche Transparenz zu behalten. Wiederum andere betrachten CRM als Dachbegriff für die Einrichtung von Call-Centern oder für das Set von Direktansprachemitteln wie Postwurfsendungen oder Streumitteln für Ausstellungen und Messen. Auch soll der Kreis derer nicht unerwähnt bleiben, die CRM als neuen Organisationsentwicklungsansatz ausloben, um unter dem Stichwort Kundenorientierung Organisationsveränderungen voranzubringen. In nur wenigen Unternehmen jedenfalls wird CRM als das systematische Entwickeln und Führen von dialogischen Kundenbeziehungen verstanden. In nur wenigen Firmen gehen von einer solchen Funktion wesentliche Steuerungsimpulse für Instrumente des Marketings aus.

BMW hatte Mitte der 90er-Jahre damit begonnen, das Themenfeld *Kundenbeziehungen* intensiv zu bearbeiten und unter dem Dachbegriff *Top-Drive* strategisch auszurichten. *Top* formulierte den Anspruch, Kontakte mit Kunden und Interessenten stets auf einem besonderen Leistungsniveau (Premiumniveau) zu führen. Drive spiegelt die Ausrichtung von CRM am BMW Markenkern „Freude am Fahren". Von Anfang an verstand BMW CRM – *neben der Gestaltung von Beziehungen – als Kombination von technischem Leistungsvermögen (Informationstechnik) und sozialem Können.* Mit anderen Worten: IT-Technik lieferte die Grundlagen, um Beziehungen dauerhaft zu führen und kundenrelevante Anliegen oder Inhalte (Content) stets zum „richtigen" Zeitpunkt zu platzieren.

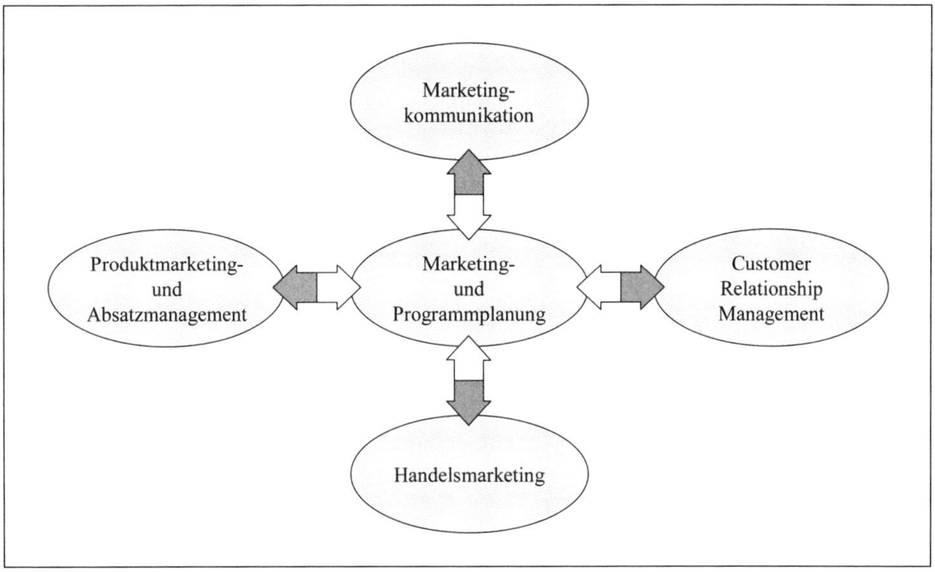

Abb. 2: Rolle des CRM im integrierten Marketing

Methodisch ist CRM ein System aufeinander folgender Kommunikationsangebote, die je nach *Feedback* des Kommunikationspartners in nächste Phasen des CRM-*Prozesses* führen. Stets entscheidet der Kunde, ob und wann er über ein Thema kommunizieren will und wie intensiv dies zu erfolgen hat. Die CRM-Funktion beauftragt und kombiniert die Kommunikationsangebote der Marketingkommunikation entsprechend. CRM ist damit eine Kernaufgabe (Backbone) im Marketing der BMW Group Deutschland. Verantwortlich ist eine eigenständige Organisationseinheit (vgl. Abb. 2). Sie ist – neben der Produktfunktion – wesentlicher Treiber und Impulsgeber der Marketingfunktion.

Aus dem Wissen über „ihre" Kunden legt die CRM-*Funktion* fest, in welchen Phasen der Kundenbeziehung welche Inhalte (*Content*) zu vermitteln sind. Dies geschieht in enger Verzahnung mit der Produktfunktion. Die Marketingkommunikation liefert die erforderlichen Inhalte und Programme –, das Handelsmarketing übermittelt die für die Kundenkommunikation bestimmten Mittel und Inhalte an die Handelsorganisation. Die Marketing- und Programmplanung verzahnt das Gesamtsystem und steuert Effizienz und Ressourceneinsatz (vgl. Abb. 2).

4 CRM-Schwerpunkte bei BMW

CRM umfasst idealer Weise alle Kundenaktivitäten unabhängig davon, ob ein Kunde erst kürzlich ein Produkt gekauft hat, derzeit keine Kaufabsichten hat oder sich bereits wieder mit Kaufabsichten trägt. CRM begleitet Kunden nicht nur vom ersten Augenblick des Interesses an bis zum Kauf, sondern auch während der Nutzungs- und der Wiederkaufphase. Dies geschieht nach Möglichkeit aus einer Hand.

Denn im Mittelpunkt steht nicht das Produkt, sondern stets der Mensch. Und dieser bleibt ja in allen Phasen der gleiche.

4.1 Loyalisierung

Es ist wesentlich effizienter, einen Kunden, der sich einmal für das Produkt einer Marke entschieden hat, langfristig an das Unternehmen zu binden, als einen neuen zu gewinnen. Schon rein rechnerisch macht es also Sinn, Kunden zu „loyalisieren". Um zwei Ziele geht es dabei:

- Möglichst jeder BMW Kunde soll sich im Falle anstehender Wiedermotorisierung erneut für BMW entscheiden, wenn möglich sogar jeweils für ein Fahrzeug der nächst höheren Kategorie.
- Möglichst viele BMW Kunden sollen sich neben dem Fahrzeug auch für andere BMW Produkte interessieren, also beispielsweise für Finanzdienstleistungen, Accessoires etc. (*Erzielung von Cross-Selling-Effekten*).

Betreuung des Kunden über den Haltezyklus des Fahrzeugs

Ein neu gekauftes BMW Fahrzeug wird im Durchschnitt drei Jahre gefahren, bevor sein Eigentümer wieder über einen Neukauf nachdenkt. Erst dann ist er für Angebote seiner Marke empfänglich. Weil, wie schon erwähnt, Werkstattbesuche zum Vorteil des Kunden immer seltener werden, beklagen Autohändler eine stark rückläufige „Endkunden-Kontaktfrequenz". Um mit seinen Kunden dauerhaft in Kontakt zu bleiben, muss der Hersteller von sich aus Anlässe suchen und schaffen, um seine Kunden immer wieder ansprechen zu können.

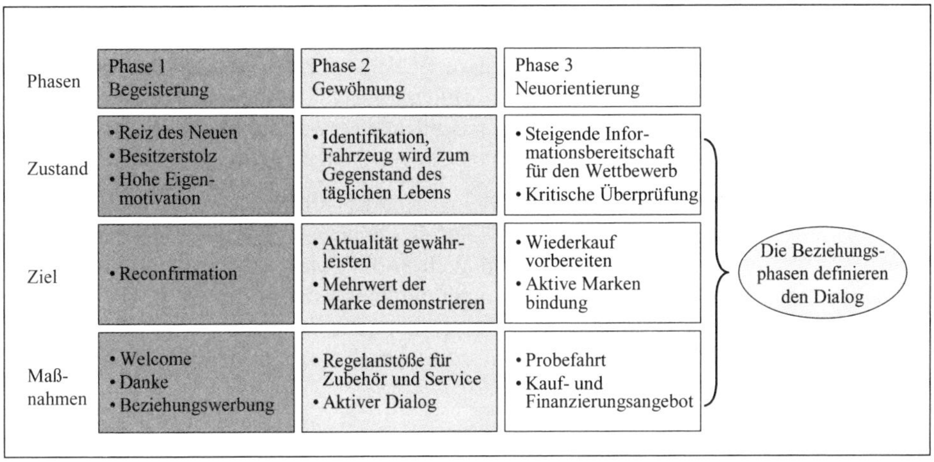

Abb. 3: Betreuungsphasen

Kunden sind von individuellen Gewohnheiten und Vorlieben geprägt, z.B. von der familiären Situation oder von Hobbies. Überlagert werden diese Gewohnheiten von drei Reaktionsweisen, die sich unterschiedlich ausbilden, je länger ein Kunde ein Fahrzeug besitzt. Die Abb. 3 stellt dies zusammen. Sie zeigen, wie ein Automobilhersteller seine Kunden mit Aussicht auf positive Rückmeldung ansprechen kann.

Kurz nach Fahrzeugauslieferung ist ein neuer Autobesitzer von seinem Fahrzeug normalerweise begeistert. Für den Hersteller ist es dann wichtig, seinem Kunden deutlich zu machen, dass er nicht nur ein Fahrzeug erworben hat, sondern damit auch Mitglied in einer vielfältigen Markenwelt wurde. Bei BMW zeigt ihm dies das klassische CRM-Dialogangebot *Welcome Package*. Jeder Neuwagenkäufer erhält es rund vier Wochen nach der Auslieferung seines neuen Automobils. Dieses Paket an Informationen enthält neben einer Präsentation der Markenwelt auch einen Dialogfragebogen. Auf ihm kann er nicht nur seine ersten Eindrücke über das Fahrzeug schildern – diese Informationen gehen an das Produktmarketing und die Entwicklung –, sondern auch individuelle Vorlieben nennen: Sportinteressen, Hobbies, kulturelle Vorlieben u.a. Wenn ein Hersteller über solche Informationen verfügt, kann er seine Kunden später z. B. gezielt zu Veranstaltungen einladen, die seinen Interessen entsprechen. Speziell BMW Kunden sind eher kommunikationsfreudig – die Rücklaufquote des Fragebogens beträgt 40 Prozent.

Markenerlebnisse als Kern der Kundenbetreuung

Außerdem erhält der neue Fahrzeugbesitzer eine BMW Kundenkarte. Sie ist sein Schlüssel zur Markenwelt. Mit ihr kann er sich überall als BMW Fahrer identifizieren. Über die Karte wird z. B. kostenlos für jeden neuen Kunden das BMW Kundenmagazin abonniert, Einladungen zu BMW Veranstaltungen werden verschickt oder interessante Kooperationsangebote unterbreitet. Wichtig ist, dass diese Leistungen keine beliebig austauschbaren Angebote sind, die auch ein anderer Automobilhersteller bieten könnte. Alle Leistungen der Kundenkarten passen zu BMW und interpretieren die Marke. Sie erfüllen den BMW Premiumanspruch. Sie sind exklusiv – in dieser Art gibt es sie nur bei BMW und für BMW Fahrer. Sie zeigen den Kunden, was die Markenwelt ausmacht. Deshalb sind z. B. Event-Einladungen ein besonderer Nutzen der Kundenkarte.

Via Veranstaltungen begegnen sich Marke und Kundschaft *face to face*. Sie sind durch nichts zu ersetzen. Aber man kann sie erfolgreich ergänzen. BMW macht dies mit einem kundenindividuellen, personalisierten Web-Portal „Mein BMW". Nur BMW Fahrer haben dort Zugang. Als Legitimation dient die Fahrgestell- oder die BMW Kundenkartennummer. „Mein BMW" – im Internet übrigens in einem Wort geschrieben: meinbmw – erreicht sehr junge BMW Fahrer: anspruchsvolle, trendbewusste und neuen Technologien aufgeschlossene Menschen.

Internet initiiert den Verkaufsprozess

Das Internet ist als Basistechnologie und Informationsmedium von zentraler Bedeutung für jede Customer Relationship Management-Arbeit. Denn hier hat der Hersteller die Chance, Kunden und Interessenten gezielt anzusprechen und deren Einstellungen und Motive zu analysieren. Die BMW Group hat auf Basis des Internets deshalb ein marktübergreifendes Akquisitions- und Informationssystem geschaffen, um Verkäufe gezielt anbahnen und vorbereiten zu können. Dieses eCRM-System heißt „BMW interaktiv". Es ist Teil der Top Drive-Prozesse und zentraler Bestandteil der CRM-Strategie in der BMW Group.

Abb. 4: eCRM-Applikation „BMW Interaktiv“ auf www.bmw.de

Die eCRM-Einladung zu „BMW interaktiv“ auf der zentralen Einstiegsseite des BMW Webauftritts www.bmw.de dient der Kundenakquisition. Diese Website muss das bieten, was Interessenten und Kunden weit vor einem Kaufabschluss interessiert. „BMW interaktiv“ enthält deshalb Vorfeldinformationen. Wer sie anklickt, bekommt einen strukturierten Überblick, welchen Nutzen das Angebot bietet. Es wird in Bild und Text einfach und verständlich gezeigt. Kaufabschlüsse selbst finden im Internet nicht statt; sie sind ausschließlich Sache der jeweiligen Niederlassung oder des Händlers.

„BMW interaktiv“ enthält u.a. folgende Möglichkeiten:

- das zukünftige Wunschfahrzeug elektronisch zu definieren, ihm die passende Farbe zu geben und es virtuell auszustatten; dieses Programm heißt „Car Configurator“,
- den für den eigenen Wohnort zuständigen BMW Händler ausfindig zu machen; diese Funktion heißt „Ihr BMW Partner“,
- online eine Probefahrt zu vereinbaren; das ist die „Probefahrtanfrage“,

- sich online Angebote machen zu lassen und dabei auch gleich den eigenen Gebrauchtwagen bewerten zu lassen; dieses Programm nennt sich „Angebotsanfrage“,
- Informationsmaterial zu bestellen.

Im „Car Configurator“ kann der Interessent sein Wunschfahrzeug nach seinen individuellen Vorstellungen zusammenstellen: Er wählt das Modell, die Motorisierung, die Außenfarbe, dazu passende Polster, Sonderausstattungen etc. Das System sagt ihm, ob die jeweilige Kombination ab Werk möglich ist. Er kann sein Wunschmodell dann in einer virtuellen Garage einstweilen parken, nach Wunsch auch andere Modellvarianten konfigurieren und später seine Varianten vergleichen.

Um ein Fahrzeug virtuell parken zu können, muss der Interessent sich registrieren und hierzu seine Stammdaten angeben (Adresse, bisheriges Fahrzeug, Händlerbeziehung etc.). Im Modul „Ihr Nutzerprofil“ bleiben diese Daten gespeichert und sind dort jederzeit wieder aufrufbar.

Weiterleitung der Interessenten (Leads) an den Händler

Hat sich ein Interessent für ein bestimmtes Fahrzeug in seiner Farbe und Ausstattung entschieden, kann er eine „Angebotsanfrage“ absenden. Sein Händler macht ihm dann ein detailliertes Angebot. Welcher Händler das ist, kann der Interessent bequem und schnell über das Modul „Ihr BMW Partner“ ermitteln. Er gibt seine Stadt ein oder markiert seinen Wohnort in einer digitalen Landkarte; dann sucht das System den nächstgelegenen Händler. Aus Sicht des Interessenten ist diese Phase des Kaufanbahnungsprozesses damit abgeschlossen. Von Seiten des Vertriebs beginnt dieser Prozess aber erst. Denn alle für die BMW Group und den Handel erforderlichen Informationen zur Verkaufsanbahnung sind im eCRM-System hinterlegt.

Eine optimale Betreuung seitens der BMW Group und der Handelsorganisation verlangt, dass der zuständiger Händler nun sehr schnell reagiert. Das ist auch ein Wettbewerbsvorteil. Die besondere Herausforderung für die BMW Group liegt folglich darin, die Prozesse im Händlerbetrieb mit den eCRM-Angeboten eng zu verzahnen.

Dazu kommt nun das Internet-basierte *Top Drive*-Händlerportal ins Spiel. Für den Händler vereint es alle Kontaktstellen zu Interessenten auf einer einheitlichen Datenplattform. Die BMW Group nutzt es, um *vorqualifizierte* potentielle Käuferadressen zügig an den Handel weiter zu leiten. *Das Unternehmen ist dabei Dienstleister des Handels und stellt hier ein Leistungspotenzial zur Verfügung, dass eine primär lokale CRM-Arbeit nicht erschließen könnte.* Die Prozesse, die dabei ablaufen, sind im eCRM-System voll integriert und weitgehend automatisiert. Beispielsweise werden mehr als neun Zehntel aller Informations- und Prospektanfragen automatisiert bearbeitet. Der angenehme Nebeneffekt dieses durchorganisierten Systems: Es erlaubt ein detailliertes und ganzheitliches Reporting über alle beteiligten eCRM-Systemkomponenten. Es liefert Statistiken für den Handel, Informationen über das Responseverhalten der Händler, über die Durchlaufzeiten einzelner Anfragen und anderes mehr.

Ferner lässt sich auf Basis der erhobenen eCRM-Daten und der jeweiligen Kommunikationskanäle im Internet der Dialog mit den Interessenten sehr kostengünstig entwickeln. Ganze Kampagnen lassen sich auf diese Weise sehr genau steuern, beispielsweise per *Newsletter* oder mit *eMails*. Sie laufen nahezu vollautomatisch und liefern genaue Rückmeldungen an die Handelsorganisation und an die BMW Group.

Personalisierte eCRM-Angebote

Wird der Interessent zum Kunden, ist wiederum das Internet eine geeignete Plattform für einen ständigen und intensiven, von Interaktion geprägten Dialog in der sogenannten *After Sales*-Phase. Ein vergleichbares Angebot ist *offline* oft gar nicht effizient möglich. Das eCRM-Modul „Mein BMW" zusätzlich aber eine derartige Plattform. Sie enthält personalisierte Internetseiten, die nur für BMW Fahrer zugänglich sind. Der *Fun and Function*-Bereich mit *eMail*-Möglichkeit, *SMS*-Diensten und Meinungsplattformen gehört im übrigen längst zu den beliebtesten *Online*-Angeboten für BMW Kunden.

Allerdings ist die Konkurrenz nur einen Mausklick entfernt. Deshalb müssen die Unternehmen ihre Interessenten und Kunden aktuell, schnell und individuell versorgen und mit einer hohen Dienstleistungsqualität überzeugen. Sie so zu entwickeln, dass das Angebot die Bedürfnisse und Ansprüche dieser Gruppen richtig erkennt und zügig möglichst vollständig befriedigt, ist nur über eine Vernetzung der *online*- und *offline*-Datenwelten möglich. eCRM ist deshalb die Grundvoraussetzung für ein erfolgreiches Customer Relationship Management .

Wer sich hier einloggt, findet sich wieder und fühlt sich gut aufgehoben. Was diese Website vermittelt, das tut sie dynamisch, schnell und dazu noch kostengünstig. BMW entwickelt dieses zielgruppenspezifische und weitgehend personalisierte, mehrwertgenerierende Onlinekunden-Betreuungsportal zunehmend zum Kern des Kundenbetreuungsprogramms. Alle Betreuungsaktivitäten werden allmählich auf dieser Plattform gebündelt. In einem Meinungsforum können sich die BMW Fahrer auch untereinander austauschen und dabei den *Community*-Gedanken fördern. BMW kann hier mitlesen und so negative Trends frühzeitig entdecken und ihnen entgegen wirken. Aber auch umgekehrt werden über diesen Weg Wünsche und Ideen von BMW Fahrern transparent und können dann übernommen und umgekehrt werden.

Ist die erste Begeisterung für das neue Automobil abgeebbt, gilt es, das Interesse des Fahrers an der Markenwelt lebendig zu halten. Hierzu gibt das IT-System Impulse zu dann einzusetzenden kundenspezifischen Inhalten. Einige wenige pro Jahr sind ausreichend. Sollte ein Kunde sich beim Neukauf trotz aller Kontakte nicht für ein BMW Fahrzeug entscheiden, sondern beim Wettbewerb kaufen, wird er nicht ignoriert, sondern in einem *Lost Customer Program* weiter betreut. Nicht wenige Kunden suchen nämlich nur einmal eine Abwechslung. Ihre Affinität zur bisherigen Marke ist nicht erloschen. Es lohnt sich, sie lebendig zu erhalten. Ziel dieses *Lost Customer*-Programms ist es, den Kontakt zu solchen Kunden nicht zu verlieren und sie im geeigneten Moment zu reloyalisieren.

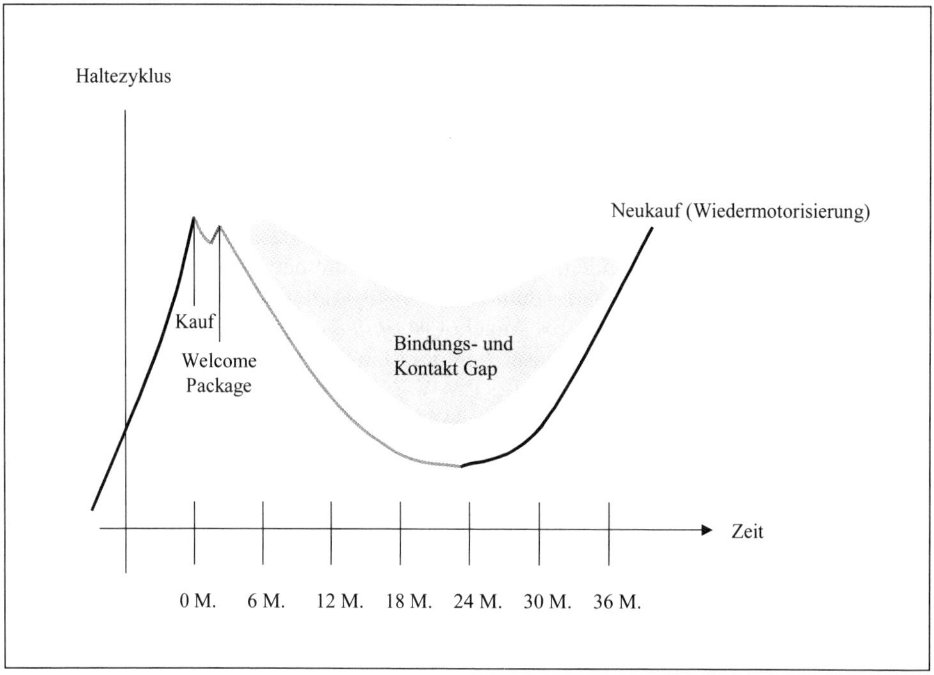

Abb. 5: Bindung und Kontakt im Haltezyklus

Loyalisierungsmaßnahmen garantieren nicht automatisch den gewünschten finanziellen Erfolg, zumal jede Maßnahme oder Aktion erst einmal Geld kostet und Ressourcen bindet. Ziel einer erfolgreichen Loyalisierungsstrategie ist es daher, alle Aktivitäten der Kundenbindung auf Personen auszurichten, die zumindest mittel- bis langfristig vermuten lassen, dass man Geschäfte mit ihnen machen kann. Sie zu identifizieren und aus den vorhandenen Kundeninformationen Aussagen abzuleiten, wie viel Geld diese Menschen wohl für ihr nächstes Automobil ausgeben werden, ist Aufgabe eines Kundenwertmodells, das die Grundlage für effizientes und effektives CRM bildet.

4.2 Eroberung

So wirtschaftlich sinnvoll es ist, Kunden loyal zur Marke zu halten: Bei allen gelingt das niemals. Und ein Unternehmen, das wächst, muss nicht nur abwandernde Kunden durch neue ersetzen, sondern sogar überproportional viele neue Kunden gewinnen. In den Segmenten, in denen BMW arbeitet, ist der Markt weitgehend „verteilt". Zusätzliches Volumen ergibt sich vor allem dann, wenn Kunden von Wettbewerbsmarken für BMW gewonnen werden können. Das ist, was das BMW Marketing „Eroberung" nennt.

Bei bereits eingeführten Modellreihen spricht das Marketing in der Regel die bestehende Zielgruppe intensiver an und schöpft das Potenzial stärker aus. Wird die Produktpalette dagegen erweitert und ein neues Fahrzeugkonzept eingeführt, müssen neue Zielgruppen erschlossen werden, die bisher von BMW nicht angesprochen wurden. Neue Konzepte darüber, wie man solche Menschen mit Aussicht auf Erfolg anspricht und zielgruppenspezifische Formen und Mittel bieten am ehesten Gewähr, dass solche Menschen auch zuhören, sich interessieren, schließlich eine Probefahrt machen und eines Tages ein solches Fahrzeug erwerben.

Eroberung erfordert gezielte Kommunikation

Mit Interessenten spricht BMW grundsätzlich anders als mit bestehenden Kunden. Denn der Kunde kennt in der Regel die Marke BMW, die Produktpalette und seinen Händler bereits. Für einen Interessenten ist dies weitgehend neu. Die Kundenkommunikation kann sich deshalb weitgehend auf Produktneuheiten konzentrieren. Interessenten brauchen dagegen einen breiteren Fächer an Themen.

Wer bisher ein anderes Automobil fährt, mag Barrieren empfinden, die Marke zu wechseln. In einem ersten Schritt geht es folglich darum, solche Barrieren abzubauen. Mögliche Vorurteile gegen die Marke BMW müssen aufgelöst werden. Dazu bringt man dem Interessenten alle Facetten der BMW Markenwelt näher, etwa Unternehmensinformationen, die Produktpalette, die Unternehmenshistorie, das Formel 1-Engagement, die Förderung anderer Sportarten, aber auch die BMW Finanzdienstleistungen. Erst danach macht es Sinn, einen Interessenten vom eigenen Produkt zu überzeugen. Dazu dienen selbstverständlich fahrzeugbezogene Informationen, vor allem aber das persönliche Fahrzeugerlebnis. Dabei ist der Händler in der Regel der erste persönliche Ansprechpartner. Er schließt auch den Kauf ab und betreut den Kunden dann weiter.

Eine Kaufentscheidung dauert üblicherweise mehrere Monate. In diesem Zeitraum soll der Interessent optimal betreut werden. Er soll alles zur Hand haben, was seine Entscheidung für einen BMW unterstützt. Dazu gibt es eigene Betreuungsprogramme. Inhaltlich sind diese präzise und gleichzeitig individuell auf den Interessenten abgestimmt. Der Interessent soll nicht nur die Produkte verstehen, sondern auch die Marke erleben. Probefahrten sind ein probates Mittel dazu, aber auch z. B. Einladungen zu ausgesuchten BMW Veranstaltungen.

Hat das Unternehmen das ihm Mögliche getan, wird der Interessent an den Handel weitergeleitet. Wichtig ist dabei der reibungslose und für den Interessenten unmerkliche Übergang in der Betreuung, denn das vermittelt ein harmonisches und einheitliches Bild der Marke und des Unternehmens.

4.3 Kundenfeedback und Messungen der Zufriedenheit

Die beste Betreuung nützt nichts, wenn der Kunde sie nicht akzeptiert. Da er das nur in den seltensten Fällen von sich aus laut ausspricht, muss ein erfolgreiches Customer

Relationship Management über Instrumente verfügen, mit denen es Kundenresonanzen schnell und sicher wahrnehmen kann. Der Kunde ist dabei Impulsgeber für die Marketingaktivitäten der BMW Group. So stellt BMW sicher, dass diese den Bedarf und die Wünsche der Zielgruppen treffen.

Um das Kundenfeedback erfassen und systematisch auswerten zu können, hat BMW historisch gewachsene Kundenkontaktstellen zu einem integrierten *Customer Service Center* zusammengefasst. Es arbeitet medienübergreifend am Telefon, per Brief, eMail und Fax. Jeder Kontakt wird dokumentiert. Sofort lässt sich nachsehen, was früher geschah. So ist eine individuelle, konsistente Kundenansprache möglich.

Neben Anfragen aller Art nimmt das *Customer Service Center* auch Beschwerden entgegen. Gerade diese kritischen Kundenkontakte bieten große Chancen, das Meinungsbild der Kunden wirklich kennen zu lernen und Irritationen oder Enttäuschungen auszuräumen, ehe sie sich herumsprechen und anderswo Unheil stiften. Eine kompetente, schnelle und kundenorientierte Problemlösung baut eine positive und vertrauensvolle Beziehung gerade auch zu unzufriedenen Kunden auf und erhöht deren Loyalität zu den Marken und Produkten der BMW Group.

Das CRM-System *Top Drive* erfasst alle Kundenkontakte und wertet das Kundenfeedback systematisch aus. Daten der Kunden in diesem System werden zu Loyalisierungs-Aktivitäten und zur Identifikation von *Cross Selling*-Potenzialen genutzt. Anfragen und Beschwerden von Kunden und Interessenten arbeitet das System in einem Berichtswesen auf und stellt diese Informationen den Fachabteilungen zur Verfügung. So erhalten alle Bereiche von der Entwicklung über die Produktion bis zum Vertrieb wertvollen Input für ihre Arbeit.

Das BMW Customer Relationship Management wartet im übrigen nicht, bis Kunden sich melden. Eine weitere wertvolle Quelle ist eine kontinuierliche Kundenzufriedenheitsbefragung. Im Kern geht es um die Einschätzung der Leistung von Händlern und Niederlassungen. Sie haben den direkten Kontakt und bestimmen deshalb wesentlich die Wahrnehmung der BMW Group und ihrer Marken. Dieses Programm läuft als *Perfection Plus* seit 2001 als telefonische Befragung gemeinsam mit dem Handel zeitnah nach Kauf- oder Servicekontakten. Teilzunehmen hat jeder Händler. Über 350.000 Kunden werden etwa eine Woche nach dem letzten Händlerkontakt über die Qualität des Kontaktes befragt. Die Vorteile dieses Verfahrens: Wer anruft, spricht mit seinem Kunden persönlich und schickt nicht nur anonym einen Brief. Das Telefongespräch erzeugt einen direkten Bezug zu einem konkreten Ereignis im Autohaus. Wer anruft, kann individuell auf Beschwerden eingehen. Zielgerichtete, aber nicht verkaufsorientierte Anrufe nach dem Kauf- oder Servicekontakt haben den ausschließlichen Zweck, die Zufriedenheit des Kunden zu fördern. Er registriert solche Anrufe als Zeichen der Wertschätzung und des echten Interesses an seiner Zufriedenheit.

Perfection Plus-Anrufe sind Aufgabe eines externen *Call Centers* im Auftrag des Händlers bzw. der Niederlassung. Die BMW Group steuert alle Abläufe, bleibt aber im Gespräch ungenannt. Das erzeugt eine neutrale Gesprächssituation und fördert ein unverfälschtes Kundenfeedback. Das Call Center hält sich an sehr strikte Anweisungen und an einen standardisierten Gesprächsleitfaden. Das gewährleistet vergleichbare Ergebnisse. Händler und Niederlassungen erhalten die Resultate umfassend und zeitnah. Bei Beschwerden können sie also unverzüglich handeln. Prozessdefizite zu erkennen und Verbesserungsmaßnahmen zu ergreifen ist gleichermaßen die Aufgabe des lokalen Händlers wie der CRM-Zentrale der BMW Group.

4.4 Qualitätssicherung

Mit Customer Relationship Management können Unternehmen Kunden gewinnen, sie loyal an die Marke binden und aussagekräftige Kundeninformationen nutzen. Das birgt jedoch auch ein Risiko. Denn Bedürfnisse und Erwartungen von Kunden an die Resonanz des Unternehmens können sich sehr wohl von dem unterscheiden, was das Unternehmen in dieser Hinsicht tun kann und will. Nachfrage und Angebot können sich sogar erheblich unterscheiden. CRM-Manager müssen daran arbeiten, dass sich diese Schere nicht zu weit öffnet. Sonst wäre Enttäuschung vorprogrammiert. Das Gegenteil, nämlich Begeisterung, soll aber eintreten.

Bei BMW werden CRM-Maßnahmen durch ein kontinuierliches Qualitätsmanagement begleitet. Dieses steuert einen permanenten Verbesserungsprozess und benutzt dazu ein detailliertes, aussagekräftiges und vor allem kommunizierbares *CRM-Reporting* für jeden einzelnen *CRM-Service*. Maßstäbe sind die Effizienz und die Kundenzufriedenheit. Messen lässt sich das auf dreierlei Art: prozessbezogen (dann bewertet man die Arbeitsschritte etc.), objektbezogen (Kunden, Medium, etc.) oder erfolgsbezogen (Ursache-Wirkungs-Zusammenhänge). Hier ein Beispiel für die Qualitätssicherung im CRM-System *Top Drive* der BMW Group. Die *CRM-Services* sind Aufgabe externer Dienstleister für private Kunden der Marken BMW und MINI. Eindeutiger Fokus ist deren CRM-Qualität.

Wer die Qualität von Dienstleitungen auf diese Art sichern will, braucht messbare Qualitätsmerkmale. Man muss sowohl ausrechnen können, wie weit individuelle Kundenbedürfnisse erfüllt werden können, als auch, wie weit die Qualität einer Dienstleistung den Maßstäben der BMW Group entspricht. Solche Maßstäbe werden im Vorfeld als sogenannte CRM-Soll-Anforderungen bestimmt. Wie weit sie erreicht werden, gibt Auskunft über das Qualitätsniveau der Prozesse und Maßnahmen.

Die *Top Drive*-Qualitätskriterien sind klar verständlich und transparent. Sie orientieren sich an praktikablen Zielen, etwa an organisatorischen oder inhaltlichen Vorgaben, an Vorgaben zur Gestaltung oder zum Bearbeitungsprozess.

Solches Handeln nach Qualitätsmaßstäben hat einen vorteilhaften Nebeneffekt. Nicht nur wird die Qualität wirklich gesichert. Auch das Bewusstsein dafür wird geschärft und stetig wach gehalten. Denn der Qualitätssicherungsprozess wird fortlaufend und somit aktuell dokumentiert und in seinem Ablauf bestätigt. Das schafft zugleich eine Grundlage für ein Qualitäts-Benchmarking (siehe Grafik unten).

Qualitätssicherung von CRM-*Services* definiert und entwickelt mit der Zeit den gesamten CRM-Prozess: Alle CRM-*Services* laufen in einem festgelegten Qualitätsrahmen und werden in einem monatlichen Qualitätsmanagement-Reporting

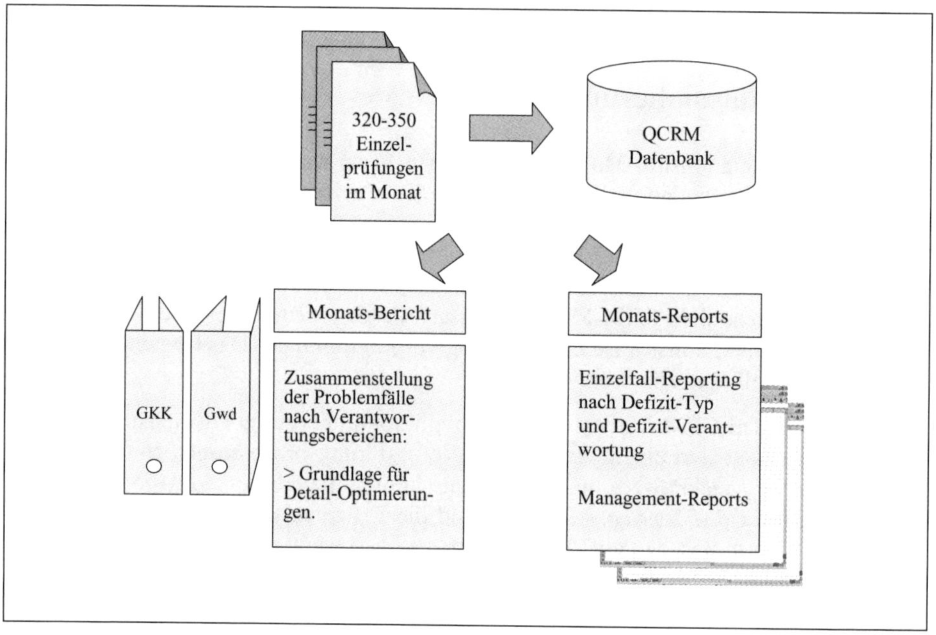

Abb. 6: Das Reporting im Qualitätsmanagement

sichtbar gemacht. Werden Defizite in den Prozessen oder Ergebnissen identifiziert, kann man anhand der detaillierten Dokumentation sofort optimierend eingreifen. Auf diese Weise hat das BMW CRM-Team schon Defizite in der fachlichen Kompetenz, im Prozess-Design, in der Organisation, der Datenpflege und der Systemsteuerung identifiziert und behoben. Der Effekt: Signifikante Erfolge zeigten sich schon innerhalb der ersten sechs Monate nach Einführung des Qualitätsmanagements.

Der erreichte Stand der CRM-Qualitätssicherung wird fortlaufend auf zweierlei Weise ergänzt. Zum einen geht es um den Ausbau der dokumentierten Prozesse, zum anderen wird das Reporting noch stärker systematisiert. Dabei erhalten alle eingebundenen Dienstleister z.B. Qualitäts-*Benchmarks* in Form von Kennzahlen für einheitliche Sollwerte. Außerdem gibt es regelmäßige Qualitätsabstimmungen, sogenannte *QCRM*-Audits.

5 Informationstechnik – der Schlüssel für Effizienz und Erfolg

Die Informationstechnik spielt im Marketing eine immer größere Rolle. Datenbanken zur Verwaltung des Kundestammes und im Direktmarketing kennt man seit den 50er-Jahren. Seit Mitte der 90er-Jahre haben viele Unternehmen CRM-Projekte begonnen und dabei CRM-Standardsoftware wie z.B. Siebel oder Clarify eingeführt. Gleichzeitig spielte das Internet mit seiner Informationstechnik als Medium im Kundenkontakt eine immer größere Rolle.

IT ist im Marketing kein Selbstzweck. Sie soll Veränderungen möglich machen, einleiten und unterstützen. BMW verfolgt vier Stoßrichtungen für eine bessere Betreuung der Kunden durch das operative CRM-System:

Integration: Das BMW CRM-System *Top Drive* integriert die CRM-Aktivitäten des Unternehmens mit denen der Händler. Daten der Kunden und Interessenten werden ausgetauscht und z.B. Probefahrten vermittelt, Anfragen weitergeleitet und Interessenten für Betreuungsprogramme gemeldet. Alles läuft unabhängig von der Datenquelle in einer Datenbank zusammen. Ruft ein Kunde bei der BMW Kundenbetreuung an, sind z.B. die Produktionsdaten seines Fahrzeuges bekannt, was detaillierte technische Auskünfte ermöglicht. Wenn ein Kunde sich über eine Dialogmarketingkampagne beschwert, lässt sich leicht feststellen, ob die Ansprache von BMW kam.

Automatisierung: Informationstechnik ist der Motor für Rationalisierungen, d.h. für mehr Effizienz in den CRM-Prozessen. Wiederholte manuelle Tätigkeiten lassen sich gut automatisieren. So werden seit der Einführung von *Top Drive* z.B. alle neuen Adressen automatisch auf ihre postalische Korrektheit geprüft, doppelte Adressen sortiert das System aus. Kommen über das Internet Anfragen nach Prospekten, werden diese weitgehend automatisch bearbeitet.

Workflow: Workflow-Systeme unterstützen arbeitsteilige Prozesse, in denen vor allem Informationen bzw. Daten weitergereicht werden. Die Masse der Anfragen wird zunächst von Generalisten erfasst. Individuelle Beschwerden oder technische Anfragen können aber oft nur von Experten beantwortet werden. Über das System gelangen solche Anfragen problemlos auch über größere Entfernungen zum jeweils Zuständigen im Unternehmen. Auch die Händler sind über ein *Top Drive* Händlerportal integriert. Probefahrtanfragen beispielsweise werden innerhalb weniger Minuten an einen Händler weitergeleitet.

Transparenz: Das BMW System *Top Drive* enthält Daten von etwa zwei Millionen Kunden und weiteren drei Millionen Interessenten. 300 Benutzer greifen BMW intern darauf zu. Nur mit leistungsfähigen Systemen lässt sich diese Nutzung und Auswertung der Informationen sichern. Die Informationstechnik ist der Schlüssel für mehr Transparenz über die Kunden und damit für mehr Kundenorientierung und effektiveres Marketing. Reports und Analysen über Kunden und Interessenten zeigen auf, wie sie sich informieren, welche Interessen sie haben, ob sie loyal bleiben oder als Neukunde gewonnen werden können.

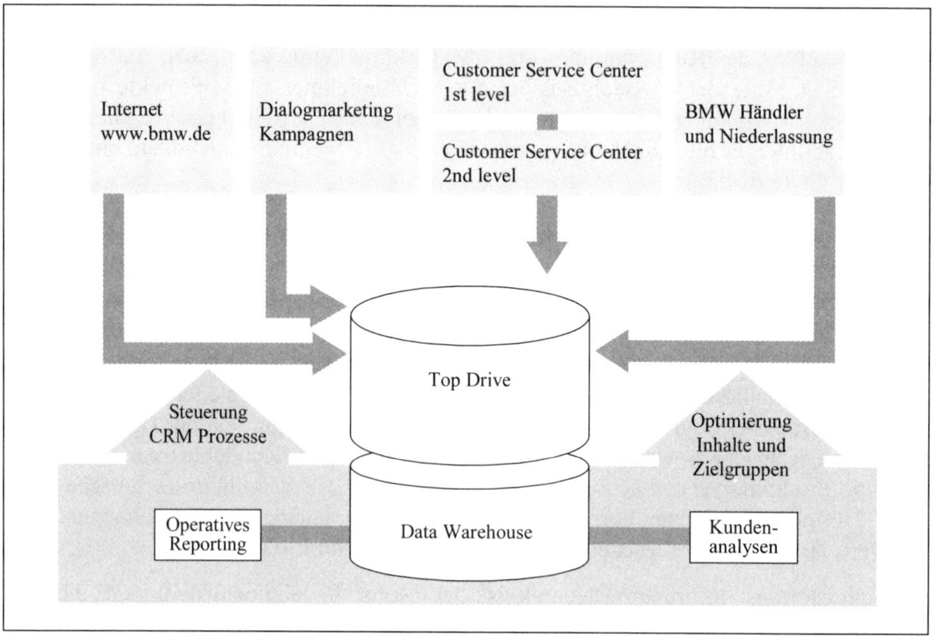

Abb. 7: Datenflüsse im CRM

Die Kunst des integrierten Marketings besteht darin, mit Kampagnen zweierlei zu erreichen: Einerseits soll der Auftritt über alle Medien und Aufgaben konsistent sein und andererseits auf das Wesentliche fokussieren. Es geht also um die richtige Balance zwischen Kommunikation mit der breiten Öffentlichkeit und mit dem einzelnen Interessenten und Kunden. Für BMW als Premiumanbieter ist diese individuelle Kommunikation besonders effizient – allerdings nur, wenn es gelingt, Interessenten systematisch zu finden (zum Beispiel mit Hilfe des Internets), anzusprechen, zu interessieren und zum Gesprächspartner eines Händlers zu machen. Dabei hat sich das Marketing an den Erwartungen des Kunden – des Rezipienten – zu orientieren.

Beispiel für eine erfolgreiche integrierte Marketingkampagne ist die Markteinführung des Roadsters BMW Z4. Alle Aktivitäten waren hier bereichsübergreifend synchronisiert. Sie begannen damit, dass das Unternehmen 200.000 hochqualifizierte Adressen und 50.000 Kunden ansprach, um eine Z4 *Community* aufzubauen, also eine große Zahl grundsätzlich interessierbarer Personen. Diese „Gemeinde" hat das Dialogmarketing per Post auf eine exklusive Internetadresse aufmerksam gemacht und zum Besuch eingeladen: www.bmw.de/z4-exklusiv. Wer diese Seite anklickte, zeigte sich bereits interessiert.

Nun galt es diese Kontakte lebendig zu halten und mit mehr Inhalt zu füllen. Dazu enthielt die Seite Informationen und Anregungen, die von Menschen mit einer solchen Interessenlage mit hoher Wahrscheinlichkeit genutzt werden. Internet-Spezialisten sprechen dabei von einem *Involvement* durch zielgruppenaffinen *Content*. Dazu gehörten beispielsweise ein Interview mit dem Designer dieses Automobils, exklusiv für den BMW Z4 ausgewählte Musikstücke und eine *Media Lounge* mit Auszügen aus den Berichten der Presse und des Fernsehens.

Im nächsten Schritt kam es darauf an, interessierte Personen zu Reaktionen zu bewegen, aus der bloßen Information eine dialogische Kommunikation werden zu lassen. Dazu bot die Internetseite die Chance, sogenannte *Closed Rooms* zu betreten. Das sind geschlossene Webseiten oder Veranstaltungen des Unternehmens für geladene Gäste, bei denen diese ein neues Fahrzeug schon vor dessen öffentlicher Premiere in passender Umgebung erleben. Außerdem motivierte die Internetseite dazu, per PC oder Handy bestimmte Informationen abzurufen oder herunter zu laden. Wer das tat, hinterließ natürlich elektronische Spuren. Seine Mailadresse oder seine Handynummer wurden bekannt – und nun konnte das Marketing den Interessenten gezielt ansprechen.

Mails und Anrufe ermittelten, was den Interessenten über das Internetangebot hinaus interessierte. Sobald sein Wohnort bekannt war, konnte auch der örtliche Händler mit informiert werden. Wer auf Angebote einging, bekam nicht nur Broschüren über das neue Automobil zugesandt, sondern auch eine CD mit der für dieses Fahrzeug ausgewählten Musik. Denn BMW wollte Auge und Ohr, Verstand und Herz gleichermaßen erreichen.

Besonders überzeugend wirkten die *Closed Rooms*. Wieder einmal erwies sich: Das direkte Produkterlebnis ist durch nichts zu ersetzen. Es fasziniert solche ausgewählten Kundenzielgruppen.

Erst dann setzte die Werbung für die breite Öffentlichkeit ein. Sie hatte die BMW Z4 Positionierung und die Kommunikationsbotschaften im Meinungsbild der Menschen zu verankern. Angesichts der Grundaussage, der BMW Z4 sei ein Automobil, das man mit allen Sinnen erlebe, sprach die Werbung außer dem Auge auch den Tastsinn an; denn die in die Werbung geprägte Fahrzeugkontur ließ sich auch buchstäblich erfühlen.

Auch die Werbung hatte den Auftrag, aus bloßer Information Kommunikation werden zu lassen. Sie enthielt folglich *Response*-Elemente, also Einladungen, BMW zu antworten und weitere Offerten anzunehmen, beispielsweise einen Besuch auf der Website oder einen Anruf bei einem *Call Center*. Wer einen Fernseh-Werbespot sah und die Z4-Erkennungsmelodie „*The Look of Love*" hörte, sah gleichzeitig einen Hinweis auf die entsprechende Musik-CD im Handel und erneut eine Information auf spezielle Web-Angebote auf www.bmw.de/Z4. Die Compilation entstand in Kooperation mit Universal Music, marktführender Musikkonzern in Deutschland, der das Album als Teil der Z4 Kampagne bundesweit über alle Kommunikations- und Sales-Channels präsentiert hat.

Auf diesem Wege kristallisierte sich eine immer konkretere Käuferzielgruppe heraus. Es war die Aufgabe des Dialogmarketing, sie aus der Masse der Autofahrer herauszufiltern und für den neuen BMW Z4 zu interessieren. Der Erfolg des Dialogmarketings wird an der Zahl der Kontakte gemessen, die zwischen Käuferzielgruppe und Niederlassungen bzw. Händlern stattgefunden haben. Der erst danach zu erzielende Absatzerfolg wird nicht zuletzt davon bestimmt, ob das Automobil, etwa der BMW Z4, den Geschmack und die preislichen Erwartungen des Publikums trifft.

6 Ausblick

Für die BMW Group ist CRM eine der wichtigsten Differenzierungsmöglichkeiten zum Wettbewerb. Die Bedeutung von CRM wächst noch weiter. Denn nur, wenn BMW seine Marken konsequent profiliert und nachhaltige individuelle Betreuungserlebnisse bietet, entwickeln sich langfristige Kundenbeziehungen und damit Wechselbarrieren gegenüber dem Wettbewerb.

Die BMW Produktpalette wird zukünftig weiter ausgebaut. Die Kommunikationsmedien zeigen sich gleichzeitig zunehmend fragmentiert. Für Kunden wird die Welt des Automobils also immer unübersichtlicher. Folglich gilt es, Schneisen zu legen und Übersicht wieder möglich zu machen. Dazu dient ein zielgerichtetes und deshalb auch effektives Marketing. Seine Leistung wird in Zukunft noch erfolgskritischer sein. CRM-Instrumente sind als Bestandteile eines integrierten Marketings kontinuierlich weiterzuentwickeln.

Neben der Massenkommunikation wird Individualkommunikation immer bedeutsamer um Kunden und Interessenten kontinuierlich attraktive *face-to-face*-Kontakte zu bieten. CRM bietet hier neue Lösungen durch die Verzahnung von technischem Leistungsvermögen und individueller sozialer Kommunikation.

Aus dem Erfolgsdreieck zwischen Hersteller, Kunde und Handel wird in naher Zukunft ein Viereck werden. Denn auch das Fahrzeug selbst wird zum Kommunikationsinstrument und damit zu einem wesentlichen Medium im CRM-Prozeß. Schon jetzt bieten Telematikdienste dem Autofahrer wichtige Informationen. Die Weiterentwicklung der drahtlosen Kommunikation (GMS, GPRS, UMTS) ermöglicht zukünftig innovative Mehrwertdienste. Wichtig ist, dass diese Dienste den Fahrer nicht überfluten und ihn mit relevanten Informationen versorgen bzw. beim Fahren unterstützen. Die Telematikdienste der BMW Group haben daher das primäre Ziel, die *Freude am Fahren* zu fördern. Telematik wird künftig zu einem weiteren Bestandteil des integrierten Customer Relationship Managements werden. Das bringt zusätzliche Herausforderungen. Denn die Entwicklungs- und Innovationszyklen im Dienste- und Softwarebereich sind wesentlich kürzer als die Entwicklungs- und Lebenszyklen eines Automobils. Notwendig sind fundierte Kenntnisse in den Bereichen Software, Telekommunikationstechnik und Contententwicklung. Alle Partner im Vorteilsdreieck sind auf die neuen Anforderungen vorzubereiten und für die sich ergebenden Chancen zu sensibilisieren.

Dirk Arndt

Die Messung der Kundenzufriedenheit zur Informationsbereitstellung im strategischen und operativen CRM am Beispiel von Automobilbanken

1 Einleitung

Das Konzept des Customer Relationship Management (CRM) ist zu einem bedeutenden Baustein der Marketing-, Vertriebs- und Servicestrategie in der Automobilindustrie avanciert. Die strategische Bedeutung von CRM lässt sich nur mit Blick auf die geänderten Marktbedingungen und das gewandelte Kaufverhalten seitens der Konsumenten verstehen (Arndt et al. 2003a). Der weltweite Automobilmarkt gilt seit langem als gesättigt und jährlich werden rund 22 Millionen Fahrzeuge über dem Bedarf produziert (Rother 1999, S. 37 ff.). Gleichzeitig haben die Automobilkäufer nicht zuletzt aufgrund fallender Marktschranken wie z.B. der Einführung des Euro, der steigenden räumlichen Mobilität oder der zunehmenden Akzeptanz des Internets zu Zwecken der Information und Kommunikation stark an Marktmacht gewonnen. Sie sind deshalb eher in der Lage ihre Interessen durchzusetzen und fordern von Seiten der Händler und Hersteller immer bessere Produkte und Dienstleistungen, bei gleichzeitig attraktiver Preisgestaltung. Werden diese Erwartungen hingegen nicht erfüllt, sind die Kunden mehr und mehr bereit, die Automarke bzw. den Hersteller auch in kurzen Zeitabständen und wiederholt zu wechseln. Profitable Kundenbeziehungen langfristig aufzubauen und nachhaltig zu pflegen, also die Verfolgung des Ziels der Kundenbindung, muss somit ein wesentliches Ziel aller Automobilhersteller sein (Herrmann/Fürderer 1997, S. 350 ff.). Dabei ist eine starke kommunikative Verbindung zwischen Hersteller-, Händler- und Finanzdienstleistungsmarke zu berücksichtigen (z.B. BMW, BMW Automobile Müller GmbH, BMW-Bank). Die Kunden nehmen die Leistungen noch stärker als in anderen Branchen gesamtheitlich wahr. Im Fokus dieser Wahrnehmung ergibt sich die Notwendigkeit, sämtliche Kern- und Serviceleistungen gezielt aufeinander und in Summe möglichst individuell für den einzelnen Kunden abzustimmen. Nur so kann es gelingen, sich von dem Angebot anderer Hersteller zu differenzieren. Da der CRM-Ansatz im Gegensatz zum bisher vorherrschenden produktorientierten Massenmarketing auf einer möglichst individuellen Gestaltung des gesamten Leistungsangebots und des Kundendialogs beruht, eignet er sich insbesondere zur Erreichung dieses Ziels (Hippner/Wilde 2002, S. 5 f.).

Da sich die Kernprodukte von Industrieunternehmen generell und in der Automobilindustrie im speziellen immer ähnlicher werden, ist eine Differenzierung über selbige zunehmend schwieriger zu erreichen (Arndt et al. 2003a). In Verbindung mit dem Automobilkauf, werden u.a. aus den oben geschilderten Gründen insbesondere die damit verbundenen Finanzdienstleistungen wahrgenommen. Eine von der Unternehmensberatung Mummert + Partner im Jahre 2002 unabhängig durchgeführte Studie offenbarte allerdings, dass gravierende Mängel beim Kundenmanagement der „Autobanken“ in Deutschland bestehen (o.V. 2002, S. 14). Als die beiden hauptsächlichen Mängel wurden Kommunikationsdefizite über sämtliche Kundenkontaktpunkte hinweg sowie Probleme hinsichtlich der Kompetenz und des Zuständigkeitsgefühls bei den Mitarbeitern der Automobilhändler identifiziert. Obwohl die DaimlerChrysler Bank deutlich auf dem ersten Platz aller 18 geprüften Institute rangiert, wurde bereits vor dem Beginn der Erhebungen für die Studie von Mummert + Partner eine europäische Qualitätsoffensive zur Verbesserung der Finanzdienstleistungen von DaimlerChrysler gestartet. Diese hat zum Ziel, die bisher erzielten, von Mummert + Partner lediglich mit „befriedigend“ bewerteten Ergebnisse, in regelmäßigen Abständen zu messen und beständig weiter zu verbessern. Dafür ist das CRM-Konzept und das damit verbundene System aus Kundenreaktionen kontinuierlich zu lernen und die Ergebnisse ständig zur Verbesserung der Bedürfnisbefriedigung zu nutzen, die sogenannte „Closed Loop Architecture“, besonders gut geeignet (Hippner/Wilde 2002, S. 15 f.).

Im folgenden soll vorgestellt werden, wie mittels des Einsatzes verschiedener Instrumente des analytischen CRM (aCRM) die Informationsinhalte erhoben, selektiert und aufbereitet werden, die zur Verbesserung des strategischen CRM (sCRM) und der Serviceleistungen (speziell der Fahrzeugfinanzierung und des Leasing) im operativen CRM (oCRM) der DaimlerChrysler Bank benötigt werden (Arndt et al. 2003b). Dazu wird nach einer kurzen theoretischen Einführung die Konzeption eines Ansatzes zur herstellerunabhängigen Messung der Kundenzufriedenheit erklärt, welcher in ganz Europa eingeführt werden soll und im Jahr 2002 bereits in einem Markt getestet wurde. Danach wird der Einsatz des aCRM-Instrumentariums von der Datenerhebung bis hin zur Informationsdarstellung schrittweise erläutert. Der Beitrag endet mit der Beschreibung von Ansätzen, wie die Informationen im oCRM bzw. sCRM genutzt werden können.

2 Grundlagen und Ausgangslage des Projektes

2.1 Theoretische Grundlagen der Kundenbindung und der Kundenzufriedenheit

Mit dem CRM wird u.a. das grundsätzliche Ziel der Verbesserung der Kundenbeziehungen verfolgt. Dazu werden die Potenziale der Kundengewinnung, der Kundenbindung und der Kundenselektion genutzt (Schmidt et al. 2000, S. 19 ff.). Nachdem ein Kunde gewonnen wurde, beruht der Beziehungserfolg einerseits auf der Steigerung der Profitabilität der Kundenbeziehung und andererseits auf der Erhöhung der Beziehungssicherheit (Henning-Thurau/Hansen 2000, S. 7). Letzteres Ziel steht im Fokus des hier vorliegenden Beitrags.

Die Sicherheit der Kundenbeziehung hängt stark davon ab, inwieweit es gelingt, den Kunden an das Unternehmen bzw. die Marke zu binden (Diller 2000, S. 29 ff.). Peter hat mittels einer Kausalanalyse u.a. für die Automobilindustrie gezeigt, dass die Existenz von Wechselbarrieren, die Attraktivität des Konkurrenzangebots, das Variety Seeking und die Kundenzufriedenheit als wesentliche Determinanten der Kundenbindung gelten können (Peter 1998, S. 221 und S. 232). Dabei beeinflussen die Existenz von Wechselbarrieren und die Kundenzufriedenheit die Kundenbindung positiv, die beiden anderen Bestimmungsgrößen wirken negativ. Dass ihr Basismodell in zwei Wirtschaftszweigen und sowohl bei Privatkunden als auch bei Geschäftskunden nachgewiesen werden konnte, spricht für die Befunde dieser Untersuchung. Allerdings sind bei der Beurteilung dieser Ergebnisse auch die generellen Schwächen des Verfahrens der Kausalanalyse zu bedenken (Backhaus et al. 2000, S. 445 ff.; Hildebrandt/Homburg 1998, S. 37 f.). Die mittels Kausalanalyse erzielten Ergebnisse hängen stark von der zugrunde gelegten Modellstruktur und den damit verbundenen Hypothesen ab. Bei deren Ableitung ist nach Meinung des Autors eine gewisse Willkür allerdings nicht zu vermeiden.

Für die Messung der Kundenbindung und ihrer Bestimmungsgrößen sind darüber hinaus noch eine Vielzahl weiterer Verfahren entwickelt worden (Krafft 2002, S. 65 ff.). Diese Verfahren variieren ebenfalls stark in ihren Ansätzen und den daraus resultierenden Ergebnissen, was hauptsächlich auf die jeweils berücksichtigten Bestimmungsgrößen und Merkmale sowie auf die explizit verwendeten Messinstrumente und Methoden zurückzuführen ist. Deshalb werden die Genauigkeit und Eignung der unterschiedlichen Ansätze bis heute kontrovers diskutiert (Krafft 2002, S. 15 ff. und S. 65; Töpfer 1999a, S. 300 f.). Welche Instrumente in welcher Kombination in der Praxis tatsächlich zum Einsatz kommen sollten, ist nach Meinung des Autors individuell für jeden Einzelfall zu bestimmen. Ein allgemeingültiger geschlossener Ansatz existiert nicht und es fraglich, ob ein solcher entwickelt werden kann oder sollte. Die Auswahl und Kombination der Instrumente hängt maßgeblich von den Eigenschaften des Produkt- und Serviceangebots, den Unternehmenseigenschaften und den jeweiligen Marktgegebenheiten ab. Gleichzeitig sind die genauen Ziele der jeweiligen Untersuchungen zu beachten (s.u.). Ein Schwerpunkt bei der Datenerhebung liegt jedoch in jedem Fall auf der direkten Befragung bzw. Beobachtung der Kunden, da nur so die tatsächliche Bedürfnisgerechtigkeit des Leistungsangebots ermittelt werden kann.

Dass die Kundenzufriedenheit eine der Determinanten ist, die einen entscheidenden Einfluss auf die Kundenbindung haben, ist in der Literatur und in der Praxis weitgehend unstrittig (Krafft 2002, S. 65 ff.). Die Messung der Kundenzufriedenheit mittels eines integrierten Maßes, eines sogenannten Customer Satisfaction Index (CSI), kann als Vorstufe zur Messung der Kundenbindung verstanden werden (Töpfer 1999b, S. 5). Die durch den Einsatz des Messinstrumentariums erzielten Informationen bilden die Grundlage für die oCRM-Maßnahmen zur Verbesserung der Kundenzufriedenheit und damit letztendlich zur Erhöhung der Kundenbindung. Wie bereits erwähnt wurde, ist es Gegenstand des aCRM diese Informationen zur Verfügung zu stellen. Demzufolge ist die Konzeption und Durchführung der Messung der Kundenzufriedenheit eine der Aufgaben des aCRM.

Zur Erfüllung der daraus resultierenden Anforderungen sind eine Reihe von Prozessschritten nacheinander zu durchlaufen. Die benötigten Informationen müssen aus Daten gewonnen werden, die an verschiedenen Stellen innerhalb und außerhalb des eigenen Unternehmens entstehen können (Arndt/Gersten 2001b, S. 25 ff.; Gersten/Arndt 2002, S. 1 ff.). Deshalb ist es die erste Aufgabe des aCRM potenziell nützliche Daten zu identifizieren, zu sammeln bzw. zu erheben. Diese Daten sind dann im nächsten Schritt in geeigneter Form zu speichern und später für die Analyse zu selektieren und aufzubereiten. Danach können die Datenanalyse selbst und die Darstellung der gewonnenen Informationen erfolgen. Ausgehend von diesen Betrachtungen lassen sich die Instrumente des aCRM also nach dem Kriterium der Aufgabenerfüllung grob in drei Gruppen zerlegen: (1) die Gruppe der Instrumente zur Datenerhebung, (2) die der Instrumente zur

Datenverarbeitung sowie (3) die der Instrumente zur Datenauswertung (Arndt et al. 2003b). Dabei lässt sich eine gewisse Unschärfe, insbesondere zwischen den Instrumenten der Gruppen (2) und (3), nicht vermeiden. Beispielsweise kommen beim Einsatz von Data Cleansing oder Data Profiling Tools naturgemäß auch statistische Methoden (z.B. die Faktorenanalyse) und statistische Maße (z.B. Varianzen und Häufigkeiten) zum Einsatz. Die in den Gruppen jeweils eingesetzten Werkzeuge haben allerdings unterschiedliche Schwerpunkte bzgl. der mit ihnen zu erfüllenden Aufgaben, was die getroffene Einteilung als gerechtfertigt erscheinen lässt. Abb. 1 verdeutlicht das Konzept.

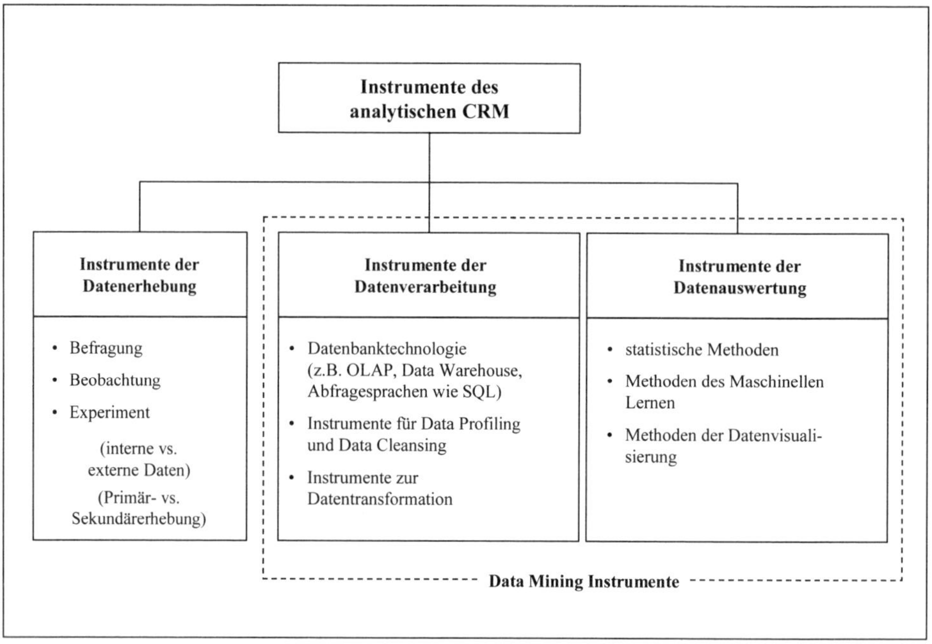

Abb. 1: Das Instrumentarium des aCRM

Wie diese Instrumente im Loyalitätsprogramm des CRM generell eingesetzt werden, ist in Arndt et al. 2003b beschrieben. In Abschnitt 3 dieses Beitrages wird der Einsatz des aCRM-Instrumentariums zur Messung der Kundenzufriedenheit exemplarisch am Beispiel von Banken der Automobilhersteller erläutert. Zuvor ist noch die grundlegende Konzeptionalisierung des zugrundeliegenden Ansatzes dargestellt.

2.2 Ausgangslage für die Konzeptionalisierung

In der Vergangenheit sind eine Vielzahl von nationalen, branchenspezifischen und unternehmensindividuellen Ansätzen zur Operationalisierung und Messung der Kundenzufriedenheit entwickelt worden. Nationale Kundenbarometer sind branchenübergreifende Messinstrumente zur Messung von Zufriedenheit sowie zugehöriger zentraler Erfolgsfaktoren von Unternehmen und Institutionen einer Nation (Bruhn 1999, S. 387 und S. 393). Sie ermöglichen somit ein Benchmarking über sämtliche Unternehmen des nationalen Wirtschaftsraumes hinweg. Branchenbarometer sind hingegen lediglich auf eine bestimmte Branche gerichtet, können dafür aber speziell auf deren Belange zugeschnitten werden. Aufgrund großer methodischer Unterschiede zwischen den nationalen Barometern (Bruhn 1999, S. 393 ff.) und der oben erwähnten Notwendigkeit, die Messung der Kundenbindung bzw. Kundenzufriedenheit auf die jeweilige spezielle Situation anzupassen, eignen sich Branchenbarometer grundsätzlich besser für die Feinjustierung der oCRM-Instrumente als die nationalen Barometer. Gleiches gilt in noch verstärktem Maße für die unternehmensindividuellen Ansätze, zumindest so lange, wie diese eine Betrachtung der Mitbewerber einbeziehen und durch neutrale Institutionen bzw. Stellen im Unternehmen entwickelt sowie eingesetzt werden.

Die Messung der Kundenzufriedenheit hat speziell im amerikanischen Automobilmarkt eine lange Tradition. Die Firma J.D. Power and Associates wurde im Jahre 1968 als unabhängiges Institut gegründet und führt seit 1971 unabhängige und herstellerübergreifende Kundenzufriedenheitsbefragungen in den USA durch (Power 2003). In den USA ist insbesondere die Studie „Early Buyer Survey“ (EBS) mittlerweile zum „Quasi-Standard“ in der Automobilbranche geworden und wird von allen namhaften Herstellern als Mess- und Vergleichsinstrument akzeptiert und genutzt, auch wenn aus wissenschaftlicher Sicht sicher noch Verbesserungspotenzial für die Studie besteht. Dabei deckt die Untersuchung in den USA die Messung der Zufriedenheit mit der Kernleistung und den Serviceleistungen ab. Die Finanzdienstleistungen für Automobile werden in der Teilstudie „Consumer Financing Satisfaction Study“ (CFS) betrachtet. Das zugrunde liegende Konzept wurde ausgehend von den USA durch J.D. Power and Associates insbesondere in den letzten Jahren auch auf Asien und Europa übertragen. Die erste Studie in Deutschland wurde bspw. in 2002 publiziert (Adel/Reichelt 2002, S. 1). Allerdings bezieht dieses Vorgehen zumindest für Europa noch nicht die Messung der Zufriedenheit mit den Finanzdienstleistungen der Automobilhersteller ein.

Für ein weltweit operierendes Unternehmen wie DaimlerChrysler besteht die grundsätzliche Notwendigkeit, die Kundenzufriedenheit möglichst standardisiert in den einzelnen Märkten zu messen, um Länderaktivitäten vergleichen und erfolgreiche Konzepte und Maßnahmen übertragen zu können. Ausgehend von der in der Einleitung und im vorhergehenden Absatz beschriebenen Situation wurde deshalb beschlossen, den von J.D. Power and Associates entwickelten Ansatz für die Finanzdienstleistungen aufzugreifen und auf die europäischen Spezifika anzupassen. Die Herausforderung dabei bestand darin, einerseits die Vergleichbarkeit mit der amerikanischen Studie zu erhalten und andererseits Messfehler (z.B. aufgrund von kulturellen oder datenschutzrechtlichen

Unterschieden) zu vermeiden. Wie dabei im Einzelnen vorgegangen wurde, ist nachfolgend dargestellt.

3 Einsatz und Ergebnisse des aCRM-Instrumentariums

3.1 Instrumente der Datenerhebung

Da im betrachteten Fall die zur Ermittlung der Kundenzufriedenheit notwendigen Tatbestände nicht als Sekundärdaten vorliegen (s.o.), muss immer auf eine Primärerhebung in Form einer mündlichen oder schriftlichen Befragung zurückgegriffen werden. Des weiteren ist zu bedenken, dass gerade bei Leasing- bzw. Finanzdienstleistungen in Verbindung mit Automobilen zwei Zeitpunkte der Zufriedenheit gemessen werden müssen. Zum einen ist die Zufriedenheit kurz nach Abschluss des Vertrages (Initial Satisfaction) zu ermitteln und zum anderen muss gemessen werden, wie zufrieden die Kunden bei Vertragsende sind (End of Term Satisfaction). Dieser Umstand resultiert daraus, dass es bei der Rückgabe bzw. Rücknahme der Fahrzeuge oftmals zu Meinungsverschiedenheiten zwischen Käufern und Verkäufern kommt, die bei Vertragsabschluss oder während der Vertragslaufzeit nicht auftreten, welche die Kundenzufriedenheit aber grundlegend verändern können.

J.D. Power and Associates führen dazu in den USA eine schriftliche Befragung durch. Um Abweichungen zu vermeiden, hat man sich bei DaimlerChrysler für die Wahl des selben Instrumentes entschieden. Dafür war der amerikanische Fragebogen anzupassen. Neben der Skalentransformation sind zusätzlich inhaltliche Veränderungen notwendig. So macht es z.B. in den USA durchaus Sinn zu fragen, wie zufrieden die Kunden mit den angebotenen Möglichkeiten der Zahlungsabwicklung sind, da der automatische Einzug der Raten vom Konto des Kunden dort wenig verbreitet ist. In Europa erübrigt sich diese Frage jedoch. Auch bietet sich die Gelegenheit an, zusätzlich eigene Fragen zu stellen. Insgesamt wurde im konkreten Fall darauf geachtet, dass der Fragebogen den Umfang eines doppelseitig bedrucktes A4 Blattes nicht überschreitet. Aus Vertraulichkeitsgründen kann der Fragebogen in diesem Artikel nicht abgebildet werden.

J.D. Power and Associates hat in den USA die Möglichkeit, über die jeweiligen Zulassungsstellen (Department of Motor Vehicles) auf die Adressen von Personen zuzugreifen. Mittels einer gewichteten Stichprobe werden für die Erhebung der Zufriedenheit nach Vertragsabschluss Personen ausgewählt und dann angeschrieben, die innerhalb der letzten 3 Monate einen Neuwagen zugelassen haben (Power 2001, S. 2). Für die Ermittlung der Zufriedenheit bei Vertragsende werden diese Personen nach ihren Erfahrungen mit dem zuvor besessenen Fahrzeug befragt. Aufgrund der allgemeinen europäischen Datenschutzrichtlinie und ihrer jeweils nationalen Umsetzung besteht diese Möglichkeit in den meisten europäischen Ländern nicht (Koch/Arndt 2003). Damit ergibt sich die Frage, wie die entsprechenden Informationen alternativ beschafft werden können. Da speziell die Zufriedenheit mit den Finanzdienstleistungen gemessen werden sollte, war zusätzlich zu berücksichtigen, dass Adressen von Personen zu finden waren, die ihr Fahrzeug geleast oder finanziert haben. Der Anteil dieser Personen am Gesamtmarkt liegt in Europa weit hinter den USA zurück. Weil, wie beschrieben, zwei Zeitpunkte der Zufriedenheit zu erfassen sind, ergibt sich ebenfalls die Notwendigkeit Personen zu finden, welche bereits vor dem zum jeweiligen Zeitpunkt gefahrenen Auto ein anderes Fahrzeug geleast oder finanziert hatten. Berücksichtigt man diese Gegebenheiten und den Umstand, dass statistisch valide Aussagen auch für Einzelfragen getroffen werden sollen, wird schnell klar, dass aufgrund der notwendigen Stichprobengröße der finanzielle Aufwand für eine solche Erhebung im Gesamtmarkt extrem hoch ist. Deshalb wurde zusätzlich beschlossen, die Erhebung auf die eigenen Marken und ausgewählte Marken von Mitbewerbern zu beschränken. Insgesamt entstand auf diesem Weg das Konzept für eine komplexe geschichtete Stichprobenziehung.

Die für die Befragung benötigten Adressen entstehen bei keinem Automobilhersteller aus den Kerngeschäftsprozessen heraus. Auch wenn im rechtlich zulässigen Rahmen natürlich auf die Daten eigener Kunden zurückgegriffen werden kann, müssen immer zusätzlich externe Adressen beschafft werden. Diese sind inklusive der zur Selektion benötigten Variablen ausschließlich bei professionellen externen Datenanbietern zu beschaffen. Allerdings liegen in den seltensten Fällen alle benötigen Variablen gleichzeitig vor und selbst große Anbieter (in Deutschland z.B. Schober oder Claritas) verfügen allein selten über eine ausreichende Anzahl von Adressen. Deshalb müssen i.d.R. unterschiedliche Datenquellen kombiniert werden. Da die Güte der darin enthaltenen Informationen variiert und im vorhinein nicht bekannt ist, sollte man sie mittels Pretest ermitteln. Dabei können gleichzeitig das Anschreiben und der Fragebogen optimiert werden. Im vorliegenden Projekt wurde zusätzlich getestet, ob eine Antwortmöglichkeit über das Internet akzeptiert wird und ob die so erhaltenen Antworten mit den per Postweg erhaltenen Angaben vergleichbar sind, was im Ergebnis tatsächlich der Fall war. Mit der Durchführung des Pretests, der Hauptbefragung und der Analyse wurde, unter fachlicher Leitung der DaimlerChrysler Forschung, ein unabhängiges externes Institut beauftragt. Bei einem Gewinnspiel wurden kleinere Incentives verlost, um das Antwortverhalten zu stimulieren. Tab. 1 zeigt (anonymisiert) das abschließende Stichprobenergebnis der Hauptbefragung, welches in die zwei Segmente Premium-Markt und Volumenmarkt zerlegt wurde.

Bei der Betrachtung der Tabelle fällt auf, dass die Antwortraten relativ stark schwanken. Dieser Fakt ist hauptsächlich auf die unterschiedliche Herkunft der Adressen zurückzuführen, nicht auf die Unterschiede zwischen dem Antwortverhalten der Kunden der verschiedenen Hersteller (Banken). Die in der Kategorie „Others" zusammengefassten 547 Fälle, sind Personen, welche ihr Fahrzeug bei anderen „Automobilbanken" oder bei ihren Hausbanken geleast oder finanziert haben. Das sie ungewollt in der Stichprobe erscheinen, ist auf Unschärfen bei der Adressauswahl bzw. den dazu zur Verfügung stehenden Informationen zurückzuführen. Insgesamt ist die erzielte Antwortrate für den untersuchten Gesamtmarkt als hoch einzuschätzen und die Qualität des Ergebnisses kann mit Blick auf die Aufgabenstellung als sehr gut beurteilt werden. Die einzelnen Segmente der Stichprobe waren quantitativ und qualitativ ausreichend besetzt.

Market	Brand	Mailings	Responses	Response Rate (in %)	Usable Responses*	Usable Response Rate (in %)
Premium Market	Bank 1	5.914	767	13,0	577	9,8
	Bank 2	2.992	677	22,6	444	14,8
	Bank 3	3.200	670	20,9	328	10,3
	Bank 4	3.200	413	12,9	204	6,4
Volume Market	Bank 5	5.000	340	6,8	334	6,7
	Bank 6	5.000	323	6,5	306	6,1
	Bank 7	2.492	524	21,0	331	13,3
	Bank 8	3.200	683	21,3	442	13,8
	Bank 9	3.200	671	21,0	455	14,2
	Others**	-	547	-	273	-
	Sum	34.198	5.615	16,4	3.694	10,8

* Customers who have financed or leasec current car.
** “Other responses” are due to incomplete control over selection of addresses in the test market.

Tab. 1: Stichprobenergebnis der Hauptbefragung

3.2 Instrumente der Datenverarbeitung

Generell kann gesagt werden, dass das Verstehen und Aufbereiten von Daten im Falle von Primärerhebungen bedeutend einfacher und weniger arbeitsintensiv ist, als bei Sekundärerhebungen. Das ist darauf zurückzuführen, dass man hier die Daten direkt für den spezifischen Zweck in der dafür geeignetsten Form erhebt, während Sekundärdaten oft für einen anderen Zweck erhoben wurden und in irgendeinem gegebenen Format vorliegen. Ein besonderes Problem beim Einsatz von Sekundärdaten ist oftmals auch noch das Datenverständnis, da Dokumentationen unzugänglich, schwer verständlich, unvollständig oder sogar falsch sind (Arndt/Langbein 2002, S. 54; Arndt/Gersten 2001a, S. 51). Um in einem solchen Fall trotzdem ein Verständnis der Daten zu ermöglichen, werden gezielt Werkzeuge des Data Profiling eingesetzt.

Aus datenschutzrechtlichen Gründen wurden die Adressdaten im vorliegenden Projekt sofort nach dem Eintreffen der ausgefüllten Fragebögen von den Antwortdaten getrennt und nach der Auslosung im Gewinnspiel vernichtet. Die Antworten aus den Fragebögen wurden per Software erfasst und in einer relationalen Datenbank gespeichert. Sie wurden zusätzlich um einige Informationen (Variablen), wie z.B. Kunde antwortete per Post oder Internet, ergänzt. Da es sich um relativ kleine Datenvolumina handelt, waren diese Schritte verhältnismäßig problemlos durchzuführen. Anschließend wurden sehr unvollständig ausgefüllte Datensätze entfernt. Die Transformation der Daten in eine für die Analyse geeignete Form war ebenfalls nicht besonders aufwändig, da wie schon erklärt, der Verwendungszweck bereits bei der Erhebung der Daten berücksichtigt wurde. Es mussten lediglich einige Variablen, wie etwa die Marke oder das Modell des gefahrenen Fahrzeuges, in einen entsprechenden Code umgesetzt werden. Damit standen die Rohdaten für die weitere Analyse zur Verfügung.

3.3 Instrumente der Datenauswertung

Der Begriff des Customer Satisfaction Index (CSI) geht in der Automobilbranche, wie zuvor erwähnt, auf J.D. Power and Associates zurück und ist als Kenngröße zur Charakterisierung der Entwicklung der Kundenzufriedenheit definiert. Er ist ein arithmetisches, durch die Wichtigkeit gewogenes Mittel von Maßzahlen (Sub-Indizes) mit gleicher Basis, welches in bestimmten Berichtsperioden und für den jeweiligen Gesamtmarkt erhoben wird. Daher erlaubt der CSI sowohl Längsschnittanalysen über mehrere Berichtsperioden als auch Querschnittanalysen bzgl. interner Kundensegmente und bzgl. der externen Mitbewerber (Töpfer 1999a, S. 325).

Bevor die entsprechenden Tiefenanalysen vorgenommen werden konnten, bestand die Aufgabe im Projekt zunächst darin, die für den Testmarkt gültige Struktur des CSI zu ermitteln. Dabei war davon auszugehen, dass sich der CSI in Europa, z.B. aufgrund der gesellschaftlichen Unterschiede und der dadurch gegebenen unterschiedlichen Gewichtung der einzelnen Merkmale durch die Kunden, vom in den USA ermittelten Index unterscheidet. Die Aufgabe zerfällt in zwei Teilbereiche. Um die Struktur des CSI zu prüfen, wurde die den multivariaten statistischen Methoden zuzurechnende Regressionsanalyse gewählt (Backhaus et al. 2000, S. 2 ff.). Als zu erklärende Variable diente dabei die von den Kunden direkt erfragte und normierte Gesamtzufriedenheit (jeweils für die Zufriedenheit nach Vertragsabschluss und bei Vertragsende sowie für Leasing bzw. Finanzierung). Da für eine Regression die Unabhängigkeit der erklärenden Variablen untereinander gefordert wird (Multikollinearität), war zuvor allerdings noch eine Faktorenanalyse durchzuführen, die den strukturentdeckenden multivariaten statistischen Verfahren zugeordnet werden kann (Backhaus et al. 2000, S. 532 ff.).

Für die „End of Term Satisfaction“ ergab sich ein dem J.D. Power Modell ähnliches und für Leasing und Finanzierung einheitliches Modell. Während das für die USA und die „Initial Satisfaction“ entwickelte Modell von J.D. Power and Associates lediglich drei Faktoren enthält, wurden aufgrund der Faktorenanalyse für den Testmarkt vier Faktoren ermittelt. Diese galten sowohl für Kunden, die ihr Fahrzeug geleast hatten, als auch für diejenigen, welche ihr Fahrzeug finanzierten. Auch die Faktorladungen und damit die Wichtigkeiten welche die Kunden den einzelnen erfragten Aspekten zumessen, waren sich sehr ähnlich. Statistisch signifikante Unterschiede zwischen der Wichtigkeit beim Leasing bzw. bei der Finanzierung waren lediglich in den Punkten „Competitiveness of Interest Rates“ und „Accuracy of Billing“ festzustellen. In beiden Fällen haben die Leasing-Kunden dem jeweiligen Aspekt eine höhere Bedeutung zugemessen als die Finanzierungskunden. Die Regressionsanalyse ergab nahezu gleiche Gewichte für den Einfluss der einzelnen Faktoren auf die zu erklärende Variable. Die Ergebnisse der Regressionsanalyse für die „Initial Satisfaction“ in Bezug auf Leasing und Finanzierung sind in der nachfolgenden Abbildung beispielhaft dargestellt.

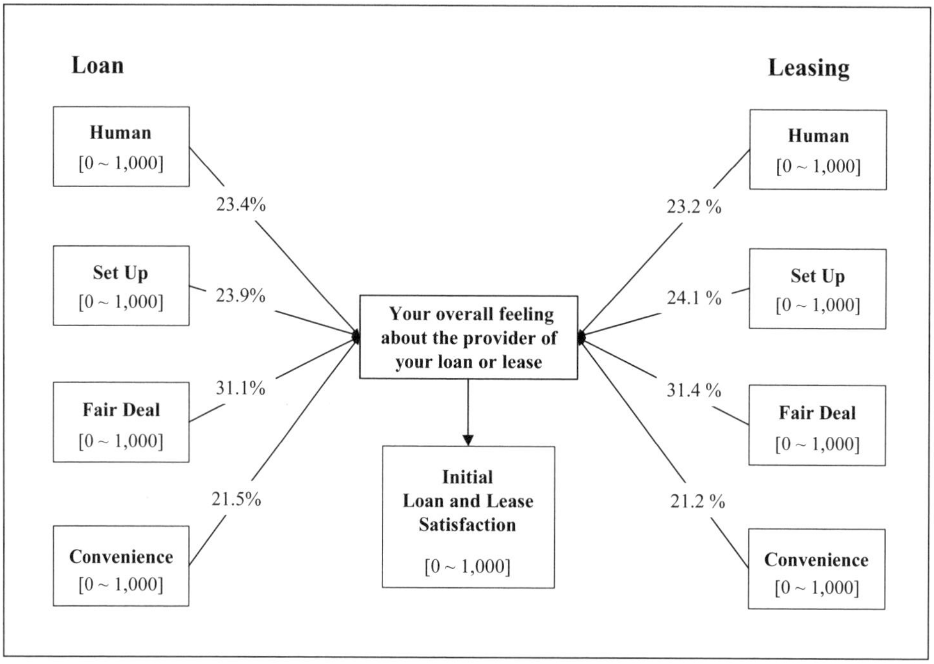

Abb. 2: Regressionsmodelle für Leasing und Finanzierung

Die Namen für die Faktoren wurden relativ selbstsprechend gewählt. Einige der jeweils eingeflossenen Variablen können in verkürzter Form der Abb. 4 dieses Beitrags entnommen werden. Beim „Human Factor" fanden Variablen Berücksichtigung, welche die Erfahrung des Kunden im persönlichem Umgang mit den Beratern bzw. Verkäufern widerspiegeln. Der „Set Up Factor" beschreibt, wie die Aushandlung und die Erklärung des Vertrages vom Kunden empfunden wurde und der „Convenience Factor" erfasst im wesentlichen den Prozess der Vertragsbeantragung und -bewilligung. Der „Fair Deal Factor", in welchem die Zufriedenheit der Kunden bzgl. der finanziellen Aspekte berücksichtigt wurden, ist wie in den USA der Faktor mit dem höchsten Einfluss (31,1% bzw. 31,4% Anteil an der erklärten Gesamtvarianz).

Im folgenden Abschnitt wird nun anhand einiger Beispiele erläutert, wie insbesondere die ebenfalls zu den Instrumenten der Datenauswertung zählenden Methoden der Datenvisualisierung (vgl. Abb. 1) für die weitere Analyse und die Ableitung von Handlungsbedarf im sCRM bzw. oCRM genutzt werden können.

4 Ableitung von Maßnahmen für das sCRM und oCRM

4.1 Analysen für Kundenbindungsstrategien

Wie in Abschnitt 2.1 definiert wurde, steht in diesem Artikel die Kundenbindung als CRM-Ziel im Fokus der Betrachtungen. Nach Hougaard/Bjerre geht es bei der Festlegung der generischen kundengerichteten CRM-Strategien zur Erreichung der CRM-Ziele erstens um die Definition der Richtung der Beziehungsvorteile (ökonomische Vorteile vs. Qualitätsvorteile) und zweitens um die Bestimmung der Art der Marktbearbeitung (Gesamtmarkt vs. Marktsegmente) (Hougaard/Bjerre 2002, S. 257 ff.). Die Auswahl der jeweiligen Strategie richtet sich nach der Position des eigenen Unternehmens, den Strategien der Mitbewerber und nach dem zur Verfügung stehenden eigenen Aktionsrahmen (z.B. Zeitrahmen, Budget). Es gilt entweder, eine gute Position zu verteidigen und auszubauen oder Rückstände aufzuholen (Angriffsstrategie vs. Verteidigungsstrategie). Im Falle von mehreren unterschiedlich platzierten Marken eines Unternehmens, ist eine Positions- und Strategiebestimmung gegebenenfalls für jede dieser Marken durchzuführen.

Wie bereits erwähnt, eignet sich das in diesem Artikel beschriebene Vorgehen prinzipiell für Längsschnitt- und Querschnittanalysen. Da das beschriebene Projekt im Testmarkt allerdings erstmalig durchgeführt wurde, war ein periodischer Vergleich (Längsschnitt) vorerst nur eingeschränkt möglich. Der Schwerpunkt lag bei den Querschnittanalysen und damit auf der Beschreibung der eigenen Kundensegmente und auf der Bestimmung der momentanen Stellung zu den Mitbewerbern.

Nach Töpfer ist die Kundenloyalität ein Konstrukt zwischen der Kundenzufriedenheit und der Kundenbindung, da zufriedene Kunden nicht automatisch loyal sein müssen (Töpfer 1999a, S. 341; vgl. auch Arndt et al. 2003b). Für die Messung der Kundenloyalität und damit letztlich auch der Kundenbindung sind, wie bereits erwähnt, vielfältige Ansätze entwickelt worden (vgl. Abschnitt 2.1). In der Praxis kommt es darauf an, aus dieser Vielfalt praktikable Lösungsansätze abzuleiten. Obwohl eine umfassende Untersuchung der Kundenloyalität aufgrund der erstmaligen Durchführung der Studie noch nicht möglich war, ist es sinnvoll, die Loyalität bzgl. der abgefragten zwei Zeitpunkte zu betrachten. Dafür stellt eine Kreuztabelle ein einfaches, aber hilfreiches Instrument dar. Die nachfolgende Abbildung zeigt die für den Premium-Markt ermittelten Zahlen. Dabei wurden lediglich die Verschiebungen zwischen den Premium-Anbietern berücksichtigt. Die Schwankungen bzgl. des Gesamtmarktes sind hier nicht mit dargestellt.

			Present Provider				
			Bank 1	Bank 2	Bank 3	Bank 4	Total
Former Provider	Bank 1	Count	243	8	2	3	256
		Row %	**94.922**	3.125	0.781	1.172	100
		Column %	**92.395**	3.922	1.504	5.455	
	Bank 2	Count	14	184	7	8	213
		Row %	6.573	**86.385**	3.286	3.756	100
		Column %	5.323	**90.196**	5.263	14.545	
	Bank 3	Count	5	11	120	2	138
		Row %	3.623	7.971	**86.957**	1.449	100
		Column %	1.901	5.392	**90.226**	3.636	
	Bank 4	Count	1	1	4	42	48
		Row %	2.083	2.083	8.333	**87.500**	100
		Column %	0.380	0.490	3.008	**76.364**	
	Total	Count	263	204	133	55	655
		Column%	100	100	100	100	

Tab. 2: Kreuztabelle zur Inanspruchnahme des Leistungsangebotes

Aufgrund der Zahlen in der Kreuztabelle lässt sich generell feststellen, dass die Kunden der „Automobilbanken" von Premium-Herstellern über die Anschaffung von zwei Fahrzeugen hinweg, nur eine geringe Wechselneigung zeigen. In allen Fällen haben über 86% der Personen, die ihr vorheriges Fahrzeug bei einem bestimmten Anbieter geleast oder finanziert hatten, dies auch wieder mit dem momentan gefahrenen Fahrzeug getan. Die Werte liegen absolut gesehen sehr eng beieinander. Eine Ausnahme stellt Bank 1 dar, bei welcher der Wert mit ca. 95% stark über den anderen liegt. Aus umgekehrter Sicht lässt sich feststellen, dass i.d.R. rund 90% der Personen, die ihr Fahrzeug momentan bei einem bestimmten Anbieter finanzieren oder leasen, ihren vorherigen Vertrag schon bei dem selben Anbieter abgeschlossen hatten. Hier bildet Bank 4 eine Ausnahme. Lediglich 76% derer, die heute einen Vertrag bei Bank 4 haben, waren bereits vorher dort unter Vertrag. D.h., es ist ein deutlicher Zugewinn festzustellen.

Diese erste kurzfristige Betrachtung lässt noch keine sicheren Schlüsse für die Entwicklung der Kundenbindungsstrategien zu. Bei der periodischen Wiederholung der Analyse werden sich aber Trends erkennen und prognostizieren lassen, die zur Ableitung verschiedener Strategieszenarien herangezogen werden können. Nach den ersten Ergebnissen würde Bank 1 bspw. Strategien für den Ausbau und die Festigung der momentanen Position entwickeln müssen, während Bank 4 den expansiven Kurs weiter verfolgt.

Am Beginn dieses Artikels wurde unterstellt, dass die Zufriedenheit der Kunden ihre Loyalität beeinflusst. Der momentane Stand der Kundenzufriedenheit kann deswegen als Indikator, für das künftige Loyalitätsverhalten gelten. Deshalb ist es zusätzlich sinnvoll zu überprüfen, wie das eigene Unternehmen bzgl. der Kundenzufriedenheitswerte gegenüber den Mitbewerbern positioniert ist. Dafür bietet sich als Ausgangspunkt die Positionierung aller untersuchten Anbieter in einem Gesamtportfolio an. Zu diesem Zweck werden die Indizes der Zufriedenheit nach Vertragsabschluss und der Zufriedenheit bei Vertragsende auf den beiden Achsen eines Portfolios abgetragen. In Abb. 3 ist ein solches Portfolio am Beispiel des untersuchten Marktes für die Autofinanzierung dargestellt.

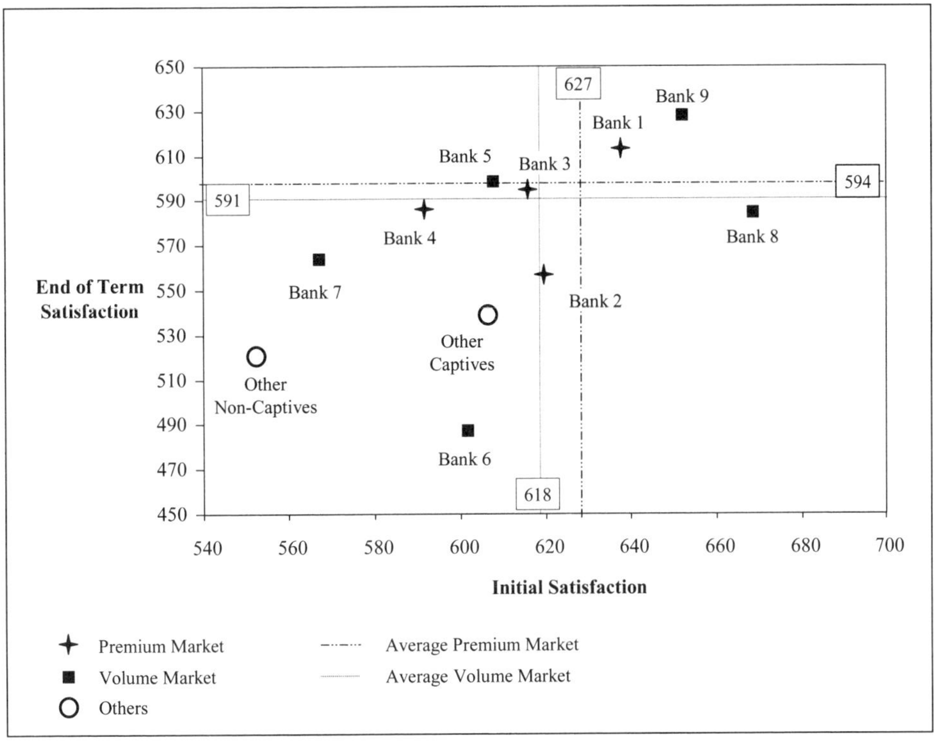

Abb. 3: Zuriedenheitsindizes im Finanzierungsmarkt

Mit Blick auf die Streuung der Kundenzufriedenheit innerhalb des Portfolios fällt auf, dass die Unterschiede bzgl. der Kundenzufriedenheit zu beiden Zeitpunkten im „Premium Market“ enger beieinander liegen als im „Volume Market“. D.h. mit anderen Worten, dass die Kunden die angebotenen Leistungen in ihrer Gesamtheit weniger differenziert wahrnehmen. Zwar lässt sich feststellen, dass der Durchschnitt der Kundenzufriedenheit im Premium-Markt zu beiden Zeitpunkten höher ist als im Volumenmarkt, die absoluten Werte liegen allerdings bei Bank 9 in beiden Fällen und bei Bank 8 im Fall der „Initial Satisfaction“ höher als bei sämtlichen Anbietern im Premium-Markt. Die Kunden, welche ihre Fahrzeuge bei herstellerunabhängigen Anbietern („Other Non-

Captives“) finanzierten, waren deutlich unzufriedener, als die Kunden der „Automobilbanken“. Das noch schlechtere Abschneiden der Bank 6 im Falle der „Initial Satisfaction“ ist auf spezielle Veränderungen im Geschäftsumfeld dieser Bank zurückzuführen, welche im Vorfeld der Untersuchung stattfanden. Deshalb sollte die Bank hier aus den allgemeinen Betrachtungen ausgeschlossen werden. Auffällig ist weiterhin der erhebliche Unterschied zwischen den Zufriedenheitswerten nach Vertragsabschluss (im Premium-Markt durchschnittlich 627 von 1000) und bei Vertragsende (im Premium-Markt durchschnittlich 594 von 1000). Einzig und allein der Bank 4 gelingt es, die bei Vertragsabschluss geweckten Erwartungen im Nachhinein auch zu erfüllen, wobei beide Werte allerdings unterhalb sämtlicher ermittelter Durchschnittswerte liegen.

Um aus den bisher gezeigten Ergebnissen nun auch Empfehlungen für die Festlegung der Richtung der Beziehungsvorteile und für die Art der Marktbearbeitung festlegen zu können, sind weiterführende Detailanalysen notwendig, die hier aus Platzgründen nicht explizit dargestellt werden können. Beispielhaft sei erwähnt, dass die Detailanalyse auf der Basis des vorangehend dargestellten Portfolios ergab, dass das gute Abschneiden von Bank 9 bei der Kundenzufriedenheit eindeutig auf eine „Transaction Cost Leader Strategy“ (Hougaard/Bjerre 2002, S. 260 ff.) im Zusammenhang mit der hohen Gewichtung des „Fair Deal Factors“ (vgl. Abb. 2) durch die Kunden zurückzuführen ist. Es handelt sich um einen aggressiven Anbieter, welcher in allen finanziellen Belangen (kostenlose telefonische Beratung und Antragsbearbeitung, Neuwagenrabatte, niedrige Zinsraten etc.) preisaggressive Pauschalangebote für den Gesamtmarkt unterbreitet. Die daraus für DaimlerChrysler resultierenden Strategieansätze würden für die Marke Mercedes-Benz sicherlich anderes ausfallen, als bspw. die Ansätze für die Marken Chrysler oder Jeep.

4.2 Analysen für operative CRM-Maßnahmen

Nachdem das jeweilige Unternehmen die mittelfristigen CRM-Strategien bestimmt hat, müssen die oCRM-Maßnahmen zur Umsetzung dieser Strategien definiert werden. Dafür können die einzelnen Variablen, die zur Bildung der Faktoren verwendet wurden, mittels verschiedener Vergleichsverfahren betrachtet werden. Welche Variablen wie untersucht werden sollten, hängt von den Auffälligkeiten ab, die in den vorangehenden Analysen gefunden wurden.

Im folgenden Beispiel wurde festgestellt, das die Loyalität der Kunden und ihre Zufriedenheit bei Leasing-Verträgen bedeutend geringer war, als bei Finanzierungsverträgen des gleichen Anbieters (zum gleichen Zeitpunkt und bei der gleichen Fahrzeugmarke). In dieser Situation bietet es sich an, die beiden Kundengruppen direkt miteinander zu vergleichen, um das Verbesserungspotenzial zu identifizieren. Zu diesem Zweck wurde wiederum ein Portfolio entwickelt. Auf der Wagerechten wurde dazu der Abstand zwischen den CSI für Leasing und Finanzierung abgetragen. Die Senkrechte zeigt den Einfluss der einzelnen Variablen auf die Kundenzufriedenheit, bei Leasing-Verträgen und direkt nach Vertragsabschluss. Dadurch ergeben sich die in der folgenden Abbildung dargestellten Quadranten.

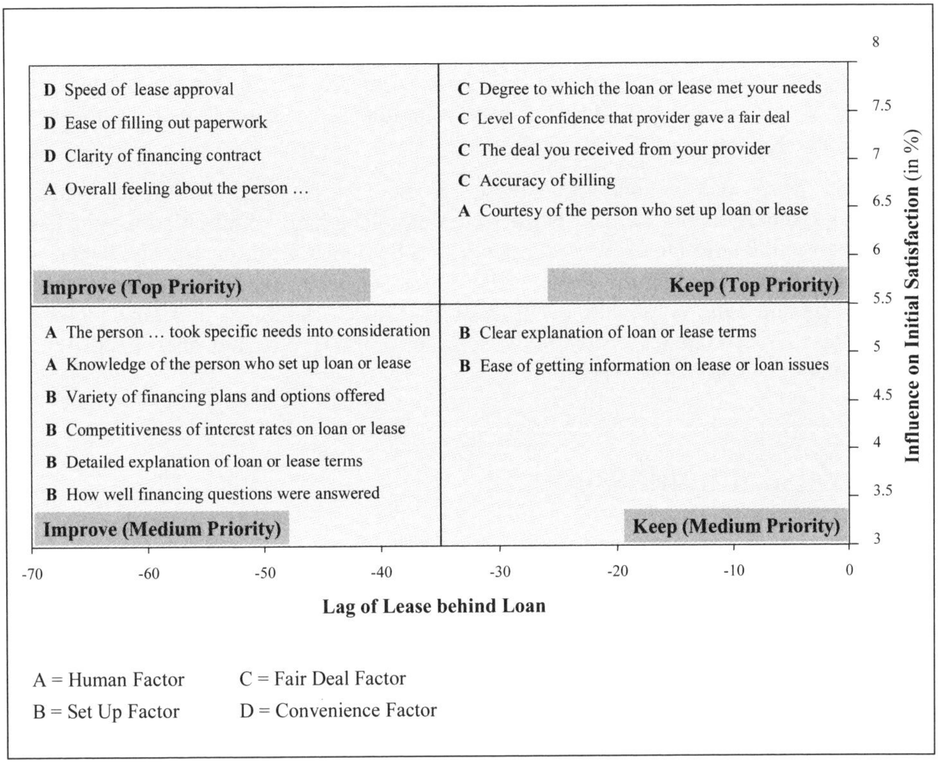

Abb. 4: Portfolio zur Ableitung von oCRM-Maßnahmen

Das Portfolio macht deutlich, dass insbesondere die mit dem Buchstaben „D“ gekennzeichneten Einflussgrößen, die zum „Convenience Factor“ gehören, zum einen einen hohen Einfluss auf die Kundenzufriedenheit haben und zum anderen von Leasing-Kunden bedeutend schlechter bewertet werden, als von Kunden, welche ihr Fahrzeug finanzierten. Dadurch ergibt sich für die in diesen Quadranten fallenden Einflussgrößen der größte Handlungsbedarf. Offensichtlich ist es bedeutend einfacher, Finanzierungsverträge zu verstehen und abzuschließen, als dies für Leasing-Verträge der Fall ist. Ähnliches resultiert aus den nicht ganz so wichtigen und in den vierten Quadranten fallenden Variablen. Entsprechend dieser Einschätzungen wurden die in der Abbildung grau hinterlegten Grundrichtungen und Prioritäten für die einzelnen Quadranten vergeben.

Die resultierenden oCRM-Maßnahmen könnten nun darin bestehen, dass die Kundenberater speziell für das Leasing-Geschäft sensibilisiert und geschult werden. Es wäre möglich, die Verträge gemeinsam mit den Kunden auszufüllen oder als Musterverträge z.B. über das Internet und kostenlose Faxnummern jederzeit abrufbar zu machen. Der kundengerichtete Prozess der Vertragsbestätigung ist zu beschleunigen. Gleichzeitig wäre es denkbar, die Kunden durch Anrufe, SMS oder E-Mails über Zwischenstände der Bearbeitung ihrer jeweiligen Anträge aktiv zu informieren. Die in den vierten Quadrant fallenden Variablen, deren Bedeutung mit „mittelmäßig" eingestuft wurde, deuten in eine ähnliche Richtung.

Analysen dieser Art können prinzipiell für die Ausrichtung sämtlicher oCRM-Instrumente durchgeführt werden. Dazu sind Vergleiche bzgl. unterschiedlichster Kundensegmente möglich. Durch den Vergleich von Segmenten mit unterschiedlicher Loyalität, lässt sich z.B. auch die Eignung der einzelnen Instrumente für die Kundenbindung feststellen. Eine regelmäßige Durchführung dieser Analysen und eine monetäre Bewertung der Maßnahmen ergibt sukzessive ein umfassendes Bild über die Effizienz der eingesetzten oCRM-Instrumente.

5 Zusammenfassung

Im CRM werden Loyalitätsprogramme entwickelt, deren Hauptziele die Kundenbindung und die Kundenpenetration sind. Um diese zu erreichen ist es notwendig eine strategische Ausrichtung des CRM-Ansatzes vorzunehmen. Gleichzeitig sind operative CRM-Maßnahmen für die Umsetzung dieser Strategien zu planen und zu kontrollieren. Für beide Aufgaben werden detaillierte Informationen benötigt, welche das aCRM zur Verfügung zu stellen hat.

Am Beispiel der Fahrzeugfinanzierung wurde auszugsweise ein umfangreiches Konzept zur Erlangung dieser Informationen dargestellt. Es wurde erklärt, wie Daten im Einzelnen zu erheben, zu speichern und durch verschiedene Analysen in konkrete Informationen zu wandeln sind. Dabei ist deutlich geworden, dass allgemeine Ansätze, wie z.B. nationale Kundenbarometer, eher zu grob sind, um detaillierte Handlungskonzepte für das jeweilige Unternehmen ableiten zu können. Gleichzeitig machen die Ausführungen klar, dass erhebliche eigene Anstrengungen notwendig sind, um Informationen in geeigneter Qualität zu erzeugen.

Auch wenn die regelmäßige Durchführung unternehmensindividueller Messungen sicherlich schwierig und kostenintensiv ist, so ist die stetige Weiterentwicklung der CRM-Systemkonzeption im Unternehmen nur möglich, wenn man sich dieser Herausforderung stellt. Genau diese „Closed Loop Architecture" stellt den Grundgedanken des CRM dar und ihre erfolgreiche Implementierung wird für die Behauptung in wettbewerbsintensiven Märkten in Zukunft mehr und mehr entscheidend sein.

Literaturverzeichnis

Adel, M., Reichelt, R. (2002): Erste Kundenzufriedenheitsstudie von J.D. Power and Associates zum deutschen Automobilmarkt, Pressemitteilung, http://www. cwnews room.de (Zugriff: 30.10.2002).

Arndt, D.; Frank, M.; Roggon, A. (2003a): Aktives Customer Relationship Management in der Automobilindustrie, in: Rapp, R.; Payne, A. (Hrsg.): Handbuch Relationship Marketing, 2. Aufl., München, S. 329-344.

Arndt, D.; Roggon, A.; Wachter, N. (2003b): Einsatz von Instrumenten des analytischen CRM für die Kundenbindung, in: Töpfer, A. (Hrsg.): Kundenzufriedenheit messen und steigern, 3. Aufl., Neuwied (im Druck).

Arndt, D., Langbein, N. (2002): Data Quality in the Context of Customer Segmentation, in: Proceedings of the International Conference on Information Quality, MIT, Boston, S. 47-60.

Arndt, D.; Gersten, W. (2001a): External Data Selection for Data Mining in Direct Marketing, in: Proceedings of the International Conference on Information Quality, Boston, S. 44-61.

Arndt, D.; Gersten, W. (2001b): Data Management in Analytical Customer Relationship Management, in: Workshop Data Mining for Marketing Applications, in: Proceedings of the ECML/PKDD, Freiburg, S. 25-38.

Backhaus, K.; Erichson, B.; Plinke, W.; Weiber, R. (2000): Multivariate Analysemethoden, Eine anwendungsorientierte Einführung, 9. Aufl., Berlin et al.

Bruhn, M. (1999): Messung von Kundenzufriedenheit im Rahmen Nationaler Kundenbarometer: Konzeption und Nutzungspotenziale unterschiedlicher Customer Satisfaction Indizes, in: Töpfer, A. (Hrsg.): Kundenzufriedenheit messen und steigern, 2. Aufl., Neuwied, S. 385-407.

Chintagunta, P.K. (1998): Inertia and Variety Seeking in a Model of Brand-Purchase Timing, in: Marketing Science, Vol. 17, No. 3, S. 253-270.

Diller, H. (2000): Customer Loyalty: Fata Morgana or Realistic Goal, in: Henning-Thurau, T.; Hansen, U. (Hrsg.): Relationship Marketing – Gaining Competitive Advantage Through Customer Satisfaction and Customer Retention, Berlin et al., S. 29-48.

Gersten, W.; Arndt, D. (2002): Effective Target Variable Derivation from Multiple Customer Touchpoints, in: Proceedings of the Workshop on Mining Data Across Customer Touchpoints for CRM at the Sixth Pacific-Asia Conference on Knowledge Discovery and Data Mining (PAKDD-02), Taipeh, S. 1-13.

Henning-Thurau, T.; Hansen, U. (2000): Relationship Marketing: Some Reflections, in: Henning-Thurau, T.; Hansen, U. (Hrsg.): Relationship Marketing, Heidelberg, S. 3-27.

Herrmann, A.; Fürderer, R. (1997): The Value of Passenger Car Customers, in: Johnson, M.D.; Herrmann, A.; Huber, F.; Gustafsson, A. (Hrsg.): Customer Retention in the Automotive Industry, Wiesbaden, S. 349-370.

Hildebrandt, L.; Homburg, C. (1998): Die Kausalanalyse: Bestandsaufnahme, Entwicklungsrichtungen, Problemfelder, in: Hildebrandt, L.; Homburg, C. (Hrsg.): Die Kausalanalyse, Instrument der empirischen betriebswirtschaftlichen Forschung, Stuttgart, S. 15-43.

Hippner, H.; Wilde, K.D. (2002): CRM – Ein Überblick, in: Helmke, S.; Uebel, M.; Dangelmaier, W. (Hrsg.): Effektives Customer Relationship Management, 2. Aufl., Wiesbaden, S. 3-37.

Hougaard, S., Bjerre, M. (2002): Strategic Relationship Marketing, Heidelberg et al.

Koch, D.; Arndt, D. (2003): Rechtliche Aspekte bei CRM-Projekten, in diesem Band.

Krafft, M. (2002): Kundenbindung und Kundenwert, Heidelberg.

o.V. (2002): Enttäuschender Service bei Autobanken, in: Stuttgarter Nachrichten vom 31.07.2002, S. 14.

Peter, S.I. (1997): Kundenbindung als Marketingziel: Identifikation und Analyse zentraler Determinanten, Wiesbaden.

Power, J.D. (2003): J.D. Power and Associates – Customer Satisfaction Since 1968 Background of the Firm, http://www.jdpa.com/company/background/index.asp (Zugriff: 02.04.2003).

Power, J.D. (2001): J:D. Power and Associates: 2001 Consumer Financing Satisfaction Study, Vol. 6, No. 3, Troy.

Rother, F.W. (1999): Wem die Stunde schlägt, in: Wirtschaftswoche, Nr. 4, S. 36-40.

Schmidt, R.E.; Bach, V.; Österle, H. (2000): Mit Customer Relationship Management zum Prozeßportal, in: Bach, V.; Österle, H. (Hrsg.): Customer Relationship Management in der Praxis, Berlin et al., S. 3-56.

Töpfer, A. (1999a): Die Analyseverfahren zur Messung der Kundenzufriedenheit und Kundenbindung, in: Töpfer, A. (Hrsg.): Kundenzufriedenheit messen und steigern, 2. Aufl., Neuwied, S. 299-370.

Töpfer, A. (1999b): Kundenzufriedenheit: Die Brücke zwischen Kundenerwartung und Kundenbindung, in: Töpfer, A. (Hrsg.): Kundenzufriedenheit messen und steigern, 2. Aufl., Neuwied, S. 3-41.

Manfred Bruhn, Dominik Georgi, Stephan Schusser

Einsatz des Customer Lifetime Value (CLV) im Commitmentgeschäft

1 Bedeutung des CLV im Commitmentgeschäft

1.1 Merkmale und aktuelle Herausforderungen des Commitmentgeschäfts

Das *systematische Kundenmanagement*, d.h. sowohl die Neuausrichtung und Weiterentwicklung der systematischen Akquisition attraktiver Neukunden als auch das strategische Management des Bestandskundenportfolios, hat sich in den letzten Jahren als einer der wesentlichen Erfolgsfaktoren für Unternehmen etabliert. Die Veränderungen der wirtschaftlichen und wettbewerblichen Rahmenbedingungen, gepaart mit der zunehmenden Angleichung der Marketingaktivitäten, homogener Produktportfolios und saturierter Märkte, bedingen diese Anpassungen (Bruhn/Bunge 1996; Storbacka/Lethinen 2001; Bruhn 2003).

Ein wirtschaftlicher Bereich, in dem auf Basis dieser Grundausrichtung der Kundenwert als eine zentrale Steuerungsgröße in den Vordergrund rückt, ist der Bereich des sog. Commitmentgeschäfts. *Commitmentgeschäft* bezeichnet eine Art der Beziehungsstruktur, die zunächst in Form einer vertraglichen Bindung als sog. mitgliedschaftsähnliche Beziehung (Lovelock 2000) bezeichnet werden kann. Im Unterschied zu anderen mitgliedschaftsähnlichen Beziehungen (z.B. Telekommunikation, Finanzdienstleistungen) geht beim Commitmentgeschäft der Kunde eine Verpflichtung gegenüber dem Anbieter ein. Dabei existieren grundsätzlich *zwei Arten des Commitmentgeschäfts:*

- Bei der ersten Art verpflichtet sich der Kunde zu einer *Mindestabnahmemenge* in bestimmten zeitlichen Abständen, d.h. er erklärt sich bereit, einen bestimmten Leistungsumfang in bestimmten Zeitabständen zu kaufen. Eine der bekanntesten Formen des Commitmentgeschäfts sind die sogenannten „*Buchclubs*" in Form von Universalclubs (Fokus auf alle literarischen Genres) oder Spezialclubs (Fokus auf bestimmte literarische Themen, wie Kochen, Science Fiction etc.). Sie bieten ihren Mitgliedern neben dem Zugang zu einem breiten Spektrum an Titeln vor allem die Titel unterhalb des offiziellen Preises an. Diese Umgehung der Buchpreisbindung wird u.a. dadurch möglich, dass die Mitglieder sich verpflichten, regelmäßig, beispielsweise einmal im Quartal, mindestens einen Titel zu kaufen. Die Ausnutzung unterschiedlicher Vertriebskanäle (Direktvertrieb, Anzeigen, Geschäftsstellen etc.) hat rasch zu einer hohen Anzahl an Mitgliedern geführt.

- Bei der zweiten Art verpflichtet sich der Kunde zur regelmäßigen Bereitstellung einer *Mindestliefermenge* bestimmter externer Faktoren, die für die Leistungserstellung durch den Anbieter erforderlich sind. Diese Form ist sowohl im Sachgüterbereich (z.B. Lieferung von Rohstoffen, wie Milch, Wein u.a., an den Weiterverarbeiter) als auch im Dienstleistungsbereich (z.B. Zuführung von Anlagekapital an eine Bank im Rahmen des Fonds-Sparens) zu beobachten.

Der vorliegende Beitrag konzentriert sich vor allem auf die erste Art, bei der eine Verpflichtung des Kunden zu einer bestimmten Abnahmemenge vorliegt. Die aktuelle Situation von Anbietern in diesem Bereich des Commitmentgeschäfts ist durch *Herausforderungen* gekennzeichnet, die in drei Bereichen angesiedelt sind:

- Erstens ist im Hinblick auf *marktbezogene Herausforderungen* festzustellen, dass das Geschäftsmodell des Commitmentgeschäfts in den letzten Jahren aus unterschiedlichen Bereichen Konkurrenz bekommen hat. Zum einen haben Internetvertriebsplattformen aus verschiedenen Branchen mit ihrem permanenten und ortsunabhängigen Zugang den ursprünglichen Wettbewerbsvorteil der flächendeckenden geographischen Präsenz, sei es entweder über den Katalogversand oder die Geschäftsstellen, und der Möglichkeit der telefonischen Bestellung geschmälert. Zum anderen haben andere Anbieter mit verschiedensten Maßnahmen, wie z.B. Loyalitätsprogrammen oder Rabatten, versucht, die bestehende Preisbindung sowie bestehende Preisrichtlinien zu umgehen und damit einen weiteren Wettbewerbsvorteil, nämlich den des Preisvorteils, zu gefährden.
- Zweitens führen verschiedene Entwicklungen auf der Konsumentenseite zu *kundenbezogenen Herausforderungen.* In diesem Zusammenhang sind insbesondere die rückgängige Loyalität und die damit verbundene hohe Abwanderungsrate (auch bereits bei Neukunden) hervorzuheben. Ursache dafür sind vor allem die schwindenden Wettbewerbsvorteile und der damit verbundene erodierende Mehrwert der Geschäftsmodelle des Commitmentgeschäfts. Darüber hinaus verteilen die Kunden ihre Ausgaben immer stärker auf unterschiedliche Anbieter und Vertriebskanäle, was zu einem sinkenden Share of Wallet im Bestandsmitgliedsmanagement und damit auch rückläufigen Margen führt.
- Diese beiden externen Entwicklungen führen drittens zu *managementbezogenen Herausforderungen.* Im Vordergrund steht dabei die Frage der optimalen Verteilung der Budgets zwischen Neukundenakquisition und Bestandskundenmanagement. Anbieter im Commitmentgeschäft leisten sich häufig eine relativ teure und undifferenzierte Neukundenakquisition, die derzeit überdacht wird. Darüber hinaus streben Anbieter in diesem Bereich eine stärkere Differenzierung ihrer kundenseitigen Aktivitäten an, häufig ohne geeignete Maßstäbe für die Differenzierung von Kunden und Maßnahmen zu kennen.

1.2 Beitrag des CLV zur Begegnung dieser Herausforderungen

Ein Ansatzpunkt zur Begegnung dieser Anforderungen durch Anbieter im Commitmentgeschäft stellt die *Fokussierung auf den Gedanken des Relationship Marketing* dar. Im Gegensatz zur kurzfristigen Fokussierung auf Transaktionsgeschäfte, in deren Mittelpunkt das Produkt oder die Dienstleistung steht (klassischer Marketingansatz), hängt der Erfolg eines Unternehmens im Ansatz des Kundenmanagements vom Erhalt und

Ausbau langfristiger und profitabler Kundenbeziehungen ab (Grönroos 1990; Bruhn 2001).

Die Steigerung des Unternehmens- und Kundenwerts durch das systematische Management der Kundenbeziehungen umfasst sowohl die existierende Kundenbasis als auch eine systematische Neukundenakquisition. Mittels eines *systematischen Kundenmanagements* können sowohl Geschäftspotenziale bei bestehenden Kunden realisiert als auch attraktive Neukunden hinzugewonnen werden. Gesteuert wird dieser Ansatz durch monetäre Größen, wie etwa die Kundenprofitabilität oder andere wertsteigernde Unternehmenswerte (Bruhn et al. 2000; Rapp 2003).

Für das *Commitmentgeschäft* bedeutet dieser Ansatz eine Weiterentwicklung von einem rein produktzentrierten hin zu einem beziehungsorientierten Ansatz, der auch die Erwartungen, Werte und Wertigkeiten des Kunden berücksichtigt. Anstelle des reinen Abverkaufs von Produkten rückt das Realisieren und Ausbauen von Geschäftspotenzialen in bestehenden Kundenbeziehungen und die Akquisitionen attraktiver Neukunden in den Vordergrund.

Die Operationalisierung des Relationship-Marketing-Gedankens in der Praxis des Commitmentgeschäfts kann über die Bewertung der Kunden anhand des Kundenwertes erfolgen. Dabei geht die Kundenwertbetrachtung über reine ex-post-Analysen, wie z.B. mit Hilfe des Kundendeckungsbeitrags, hinaus, um im Sinne eines *Customer Lifetime Value (CLV)* sowohl dem langfristigen Charakter von Kundenbeziehungen Rechnung zu tragen als auch durch eine prädiktive Ausrichtung der Kundenbewertung zukunftsgerichtete Entscheidungen zu fundieren (Bruhn et al. 2000).

Durch die Verwendung des CLV können zahlreichen der im Abschnitt 1.1 angesprochenen *Herausforderungen des Commitmentgeschäfts* begegnet werden. So hilft der CLV, das Potenzial und die Bleibewahrscheinlichkeit von Neu- und Bestandskunden zu identifizieren. Auf diese Weise können beispielsweise diejenigen Neukunden identifiziert werden, bei denen auf der einen Seite eine hohe Abwanderungsgefahr, auf der anderen Seite jedoch auch ein hohes Potenzial und damit eine hohe Investitionswürdigkeit besteht. Für die Bestandskunden bietet der CLV Ansatzpunkte, die angestrebte Differenzierung von Kunden und Maßnahmen unter Profitabilitäts- und Investitionsgesichtspunkten umzusetzen.

1.3 Rahmenbedingungen des Commitmentgeschäfts mit Relevanz für die CLV-Konzeption

Zu den *Voraussetzungen* für die Entwicklung und Anwendung eines CLV-Ansatzes zur *Optimierung der Budgetallokationen* zählen eine bereichsübergreifende, horizontale Organisationsstruktur anstelle einer vertikalen, funktionalen Organisation und ein analysierbares, umfassendes und differenziertes Wissen über die finanzielle Wertigkeit und die Kaufhistorie, Einstellungen, Bedürfnisse etc. jedes Kunden.

Im Gegensatz zu Unternehmens- und Beziehungsstrukturen zahlreicher anderer Branchen finden sich im Geschäftsmodell des Commitmentgeschäfts nur selten klassische Vertriebseinheiten. Stattdessen ist die Marketingfunktion meistens in zwei übergeordnete Bereiche unterteilt: „Neukundenakquisition“ und „Bestandskundenmanagement“. Gegebenenfalls sind diese wiederum jeweils in verschiedene, einzelnen Geschäftsfeldern zurechenbare, Einheiten unterteilt.

Der Bereich Neukundenakquisition konzentriert sich ausschließlich auf die Kundenakquisition und „übergibt“ den Kunden nach seiner Vertragsunterzeichnung an den Bereich „Bestandskundenmanagement“, der die Einhaltung der Verpflichtungen überwacht und mit geeigneten Maßnahmen die Stabilisierung sowie den Ausbau der Kundenbeziehung fördert. Diese *Ausrichtung der Organisation an den Phasen der Kundenbeziehung* (Akquisition, Stabilisierung, Ausbau und Beendigung) ermöglicht eine Integration und Anwendung eines CLV-Ansatzes als übergeordnete Steuerungsgröße.

Darüber hinaus verfügen die Unternehmen im Commitmentgeschäft zur Überwachung der Kaufverpflichtung der Kunden und zur Forcierung der Cross- und Up-Selling-Möglichkeiten über eine umfassende *Kaufhistorie der Kunden*. Eine detaillierte Analyse nach Wertigkeit, Produktinteressen, Kaufverhalten ist auf kundenindividueller Basis möglich. Dieses analysierbare, umfassende und differenzierte Wissen auf kundenindividueller Basis ist eine wesentliche Voraussetzung zur Berechnung des CLV.

2 Konzeption des CLV im Commitmentgeschäft

2.1 Anforderungen an die CLV-Konzeption

Bei der Konzeption des CLV im Unternehmen sind in den verschiedenen Phasen der Entwicklung des CLV, d.h.

- der Auswahl des zugrunde liegenden CLV-Begriffs,
- der Festlegung der CLV-Komponenten sowie
- der Auswahl der Methoden zur Ermittlung der CLV-Komponenten,

bestimmte Anforderungen zu erfüllen, die sich sowohl aus generellen Überlegungen zur CLV-Methodik als auch aus spezifischen Besonderheiten des Commitmentgeschäfts ableiten. Der Erfüllungsgrad determiniert dabei die Güte und damit die Anwendbarkeit des CLV-Modells. Zu diesen Anforderungen zählen im Einzelnen:

- *Entscheidungsorientierung:* Zunächst sollte das CLV-Modell unternehmerische Entscheidungen zulassen. Häufig ist beispielsweise die Argumentation anzutreffen, dass Kunden mit hohem CLV wertvolle Kunden sind und wertvolle Kunden investitionswürdig sind. Die Sinnhaftigkeit dieser Argumentation hängt in starkem Maße von der Definition und Konzeption des CLV ab. Beispielsweise sprechen hohe heutige Deckungsbeiträge, die ebenfalls zu einem hohen CLV führen können, nicht automatisch für ein Erhöhen der Investitionen in die entsprechende Kundenbeziehung, wenn bei dem Kunden keine weiteren Potenziale ausgeschöpft werden können.

- *Anwendungsbreite:* Es sollte möglich sein, auf Basis des CLV möglichst diverse unternehmerische Entscheidungen, d.h. sowohl auf strategischer als auch auf operativer Ebene zu treffen. Auf strategischer Ebene sind Entscheidungen darüber zu treffen, in welche Kundenbeziehungen generell zu investieren ist. Auf der operativen Ebene ist das Commitmentgeschäft stark Direct-Marketing-getrieben. Neben der undifferenzierten Zusendung eines Primärkommunikationsmediums (z.B. Katalog) werden häufig im Laufe eines Jahres zusätzliche Kommunikationsaktionen durchgeführt, bei denen nur bestimmte Zielgruppen einbezogen werden.
- *Messbarkeit:* Eine kontinuierliche Kundenbewertung ist nur möglich, wenn die ausgewählten CLV-Komponenten (z.B. Kosten, Erlöse, Lebensdauer) regelmäßig unter vertretbarem Aufwand erhoben und gemessen werden können. Insbesondere vor dem Hintergrund aktueller Ressourcenengpässe – beispielsweise im Hinblick auf Investitionen in IT-Systeme – stellt die gegebene Datensituation eine Determinante der Realisierbarkeit der CLV-Messung dar. Damit beeinflusst die Messbarkeit direkt die Umsetzbarkeit des CLV-Modells. In zahlreichen CLV-Projekten hat es sich beispielsweise gezeigt, dass der Erfolg dieser Projekte im Sinne einer Anwendung des CLV-Modells durch die Unternehmen besonders groß ist, wenn CLV-Messungen zunächst ausschließlich auf bereits im Unternehmen vorhandenen Daten durchgeführt werden.

Vor dem Hintergrund dieser Anforderungen werden in Projekten zur CLV-Konzeption der verwendete CLV-Begriff, die CLV-Komponenten und die CLV-Methoden spezifiziert.

2.2 Begriff und Arten des CLV

In der Literatur existiert eine Vielzahl von Definitionen des CLV. Generell kann er als der Wert (Value) einer einzelnen Kundenbeziehung (Customer) aufgefasst werden, d.h. die kumulierten und diskontierten Ein- und Auszahlungen im Laufe einer Kundenbeziehung (Lifetime) (Wilde/Hickethier 1997; Berger/Nasr 1998; Cornelson 1998; Bruhn et al. 2000; Günter/Helm 2001). Ausgehend von dieser Definition existieren in Abhängigkeit vom Umfang der Zahlungen und von der zeitlichen Orientierung vier Ausrichtungen des CLV (vgl. Abb. 1).

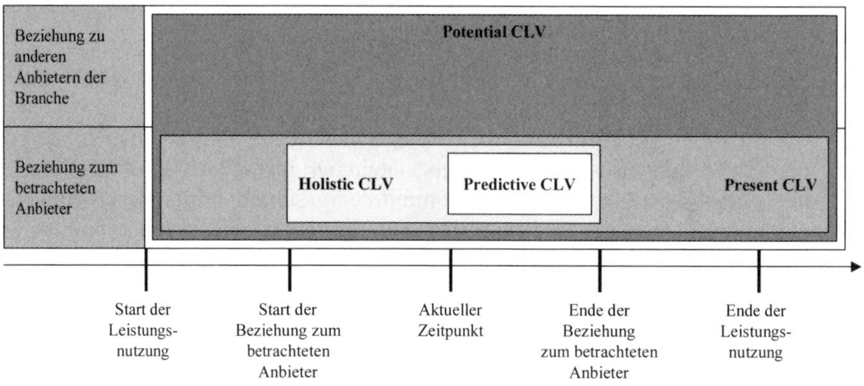

Abb. 1: Arten des Customer Lifetime Value

Im Hinblick auf den *Umfang der Zahlungen* werden ein Potential CLV und ein Present CLV differenziert (Bruhn et al. 2000).

Der *Potential CLV* entspricht in seiner Grundstruktur dem Kundendeckungsbeitragspotenzial, indem die Zahlungsströme – ohne die Berücksichtigung eines Referenzzeitpunktes – kumuliert werden. Der ermittelte Wert zeigt auf, welchen potenziellen Gewinn/Deckungsbeitrag ein Kunde für das Unternehmen während seiner gesamten Lebenszeit aufweist. Die Lebenszeit bezeichnet dabei nicht die gesamte Lebenszeit eines Kunden bis zu seinem Tode, sondern lediglich die erwartete Kundendauer, d.h. die Zeit, in der er durch den direkten Kontakt eine Beziehung zum Unternehmen hat.

Der *Present CLV* eines Kunden entspricht dem CLV im engeren Sinn und ist die Basis der meisten CLV-Berechnungen. Mittels der Abzinsung der Zahlungsströme wird der gegenwärtige Wert eines Kunden ermittelt. Diese Vorgehensweise beruht auf dem Prinzip, dass zukünftige Zahlungen weniger wert sind als gegenwärtige (Homburg/Daum 1997). Der Gegenwartswert eines Kunden ist insofern von Interesse, da die gesamten strategischen Entscheidungen nur auf Basis des aktuellen Wertes getroffen werden können. Bei einer Beurteilung der beiden CLV-Arten sprechen die Anforderungen an die CLV-Konzeption, insbesondere die Entscheidungsorientierung und die Messbarkeit, für eine Verwendung des Present CLV. Ohne Informationen bezüglich beispielsweise der aktuellen Umsätze eines Kunden können rein auf Basis des Kundenpotenzials keine Entscheidungen im Hinblick auf die Kundenbeziehung getroffen werden. Die Messbarkeit ist eingeschränkt, da zur Erfassung des Potential CLV im Unternehmen bereits vorliegende Informationen (z.B. Kaufverhaltensdaten) nicht ausreichend sind, während sich im Commitmentgeschäft aufgrund des direkten Kundenkontakts gerade diese für den Present CLV besonders relevanten Daten relativ einfach generieren lassen.

Bezüglich der *zeitlichen Orientierung* des CLV können ein holistischer und ein zukunftsorientierter CLV differenziert werden.

Beim *holistischen CLV (holistic CLV)* werden die Zahlungsströme über die gesamte Kundenbeziehung betrachtet, wie es in der allgemeinen CLV-Definition vorgesehen ist. Außer bei einem ehemaligen Kunden bedeutet dies, dass – angenommen, ein Kunde ist seit X Jahren Kunde des Unternehmens – die Ein- und Auszahlungen seit Beziehungsbeginn über diesen Zeitraum und die zukünftigen Ein- und Auszahlungen addiert werden.

Auf letztere Bestandteile konzentriert sich der *zukunftsorientierte CLV* (predictive CLV), indem die zukünftigen Zahlungsströme als Wert des Kunden betrachtet werden. Der zukunftsorientierte CLV hat Stärken im Hinblick auf die Entscheidungsorientierung.

Bei der Entscheidung, ob in bestimmte Kundengruppen investiert werden soll, sind vor allem die zukünftigen Zahlungsströme für den Commitmentgeschäft-Anbieter relevant. Gerade die zukünftigen Werte unterliegen jedoch Problemen der Messbarkeit, die bei der Konzeptionierung des CLV-Modells zu berücksichtigen sind. Dennoch ist vor dem Hintergrund der Herausforderungen des Commitmentgeschäfts, d.h. hohe Abwanderungsraten bei Neukunden, teilweise geringe „share of wallet“ u.ä., grundsätzlich ein zukunftsorientierter CLV zielführend für einen Anbieter in diesem Bereich.

2.3 Komponenten des CLV

Zur Bestimmung eines CLV-Modells müssen die verschiedenen Bestandteile festgelegt werden, die den CLV – ausgehend von der festgelegten CLV-Art – ausmachen. Dabei werden bezüglich der *Komponenten des CLV* eine Wert- und eine Zeitkomponente differenziert. Diese können in unterschiedlicher Art und Weise konkretisiert werden. Die möglichen Komponenten differieren – ähnlich wie die Arten des holistischen und zukunftsorientierten CLV – vor allem in Hinblick auf ihre zeitliche Perspektive (vgl. Abb. 2).

Entlang des Zeitstrahls der Beziehungsentwicklung können verschiedene Elemente im Rahmen der *Wertkomponente* identifiziert werden. Vom aktuellen Zeitpunkt aus betrachtet, können – zumindest für Bestandskunden – die Akquisitionskosten und die bisherige Profitabilität als vergangenheitsbezogene Komponenten betrachtet werden. Sowohl für Bestands- als auch für Neukunden sind die Potenziale des Kunden als relevante zukunftsbezogene Größen anzusehen.

Neben den *Akquisitionskosten*, die vor bzw. zu Beginn der Beziehung entstehen und im Commitmentgeschäft zwischen verschiedenen Kundenbeziehungen und Kundengruppen nur unwesentlich variieren, stellt die bisherige Profitabilität die zentrale vergangenheitsorientierte CLV-Komponente dar. Die *bisherige Profitabilität* ergibt sich aus den Erlösen und Kosten im Rahmen der einzelnen Kundenbeziehungen. Im Commitmentgeschäft resultieren die Erlöse aus dem Erwerb der vom Anbieter gehandelten Produkte durch den Kunden. Bei vielen Anbietern können in diesem Bereich die Erlösdaten direkt aus den Kundeninformationssystemen abgelesen werden. Auf Kostenseite sind vor allem Produktkosten, Marketingkosten und Vertriebskosten von Relevanz. Die Produktkosten betreffen die Stückkosten der vom Kunden erworbenen Produkte. Die Marketingkosten ergeben sich aus den Marketingaktivitäten des Anbieters (z.B. Kataloge, Mailings, In- und Otbound-Call-Center-Kontakte). Aufgrund des hohen Anteils an Direct-Marketing-Aktivitäten ist hier eine kundenindividuelle Zurechnung der Marketingkosten relativ gut möglich. Die Vertriebskosten sind Folge der für die Bestellung und den Kauf der Produkte genutzten Kanäle (vor allem Filiale vs. mediale Bestellung via Post, Telefon oder Internet). Die Vertriebskosten werden aus der Kanalnutzung des Kunden – bei Zugrundelegung eines entsprechenden Vertriebswegkostensatzes – abgeleitet.

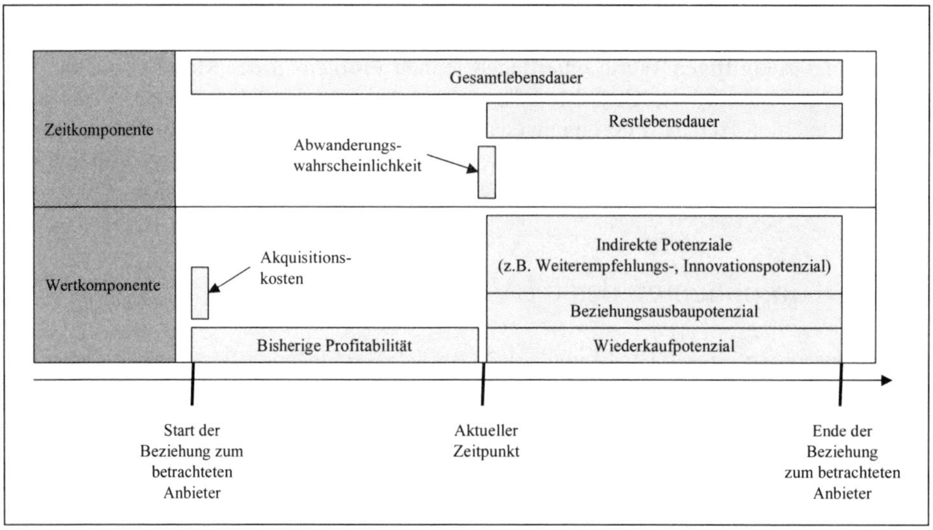

Abb. 2: Mögliche Komponenten des Customer Lifetime Value

Bei den zukunftsorientierten Wertkomponenten können verschiedene *Kundenpotenziale* für die Bestimmung eines zukunftsorientierten CLV relevant sein. Im Einzelnen können dabei folgende *Potenziale* unterschieden werden:

- Wiederkaufpotenzial,
- Beziehungsausbaupotenzial,
- Indirektes Potenzial.

Das *Wiederkaufpotenzial* resultiert aus der unveränderten Fortsetzung der Beziehung durch den Kunden, d.h. bei gleichbleibender Kauffrequenz, Produktnutzung und Preissensibilität. Im Bereich des Commitmentgeschäfts ist das Wiederkaufpotenzial die wesentliche Basis des zukünftigen Erfolgs mit einem Kunden. Zunächst ist durch das Commitment ein bestimmter Erlös festgelegt, der bei einem Großteil der Kunden einen wesentlichen Bestandteil der Gesamterlöse ausmacht. Darüber hinaus ist – abgesehen von saisonalen Schwankungen (z.B. Weihnachtsgeschäft) – die Erlösentwicklung über eine Kundenbeziehung bei vielen Kunden relativ konstant.

Das *Beziehungsausbaupotenzial* betrifft mögliche Erlös- und Profitabilitätserweiterungen innerhalb einer Kundenbeziehung. Diese Potenziale können durch Kauffrequenzsteigerungen (z.B. Kauf von mehr Produkten innerhalb einer bestimmten Kategorie) oder Cross Buying (z.B. zusätzlicher Kauf von eigenen Produkten oder denjenigen von Partnerunternehmen) realisiert werden. Diese Potenziale hängen ab vom Bedarf der Kunden an den angebotenen Leistungen. Es kann sich dabei um Bedarf handeln, der bisher nicht vorhanden war oder bei anderen Anbietern gedeckt wurde. Die Grundproblematik bei der Einbeziehung des Beziehungsausbaupotenzials besteht in der eingeschränkten Messbarkeit. Bei einer großen Kundenzahl – wie etwa bei konsumtiven Dienstleistungen oder standardisierten Verbrauchs- und Gebrauchsgütern – ist eine kundenindividuelle qualitative Potenzialbestimmung nicht möglich. Bei einer geringen Kundenzahl – wie häufig im Industriegüterbereich – wird eine individuelle Potenzialbestimmung aufgrund technischer Bedarfsdaten eher möglich sein. Darüber hinaus ist eine Potenzialbestimmung auch auf Basis intern vorhandener Kaufverhaltensdaten kaum zu realisieren, sondern bedarf der Erhebung zusätzlicher externer Daten.

Während die beiden diskutierten Potenziale sich direkt aus dem Kaufverhalten des betrachteten Kunden ergeben, sind zur Realisierung der *indirekten Potenziale* entsprechende Verhaltensweisen anderer Personen erforderlich. Hierzu zählen beispielsweise das Referenzpotenzial, das sich aus Weiterempfehlungen des betrachteten Kunden ergibt (Cornelsen 2000), oder das Innovationspotenzial, das aus Beschwerden oder Verbesserungshinweisen eines Kunden unternehmensintern generiert werden kann. Auch wenn die entsprechenden Wirkungen dem betrachteten Kunden nur teilweise zugeschrieben werden können, ist eine Berücksichtigung bei der prädiktiven Kundenbewertung theoretisch sinnvoll. Oft wird diese Potenzialdimension allerdings aufgrund des unverhältnismäßig hohen Aufwands zur Bestimmung dieser Potenziale vernachlässigt.

Neben der Wertkomponente beinhaltet der CLV eine *Zeitkomponente*, die mit der Dauer der betrachteten Kundenbeziehung in Zusammenhang steht. Dabei lassen sich anhand des Zeitstrahls einer Kundenbeziehung drei mögliche *Komponenten* des CLV differenzieren (vgl. Abb. 2):

- Die *Gesamtlebensdauer* der Beziehung bezeichnet den Zeitraum zwischen Beziehungsbeginn und Beziehungsende. Damit setzt sie sich aus der bisherigen Beziehungsdauer und der Restlebensdauer zusammen.
- Die *Restlebensdauer* kennzeichnet die verbleibende Lebensdauer von einem bestimmten Zeitpunkt, z.B. dem aktuellen Zeitpunkt, bis zum Beziehungsende.

- Schließlich gibt die *Abwanderungswahrscheinlichkeit* zu einem bestimmten Zeitpunkt an, mit welcher Wahrscheinlichkeit der betrachtete Kunde die Beziehung zum Unternehmen auflösen wird.

Insbesondere die prädiktiven Elemente der Zeitkomponente, d.h. die Restlebensdauer (die allerdings auch zur Ermittlung der Gesamtlebensdauer erforderlich ist) und die Abwanderungswahrscheinlichkeit können aus den Datenbeständen eines Unternehmens nicht direkt abgelesen werden. Aufgrund der hohen strategischen Bedeutung der Abwanderung von Neukunden sind diese zukunftsorientierten Größen von besonderer Relevanz für die betrachteten Anbieter im Commitmentgeschäft.

3 Messung des CLV

3.1 Einflussfaktoren des CLV

Aufgrund des prädiktiven Charakters der vorgenommenen CLV-Definition liegt die wesentliche Aufgabe bei der Entwicklung des CLV-Konzeptes in der *Prognose der Wert- und Zeitkomponente des CLV* für Neu- und Bestandskunden. Der Ansatzpunkt zur zukunftsorientierten Schätzung des CLV liegt in den *Einflussfaktoren des CLV*. Durch eine Messung der aktuellen Ausprägungen können – bei Kenntnis einer statistischen Funktion des CLV in Abhängigkeit dieser Einflussfaktoren – Rückschlüsse für die Komponenten des CLV gezogen und somit der CLV für die einzelnen Kunden ermittelt werden.

Anhand der Erfolgskette des Relationship Marketing (Bruhn 2001) können die Einflussfaktoren des CLV in *psychologische, verhaltensbezogene und ökonomische Einflussfaktoren* eingeteilt werden. Zu den psychologischen Einflussfaktoren gehören Größen wie wahrgenommene Leistungsqualität, Kundenzufriedenheit, Commitment und Beziehungsqualität. Den verhaltensbezogenen Einflussfaktoren sind die Kundenbindung, Mund-zu-Mund-Kommunikation u.a. zu zuordnen. Schließlich können auch ökonomische Größen, wie die aktuelle Kundenprofitabilität o.ä., als Indikatoren bei der Prädiktion der zukünftigen Profitabilität als Bestandteil des CLV dienen.

In der Projektumsetzung erfolgt eine *Vorauswahl möglicher Einflussfaktoren* durch *Expertengespräche* mit Vertretern der unterschiedlichen Abteilungen eines Anbieters. In den diesem Beitrag zugrunde liegenden Projekten im Bereich des Commitmentgeschäfts wurden – vergleichbar mit dem Vorgehen in anderen Branchen – Interviews mit Vertretern der Geschäftsleitung, des Marketing, des Produktmanagements, der Customer Intelligence/Data Mining und dem Controlling geführt. Diese Vertreter wurden gebeten, Hypothesen bezüglich möglicher Einflussfaktoren der Beziehungsdauer/Bleibewahrscheinlichkeit sowie der Kundenprofitabilität zu entwickeln. Dabei hat sich herausgestellt, dass vor allem verhaltensbezogene und ökonomische Einflussfaktoren zur Analyse bevorzugt werden. Teilweise widerspricht dieses Vorgehen der Anforderung der Entscheidungsorientierung, da psychologische Größen – wie Kundenzufriedenheit – häufig als valide Frühwarnindikatoren für das zukünftige Kundenverhalten angesehen werden können. Allerdings spricht für eine Konzentration auf verhaltensbezogene und ökonomische Einflussfaktoren, dass für diese gerade im Commitmentgeschäft aufgrund der vertraglichen Bindung des Kunden und der Kundendatenhaltung auf Einzelkundenebene eine breite Informationsbasis vorgehalten wird. Diese Informationen wurden darüber hinaus im Rahmen der Vorauswahl um verschiedene demographische, sozio-ökonomische und geographische Daten ergänzt, um den Einfluss auf den CLV zu untersuchen.

Diese Vorauswahl resultiert in einer Zusammenstellung möglicher Einflussfaktoren, die in Abb. 3 exemplarisch in verschiedenen *Kategorien von Einflussfaktoren* wiedergegeben sind, die sich darüber hinaus im Hinblick auf den Zeitpunkt der Existenz der entsprechenden Informationen im Laufe einer Kundenbeziehung unterscheiden.

Die erste Kategorie betrifft *Informationen zum Akquisitionskanal*, d.h. neben dem Akquisitionskanal selbst werden Durchschnittswerte von

- Lebensdauer,
- Abwanderungswahrscheinlichkeit und
- Profitabilität

in Abhängigkeit vom Akquisitionskanal einbezogen. Diese Informationen können bereits vor dem Beziehungsbeginn vorliegen, da der Akquisitionskanal in gewissem Maße vom Anbieter selbst bestimmt wird.

Eine zweite Kategorie betrifft *demographische, sozio-ökonomische und geographische Informationen*, die vor allem aus zwei Quellen generiert werden:

- Zum einen liegen diese Informationen ab dem Beziehungsbeginn durch den Vertragsabschluss vor (z.B. Geburtsdatum, Geschlecht).
- Zum anderen verfügen zahlreiche Unternehmen im Bereich des Commitmentgeschäfts über Daten auf Basis einer sog. geographischen Mikrosegmentierung. Hierbei wird jeder Kunde einer geographischen Region zugeordnet, für die bestimmte Werte wie Zahl der Mitglieder im Haushalt, Einkommen, Zahl der Autos u.ä. ermittelt werden. Unter der Annahme, dass sich Bewohner einer bestimmten Wohngegend im Hinblick auf die genannten Merkmale ähneln, werden jedem Mitglied einer Region die entsprechenden Werte zugerechnet.

Die dritte Kategorie umfasst *Informationen zum Kaufverhalten* der Kunden. Diese liegen in den Datenbeständen der meisten Anbieter im Commitmentgeschäft vor und können für CLV-Analysen verwendet werden. Allerdings liegen diese Daten frühestens nach dem ersten Kauf (also im Commitmentgeschäft bei Buchclubs beispielsweise nach ca. 3 Monaten) vor, so dass ihre Verwendung insbesondere bei Neukunden nur eingeschränkt möglich ist.

Innerhalb der drei Kategorien wurden nicht nur die in den Systemen vorhandenen Daten absolut verwendet, sondern zudem durch abgeleitete Variablen ergänzt. Beispielsweise sind bestimmte relative Variablen (z.B. Umsatz pro Einkauf eines Kunden) oft bessere Indikatoren für den CLV als die zugrunde liegenden absoluten Variablen (z.B. Umsatz eines Kunden).

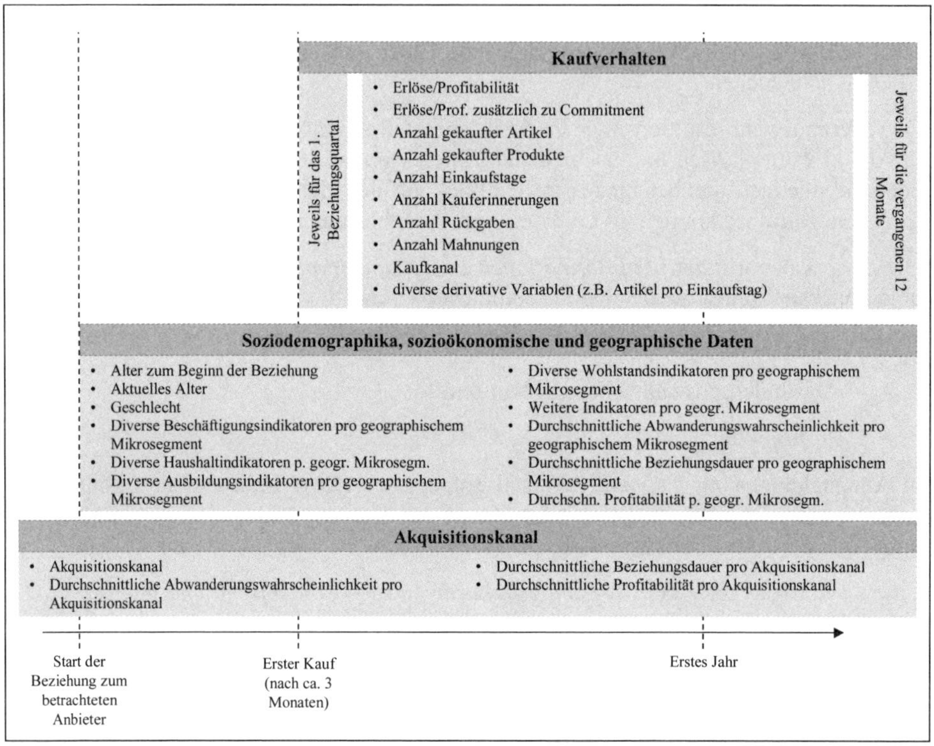

Abb. 3: Exemplarische CLV-Einflussfaktoren im Commitmentgeschäft

3.2 Methoden zur Prognose des CLV

Mit Kenntnis möglicher Einflussfaktoren werden Modelle zur Bestimmung der Zeit- und Wertkomponente des CLV auf Basis verschiedener statistischer Methoden entwickelt. Tab. 1 zeigt eine Auswahl von *Methoden zur CLV-Prognose*, die sich zunächst im Hinblick auf ihren Aufwand unterscheiden (vgl. für einen Überblick Günter/Helm 2001; Hippner et al. 2001). Darüber hinaus variieren die Reliabilität, Validität und Predictive Power der verschiedenen Ansätze. Diese Unterschiede sind allerdings nicht allgemeingültig, sondern müssen im Einzelfall analysiert werden, um die optimale Methode für das jeweilige Unternehmen zu bestimmen.

Methoden	Ergebnis Wertkomponente	Ergebnis Zeitkomponente	Datenaufwand	Entwicklungsaufwand	Implementierungsaufwand	Predictive Power
Logistische Regression	–	Abwanderungswahrscheinlichkeit	+	+	+	Keine allgemeingültige Aussage möglich; muss im Einzelfall für Alternativmodelle bewertet werden.
Multiple Regression	Geschätzte Profitabilität	Geschätzte Lebensdauer	–	+	+	
Markov-Ketten	–	Abwanderungswahrscheinlichkeit	–	–	–	
Neuronale Netze	Profitabilität pro Cluster	Lebensdauer, Abwanderungswahrscheinlichkeit pro Cluster	+	–	–	
Survival-Analyse	–	Abwanderungswahrscheinlichkeit	+	–	+	
Zeitreihenanalyse	Geschätzte Profitabilität	Geschätzte Lebensdauer	–	–	–	
Clusteranalyse	Profitabilität pro Cluster	Lebensdauer, Abwanderungswahrscheinlichkeit pro Cluster	+	–	+	

Tab. 1: Bewertung von Methoden zur CLV-Prognose anhand ausgewählter Kriterien

Nach einer Bewertung der verschiedenen Methoden im Hinblick auf den notwendigen Dateninput und den Entwicklungs- und Implementierungsaufwand sowie ihre statistische Aussagekraft im Einzelfall werden für die unterschiedlichen Modelle (z.B. Neukunden- vs. Bestandskundenmodell) die entsprechenden Verfahren ausgewählt.

3.3 Exemplarische Ergebnisse

Durch Analysen mit Hilfe der aufgeführten Methoden und eine intensive statistische Reduktion der jeweiligen Einflussfaktoren werden die endgültigen CLV-Modelle abgeleitet, bewertet und ggf. modifiziert. Als Ergebnis folgen statistische Modelle (z.B. Regressionsmodelle), mit denen die entsprechenden Zielgrößen über die CLV-Einflussfaktoren geschätzt werden können. *Beispielhafte Prognosen für Neukunden* auf Basis entsprechender Modelle sind die Folgenden:

- Prognose der Abwanderungswahrscheinlichkeit von Neukunden im Laufe des ersten Jahres in Abhängigkeit von der Abwanderungswahrscheinlichkeit pro Akquisitionskanal, der Abwanderungswahrscheinlichkeit pro geographischem

Mikrosegment sowie der freiwilligen Einhaltung der Kaufverpflichtung im ersten Beziehungsquartal und der Anzahl der Einkaufstage im ersten Beziehungsquartal (die letzten beiden Einflussfaktoren werden erst nach dem ersten Kauf mitberücksichtigt),

- Prognose der Profitabilität im ersten Beziehungsjahr in Abhängigkeit von der Kundenprofitabilität pro Akquisitionskanal, der Profitabilität pro geographischem Mikrosegment sowie der freiwilligen Einhaltung der Kaufverpflichtung im ersten Beziehungsquartal und der Profitabilität im ersten Beziehungsquartal (die letzten beiden Einflussfaktoren werden erst nach dem ersten Kauf mitberücksichtigt),

Mit Hilfe der erwähnten Modelle lassen sich die Abwanderungswahrscheinlichkeit und Profitabilität von Neukunden prognostizieren. Ein beispielhaftes Ergebnis besteht darin, dass 70 % der *Neukunden mit hoher Profitabilität und hoher Abwanderungswahrscheinlichkeit*, die 20 % aller Neukunden ausmachen, identifiziert werden können. Da eine Abwanderung dieser profitablen Kunden vermieden werden soll, kann das CLV-Modell genutzt werden, um Retention-Maßnahmen effizienter zu gestalten. Bei einer exemplarischen Maßnahme sollen 100.000 Neukunden angesprochen werden, die Maßnahme kostet 10 Euro pro Kunde, so dass insgesamt Kosten von 1 Mio. Euro für die Maßnahme zu veranschlagen sind. Es stellt sich nun die Frage, wie viele „wertvolle“ (d.h. profitable) Neukunden mit hoher Abwanderungswahrscheinlichkeit erreicht werden können. Bei einer Zufallsselektion würden nach dem Gesetz der großen Zahlen 20.000 dieser Kunden erreicht, pro Treffer entstünden demnach Kosten in Höhe von 50 Euro (1 Mio./20.000). Bei Anwendung des CLV-Modells werden 70.000 „richtige“ Kunden erreicht, so dass pro Treffer Kosten in Höhe von 14 Euro (1 Mio./70.000) anfallen. Damit kann durch die Anwendung des CLV-Modells die Effizienz der Retention-Maßnahme in wesentlichem Maße gesteigert werden.

Für die *Bestandskunden* liegt der Schwerpunkt der CLV-Modellierung im Commitmentgeschäft typischerweise auf der Zeitkomponente, d.h. beispielsweise der Schätzung der Abwanderungswahrscheinlichkeit, und weniger auf der Wertkomponente, für die Profitabilitätswerte auf Einzelkundenebene in den Kundendatenbeständen vorliegen. Auf Basis der angesprochenen Vorgehensweise werden damit kundenverhaltensbezogene Cluster (oft 6-10 Cluster; z.B. Top-Kunden und inaktive Kunden als Extremcluster) gebildet, für die – weiter differenziert anhand der Zahl der Beziehungsjahre – Abwanderungswahrscheinlichkeiten bestimmt werden. Auf dieser Grundlage kann jedem Kunden in Abhängigkeit von seiner Clusterzugehörigkeit und seinem Beziehungsjahr eine Abwanderungswahrscheinlichkeit zugerechnet werden. Bei entsprechenden Kalkulationen schwankten beispielsweise die Abwanderungswahrscheinlichkeiten zwischen 15 % (für Top-Kunden) und 55 % (bei inaktiven Kunden). Der Kundenwert über fünf Jahre fällt bei Top-Kunden beispielsweise oft 10-20 Mal so hoch aus wie für inaktive Kunden.

Diese Ergebnisse verdeutlichen, dass durch entsprechende CLV-Analysen wesentliche Tendenzaussagen bezüglich der Wertigkeit einzelner Kunden und Kundengruppen getroffen werden können, die im Rahmen des Kundenmanagements für verschiedene Aktivitäten und Entscheidungen genutzt werden können.

4 Nutzung des CLV zum Kundenmanagement

4.1 Kundenportfoliomanagement auf Basis des CLV

Primärziel des CLV-Ansatzes ist die Generierung einer Kennzahl, welche einen weiteren Baustein zur Ableitung zukünftiger Entscheidungen bezüglich der Investition oder Desinvestition in einzelne Kunden oder Kundengruppen im Rahmen eines *systematischen Kundenportfoliomanagements* liefert. In der Praxis haben sich drei unterschiedliche Anwendungsweisen herauskristallisiert:

- *Kundenindividueller CLV*

  Der Vorteil der kundenindividuellen CLV-Analyse liegt in der Exaktheit, die aber häufig auch zu einem Nachteil werden kann, wenn ungeplante Ereignisse zu einem Abweichen der Prognosen führen. Darüber hinaus ist die außerordentliche Güte der Datenqualität, -quantität und -historie eine unabdingbare Voraussetzung für die Berechnung eines kundenindividuellen CLV.

- *Kundensegmentierung auf Basis von CLV-Bandbreiten*

  Anstelle des exakten Ausweises eines CLV pro Kunde werden trennscharfe CLV-Bandbreiten definiert, in die die Kunden dann eingeordnet werden. Die Exaktheit wird hier zugunsten einer besseren operativen Handhabung aufgegeben. Auf Basis der definierten Bandbreiten, die auch zur Kundensegmentierung genutzt werden können, lassen sich kundengruppenbezogene Strategien ableiten.

- *Mehrdimensionale Betrachtung der CLV-Komponenten*

  Durch die disaggregierte Betrachtung der CLV-Komponenten lassen sich ebenfalls strategische Stoßrichtungen für bestimmte Kundengruppen festlegen. Beispielsweise gibt die Gegenüberstellung der Profitabilität und der Abwanderungswahrscheinlichkeit Hinweise auf die strategischen Schwerpunkte bei den einzelnen Kundengruppen. Abb. 4 zeigt ein Beispiel für diese Vorgehensweise auf Basis der in Abschnitt 3 entwickelten Segmente.

Für jede der drei genannten Anwendungsvarianten lassen sich für die einzelnen CLV-Werte (Kundensegmente) konkrete strategische inhaltliche und finanzielle Ziele, z.B. Kosteneinsparung, Wachstum, Steigerung der Profitabilität, ableiten (Backhaus 1997). Aus den inhaltlichen Zielen der einzelnen Kundengruppen werden dann Beziehungsmodelle, Marketingpläne, Vertriebs- bzw. Akquisitionsstrategie, Ausrichtungen der gesamten Customer-Care-Einheiten und Vorgaben für das Angebotssortiment (z.B. Kataloggestaltung bei Buchclubs) entwickelt. Damit bilden diese Strategien die Grundlage zur Ausrichtung und Fokussierung aller funktionalen Einheiten, die Kundenkontakt haben. Als übergreifende Klammer reduzieren diese Strategien das Risiko, dass einzelne Funktionsbereiche durch isolierte Ansätze und unterschiedliche Zielvorgaben kontraproduktive Aktivitäten initiieren (Schusser 2003).

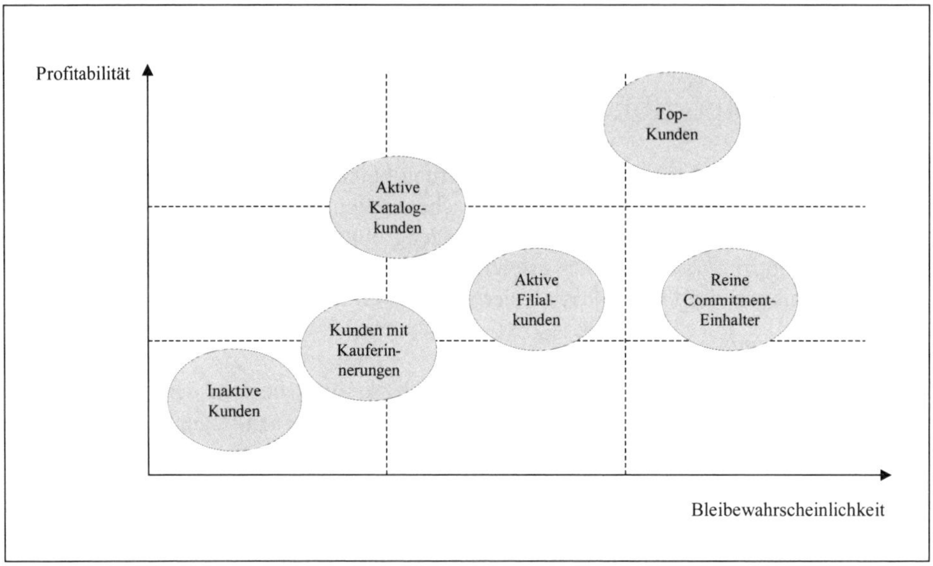

Abb. 4: Kundenportfolio in Abhängigkeit der Profitabilität und Bleibewahrscheinlichkeit am Beispiel eines Buchclubs

Dem CLV kann somit eine Planungs- und Steuerungsfunktion zugeordnet werden. Er kann unterjährig bzw. im Laufe einer Kundenbeziehung kontrolliert und angepasst werden. Die Addition der einzelnen, finanziellen Planziele pro Kundensegment, die auf Unternehmensgesamtebene konsolidiert werden können, ermöglicht einen Bottom-up-Planungsansatz. Der Ansatz beruht auf konkreten und nachvollziehbaren Zielen und kann unterjährig permanent überwacht werden.

4.2 Budgetallokation auf Basis des CLV

Vor dem Hintergrund zu erwartender Wachstumsraten oder strategischer Invesitions- bzw. Desinvestitionsentscheidungen ist auf Basis dieser Planungen eine sinnvolle Priorisierung und Allokation von Ressourcen möglich. Die *Allokation der Budgets und Ressourcen* erfolgt im Commitmentgeschäft häufig in zwei sequenziellen Schritten, die sich gegenseitig bedingen: Zunächst die Aufteilung in Akquisitions- und Bestandsmanagement-Budget sowie dann die weitere Unterteilung auf die verschiedenen CLV-Gruppen im Bestandsmanagement.

Der Ergebnisbeitrag zum Unternehmenserfolg ist in beiden Schritten der determinierende Faktor. Im ersten Schritt gilt es die Frage zu beantworten, welchen Beitrag die Akquisition attraktiver Neukunden zum kurz-, mittel- und langfristigen Unternehmenserfolg liefert und wie dieser im Verhältnis zum Beitrag aus dem Bestandsmitgliedsmanagement steht, dessen Ziel in der Potenzialausschöpfung, dem Ausbau der Kundenbeziehung/-loyalität und der Reduktion der Abwanderungsrate besteht. Dieses Verhältnis bestimmt maßgeblich die *Aufteilung des Budgets auf Neukundenakquisition und Bestandskundenmanagement*. Responseratenmessungen, ROI- und Profitabilitätsanalysen (Zeitreihen- und Querschnittsanalysen) können als Bewertungskriterien für den Beitrag zum Unternehmenserfolg herangezogen werden.

Im zweiten Schritt erfolgt innerhalb des Bestandskundenmanagements die *Verteilung des Budgets entsprechend des Ergebnisbeitrags der einzelnen Kundengruppen* auf Basis der CLV-Prognose und der Kundenportfoliostrategie, d.h. beispielsweise im Rahmen eines segmentspezifischen Kampagnenmanagements (vgl. Abb. 5). Der CLV ist auch hier eine von mehreren Entscheidungsparametern. Ergänzt werden kann er beispielsweise durch Marktpotenzialanalysen, die Wachstumschancen in einzelnen Kundengruppen aufzeigen und ein entsprechendes Budget zur Realisierung notwendig machen.

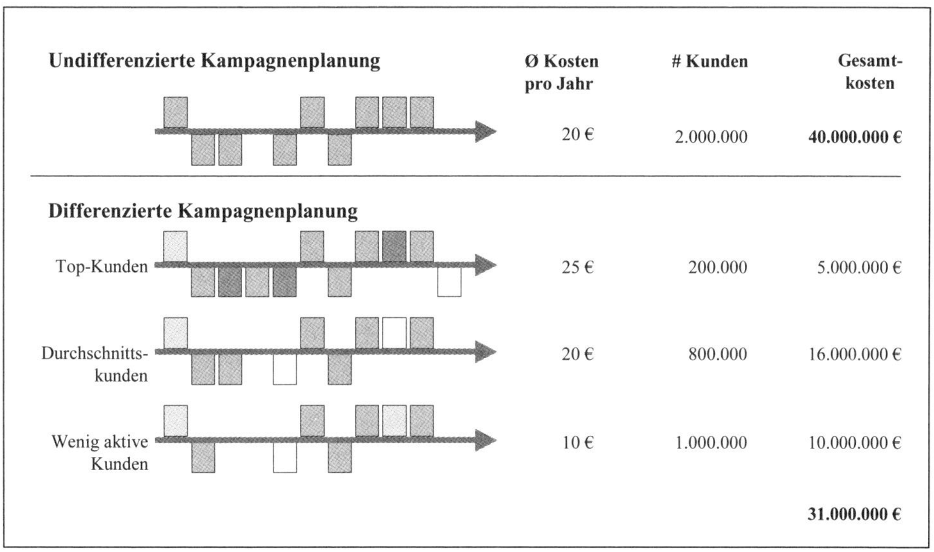

Abb. 5: Kostenvergleich zwischen undifferenzierter und differenzierter Kampagnenplanung
Quelle: Decker 2003

Kundenstrategien werden somit nicht nur am Kundenwert ausgerichtet, um den größtmöglichen ROI bzw. eine Steigerung der Kundenprofitabilität zu erzielen, sondern sie lassen sich auch mit Hilfe von Kennziffern prognostizieren und kontrollieren (Schusser 2003).

4.3 Operative Maßnahmenableitung auf Basis des CLV

Aufgrund des eher strategischen Charakters der Kennziffer CLV oder Kundenwert können operative Marketingmaßnahmen nicht ausschließlich auf Basis des CLV abgeleitet werden. Allerdings geben der CLV oder einzelne Komponenten des CLV wesentliche Hinweise bei der Maßnahmengestaltung, die – in Verbindung mit anderen Kennziffern – bei der *Planung operativer Marketingmaßnahmen* genutzt werden. Beispielsweise können mit Hilfe des CLV für folgende im Rahmen des Commitmentgeschäfts relevanten Marketingmaßnahmen Kundenselektionen vorgenommen werden:

- Für *Retention-Maßnahmen* kann eine Kundenselektion – wie im Abschnitt 3.3 für Neukunden angedeutet – fast ausschließlich auf Basis der CLV-Komponenten vorgenommen werden. Dabei sind Kunden mit einer hohen Abwanderungswahrscheinlichkeit und einer hohen Profitabilität zu bevorzugen. Für Kunden mit geringer Abwanderungswahrscheinlichkeit sind Retention-Maßnahmen nicht nötig, während bei Kunden mit geringer Profitabilität der Deckungsbeitrag der Retention-Maßnahmen geringer ausfällt. Bei Kenntnis der Kosten für die Retention-Maßnahmen können relativ exakte Rückschlüsse für die Effizienz der Maßnahmen gezogen werden. Eine Verfeinerung der Analyse kann durch die Einbeziehung einer – allerdings schwer zu bestimmenden – Responsewahrscheinlichkeit für den einzelnen Kunden oder eine bestimmte Kundengruppe im Hinblick auf die Maßnahme erfolgen.
- Im Verlauf des Kundenbeziehungslebenszyklus kann der CLV bei der Kundenselektion für Cross-Selling-Maßnahmen hilfreich sein (Georgi 2003). Ein Beispiel für *Cross-Selling-Maßnahmen* bei Buchclubs sind Zusatzkataloge wie ein Weihnachtskatalog, der nicht an sämtliche Kunden gesendet werden soll. Der CLV kann dabei Ansatzpunkte dafür liefern, welche Kunden hier sinnvollerweise zu selektieren sind. Beispielsweise besteht bei Kunden mit einer hohen Profitabilität Budgetspielraum für die Kosten zusätzlicher Maßnahmen. Die Abwanderungswahrscheinlichkeit gibt Hinweise auf die Loyalität eines Kunden, die wiederum als Indikator für die Cross-Buying-Bereitschaft des Kunden angesehen werden kann. Allerdings reicht der CLV für die Planung dieser Maßnahmen alleine nicht aus. Für die inhaltliche Gestaltung der Maßnahmen (z.B. Produktauswahl im Weihnachtskatalog) müssen zusätzlich Informationen über die Produktinteressen der Kunden herangezogen werden. Bei der Kundenselektion sollten darüber hinaus Informationen über die Responsewahrscheinlichkeit (z.B. Response eines Kunden im Vorjahr) herangezogen werden.
- Zum „Ende des Beziehungslebenszyklus" kann der CLV wichtige Impulse bei der Kundenselektion für *Rückgewinnungsmaßnahmen* liefern. Kunden mit einer hohen Abwanderungswahrscheinlichkeit als „Wieder-Neukunden" und Kunden mit einer geringen Profitabilität stellen beispielsweise eine wenig attraktive Zielgruppe für Rückgewinnungsmaßnahmen dar.

Es zeigt sich, dass CLV-Modelle trotz ihrer grundsätzlich strategischen Ausrichtung auch in die Planung von operativen Marketingmaßnahmen einfließen können.

5 Schlussbemerkungen und Ausblick

Die verschiedenen Projekte, die Grundlage für die Aussagen in diesem Beitrag waren, haben gezeigt, dass ein zentraler Erfolgsfaktor bei der CLV-Messung in der *Überwindung des Dilemmas zwischen methodischem Anspruch und Umsetzbarkeit* liegt. Auf der einen Seite existieren theoretische Ansatzpunkte und methodische Verfahren, die „unbegrenzte Möglichkeiten" im CRM-Bereich mit Hilfe von CLV-Modellen und -Messungen versprechen. Auf der anderen Seite sind bei den Unternehmen immer wieder Frustrationen zu erleben, wenn festgestellt wird, dass die in der Theorie vorgeschlagenen Modelle und Methoden oft aufgrund von Daten-, Know-how- und Ressourcenmangel nicht konsequent umgesetzt werden können. Dabei sind diese Probleme im Commitmentgeschäft noch relativ gering ausgeprägt, da aufgrund des direkten Kundenkontakts und der vertraglichen Bindung der Kunden relativ viele Informationen über die Kunden vorliegen. In anderen Branchen, insbesondere ohne mitgliedschaftsähnlichen Charakter, wie beispielsweise vor allem im Konsumgüterbereich, sind diese Probleme dagegen ausgeprägter. Entsprechend muss in diesen Bereichen besonders vorsichtig mit zu hohen Erwartungen an den CLV umgegangen werden, um allzu große Frustrationen zu vermeiden.

Im Hinblick auf die Umsetzung im Unternehmen hat sich in der Praxis ein *mehrstufiges Implementierungsverfahren* von CLV-Modellen als hilfreich erwiesen. Auf einer ersten Stufe sollte ein CLV-Modell auf Basis der im Unternehmen vorhandenen oder relativ einfach generierbaren Daten entwickelt werden. Wie in anderen Bereichen des Marketingcontrolling zeigt sich auch im CLV-Bereich, dass es besser ist, sich überhaupt mit Überlegungen zum Kundenwert auseinander zu setzen, als jahrelang auf das perfekte CLV-Modell zu warten. Besteht ein entsprechend pragmatisches Modell, so können zum einen bereits Kundenbewertungen erstellt und zum anderen auf dieser Grundlage kontinuierlich Erweiterungen und Verfeinerungen am Modell vorgenommen werden. Im aufgeführten Beispiel (vgl. Abschnitt 3.3) liegt eine Erweiterungsmöglichkeit in der Einbeziehung von Potenzialschätzungen über das Wiederkaufpotenzial hinaus. Weiterhin könnte durch die Einbeziehung psychologischer Größen, wie Kundenzufriedenheit oder Beziehungsqualität, dem langfristigen Charakter von Beziehungen noch stärker Rechnung getragen werden und die Predictive Power der CLV-Modelle verbessert werden.

Mit Hilfe des CLV wird der Gedanke des Relationship Marketing, das Denken in langfristigen Geschäftsbeziehungen, auf das Controlling übertragen. Um den CLV als strategische Kennziffer anzuwenden, ist es erforderlich, eine *Integration des CLV in bestehende Controllingsysteme* vorzunehmen. Ohne diese Integration handelt es sich beim CLV um eine isolierte Größe, die – abgekoppelt von anderen Kennziffern des Unternehmens – durch den Marketingbereich gesteuert wird. Eine Balancierung des CLV und anderer Unternehmenswerte (z.B. Mitarbeiterwert, Innovationswert usw.) kann zu einer konsequenten Verbesserung der Kundenbeziehungen und damit des Unternehmenserfolgs führen.

Literaturverzeichnis

Backhaus, K. (1997): Relationship Marketing. Ein neues Paradigma im Marketing?, in: Bruhn, M., Steffenhagen, H. (Hrsg.): Marktorientierte Unternehmensführung. Reflexionen – Denkanstöße – Perspektiven. Heribert Meffert zum 60. Geburtstag, Wiesbaden, S. 19-35.

Berger, P.D.; Nasr, N.I. (1998): Customer Lifetime Value. Marketing Models and Applications, in: Journal of Interactive Marketing, Vol. 12, No. 1, S. 17-30.

Bruhn, M. (2001): Relationship Marketing. Das Management von Kundenbeziehungen, München.

Bruhn, M. (2003): Strategische Ausrichtung des Relationship Marketing, in: Payne, A.; Rapp, R. (Hrsg.): Handbuch Relationship Marketing. Konzeption und erfolgreiche Umsetzung. 2. Aufl., München, S. 45-48.

Bruhn, M.; Bunge, B. (1996): Beziehungsmarketing als integrativer Ansatz der Marketingwissenschaft. Ein „Beziehungsgeflecht" zwischen Neologismus und Eklektizismus?, in: Die Unternehmung, Nr. 3, S. 171-194.

Bruhn, M.; Georgi, D.; Treyer, M.; Leumann, S. (2000): Wertorientiertes Relationship Marketing. Vom Kundenwert zum Customer Lifetime Value, in: Die Unternehmung, Nr. 3, S. 167-188.

Cornelsen, J. (2000): Kundenwertanalysen im Beziehungsmarketing, Nürnberg.

Decker, A. (2003): Customer Relationship Management bei Banken. Drei wesentliche Herausforderungen auf dem Wege zum Weg zum Erfolg, in: Payne, A., Rapp, R. (Hrsg.): Handbuch Relationship Marketing. Konzeption und erfolgreiche Umsetzung, 2. Aufl., München, S. 351-366.

Georgi, D. (2003): Kundenbindungsmanagement im Kundenbeziehungslebenszyklus, in: Bruhn, M.; Homburg, Ch. (Hrsg.): Handbuch Kundenbindungsmanagement, 4. Aufl., Wiesbaden, S. 223-243.

Grönroos, C. (1990): The Marketing Strategy Continuum: Toward a Marketing Concept for the 1990s. Arbeitspapier Nr. 201, Meddelanden Fran Svenska Handelshogskolan, Helsinki.

Günter, B.; Helm, S. (Hrsg.) (2001): Kundenwert. Grundlagen, innovative Konzepte, praktische Umsetzungen, Wiesbaden.

Hippner, H.; Küsters, U.; Meyer, M.; Wilde, K.D. (Hrsg.)(2001): Handbuch Data Mining im Marketing, Wiesbaden.

Homburg, C.; Daum, D. (1997): Die Kundenstruktur als Controlling-Herausforderung, in: Controlling, Nr. 6, S. 394-405.

Lovelock, C.H. (Hrsg.) (2000): Services Marketing. Text, Cases and Readings, 4. Aufl., Englewood Cliffs.

Rapp, R. (2003): Relationship Marketing und Customer Relationship Management, in: Payne, A.; Rapp, R. (Hrsg.): Handbuch Relationship Marketing. Konzeption und erfolgreiche Umsetzung, 2. Aufl., München, S. 60-72.

Reichheld, F.; Sasser, W.E. (1990): Zero defections: quality comes to services, in: Harvard Business Review, No. 5, S. 105-116.

Schusser, S.W. (2003): CRM-Cockpit als Management-Instrument zur systematischen Steuerung des Kundenportfolios, in: Payne, A.; Rapp, R. (Hrsg.): Handbuch Relationship Marketing. Konzeption und erfolgreiche Umsetzung, 2. Aufl., München, S. 141-151.

Storbacka, K.; Lethinen, J.R. (2001): Customer Relationship Management. Creating Competitive Advantage through Win-Win Relationship Strategies. Singapore.

Wilde, K.D.; Hickethier, E. (1997): Erfolgsbestimmung im Database Marketing, in: Link, J.; Brändli, D.; Schleuning, Ch.; Kehl, R.E. (Hrsg.): Handbuch Database Marketing, Ettlingen, S. 474-488.

Felix Brosius, Michael Thiäner

CRM-basiertes Marketing im Club Bertelsmann

1 Einleitung

Produzenten und Händler von Endverbraucherprodukten haben in den vergangenen Jahren erhebliche Anstrengungen unternommen, um ihre Produktionsprozesse zu optimieren. In Zuge dieser Entwicklung wurden durch Automatisierungen erhebliche Effizienzsteigerungen erzielt, die mit fortschreitender Weiterentwicklung der Prozesse nicht mehr zwangsläufig hochstandardisierte aber wenig inspirierte Produkte hervorbringen, sondern eine differenzierte und flexible Berücksichtigung allgemeiner, kurzlebiger Trends sowie individueller Kundenwünsche erlauben. Dadurch haben sich viele Anbieter bei breiter Verfügbarkeit einer differenzierten Produktpalette auf niedrigem Preisniveau angenähert, so dass es Händlern zunehmend schwerer fällt, Alleinstellungsmerkmale auszubilden und eine echte *Unique* Selling Proposition zu formulieren, die nicht in gleicher oder ähnlicher Weise auch von anderen Anbietern erfüllt wird. Diese Annäherung der Anbieter reduziert zunehmend die Kundenbindung an das einzelne Unternehmen und erhöht damit deren Wechselbereitschaft. Der Schlüssel zum Erfolg im Endkundengeschäft liegt daher immer stärker in dem Bemühen, die Zufriedenheit der Kunden über eine optimierte Ausgestaltung der Kundenbeziehung zu erhöhen und damit die Kunden an das Unternehmen zu binden.

Eine solche Strategie erfordert insbesondere in einem Massengeschäft mit mehreren Millionen Kunden ein umfassendes und konsistentes Management der Kundenbeziehungen, das sämtliche Funktionen eines Unternehmens berührt und sich nicht darauf beschränken kann, die einzelnen Kundenkontakte punktuell zu verbessern. Die Umsetzung einer derartigen CRM-Strategie umfasst einen technischen, einen analytischen und einen kreativen Aspekt. Diese drei Bereiche stehen freilich nicht isoliert nebeneinander, sondern sind eng miteinander verzahnt und entfalten weitreichende Wechselwirkungen. So determinieren die technischen Rahmenbedingungen wie die Datenstrukturen und die damit verfügbaren Informationen den analytischen Handlungsspielraum, während umgekehrt die analytischen Fragestellungen oftmals die System- und Datenarchitektur maßgeblich prägen. Ebenso wird die kreative Ausgestaltung der Kundenkommunikation wesentlich durch analytische Erkenntnisse gesteuert, während umgekehrt kreative Lösungen analytische Fragestellungen aufwerfen und deren Richtung bestimmen. Im Folgenden werden für alle drei Bereiche die Erfahrungen des Club Bertelsmann skizziert. Nach einer kurzen Darstellung des Geschäftsmodells, aus dem besondere Implikationen für die Ausgestaltung der Kundenbeziehungen erwachsen, werden zunächst die Möglichkeiten zur Gewinnung von Kundeninformationen beschrieben, die am Anfang jeder operativen CRM-Strategie stehen und alle weiteren Optimierungspotenziale determinieren. Anschließend werden die analytischen Ansätze vorgestellt, mittels derer aus den Informationen wertvolles Wissen geschöpft werden kann, bevor schließlich die Überführung dieses Wissens in eine auf kundenindividueller Ebene differenzierte Marketingstrategie erläutert wird.

2 Geschäftsmodell des Club Bertelsmann

In Deutschland gibt es seit 1887 eine freiwillige Verpflichtung von Verlegern und Buchhändlern, die Preise für Bücher allgemein festzulegen. Ein derartige Preisbindung ist im deutschen Wettbewerbsrecht generell nicht zulässig, seit mit der zweiten Novelle des Gesetzes gegen Wettbewerbsbeschränkungen (GWB) von 1973 die Preisbindung verboten wurde. Da die Buchpreisbindung jedoch „wirtschaftlichen und kulturellen Zielsetzungen" diene, wurde in § 15 des GWB eine Ausnahmeregelung aufgenommen, die eine vertikale Preisbindung für Verlagserzeugnisse explizit als zulässig erklärt. So gilt das generelle „Verbot von Vereinbarungen über Preisgestaltung oder Geschäftsbedingungen" (§ 14 GWB) nicht, „soweit ein Unternehmen die Abnehmer seiner *Verlagserzeugnisse* rechtlich oder wirtschaftlich bindet, bei der Weiterveräußerung bestimmte Preise zu vereinbaren oder ihren Abnehmern die gleiche Bindung bis zur Weiterveräußerung an den letzten Verbraucher aufzuerlegen." Von dieser Möglichkeit einer Buchpreisbindung wird im deutschen Buchhandel regelmäßig Gebrauch gemacht. Über 90% der gehandelten Bücher sind preisgebunden.

Buchhändler und Verleger stimmen jedoch darin überein, dass eine Anwendung der Preisbindung auf sogenannte Buchgemeinschaftsausgaben in bestimmten Fällen nicht sinnvoll ist. Die Bedingungen, unter denen Buchgemeinschaften Verlagserzeugnisse an ihre Mitglieder unter dem gebundenen Ladenpreis abgeben dürfen, wurden im so genannten Potsdamer Protokoll konkretisiert. Zentrale Voraussetzung ist eine Mitgliedschaftsbindung der Kunden an eine Buchgemeinschaft. In dieser muss sich der Kunde verpflichten, „mindestens ein Jahr Mitglied [der Buchgemeinschaft] zu bleiben und jährlich mehrere Artikel von der Buchgemeinschaft zu kaufen." Diese Vorgaben spiegeln sich in den Vertragsbeziehung des Club Bertelsmann zu seinen Kunden wider. So verkauft der Club Bertelsmann ausschließlich an Mitglieder; eine Mitgliedschaft dauert für Neukunden zunächst ein Jahr und verlängert sich automatisch um zwölf Monate, wenn keine fristgerechte Kündigung erfolgt. Eine Mitgliedschaftsgebühr wird nicht erhoben; der Kunde verpflichtet sich lediglich, ein Produkt pro Quartal zu kaufen – unabhängig von Produktart und -preis. Dieses Mitgliedschaftsmodell ermöglicht es, dass die Bücher im Club Bertelsmann im Preis deutlich günstiger angeboten werden als die vergleichbaren Ausgaben im Buchhandel. Die genaue Ausstattung eines Buches sowie dessen Preis werden für jedes einzelne Buch in entsprechenden Lizenzvereinbarungen zwischen dem Club Bertelsmann und dem jeweiligen Verlag festgelegt.

3 Gewinnung von Kundeninformationen

Jedes Unternehmen erfasst heute sämtliche Transaktionen mit Kunden und Lieferanten über die EDV in einer Datenbank und kann daher jederzeit nachvollziehen, wann es welche Produkte in welcher Kombination zu welchem Preis verkauft hat. Besonders wertvoll werden diese Informationen freilich erst dann, wenn sich auch zuordnen lässt, an wen die Produkte verkauft wurden. Eine solche Zuordnung ist jedoch schon sehr viel schwieriger zu erreichen, denn bei den wenigsten Kauftransaktionen offenbart der Konsument seine Identität. Der Versandhandel ist dabei in einer privilegierten Situation, da die Zustellung von Produkten über den Versandweg zumindest die Angabe des Namens und der Adresse des Kunden erfordert. Von der Möglichkeit, daraus einen Wiederholungskäufer als solchen zu erkennen oder gar Kauf- und Kontakthistorien der einzelnen Kunden zu generieren, ist man aber auch damit noch immer weit entfernt. Daher wurden verschiedene Mechanismen entwickelt, um die Kunden zu erkennen, Informationen über sie zu gewinnen und diese so anzureichern und aufzubereiten, dass sie sich in eine konsistente Kundendatenbank überführen lassen.

3.1 Gewinnung von Kundenstammdaten

Das Ziel, jeden Kundenkontakt sowie insbesondere jeden Kaufvorgang nicht nur zu erfassen, sondern auch einer natürlichen Person zuordnen zu können, hat zwei Dimensionen: Zum einen ist es erforderlich, dass die Kunden bei jedem einzelnen Kaufvorgang ihre Identität offenbaren, zum anderen muss es aber auch gelingen, bei wiederholten Käufen eines Kunden diese auf dieselbe natürliche Person zurückzuführen. Andernfalls entstünden in der Kundendatenbank Namensdubletten, und es ließen sich nicht längere Kaufhistorien eines Kunden abbilden, da dieselbe Person bei jedem Kaufvorgang als vermeintlich neuer Kunde in Erscheinung träte. Die erste Voraussetzung ist im Versandhandel in jedem Fall gewährleistet, da Kunden bei jeder Bestellung ihren Namen sowie ihre Adresse angeben. Um nun einen Kunden bei Wiederholungskäufen wiederzuerkennen, werden üblicherweise Kundennummern vergeben und die Kunden aufgefordert, diese bei jedem Kontakt mit dem Anbieter anzugeben. Allerdings gibt es keinen Grund zu der Annahme, dass die Kunden diesem Wunsch stets entsprechen, denn für die Kunden erwächst daraus ein Verwaltungsaufwand, dem häufig kaum ein erkennbarer Nutzen gegenübersteht.

Leichter hat es dagegen ein Anbieter wie der Club Bertelsmann, dessen Kunden Mitglieder des Medienclubs sind und bei jedem Kauf notwendigerweise ihre Mitgliedsnummer angeben müssen. Dies ist auch für die Kunden unmittelbar einsichtig, da die Preise im Club Bertelsmann derart günstig sind, dass die Produkte aus gesetzlichen Gründen nur an Mitglieder abgegeben werden dürfen. Andere Anbieter versuchen dagegen, künstlich Anreize für eine Offenbarung der Identität zu schaffen. Das am weitesten verbreitete Instrument hierzu sind Bonus- und Kundenkarten, deren Verwendung den Kunden in aller Regel gewisse Vergünstigungen sichert. Nicht zufällig erleben diese etwas anachronistisch anmutenden Kunden- und Bonuskarten gerade in den letzten Jahren, in denen eine systematische Auswertung der Kundeninformationen zunehmend für eine Verbesserung der Kundenbeziehungen genutzt wird, eine unerwartete Renaissance.

Im Internet-Handel ist es inzwischen üblich, dem Kunden den Bestellvorgang gerade dadurch zu erleichtern, dass er sich eindeutig mittels seiner „Kundennummer“, die im Internethandel regelmäßig durch einen Usernamen in Verbindung mit einem Passwort ersetzt wird, zu erkennen gibt. Diese Vorgehensweise konnte sich deshalb besonders erfolgreich etablieren, weil sie beiden Seiten unmittelbar zugute kommt: Für den Kunden werden die bei ihm anfallenden Transaktionskosten deutlich verringert, da er nun seine Adress- und Zahlungsinformationen nicht wiederholt angeben muss, und der Anbieter profitiert von den zuverlässigeren Kundeninformationen. Eine noch weitergehende Vereinfachung des Bestellvorgangs lässt sich für den Kunden dadurch erreichen, dass auf seinem PC Informationen abgelegt werden, die fortan eine eindeutige Identifizierung des Kunden (bzw. seines PCs) ermöglichen und damit sogar die manuelle Eingabe von Benutzernamen überflüssig machen. Auf diesem Ansatz basieren etwa der sogenannte *1-Click*-Kauf von *Amazon*, der die vollständige Abwicklung eines Kaufvorgangs mit wenigen Schritten ermöglicht.

3.2 Vermeidung von Namensdubletten

Liegt nicht wie beim Club Bertelsmann eine Club-Mitgliedschaft oder ein Abonnement vor, wird es regelmäßig vorkommen, dass Kunden wiederholt bei demselben Anbieter kaufen, sich dabei aber nicht bemühen, an die bestehende Kundenbeziehung anzuknüpfen und etwa ihre Kundennummer mitzuteilen. Sie erhalten dann bei jedem Kaufvorgang eine neue Kundennummer und etablieren damit in technischer Sicht eine neue Kundenbeziehung. Um die dadurch entstehenden Namensdubletten in der Datenbank zu vermeiden und die Kundenbeziehung in ihrer Gesamtheit zu erkennen, lassen sich Adressabgleiche durchführen, um damit ähnliche oder übereinstimmende Adressen in der Datenbank aufzuspüren. Werden übereinstimmende Adressen gefunden, kann man vermuten, dass es sich um dieselbe natürliche Person handelt und die entsprechenden Einträge in der Datenbank zu einer Kundenbeziehung zusammenführen. Allerdings sind diese Systeme stets mit Unsicherheit behaftet, wodurch zwei Arten von Fehlern auftreten können: Zum einen ist es möglich, dass identische Adressen aufgrund unterschiedlicher Schreibweisen nicht als solche erkannt werden. So werden typischerweise Komposita mal mit Bindestrich und mal in einem Wort geschrieben, Straßenbezeichnungen mal abgekürzt und mal vollständig ausgeschrieben, und Namen enthalten, insbesondere wenn sie mündlich übermittelt wurden, regelmäßig Schreibfehler. Zum anderen kann es aber auch vorkommen, dass zwei ungleiche Adressen als übereinstimmend unterstellt werden – man denke nur an ein Wohnhochhaus, deren Einwohner alle dieselbe Adresse haben, und das leicht zwei oder mehr Parteien mit demselben Nachnamen beheimatet. Beide Fehlerarten können nicht vollständig vermieden werden. Über den Grad der Übereinstimmung, der für zwei Adressen gefordert wird, damit diese als identisch akzeptiert werden, lässt sich aber steuern, welcher Fehler eher in Kauf zu nehmen ist.

3.3 Datenanreicherung für Neukunden

Hat man einen Kunden identifiziert und kennt seinen Namen und seine Adresse, so ist man bereits ein gutes Stück vorangekommen. Um den Kunden bewerten und spezifisch ansprechen zu können, sind diese Informationen aber noch bei weitem zu dürftig. Dieses Problem verringert sich mit fortdauernder Kundenbeziehung, während der sich das Interessens- und Verhaltensprofil eines Kunden immer deutlicher herauskristallisiert. Oftmals besteht aber auch schon bei Neukunden die Notwendigkeit, eine erste Einschätzung vorzunehmen, etwa um das Zahlungsausfallrisiko abschätzen oder auch schon eine erste Präferenzbestimmung durchführen zu können. Hierbei helfen sowohl Beobachtungen, die sich beim ersten Kundenkontakt anstellen lassen, als auch externe Anreicherungen von Daten. So liegen bereits beim ersten Kundenkontakt, sofern es sich um einen Kauf handelt, aus der Produktwahl erste Erkenntnisse über die Präferenzen vor. Darüber hinaus können aber auch der Bestellweg sowie ggf. das Werbemittel, auf das ein Kunde reagiert hat, bei einer ersten Einschätzung des Kunden helfen, etwa weil sich gezeigt hat, dass Internetkunden, die über ein Banner von einer bestimmten Website zu dem Anbieter gelangt sind, im Durchschnitt wesentlich geringere Zahlungsausfallrisiken aufweisen als beispielsweise Kunden, die telefonisch auf einen Werbespot im Fernsehen reagiert haben.

Darüber hinaus lassen sich aus den bekannten Kundendaten oftmals weitere Informationen herauslesen. So gibt der Vorname unmittelbar Aufschluss über das Geschlecht, und eine Vornamensanalyse erlaubt, wenn auch mit erheblicher Unsicherheit, Rückschlüsse auf das ungefähre Alter einer Person, da auch Vornamen stark ausgeprägten Modeerscheinungen unterliegen. Aus der Adresse geht zumeist der Wohnort hervor, und somit lässt sich ermitteln, ob der Kunde in einer ländlichen oder einer urbanen Gegend wohnt, wie viele Einwohner die Stadt hat und welche Kaufkraft in der Nachbarschaft vorhanden ist. Um ein noch präziseres Bild zu erhalten, können zudem ergänzende Informationen von spezialisierten Anbietern hinzugekauft werden – sowohl über die Wohngegend bis zu einem Detaillierungsgrad von Häuserblocks, als auch Kreditwürdigkeitseinschätzungen der einzelnen Kunden, die aus bisherigen Auffälligkeiten im Zahlungsverhalten einer Person abgeleitet werden. Ob es sinnvoll ist, derartige Informationen heranzuziehen, hängt wesentlich von der Bedeutung der Neukundenbewertung ab. Je höher etwa der Warenwert einer Bestellung, desto höher auch das potenzielle Zahlungsausfallrisiko, so dass auch die Kosten einer Fehleinschätzung der Neukunden steigen.

3.4 Auswertung des Kundenfeedback

Neben den Kauf- und Zahlungsvorgängen bietet auch jeder andere Kundenkontakt wie insbesondere kundenseitige Beschwerden, Nachfragen und Anregungen die Möglichkeit, Erkenntnisse über die Präferenzen der Kunden und deren Bewertung der Unternehmensleistungen zu gewinnen. Angemessene Reaktionen insbesondere auf Kundenbeschwerden bergen dabei ein erhebliches Potenzial zur Steigerung der Kundenzufriedenheit (Hippner et al. 2001, S. 421). Dieses zu nutzen ist um so wichtiger, als sich gezeigt hat, dass Kundenbeschwerden besonders häufig von sehr guten Kunden vorgebracht werden, die noch eine enge Bindung an das Unternehmen empfinden und von sich aus eine optimale Ausgestaltung der Kundenbeziehung wünschen, während sich weniger eng gebundene Kunden im Fall einer Enttäuschung eher zurückziehen und den

Anbieter wechseln (Stauss/Seidel 1998, S. 69 f.). Der Eingang von Kundenbeschwerden ist daher stets aufmerksam zu beobachten; jede einzelne Beschwerde ist sowohl eine Quelle für Informationen über den einzelnen Kunden als auch möglicher Ansatzpunkt zur Verbesserung der Unternehmensleistungen, und die Beschwerdeeingänge insgesamt geben Aufschluss über Mängel im Kundenservice.

Die Auswertung von Kundenbeschwerden in der Masse ist allerdings nach wie vor nicht trivial. Die Schwierigkeit erwächst daraus, dass Beschwerden zunächst als freier Text vorliegen und daher mit analytischen Ansätzen schwer zu erfassen sind. Eine Kategorisierung der Beschwerden kann helfen, das Problem zu verringern. Die Durchführung der Kategorisierung erfordert zwar als Einzelvorgang einen hohen Aufwand, kann aber bei geschickter Prozesssteuerung auch als „Nebenprodukt" des regulären Beschwerdemanagements, das ohnehin eine Auseinandersetzung mit jedem einzelnen Kontakt erfordert, abfallen. Gerade in jüngerer Zeit haben sich aber auch die Möglichkeiten zur Auswertung von Kundenbeschwerden in der Masse erheblich verbessert. Neue, immer weiter standardisierte und zunehmend flexible Textmining-Algorithmen ermöglichen es, in großen Mengen frei formulierter Textdokumente gezielt nach bestimmten Inhalten zu suchen, wobei die Suchmöglichkeiten deutlich über eine einfache Stichwortsuche hinausgehen, etwa indem neben den Inhalten auch strukturelle Merkmale wie die Reihenfolge bestimmter Begriffe und die geographische Nähe einzelner Stichwörter im Text berücksichtigt werden. Alle Textmining-Algorithmen sind zwar zwangsläufig mit ausgeprägten Unschärfen verbunden, können aber nicht nur zur Vorsortierung und automatisierten Kategorisierung eingesetzt werden, sondern decken durch eine laufende Beobachtung der Beschwerdeeingänge frühzeitig Musterveränderungen und damit mögliche Fehlentwicklungen im Serviceniveau auf.

4 Generierung von Kundenwissen

Auch wenn es wie gerade skizziert in der Praxis alles andere als trivial ist, eine umfassende und konsistente Kundendatenbank mit den verfügbaren Kundenstammdaten sowie allen relevanten Informationen über den bisherigen Verlauf der Kundenbeziehungen wie insbesondere den Bestellungen, Retouren, Beschwerden und sonstigen Kundenkontakten aufzubauen, besteht die eigentliche Herausforderung darin, aus den gesammelten Informationen wertvolles und damit im Ergebnis den Unternehmensgewinn erhöhendes Wissen zu generieren. Die Möglichkeiten, aus den Kundeninformationen echten Mehrwert zu schöpfen, werden dabei zum einen durch technische Aspekte und zum anderen durch die ökonomischen Rahmenbedingungen abgesteckt. Die technischen Möglichkeiten determinieren, welches Wissen sich aus den Kundendaten herauslesen lässt, und die ökonomischen Rahmenbedingungen legen fest, welches Wissen gewinnbringend verwertet werden kann. Dies mag banal erscheinen, faktisch besteht jedoch ein erheblicher Teil der intellektuellen Arbeit darin, die technischen Möglichkeiten in ökonomisch sinnvolle Handlungen zu überführen oder umgekehrt ökonomische Anforderungen in technisch und analytisch handhabbare und abbildbare Prozesse zu übersetzen.

Da das Spielfeld hier letztlich durch die technischen Möglichkeiten aufgespannt wird, werden im Folgenden zunächst die klassischen Instrumente zur Schöpfung wertvollen Wissens aus den Kundendaten skizziert, bevor anschließend in Abschnitt 5 die Nutzung dieser Techniken zur Umsetzung der CRM-basierten Marketingstrategie im Club Bertelsmann aufgezeigt wird.

4.1 Kriterienselektionen

Ein Großteil aller Aufgabenstellungen, die in der Umsetzung einer CRM-Strategie in der Praxis zu lösen sind, läuft letztlich darauf hinaus, aus der Kundendatenbank genau jene Kunden auszuwählen, die in besonderem Maße geeignet erscheinen, um in eine konkrete Aktion wie beispielsweise in eine Werbekampagne für ein bestimmtes Produkt einbezogen zu werden. Die Grundüberlegung dabei ist, dass sich aus den bekannten Merkmalen der Kunden wie insbesondere dem bisherigen Kaufverhalten und – soweit verfügbar – demographischen Angaben wie Alter, Geschlecht und Wohnort bereits ex ante Hinweise auf die Affinität der Kunden zu der fraglichen Aktion bzw. dem beworbenen Produkt ablesen lassen. Um diese Fragestellung zu beantworten, stehen verschiedene, unterschiedlich aufwändige und ausgefeilte Techniken und statistische Verfahren zur Verfügung. Eine der zumindest in der technischen Abwicklung einfachsten Formen, die vorhandenen Kundeninformationen zu nutzen, ist dabei eine Kriterienselektion, bei der die Kunden mittels fest vorgegebener Merkmale selektiert werden.

So könnten etwa in Werbeaktionen für bestimmte, geschlechtsspezifische Produkte ausschließlich Männer bzw. Frauen einbezogen werden, oder es könnten andere Produkte, für die typischerweise nur bei älteren Menschen ein Bedarf besteht, allen Kunden mit einem Alter über 70 angeboten werden, weil es bereits intuitiv naheliegend erscheint, dass etwa das Angebot eines Treppenlifts an Teenager keine befriedigende Response erwarten lässt. Es ist offensichtlich, dass derartige Kriterienselektionen vor allem dann sinnvoll einzusetzen sind, wenn sich die gesuchte Zielgruppe über einfache, bekannte oder vermutete Merkmale definiert. Neben Alter und Geschlecht lassen sich so vor allem auch regionale Zuordnungen nutzen, um etwa nur Kunden in einer bestimmten Stadt auf ein regionales Event hinzuweisen, die Werbemittel regional anzupassen oder nur solche Kunden zu berücksichtigen, die in der Nähe einer Filiale wohnen.

Es ist nicht viel Phantasie erforderlich, um sich zahlreiche weitere und auch komplexere Anwendungen für Kriterienselektionen vorzustellen. Wann aber ist diese einfache Vorgehensweise höherentwickelten, differenzierteren Selektionsverfahren überlegen? Zunächst einmal ist unmittelbar plausibel, dass Kriterienselektionen nur dann erfolgreich eingesetzt werden können, wenn Vorinformationen über die „richtigen" Selektionskriterien vorliegen, wenn also beispielsweise

- „offensichtliche" Zusammenhänge zwischen dem Angebot und der Zielgruppe bestehen – so wie man etwa die Abonnenten einer Frauenzeitschrift eher unter den weiblichen Kunden suchen würde –,

- Erkenntnisse aus der Marktforschung eine klare Beschreibung der Zielgruppe liefern oder
- Erfahrungswerte die Programmexperten in die Lage versetzen, ein klares Bild von der Zielgruppe zu zeichnen.

Der Charme einer Kriterienselektion bei Vorliegen derartiger Erkenntnisse über die Zielgruppe besteht vor allem in der sehr einfachen Durchführung und dem Verzicht auf weiteren analytischen Aufwand. Diese Einfachheit hat freilich auch ihren Preis. Obwohl insbesondere die von Experten mit spezifischen Produktkenntnissen vorgelegten Zielgruppenbeschreibungen oftmals erstaunlich gut treffen, besteht stets die Gefahr, dass man lediglich die eigenen Vorurteile zur Anwendung kommen lässt und sich damit die Chance vergibt, überraschende neue Zielgruppen aufzudecken. So würde man nie erkennen, wenn ein vermeintlich typisches „Frauenprodukt“ zu einem großen Teil auch von Männern genutzt oder zumindest gekauft bzw. ausgewählt wird. Leicht zugespitzt impliziert das Vertrauen auf die eigenen (Vor-)Urteile, dass man ja eigentlich schon immer gewusst hat, was die Kunden wünschen, und gar keine neuen Erkenntnisse über die optimale Ausgestaltung der Kundenbeziehung benötigt. Die Kriterienselektion ist dann lediglich die Technik, mittels derer das vorhandene Wissen in effizienter Weise auf einen großen Kundenbestand angewandt wird.

Eine weitere wesentliche Einschränkung von Kriterienselektionen besteht darin, dass sie keine abgestuften quantitativen Aussagen über die zu erwartenden Responsequoten unterschiedlicher Kundengruppen ermöglichen. Anhand derartiger Aussagen, die etwa mittels eines Scorings gewonnen werden können, ließen sich nicht nur verschiedene Kundengruppen hinsichtlich ihrer Affinität zur fraglichen Aktion ordnen, sondern es könnte darüber hinaus bestimmt werden, welche Kundengruppen in der Aktion gerade noch profitabel sein werden. Kriterienselektionen sind somit ein sehr einfaches aber auch beschränktes Instrument zur Nutzung der vorhandenen Kundeninformationen. Gegenüber höheren Verfahren wie etwa Scoring-Methoden oder Entscheidungsbäumen haben sich Kriterienselektionen zumeist als Second-Best-Lösung erwiesen, deren Einsatz vor allem dann sehr hilfreich ist, wenn eine First-Best-Lösung nicht zur Verfügung steht – etwa weil die Datenlage dies nicht erlaubt.

4.2 Scoring-Modelle

Scoring-Verfahren werden im CRM genutzt, um aus den verfügbaren Kundendaten wie insbesondere den Stamm-, Kauf-, Zahlungs- und Kontaktinformationen Muster herauszulesen und in ein Modell zu übersetzen, mit dem sich das künftige Verhalten der Kunden prognostizieren lässt. Das so gewonnene Modell berechnet für jeden Kunden einen Score-Wert, der jeweils die Wahrscheinlichkeit kennzeichnet, mit der dieser Kunde das fragliche Verhalten an den Tag legt. Dabei gibt es grundsätzlich keine inhaltlichen Beschränkungen hinsichtlich der zu prognostizierenden Größen, so dass sich ein sehr breites Anwendungsfeld für den Einsatz von Scoring-Verfahren ergibt. Beispielsweise lässt sich auf diesem Wege bestimmen, mit welcher Wahrscheinlichkeit ein Kunde auf ein

Werbemittel reagiert, ein bestimmtes Produkt kauft oder seine Rechnung nicht bezahlt. Scoring-Verfahren wenden damit anders als Kriterienselektionen nicht nur vorhandenes Wissen auf die Kundendaten an, sondern generieren aus den vorhandenen Daten neues Wissen, das ohne ein solches analytisches Instrument nicht zur Verfügung stünde.

Da über ein Scoring-Verfahren nicht nur eine qualitative Gruppenzuordnung – etwa zwischen Kunden mit hohem und geringem Zahlungsausfallrisiko – vorgenommen, sondern auch die Wahrscheinlichkeit der Gruppenzugehörigkeit bestimmt werden kann (*„Der Kunde Y wird seine Rechnung mit einer Wahrscheinlichkeit von x% nicht bezahlen“.*), ermöglichen die Ergebnisse die Ableitung sehr fein differenzierter Handlungsempfehlungen. So lassen sich beispielsweise vor einer Werbekampagne die Kunden in der Reihenfolge ihrer Response-Wahrscheinlichkeit ordnen, und es kann im Idealfall genau der Kunde bestimmt werden, bei dem der Erwartungswert des durch eine Einbeziehung dieses Kunden in die Kampagne generierten Deckungsbeitrags gerade null ist, so dass alle Kunden mit einer höheren Responsewahrscheinlichkeit in die Kampagne einbezogen und alle übrigen Kunden ausgeschlossen werden.

Derart präzise Prognosen sind jedoch nur unter gewissen Voraussetzungen möglich. Insbesondere muss sich das zu prognostizierende Verhalten bereits in der Kundendatenbank wiederfinden, da nur so ein Muster jener Kunden, die dieses Verhalten an den Tag legen, herausgelesen werden kann. Will man beispielsweise bestimmen, welche Kunden mit besonders hoher Wahrscheinlichkeit ein bestimmtes Produkt wie etwa einen ausgewählten Buchtitel kaufen werden, so muss man bereits über eine hinreichende Anzahl an Kunden verfügen, die dieses Buch vordem gekauft haben, damit aus deren Merkmalen Rückschlüsse auf die Affinität der übrigen Kunden zu diesem Buch gezogen werden können. Daher lässt sich dieses Verfahren nicht unmittelbar auf neue Produkte anwenden, für die es noch keine oder keine hinreichende Anzahl an Käufern gibt. In diesen Fällen muss man entweder die Fragestellung schwächer formulieren (Nicht *„Wer kauft dieses Buch?“*, sondern *„Wer kauft Bücher dieser Art/dieses Autors?“*) oder auf schwächere Verfahren wie etwa die oben beschriebene Kriterienselektion zurückgreifen. Eine dritte Möglichkeit besteht darin, die erforderlichen Daten zu generieren, beispielsweise durch eine Testaussendung eines zu bewertenden Werbemittels oder das Angebot eines fraglichen Produktes auf einem Testmarkt. Ein solcher Test kann mitunter recht kostenintensiv sein – man denke nur an ein Kreditscoring, das es erfordert, vorübergehend das Zahlungsausfallrisiko sehenden Auges eintreten zu lassen und hierzu ggf. bestehende Auffangmechanismen auszuschalten, um so unverzerrte Daten über das Kundenverhalten zu bekommen –, ist aber in einigen Fällen unerlässlich, um an das benötigte Wissen über die Kunden heranzukommen.

Sind die Voraussetzungen für ein Scoring gegeben, stehen hierzu verschiedene analytische Verfahren wie etwa die logistische Regression, die Diskriminanzanalyse oder Entscheidungsbaumverfahren wie CHAID zur Verfügung. In vielen Fällen haben sich diese klassischen Verfahren gegenüber neueren Ansätzen wie neuronalen Netzen im praktischen Einsatz als überlegen erwiesen. Wenngleich neuronale Netze oftmals bei der Schätzung des Prognosemodells besser zwischen den Kundengruppen zu diskriminieren vermögen, lässt sich diese Trennschärfe in der Anwendung häufig nicht in gleicher

Weise reproduzieren. Der Grund hierfür ist, dass neuronale Netze derart komplexe Zusammenhänge und Interaktionsbeziehungen abbilden können, dass sich leicht Scheinkorrelationen in das Modell einschleichen. Um diese aber zu vermeiden und ein stabiles Modell aufzubauen, muss das Netz durch wiederholtes Lernen immer weiter trainiert werden. Der dafür erforderliche Aufwand lässt sich jedoch mit dem zu erzielenden Erkenntniszuwachs gegenüber altbewährten Verfahren wie der logistischen Regression nur selten rechtfertigen.

Ein grundsätzliches Problem sämtlicher Scoring-Verfahren besteht darin, dass mit ihnen nur solche Kunden der Zielgruppe zugeordnet werden können, die bereits hinreichend viele Eigenschaften offenbart haben, um darin das gesuchte Muster zu erkennen. Damit lassen sich Kunden, die insgesamt sehr aktiv sind, besser einer Zielgruppe zuordnen als weniger aktive Kunden – selbst wenn die Nähe zur Zielgruppe in beiden Fällen gleich stark ausgeprägt ist. Man bewertet damit neben der Zielgruppenzugehörigkeit häufig zugleich die generelle Aktivität eines Kunden und verzerrt somit notwendigerweise das Ergebnis. In der so ermittelten Zielgruppe sind Kunden mit geringer Aktivität unterrepräsentiert, so dass auch in einer ex post Bewertung – beispielsweise einer Produktzuordnung – der Erfolg des Scorings leicht überschätzt wird, weil eine hohe Response der „gescoreten" Zielgruppe nicht allein auf die gute Abbildung der Kundeninteressen zurückgeht, sondern auch auf die Überrepräsentation der kauffreudigen Kunden.

Ferner sollte man sich in voller Konsequenzen der Tatsache bewusst sein, dass die Behandlung des einzelnen Kunden beim Einsatz eines Scoring-Modells davon abhängig gemacht wird, mit welcher Wahrscheinlichkeit seine bekannten Eigenschaften – zu denen neben der Kundenhistorie auch demographische Merkmale wie beispielsweise der Vorname oder die Größe des Wohnortes gehören können – auf ein bestimmtes künftiges Verhalten oder persönliche Neigungen schließen lassen. Dies hat zur Folge, dass zwangsläufig Fehlentscheidungen getroffen werden – man weiß sogar, mit welcher Wahrscheinlichkeit man sich irrt – und infolge dessen zum Beispiel potenzieller Umsatz nicht realisiert oder guten Kunden das Leben unnötig schwer gemacht wird, weil ihre beobachteten Merkmale unglücklicherweise auf ein hohes Zahlungsausfallrisiko hindeuten. Insofern lässt sich feststellen, dass Scoring-Verfahren nicht nur Umsatz vernichten, sondern auch ungerecht sind. So stellt Margarita Prentice, Senatorin des Staates Washington, in einer Diskussion über derartige Verfahren vollkommen zurecht fest: *„Credit scoring is simply a form of financial discrimination. Even if you've always paid your bills on time and never had a traffic ticket, your insurance company can cancel your coverage – or double your rates"*. Derartige Irrtümer sind beim Einsatz statistischer Verfahren generell unvermeidlich und treffen niemanden so sehr wie den Anbieter, der potenzielle Chancen nicht realisiert. Bei umsichtiger Handhabung kann das Scoring jedoch so angewandt werden, dass mit hoher Wahrscheinlichkeit der Nutzen höher ist als die notwendig auftretenden Kosten.

4.3 Bildung von Kundenclustern

Der Club Bertelsmann verfügt über vier Millionen aktuelle Kundenbeziehungen und noch wesentlich mehr Kundenprofile. Allen Kunden gemein ist unter anderem ein ausgeprägtes Interesse an aktuellen Medienprodukten, vornehmlich Büchern, sowie der Wunsch, Mitglied eines Medienclubs zu sein. Dennoch weisen die einzelnen Interessensprofile bei einer derart großen Kundenzahl, die in Deutschland einer Haushaltsabdeckung von 10% entspricht, im Detail notwendigerweise erhebliche Unterschiede auf, und dies sowohl hinsichtlich der inhaltlichen Ausrichtung als auch hinsichtlich anderer Merkmale wie der Preissensitivität oder des bevorzugten Bestellweges. In dieser äußerst umfangreichen und heterogenen Kundenbasis, in der kein Kunde in seinen Präferenzen dem anderen gleicht, ist es aber dennoch möglich, homogene Kundengruppen zu identifizieren, innerhalb derer die Kunden einander sehr viel ähnlicher sind als die Gesamtheit der Kunden. Jede Gruppe kann dann als ein spezielles Kundensegment mit spezifischer Interessensausrichtung verstanden werden, und soweit es gelingt, die Kundengesamtheit in klar abgegrenzte Segmente zu unterteilen, lässt sich das so gewonnene Bild in eine segmentspezifische Kommunikationsstrategie überführen, um beispielsweise Werbemittel, die gezielt auf die Interessen der einzelnen Kundengruppen zugeschnitten sind, selektiv zu versenden, Steuerungsparameter wie Kreditlimits differenziert festzulegen und Produkte spezifisch für einzelne Kundengruppen zu entwickeln oder anzupassen.

Eine derartige zielgruppenspezifische Kundenansprache mag vor dem Hintergrund der heutigen Datenbanktechnologie, die umfangreiche Kundendaten in schnellem Zugriff zur Verfügung stellt und eine ausgefeilte Analytik erlaubt, wie ein Anachronismus wirken. Schließlich sollte es doch möglich sein, deutlich über eine Zielgruppenbetrachtung hinauszugehen und eine sehr viel feinere Differenzierung auf kundenindividueller Ebene vorzunehmen, da sich doch ohne weiteres für jeden einzelnen Kunden nicht nur eine Segmentzugehörigkeit, sondern auch die Präferenzen für einzelne Produkte bestimmen ließen. Dies ist auch ohne Frage möglich, jedoch ist eine entsprechend feine Differenzierung in der Kundenkommunikation, die in gewisser Weise als das Ideal des CRM angesehen werden kann, in vielen Fällen ökonomisch nicht sinnvoll, da die Kosten der Differenzierung den damit erzielten Nutzen deutlich übersteigen. So ist es beispielsweise in der Werbemittelproduktion bei einer großen Kundenbasis ohne weiteres zu vertretbaren Kosten möglich, zielgruppenspezifische Varianten eines Versandkatalogs zu produzieren, eine darüber hinausgehende individuelle Personalisierung mit gestalterischem Anspruch vorzunehmen, erfordert aber einen deutlich höheren Aufwand, der sich in aller Regel nicht durch den damit erzielten Nutzen rechtfertigen lässt.

Daher empfiehlt sich häufig eine mehrstufige Strategie, wie sie auch im Club Bertelsmann zur Anwendung kommt: Soweit sich trennscharf abgegrenzte Kundengruppen identifizieren lassen, können diese über unterschiedliche Labels oder Marken angesprochen werden, so dass sie vermeintlich Kunden unterschiedlicher Anbieter bzw. im Fall des Club Bertelsmann Mitglieder unterschiedlicher Clubs sind. Innerhalb dieser Labels lässt sich dann die generelle Kommunikationsstrategie und Kundenansprache zielgruppenspezifischer ausgestalten – etwa über Katalogvarianten für unterschiedliche Interessensgruppen und differenzierte Werbetaktungen und -inhalte in Abhängigkeit von dem geschätzten Customer Lifetime Value, den bevorzugten Bestellwegen und anderen offenbarten Präferenzen. Schließlich können auf einem noch feineren Differenzierungsgrad dort, wo dies ökonomisch sinnvoll ist, kundenindividuelle Angebote unterbreitet und Steuerungsparameter wie Kreditrahmen und akzeptierte Zahlungsweisen festgelegt werden.

4.4 Warenkorbanalysen

Während die vorgenannten Ansätze unmittelbar darauf abzielen, einzelne Kunden zu bewerten und einzuordnen, nehmen Warenkorbanalysen zunächst eine produktseitige Perspektive ein. Sie ermöglichen es, Abhängigkeiten zwischen einzelnen Produkten oder Produktgruppen aufzuspüren. Hierzu wird das beobachtete Kaufverhalten der Kunden im Hinblick auf stabile Muster bei der Produktauswahl und der Zusammensetzung der „Warenkörbe“ untersucht. Auf diesem Wege identifizierte Strukturen lassen sich dann in Wahrscheinlichkeitsaussagen der Art *„Kunden, die Produkt X kaufen, kaufen mit einer Wahrscheinlichkeit von 15% auch Produkt Y.“* überführen.

Die Anwendungsfälle für derartige Warenkorbanalysen sind vielfältig. Durch die produktbezogene Perspektive, die Erkenntnisse über Produktwelten unabhängig von den Merkmalen der einzelnen Kunden zutage fördert, lassen sich die Analyseergebnisse insbesondere auch bei anonymen Kundenbeziehungen zur Optimierung der Kundenansprache verwenden. Ein klassisches Einsatzgebiet ist etwa Optimierung der Produktpräsentation in Werbemitteln und Filialen, etwa indem Produkte, die Kunden typischerweise gemeinsam kaufen, in geographischer Nähe zueinander platziert werden. In der Produktpräsentation spiegeln sich damit analytisch abgeleitete Themenwelten wider. Hinlänglich bekannt sind inzwischen auch die aus Warenkorbanalysen abgeleiteten Produktempfehlungen der Art *„Kunden, die dieses Produkt gekauft haben, haben auch die folgenden Produkte gekauft.“*, wie sie etwa auf den Seiten vieler Online-Händler zu finden sind. Derartige Empfehlungen haben zugleich den Vorteil, dass der Anbieter auf seine übrigen Kunden als vermeintlich objektive Juroren verweist, während Empfehlungen aus dem Unternehmen heraus, auch wenn es sich um zielgruppenspezifische Tipps eines ausgewiesenen oder gar vermeintlich „persönlichen“ Programmexperten handelt, leicht in dem – sicherlich nicht ganz abwegigen – Verdacht stehen, in erster Linie der Verkaufsförderung zu dienen. Ein ähnlicher Versuch, die Kaufentscheidung anderer Kunden als positives Kundenurteil zu kommunizieren, ist auch der klassische Hinweis auf den bisherigen Verkaufserfolg eines Produktes nach dem Muster *„Bereits 1 Mio. verkaufte Exemplare“* (Monteiro/Moraga-González 1999). Ein solcher Hinweis transportiert jedoch zugleich die Botschaft einer geringen Exklusivität und kann somit bei bestimmten Produkten kontraproduktiv wirken – ein Dilemma, das bei auf Warenkorbanalysen basierenden Empfehlungen vermieden wird, da diese keinen Rückschluss auf die Anzahl der bisherigen Käufe ermöglichen und damit Raum für die Vorstellung eines exklusiven Zirkels lassen.

Aber nicht nur bei anonymen Kundenkontakten, sondern auch in der direkten Kundenansprache mit bekanntem Adressaten, für den sich ein differenziertes Kundenprofil herausarbeiten lässt, bilden die Ergebnisse einer Warenkorbanalyse häufig die beste Quelle für Produktempfehlungen. Diesen kann dann auch leicht eine noch stärkere Aussagekraft verliehen werden, etwa indem explizit Bezug auf bestimmte Lebensbereiche genommen wird. So können nicht nur alle Käufer desselben Produktes als eine „Interessensgemeinschaft" angesehen werden, sondern auch alle Kunden mit nahe beieinander liegendem Wohnort oder, soweit bekannt, mit demselben Arbeitsort. Die Produktempfehlungen lauten dann beispielsweise *„Die meisten Kunden aus ihrer Stadt haben das folgende Produkt gekauft."*, *„Ihre Nachbarn lesen derzeit folgende Bücher."* oder *„Ihre Kollegen arbeiten an folgenden Themen."*; allerdings ist zu beachten, dass bei zu feinen Bewertungseinheiten, die Rückschlüsse auf einzelne Personen oder Personenkreise zulassen, schnell die vertretbaren Grenzen des Datenschutzes überschritten sind.

Derartige kundenindividuelle Empfehlungen lassen sich überall dort einsetzen, wo dies zu ökonomisch vertretbaren Kosten möglich ist, also beispielsweise in einfach zu personalisierenden E-Mail-Newslettern, im telefonischen Kundenkontakt oder im direkten Kontakt in einer Filiale (siehe hierzu im einzelnen Abschnitt 5.4). Warenkorbanalysen ermöglichen damit auch in einem Massengeschäft mit mehreren Millionen Kundenbeziehungen individuelle Empfehlungen. Dieses aus der Kundendatenbank extrahierte Kundenwissen lässt sich in jüngerer Zeit vor allem dadurch gewinnbringend nutzen, da auch die Kommunikation der Produktempfehlungen in hohem Maße automatisiert erfolgen kann, etwa indem E-Mail-Newsletter nach vorgegebenen Algorithmen vollständig programmgesteuert komponiert und versandt werden, ebenso wie die Inhalte und Gestaltung der Websites adhoc an den jeweiligen Besucher angepasst werden, ohne dass hierzu manuelle Eingriffe erforderlich wären. Gerade diese automatisierten Abläufe machen es aber zwingend erforderlich, dass bereits durch ein geeignetes Analysedesign Nonsense- und Trivial-Ergebnisse ausgeschlossen werden. Ursache für derartige Fehlgriffe können unter anderem sowohl sehr hohe als auch sehr niedrige Absätze einzelner Produkte sein:

- *„Großes-n-Problem":* Gibt es beispielsweise ein typisches Mitnahmeprodukt A, das von einem Großteil der Kunden (mit-)gekauft wird, und fragt man nun für ein Produkt B: „Welches Produkt haben Kunden, die B gekauft haben, außerdem am häufigsten gekauft?", so lautet die Antwort mit hoher Wahrscheinlichkeit Produkt A. Diese Antwort ist aber ebenso richtig, wie sie wertlos ist, denn sie offenbart in diesem Fall nicht eine starke assoziative Nähe zwischen den Produkten *A* und *B*, sondern ist lediglich auf die hohe Beliebtheit von *A* zurückzuführen. Daher würde man das Produkt *A* auch dann genannt bekommen, wenn man fragte, welche Produkt die Kunden am häufigsten gemeinsam mit *C, D, E* etc. gekauft haben. In jedem dieser Fälle wäre die Antwort auch richtig, für eine Personalisierungsstrategie aber vollkommen ungeeignet. Hierzu wäre es vielmehr erforderlich, die Kaufwahrscheinlichkeiten in geeigneter Weise zu normieren, etwa bezogen auf den Gesamtabsatz der fraglichen Produkte. Die der Analyse zugrunde liegende Frage müsste dann korrekt wie folgt formuliert werden:

„Welches Produkt haben Kunden, die B gekauft haben, außerdem überproportional häufig gekauft?“.

- *„Kleines-n-Problem“:* Werden einzelne Produkte sehr selten nachgefragt, so basiert auch die Warenkorbanalyse für dieses Produkt zwangsläufig auf einer kleinen Stichprobe und kann leicht durch Zufallseinflüsse verzerrt werden. Am deutlichsten wird dies an dem Extremfall eines Produktes, das erst von einem einzigen Kunden gekauft wurde. Die übrigen Käufe dieses Kunden sind dann gleich dem Ergebnis der Warenkorbanalyse, die so zu wenig stabilen und im Einzelfall absurden Ergebnisse führen kann. Werden derartige Ergebnisse automatisiert, ohne manuelle Prüfung verwendet, können sich obskure Hinweise ergeben wie etwa der bei *Amazon.com* regelmäßig zu beobachtende (allerdings auf eine andere Ursache zurückzuführende) Hinweis: *„Customers who wear clothes also shop for Clean Underwear“.*

Berücksichtigt man in der Warenkorbanalyse auch die zeitliche Abfolge der Käufe, so lassen sich kundenindividuelle Produktempfehlungen häufig noch treffender zusteuern. In einer derartigen *dynamischen Warenkorbanalyse* wird nicht einer Aussage der Art *„Kunden, die dieses Produkt gekauft haben, haben auch die folgenden Produkte gekauft.“* nachgespürt, sondern einer Aussage der Form *„Kunden, die gestern (im Alter von x) dieses Produkt gekauft haben, werden morgen (im Alter von x + y) die folgenden Produkte kaufen.“* Auf diese Weise erfährt man etwa, dass 30% der Kunden, die den aktuellen Erfolgstitel eines bekannten Autors kaufen, in dem zweiten Folgemonat nach dem Kauf auch ein früheres Buch dieses Autors erwerben. Dieses wissend ist es für den Anbieter ein Leichtes, hochgradig treffende Werbemittel zu versenden, in denen den Kunden genau jene Produkte empfohlen werden, die ihren aktuellen Präferenzen zu diesem Zeitpunkt sehr nahe kommen.

5 CRM-basiertes Marketing

Die praktische Umsetzung eines umfassenden Customer Relationship Managements erstreckt sich über den gesamten Lebensweg eines Kunden und schlägt sich im Club Berteslmann insbesondere in der Neukundengewinnung sowie im Current Member Marketing nieder. Für beide Bereiche werden im Folgenden die Erfahrungen des Club Bertelsmann dargestellt. Dabei wird nicht nur deutlich, welches erhebliche Potenzial in einer konsequenten Nutzung des in der Kundendatenbank häufig verborgen liegenden Wissens steckt, sondern es zeigen sich auch klare Grenzen in der Überführung dieses Wissens in eine konsistente CRM-Strategie. Diese Grenzen erwachsen zum einen aus der unvermeidbaren Unsicherheit, die mit jeder Analyse der Massenkundendaten verbunden ist, und bestehen zum anderen in ganz schlichten, operativen Beschränkungen bei der Durchführung von Personalisierungsstrategien.

In der Neukundengewinnung kann das vorhandene Kundenwissen insbesondere dafür genutzt werden, das Werbeportfolio unter Responsegesichtspunkten sowie hinsichtlich der Qualität der Neukunden zu optimieren. Im Current Member Marketing schlägt sich die CRM-Strategie im erheblichen Maße in der Ausgestaltung der Kundenkommunikation und damit zu einem wesentlichen Teil in der Zusammenstellung, Ausgestaltung und Personalisierung der Werbemittel nieder.

5.1 Fokussierung des New Member Marketings

Einer der am weitesten verbreiteten Irrtümer bei der Neukundengewinnung ist die Annahme, das Ziel bestehe darin, eine möglichst hohe Response auf die jeweilige Werbeaktion wie etwa auf eine Anzeige oder ein Direct Mailing zu erzielen. Eine solche Zielausrichtung wäre jedoch äußerst verkürzt, denn sie vernachlässigt die Tatsache, dass nicht alle potenziellen Reagierer und damit alle potenziellen Neukunden den gleichen Wert für den Anbieter besitzen. Die Ausgestaltung des New-Member-Marketings muss sich daher an zwei Zielen orientieren: Zunächst soll die Werbung zwischen guten und schlechten potenziellen Kunden diskriminieren, und im Weiteren soll sie innerhalb der Gruppe der erwünschten Kunden eine möglichst hohe Response erreichen. Um dies zu gewährleisten ist es zwingend erforderlich, dass zunächst ein sehr klares Bild über die Zielgruppe und damit über die Eigenschaften der gewünschten Kunden vorliegt. Ein solches Bild erhält man am einfachsten und zuverlässigsten, indem man in der eigenen Kundendatenbank nachschaut, welche Eigenschaften die besten Kunden aufweisen. Nur wenn es so gelingt, ein scharfes Bild der Zielgruppe zu zeichnen, wird es auch möglich sein, die Werbemaßnahmen zur Neukundengewinnung zielgerichtet zu steuern, so dass auf effiziente Weise profitable Kunden gewonnen werden.

Eine konsequente CRM-Strategie setzt damit bereits zu einem Zeitpunkt ein, in dem noch gar keine Kundenbeziehung besteht, spätestens nämlich bei deren Aufbau und damit bei der Neukundenakquisition. Deren Ausgestaltung sollte sich stets an folgenden Überlegungen orientieren:

- *Nicht jeder will unser Kunde sein – und wir wollen nicht jeden als Kunden haben.* Diese scheinbare Binsenweisheit kann, wenn sie konsequent Beachtung findet, vor erheblichen Fehlinvestitionen bewahren. Akzeptiert man als Anbieter, dass ein gewisser Teil der Bevölkerung grundsätzlich kein Interesse an dem Aufbau einer Kundenbeziehung hat, so kann man sich und dem uninteressierten Teil der Bevölkerung entsprechende Werbeversuche von vornherein ersparen, um sich voll auf jene Kunden zu konzentrieren, die eine besonders hohe Affinität zu den angebotenen Leistungen und Produkten aufweisen. Ebenso wichtig ist aber auch die Einsicht, dass man selbst, als Anbieter, nicht an jedem potenziellen Kunden interessiert sein kann, sondern nur solche Kunden suchen sollte, die einen positiven Erwartungswert des Customer Lifetime Value aufweisen. Die Eigenschaften dieser Kunden sowie die Wege, über die solche Kunden gewonnen werden können, lassen sich ohne weiteres aus einer gut gepflegten Kundendatenbank herauslesen, und die Konsequenz kann darin bestehen, auf einzelne Werbewege und Instrumente der Neukundengewinnung vollständig zu verzichten und bestimmte Neukundenpotenziale ungenutzt zu lassen. Derartige Maßnahmen können oftmals den langfristigen Unternehmenserfolg sichern, auch wenn es kurzfristig schmerzhaft sein mag, leicht zu erschließende Kundenpotenziale bewusst zu vernachlässigen.

- *Neu- und Bestandskunden müssen miteinander harmonieren.* Bei der Neukundengewinnung ist zu beachten, dass die Struktur der neu gewonnenen Kunden in erheblichem Maße die optimale künftige Angebotsstruktur bestimmt. Damit beeinflusst sie auch die Möglichkeiten, den derzeitigen Bestandskunden weiterhin auf deren Präferenzen zugeschnittene Leistungen bieten zu können. Unterscheiden sich die Neukunden in ihren Konsumwünschen wesentlich von den vorhanden Kunden, so kann die dadurch steigende Heterogenität der Kunden eine optimale Bedürfnisbefriedigung erschweren bzw. verteuern. Daher sollte die Struktur der Neukunden sehr aufmerksam beobachtet und eine Verschiebung nur als bewusster Prozess durchgeführt werden, um so unerwartete Missmatch-Probleme zwischen Angebots- und Kundenstruktur von vornherein zu vermeiden.

- *Kunden und Geschäftsmodell müssen zueinander passen.* Um stabile Kundenbeziehungen zu generieren, sollte bei der Zielgruppenbestimmung zudem darauf geachtet werden, dass die angesprochenen Personen nicht nur den angebotenen Leistungen und Produkten, sondern auch dem Geschäftsmodell und Vertriebsweg gegenüber aufgeschlossen sind. Dies ist gerade im Versandhandel von großer Bedeutung, der die Konsumenten in gewisser Weise polarisiert. Während einige Personen Bestellungen im Versandhandel grundsätzlich ablehnen, nennen andere dies nachdrücklich als ihren bevorzugten Einkaufsweg (Spring et al. 2000). Für den Club Bertelsmann besteht hier ein zusätzliches Entscheidungs- und Auswahlkriterium in der Affinität zum Mitgliedsmodell. Die Schwierigkeit liegt auch hier wieder darin, die Versandhandelsaffinität der in der Neukundengewinnung angesprochenen Personen ex ante zu erkennen. Es steht außer Frage, dass dies nicht treffsicher möglich ist, jedoch lassen sich zum einen aus den Kenntnissen über die bestehenden Kunden und zum anderen aus allgemeinen Untersuchungen Indikatoren ableiten, die valide Hinweise auf die Merkmale der gesuchten Personen geben. Aufbauend auf solchen Erkenntnissen kann es durchaus rational sein, einzelne Kunden gezielt abzulehnen, wenn vor deren individuellem Hintergrund zu erwarten ist, dass das Angebot oder Geschäftsmodell nicht deren Bedürfnissen entspricht. Derartige Überlegungen spielen insbesondere bei einem möglichen Wiedereintritt ehemaliger Kunden eine Rolle.

Um diese Zielsetzungen konsequent zu verfolgen, ist oftmals eine fein differenzierte Werbe- und Mediaplanung auf Basis umfassender Bestandskundenanalysen erforderlich. Der Planungsprozess erfordert häufig einen gewissen Aufwand und ist nicht trivial, folgt aber bei aller Komplexität letztlich zwei einfachen Grundüberlegungen:

- *Aktive Werbeweganalyse:* Anhand der Erfahrungen, die mit bestehenden Kunden gemacht wurden, lässt sich ex post ableiten, welcher Werbeweg und welche Werbemittel in besonderem Maße langfristig profitable Kunden akquiriert haben. Werden diese Erkenntnisse in einer Werbeweganalyse in Ergänzung zu „Standardkennzahlen“ herangezogen, lässt sich ein recht differenziertes Bild von der Eignung alternativer Werbekampagnen zeichnen. Nicht selten kristallisieren sich bei einer solchen Betrachtung Werbewege, die auf den ersten Blick sehr profitabel erscheinen, im Ergebnis als Irrwege heraus, da sie zwar zu geringen Kosten neue Kunden generieren, diese dann aber nicht profitabel für das Unternehmen sind. Zu beachten ist hierbei, dass sich das Potenzial der alternativen Werbewege und formen laufend verschiebt und die Wirkung jeder einzelnen Kampagne sowohl zeit- als auch kontextabhängig ist. Es ist daher unvermeidlich, die Werbewege laufend zu überprüfen und zu optimieren sowie permanent neue Ansätze zu testen. In welchem Umfang laufende Tests notwendig sind, hängt sowohl von den Werbewegen als auch von der Zielgruppe ab, so dass die weit verbreitete Anwendung einer 80:20-Regel, nach der laufend 80% etablierte Kampagnenformen und 20% Testansätze zum Einsatz kommen sollten, nur eine grobe Orientierung geben kann.

- *Selbstselektion durch differenzierte Begrüßung der Neukunden:* Insbesondere in Geschäftsmodellen, die den Kunden ein gewisses „Commitment“ auferlegen – so wie etwa ein Abonnement die regelmäßige Abnahme eines Produktes verlangt – ist es weit verbreitet, Neukunden „Begrüßungsgeschenke“ zu machen, indem beispielsweise die ersten Einheiten eines Abonnements zu einem besonders günstigen Preis abgegeben werden. Soweit ein Anbieter bereits beim Eintritt neuer Kunden Hinweise auf deren zu erwartende Profitabilität hat, empfiehlt es sich, die Höhe der Begrüßungsgeschenke in Abhängigkeit von der geschätzten Kundenqualität zu differenzieren. Dies hat neben der einfachen ökonomischen Überlegung, dass in wertvolle Kunden mehr investiert werden sollte als in weniger wertvolle, auch den Charme, dass es in zweifacher Hinsicht eine Selbstselektion der Kunden bewirken kann: Werden den vermeintlich weniger profitablen Kunden geringere Begrüßungsgeschenke geboten, hat dies eine insgesamt geringere Zahl an Kundeneintritten aus der betreffenden Zielgruppe zur Folge. Soweit diese Gruppe in sich aber nicht vollkommen homogen ist, sollten nicht alle Interessenten in gleichem Maße zurückgedrängt werden. Vielmehr ist zu erwarten, dass gerade Personen, die dem Produkt ein hohes Interesse entgegenbringen, auch auf ein Angebot mit vergleichsweise kleinem Begrüßungsgeschenk positiv reagieren werden, so dass Ungenauigkeiten bei der Zielgruppenbestimmung abgemildert werden. Zum zweiten kann eine differenzierte Ausgestaltung der Antrittsgeschenke als eine Form der Preisdifferenzierung mit Selbstselektion fungieren. So können preissensible Kunden durch intensive Suche stets die günstigste Offerte auswählen, während sich weniger preissensible Kunden eher mit dem „erstbesten“ Angebot zufrieden geben werden (Skiera/ Spann 2000, S. 553 f.).

5.2 Das Werbemittelportfolio des Club Bertelsmann

Der Club Bertelsmann greift in der Kommunikation mit dem Kunden auf ein breites Spektrum unterschiedlicher Werbemittel zurück, die den Kunden in Abhängigkeit von ihren individuellen Merkmalen fein differenziert zugesteuert werden. Vor dem Hintergrund des spezifischen Geschäftsmodells, das eine vierteljährliche Abnahmeverpflichtung der Kunden beinhaltet, kommt dem jeweils zu einem Quartalsbeginn an alle Kunden versandten „Hauptkatalog" eine herausragende Bedeutung zu. Dieser Katalog enthält jeweils das gesamte aktuelle Angebot des Club Bertelsmann und gewährleistet quasi eine Grundversorgung sämtlicher Kunden mit Produktinformationen. Obwohl der Hauptkatalog in jedem Quartal nahezu allen Kunden zugesandt wird, erfolgt die Kundenansprache auch mit diesem Katalog bereits sehr differenziert. So werden in Abhängigkeit von den individuellen Kundenmerkmalen bis zu zehn verschiedene Beilagen dem Hauptkatalog selektiv zugesteuert, und innerhalb des Katalogs erfolgt die textliche Kundenansprache wiederum kundenindividuell, indem etwa in einem Begrüßungswort gesondert auf solche Produkte hingewiesen wird, die den offenbarten Interessen des einzelnen Kunden entsprechen (siehe hierzu im Einzelnen weiter unten).

In Ergänzung zu den vier Hauptkatalogen werden „Zwischenkataloge" versandt, die eine spezifische Auswahl des Produktangebotes enthalten, besondere inhaltliche oder preisliche Schwerpunkte setzen und nur ausgewählten Kunden zugeschickt werden, wobei auch hier wie im Hauptkatalog eine Individualisierungen über die textliche Ansprache und Beilagenzusteuerung erfolgt. Darüber hinaus kommen in unterschiedlichen und zum Teil unregelmäßigen Abständen zahlreiche weitere Werbemittel zum Einsatz. So wird in einzelnen Mailings gezielt auf besondere Aktionen, saisonale Produkte oder spezielle Veranstaltungen in einzelnen Filialen des Club Bertelsmann hingewiesen. Internetaffine Kunden erhalten zudem neben postalischen Mailings elektronische Newsletter mit spezifischen Inhalten für die spezielle Zielgruppe. Ferner kommen verschiedene Werbemittel in Abhängigkeit von dem Status einer Kundenbeziehung zum Einsatz. So erhalten Neukunden zu Beginn ihrer Clubmitgliedschaft ein umfangreiches „Begrüßungspaket", das eine Erstausstattung mit verschiedenen Werbemitteln wie dem Hauptkatalog und der als Mitgliederausweis fungierenden „Clubkarte" gewährleistet. Diese Clubkarte dient zugleich als Instrument zur Preisdifferenzierung, indem langjährige Kunden in regelmäßigen Abständen – sowie auch in Durchbrechung dieser Regelmäßigkeit in Reaktion auf „besondere Vorkommnisse" – eine Aufwertung ihrer Clubkarte und damit ein Anrecht auf besondere Preisvergünstigungen erhalten.

5.3 Zusammenstellung der Werbemittel

Die meisten Werbemittel des Club Bertelsmann werden nicht in Vollstreuung ausgesandt, sondern nur ausgewählten Kunden zugeschickt. Bei der Auswahl der Werbemittel für die einzelnen Kunden sind dabei neben Kundenmerkmalen wie den Interessen und der Kaufaktivität auch die Kostenstrukturen der Werbemittelproduktion und aussendung zu berücksichtigen, wobei die Festlegung der einzubeziehenden Kunden wiederum Rückwirkungen auf die Entscheidung für oder wider eine Kampagne entfalten kann. Jede Kampagnenplanung erfordert daher mehrere, simultan vorzunehmende Abwägungen. Im Rahmen dieses Prozesses wird auch ermittelt, welcher Individualisierungsgrad für die Kampagne zweckmäßig ist, ob sie also kundenindividuell angepasst, zielgruppenspezifisch ausgerichtet oder als weitgehend undifferenzierte Massenwerbemittel zum Einsatz kommen sollte. Dabei gilt grundsätzlich, dass die Vorzugswürdigkeit der alternativen Individualisierungsgrade von den jeweiligen Kostenstrukturen einerseits und dem damit angestoßenen Antwortverhalten andererseits abhängen.

Generell steigen sowohl die Kosten als auch die Responsequoten mit zunehmendem Individualisierungsgrad an, allerdings gilt dies nicht für alle Werbemittel gleichermaßen (siehe auch Abschnitt 5.4). Durch diesen Tradeoff zwischen Zielgruppengenauigkeit und Größenvorteilen kann eine Kampagne sowohl Economies als auch Diseconomies of Targeting aufweisen (Esteban et al. 2001), wobei der Kostenverlauf ganz erheblich davon abhängt, mit welchem Automatisierungsgrad eine Individualisierung der Werbemittel vorgenommen werden kann. Das Optimum in diesem Tradeoff zu bestimmen scheint zumindest bei bekannten Kostenstrukturen und gegebenen Annahmen über die zu erwartenden Responseraten alternativer Werbeformen zunächst ein triviales Optimierungsproblem zu sein. Dabei darf jedoch nicht übersehen werden, dass sowohl die Kosten von Werbemittelproduktion und -versand als auch die Responseraten in den einzelnen Zielgruppen in unterschiedlich starkem Maße mit dem Personalisierungsgrad schwanken. Bei der Planung einer Werbekampagne dürfen daher die Auswahl der Werbemittel, die Abgrenzung der gesamten Zielgruppe und die Zuordnung der einzelnen Kunden zu alternativen Werbeformen nicht sukzessive erfolgen, sondern müssen simultan unter Berücksichtigung der Wechselwirkungen optimiert werden. Auf Kundenebene sind dabei zum einen explizite Vorgaben zu berücksichtigen wie etwa der Wunsch eines Kunden, bei bestimmten Werbemitteln nicht einbezogen zu werden oder umgekehrt diese regelmäßig zu erhalten, und zum anderen lassen sich aus der bisherigen Kundenhistorie Erkenntnisse über dessen Reagibilität auf bestimmte Werbeformen ableiten, die neben anderen Kundenmerkmalen zur weiteren Optimierung der Zusteuerung von Werbemitteln genutzt werden können.

Auch wenn die Berücksichtigung all dieser Aspekte den Komplexitätsgrad der Kampagnenplanung bereits bei sehr einfachen Werbemaßnahmen stark erhöhen kann, ist der Aufwand in aller Regel gerechtfertigt, da eine derart optimierte Kampagne deutlich höhere Responseraten erzielt und darüber hinaus die generelle Kundenzufriedenheit in erheblichem Maße steigert, da die Kunden die zielgenaue Ansprache sehr deutlich als gute Betreuung wahrnehmen oder umgekehrt eine übermäßige und nicht treffende Werbeansprache sehr schnell als unangenehm und störend empfänden.

5.4 Personalisierung der Werbemittel

In Abschnitt 4 wurde deutlich, dass es verschiedene analytische Ansätze gibt, um in der Masse kundenindividuelle Produktempfehlungen zu generieren. Sehr viel schwieriger ist es hingegen häufig, diese in einem Endkundengeschäft mit mehreren Millionen Kundenbeziehungen zu vertretbaren Kosten zu transportieren. Der Club setzt verschiedene Werbemittel ein, die eine Kommunikation kundenindividueller Empfehlungen erlauben, in vielen Fällen haben sich aber gröbere Differenzierungen nach Kundensegmenten als das probatere Mittel erwiesen. Die folgende Übersicht skizziert das Gebiet der Anwendungsfälle, in dem sich kundenindividuelle Produktempfehlungen bewährt haben:

- *Katalogpersonalisierung:* Gerade in dem zentralen Werbemedium eines klassischen Versandhändlers, dem „großen Katalog“, sind die Möglichkeiten zur Personalisierung nach wie vor begrenzt. Zielgruppenspezifische Inhalte lassen sich durch eine selektive Beisteuerung von Beilagen sowie in begrenztem Rahmen durch eine flexible Zusammenstellung der Katalogseiten transportieren, wobei insbesondere einfache „Deckelvarianten“, die sich lediglich im Umschlag unterscheiden, sowie abweichende Seiten in der Heftmitte mit vergleichsweise geringem Aufwand zu realisieren sind. Lassen sich größere, einander sehr unähnliche Zielgruppen identifizieren, können freilich auch „echte“ Katalogvarianten, also der Einsatz unterschiedlicher Kataloge für verschieden Zielgruppen, sinnvoll sein. Derartige Katalogvarianten müssen sich dabei nicht allein an unterschiedlichen Interessen verschiedener Kundengruppen orientieren, sondern können auch an der Kundenqualität oder dem Kaufverhalten ausgerichtet sein, etwa indem den besten Kunden umfangreichere oder aufwändigere Werbemittel zugesandt werden als den weniger aktiven Kunden. Ebenso ist es für Multi-Channel-Anbieter, die sowohl stationäre Filialen als auch Versandhandel betreiben, oftmals sinnvoll, zwischen typischen Filialkäufern und typischen Versandbestellern zu unterscheiden, um die erstgenannte Gruppe beispielsweise mit einem reduzierten Katalog, der sich lediglich auf die aktuellen Highlights beschränkt, zu einem Filialbesuch zu aktivieren, während die Versandkunden einen umfangreichen, alle Produkte umfassenden Katalog erhalten. Eine solche Zielgruppendifferenzierung bewirkt allerdings nicht immer eine Erhöhung der absoluten Kundenzufriedenheit, sondern kann diese sogar verringern. Ziel einer derartigen Reduzierung des Katalogumfangs für einzelne Kundengruppen ist es denn auch vielmehr, die Werbemittelkosten zu reduzieren und dabei genau an den Stellen anzusetzen, an denen dies einen möglichst geringen negativen Effekt auf Kundenzufriedenheit und Absatzwirkung hat.

  Eine über Kundensegmente hinausgehende kundenindividuelle Anpassung ist hingegen zu vertretbaren Kosten nur auf eine gestalterisch wenig anspruchsvolle Weise zu erreichen, indem personalisierte Texte in den ansonsten einheitlich gestalteten „All-Purpose-Katalog“ eingefügt werden. So können an prominenter Stelle, typischerweise etwa auf der Umschlaginnenseite, kundenindividuelle

Produktempfehlungen ausgesprochen werden. Ferner lassen sich mit geringem Aufwand die Response-Elemente im Katalog personalisieren, einerseits um dem Kunden den Bestellvorgang zu erleichtern, und andererseits, um auch hier individuelle Empfehlungen auszusprechen. Es wäre aber vollkommen illusorisch zu glauben, dem Werbemittel ließe sich auf diesem Wege eine persönliche Note verleihen, denn inzwischen hat *„auch der letzte Verbraucher [...] die Massenhaftigkeit vermeintlich direkter, „individueller" Werbesendungen durchschaut."* (Piller 2000, S. 16).

- *Follow-Up-E-Mail:* Soweit von den Kunden eine E-Mail-Adresse vorliegt und diese den E-Mail-Kontakt wünschen, lassen sich Defizite in der Katalogpersonalisierung durch eine Follow-Up-E-Mail nicht nur heilen, sondern häufig sogar überkompensieren. Diese folgt in gewissem zeitlichen Abstand auf den Katalogversand und nimmt im Inhalt Bezug auf den gerade zugestellten Katalog, wobei kundenindividuell auf einzelne Seiten mit ausgewählten Produkten verwiesen wird. Dabei kann die E-Mail zugleich ergänzende Produktinformationen liefern bzw. auf eine entsprechende Website hinweisen. Soweit die Produkthinweise treffsicher ausgewählt wurden, sind derartige Follow-Up-E-Mails geeignet, sowohl die Beschäftigung des Kunden mit dem Katalog als auch die Bestellungen daraus signifikant zu erhöhen und die Zeit bis zur Erstbestellung deutlich zu verringern.

- *Newsletter:* Der E-Mail-Newsletter ist ähnlich wie eine Follow-Up-E-Mail nachgerade das perfekte Medium für eine auf kundenindividueller Ebene personalisierte Massenkommunikation mit dem Kunden. Dies in erster Linie aufgrund der einfachen Herstellung personalisierter E-Mails, die gegenüber einheitlich gestalteten, nicht personalisierten E-Mails nahezu keinen Verlust an Größenvorteilen mit sich bringen – im vollkommenen Gegensatz zu klassischen Mailings. Ein Zusatzaufwand entsteht lediglich dadurch, dass zunächst geeignete Algorithmen zur Personalisierung und Komposition der E-Mails entwickelt werden müssen, deren Anwendung verursacht aber unabhängig vom Personalisierungsgrad stets die gleichen Kosten je E-Mail. Dabei lassen sich E-Mails nicht nur im Inhalt, sondern auch im Umfang und im Versandzeitpunkt ohne Zusatzkosten personalisieren, was bei klassische Mailings unmittelbar erhöhte Herstellungs- und Portokosten verursachen würde. So kann beispielsweise ein Newsletter immer als Follow-Up auf einen erfolgten Kauf des Kunden versandt werden (zeitliche Personalisierung), im Inhalt auf Produkte mit assoziativer Nähe zu dem gekauften Produkt hinweisen (inhaltliche Personalisierung) und dabei im Umfang sowohl an das bisherige Kaufverhalten des Kunden als auch an die Anzahl geeigneter Produkte, die beispielsweise das Ergebnis einer Warenkorbanalyse sein können, angepasst werden (Personalisierung des Umfangs).

Diese Eigenschaften der E-Mail-Werbung sowie insbesondere deren geringe Herstellungs- und Versandkosten haben freilich zu einer inflationären Verwendung dieser Werbeform geführt, die zum einen bei vielen Verbrauchern eine grundsätzlich ablehnende Haltung gegenüber Werbe-E-Mails hervorgerufen und zum anderen zu einer geringen Beachtung von Newslettern durch die Empfänger geführt hat. Es versteht sich daher, dass in jedem Newsletter eine Option zum Abbestellen weiterer Werbe-E-Mails vorgesehen wird. Vor diesem Hintergrund ist es um so wichtiger, den Newsletter so zu gestalten, dass der Empfänger ihn als Bereicherung empfindet, und die Erfahrung zeigt, dass insbesondere eine geeignete Personalisierung, die den Kunden auf ausgewählte, den individuellen Präferenzen entsprechende und damit für den Kunden wertvolle Produkte hinweist, die Akzeptanz und die positive Response auf den Newsletter um ein Vielfaches erhöhen kann.

- *Website:* In ähnlich einfacher Weise wie ein Newsletter lassen sich auch die Web-Sites sowohl im Inhalt als auch in der Gestaltung an den einzelnen Besucher anpassen. Dabei können als Basis zur analytischen Bestimmung der Inhalte sowohl das Surfverhalten während der aktuellen Session als auch bekannte Kauf- und Verhaltensparameter des jeweiligen Kunden genutzt werden. Letzteres setzt allerdings voraus, dass der Website-Besucher als ein bekannter Kunde aus der Kundendatenbank identifiziert wird. Dies gelingt am einfachsten, wenn die Kunden auf der Website dazu bewegt werden können, sich mit ihrer Kundennummer bzw. einem zugeordneten, sprechenden Benutzernamen und Kennwort anzumelden, allerdings besteht hierzu häufig kein Anreiz, solange der Kunde nur „stöbern" will und noch keine konkrete Kaufabsicht hat. Um das Einloggen von Kunden zu fördern, können zum einen die Anreize erhöht und zum anderen der Aufwand reduziert werden. Anreize zum Einloggen lassen sich etwa durch spezielle Angebote für angemeldete Kunden oder Serviceleistungen wie Übersichten über aktuelle Bestellstati oder die Anzeige von Kontoständen im Rahmen eines Bonuspunktesystems schaffen. Zum Abbau der Hürden kommen hingegen vor allem technische Innovationen wie eine automatisierte Anmeldungen mit Hilfe der Passport-Technologie in Frage, die eine zentrale und sichere Verwaltung von Benutzerdaten wie Passwörtern, Adressdaten und Bank- und Kreditkarteninformationen auf dem PC ermöglicht und damit nach einmaligem Anmelden (Single-Sign-In) bei wiederholten Besuchen derselben Homepage die Neuanmeldung automatisch durchführt (Kanellos/Wong 2001).

Verzichtet ein Kunde dennoch auf die Anmeldung beim Besuch der Website und bleibt damit zunächst anonym, lässt sich während jeder Session wie auch sitzungsübergreifend das Surfverhalten des Website-Besuchers beobachten und daraus ad hoc ein Interessensprofil erstellen, das immer weiter verfeinert werden kann, je mehr Produkte der Besucher betrachtet. Um ihn bei einem Folgebesuch der Website auch ohne Anmeldung wiederzuerkennen, lassen sich die inzwischen hinlänglich bekannten Cookies nutzen, sofern diese nicht von dem Anwender gesperrt oder zwischen den Sitzungen gelöscht werden. Aber auch sonst ist die Verwendung von Cookies zwangsläufig mit vielen Unsicherheiten verbunden, da sie häufig lediglich den PC, von dem aus eine Website aufgerufen wird, und keineswegs die natürliche Person, welche die Website betrachtet, kennzeichnen. Dieser Umstand in Verbindung mit der inzwischen weithin bekannten Personalisierungsstrategie vieler Internetanbieter kann im Fall eines von mehreren Personen genutzten PCs wie etwa einem „Familien-PC“ durchaus Fragen bei den Anwendern hervorrufen, wenn die personalisierten Produktempfehlungen vermutete Rückschlüsse auf die Interessensgebiete der übrigen Benutzer zulassen.

- *Filialen und Call-Center:* Besonders wirkungsvoll können Produktempfehlungen, die sich an den Interessen des einzelnen Kunden ausrichten, im direkten Kundenkontakt, wie er in der Filiale und bei Telefonbestellungen über das Call-Center zustande kommt, platziert werden. Wissen die Mitarbeiter in diesem Fall, welche Produkte dem Profil des Kunden entsprechen und können im Gespräch auch einen Bezug zu früheren Käufen herstellen, so gelingt sehr häufig ein On-Top-Verkauf. Technische Voraussetzung hierfür ist ein integriertes IT-System, das es erlaubt, im Call-Center für jeden Kunden unmittelbar Produktempfehlungen auf dem Bildschirm anzuzeigen, wobei die Identifizierung des Kunden entweder über die Eingabe der Kundennummer oder auch durch Erkennung der Telefonnummer des anrufenden Kunden erfolgen kann. Analog ist es in der Filiale möglich, auf dem Display der Filialkassen für die Verkäufer geeignete Produktempfehlungen anzuzeigen. Dies setzt allerdings voraus, dass die Kunden in den stationären Läden nicht anonym kaufen, sondern sich beispielsweise über eine Kundenkarte zu erkennen geben.

6 Ausblick

Die Möglichkeiten, die eine konsequente Nutzung der verfügbaren Kundeninformationen zur Verbesserung der Kundenbeziehungen und zur Fokussierung auf die besten Kunden bietet, sind enorm. Der Aufbau und die Pflege einer konsistenten Kundendatenbank versetzt den Anbieter in die Lage, weitreichende strategische und unternehmerische Entscheidungen bis hin zur Ausrichtung zentraler Geschäftsbereiche aus fundiertem Kundenwissen abzuleiten und analytisch zu untermauern. Die Beschränkungen in der Nutzung dieser Informationen bestehen heute weniger auf der technischen und analytischen Seite als vielmehr in der operativen Umsetzung. So lässt sich aus der Kundendatenbank leicht eine Wissensmenge generieren, mit der die Organisation überfordert wird. Aus dieser Möglichkeit, jede einzelne Maßnahme mit geringem Aufwand differenziert an die Kundenbedürfnisse anzupassen, erwächst die Gefahr, dass in der Unternehmensorganisation zahlreiche Einzeloptimierungen erfolgen, die sich aber aufgrund ihrer Komplexität immer schwerer zu einem Gesamtbild zusammenführen lassen. So kann es durchaus sinnvoll sein, bei einzelnen Maßnahmen zugunsten eines konsistenten Gesamtauftritts auf Optimierungspotenziale zu verzichten. Derartige Zusammenhänge lassen sich aber nur erkennen, wenn die Einzelaktionen laufend einer gesamthaften Prüfung und Steuerung unterliegen. Die wesentliche Herausforderung für die Unternehmen besteht daher darin, die technischen Möglichkeiten in eine konsistente CRM-Strategie zu überführen und dabei die Potenziale zu nutzen, ohne sich in Einzeloptimierungen von Nebenaspekten zu verlieren.

Literaturverzeichnis

Esteban, L.; Hernández, J.M.; Moraga-González, J.L. (2001): Customer Directed Advertising and Product Quality, Tinbergen Institute Discussion Paper TI 2001-099/1, Amsterdam.

Hippner, H; Martin, S.; Wilde, K.D. (2001): Customer Relationship Management, in: WiSt, Nr. 8, S. 417-422.

Kanellos, M.; Wong, W. (2001): Microsoft opens up Passport service, in: cnet News.com, 20. September 2001, http://news.cnet.com/news/0-1003-200-7231441.html.

Monteiro, P.K.; Moraga-González, J.L. (1999): „We sold a million copies" – The Role of Advertising Past Sales, University of Copenhagen, Center for Industrial Economics, CIE Working Paper 99-03, Kopenhagen.

Piller, F.T. (2000): Aufbau dauerhafter Kundenbindungen mit Customer Relationship Management (CRM) im WWW, www.mass-customization.de/download/crm 2000.pdf (Zugriff: 21.02.2003).

Skiera, B.; Spann, M. (2000): Flexible Preisgestaltung im Electronic Business, in: Weiber, R. (Hrsg.): Handbuch Electronic Business, Wiesbaden, S. 541-557.

Spring, P.N.; Wansbeek, T.; Leeflang, P.S.H. (2000): Interactions between consumers and firms – Identifying the Direct Mail-prone Consumer, University of Groningen, Research Institute SOM, Research Report 00F29

Stauss, B.; Seidel, W. (1998): Beschwerdemanagement, 2. Aufl., München.

Manfred Bruhn, Karsten Hadwich

Einsatz eines Kundenbarometers in der IT-Dienstleistungsbranche – ein Längsschnittvergleich

1 Kundenbeziehungen in der IT-Dienstleistungsbranche als Analysegegenstand von Kundenbarometern

Der Erfolg in der Informationstechnologie(IT)-Dienstleistungsbranche ist aufgrund der häufig vorliegenden hohen Leistungskomplexität, intensiven Interaktionen zwischen Anbieter und Kunde sowie der Langfristigkeit der Leistungserstellung – also in Folge der hohen Unsicherheit des Kunden – nur in geringem Maße abhängig vom Leistungsergebnis bzw. der „tatsächlichen" Produktqualität. Entscheidend für eine erfolgreiche *Anbieter-Kunde-Beziehung* sind vielmehr Vertrautheit und Vertrauen, die zwischen den Beziehungspartnern im Rahmen von Interaktionen und Leistungserstellungsprozessen aufgebaut werden. Die Voraussetzung einer Steuerung von Kundenbeziehungen im Rahmen eines Customer Relationship Management (CRM) oder Relationship Marketing ist es demnach, die Kundenbeziehungen sowohl rational als auch emotional zu verstehen und dieses Verständnis strategisch in der Beziehung und operativ im Kundenkontakt umzusetzen.

Der potenzielle *Nutzen erfolgreicher Anbieter-Kunde-Beziehungen* ist in der IT-Dienstleistungsbranche – wie in anderen Branchen auch – für Kunden und Anbieter gleichermaßen groß. Durch gute Geschäftsbeziehungen können Anbieter Kosteneinsparungen und Umsatzstabilität sowie -zuwächse erreichen (Reichheld/Sasser 1990). Auf der Kundenseite führen enge Geschäftsbeziehungen zu sinkenden Transaktionskosten und/oder zu einer höheren Sicherheit in Bezug auf zukünftige Einnahmen (Crosby et al. 1990, S. 69). Die Realisierung dieser Vorteile auf der Anbieterseite erfordert die Analyse der Determinanten erfolgreicher Anbieter-Kunde-Beziehungen. Die Entdeckung und Erklärung von Beziehungsmechanismen durch eine Analyse von Beziehungen dient dazu, prognostische Aussagen zu treffen, die in der praktischen Umsetzung eines Qualitäts- und Beziehungsmanagements verwendet werden können.

In Anlehnung an das *Konzept des Kundenbeziehungslebenszyklus* umfasst die Analyse von Kundenbeziehungen eine psychologische und eine zeitliche Dimension (Bruhn 2001, S. 46). Die psychologische Dimension zur Beschreibung einer Kundenbeziehung gibt Auskunft über den Zustand der Beziehung zwischen Kunde und Anbieter und spiegelt die Wahrnehmung des Kunden wider. Die zeitliche Komponente dient dazu, die verschiedenen Stadien und Veränderungen der psychologischen Dimension im zeitlichen Verlauf abzubilden.

Im Hinblick auf die Analyse der *psychologischen Dimensionen* von Kundenbeziehungen existieren intensive Forschungsbemühungen, die die Bedeutung von Transaktionen, aus denen sich eine Beziehung zusammensetzt, für den Aufbau und die Aufrechterhaltung von Kundenbeziehungen untersuchen. In dieser Forschungsrichtung wurden Ansätze zur Messung und Steuerung von kundenbeziehungsrelevanten Erfolgsgrößen entwickelt, die dem Konzept der *Service-Erfolgskette* zugeordnet werden können (Heskett et al. 1997, S. 18 ff.). Diese zeigt klassischerweise die Zusammenhänge zwischen

Dienstleistungsqualität, Kundenzufriedenheit, Kundenbindung und Unternehmenserfolg auf. Der Grundgedanke der Service-Erfolgskette ist die Überlegung, dass eine Steigerung der Kundenbindung zwangsläufig zu einer stabilen Beziehung und darüber zu ökonomischem Erfolg führt.

Das Konzept der Service-Erfolgskette hat insbesondere bei der Entwicklung von so genannten *Nationalen Kundenbarometern* breite Anwendung gefunden. Diese messen die Kundenzufriedenheit sowie deren Einflussgrößen und Wirkungen auf Basis einer regelmäßigen Kundenbefragung in mehreren Branchen einer Nation oder eines Wirtschaftsraums. Die Messergebnisse von Nationalen Kundenbarometern dienen in erster Linie als Datenbasis für ein Benchmarking auf Unternehmens-, Branchen- und/oder Marktebene. Die Einsatzmöglichkeiten der Ergebnisse im Rahmen eines unternehmensspezifischen Qualitätsmanagements sind jedoch aufgrund des hohen Aggregationsgrads der in den Barometern berücksichtigten Konstrukte beschränkt. Dies betrifft in besonderem Maße die Beschränkung der Einflussgrößen der Kundenzufriedenheit auf ein einzelnes Konstrukt Dienstleistungsqualität. Für die Ableitung von Handlungsanweisungen auf Unternehmensebene muss die Messung der Zufriedenheitstreiber wesentlich differenzierter, d.h. über eine Vielzahl von – steuerbaren – Qualitätsindikatoren, erfolgen. Ein weiterer Kritikpunkt richtet sich gegen die mangelnde Berücksichtigung von beziehungsorientierten Konstrukten. Seit geraumer Zeit werden neben der Beziehungsqualität auch Konstrukte wie Vertrauen und Commitment in der Wissenschaft diskutiert und deren Relevanz in Kundenbeziehungen empirisch nachgewiesen. Anbieter-Kunde-Beziehungen in der IT-Dienstleistungsbranche sind aufgrund der bereits erwähnten Leistungskomplexität und Interaktionsintensität abhängig von solchen Größen, die eine Reduktion von Unsicherheiten ermöglichen. Eine Erweiterung der in den Nationalen Kundenbarometern berücksichtigten beziehungsbezogenen Größen ist deshalb notwendig.

Vor diesem Hintergrund soll im vorliegenden Beitrag ein *unternehmensspezifisches Kundenbarometer für die IT-Dienstleistungsbranche* vorgestellt werden. Dieses berücksichtigt zum einen die aus Kundenperspektive transaktions- und beziehungsrelevanten Konstrukte von Anbieter-Kunde-Beziehungen in der IT-Dienstleistungsbranche. Zum anderen beinhaltet das Kundenbarometer ausreichend differenzierte und steuerbare Konstrukte, die die Ableitung konkreter Maßnahmen für ein Qualitäts- und Beziehungsmanagement ermöglichen.

Während in Bezug auf die psychologische Dimension von Kundenbeziehungen die Forschung weit vorangeschritten scheint, ist hinsichtlich der *Analyse des zeitlichen Verlaufs* der verschiedenen Konstrukte ein Forschungsdefizit festzustellen. Nur wenige Arbeiten nehmen bei der Beziehungsanalyse eine dynamische Perspektive ein (Boulding et al. 1993; Bolton 1998; Mittal et al. 1999; Rust et al. 1999; Georgi 2000). Die Notwendigkeit einer Betrachtung des zeitlichen Verlaufs der psychologischen Dimensionen ist indes offensichtlich. Zum einen ergeben sich im Zeitablauf generelle Veränderungen in den Kundenbedürfnissen und der Kundenwahrnehmung. Für Anbieter ist es daher erforderlich, diese kontinuierlich zu messen und entsprechende Verbesserungsmaßnahmen zu treffen. Zum anderen entwickeln sich die individuellen Beziehungen zwischen Anbieter und Kunde fortwährend weiter. Gemäß des Beziehungslebenszykluskonzeptes durchläuft eine Beziehung (idealtypisch) verschiedene Stadien: von einer anfänglichen Orientierungs- und Sozialisationsphase über eine Wachstumsphase bis hin zur Phase der Auflösung. Anbieter müssen daher in der Lage sein, diese Phasen zu erkennen und auf die damit jeweils verbundenen Beziehungserwartungen des Kunden zu reagieren.

Dieses Forschungsdefizit aufgreifend wird im vorliegenden Beitrag eine Analyse des zeitlichen Verlaufs der psychologischen Dimension in zweierlei Hinsicht vorgenommen. Grundlage sind Datensätze eines empirischen Projektes, das vom Lehrstuhl für Marketing und Unternehmensführung der Universität Basel bei einem schweizerischen IT-Anbieter in den Jahren 1998 bis 2001 durchgeführt wurde (vgl. zu den Stichprobengrößen Tab. 1). Zum einen erfolgt ein Längsschnittvergleich von Messergebnissen des Kundenbarometers auf Basis von Kundenbefragungen der Jahre 1998 bis 2001, um Aussagen über die Veränderungen von Anbieter-Kunde-Beziehungen in der IT-Dienstleistungsbranche abzuleiten. Zum anderen werden durch einen Längsschnittvergleich von Messergebnissen in Abhängigkeit von der Beziehungsdauer Änderungsmechanismen im Kundenbeziehungslebenszyklus analysiert.

	1998	1999	2000	2001
Absoluter Rücklauf	143	113	241	231
Rücklaufquote	53,0%	58,5%	23,9%	36,2%

Tab. 1: Angaben zur Datenerhebung

2 Entwicklung eines Kundenbarometers für die IT-Dienstleistungsbranche

Die Entwicklung des unternehmensindividuellen Kundenbarometers für die IT-Dienstleistungsbranche wurde in drei Schritten vollzogen (vgl. Abb. 1):

(1) (Theoretische) Festlegung eines Strukturmodells,

(2) Konzeptualisierung und Operationalisierung der Modellkonstrukte,

(3) Durchführung der Hauptuntersuchungen.

Das Vorgehen soll im Folgenden kurz erläutert werden. Es kann auf andere Anbieter in der IT-Branche von der grundsätzlichen Vorgehensweise her übertragen werden. Für andere Branchen wäre eine inhaltliche Spezifikation erforderlich.

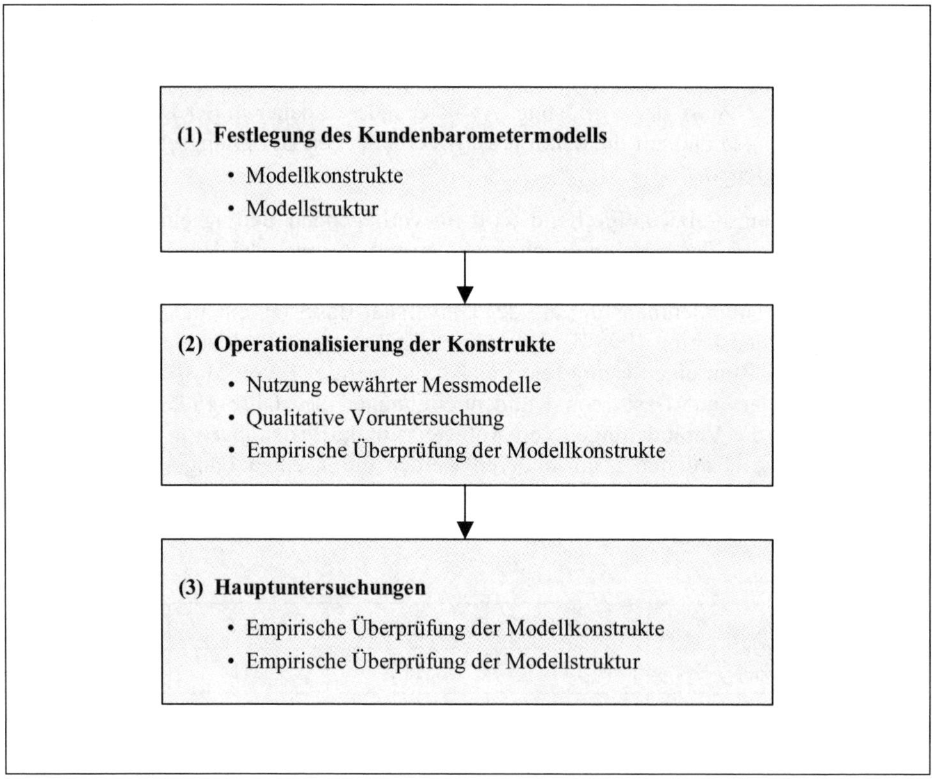

Abb. 1: Vorgehensweise bei der Entwicklung des unternehmensindividuellen Kundenbarometers

(1) (Theoretische) Festlegung des Strukturmodells

Im Rahmen der Festlegung des Strukturmodells ist eine Entscheidung über die einzubeziehenden Modellkonstrukte sowie über die Modellstruktur, d.h. die Ursache-Wirkungs-Beziehungen, zu treffen. Abb. 2 zeigt das Strukturmodell des IT-Dienstleistungsanbieters mit den relevanten Erfolgsgrößen sowie der Modellstruktur.

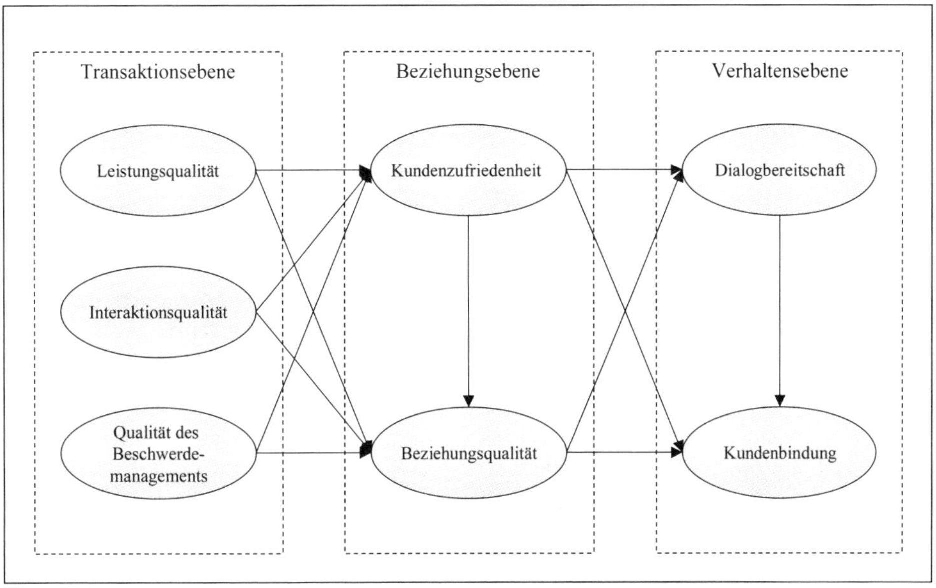

Abb. 2: Strukturmodell für die IT-Dienstleistungsbranche

Ausgangspunkt der Festlegung des Strukturmodells ist das Ziel des IT-Dienstleistungsanbieters, profitable Kundenbeziehungen und somit eine möglichst positive Absicht des Kunden bezüglich seines zukünftigen Kaufverhaltens (*Kundenbindung*) zu erreichen. Auf Basis der Auswertung aktueller empirischer Ergebnisse in der Literatur lassen sich drei Größen ableiten, die die Kundenbindungsabsicht beeinflussen. Auf der Verhaltensebene stellt die *Dialogbereitschaft* des Kunden eine Determinante der Kundenbindung dar (Bruhn/Grund 2000). Auf der Beziehungsebene sind die *Kundenzufriedenheit* (Anderson et al. 1994; Zeithaml et al. 1996; Anderson/Mittal 2000) und die *Beziehungsqualität* Einflussgrößen der Kundenbindung (Garbarino/Johnson 1999; De Wulf et al. 2001).

Schließlich sind die Einflussgrößen der Kundenzufriedenheit und Beziehungsqualität zu bestimmen. Determinanten der Kundenzufriedenheit und Beziehungsqualität stellen all jene Merkmale dar, die das Ergebnis einer Bewertung der direkt wahrgenommenen Qualität einer Einzelleistung („Transaktion“) betreffen. Die in der empirischen Marketingforschung behandelten transaktionsbezogenen Einflussgrößen der Kundenzufriedenheit und Beziehungsqualität lassen sich zwei Dimensionen zuordnen. Zum einen werden leistungsbezogene Einflussgrößen behandelt, die einen Sachbezug hinsichtlich der Leistungspotenziale, -prozesse und -ergebnisse aufweisen. Zum anderen werden interaktionsbezogene Einflussgrößen untersucht, die intrapersonale Merkmale von Mitarbeitern oder interpersonale Merkmale von Kunden-Mitarbeiter-Interaktionen umfassen. Auf der Transaktionsebene des Strukturmodells werden deshalb die beiden Größen *Leistungs- und Interaktionsqualität* berücksichtigt. Eine Analyse von Geschäftsbeziehungen muss des Weiteren die Reaktion des Anbieters auf die transaktionsbezogene Unzufriedenheit von Kunden in Form eines Beschwerdemanagements berücksichtigen. Die *Qualität des Beschwerdemanagements* wird deshalb neben der Leistungs- und Interaktionsqualität als weitere Dimension der Transaktionsqualität berücksichtigt.

(2) Operationalisierung der Modellgrößen

Im Anschluss an die Modellfestlegung sind geeignete Messmodelle für die Konstrukte zu entwickeln (Homburg et al. 2000). Die so genannte Konzeptualisierung und Operationalisierung von Konstrukten beinhaltet die Identifikation von Dimensionen, Faktoren und Indikatoren. Hierbei stellt sich die Frage, ob auf empirisch bewährte Messmodelle zurückgegriffen werden kann oder unternehmensspezifische Messskalen entwickelt werden müssen.

In der vorliegenden Untersuchung wurden für die Konstrukte Leistungs-, Interaktions- und Beziehungsqualität unternehmensspezifische Messmodelle entwickelt, da in Bezug auf die Leistungs- und Interaktionsqualität keine bewährten Messskalen existieren, die branchenspezifische Merkmale berücksichtigen, und das Konstruktverständnis bezüglich der Beziehungsqualität in der Literatur sehr uneinheitlich ist. Für die Ermittlung von Indikatoren zur Messung der Leistungs-, Interaktions- und Beziehungsqualität wurden neben Erkenntnissen aus der Literatur vor allem mündliche Mitarbeiter- und Kundenbefragungen (Expertengespräche) genutzt. Dieses exploratorische Vorgehen ermöglichte es, in Bezug auf die Leistungs- und Interaktionsqualität möglichst viele verschiedene Aspekte zu berücksichtigen, die die Kundenzufriedenheit und Beziehungsqualität beeinflussen können.

Die Messung der Kundenzufriedenheit, Dialogbereitschaft und Kundenbindung erfolgte anhand von Messskalen, die sich empirisch z.B. in verschiedenen Nationalen Kundenbarometern bewährt haben und als relativ gesichert angesehen werden können.

Die im Rahmen der Operationalisierung festgelegten Messindikatoren stellten die Basis für den zu entwickelnden Fragebogen dar. Im Anschluss an einen Pretest, in dem vor allem die Verständlichkeit der formulierten Fragen Gegenstand der Prüfung war, wurde die *Nulluntersuchung* durchgeführt. Die im Rahmen der Nullmessung erhobenen Daten dienten der ersten empirischen Konzeptualisierung der Modellkonstrukte. Auf Basis der ersten quantitativen Studie wurden die relevanten Messindikatoren für die einzelnen Konstrukte sowie die dahinter stehenden Faktorstrukturen und Dimensionen identifiziert. Des Weiteren wurde im Rahmen der exploratorischen und konfirmatorischen Analysen die Reliabilität und Validität der Messmodelle geprüft (vgl. zur Vorgehensweise bei der empirischen Konzeptualisierung und Operationalisierung Churchill 1979; Homburg 2000).

Das Ergebnis der empirischen Konzeptualisierung im Jahre 1998 zeigt, dass es sich bei der Leistungs- und Interaktionsqualität um Konstrukte handelt, die aus mehreren Faktoren bestehen (vgl. Tab. 2). Die Leistungsqualität setzt sich demnach aus den Faktoren Kernleistung sowie Projektmanagement und die Interaktionsqualität aus den Faktoren

Professionalität sowie Empathie zusammen. Bei den übrigen Konstrukten handelt es sich um einfaktorielle Konstrukte.

Konstrukte	Faktoren	Anzahl der Indikatoren	α	DEV	AGFI
Leistungsqualität	Kernleistung	4	0,887	0,683	0,941
	Projektmanagement	3	0,839	0,748	a
Interaktionsqualität	Professionalität	5	0,868	0,604	0,905
	Empathie	4	0,846	0,638	0,984
Kundenzufriedenheit		3	0,8904	0,823	a
Beziehungsqualität		4	0,8399	0,759	0,941
Dialogbereitschaft		3	0,7483	0,674	a
Kundenbindung		3	0,8256	0,752	a

α = Cronbach's α
DEV = Durchschnittlich erklärte Varianz
AGFI = Adjusted Goodness-of-Fit Index
a = Aufgrund mangelnder Freiheitsgrade ist die Berechnung hier nicht sinnvoll.

Tab. 2: Gütekriterien der empirischen Konzeptualisierung der Modellkonstrukte

Auf Basis der ersten empirischen Konzeptualisierung der Modellkonstrukte erfolgte eine Überarbeitung des Fragebogens. Darin wurden Fragen, die im Rahmen der empirischen Konzeptualisierung aus den verschiedenen Messskalen ausgeschlossen wurden, aus dem Fragebogen gestrichen.

(3) Durchführung der Hauptuntersuchung

Eine Bestätigung der Ergebnisse aus der Nullmessung und die damit endgültige empirische Konzeptualisierung wurde im Rahmen der Hauptuntersuchung vorgenommen. Darüber hinaus wurden die Daten der Hauptuntersuchung zur Überprüfung der Modellstruktur herangezogen.

In Bezug auf die *Messmodelle* ist festzustellen, dass alle theoretischen Konstrukte eine zeitliche Stabilität über die drei Messzeitpunkte aufweisen (vgl. Tab. 3). Eine methodische Reliabilität des Messmodells scheint damit gewährleistet zu sein.

	1999			2000			2001		
	α	DEV	AGFI	α	DEV	AGFI	α	DEV	AGFI
Leistungsqualität	0,882	0,678	0,975	0,911	0,747	0,980	0,874	0,599	0,978
Interaktionsqualität	0,891	0,676	0,994	0,914	0,726	0,999	0,838	0,566	0,998
Beziehungsqualität	0,894	0,767	0,993	0,949	0,864	0,960	0,917	0,769	0,923
Kundenzufriedenheit	0,799	0,598	a	0,877	0,711	a	0,778	0,550	a
Dialogbereitschaft	0,778	0,585	a	0,839	0,640	a	0,803	0,591	a
Kundenbindung	0,779	0,583	a	0,852	0,679	a	0,697	0,451	a

α = Cronbach's α
DEV = Durchschnittlich erklärte Varianz
AGFI = Adjusted Goodness-of-Fit Index
a = Aufgrund mangelnder Freiheitsgrade ist die Berechnung hier nicht sinnvoll.

Tab. 3: Gütekriterien der empirischen Konstruktkonzeptualisierung für die Jahre 1999 bis 2001

Für die Untersuchung der *Modellstruktur* wurde die Kausalanalyse verwendet. Zur Schätzung des Gleichungssystems stehen unterschiedliche Methoden zur Verfügung. Aus praktischen Erwägungen wurde das *ULS-Schätzverfahren* verwendet. Diese Methode ist im Hinblick auf die Verteilungsannahmen für die Indikatorvariablen vergleichsweise weniger restriktiv. Bei nicht normalverteilten Daten wird in der Literatur die ULS-Schätzung empfohlen. Daneben liefert diese Schätzmethode auch bei kleineren Stichproben noch konsistente Parameterschätzungen (Muthén/Kaplan 1992; Hoogland 1999).

Das Ergebnis der Modellschätzung für die drei Jahre hinsichtlich der globalen Anpassungsmaße zeigt Tab. 4. Zu allen drei Zeitpunkten liegt die Anpassungsgüte hinsichtlich der untersuchten Kriterien innerhalb der Toleranzbereiche. Insgesamt bestätigen die Kausalanalysen die hypothetisierte Struktur. Das Strukturmodell kann damit als robust bewertet werden.

GFI			AGFI			RMSEA			CFI		
1999	2000	2001	1999	2000	2001	1999	2000	2001	1999	2000	2001
0,974	0,990	0,994	0,969	0,988	0,993	0,105	0,100	0,092	0,854	0,890	0,907

Tab. 4: Anpassungsmaße für das Strukturmodell

Nachdem die Reliabilität der Messmodelle und der Modellstruktur für die drei Messzeitpunkte sichergestellt worden ist, sollen im Folgenden die Ergebnisse der Modellschätzung einer Längsschnittanalyse unterzogen werden.

3 Längsschnittsanalyse von Kundenbeziehungen

3.1 Vergleich der Messergebnisse im Zeitverlauf

Ansatzpunkte für einen Längsschnittvergleich stellen zum einen die Wirkungskoeffizienten im Strukturmodell und zum anderen die sich aus der Kundenbeurteilung der Messindikatoren ergebenden Kennzahlen dar. Zu diesen Kennzahlen gehören neben den Mittelwerten auf Indikatorenebene insbesondere die Indexwerte auf Faktor- und Konstruktebene.

(1) Längsschnittvergleich der Wirkungskoeffizienten

Die *Wirkungskoeffizienten* im Strukturmodell für die Jahre 1999, 2000 und 2001 zeigt Tab. 5. Demnach sind fast alle Ursache-Wirkungs-Beziehungen über die drei Jahre signifikant. Die Signifikanz der Wirkungszusammenhänge über alle Messzeitpunkte bestätigt die Reliabilität der Modellstruktur. Einzige Ausnahme bildet die Wirkungsbeziehung zwischen Leistungs- und Beziehungsqualität, die zu allen drei Messzeitpunkten nicht signifikant ist. Aus der Tatsache, dass die Nicht-Signifikanz des Zusammenhangs zwischen der Leistungs- und Beziehungsqualität über die drei Jahre immer wieder reproduziert worden ist, kann geschlossen werden, dass tatsächlich kein direkter Zusammenhang zwischen diesen beiden Konstrukten vorliegt. Eine Steigerung der Leistungsqualität führt deshalb nicht direkt zu einer Verbesserung der Beziehungsqualität. Jedoch kann ein indirekter Zusammenhang zwischen den beiden Konstrukten über die Kundenzufriedenheit als mediierende Variable festgestellt werden. Sowohl der Zusammenhang zwischen Leistungsqualität und Kundenzufriedenheit als auch zwischen Kundenzufriedenheit und Beziehungsqualität sind zu allen Messzeitpunkten signifikant. Demzufolge wirkt sich die Leistungsqualität auf Beziehungsqualität nur aus, wenn Kunden insgesamt mit den Transaktionen, d.h. Leistungen und Interaktionen, zufrieden sind.

Unabhängige Variable	Abhängige Variable	Standardisierte Wirkungskoeffizienten λ		
		1999	2000	2001
Leistungsqualität	Kundenzufriedenheit	0,53***	0,70***	0,54***
Interaktionsqualität		0,36***	0,17***	0,35***
Leistungsqualität	Beziehungsqualität	n.s.	n.s.	n.s.
Interaktionsqualität		0,33***	0,12***	0,20***
Kundenzufriedenheit		0,68***	0,97***	0,78***
Kundenzufriedenheit	Dialogbereitschaft	0,12**	0,21**	0,27***
Beziehungsqualität		0,35***	0,68***	0,30***
Kundenzufriedenheit	Kundenbindung	0,37***	0,53***	0,68***
Beziehungsqualität		0,36***	0,20***	0,22**
Dialogbereitschaft		0,51***	0,30***	0,19***

*** = Signifikant auf dem 1%-Niveau
** = Signifikant auf dem 5%-Niveau
n.s. = nicht signifikant

Tab. 5: Standardisierte Wirkungskoeffizienten im Strukturmodell

Neben einer Aussage darüber, ob die Ursache-Wirkungs-Beziehungen im Strukturmodell überhaupt bestehen, lassen sich die Wirkungskoeffizienten hinsichtlich ihrer Stärke und ihrer zeitlichen Stabilität beurteilen. Anhand dieser Ergebnisse können Aussagen über die relative Bedeutung einzelner Dimensionen für die Kundenzufriedenheit und Kundenbindung getroffen werden:

- Der Effekt der Beziehungsqualität auf die Kundenbindung verdeutlicht, dass das Vertrauen und die Vertrautheit in der IT-Branche von den Kunden in allen drei Jahren als wichtig wahrgenommen wird.
- Der Vergleich der Einflussgrößen der Kundenzufriedenheit zeigt, dass die Leistungsqualität über alle drei Jahre eine deutlich größere Bedeutung für die Kundenzufriedenheit hat als die Interaktionsqualität.
- Das umgekehrte Bild ergibt sich für die totalen Effekte dieser beiden Größen auf die Beziehungsqualität in den Jahren 1999 und 2001. Demnach hat die Interaktionsqualität im Jahre 1999 mit einem totalen Effekt von 0,57 (= direkter Effekt + indirekter Effekt = 0,33 + 0,36 · 0,68) eine größere Bedeutung für die Beziehungsqualität als die Leistungsqualität mit einem totalen Effekt von 0,36. Im Jahre 2001 ist der totale Effekt der Interaktionsqualität mit 0,47 ebenfalls stärker als bei der Leistungsqualität (0,42).
- Demzufolge nimmt beim Aufbau der Beziehungsqualität die Interaktionsqualität gegenüber der Leistungsqualität eine bedeutendere Rolle ein. Jedoch muss diese

Schlussfolgerung relativiert werden, da das Verhältnis der totalen Effekte im Jahre 2000 diesem Ergebnis widerspricht.

- Schließlich können die totalen Effekte der Leistungs- und Interaktionsqualität auf die Kundenbindung gegenübergestellt werden, um Aussagen über die relative Bedeutung dieser beiden Größen für ein Qualitäts- und Beziehungsmanagement abzuleiten. Der Vergleich der totalen Effekte der beiden Größen ergibt, dass die Leistungsqualität über alle Jahre einen leicht bis deutlich stärkeren Effekt auf die Kundenbindung hat.

Hinsichtlich der Längsschnittanalyse der Wirkungskoeffizienten können folgende *Ergebnisse* zusammenfassend festgehalten werden: Sämtliche Qualitätsaspekte sind als Ansatzpunkte für ein Qualitäts- und Beziehungsmanagement über alle Messzeitpunkte relevant. Die absolute Bedeutung der einzelnen Konstrukte ist im Zeitvergleich eher unstabil. Die relative Bedeutung der einzelnen Konstrukte ist im Zeitvergleich eher stabil. Im Vergleich der Bedeutung von Leistungs- und Interaktionsqualität ist die Leistungsqualität für die Steigerung der Kundenzufriedenheit eindeutig und die Interaktionsqualität für die Steigerung der Beziehungsqualität tendenziell bedeutender. Die drei Messzeitpunkte bieten erste Ansatzpunkte für eine Längsschnittanalyse, jedoch sind für eine Bestätigung der getroffenen (Tendenz-)Aussagen weitere Messungen notwendig. Aus methodischen Gesichtspunkten steigt deshalb der Wert eines Kundenbarometers mit der Anzahl der Messungen.

(2) Längsschnittvergleich der Kundenurteile

Neben den Wirkungskoeffizienten lassen sich bei einem Längsschnittvergleich die Kundenurteile in Form von Mittelwerten der Messindikatoren und Indexwerten der Konstrukte betrachten. Auf Basis eines Zeitvergleichs der Kundenurteile kann zum einen eine *Erfolgskontrolle* von Verbesserungsmaßnahmen vorgenommen werden, indem die aktuellen Jahreswerte mit denen des Vorjahres verglichen werden. Zum anderen sind aus dem Vergleich der zeitlichen Verläufe von Indexwerten Aussagen über die zeitliche Stabilität von Kundenurteilen und die Erklärungskraft der psychologischen Dimensionen hinsichtlich des tatsächlichen bzw. beabsichtigten Kundenverhaltens ableitbar.

Den zeitlichen Verlauf der Indexwerte für die verschiedenen Modellkonstrukte zeigt Abb. 3. Die Konstrukte Leistungs-, Interaktions- und Beschwerdequalität sowie die Kundenzufriedenheit und Beziehungsqualität haben den *gleichen Verlauf*. Die Ergebnisse machen deutlich, dass die Indexwerte für diese Konstrukte von 1999 auf 2000 einen positiven Verlauf aufweisen, im Jahre 2001 dann aber wieder absinken. Die Steigerung der Indexwerte von 1999 nach 2000 ist insbesondere für die Interaktions-, Beschwerde- und Beziehungsqualität zu erkennen. Ursache dafür sind im Wesentlichen darin zu sehen, dass der IT-Anbieter im Laufe der Jahre 1999/2000 auf Basis der Ergebnisse von 1998 (Pretest) und 1999 Maßnahmen zur Verbesserung von so genannten „Soft Facts" eingeleitet hat. Dazu wurde das Thema „Empathie" in den Mittelpunkt von unternehmensinternen Mitarbeiterseminaren gestellt. Die entsprechende Wirkung dieser

Maßnahmen spiegelt sich in der entsprechenden Verbesserung der genannten Konstrukte wider. Das im Jahre 2000 erzielte Niveau konnte im Folgejahr jedoch nicht gehalten werden. Die Entwicklung des Beschwerdequalitätsindex verdeutlicht, dass es im Zeitverlauf nicht gelungen ist, das Beschwerdemanagement nachhaltig zu verbessern.

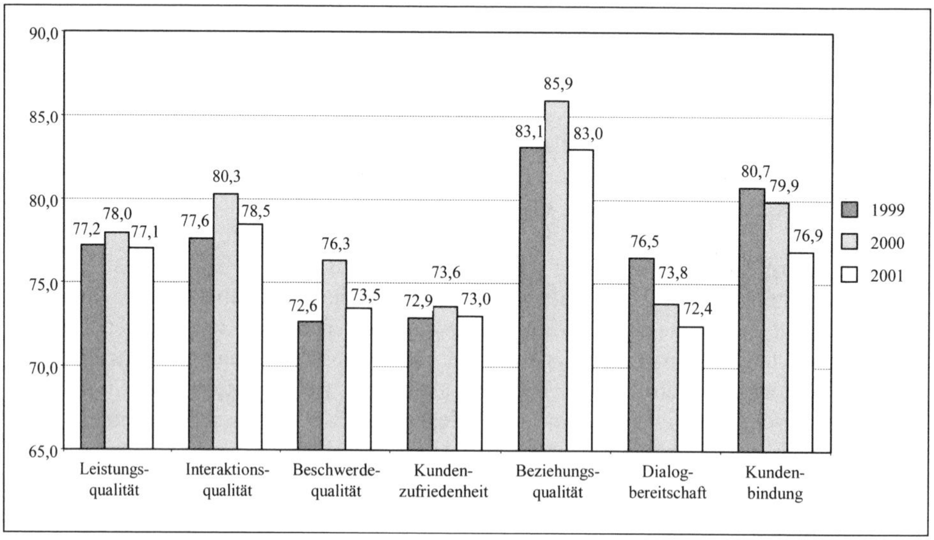

Abb. 3: Entwicklung der Indexwerte im Zeitverlauf (Indexskala von 0 bis 100)

Während die Konstrukte auf der Transaktions- und Beziehungsebene einen vergleichsweise ähnlichen Verlauf über die Jahre haben, ist die Entwicklung der Konstrukte, die eine *Verhaltensabsicht des Kunden* ausdrücken, davon deutlich zu unterscheiden. Über die drei Jahre nimmt sowohl die Dialogbereitschaft als auch die Bindungsabsicht der Kunden ab. Eine genauere Analyse der Ursachen dieses Trends lässt sich auf der Messindikatorenebene der beiden Konstrukte durchführen. Diese ergibt für die Kundenbindung, dass die Absicht, weitere Leistungen in Anspruch zu nehmen (Cross-Buying-Absicht), im Verlauf der drei Jahre auf der 10er Skala sehr deutlich von einem Mittelwert von 7,7 auf 6,3 sinkt. Die Wiederkauf- und Weiterempfehlungsabsicht bleiben dagegen stabil. Insbesondere aus der zeitlichen Stabilität der Weiterempfehlungsabsicht, die die Einstellung der Kunden zum IT-Anbieter unabhängig von Rahmenbedingungen oder Wechselbarrieren zum Ausdruck bringt, kann geschlossen werden, dass die Ursache der nachlassenden Cross-Buying-Absicht nicht auf eine negativere Einstellung der Kunden zurückzuführen ist. Die Befragung von Account-Managern des IT-Anbieters ergab, dass die sinkende Cross-Buying-Absicht auf die schlechte wirtschaftliche Entwicklung der Kundenunternehmen und den damit verbundenen IT-Budgetrestriktionen auf Kundenseite zurückzuführen ist.

Zusammenfassend lassen sich aus einem zeitlichen Vergleich von Kundenurteilen Aussagen darüber treffen, ob die berücksichtigten Konstrukte einen Beitrag zur Erklärung des tatsächlichen bzw. beabsichtigten Kundenverhaltens leisten. Des Weiteren kann festgestellt werden, inwiefern sich Verbesserungsmaßnahmen in der Kundenwahrnehmung auswirken.

(3) Zweidimensionaler Längsschnittvergleich der Messergebnisse

Eine weitere Betrachtung der Ergebnisse kann zweidimensional durch die Portfoliotechnik vorgenommen werden, indem die Veränderung der Beurteilung und der Bedeutung einzelner Größen zwischen zwei oder mehr Messzeitpunkten analysiert wird. Abb. 4 zeigt anhand von ausgewählten Beispielen, wie sich einzelne Qualitätsmerkmale hinsichtlich ihrer Beurteilung und Bedeutung im Zeitverlauf entwickelt haben.

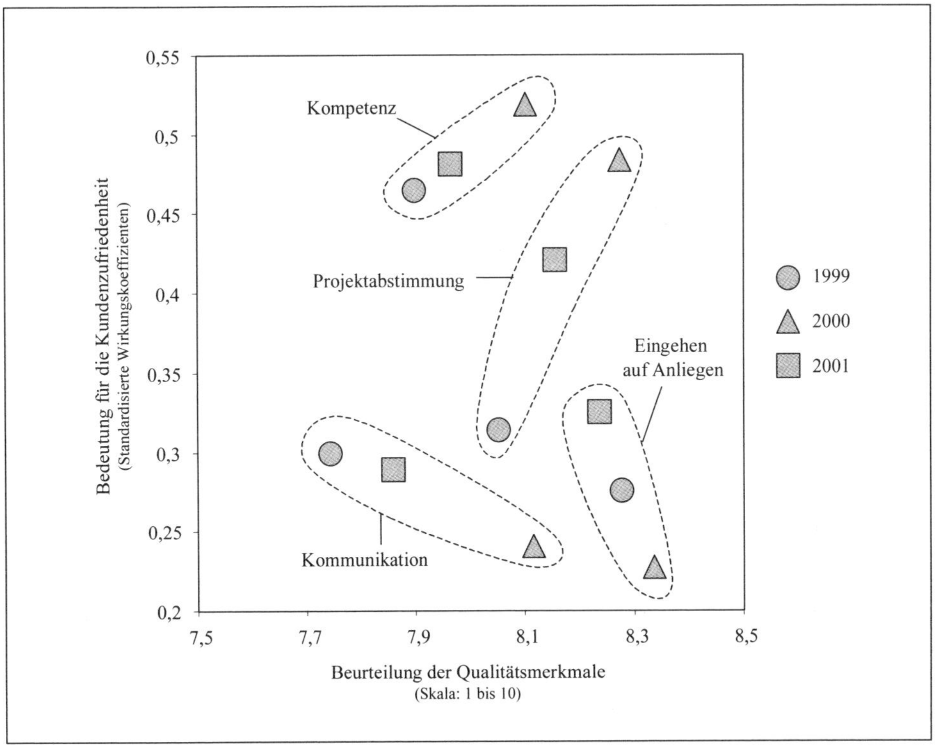

Abb. 4: Qualitätsportfolio auf Indikatorenebene im Längsschnittvergleich (ausgewählte Beispiele)

Die Qualitätsmerkmale lassen sich diesen Ergebnissen zufolge zwei Typen zuordnen:

(1) Basismerkmale

Eine Verbesserung der Beurteilung der Basismerkmale führt dazu, dass diese Merkmale weniger bedeutend für die Bildung des Gesamturteils werden. Diese Qualitätsaspekte werden als Basismerkmale bezeichnet, da sie nur dann Bedeutung für die Kundenzufriedenheit haben, wenn sie nicht die Kundenerwartungen erfüllen. Zu diesen Merkmalen gehören die Kommunikationsfähigkeit von Mitarbeitern sowie das Vermögen, auf die Anliegen des Kunden einzugehen.

(2) Begeisterungsmerkmale

Eine Verbesserung der Beurteilung dieser Qualitätsmerkmale – hier als Begeisterungsmerkmale bezeichnet – führt dazu, dass sie auch entsprechend stärker in die Bildung des Gesamturteils im Rahmen der Kundenzufriedenheit einfließen. Umgekehrt verlieren diese Qualitätsaspekte für die Kundenzufriedenheit an Bedeutung, wenn sie schlechter beurteilt werden. Die Mitarbeiterkompetenz und die Projektabstimmung stellen solche Merkmale dar.

Aus der zweidimensionalen Längsschnittanalyse lässt sich eine *Priorisierung von Verbesserungsmaßnahmen* vornehmen. Bei den Basismerkmalen ist ein Mindeststandard anzustreben, durch den ein starker Einfluss von Negativurteilen auf die Kundenzufriedenheit vermieden werden kann. Dahingegen sollten Begeisterungsmerkmale einem kontinuierlichen Verbesserungsprozess unterzogen werden.

3.2 Vergleich der Messergebnisse im Kundenbeziehungslebenszyklus

Ein besonderer Aspekt der Längsschnittsanalyse ergibt sich im Rahmen der Betrachtung des Kundenbeziehungslebenszyklus. Hierbei werden die Messergebnisse nicht in Abhängigkeit von Jahreszahlen, sondern von der Beziehungsdauer miteinander verglichen. Als Beziehungsdauer wird die absolute zeitliche Dauer bezeichnet, für die die Geschäftsbeziehung zwischen einem Anbieter und einem Kunden existiert (Stock 2001, S. 92). Das Beziehungslebenszykluskonzept geht davon aus, dass sich im Verlaufe einer Beziehung typische Änderungsmechanismen ergeben. Diese Änderungsmechanismen können wiederum zum einen die Relevanz einzelner Konstrukte für das zukünftige Verhalten von Kunden betreffen (Beziehungsdauer als moderierende Variable). Zum anderen sind auch typische Änderungsmechanismen bei den Kundenurteilen denkbar (Beziehungsdauer als Determinante).

(1) Längsschnittvergleich der Wirkungskoeffizienten im Kundenbeziehungslebenszyklus – Beziehungsdauer als moderierende Variable

Eine theoretische Fundierung der Änderungsmechanismen der Bedeutung einzelner Konstrukte ermöglichen Theorien der Sozialpsychologie, wie z.B. die Theorie der sozialen Durchdringung (Altman/Taylor 1973). Diese nimmt u.a. an, dass die Bedeutung früherer Interaktionen für die Erforschung der Persönlichkeit eines Beziehungspartners höher ist als die Bedeutung späterer Interaktionen. Demzufolge nimmt die Bedeutung von Einzelereignissen im Laufe der Geschäftsbeziehung ab. Die Beziehungsdauer stellt in diesem Zusammenhang eine moderierende Variable dar.

Ein Moderator ist eine qualitative (z.B. Geschlecht) oder quantitative (z.B. Beziehungsdauer) Variable, die die Richtung und/oder Stärke eines Zusammenhangs zwischen einer unabhängigen und einer abhängigen Variable beeinflusst (Ambler 1998, S. 9). Ziel der Analyse von moderierenden Effekten ist es, Aussagen treffen zu können, wann ein kausaler Zusammenhang von geringerer oder größerer Bedeutung ist. Dementsprechend sollen durch die Analyse der moderierenden Effekte der Beziehungsdauer kürzere und längere Geschäftsbeziehungen gegenübergestellt werden, um Erkenntnisse über die Änderungsmechanismen der Relevanz von einzelnen Konstrukten zu erlangen.

Zur Untersuchung der moderierenden Effekte der Beziehungsdauer kann ebenfalls die Kausalanalyse angewendet werden. Der dabei zugrunde gelegte Ansatz wird als *Multigroup-Kausalanalyse* bezeichnet. Bei diesem Verfahren werden die Kausalmodelle unterschiedlicher Teilstichproben gleichzeitig geschätzt, wobei einige oder alle Parameter Gleichheitsrestriktionen über die Gruppen hinweg unterliegen können (Stock 2001, S. 125; Eggert 2002, S. 200). Voraussetzung dabei ist, dass die verwendeten Variablen in allen Gruppen gemessen werden.

Die Beziehungsdauer wurde in der vorliegenden Untersuchung von den Kunden im Fragebogen angegeben. Im Einzelnen standen drei Antwortkategorien zur Auswahl, um die Beziehungsdauer zu differenzieren: „bis 1 Jahr“, „1 bis 4 Jahre“ und „mehr als 4 Jahre“. Aufgrund der geringen Zahl von Probanden, die bis zu einem Jahr Kunde des Anbieters sind, wurden die Fälle der ersten beiden Antwortkategorien zusammengefasst. Der erste Teildatensatz enthält somit die Kunden mit einer Geschäftsbeziehungsdauer von bis zu vier Jahren (n = 102), während der zweite Teildatensatz Kunden mit einer Geschäftsbeziehung von länger als vier Jahren umfasst (n = 128).

Zur Analyse der moderierenden Effekte der Beziehungsdauer wurde das Strukturmodell für beide Teildatensätze getrennt geschätzt. Im Anschluss wurde separat für jeden untersuchten Zusammenhang eine Identitätsrestriktion eingeführt ($\lambda_n^{(1)}=\lambda_h^{(2)}$). Falls sich die Modellanpassung durch die Gleichsetzung eines λ-Koeffizienten zwischen den beiden Gruppen signifikant verschlechtert, liegt ein moderierender Effekt auf den untersuchten Zusammenhang vor. Tab. 6 zeigt die Ergebnisse hinsichtlich der Beziehungsdauer. Die Parameterschätzer λ_h und λ_n geben Aufschluss über die Richtung des moderierenden Effekts. Sie beschreiben die Höhe der standardisierten Strukturkoeffizienten bei der getrennten Modellschätzung in den jeweiligen Gruppen. Ist λ_h größer als λ_n handelt es sich um einen positiven moderierenden Effekt, d.h., dass eine längere Beziehungsdauer zu einer Verstärkung eines Wirkungszusammenhangs führt. Analog gilt: Ist λ_h kleiner als λ_n handelt es sich um einen negativen moderierenden Effekt, d.h., dass eine längere Beziehungsdauer zu einer Abschwächung eines Wirkungszusammenhangs führt.

Ursache-Wirkungs-Zusammenhang	Beziehungsdauer		Δ Chi²	Moderierender Effekt
	Niedrig (λ_n)	Hoch (λ_h)		
Leistungsqualität → Kundenzufriedenheit	0,73	0,15	8,46	Negativ
Interaktionsqualität → Kundenzufriedenheit	0,20	-0,17	7,80	Negativ
Leistungsqualität → Beziehungsqualität	0,17	-0,15	8,17	Negativ
Interaktionsqualität → Beziehungsqualität	0,37	0,33	9,43	Negativ
Kundenzufriedenheit → Beziehungsqualität	0,32	0,74	8,13	Positiv
Kundenzufriedenheit → Dialogbereitschaft	0,52	0,67	2,54	Nicht signifikant
Kundenzufriedenheit → Kundenbindung	0,58	0,37	4,82	Negativ
Beziehungsqualität → Dialogbereitschaft	0,06	0,25	12,63	Positiv
Beziehungsqualität → Kundenbindung	0,24	0,43	18,30	Positiv

Tab. 6: Moderierende Effekte der Beziehungsdauer

Die Ergebnisse zeigen, dass die Beziehungsdauer einen negativen moderierenden Effekt auf die Zusammenhänge zwischen der *Leistungs- bzw. Interaktionsqualität* als unabhängigen Variablen und der *Beziehungsqualität bzw. Kundenzufriedenheit* als abhängigen Variablen hat. Der Einfluss der Leistungs- und Interaktionsqualität auf die Beziehungsqualität bzw. Kundenzufriedenheit nimmt mit zunehmender Dauer der Geschäftsbeziehung ab. Zu Beginn einer Kundenbeziehung stellen die beiden Dimensionen der Transaktionsqualität die wesentlichen Determinanten der Beziehungsqualität und Kundenzufriedenheit dar. Dies gilt zum einen beim Vertrauensaufbau, der in frühen Beziehungsstadien durch die direkte Erfahrung mit dem Anbieter in Form der in den Transaktionen wahrgenommenen Leistungsqualität bestimmt wird (Dwyer et al. 1987, S. 18; Hennig-Thurau/Klee 1997, S. 753; Leuthesser 1997, S. 252). Zum anderen wird der Kunde durch frühe Transaktionen schnell vertrauter mit einer Leistung, während mit zunehmender Beziehungsdauer Zuwächse an Vertrautheit unwahrscheinlicher werden. Die Transaktionen in der Anfangsphase der Kundenbeziehung tragen demzufolge in stärkerem Maße zur Reduktion von Unsicherheit bei als in späteren Phasen.

Die abnehmende Relevanz der Größen der Transaktionsqualität bei der Bildung der Beziehungsqualität entspricht der Annahme im Rahmen der Theorie der sozialen Durchdringung, dass die Bedeutung früherer Interaktionen für die Erforschung der Persönlichkeit des Beziehungspartners höher ist als die Bedeutung späterer Interaktionen.

Die Ergebnisse verdeutlichen außerdem, dass der Zusammenhang zwischen der *Kundenzufriedenheit und Beziehungsqualität* relativ stark durch die Beziehungsdauer moderiert wird. Die Kundenzufriedenheit stellt im Gegensatz zur Leistungs- und Interaktionsqualität eine transaktionsaggregierende Größe dar, deren Einfluss als Globalgröße in Bezug auf die Beziehungsqualität zunimmt. Die größere Sicherheit, die sich beim Kunden im Verlaufe der Beziehung einstellt, führt zu einem sicheren Urteil des Kunden über seine Zufriedenheit. Die Bedeutung der Kundenzufriedenheit für die Beziehungsqualität nimmt deshalb in dem Maße zu, in dem die Sicherheit des Kundenzufriedenheitsurteils steigt. Dies stützt ebenfalls die Aussage, dass die Bedeutung von Einzelereignissen zu Gunsten einer aggregierten Betrachtung von Transaktionen abnimmt. Kundenzufriedenheit gewinnt im Laufe der Kundenbeziehung für die Beziehungsqualität an Bedeutung.

Im Hinblick auf die Wirkungsbeziehung zwischen der *Beziehungsqualität und Kundenbindung* ist festzustellen, dass der Einfluss der Beziehungsqualität auf die Kundenbindung im Laufe der Geschäftsbeziehung zunimmt. Dies liegt in der Risikoaversion der Kunden begründet. Da sich die Kunden im Laufe der Beziehung hinsichtlich ihres Urteils über die Qualität ihrer Beziehung zum Unternehmen immer sicherer werden, wird im Laufe einer Kundenbeziehung das Urteil des Kunden darüber sicherer, ob er sein Risiko durch eine Beibehaltung der Beziehung, d.h. Kundenbindung, minimieren kann. Demnach wird die Entscheidung über eine Beziehungsbeibehaltung zunehmend von der Beziehungsqualität abhängen (Leuthesser 1997, S. 252). Dass die Bedeutung der *Kundenzufriedenheit für die Kundenbindung* gleichzeitig sinkt, verdeutlicht die zentrale Stellung der Beziehungsqualität insbesondere bei längerfristigen Geschäftsbeziehungen.

Auch der Einfluss der *Beziehungsqualität auf die Dialogbereitschaft* steigt im Laufe der Geschäftsbeziehung. Dies kann damit begründet werden, dass mit zunehmender Urteilssicherheit bezüglich der Beziehungsqualität eine verstärkte Kritikfähigkeit sowie -möglichkeit entsteht, indem die Beziehungspartner immer mehr willens sind, sowohl den Beziehungspartner zu kritisieren als auch Kritik entgegen und ernst zu nehmen (Moorman et al. 1992, S. 318).

(2) Längsschnittvergleich der Kundenurteile im Kundenbeziehungslebenszyklus – Beziehungsdauer als Determinante

Ein Längsschnittvergleich innerhalb des Beziehungslebenszyklus lässt sich des Weiteren durch die Betrachtung der Kundenurteile in Abhängigkeit der Dauer der Geschäftsbeziehung vornehmen. Da die Indexbildung auch bei kleineren Stichproben möglich ist, wurden für den Längsschnittvergleich der Kundenurteile im Kundenbeziehungslebenszyklus die drei im Fragebogen möglichen Antwortkategorien differenziert. Die Ergebnisse des Längsschnittvergleichs der Indexwerte zeigt Abb. 5.

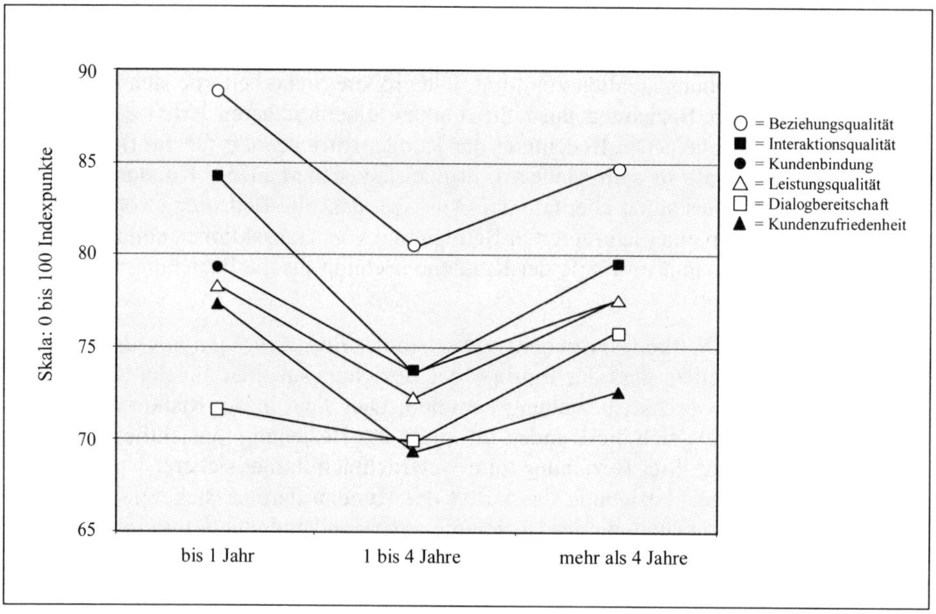

Abb. 5: Indexwerte im Kundenbeziehungslebenszyklus

In Abhängigkeit von der Dauer der Geschäftsbeziehung werden die Modellkonstrukte unterschiedlich beurteilt. Kunden, die erst seit weniger als einem Jahr und Kunden, die bereits länger als vier Jahre mit dem Unternehmen eine Geschäftsbeziehung innehaben, beurteilen das Unternehmen generell besser als diejenigen, die zwischen ein und vier Jahren Kunden des Anbieters sind. Dies ist u.a. darauf zurückzuführen, dass die anfängliche Begeisterung in einer Beziehung („*Honeymoon Period*"), die eine gewisse Toleranz beinhaltet, langsam nachlässt und im Laufe der Zeit die ersten Unzufriedenheiten aufkommen (Bejou/Palmer 1998, S. 16; Egan 2001, S. 126). Der Beziehungszeitraum zwischen ein und vier Jahren stellt demnach die kritische Phase dar, in der sich eine Geschäftsbeziehung bewähren muss. Entschließen sich die Geschäftspartner zu einer Fortführung der Beziehung, steigt die Toleranz wieder an und führt zu einer vertieften Beziehung, die eine stärkere Dialogbereitschaft und Bindung zur Folge hat.

(3) Zweidimensionaler Längsschnittvergleich der Messergebnisse im Kundenbeziehungslebenszyklus

Schließlich kann mit Hilfe der Portfoliotechnik eine *zweidimensionale Längsschnittanalyse* der Messergebnisse im Kundenbeziehungslebenszyklus vorgenommen werden. Abb. 6 stellt die Kunden mit einer kurzen und langen Beziehungsdauer gegenüber. Dabei werden die verschiedenen Qualitätsaspekte jeweils hinsichtlich ihrer Beurteilung und Bedeutung in den Kundengruppen positioniert. Das Ergebnis zeigt auf, dass Kunden zu Beginn einer Geschäftsbeziehung hinsichtlich der Bedeutung einzelner Qualitätsaspekte kaum differenzieren. Bei Kunden, die bereits längere Zeit Beziehungen zu dem IT-Anbieter pflegen, sind dagegen deutliche Unterschiede erkennbar. Während die verschiedenen Aspekte der Leistungsqualität deutlich an Relevanz verloren haben, stellt die Interaktionsqualität immer noch einen wichtigen Treiber der Beziehungsqualität dar.

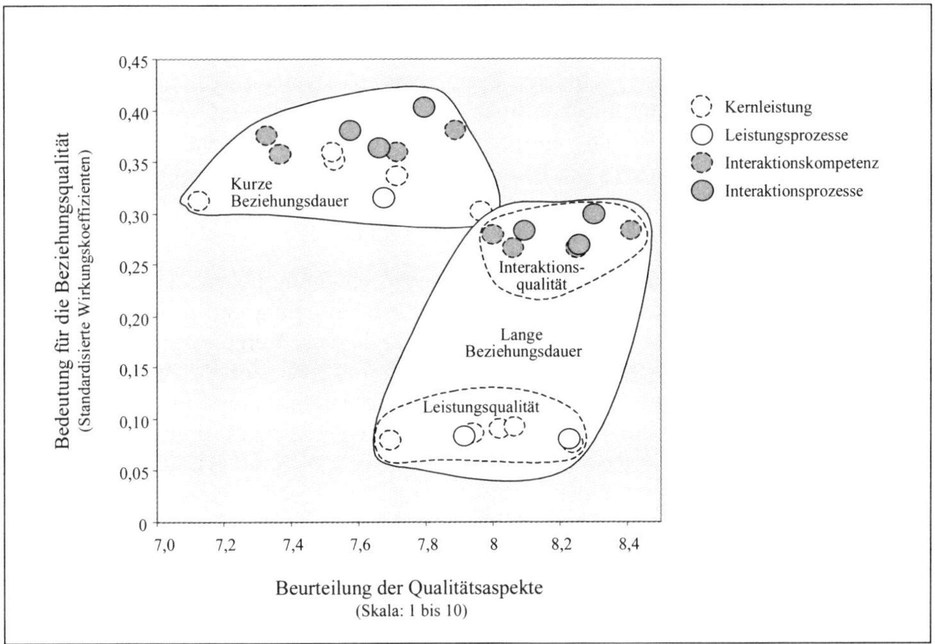

Abb. 6: Beurteilung und Bedeutung von Qualitätsaspekten im Kundenbeziehungslebenszyklus

4 Implikationen für eine kontinuierliche Messung und Steuerung von Kundenbeziehungen

Die Untersuchungsergebnisse der Längsschnittsanalysen, die im Rahmen des Einsatzes eines Kundenbarometers für einen IT-Anbieter gewonnen wurden, lassen inhaltliche und methodische Schlussfolgerungen zu. Die inhaltlichen Implikationen beziehen sich auf Aussagen über die Steuerung von Kundenbeziehungen und beschränken sich auf die IT-Dienstleistungsbranche. Währenddessen scheint eine solche branchenbezogene Einschränkung der methodischen Implikationen nicht notwendig zu sein.

Das für Anbieter-Kunde-Beziehungen in der IT-Dienstleistungsbranche entwickelte Strukturmodell sowie die Messmodelle der darin enthaltenen Konstrukte konnten über mehrere Jahre bestätigt werden. Kunden in der IT-Dienstleistungsbranche differenzieren demnach die wahrgenommene Leistungs-, Interaktionsqualität und Qualität des Beschwerdemanagements sowie die transaktionsaggregierende Kundenzufriedenheit, die die Beziehungsqualität determinieren. Die Beziehung ist damit grundsätzlich von den einzelnen Kontakten (Transaktionen) abhängig. Jedoch nimmt – wie die Analyse der moderierenden Effekte der Beziehungsdauer gezeigt hat – deren Bedeutung im Laufe einer Kundenbeziehung ab. Die Beziehungsdauer beeinflusst nicht nur die Relevanz von Modellkonstrukten, sondern auch deren Beurteilung. Die Unterschiede in Bezug auf die Kundenurteile und Wirkungsmechanismen sind bei der Steuerung von Kundenbeziehungen – z.B. durch die Bildung entsprechender Beziehungssegmente (jüngere versus ältere Geschäftsbeziehungen) – zu berücksichtigen. Dabei ist zu beachten, dass es im Laufe einer Kundenbeziehung zu einer Verlagerung von der Kundenzufriedenheit zur Beziehungsqualität als „*Beziehungskern*" kommen kann.

Eine *Steuerung von Kundenbeziehungen* macht den kontinuierlichen Einsatz von Kundenbarometern im Sinne einer regelmäßigen Kundenbefragung und Datenanalyse notwendig. Kundenbarometer sind geeignet, den Erfolg von Verbesserungsmaßnahmen durch einen Vergleich der Kennzahlen eines Jahres mit dem Vorjahr zu kontrollieren. Der Wert von unternehmensspezifischen Kundenbarometern nimmt mit der Anzahl der Erhebungen zu. Je öfter ein Ergebnis reproduziert werden kann, desto reliabler und damit wertvoller ist eine Aussage. Der Längsschnittvergleich der Barometerergebnisse zeigt, dass Kundenbarometer in der Lage sind, Trends im Kundenverhalten, wie z.B. die sinkende Kundenbindung, zu identifizieren. Jedoch ist die Erklärungskraft begrenzt. So konnten die sinkenden Kundenbindungswerte nicht alleine durch die Messergebnisse erklärt werden, sondern mussten durch eine weitere Ursachenforschung ergänzt werden. Die Grenze von Kundenbarometern liegt demzufolge in der Zahl der darin betrachteten Größen. Ein Totalmodell, das sämtliche mehr oder weniger relevanten Größen berücksichtigt, ist nicht umsetzbar. Kundenbarometer stellen somit ein wichtiges, aber nicht das einzige Instrument zur kontinuierlichen Messung und Steuerung von Kundenbeziehungen dar. Insbesondere auch die Kundenerfahrungen – z.B. von Key-Account-Managern – sind in die Ergebnisanalyse und -interpretation einzubringen.

Literaturverzeichnis

Ambler, T. (1998): Mediation and Moderation: Roles and Tests, Pan'Agra Working Paper, No. 98-904, London Business School, London.

Anderson, E.W.; Fornell, C.; Lehmann, D.R. (1994): Customer Satisfaction, Market Share, and Profitability: Findings from Sweden, in: Journal of Marketing, Vol. 58, No. 3, S. 53-66.

Anderson, E.W.; Mittal, V. (2000): Strengthening the Satisfaction-Profit-Chain, in: Journal of Service Research, Vol. 3, No. 2, S. 107-120.

Bejou, D.; Palmer, A. (1998): Service Failure and Loyalty: An Exploratory Empirical Study of Airline Customers, in: Journal of Services Marketing, Vol. 12, No. 1, S. 7-22.

Bolton, R.N. (1998): A Dynamic Model of the Duration of the Customer's Relationship with a Continous Service Provider. The Role of Satisfaction, in: Marketing Science, Vol. 17, No. 1, S. 45-65.

Boulding, W.; Kalra, A.; Staelin, R.; Zeithaml, V.A. (1993): A Dynamic Process Model of Service Quality. From Expectations to Behavioral Intentions, in: Journal of Marketing Research, Vol. 30, No. 1, S. 7-27.

Bruhn, M. (2001): Relationship Marketing. Das Management von Kundenbeziehungen, München.

Bruhn, M.; Grund, M.A. (2000): Theory, Development and Implementation of National Customer Satisfaction Indices: the Swiss Index of Customer Satisfaction (SWICS), in: Total Quality Management, Vol. 11, No. 7, S. 1017-1028.

Churchill, G.A. (1979): A Paradigm for Developing Better Measures of Marketing Constructs, in: Journal of Marketing Research, Vol. 16, No. 1, S. 64-73.

Crosby, L.A.; Evans, K.R.; Cowles, D. (1990): Relationship Quality in Services Selling. An Interpersonal Influence Perspective, in: Journal of Marketing, Vol. 54, No. 3, S. 68-81.

De Wulf, K.; Odekerken-Schröder, G.; Iacobucci, D. (2001): Investments in Consumer Relationships: A Cross-Country and Cross-Industry Exploration, in: Journal of Marketing, Vol. 65, No. 4, S. 33-51.

Dwyer, F.R.; Schurr, P.H.; Oh, S. (1987): Developing Buyer-Seller Relationships, in: Journal of Marketing, Vol. 51, No. 2, S. 11-27.

Egan, J. (2001): Relationship Marketing. Exploring Relational Strategies in Marketing, Harlow.

Eggert, A. (2002): Der Einfluss elektronischer Medien auf Geschäftsbeziehungen. Eine empirische Studie am Beispiel des Electronic Banking, in: Marketing ZFP, Nr. 3, S. 195-205.

Garbarino, E.; Johnson, M.S. (1999): The Different Roles of Satisfaction, Trust and Commitment in Customer Relationships, in: Journal of Marketing, Vol. 63, No. 2, S. 70-87.

Georgi, D. (2000): Entwicklung von Kundenbeziehungen. Theoretische und empirische Analyse unter dynamischen Aspekten, Wiesbaden.

Hennig-Thurau, T.; Klee, A. (1997): The Impact of Customer Satisfaction and Relationship Quality on Customer Retention. A Critical Assessment and Model Development, in: Psychology and Marketing, Vol. 14, No. 8, S. 737-764.

Heskett, J.L.; Sasser, W.E.; Schlesinger, L.A. (1997): The Service Profit Chain, New York.

Homburg, Ch. (2000): Kundennähe von Industriegüterunternehmen. Konzeption – Erfolgsauswirkungen – Determinanten, 3. Aufl., Wiesbaden.

Homburg, Ch.; Faßnacht, M.; Werner, H. (2000): Operationalisierung von Kundenzufriedenheit und Kundenbindung, in: Bruhn, M.; Homburg, Ch. (Hrsg.): Handbuch Kundenbindungsmanagement. Grundlagen – Konzepte – Erfahrungen, 3. Aufl., Wiesbaden, S. 505-527.

Hoogland, J.J. (1999): The Robustness of Estimation Methods for Covariance Structure Analysis, Groningen.

Klee, A. (2000): Strategisches Beziehungsmanagement. Ein integrativer Ansatz zur strategischen Planung und Implementierung des Beziehungsmanagement, Aachen.

Leuthesser, L. (1997): Supplier Relational Behavior: An Empirical Assessment, in: Industrial Marketing Management, Vol. 26, No. 3, S. 245-254.

Liljander, V.; Strandvik, T. (1995): The Nature of Customer Relationships in Services, in: Swartz, T.A.; Bowen, D.E.; Brown, S.W. (Hrsg.): Advances in Services Marketing and Management. Research and Practice, Vol. 4, Greenwich/London, S. 141-167.

Mittal, V.; Kumar, P.; Tsiros, M. (1999): Attribute-Level Performance, Satisfaction and Behavioral Intentions over Time. A Consumptions-System Approach, in: Journal of Marketing, Vol. 63, No. 2, S. 88-101.

Moorman, C.; Zaltman, G.; Deshpandé, R. (1992): Relationships Between Providers and Users of Marketing Research. The Dynamics of Trust Within and Between Organisations, in: Journal of Marketing Research, Vol. 29, No. 3, S. 314-329.

Muthén, B.; Kaplan, D. (1992): A Comparison of Some Methodologies for the Factor Analysis of Non-Normal Likert Variables: A Note on the Size of the Model, in: British Journal of Mathematical and Statistical Psychology, Vol. 45, No. 1, S. 19-30.

Reichheld, F.F.; Sasser, W. (1990): Zero Defections. Quality Comes to Services, in: Harvard Business Review, Vol. 68, No. 5, S. 105-111.

Rust, R.T.; Inman, J.J.; Jia, J.; Zahorik, A. (1999): What You Don't Know About Customer-Perceived Quality. The Role of Customer Expectation Distributions, in: Marketing Science, Vol. 18, No. 1, S. 77-92.

Stock, R. (2001): Der Zusammenhang zwischen Mitarbeiter- und Kundenzufriedenheit. Direkte, indirekte und moderierende Effekte, Wiesbaden.

Zeithaml, V.A.; Berry, L.L.; Parasuraman, A. (1996): The Behavioral Consequences of Service Quality, in: Journal of Marketing, Vol. 60, No. 2, S. 31-46.

Annette Reichold, Ragnar Schierholz, Lutz M. Kolbe, Walter Brenner

Mobile-Commerce bei der Helsana: Mobile Prämienerstellung

1 Einleitung und theoretische Grundlagen

Auf dem Feld der mobilen Technologien sind seit der Einführung von GSM (Global System for Mobile Communications) basierten Sprachnetzen und SMS (Short Message Service) als Datendienst viele Technologien entstanden, ohne sich jedoch wirklich durchsetzen zu können. Die Nutzung von SMS ist dazu im Wesentlichen auf den privaten Gebrauch reduziert. Die Frage nach den Einsatzmöglichkeiten der bestehenden sowie der neuen mobilen Technologien in kundenorientierten Geschäftsprozessen gilt es zu beantworten. Hierzu sind die entsprechenden Prozesse zu identifizieren sowie passende Geschäftsmodelle zu entwickeln und mit entsprechenden Kennzahlen für die Messung der Performance zu versehen.

Diese Fallstudie beschreibt ein Anwendungsbeispiel einer verbreiteten Mobiltechnologie in der Neukundengewinnung einer Krankenversicherung. Sie soll beispielhaft die folgenden Fragen beantworten:

- Wie kann M-Commerce in die Geschäfts- und Marketingstrategie eingebettet werden?
- Wo liegen die Potentiale und Grenzen von M-Commerce?
- Wie kann das Projektmanagement aussehen?
- Wie wird ein günstiges Kosten-/Nutzen-Verhältnis erreicht?
- Welche kritischen Erfolgsfaktoren gibt es für M-Commerce Projekte?

1.1 M-Commerce und Mehr-Kanal-Management

M-Commerce kann als die Möglichkeit definiert werden, mit Hilfe mobiler Geräte auf Informationen zuzugreifen, Dienstleistungen in Anspruch zu nehmen sowie Waren zu bestellen und geliefert zu bekommen, sofern sie in digitaler Form vorliegen (Kolbe et al. 2001, S. 76). M-Commerce kombiniert dabei das Internet mit der Ortsungebundenheit des Mobilfunks, um Daten zu übermitteln und Transaktionen durchzuführen (Mort/ Drennan 2002, S. 10). Die Implementierung von M-Commerce verlangt die Integration verschiedener Beteiligter. So stellen Mobilfunkbetreiber und Endgerätehersteller die Infrastruktur bereit, die am M-Commerce teilnehmenden Unternehmen bieten die Inhalte an und verschiedene Dienstleister unterstützen bei der technischen Durchführung. So entsteht eine Wertschöpfungskette nach Porter, aber über verschiedene Unternehmen und Branchen hinweg (Kolbe et al. 2001, S. 79).

M-Commerce ist für das einzelne Unternehmen aber nicht als eigenständiges Geschäftsmodell zu verstehen, sondern als ein zusätzlicher Kanal im Rahmen des Mehr-Kanal-Management. Das Mehr-Kanal-Management untersucht Fragestellungen im Bereich der Kundeninteraktion. Es ist eine Aktivität im Rahmen des Customer Relationship Management (Kolbe et al. 2003, S. 4), deren Aufgabe die Bereitstellung von kundenorientierten Interaktionsmöglichkeiten und eine aktive Unterstützung des Kommunikationsverlaufs ist (Gronover 2003, S. 18 ff.). Mehr-Kanal-Management ist die ganzheitliche und abgestimmte Entwicklung, Gestaltung und Steuerung von Kommunikations-, Produkt- und Wissensflüssen über verschiedene Vertriebs- und Servicekanäle, mit dem Ziel, die Kundenbindung zu erhöhen und die Vertriebs- und Servicekosten zu senken (Cespedes 1988, S. 98 ff.; Wirtz 2002, S. 48 ff.).

Die Kommunikation von Kunden und Unternehmen geschieht über verschiedene Kanäle und Medien. Kanäle sind aus unternehmensinterner Sicht betrachtet organisatorische Einheiten, wie eine Außendienst-Organisation oder ein Call-Center (Coughlan et al. 2001, S. 3). Diese differenzieren sich von Zugangsmedien, wie z.B. Telefon, PC oder PDA (Personal Digital Assistent). Dieser logischen Trennung folgend, lässt sich Mehr-Kanal-Management in die Bereiche Interaktionsmanagement und Kanalmanagement unterteilen (siehe Abb. 1).

- *Interaktionsmanagement* beschäftigt sich mit der Frage, welche Kommunikationstechnologien die Interaktion mit dem Kunden in welchen Kundenprozessen bestmöglich unterstützen.
- *Kanalmanagement* hingegen geht der Frage der internen Ausgestaltung und Abstimmung der verschiedenen Kanäle nach.

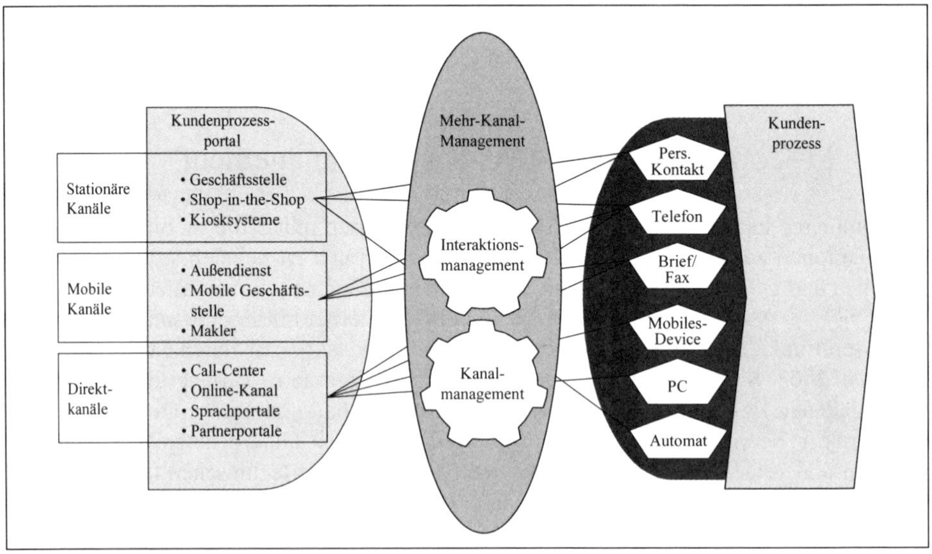

Abb. 1: Kanäle und Medien
Quelle: Gronover 2003, S. 26

1.2 Konzeption, Aufbau und Methodik der Fallstudie

Die Fallstudie beruht auf strukturierten Interviews mit den Projektverantwortlichen und auf der Auswertung von Projektunterlagen. Das Vorgehen basiert auf einer für die Untersuchung von Transformationsprojekten abgeleitete Fallstudienmethodik (Senger/ Österle 2002; Yin 1994). Grundlage dieser Methodik ist das Business Engineering, ein ganzheitlicher Managementansatz, der auf die Transformation von der Industrie- in die Informationsgesellschaft fokussiert und in der Informationstechnologie ein wesentliches Instrument für Erhalt und Ausbau der Wettbewerbsfähigkeit von Unternehmen sieht (Österle/Blessing 2000, S. 61 ff.).

Die verwendete Fallstudienmethodik zielt auf die Beschreibung der Transformation von traditionellen Geschäftslösungen (auf den Business-Engineering Ebenen Strategie, Prozess und Systeme) hin zu neuen Geschäftsmodellen des Informationszeitalters und ihre Konkretisierung durch Prozesse und Systemunterstützung (Österle/Senger 2003, S. 8 f.). Wesentliche Kernbereiche der Betrachtung sind somit:

- die *Ausgangssituation* auf den Ebenen Strategie, Prozess und Systeme sowie der Auslöser des Projektes,
- das *Projekt* mit den Initianten und deren Zielen, dem Projektablauf und den während des Projektes wahrgenommenen kritischen Erfolgsfaktoren und
- die *neue Lösung* auf allen Ebenen des Business Engineering mit der Diskussion von Kosten- und Nutzenaspekten und geplanten Weiterentwicklungen.

1.3 Das Schweizer Versicherungssystem

Gemäss dem Krankenversicherungsgesetz (KVG) ist die Krankenpflegeversicherung für alle in der Schweiz wohnenden Personen obligatorisch. Das bedeutet, dass eine obligatorische Grundversicherung abgeschlossen werden muss. Die Grundversicherung bietet einen umfassenden Basisschutz. Sie umfasst, egal welche Krankenkasse der Versicherte wählt, die gleichen Leistungen. Preisunterschiede resultieren aus der Zusammensetzung des Versichertenstamms der Krankenkasse, aus der die Prämienberechnung nach gesetzlich festgelegten Regeln erfolgt. Zudem variieren die Preise von Kanton zu Kanton.

Arzt- und Medikamentenrechnungen werden zunächst durch den Versicherten bezahlt und nachträglich bei der Kasse eingereicht und rückerstattet. In der Schweiz besteht zudem eine festgelegte Kostenbeteiligung der Versicherten. Diese setzt sich aus der Jahresfranchise und einem prozentualen Selbstbehalt zusammen. Die Franchise, in der Regel CHF 230, bedeutet, dass der Patient zunächst CHF 230 selbst bezahlt. Erst wenn die Behandlungskosten über das Jahr diesen Betrag übersteigen springt die Kasse ein. Der Selbstbehalt von 10% fällt bei jeder Arzt- oder Medikamentenrechnung bis zu einem jährlichen Höchstwert von CHF 600 an. Somit beträgt die jährliche Zuzahlung aus Franchise und Selbstbehalt insgesamt maximal CHF 830.

Versicherte können freiwillig eine höhere Franchise wählen und bezahlen im Gegenzug geringere Prämien. Ebenfalls freiwillig ist der Abschluss von Zusatzversicherungen. Zusatzversicherungen erhöhen entweder den Komfort, wie Ein- oder Zweibettzimmer im Krankenhaus, oder ermöglichen eine Erweiterung des Leistungsumfangs, wie die Kostenübernahme bei Zahnbehandlungen. Bei Zusatzversicherungen können die Krankenkassen die Prämien frei gestalten und beispielsweise das „Risiko", das eine Person für die Krankenkasse darstellt, einbeziehen. Die Aufnahme von Antragsstellern kann abgelehnt oder Vorbehalte aufgrund des Gesundheitszustandes angebracht werden.

2 Unternehmen und Problemstellung

Unternehmen: Die Helsana Versicherungen AG (Helsana) entstand 1997 durch die Fusion der Unternehmen Helvetia (79%) und Artisana (21%). Sie bietet Kranken-, Unfall- und Pflegeversicherungen an. Mit über 1,4 Millionen Kunden und 2.335 Mitarbeitern ist die Helsana die größte Krankenversicherung der Schweiz. Der Prämienertrag beläuft sich auf über CHF 3,8 Mrd.

Helsana Versicherungen AG	
Gründung	Seit 1997 als Helsana (Zusammenschluss aus Helvetia und Artisana)
Firmensitz	Zürich
Branche	Krankenversicherung
Geschäftsfelder	Kranken-, Unfall- und Pflegeversicherung
Homepage	www.helsana.ch
Versicherungsertrag	3.824 Mio. CHF (2002)
Ergebnis	40 Mio. CHF (2002)
Marktanteil	15 %
Mitarbeiter	2.335 (2002)
Kunden	1.437.835 (2002)

Tab. 1: Kurzcharakteristik der Helsana Versicherungen AG

Progrès Caisse Maladie (Progrès) besteht seit 1903 als regionale Krankenkasse in der Westschweiz. Seitdem sie 1991 eine Kooperation mit der Helsana eingegangen ist, entwickelte sie sich zu einer schweizweiten Krankenkasse. 2001 hat sie ein neues, modernes Image angenommen. Sie bietet selbst nur Standardprodukte im Bereich der obligatorischen Krankenversicherung an. Zusatzversicherungen werden über die Helsana bereitgestellt. Seit Ende 2001 besteht auf ihrer Homepage die Möglichkeit online Versicherungen abzuschließen. Hatte sie im Jahr 2000 37.500 Kunden, so stieg die Zahl 2001 auf 53.000 und bis Ende 2002 auf über 104.000 Kunden. Mit ihrem Image und Angeboten spricht sie vor allem junge Versicherte an. Das Durchschnittsalter der Kundschaft lag 2001 bei 29,9 Jahren. Der Prämienertrag betrug 2001 CHF 60,2 Mio.

Progrès Caisse Maladie	
Gründung	Seit 1903
Firmensitz	Le Locle (Kanton Neuenburg)
Branche	Krankenversicherung
Geschäftsfelder	Kranken-, Unfall- und Pflegeversicherung
Homepage	www.progres.ch
Versicherungsertrag	60,2 Mio. CHF (2001)
Kunden	104.000 (2002)

Tab. 2: Kurzcharakteristik der Progrès Caisse Maladie

Problemstellung: Versicherte können im Schweizer Krankenversicherungssystem ihre Versicherung im Normalfall nur zum 31.12. jeden Jahres wechseln. Die Kündigung muss bis zum 30.11 eingegangen sein. Somit steigt die Wechselbereitschaft der Kunden und das Interesse an Prämienangeboten und Versicherungsleistungen im Herbst stark an. In diesen Monaten werben Krankenversicherungen daher intensiv um bestehende und neue Kunden. Schließlich steht ihnen zum spürbaren Ausbau ihres Kundenstamms nur dieser begrenzte Zeitraum zur Verfügung. Es gilt, das eigene Angebot für den Kunden sichtbar zwischen der Vielzahl der Konkurrenten zu plazieren. Eine effektive Kundenansprache ist daher für einen erfolgreichen Akquisitionsprozess unerlässlich. Die Helsana sucht aus diesem Grund innovative Möglichkeiten der Kundenansprache.

3 Ausgangssituation

Strategie: Die Helsana kooperiert seit 12 Jahren mit Progrès. Die Marke Progrès steht dabei für günstige Angebote für junge Leute, die Marke Helsana für Sicherheit, Zuverlässigkeit und Tradition.

Die Strategie von Progrès besteht in der Nutzung moderner Technologien zur Kundenansprache und -interaktion im Rahmen des Mehr-Kanal-Management. Indem Prozesse durch Selbstbedienungsangebote an die Kunden ausgelagert werden, können Akquisitions- und Servicekosten verringert werden.

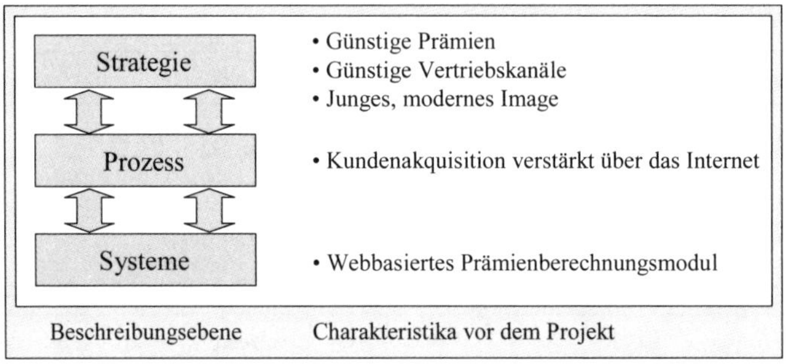

Abb. 2: Kurzcharakteristik

Prozess: Für den Akquisitionsprozess nutzt Progrès verschiedene Kommunikationskanäle. Kunden erhalten Angebote über Filialen, den Außendienst, selbstständige Vermittler, Call Center und das Internet. Im Folgenden wird der elektronisch unterstützte Akquisitionsprozess tiefergehend vorgestellt (siehe Abb. 3). Er umfasst die Kanäle Internet und Call Center. Kunden können über den Prämienrechner auf der Homepage verschiedene Angebote berechnen und vergleichen. Dazu müssen Name, Alter, Geschlecht und Postleitzahl sowie Angaben zur Erwerbstätigkeit, Vertragsbeginn und dem gewünschten Versicherungsschutz eingegeben werden. In einem zweiten Schritt kann der Nutzer seinen Versicherungswunsch genauer spezifizieren. Wird nur eine Standard-Grundversicherung gewünscht, kann der Kunde sich eine sogenannte Kurzofferte durch Minimalangaben (Jahrgang, Postleitzahl) erstellen. Dies wird beispielsweise bei der Durchführung von Wettbewerben genutzt. Nimmt ein Besucher auf der Homepage an einem Quiz teil, wird ihm vor dem Absenden der persönlichen Daten automatisch ein Prämienangebot berechnet und präsentiert.

Versicherungen können direkt im Internet abgeschlossen werden. Interessenten können aber auch jederzeit mit dem Call Center Kontakt aufnehmen, um das gewünschte Angebot zu bestellen oder um eine persönliche Beratung zu erhalten.

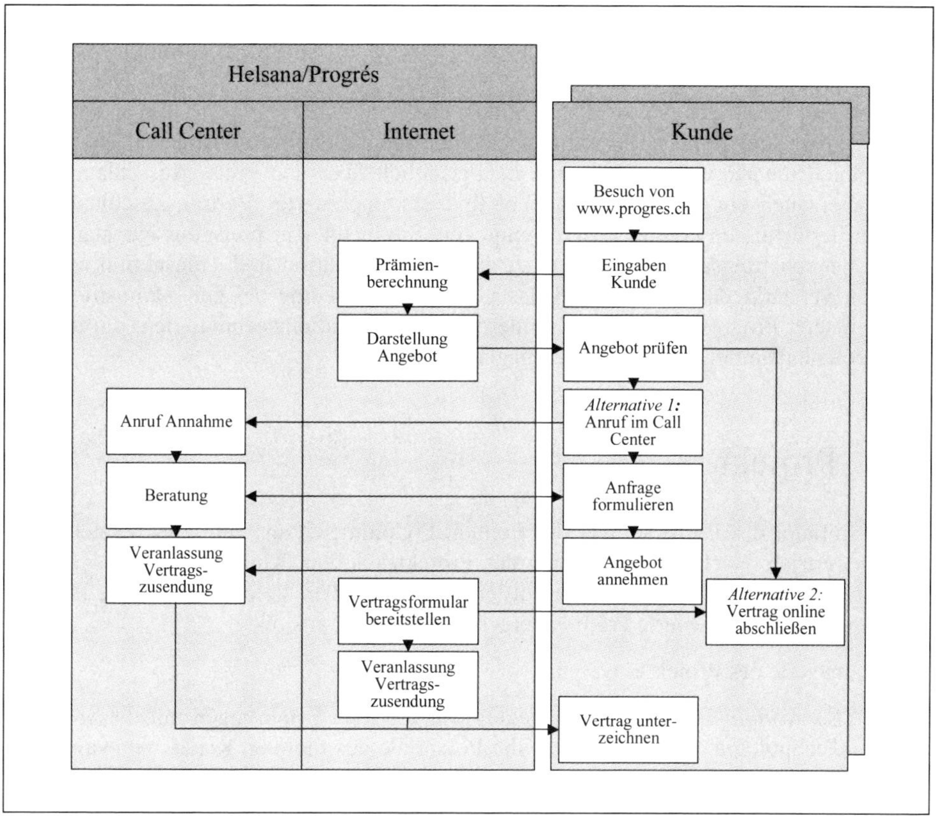

Abb. 3: Prozess Online Akquisition

Systeme: Kernkomponente der Systemunterstützung für den elektronischen Akquisitionsprozess ist ein webbasiertes Prämienberechnungs-Modul, das in den Internetauftritt integriert ist. Dort sind HTML-Formulare verfügbar, welche die browserbasierte Eingabe der zur Berechnung einer individuellen Prämie erforderlichen Daten erlauben. Diese werden mittels eines http-Requests an eine Applikation auf dem Applikationsserver der Progrès weitergeleitet. Dort berechnet die Applikation die individuelle Prämie und erzeugt eine HTML-Seite, die an den Browser zurückgesendet wird und das Ergebnis darstellt.

Auslöser: Der Erfolg der Marke Progrès seit der Einführung der neuen Homepage 2001 bewies das Potential des elektronischen Kanals. Bisher hatte die Helsana keinerlei Erfahrung mit dem mobilen Kanal gesammelt, wollte aber die Einsatzmöglichkeiten und Nutzenpotentiale dieses innovativen Vertriebskanals austesten. Sie beschloss, ihren ersten Schritt in Richtung M-Commerce zu machen.

Diese Innovation sollte zunächst für Progrès zum Einsatz kommen, um eine Differenzierung der Marken Helsana und Progrés zu erreichen. Außerdem erwartete man von der Zielgruppe der Progrès eine höhere Response auf das neue Angebot. Die mit der Helsana eng verbundene Progrès spricht eine eher junge Zielgruppe an. Junge Versicherungsnehmer sind zumeist gesund und möchten möglichst preisgünstig versichert sein. Sie wählen die Krankenversicherung hauptsächlich über den Preis. Ausschlaggebend kann aber auch ein möglichst schneller und unkomplizierter Vertragsabschluss sein. Diesen Bedürfnissen kommt Progrés entgegen. Sie bietet sehr preisgünstige, standardisierte Versicherungsangebote und nutzt zur Kommunikation und Transaktion mit den Kunden verstärkt das Internet und das Call Center. Gerade bei der Akquisition von Kunden setzt Progrés bewusst auf moderne Kommunikationstechnologien, um der hohen Technikaffinität ihrer Kunden entgegen zu kommen.

4 Projekt

Ziele: Initiator des Projektes war der Bereich E-Commerce aus dem Fachbereich Marketing/Vertrieb. Nach der Umsetzung des Projektes sollten Kunden eine auf sie zugeschnittene Prämie von überall her anfordern können, indem sie per Handy eine Berechnung durch das webbasierte Prämienberechnungs-Modul anstoßen.

Die Hauptziele des Projektes waren:

- *Innovation:* Ein Ziel des Projektes war es, erste Erfahrungen mit dieser neuen Technologie zu sammeln und die Potentiale des mobilen Kanals zu evaluieren. Die zu Testzwecken entwickelte Lösung sollte für das Unternehmen als auch für die Nutzer möglichst einfach gehalten sein.
- *Unterstützung des Akquisitionsprozesses:* Geplant war der Einsatz des mobilen Angebots zu Werbezwecken in der Hochsaison des Krankenkassenwechsels. Die neue Technologie sollte die Kunden überraschen und das Interesse an der Krankenkasse wecken. Ist dieses Ziel erreicht, durchläuft der Interessent den traditionellen Verkaufsprozess über das Call Center. Die bestehende Vertriebsstruktur sollte durch den mobilen Kanal nicht verändert, sondern lediglich um einen zusätzlichen Einstiegspunkt in den Akquisitionsprozess erweitern werden.
- *Geringer Aufwand:* Um das Projekt kostengünstig und in kurzer Zeit durchzuführen, sollte auf bestehende Ressourcen zurückgegriffen werden. So wurde angestrebt, den bestehenden Prämienrechner für Online-Berechnungen auch für den mobilen Kanal zu nutzen. Das Call Center sollte ebenfalls eingebunden werden, um gewonnene Interessenten durch eine persönliche Beratung zu überzeugen.

Durchführung: Das Projekt begann im Juni 2002 und musste unter Zeitdruck durchgeführt werden, um das mobile Angebot in der Hochsaison von Oktober bis Dezember einsetzen zu können. Das Projektteam bestand aus acht Personen. Die Projektleitung wurde aus Mangel an Zeit und Know-How extern an die Firma Novawind (Beratung für Marketing, E-Commerce und M-Commerce) vergeben. Für die Helsana übernahm der Leiter des E-Commerce die Rolle des Steuerungsausschusses. Das Projektteam setzte sich für den Bereich Technik aus einem Techniker der Helsana, einem Mitarbeiter des Lieferanten des Prämienrechners Softcon und einem Mitarbeiter der Firma Mobile Solutions (Wireless-ASP) zusammen. Mobile Solutions übernahm die Weiterleitung der per Handy geschickten Kundenanfragen an den webbasierten Prämienrechner der Helsana. Für die Gestaltung der Prozessabläufe gab es eine Verantwortliche aus dem Fachbereich Marketing/Vertrieb und einen Ansprechpartner im Call Center. Die Vermarktung des mobilen Prämienangebots plante ein Mitarbeiter aus dem Bereich Marketing.

Das Projekt dauerte 4 Monate mit einer nur partiellen Auslastung der beteiligten Personen. Für die Bereiche Technik, Prozesse und Vermarktung wurde je eine Personenwoche benötigt.

Auf Anraten des externen Projektleiters entschied sich die Helsana für GSM/SMS als Basistechnologie. Die Gründe für dieses Zuraten liegen in der Verfügbarkeit, der Verbreitung und der Übersichtlichkeit dieser Technologie (Mort/Drennan 2002, S. 11). SMS ist eine Standardfunktionalität von Mobiltelefonen und Handy-Besitzern vertraut. Eine weitere Stärke dieser Technologie ist ihre Performanz und Stabilität. Bei SMS besteht eine Beschränkung der Zeichenzahl auf 160, was einerseits den Umfang der übermittelbaren Inhalte begrenzt, andererseits aber einen geringen Aufwand bei der Eingabe bedeutet.

Um das Prämienberechnungsmodul verwenden zu können, mussten eingehende SMS in http-Requests transformiert werden. Ebenso musste die errechnete Prämie in Form einer SMS an den Handybesitzer zurückgeschickt werden. Die Transformation der Prämie vom Internet auf das Handy erfolgt durch ein SMS-Gateway. Der gesamte Transformationsprozess und somit auch die Anpassung wurde gegen eine monatliche Lizenz an die Firma Mobile Solutions ausgelagert. Der Anbieter stellte dabei sicher, dass der Transformationsprozess reibungslos ablief und dass Kunden aller Schweizer Mobilfunkanbieter (Swisscom, Orange, Sunrise) auf den Service zugreifen konnten.

Bei der Planung der Vermarktung beschloss man, ausschließlich durch Offline-Marketing auf das mobile Prämienangebot aufmerksam zu machen. Werbeträger waren beispielsweise Plakate, Handzettel in Bussen und Bahnen, Tisch-Sets für Restaurants und Give-Aways wie kleine Gummibärchentüten. Auf den Werbeträgern wurde das Angebot beschrieben und der Prozess der Prämienanforderung erläutert. Das Marketingkonzept folgt einem „beschleunigten" AIDA-Modell (Attraction, Interest, Desire, Action) (Kotler/Bliemel 1995, S. 916 ff.). Die Werbung gewinnt die Aufmerksamkeit des Kunden, die innovative Technologie weckt das Interesse, das günstige Prämienangebot überzeugt den Kunden schließlich und er entschließt sich zum Kauf. Dadurch unterstützt der innovative Vertriebskanal die kritischen Schritte „Attraction" und „Interest" im Verkaufsprozess.

Interessenten werden an das Call Center weitergeleitet, damit beim Kauf persönlicher Kontakt mit dem Kunden besteht. Die zuständigen Call Center Mitarbeiter erhielten eine eintägige Schulung, um einen Überblick über die vom Kunden zu durchlaufenden Prozessschritte bei der Anforderung einer mobilen Prämie zu bekommen und über Zeiträume der flankierenden Promotions-Aktionen informiert zu sein. Für das Call Center wurde ein Qualitätsstandard festgelegt. Fordert ein Kunde den Rückruf durch das Call Center, soll dies innerhalb kürzester Zeit geschehen (max. 10 Minuten). Schließlich wird die mobile Prämie als spontane Reaktion auf ein Werbeplakat von unterwegs angefordert. Der Kunde soll möglichst noch in derselben Situation vom Call Center erreicht werden, in der er sich mit dem Prämienangebot beschäftigt.

Kritische Erfolgsfaktoren: Erfolgskritisch für das Projekt war die schlanke und schnelle Realisierung.

Das Projekt galt dem Austesten einer neuen Technologie, nicht der endgültigen Implementierung. Der Aufwand blieb durch Rückgriff auf bestehende Ressourcen gering. Auf diese Weise konnte die Unterstützung durch die Geschäftsleitung und anderer interner Bereiche, die für das Gelingen des Projektes wichtig waren, gewonnen werden. Für die Schlankheit der Lösung spielte auch das standardisierte Angebot eine wichtige Rolle. Allen Kunden wurde das gleiche Angebot unterbreitet, ohne Auswahloptionen oder Zusatzangebote.

Die schnelle Durchführung des Projektes war nötig, um die Hochsaison im Herbst für die Einführung und Bewertung des mobilen Kanals nutzen zu können. Deshalb entschied sich die Helsana mangels interner Kapazitäten von Anfang an dafür, lediglich die Aufgabe des Steuerungsausschusses zu übernehmen und die Projektleitung auszulagern. Ebenso wurde die technische Umsetzung der Lösung durch einen externen Systemanbieter übernommen. Die Helsana bezahlt auf diese Weise nur die tatsächliche Nutzung der Lösung in Form einer monatlichen Lizenz, die sie flexibel erwerben kann. Fixkosten wurden so vermieden.

5 Neue Lösung

Strategie: M-Commerce wird von der Helsana genauso wenig wie E-Commerce als eigenes Geschäftsmodell betrachtet, sondern ist ein zusätzlicher Kanal im Rahmen des Mehr-Kanal-Managements.

Das mobile Angebot wurde unter der Marke Progrès eingesetzt, zum einen, um deren innovatives Image zu unterstreichen und zum anderen, um eine Differenzierung von der Marke Helsana zu erreichen. Das Angebot war in acht deutschsprachigen und drei französischsprachigen Städten erhältlich. Damit das mobile Anfordern einer Prämie möglichst einfach ging, wurde ein standardisiertes Minimalangebot gewählt. Den Kunden standen keine weiteren Produkteoptionen (Zusatzversicherungen) zur Verfügung. Diese konnten aber mit den Call Center Mitarbeitern besprochen werden.

Die mobile Prämieerstellung per SMS war von Oktober bis Dezember erhältlich. Die Helsana wollte mit dem Angebot die Aufmerksamkeit wechselwilliger Versicherter gewinnen. Auch die notwendige Unterstützung durch Marketingmaßnahmen und die zu zahlenden Lizenzen für das SMS-Gateway machten eine Beschränkung auf diesen Zeitraum sinnvoll.

Beschreibungsebene	Charakteristika nach dem Projekt	Charakteristika vor dem Projekt
Strategie	• Potential der mobilen Technologie anhand des Akquisitionsprozesses getestet • Unterstützung des innovativen Images	• Günstige Prämien • Günstige Vertriebskanäle • Junges, modernes Image
Prozess	• Einbindung des mobilen Kanals in den Akquisitionsprozess über das Call Center • Vermarktungsmaßnahmen	• Kundenakquisition verstärkt über das Internet
Systeme	• Nutzung der SMS Basistechnologie • SMS-Gateway zur Transformation zwischen SMS und Web	• Webbasiertes Prämienberechnungsmodul

Abb. 4: Vergleichende Kurzcharakteristik

Prozess: Bestehende Prozesse wurden durch das mobile Angebot nur ergänzt, nicht verändert (siehe Abb. 5). Kunden konnten nach wie vor über alle zur Verfügung stehenden Kanäle mit dem Unternehmen kommunizieren. Die mobile Offerte war eine weitere Möglichkeit des initialen Kontaktes durch den Kunden. Sie war zudem in die bestehenden Abläufe eingebunden.

Kunden wurden durch Werbemittel auf die mobile Offerte von Progrès aufmerksam gemacht. Plakate, Tisch-Sets u.ä. und mehrere Promotion-Aktionen im Oktober, in deren Rahmen kleine Give-aways an Passanten verteilt wurden, informierten über die mobile Offerte und die durchzuführenden Schritte. Zur Prämienanforderung versendete der Kunde eine SMS mit 12 Zeichen, beispielsweise PD_1968_8001. Die 12 Zeichen setzten sich aus einem Code, hier „PD" für „Progrès Deutsch", Geburtsjahr und Postleitzahl des Nutzers zusammen. Durch die Werbung wurde die kurze, einprägsame Telefonnummer 20120 kommuniziert, die sonst für Wettbewerbe und Sonderaktionen reserviert ist. Die SMS wird zunächst an Mobile Solutions gesendet. Mobile Solutions stellt sicher, dass Kunden der verschiedenen Mobilfunkanbieter das Angebot nutzen können und transformiert die SMS in eine für den webbasierten Prämienrechner lesbare Form. Die Anfrage wird an den Prämienrechner weitergeleitet, der anhand des Geburtsjahrs und der Postleitzahl die Offerte berechnet. Mobile Solutions erhält die Prämie, die dort wieder transformiert und als SMS an den Kunden geschickt wird. Der Prozess dauert nur wenige Sekunden (1-5 Sek.). Das Prämienangebot bestand in einer minimalen Deckung für die Krankenversicherung zu ca. 150 CHF bei einer Jahresfranchise von CHF 600. Hatte das Angebot das Interesse des Nutzers geweckt, sollte er an das Call Center weitergeleitet werden. Nach Auffassung der Helsana braucht der effektive Vertragsabschluss persönliche Betreuung. Es standen zwei Alternativen zur Auswahl. Entweder entschied sich der Interessent für eine Rückruf durch das Call Center. Dafür musste er nochmals eine SMS mit dem Code „PDJ“, für „ja“ an dieselbe Nummer schicken. Mobile Solutions leitete diese SMS an das Call Center weiter, damit dieses den Kunden auf seinem Handy zurückruft. Nur in diesem Fall wurde die Handy-Nummer des Kunden an das Call Center weitergegeben. Alternativ konnten die Kunden über eine kostenlose 0800-Nummer direkt im Call Center anrufen. Im Call Center konnte die Offerte angenommen, eine variierte Offerte berechnet oder ein Beratungstermin abgemacht werden.

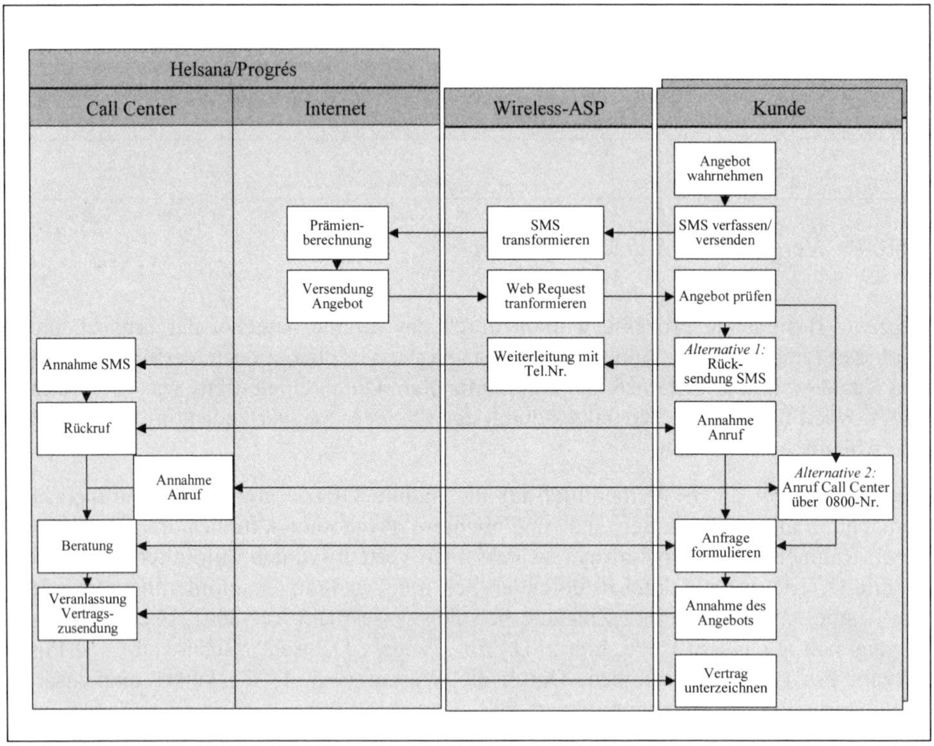

Abb. 5: Akquisitionsprozess über mobilen Kanal

Systeme: Der Prämienrechner für Online erstellte Offerten konnte auch für die Offerte per SMS eingesetzt werden. Die Aufwendungen für Systeme und Programmierarbeiten waren somit sehr gering. Lediglich für die Transformation der SMS in eine für den Prämienrechner lesbare Form musste die Lösung des Wireless-ASP lizenziert werden. Diese Lösung ist in Java programmiert. Der Input ist die vom Mobilfunkanbieter übermittelte SMS Nachricht. Die eingehende Nachricht wird analysiert und Geburtsdatum und Postleitzahl werden ausgelesen. Diese Daten werden in einen HTTP-Request übersetzt, der an den webbasierten Prämienrechner übermittelt wird. Die HTTP-Response wird abgerufen, das Ergebnis der Prämienberechnung ausgelesen und in eine Vorlage einer SMS Nachricht eingefügt. Diese SMS wird dem Mobilfunkanbieter geschickt, der sie den Interessenten zustellt.

ÜBERBLICK MOBILE PRÄMIE	
Aufwand:	
Projekt	
Laufzeit insgesamt - Konzeption und Entwicklung - Durchführung	6 Monate (06/02-12/02) 4 Monate (06/02-09/02) 2 Monate (10/02-12/02)
Projektteam insgesamt - Business (inkl. Projektleiter) - IS	8 Personen (3 Externe) - 5 Personen - 3 Personen
Projektaufwand (Personentage, PT) - Technik - Prozesse - Planung & Konzeption - Vermarktung - Call Center Mitarbeiter Schulungen (Tagesworkshops)	insgesamt ca. 40 PT - 10 PT - 10 PT - 10 PT - 10 PT - 1 PT
Projektkosten - Lizenz-, Hard- und Softwarekosten, Konzeption, Schulung - Vermarktung	Insgesamt 100.000 CHF - 50.000 CHF - 50.000 CHF
Betrieb	
Call Center	Kein gesonderter Aufwand erforderlich
Support	Gering
Monatliche Lizenzkosten	10.000-20.000 CHF
Durch M-Commerce realisierte Potentiale:	
Anzahl angeforderter Berechnungen (netto) Davon angeforderte Rückrufe des Call Centers Davon erreichte Abschlüsse (nur SMS) Abschlüsse über Anruf der 0800-Nummer sind nicht bekannt	ca. 7.500 650 >100

Tab. 3: Akquisitionsprozess über den mobilen Kanal – Aufwand und realisierter Nutzen

Kosten- und Nutzenbetrachtung: Die Kosten für den technischen Betrieb der Lösung waren mit 10.000-20.000 CHF pro Monat eher niedrig. Den höchsten Kostenfaktor machten die flankierenden Werbeaktivitäten aus. Diese betrugen insgesamt ca. 50.000 CHF, so dass sich der Gesamtaufwand für das Projekt auf ungefähr 100.000 CHF beziffern lässt.

Der Nutzen des Projektes wird als sehr positiv bewertet. Die Kundenakzeptanz überstieg die Erwartungen des Projektteams. An manchen Tagen wurden über 300 Prämien angefordert. 8-10% dieser Personen baten um Rückruf durch das Call Center. Insgesamt wurden im Oktober und November 2002 ca. 7.500 Prämienangebote angefordert. 650 dieser Interessenten haben sich durch das Call Center zurückrufen lassen. Davon haben schließlich 150 die Versicherung abgeschlossen. Kunden, die über die 0800-Nummer direkt im Call Center angerufen haben, wurden nicht erfasst. Deshalb können keine Aussagen über den insgesamt über den mobilen Kanal erzielten Absatz gemacht werden.

Doch selbst bei 150 Abschlüssen pro Jahr würde die Lösung ihren Deckungsbeitrag über einen Zeitraum von 2-3 Jahren erreichen.

Bei Kosten von insgesamt 100.000 CHF ergibt sich für die 150 erfassten Abschlüsse Kosten von 667 CHF pro Abschluss. Diese Rechnung berücksichtigt jedoch nicht die Kunden, die direkt das Call Center kontaktiert haben. Zum Vergleich kostet ein Abschluss über einen klassischen Makler ca. 500 CHF an Provision.

Die Wirkung der Vermarktungsmaßnahmen wurde über alle Absatzkanäle hinweg gemessen. Es konnte eine direkte Abhängigkeit zwischen der Anzahl der Anfragen per Handy und den durchgeführten Marketingaktionen gesehen werden. Während und direkt nach Promotion-Aktionen mit Give-aways schnellten die Anfragen in die Höhe, gingen nach Abschluss der Maßnahmen aber rasch wieder zurück. Die Anforderung einer mobilen Prämie ist somit eine spontane Reaktion auf die Werbebotschaft. Marketinginvestitionen sind folglich für den Erfolg des mobilen Kanals unerlässlich.

Geplante Weiterentwicklungen: Nach den positiven Erfahrungen ist eine Wiederaufnahme des mobilen Prämienangebots im Jahr 2003 geplant. Eine Prämienberechnung kann kaum schneller, einfacher und ortsunabhängiger als über das Handy erfolgen. Die Nutzer des Angebots werden bisher eher als Vorreiter gesehen, in Zukunft wird eine noch höhere Response erwartet.

Bei dem erneuten Einsatz des mobilen Kanals soll die günstigste Prämienalternative auf dem Handydisplay erscheinen, denn die Entscheidung für eine Versicherung läuft primär über den Preis. 2002 wurde die Prämie mit einer Jahresfranchise von 600 CHF berechnet. Zukünftig wird die höchste Franchisenvariante von CHF 1500 gewählt, um noch günstigere Prämien auszuweisen und dem herrschenden Preiswettbewerb der Krankenkassen Rechnung zu tragen.

Des weiteren sollen technische Probleme behoben werden. So konnten Interessenten mit einer 6-stelligen Postleitzahl kein mobiles Prämienangebot einholen, da dieses die festgelegte Zeichenlänge der SMS von 12 übersteigt. Betroffene Kunden wurden aufgefordert, direkt das Call Center zu kontaktieren.

Eine weitere wichtige Ergänzung ist im Bereich Performancemessung geplant. Um den Erfolg des mobilen Kanals wirklich beziffern zu können, sollen die Call Center Mitarbeiter durch Nachfragen erfassen, über welchen Kanal der Kunde auf die Krankenversicherung aufmerksam wurde. Auf diese Weise werden auch Empfänger der mobilen Prämie erfasst, die über die 0800-Nummer im Call Center anrufen. Dieses Wissen ist für eine Einschätzung des Nutzen des Kanals wichtig und ermöglicht eine Verrechnung der Aufwände und Erträge auf die Kommunikationskanäle.

Auch für die Marketingkosten wird eine Verteilung und Reduktion der Kosten angestrebt. Die Vermarktung ist einerseits unerlässlich für das mobile Angebot, andererseits stellt sie aber einen hohen Kostenpunkt dar. Durch eine Kombination von allgemeinen Werbemaßnahmen mit Informationen zum mobilen Angebot ließen sich Kosten reduzieren.

6 Erkenntnisse

Mit dem Projekt sollten die Potentiale des mobilen Vertriebkanals getestet werden. Das positive Ergebnis zeigt, dass der Einsatz des mobilen Kanals sinnvoll ist, er aber in die vorhandene Infrastruktur eingebunden sein muss. Zudem ist eine starke Unterstützung durch Marketingmaßnahmen notwendig. Die Helsana nutzte die neue Technologie, um auf ihr Prämienangebot aufmerksam zu machen. Dann aber leitete sie die Interessenten weg vom mobilen Kanal zum Call Center, um durch ein persönliches Gespräch für einen Versicherungsabschluss zu überzeugen. Der mobile Kanal ist somit nicht als eigenständiger Vertriebskanal zu sehen, sondern eher als zusätzlicher Einstiegspunkt für die Kommunikation mit den Kunden.

Zudem ist die Abschlussquote im Vergleich mit anderen Vertriebskanälen relativ gering. Übersteigerte Erwartungen sind deshalb nicht angebracht. Für die Helsana ist M-Commerce daher nur ein Zusatzangebot, für das keine Großinvestitionen getätigt werden. Es sollte auf die vorhandene Infrastruktur zurückgegriffen werden, was sicherlich zum Erfolg dieses Projektes beigetragen hat. Die Verfügbarkeit und Performanz muss aber sichergestellt sein, da im mobilen Bereich Spontaneität und Zeit eine kritische Rolle spielen.

Ausschlaggebend für die Akzeptanz beim Nutzer ist die Einfachheit der Lösung. Durch die Vertrautheit mit der Technologie SMS sowie den geringen Eingabeaufwand hat die mobile Offerte viele Neugierige spontan zum „Ausprobieren“ bewegt.

Die wesentlichen Erkenntnisse des Projektes und der realisierten Lösung sind:

- *M-Commerce muss in die gesamte Unternehmensstrategie eingeordnet werden.* Ziel war es, das Potential des mobilen Vertriebskanals auszutesten. Dieser wurde als ein zusätzlicher Kanal im Rahmen des Mehr-Kanal-Management definiert. Durch das innovative Angebot wurde das junge, moderne Image der Marke Progrés gestärkt und eine Differenzierung von der Konkurrenz erreicht. Die Kundenakzeptanz zeigt das Interesse an neuen Technologien, aber auch die Notwendigkeit einer einfachen Lösung und von flankierenden Vermarktungsmaßnahmen.

- *Wichtig war eine kostengünstige Lösung unter Rückgriff auf vorhandene Ressourcen und Standardkomponenten.* Der mobile Vertriebskanal wurde mit geringem Aufwand realisiert. Technisch nutzt er den vorhandenen Prämienrechner im Internet. Der Transformationsprozess zwischen SMS und Internet erfolgt mit Hilfe eines Standardtools, das nur eine geringfügige Anpassung benötigt. Organisatorisch ist der mobile Kanal in bestehende Prozessabläufe eingebunden, indem über das Handy gewonnene Interessenten an das Call Center weitergeleitet werden. Die angebotene Versicherung ist ein Standardprodukt ohne Wahloptionen. So wurde der Prozess der Prämienanforderung sowohl für die Helsana als auch für die Nutzer einfach und schlank gehalten.

- *Die Wertschöpfungskette spielt eine wichtige Rolle, denn Outsourcing ermöglicht Kosten- und Zeitersparnis.* Durch Outsourcing konnte das Projekt trotz mangelnder interner Ressourcen in kurzer Zeit durchgeführt werden. Auch stand so benötigtes Know-how zur Verfügung. Die externe Vergabe des Transformationsprozesses an einen Wireless-ASP verhinderte Investitionen in ein SMS-Gateway und dessen Anpassung auf die Helsana. Somit entstanden durch das Projekt kaum Fixkosten. Durch die monatlich erwerbbaren Lizenzen kann die Helsana die Nutzung des mobilen Kanals auf die Monate der Hochsaison im Krankenkassengeschäft beschränken.

- *Die Einfachheit und Performanz der Technologie ist ein wichtiger Erfolgsfaktor.* Die Lösung wurde mit der Technologie SMS realisiert. Diese ist weit verbreitet und jedem Handy-Besitzer vertraut. Die einzugebenden Angaben des Kunden sind auf zwölf Zeichen beschränkt, was wenig Aufwand für den Nutzer bedeutet. Die Antwort auf die Anfrage erhält der Interessent in kurzer Zeit.

- *M-Commerce muss in die Marketingstrategie eingebettet sein.* Das Ziel der mobilen Prämie ist es, eine spontane Reaktion der Kunden hervorzurufen. Während Marketingmaßnahmen die Aufmerksamkeit der Passanten gewinnen, bewirkt das innovative Angebot einer Prämienberechnung per Handy das Interesse. Die günstige Prämie muss schließlich zum Kauf bewegen. Der Kauf selbst erfolgt über den erprobten Vertriebskanal Call Center, um mit den Interessenten in persönlichen Kontakt zu treten und gegebenenfalls bestehende Fragen zu klären. Der mobile Kanal wurde zunächst für die Marke Progrés ausgetestet, da deren Zielgruppe eine höhere Aufgeschlossenheit gegenüber neuen Technologien verspricht als Kunden der traditionelleren Marke Helsana.

Die Helsana hat das Umfeld ihres Tochterunternehmens Progrès erfolgreich dazu genutzt, die Potentiale und Erfolgsfaktoren des mobilen Vertriebskanals auszutesten.

Durch die Einbindung in die vorhandene Infrastruktur und Prozessabläufe konnte eine kostengünstige und schnell realisierbare Lösung geschaffen werden.

Literaturverzeichnis

Cespedes, F.V. (1988): Channel management is general management, in: California Management, Vol. 31, No.1, S. 98-119.

Gronover, S. (2003): Multi-Channel-Management: Konzepte, Techniken und Fallbeispiele aus dem Retailbereich der Finanzdienstleistungsbranche, Bamberg (im Druck).

Kolbe, L.; Buchholz, R.; Költzsch, T.; Hofmann, C. (2001): Geschäftspotentiale für Finanzdienstleister im M-Commerce, in: IM Information Management & Consulting, Nr. 2, S. 76-88.

Kolbe, L.; Oesterle, H.; Brenner, W.; Geib, M. (2003): Grundlagen des Customer Knowledge Management, in: Kolbe, L., Oesterle, H., Brenner, W. (Hrsg.): Customer Knowledge Management, Berlin (im Druck).

Kotler, P.; Bliemel, F.W. (1995): Marketing-Management: Analyse, Planung Umsetzung und Steuerung, Stuttgart.

Mort, G.S.; Drennan, J. (2002): Mobile digital technology – Emerging issues for marketing, in: Journal of Database Marketing, Vol. 10, No. 1, S. 9-23.

Österle, H.; Blessing, D. (2000): Business Engineering Model, in: Österle, H.; Winter, R. (Hrsg.): Business Engineering: Auf dem Weg zum Unternehmen des Informationszeitalters, Berlin et al., S. 61-80.

Österle, H.; Senger, E. (2003): Realtime Management - Fünf Fallstudien, Arbeitsbericht BE HSG/BECS/Nr. 2, St. Gallen.

Senger, E.; Österle, H. (2002): PROMET BECS - A Project Method for Business Engineering Case Studies, St. Gallen.

Wirtz, B. (2002): So binden Sie Ihre Kunden auf den richtigen Kanälen, in: Absatzwirtschaft, Nr. 2, S. 48-53.

Workshop-Materialien: M-Commerce bei der Helsana – Bearbeitung einer Fallstudie, Workshop I/03 des Kompetenzzentrums Customer>Knowledge>Performance vom 05.- 06.03.2003 in Appenzell, Schweiz.

Yin, R.K. (1994): Case Study Research – design and methods, 2. Aufl., Thousand Oaks.

Stefanie Hettich, Hajo Hippner, Klaus D. Wilde

Wettbewerbsanalyse im eCRM – Durchführung einer Website-Analyse am Beispiel der Möbelbeschlägeindustrie

1 Einleitung

Die Bedeutung gewerblicher Internet-Auftritte nimmt ständig zu. Das E-Business wandelt sich zunehmend von einer „innovativen" Spielwiese zu einem ernst zu nehmenden Kommunikations- und Vertriebskanal. Vor diesem Hintergrund ist es nicht verwunderlich, dass sich in Literatur und Praxis die Forderungen nach einer strategisch ausgerichteten Planung und Steuerung des E-Business häufen. Insbesondere wird zunehmend auf die hohe Bedeutung einer strategisch ausgerichteten Ausgestaltung des Internet-Auftritts im Rahmen eines eCRM (electronic Customer Relationship Management) hingewiesen (u.a. Bredemeier 2002, S. 31 ff.). Die Adaptionen im Strategiefindungsprozess basieren hierbei weniger auf neuen methodischen Planungsprozessen als vielmehr auf einem neuartigen Informationsbedarf und neuen Informationsbeschaffungsprozessen. Das Internet stellt dabei nicht nur das Analyseobjekt, sondern gleichzeitig auch eine neue, in seinen Dimensionen unbeschreiblich große Informationsquelle dar. Der Umfang der im Internet verfügbaren Informationen, die hohe Aktualität sowie der einfache und kostengünstige Zugang lassen das Internet zu einer wichtigen Ressource der Informationsversorgung im E-Business werden.

Dies gilt insbesondere für die Wettbewerbsbeobachtung, da die Wettbewerber in einem ständigen Spannungsfeld stehen, zwischen dem Wunsch einen umfangreichen Kundenservice anzubieten und dem damit verbundenen Nachteil, Informationen preiszugeben. Das Potenzial wettbewerbsorientierter Informationen im eCRM steht jedoch im klaren Gegensatz zu den mangelnden methodischen Vorgehensweisen der Informationsgenerierung. Die Wettbewerbsforschung (engl. Competitive Intelligence) ist somit angehalten neue Methodiken zu entwickeln, um diesen Bereich abzudecken.

Dieser Beitrag adaptiert die Methodik der Inhaltsanalyse an das neue Medium Internet und erlaubt somit Websites strukturiert zu erfassen und zu analysieren. Neben der Bildung einer strategischen Informationsbasis zeichnet die systematische Übersicht über das Online-Angebot ein Bild vom Markt und lokalisiert Stärken sowie Schwächen der untersuchten Web-Auftritte. Die Aufgabe der konkurrenzbezogenen Website-Analyse ist die Erarbeitung von Wettbewerbspositionen, die Identifikation online-bezogener Erfolgsfaktoren und die Prognose von Reaktionen der Mitbewerber. Ein Praxisprojekt verdeutlicht die Vorgehensweise der konkurrenzbezogenen Website-Analyse und zeigt Vor- und Nachteile der Methode auf.

2 Bedeutung der Wettbewerbsanalyse im eCRM

Im Rahmen des Customer Relationship Managements (CRM) richten sich Unternehmen maßgeblich nach dem Markt und ihren Kunden aus. Zur strategischen Planung des CRM eignet sich somit besonders der marktorientierte Ansatz nach Mason und Bain (Mason 1949; Bain 1959). Kennzeichnend für diese Konzeption ist, dass das Unternehmen aus der Perspektive des Absatzmarktes betrachtet wird (Outside-in-Perspektive).

Die Erfolgsfaktoren bestimmen sich aus den Anforderungen des Marktes und der Umwelt (Bea/Haas 2001, S. 25).

Bezogen auf den Absatzmarkt verschärft sich der Verdrängungswettbewerb. Kunden sind kritischer, preissensibler, fordern zunehmend individuellere Lösungen und vergleichen diese mit den Mitbewerbern. Besonders im E-Business kommt der Wettbewerb dabei nicht nur aus dem eigenen Land, sondern auch aus Ländern mit häufig deutlich günstigeren Lohnstrukturen und eventuell besseren Standortbedingungen. Angesichts dieser komplexen Situation wird es ohne entsprechende Wettbewerbsinformationen immer risikoreicher, marktrelevante Entscheidungen zu treffen (Kairies 1997, S. 3). Die Berücksichtigung der Konkurrenz in der Strategiefindung wird im eCRM durch drei Punkte besonders bedeutungsvoll (Diller 2001, S. 71; Hermann 2001, S. 58; Wirtz/ Vogt 2001, S. 117):

- Im Internet bestehen so gut wie keine Wechselbarrieren. Dadurch ist ein Anbieterwechsel – der Wettbewerber ist nur „einen Click entfernt“ – schneller möglich als bei anderen Medien.
- Das Fehlen eines menschlichen Verkäufers verhindert den Aufbau zwischenmenschlichen Vertrauens und somit einer persönlichen Kundenbindung.
- Direkte Produkt- und Preisvergleiche führen zu einer erhöhten Markttransparenz und somit zu einem höheren Wettbewerbsdruck.

Die Internet-Präsenzen der Wettbewerber bieten eine gute Informationsbasis, auf der die Wettbewerbsanalyse aufbauen kann. Eine kundenorientierte Analyse des Online-Angebotes zeigt z.B., welche Angebote von den Kunden gewünscht und akzeptiert werden, besonders wenn es sich um wiederkehrende Betrachtungen handelt. Bei der Analyse der Branche können sich Geschäftsmodelle herauskristallisieren, welche sich als besonders erfolgreich erwiesen haben. Andererseits sollte der Status quo durchaus kritisch reflektiert werden, da sich daraus sowohl strategische Erfolgsfaktoren als auch strategische Lücken ergeben. Weiterhin zielt die Analyse darauf ab, die Online-Strategien des Wettbewerbs zu bestimmen.

Da die verfolgten Strategien für einen externen Betrachter überwiegend unsichtbar bleiben, soll von der taktischen Ebene auf die strategische Ebene geschlossen werden (siehe Abb. 1). Unter diesem Blickwinkel werden die Gesichtspunkte der Umsetzung – das operative „Wie“ – im Rahmen der formalen Gestaltung gewollt vernachlässigt. Primäres Interesse bilden die übermittelten Inhalte, d.h. das taktische „Was“. Durch diese klare Trennung unterscheidet sich dieser Ansatz von den in der Literatur vertretenen Ansätzen unternehmensbezogener Website-Analysen (siehe u.a. Büttgen/Stachel 2001; Communication Consulting 1998; Fischer 1998; Giger et al. 2001; Gräf 2001; Grover 2000; Hess 1999; Kamenz 2000; Munkelt 1999; Rengelshausen 2000; Schubert 2003; Sieber 1999; Silberer/Rengelhausen 2000 und Šonje 2000).

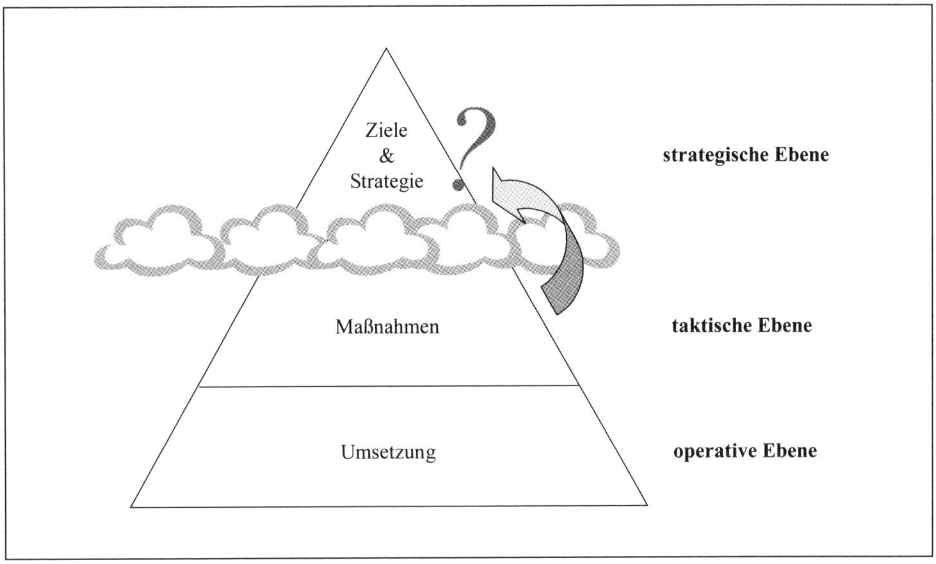

Abb. 1: Rückschlüsse auf strategische Ziele durch Beobachtung taktischer Maßnahmen

3 Methodik der Website-Analyse als Instrument der Wettbewerbsforschung

Zur Bestimmung der Wettbewerberstrategien werden die Web-Auftritte der Wettbewerber auf ihr Angebot hin analysiert. Dabei sollte die Erhebung einer einheitlichen, systematischen und objektiven Methodik folgen. Hierzu bedient sich die Website-Analyse der Inhaltsanalyse.

3.1 Zur Methodik der Inhaltsanalyse

Die Methode der Inhaltsanalyse wird in der empirischen Sozialforschung schon seit über 100 Jahren eingesetzt (Moschner 2000, S. 21). Früh bezeichnet sie als „... empirische Methode zur systematischen und intersubjektiv nachvollziehbaren Beschreibung inhaltlicher und formaler Merkmale von Mitteilungen." (Früh 2001, S. 119). Dabei werden in der qualitativen Inhaltsanalyse „... die manifestierten und latenten Inhalte des Materials in ihrem sozialen Kontext und Bedeutungsfeld ..." gedeutet (Bortz/Döring 2002, S. 329).

Die Inhaltsanalyse zeichnet sich durch die nachstehenden wesentlichen Punkte aus, die im Folgenden beachtet werden müssen (u.a. Mayring 2000, S. 42 ff.):

- „Die Verfahrensweisen sollen nicht als Techniken verstanden werden, die blind von einem Gegenstand zum anderen übertragen werden können. Die Adäquatheit muss sich erst am Material erweisen." (Mayring 2000, S. 44). Die inhaltliche Gestaltung wird somit immer auf die konkrete Zielsetzung und den Analysegegenstand hin modifiziert.
- Die geforderte Objektivität erhält die Analyse durch ihre methodische Transparenz und Standardisierung in Form eines systematischen und regelgeleiteten Vorgehens. Eine Wiederholung der Analyse muss bei gleichem Ausgangsmaterial ähnliche (Reliabilität) und gültige (Validität) Ergebnisse liefern (siehe detailliert Kap. 3.3.5).
- Ein zentraler Punkt der Inhaltsanalyse ist die Bildung eines Kategoriensystems. Sie erlaubt es, die Ziele der Analyse in Kategorien zu konkretisieren. Dadurch kann die Analyse intersubjektiv nachvollzogen werden.

Überträgt man diese Anforderungen auf die Website-Analyse, handelt es sich bei dieser um eine zielgerichtete, systematische sowie inhaltliche Bewertung und Auswertung von Websites anhand intersubjektiv nachvollziehbarer Kriterien.

3.2 Adaption der Inhaltsanalyse an computervermittelte Kommunikationsangebote

Die Inhaltsanalyse bezieht sich primär auf gedrucktes Analysematerial und herkömmliche audiovisuelle Medienangebote (Moschner 2000, S. 22). Die Methodik sieht sich somit im Einsatzfeld der neuen Informations- und Kommunikationstechnologien vor neue Herausforderungen gestellt (u.a. Rössler 1997, S. 247 ff.; Moschner 2000, S. 22 ff.; Werner 1997, S. 228 ff.; Rengelhausen/Rohani 1999, S. 2):

- Die traditionelle Form massenmedialer Kommunikation („Monolog von einem an viele") wandelt sich aufgrund der Interaktivität zu einem „Dialog aller".
- Das Analyseobjekt und der Kommunikator können nicht mehr gleichgesetzt werden. Rollenkonturen verschwimmen und beeinflussen einander stärker.
- Aufgrund der Neuartigkeit der Online-Kommunikation existiert noch kein breit akzeptiertes Regelsystem zur Gestaltung und Interpretation von Inhalten.
- Durch die Multimedialität des Internets verschmelzen Texte, Bilder, Töne und Videosequenzen zu einem medialen Ganzen. Die Erfassung unterschiedlicher Ebenen mit ihren Wertigkeiten erweist sich bislang als unlösbares Problem.
- Während sich Materialien in den klassischen Medien in der Regel leicht konservieren lassen und eine Inhaltsanalyse damit für andere nachvollziehbar ist, kön-

nen sich Form und Inhalt des Online-Angebotes permanent ändern. Es besteht zwar die Möglichkeit, einzelne statische Websites zu speichern (Website Mirroring). Dies ist jedoch nicht möglich, wenn die Seiten dynamisch, z.B. über serverseitige Datenbankabfragen, erstellt werden. Eine umfassende Speicherung und damit intersubjektiv nachvollziehbare Analyse ist somit nicht gewährleistet.

- Technische Einflussfaktoren auf Seiten des Users, wie z.B. die Wahl des Browsers oder die Übertragungsrate, können die Darstellung des Online-Angebotes beeinflussen oder sogar verhindern. Somit ist eine objektive Betrachtung der Darstellung nicht gegeben.
- Die Verlinkung von Web-Seiten behindert die formale Abgrenzung des Untersuchungsgegenstandes, da ein Web-Auftritt keine fest definierten Grenzen aufweist.
- Ein weiteres Problem stellt die Personalisierung der Seiteninhalte dar. Auf die Profile einzelner Besucher abgestimmt, können die übermittelten Inhalte der Web-Seiten variieren, so dass nicht verbindlich von „dem Angebot" ausgegangen werden kann.
- Bei einigen proprietären Diensten bestehen Zugangsbeschränkungen. Externen Analysten bleiben diese Bereiche meist verschlossen, so dass im Web-Angebot nicht erfassbare Bereiche bestehen.

Die hier beschriebenen Probleme zeigen, dass eine systematische Erfassung von Inhalten im Internet mit der Methodik der klassischen Inhaltsanalyse nicht unreflektiert durchgeführt werden kann. Anpassungen an den Untersuchungsgegenstand „Internet" müssen in allen Schritten der Vorgehensweise besondere Beachtung finden.

3.3 Stufenmodell der Website-Analyse mit Praxisbezug

Im Folgenden werden das allgemeine Schema einer Inhaltsanalyse aufgegriffen (siehe Abb. 2) und die einzelnen Phasen hinsichtlich ihrer besonderen Adaption diskutiert.

Eine Website-Analyse der europäischen Beschlägeindustrie dient als Praxisbeispiel und verdeutlicht Potenziale und Hindernisse der Methodik. Eine für die Firma Hettich International erstmalig durchgeführte Website-Analyse bezweckt die Erhebung der Konkurrenzsituation maßgeblicher Wettbewerber im E-Business. Die Zielsetzung besteht darin, durch die Erfassung und Abbildung der aktuell unterstützten E-Business-Aktivitäten ein integratives, kundenzentriertes Beurteilungsinstrument für gewerbliche Internet-Auftritte zu entwickeln.

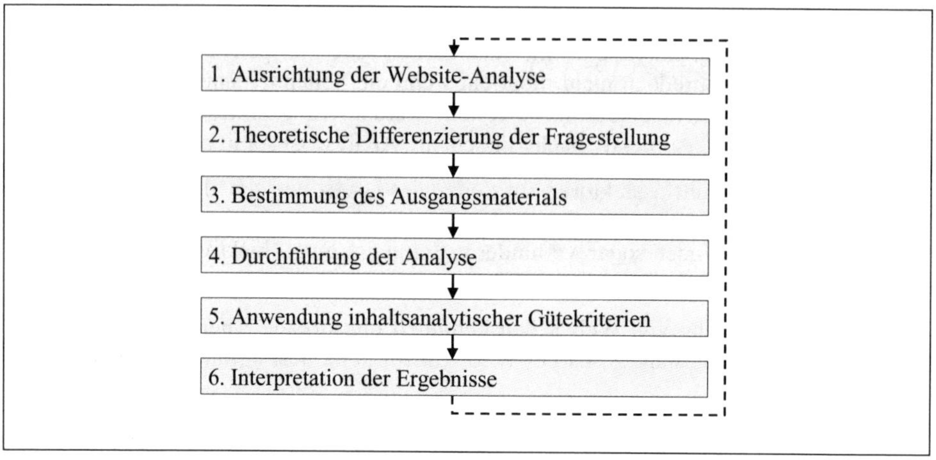

Abb. 2: Ablaufschema einer Website-Analyse
Quelle: in Anlehnung an Mayring 2000, S. 53 ff.

3.3.1 Ausrichtung der Website-Analyse

Bereits von Beginn an muss der Analyst eine klare Vorstellung von der Verwendung der Untersuchungsergebnisse haben. Der Praxisfall konzentriert sich auf den Kommunikationsgegenstand, wobei es sich um das Unternehmen bzw. die Inhalte partnerschaftlicher Austauschaktivitäten handelt. Im engeren Sinne werden die E-Business-Aktivitäten des Wettbewerbs analysiert, wobei ein Status quo der Branche ersichtlich wird.

3.3.2 Theoretische Differenzierung der Fragestellung

Im konkreten Anwendungsfall fehlt eine umfassende Theorie zur Bestandsaufnahme von E-Business-Aktivitäten im Hinblick auf die verfolgte Strategie der Wettbewerber. Kommunikationswissenschaftliche Ansätze wie z.B. das 3C- bzw. 4C-Modell, welches die Aktivitäten nach Content, Communication, Commerce bzw. ergänzend Community einteilt (u.a. Gräf 2001, S. 97 ff.; Hagel/Armstrong 1999), besitzen wenig betriebswirtschaftliche Aussagekraft. Eine Differenzierung nach dem Internet-Reifegrad eines Web-Auftrittes (wie sie u.a. Bullinger/Schäfer 2000, S. 274 f. oder Schindera 2001, S. 29 ff. vorschlagen) spiegelt ein sehr undifferenziertes und definitorisch schwer abgrenzbares Bild des E-Business wider. Eine Hilfestellung liefert hier der *Stakeholder-Ansatz* (Freeman 1984). Die Frage, welche Anspruchsgruppen auf den Websites überhaupt und in welchem Maße angesprochen werden, stellt die erste Differenzierung der Zielsetzung dar. Aufgrund der Annahme, dass die Kunden wichtige Stakeholder eines Unternehmens darstellen und ein Großteil der Websites primär auf den Kunden ausgerichtet sind, wird hier ein Schwerpunkt der Analyse gesetzt (siehe auch Kamenz 2000, S. 21 f.). Die kundenorientierten E-Business-Aktivitäten können anhand des *Kaufzyklus* (bzw. Customer Buying Cycle; siehe u.a. Mocker et al. 2000, S. 42 ff.) klassifiziert werden (ähnlich auch bei Bullinger/Schäfer 2000, S. 276 f.; Büttgen/Stachel 2001, S. 19 ff.; Schubert 2003).

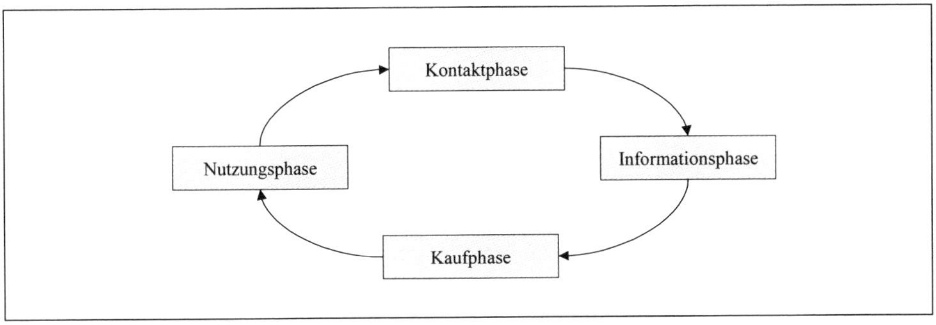

Abb. 3: Kaufzyklus

Die Kontaktphase dient dem Aufbau des Kontaktes zwischen Kunde und Anbieter. In der Informationsphase konkretisiert der Interessent seine Bedürfnisse und sucht nach detaillierten Informationen bzgl. der Leistungen. Hat sich der Kunde zum Kauf entschieden, erfolgt in der Kaufphase der Bestellungs-, Zahlungs- und Lieferprozess. In der Nutzungsphase stehen Probleme der Anwendung bzw. Wartung oder Entsorgung im Mittelpunkt. Idealtypisch schließen anschließende Wiederholungskäufe den Zyklus, indem wieder mit dem Unternehmen in Kontakt getreten wird (siehe Abb. 3; Muther 1999, S. 14 ff.).

3.3.3 Bestimmung des Ausgangsmaterials

Die wesentliche Modifikation zur klassischen massenmedialen Kommunikation liegt in der Aufhebung des Monologes vom Sender zu vielen Empfängern hin zu einem Dialog aller. Daraus stellt sich die Frage, ob und wie die Anschlusskommunikation, die auf ein computervermitteltes Kommunikationsangebot erfolgt, in die Analyse mit einbezogen wird (Rössler 1997, S. 247). Die Angebote im WWW weisen noch den stärksten Bezug zu klassischen Massenmedien auf und eignen sich somit am ehesten für den Transfer inhaltsanalytischer Verfahren. Dies bildet den Schwerpunkt dieser Analyse. Bei den aufbauenden dialogbasierten Angeboten, wie etwa den Diskussionsforen der Newsgroups, E-Mail oder dem IRC (Internet Relay Chat) handelt es sich eher um interpersonale Kommunikation, weshalb sich hier die Anwendung anderer Verfahren, wie etwa der Konversationsanalyse, anbietet (Wetzstein et al. 1995, S. 48 f.).

Formale Abgrenzung einer Website

Die Link-Struktur des Internets erschwert die Abgrenzung einer Website. Web-Seiten können sowohl auf externe als auch auf unternehmenseigene Seiten verweisen. Domain-Namen (z.B. www.firma.com) geben zur Abgrenzung nur wenig Anhaltspunkte, da sich Web-Auftritte über mehrere Domains erstrecken können. Die Form der Darstellung bildet anhand des einheitlichen Corporate Design die zweckmäßigste Abgrenzungshilfe.

Bestimmung und Art berücksichtigter Multimedia-Inhalte

Die im Internet dargestellten Inhalte können sich in Form von Texten, nonverbalen Bildinformationen, Tönen und Videosequenzen manifestieren. Eigenheiten der Präsentationsform können für viele klassische Medien, z.B. Zeitung oder Fernsehen, vernachlässigt werden, da für diese Medien auf Seiten des Kommunikators akzeptierte Gestaltungsregeln und auf Seiten des Rezipienten ein Kanon erlernter Interpretationsmuster vorliegen (Rössler 1997, S. 248). Aufgrund der Neuartigkeit bestehen jedoch noch keine Konzepte für die Online-Kommunikation. Daher wird häufig gefordert, dass gestalterische Aspekte mit in die Analyse einbezogen werden müssen (u.a. Moschner 2000, S. 22). Hierbei handelt es sich u.a. um den Aufbau eines Auftrittes, die Benutzerführung oder die graphische Gestaltung. Während für die Bewertung gestalterischer Gesichtspunkte erste allgemeingültige Richtlinien entstehen (siehe u.a. Benchmark-Test von Englbrecht et al. 2002), stellt sich eine Wertung bezüglich des Gesamtauftrittes häufig als schwierig heraus. Die stetigen Entwicklungen im technologischen Bereich können diese Bewertungsmaßstäbe aber auch kurzfristig entkräften. Wurden 1999 Multimedia-Angebote aufgrund ihrer Größe und den Übertragungsraten in ihrem Nutzen als fragwürdig eingestuft (W3C 2001, S. 6), kann ein Anstieg der Übertragungsraten dieses Bild schnell wandeln. Als Richtlinien konnten sich bisher u.a. die „Web Content Accessibility Guidelines" des W3C (W3C 2001) und der „Yale Web Style Guide" (Lynch & Horton 1999) durchsetzen. Eine Übersicht über diese und weitere Design-Guidelines für webbasierte Anwendungen, Hersteller-Guidelines und DIN EN ISO-Normen befindet sich auf der Seite http://www.pro-usability.de/guidelines/.

Die Schnelligkeit des Seitenaufbaus, die Schriftgröße oder bspw. die Existenz von Suchfunktionen lassen kaum Rückschlüsse auf strategische Gesichtspunkte von E-Business-Auftritten zu. Gestalterische Optionen werden somit in der Analyse bewusst vernachlässigt. Eine operativ ausgerichtete Analyse kann jedoch in nachgelagerten Umsetzungsphasen wichtige Hinweise zur gestalterischen Optimierung der eigenen Website liefern.

Validitätsproblem von Website-Inhalten

Die Authentizität online verfügbarer Daten ist nicht gewährleistet. Die im Internet angebotenen Informationen müssen nicht gezwungenermaßen richtige Sachverhalte wiedergeben. Während bei bindenden Angeboten, wie z.B. Preisen, ein hoher Grad an Validität unterstellt wird, können unverbindliche bzw. werbende Informationen auch einen mittleren bis niedrigen Grad aufweisen. Weiterhin wird differenziert zwischen der Vertrauenswürdigkeit der Informationsquelle und der Korrektheit der Information. Durch die nachträgliche Bewertung von Informationsquellen über einen längeren Zeitraum lassen sich Quellenprofile entwickeln, die das Maß der Vertrauenswürdigkeit widerspiegeln. Je häufiger eine Information durch verschiedene, vertrauenswürdige Quellen bestätigt wird, desto höher wird ihre vermutete Richtigkeit (Sammon 1984, S. 124 f.). Das Maß der Validität sollte im Rahmen der Auswertung unbedingt beachtet werden.

Bestimmung von Grundgesamtheit und Stichprobe

Die Grundgesamtheit der konkurrenzbezogenen Website-Analyse ist definiert als die Menge aller Unternehmen einer Branche, die im Wettbewerb zum Unternehmen stehen (im Detail hierzu u.a. Bea/Haas 2001, S. 89 ff.). Die darauf aufbauende Stichprobenziehung erweist sich als äußerst schwierig, da bei erstmaliger Durchführung keine gesicherten Erkenntnisse über die E-Business-Tätigkeiten der Unternehmen vorliegen. Erfolgt die Stichprobenauswahl bspw. über ein umsatzbezogenes Branchenranking (u.a. Silberer/Rengelhausen 2000, S. 279), verhindert die Auswahl der umsatzstärksten Unternehmen die Identifizierung kleinerer Wettbewerber, die das Internet als Differenzierungsstrategie einsetzen. Eine erstmalige Erhebung der Grundgesamtheit – und sei es auch nur anhand weniger Kriterien – kann zum einen den Markt in seiner Gesamtheit darstellen und für nachfolgende Detailanalysen die Basis gesicherter Stichprobenziehungen bilden. Da es sich im Praxisfall um die erstmalige Durchführung der Wettbewerbsanalyse handelt, wird der Markt durch die Stichprobe möglichst weit abgedeckt. Das Ausstellerverzeichnis der in der Branche maßgeblichen internationalen Zuliefermesse der Möbelindustrie (Interzum) dient als praktikable Ausgangsbasis. Der Markt wird somit durch 202 Unternehmen repräsentiert.

Stehen die zu analysierenden Unternehmen fest, besteht ein weiteres Problem in der Ermittlung der Internet-Präsenzen. Es existiert nach wie vor kein vollständiges Verzeichnis gewerblicher Anbieter im Internet (Silberer/Rengelhausen 2000, S. 277). Unter der Annahme, dass Unternehmen ein Interesse haben im Internet gefunden zu werden, werden diese bestrebt sein, in Suchmaschinen, Verzeichnissen oder auf branchenspezifischen Sites vertreten zu sein. Die Adressen der Websites wurden somit sowohl intuitiv anhand des Firmennamens, z.B. www.[Firmenname].de oder www.[Fimenname].com, als auch mit Hilfe von Suchmaschinen und Verzeichnissen gesucht. Dabei wurden Google (www.google.de), AllTheWeb (www.alltheweb.de), Altavista (www.altavista.de), Webcrawler (www.webcrawler.de) und das virtuelle Branchenverzeichnis Wer liefert was (www.wlw.de) eingesetzt. Ca. 85%, d.h. 171 Unternehmensadressen, ließen sich dadurch ermitteln. Die restlichen 15% der Firmen wurden als „nicht im Internet vertreten" klassifiziert.

Ist das Unternehmen Teil eines Mutterkonzerns muss auf der Ebene eines Wettbewerbers der Analysebereich weiter spezifiziert werden. In der Analyse wurden lediglich die Bereiche des Web-Auftrittes berücksichtigt, die sich auf die Tochter bzw. die in Konkurrenz stehenden Bereiche beziehen.

Eine weitere Abgrenzung ist bei international tätigen Unternehmen zu ziehen. Die Analyse sollte einen geographischen Schwerpunkt auf eine Zielabsatzregion legen, um dadurch sprachlichen, kulturellen und strukturellen Gesichtspunkten Rechnung zu tragen. Denn selbst wenn Internet-Angebote unabhängig räumlicher Grenzen genutzt werden können, sind dadurch nicht gleichzeitig alle kulturellen, technologischen, entwicklungstechnischen etc. Unterschiede aufgehoben. Die Analyse der Möbelbeschlägeindustrie konzentriert sich auf den europäischen und insbesondere auf den deutschen Absatzmarkt. Die Technologie der Produkte und deren Verarbeitung sind relativ konform, während z.B. der amerikanische Markt eine ganz andere Art der Möbelfertigung aufweist und somit auch andere Produkte benötigt. Europa kann durch seine starken Handelsbeziehungen als einheitliche Wirtschaftsregion gesehen werden. Deutschland als Heimatmarkt von Hettich stellt dabei einen der größten europäischen Absatzmärkte dar. Im Falle eines Unternehmensverbandes, wurde daher ausschließlich das Online-Angebot der entsprechenden konkurrierenden Tochter analysiert. Die Untersuchung beschränkt sich auf die deutschen Domains. Soweit eine solche nicht vorhanden war, wurde entweder die entsprechende internationale Domain, i.d.R. „.com", oder die Domain mit dem entsprechenden Länderkürzel des Heimatlandes gewählt.

Neben dem Aufspüren bekannter Wettbewerber im Internet kann die Liste der Wettbewerber um Firmen ergänzt werden, die durch Suchmaschineneintragungen bei relevanten Schlüsselbegriffen – „Beschläge", „Scharniere", „Auszüge", … – identifiziert werden oder auf branchenspezifischen Seiten, wie z.B. Portalen, verzeichnet sind (Contentum 2001).

3.3.4 Durchführung der Analyse

Das Analysedesign entwickelt sich erst aus dem Untersuchungsmaterial, d.h. den tatsächlich angebotenen E-Business-Aktivitäten der analysierten Websites. Diese Prämisse erfordert eine mehrstufige Vorgehensweise in der Phase der Datenerhebung (siehe Abb. 4).

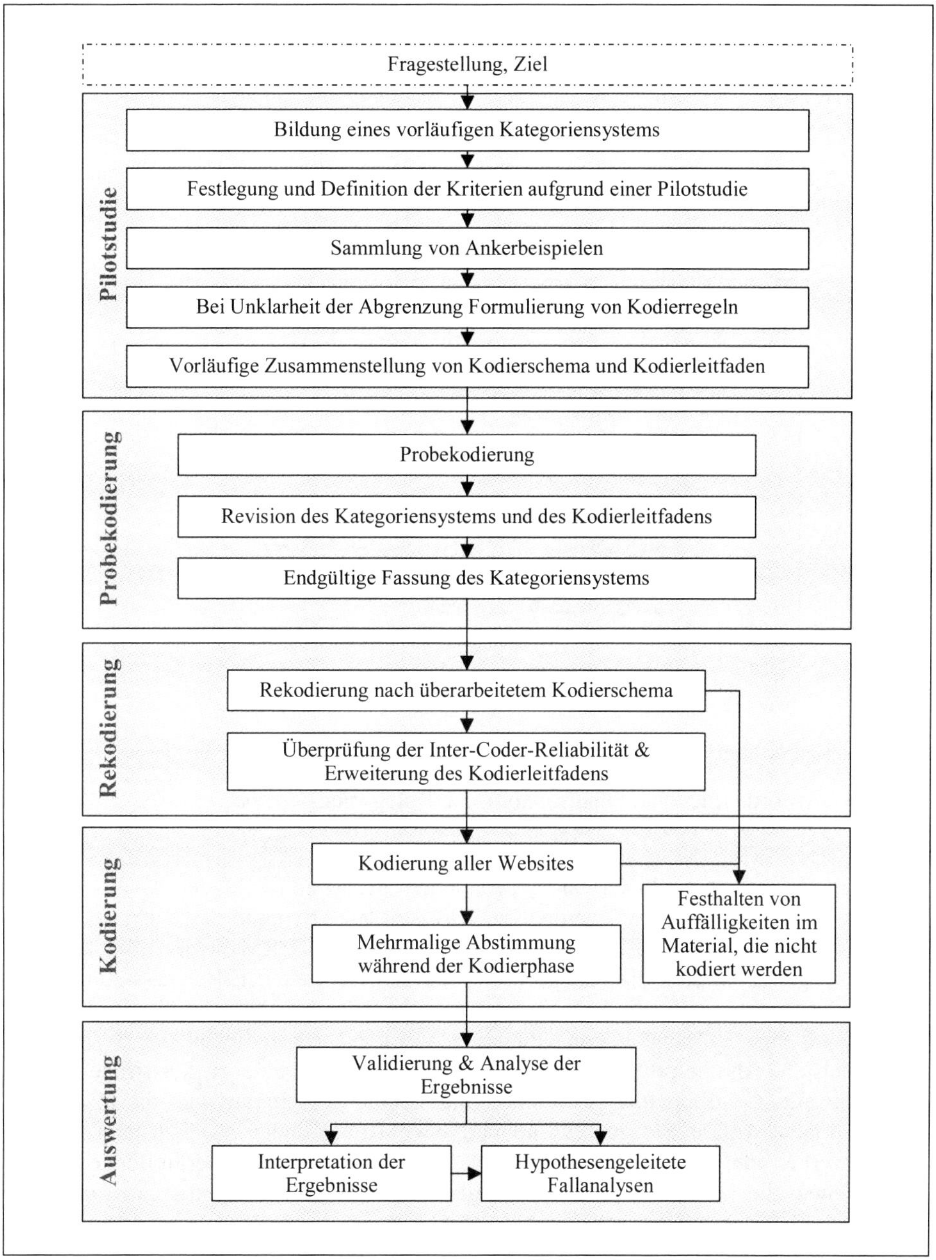

Abb. 4: Allgemeines Ablaufmodell der Erhebungsphase einer Website-Analyse
Quelle: in Anlehnung an Mayring 2000, S. 55 f. und Neuendorf 2002

Pilotstudie

Die Pilotstudie stellt die Trainingsphase dar, in der die Kodierer anhand der detaillierten Fragestellung ein vorläufiges Kategoriensystem bilden und anhand einer kleinen Auswahl an Websites die Bewertungskriterien anhand des Angebots ermitteln.

An das *Kategoriensystem* werden im Rahmen der Inhaltsanalyse Anforderungen gestellt, die auch für die Website-Analyse gelten (siehe Abb. 5).

Ein Kategoriensystem sollte ...

1. theoretisch abgeleitet sein.
2. mit den Zielen der Untersuchung korrespondieren.
3. vollständig sein.

Kategorien sollten ...

1. wechselseitig exklusiv angelegt sein.
2. voneinander unabhängig sein.
3. einem einheitlichen Klassifikationsprinzip genügen.
4. eindeutig definiert sein.

Abb. 5: Anforderungen an inhaltsanalytische Kategoriensysteme
Quelle: in Anlehnung an Früh 2001, S. 80 ff. und Merten 1995, S. 98 ff.

Das Kategoriensystem gliedert sich anhand der gesetzten Ziele der Analyse (siehe Abb. 6). In der ersten Ebene werden die E-Business-Aktivitäten der Websites erfasst und den entsprechenden Zielgruppen zugeordnet. Dem CRM-Fokus wird dadurch Rechnung getragen, dass die Kategorie der kundenorientierten E-Business-Aktivitäten anhand der vier wesentlichen Phasen des Kaufzykluses weiter untergliedert wird. Jeder Ebene wird eine Auffangkategorie zugefügt, um die Vollständigkeit des Systems zu gewährleisten. Als zielgruppenunspezifisch sind jene Angebote zu klassifizieren, die bspw. für alle Zielgruppen relevant sind. Unternehmensgeschichte und -daten, Adressinformationen, Anfahrtsskizzen etc. können sowohl für Kunden als auch für Lieferanten, Bewerber oder Investoren von Interesse sein. Als kaufphasenübergreifende Aktivitäten zählen alle Maßnahmen, die der allgemeinen Pflege des Kunden zuzuschreiben und nicht phasenspezifisch ausgerichtet sind. Ein möglicher Repräsentant hierfür ist z.B. ein Onlinespiel.

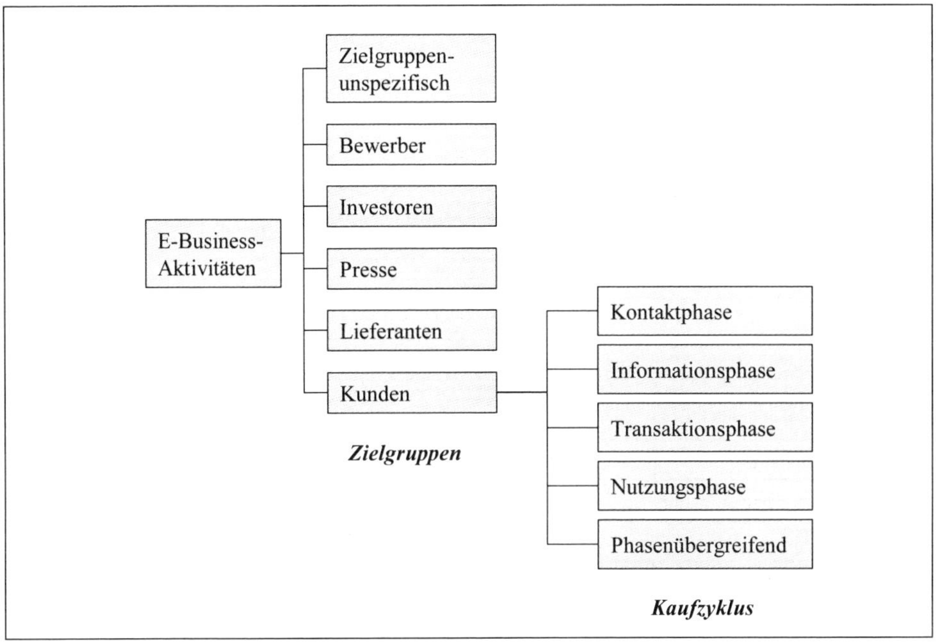

Abb. 6: Kategoriensystem der Website-Analyse

Steht das Kategoriensystem fest, werden einzelne Websites besucht, aus dem Angebot Kriterien ermittelt und diese dem Kategoriensystem zugeordnet. Dabei liegt es im Ermessen des Kodierers, welche Kriterien er als aussagekräftig erachtet und erhebt. Erfahrungen aus bereits durchgeführten Analysen oder Literaturbeispiele können hierfür wertvolle Anhaltspunkte bieten. Es werden so lange Kriterien gebildet und adaptiert, bis das Analysedesign ein stabiles Muster erreicht hat. Die Entwicklung des Analysedesigns *aus dem Material heraus* hat den Vorteil, dass die gewählten Kriterien den Markt mit all seinen E-Business-Angeboten vollständig abbilden. Abb. 7 zeigt den verwendeten Kriterienkatalog zur Website-Analyse.

Zielgruppenunspezifisch

Eigenschaften	ø Erfüllungsgrad
Unternehmenspräsentation	69,3%
Kontaktdaten/Ansprechpartner	48,0%
Qualitätszertifikate	35,6%
Feedback-Formular	32,7%
Anfahrtsskizze	30,2%
Produktionstechniken	17,3%
Umweltschutz	12,4%
Bestellformular für Informationen	11,4%
Darstellung der Mitarbeiter	4,5%
Soziales Engagement	0,5%

Zielgruppe: Bewerber

Eigenschaften	ø Erfüllungsgrad
Stellenangebote	13,4%
Karriereinformation	6,9%
Kontaktdaten/Ansprechpartner	6,7%
Online-Bewerbung	5,9%
Bestellformular für Informationen	0,5%
Feedback-Formular	0,5%

Zielgruppe: Lieferanten

Eigenschaften	ø Erfüllungsgrad
Kontaktdaten/Ansprechpartner	2,4%
Informationen Beschaffung	2,0%
Lieferantenbewerbung	1,5%
Bedarfsübersichten	1,5%
Online-Ausschreibungen	1,0%
Feedback-Formular	1,0%
FAQs	0,5%
Anfahrtsskizze	0,5%

Zielgruppe: Investoren

Eigenschaften	ø Erfüllungsgrad
Unternehmenszahlen	3,0%
Unternehmensmitteilungen	2,5%
Finanzkalender/HV-Mitteilungen	2,0%
Kontaktdaten/Ansprechpartner	1,6%
Aktienkurs	1,5%
Feedbackformular	1,0%
FAQs	0,5%

Zielgruppe: Presse

Eigenschaften	ø Erfüllungsgrad
Presseberichte	9,9%
Kontaktdaten/Ansprechpartner	2,8%
Bilderdownload	1,0%
Feedbackformular	0,5%

CRM - Kontaktphase

Eigenschaften	ø Erfüllungsgrad
Intuitive URL	65,3%
Meta-Tags	6,3%
Verlinkung	1,3%

CRM - Informationsphase

Eigenschaften	ø Erfüllungsgrad
Produktkategorien	73,3%
allg. Produktpräsentation	64,4%
Produktdetailinformationen	44,6%
Neuheiten	31,2%
Bestellformular für Informationen	28,2%
Verweis auf Offlineveranstaltungen	27,2%
Katalogbestellung	17,8%
Produktpreise	6,4%
Kontaktdaten/Ansprechpartner	5,1%
Referenzkunden	5,0%
Newsletter	3,5%
Feedback-Formular	3,5%
Bestellung der Preisliste	2,0%

CRM - Transaktionsphase

Eigenschaften	ø Erfüllungsgrad
Kontaktdaten/Ansprechpartner	18,9%
Liste Handelspartner/Vertriebsvertretungen	18,3%
eCommerce-System	7,4%
Anfragenformular	5,4%
Musterbestellung	3,0%
Verfügbarkeitsprüfung	3,0%
Bestellformular	2,5%
Online-Lieferstatus	2,5%
Auftragsweiterleitung an Handelspartner	2,5%
Accountstatus	1,0%
Anfahrtsskizze	1,0%
C-Teile-Management	0,5%
Fax-Bestellformular	0,5%
Feedback-Formular	0,5%

CRM - Nutzungsphase

Eigenschaften	ø Erfüllungsgrad
Kontaktdaten/Ansprechpartner	4,2%
Beratung Produkte	3,5%
Planungssoftware	2,5%
FAQs	1,5%
Bestellformular für Informationen	1,5%
Feedback-Formular	1,5%
Ersatzteillieferung	1,0%
Beschwerdemanagement	0,5%
Newsletter	0,5%

CRM - KLZ übergreifend

Eigenschaften	ø Erfüllungsgrad
Linkliste	2,0%
Bildschirmschoner/Hintergrundbilder	1,5%
Onlinegewinnspiel	0,5%

Abb. 7: Kriterienkatalog der Website-Analyse

Neben diesem angebotsdefiniten Ansatz kann besonders im CRM-Kontext auch der *bedarfsgesteuerte Ansatz* das Analysedesign bestimmen. Hierbei offenbaren Befragungen die Anforderungen und Wünsche der Kunden an einen Internet-Auftritt. Dieses Anforderungsprofil kann ebenso als Kriterienkatalog herangezogen werden, an dem sich die Konkurrenz, wie auch das eigene Unternehmen, messen lassen müssen.

Die Kriterien müssen in jedem Fall genau definiert werden, so dass ein einheitliches Verständnis bei den Kodierern, Analysten und Verwendern der Analyse gewährleistet ist. Neben expliziten Definitionen können ergänzend Ankerbeispiele gesammelt werden, die implizit für die Erfüllung eines Kriteriums stehen. Die Dokumentation kann z.B. in Form von Screenshots erfolgen. Ein Beispiel aus dem hier beschriebenen Projekt, in dem Abgrenzungsprobleme aufgetreten sind, stellt die Differenzierung von Produktinformationen dar. Ausgangspunkt war, dass das Merkmal „Produktinformation“ zu global gefasst war. Unternehmen, die lediglich dokumentieren, was sie produzieren – z.B. Rollen, Griffe, Tischfüße etc. –, wurden gleichgesetzt mit Anbietern, die komplette Produktkataloge mit detaillierten Beschreibungen anbieten. Eine Differenzierung in „Allgemeine Produktinformationen“ und „Produktkatalog“ wurde bald verworfen, da eine genaue Abgrenzung nicht getroffen werden konnte. Es stellte sich heraus, dass ein Katalog mehr auf die Darstellungsart anspielt. Da die Analyse jedoch primär auf die Erhebung von Inhalten abzielt, wurde die endgültige Unterscheidung gemäß dem Auszug aus dem Kodierleitfaden – dargestellt in Abb. 8 – getroffen.

Verbleibt eine gewisse Unschärfe in der Einordnung, so müssen sich die Kodierer auf eine einheitliche Behandlung einigen. Das Kategoriensystem, die Kriterien und das Kodierschema werden in einem vorläufigen Kodierleitfaden zusammengefasst und ständig um Zusätze und Kodierbeispiele ergänzt.

Der angeregte Lernprozess sensibilisiert die Teilnehmer für den Bereich des E-Business. Implizite Vorstellungen von Begrifflichkeiten müssen somit explizit geäußert werden, um zu einem einheitlichen Bild zu kommen. Das Beispiel zeigt, dass es hierbei kein richtig oder falsch gibt. In anderen Branchen würden Analysten den Bereich evtl. anders gliedern. Das Wesentliche dieses Punktes liegt in der Herstellung eines inhaltlichen Konsens.

Allgemeine Produktkategorien

Def.: Auf der Website werden die Produktarten, die das Unternehmen herstellt, genannt (muss) bzw. gezeigt (kann).

Bsp.:
http://www.bhk.de
http://www.bmb-germany.de
http://www.leitnerdesign.at
http://www.merzroller.ch
...

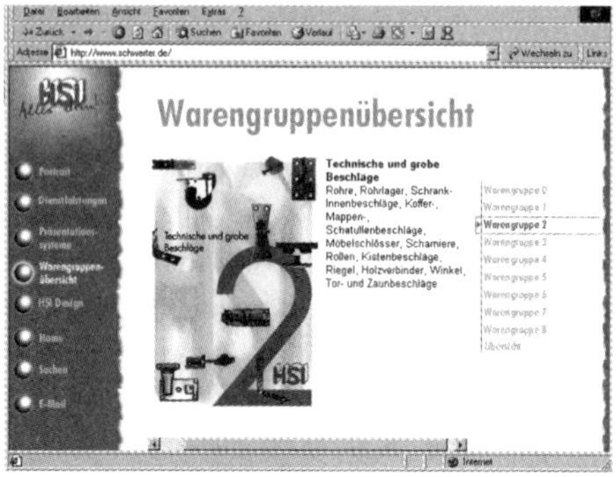

Kurze Produktinformation

Def.: Auf der Website werden Produkte mit Namen erwähnt (muss). Es existieren kurze Beschreibungen (kann) und Bildinformationen (kann).

Bsp.:
http://www.asaplastici.it
http://www.becker-beschläge.de
http://www.dieffibi.com
http://www.effegibrevetti.it
http://www.enorm-schmidt.de
...

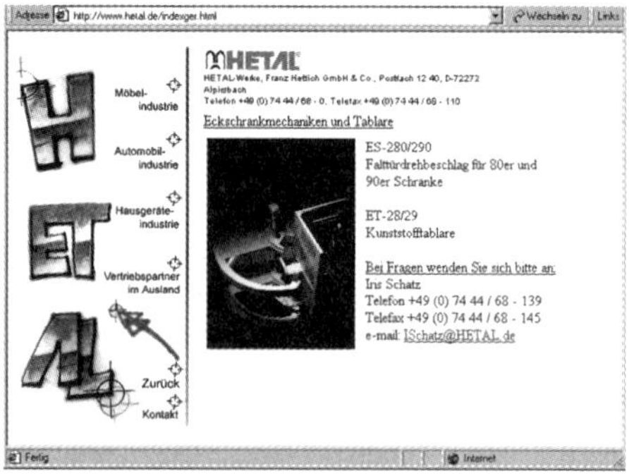

Produktdetailinformationen

Def.: Auf der Website werden Produkte jeweils mit Produktname (muss), Artikelnummer (muss), Bemaßungen (muss), Bild (kann) und Zeichnung (kann) aufgeführt.

Bsp.:
http://www.accuride-eruope.com/ger/
http://www.alfit.com
http://www.bmp.com
http://www.blum.com
http://www.boellhoff.com
...

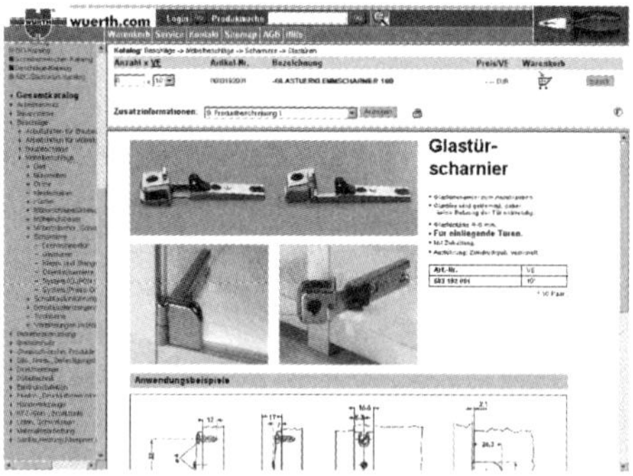

Abb. 8: Auszug aus dem Kodierleitfaden

Probekodierung

Die Probekodierung einer Teilstichprobe überprüft das Kategoriensystem auf Praktikabilität und lässt weitere Schwachstellen im Kategoriensystem und im Kodierschema erkennen, die im Rahmen einer Revision beseitigt werden können. Definitionen können erweitert, abgeändert und konkretisiert werden. Die Abstimmung führt zur endgültigen Fassung des Kodierleitfadens.

Rekodierung

Die bereits erhobene Stichprobe wird im Rahmen der Rekodierung anhand der adaptierten Kodierrichtlinien erneut überarbeitet. Durch das individuelle Erfassen der gleichen Website von mehreren Kodierern kann im Vorfeld der Vollerhebung bereits die Inter-Coder-Reliabilität gemessen werden (siehe Kap. 3.3.5). Dabei sollten mindestens 10% der Fälle mehrfach erfasst werden (Neuendorf 2002).

Kodierung

Ist das Maß der Inter-Coder-Reliabilität zufriedenstellend, können die restlichen Websites erhoben werden. Dabei ist es sinnvoll, zumindest den Teil der Websites, die statisch aufgebaut sind, durch Mirroring-Programme zu speichern. Eine einfache Alternative stellt das Sichern von Seiten durch Screenshots dar. Diese Form der Dokumentation ist auch exemplarisch für dynamische Seiten möglich. Eine Seite des Produktkataloges steht z.B. repräsentativ für den ganzen Katalog.

Auffälligkeiten im Material sollten zusätzlich zum Kodierschema festgehalten werden. Beispielsweise fiel in der Analyse auf, dass der Bereich der Stellenausschreibungen bei einigen Firmen „versteckt“ im Bereich der Unternehmensdarstellung angesiedelt und von der Homepage aus nicht ersichtlich ist. Besonders in einer informationssensiblen Branche kann dies zeigen, dass das Unternehmen verhindern möchte, dass sich z.B. Kunden oder Lieferanten die offenen Stellen ansehen und daraus Rückschlüsse auf das Unternehmen ziehen. Ein Arbeitssuchender wird sich jedoch bei Interesse am Unternehmen den Bereich „Wir über uns“ voraussichtlich ansehen und somit auch den Stellenbereich finden. Diese Erkenntnis ließe sich aus dem Kategoriensystem nicht ermitteln, kann jedoch zur Optimierung der eigenen Website eventuell Verwendung finden.

Problem der beschränkt zugangsberechtigten Bereiche

Der Wettbewerber befindet sich im ständigen Spannungsfeld zwischen der umfangreichen Informationsversorgung der Kunden und der Informationsverschleierung gegenüber der Konkurrenz. Zugangsbeschränkte Bereiche zeigen Gebiete, die die Unternehmen als besonders informationssensibel einstufen. Deren Dokumentation zeigt ein interessantes Bild der Informationspolitik der Wettbewerber. Das Problem wurde so gelöst, dass diese Bereiche in der Kodierung neben den Ausprägungen „existent“ und „nicht existent“ als „zugangsbeschränkt existent“ erfasst und später separat ausgewertet wurden. Die Analyse ergab, dass neben den zu erwartenden Bereichen, wie z.B. den E-Commerce-Systemen, drei Unternehmen Produktdetailinformationen nur zugangsbeschränkt übermitteln und drei weitere Unternehmen ihre Produktneuheiten ebenfalls lediglich registrierten Benutzern präsentieren. Dies zeigt u.a., dass es sich um eine sehr informationssensible Branche handelt.

3.3.5 Anwendung inhaltsanalytischer Gütekriterien

Vielen Inhaltsanalysen wird eine unwissenschaftliche Vorgehensweise vorgeworfen. Insbesondere Aussagen zur Analysegüte seien häufig unzureichend oder fehlten gänzlich (u.a. Mayring 2000, S. 109). Aber gerade weil die harten methodischen Standards quantitativer Methoden in manchen Bereichen der Website-Analyse aufgeweicht wurden und flexibler gehandhabt werden, ist die Einschätzung der Ergebnisse nach Gütekriterien wie Objektivität, Reliabilität und Validität besonders wichtig. Während im Alltag die Gültigkeitsbeurteilung im Wesentlichen auf Intuition, Weltbild oder anekdotischen Evidenzen etc. basiert, ist die Wissenschaft um eine nachvollziehbare Validitätsprüfung bemüht (zu Gütekriterien in der qualitativen Forschung siehe Altheide/Johnson 1994; Flick et al. 1995; Kirk/Miller 1986; Lamnek 1995; Steinke 1999).

Objektivität

„Objektivität meint nicht ‚höhere Wahrscheinlichkeit', sondern interpersonalen Konsens, d.h. unterschiedliche Forscher müssen bei der Untersuchung desselben Sachverhalts mit denselben Methoden zu vergleichbaren Resultaten kommen können. Dies erfordert eine genaue Beschreibung des methodischen Vorgehens (Transparenz) und eine gewisse Standardisierung. Die Objektivität ist verletzt, wenn der Forscher sich nur auf seine ‚langjährige Erfahrung' [..] beruft, ohne genau angeben zu können, wie er eigentlich vorgeht.“ (Bortz/Döring. 2002, S. 326). Im Rahmen der Website-Analyse wird die Durchführungsobjektivität durch die Verwendung, Dokumentation und Offenlegung eines Analyseschemas, Kategoriensystems und eines detaillierten Kodierleitfadens erreicht.

Reliabilität

Die Reliabilität (Zuverlässigkeit, Reproduzierbarkeit) fordert „Stabilität und Genauigkeit der Messung sowie [..] Konstanz der Messbedingungen.“ (Friedrichs 1973, S. 100). Eine Wiederholung der Analyse unter denselben Bedingungen soll zu einer Übereinstimmung der Ergebnisse führen.

Die *Inter-Rater-Reliabilität* bzw. auch *Inter-Coder-Reliabilität* bestimmt den Grad der Übereinstimmungen der an einem Gegenstand vorgenommenen Kodierungen von zwei oder mehreren unabhängigen Kodierern zum gleichen Zeitpunkt. Zur Messung der Inter-Coder-Reliablilität haben sich mannigfaltige Kennzahlen entwickelt (detailliert in Merten 1995, S. 302 ff.; Mayring 2002, S. 109 ff.). Ein bekanntes Maß, das auch bei verschiedenen Skalenniveaus anwendbar ist, ist z.B. das Reliablilitätsmaß nach Krippendorf (siehe Abb. 9).

$$R = 1 - \frac{\text{(beobachtete Nicht-Übereinstimmungen)}}{\text{(zufällig zu erwartende Nicht-Übereinstimmungen)}}$$

Abb. 9: Reliabilitätsmaß nach Krippendorff
Quelle: Krippendorff 1980, S. 134

Bei der Messung der Reliabilität spielt die Komplexität des Kategoriensystems eine entscheidende Rolle. „Je differenzierter und umfangreicher das Kategoriensystem, desto schwieriger ist es, eine hohe Zuverlässigkeit der Resultate zu erzielen, obwohl gleichzeitig die inhaltliche Aussagekraft steigen kann.“ (Ritsert 1972, S. 70). Somit kann die Reliabilität verbessert werden, indem uneindeutige Kategorien zulasten der Aussagekraft zusammengefasst werden (Mayring 2000, S. 115).

Im hier vorliegenden Anwendungsbeispiel kann die Inter-Coder-Reliabilität nicht ermittelt werden, da die Analyse lediglich durch einen Kodierer erhoben wurde.

Validität

Validität (Gültigkeit) bezieht sich darauf „... ob das gemessen wird, was gemessen werden sollte.“ (Friedrichs 1973, S. 100). Die *ergebnisorientierte Validierung* einer Website-Analyse stützt sich hauptsächlich auf eine argumentative Interpretationsabsicherung. Branchenkenntnisse aus dem Offline-Bereich dienen als zusätzlicher Plausibilitätscheck.

Während die Validierung der Stichprobe sich kaum von den klassischen Verfahren unterscheidet, wird in der *semantischen Validierung* die Angemessenheit der Kategoriedefinitionen bzw. Kodierregeln überprüft (Mayring 2000, S. 111 f.). Eine Überprüfung erfolgt hierbei durch Expertenurteile, Homogenitätsprüfung kriterienerfüllender Web-Seiten oder der sicheren Einordnung konstruierter Problemfälle (Krippendorff 1980, S. 159 ff.).

Die *prozessorientierte Validierung* lässt sich durch bisherige Erfolge mit ähnlichen Konstrukten oder etablierten Theorien und Modellen überprüfen. Eine Website-Analyse, wie hier vorgestellt, baut somit auf den Erkenntnissen und Erfolgen qualitativer Inhaltsanalysen auf. Ein kritischer Vergleich des Analyseprozesses mit anderen veröffentlichten Praxisbeispielen kann Schwachstellen aufzeigen und zu Prozessverbesserungen anregen (Beispiele finden sich u.a. bei Büttgen/Stachel 2001, Communication Consulting 1998, Fischer 1998, Giger et al. 2001, Gräf 2001, Grover 2000, Hess 1999, Kamenz 2000, Munkelt 1999, Rengelshausen 2000, Schubert 2003, Sieber 1999, Silberer/Rengelhausen 2000 und Šonje 2000).

3.3.6 Auswertung und Interpretation der Ergebnisse

Die Ergebnisse der Analyse werden im Rahmen der Auswertung anhand univariater und multivariater Statistiken aufbereitet. Anschließend werden diese interpretiert, validiert und möglicherweise neue zu untersuchende Hypothesen gebildet, die daraufhin erneut analysiert werden können.

Auswertung auf Ebene der Kriterien

Da die Erhebungsmerkmale aus den Websites ermittelt wurden, vermittelt die Betrachtung der Kriterien einen ersten Eindruck über das E-Business-Angebot in der Branche. Kenntnisse der Datenbasis helfen, aggregierte Daten auf Unternehmens- oder Marktebene besser zu interpretieren. Besonders bei erstmaliger Konfrontation unternehmensinterner Informationsempfänger, die wenig mit der Materie E-Business vertraut sind, ist dieser Schritt wichtig. Während betriebswirtschaftliche Kennzahlen für das Management aufgrund ihrer Ausbildung und ihrem Tagesgeschäft zumeist ohne Erklärungen interpretierbar sind, kann dies im Bereich des E-Business nicht immer unterstellt werden. Erklärungen einiger Kriterien anhand von Definitionen oder Ankerbeispielen aus dem Kodierleitfaden helfen Informationsverzerrungen zu minimieren. Zur Verdeutlichung folgt ein Beispiel.

Eigenschaften	Ø Erfüllungsgrad
Intuitive URL	63,5 %
Mega-Tags	6,3 %
Verlinkung	1,3 %

Grundgesamtheit: 202 Unternehmen

Abb. 10: Kriterien der Kategorie ‚CRM-Kontaktphase'

Das Maß, in dem ein Unternehmen auf sich aufmerksam macht und es den Kunden erleichtert seine Website zu finden, soll die Kategorie "CRM-Kontaktphase“ abdecken. Eine richtige Interpretation dieser Kategorie ist jedoch nur bei Kenntnis der zugrundeliegenden Eigenschaften möglich (siehe Abb. 10). Diese bedürfen einer näheren Erläuterung.

Eine *intuitive Internetadresse (URL)* ermöglicht es, einem Interessenten die Website über einfaches Ausprobieren zu finden. Dabei ist das Kriterium erfüllt, wenn die Adresse aus dem Firmennamen bzw. einer gebräuchlichen Abkürzung und einem Länderkürzel oder dem Kürzel „.com“ besteht.

Neben dem intuitiven Probieren ist der Gebrauch von Suchmaschinen und Katalogen die gängigste Methode, um aktiv nach einem Internet-Auftritt zu suchen (Büttgen/ Stachel 2001, S. 25). Das Erheben der Suchmaschinenplatzierung anhand einheitlicher Schlagwörter war in diesem Fall nicht möglich, da die Unternehmen aufgrund unterschiedlicher Sortimente das Produktspektrum partiell unterschiedlich abdecken. Da jedoch die *Anzahl an Meta-Tags*, d.h. unsichtbare Beschreibungen der Seiteninhalte (genauer siehe z.B. Scheele 2000), sich positiv auf die Platzierung in Suchmaschinen auswirkt, wurde die Anzahl der „Keywords" (bezogen auf die Maximalanzahl) auf der Homepage als Maß für die „CRM-Kontaktphase" gewählt.

Auch die *Anzahl externer Verweise* auf eigene Seiten wird von Suchmaschinen als Maß der Popularität gewertet und verbessert die Positionierung. Anbieter, wie z.B. Topsubmit (www.topsubmit.de), ermöglichen deren Ermittlung in einem Popularitätscheck.

Weitere Kriterien, wie die Teilnahme an einem Marktplatz, virtuellen Messen oder sonstigen Branchenseiten, die ebenfalls die Kontaktphase beschreiben, können in Folgeanalysen mit aufgenommen werden. Während es sich hier um eine pragmatische Messung dieser Kategorie handelt, die den Kosten-Nutzen-Aspekt berücksichtigt, zeigt sie deutlich, dass eine Vermittlung der Kategorieinhalte für eine Ergebnisinterpretation unumgänglich ist.

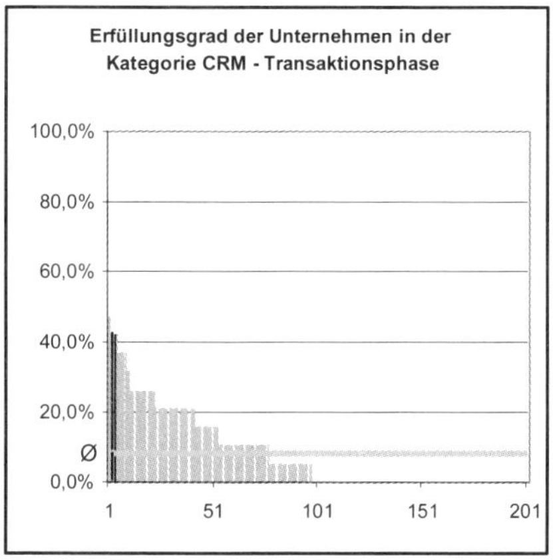

Platz	Firmenname	Erfüllungsgrad
1	Häfele GmbH & Co.	47,4%
1	Würth Handelsges.m.b.H	47,4%
2	EKU AG	42,1%
2	Hettich GmbH & Co. KG	42,1%
2	Knape & Vogt MFG Co.	42,1%
3	Böllhoff GmbH	36,8%
3	Dresselhaus GmbH & Co. KG	36,8%
3	Schwinn GmbH	36,8%
3	Simon, Karl, GmbH & Co. KG	36,8%
4	Salice, Aturo, S.p.A.	31,6%
4	Stabilus GmbH	31,6%
5	Dewert	26,3%
5	EBB Beschlagtechnik	26,3%
5	Goll, Helmut, GmbH	26,3%
5	Grass GmbH	26,3%
5	Holz, Franz, GmbH & Co. KG	26,3%
5	Kemmann & Koch GmbH & Co. KG	26,3%

Abb. 11: Detailbetrachtung einer Kategorie

Auswertung auf Ebene der Kategorien

Wird für jedes Unternehmen die durchschnittliche, prozentuale Erfüllung aller Kriterien einer Kategorie ermittelt und ihrer Größe nach geordnet abgetragen (siehe Abb. 11 links), so zeigt der Verlauf die Verteilung der Kategorieerfüllung in der Branche. Die

Einordnung des eigenen Unternehmens verdeutlicht, wie das eigene Unternehmen im Vergleich zu den Wettbewerbern positioniert ist (siehe Abb. 11 rechts). Somit erhält man ferner ein Best Practice-Unternehmen für jede Kategorie. Sie können als Vorbildsfunktion dienen und Grundlage für eine detaillierte Einzelanalyse bilden.

Ein erster Vergleich der Kategorien vermittelt einen Eindruck vom Markt (siehe Abb. 12). Die zielgruppenunspezifische Kategorie zeigt, dass das Internet maßgeblich benutzt wird, um das eigene Unternehmen vorzustellen. Als wichtigste *Zielgruppe* werden die Kunden gesehen, während weitere Zielgruppen nur selten angesprochen werden. Im Bereich des Investment Relations ist dies verständlich, da es sich um eine mittelständisch geprägte Unternehmenslandschaft handelt, in der viele Firmen in Privatbesitz gehalten werden. Bei den Zielgruppen der Bewerber und der Lieferanten werden jedoch weitere Entwicklungen erwartet.

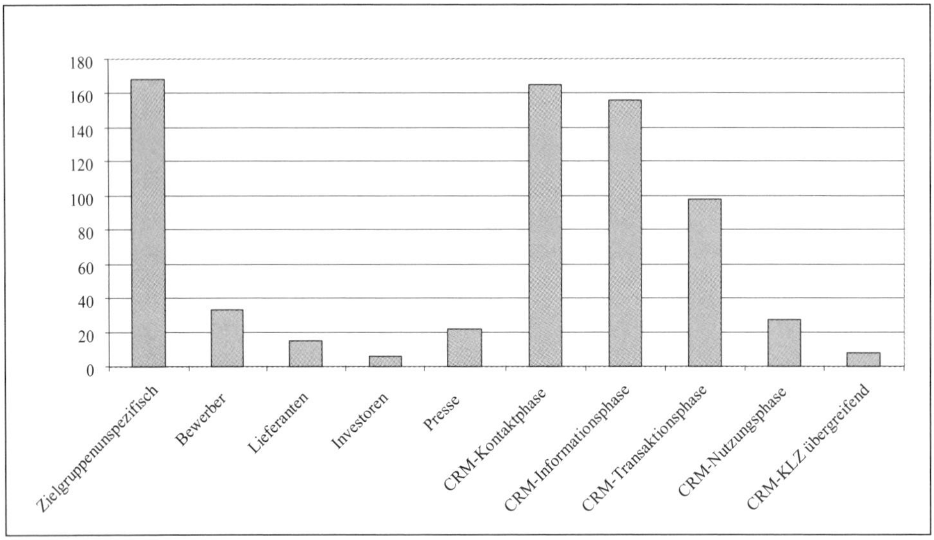

Abb. 12: Anzahl der in den Kategorien vertretenen Unternehmen

Im Rahmen des *eCRM* bieten die Unternehmen primär Unterstützung in der Informationsphase an. Die Transaktionsphase ist bei den größeren Auftritten bereits häufiger vertreten. In der Nachbetreuungsphase finden sich nur wenige Anwendungen. Hier besteht eventuell Abgrenzungspotenzial zum Wettbewerb. In der unabhängigen Kategorie zur allgemeinen Pflege des Kunden tun sich besonders kleinere Unternehmen bzw. Internet-Auftritte mit guten Ideen hervor. So bietet z.B. die Firma H+H System (www.hplush.at) ein Online-Gewinnspiel an, wobei sie auf ganz einfache Weise die persönlichen Daten der Website-Besucher erhält und mit der Gewinnzustellung gleich Kundenkontakt aufnehmen kann.

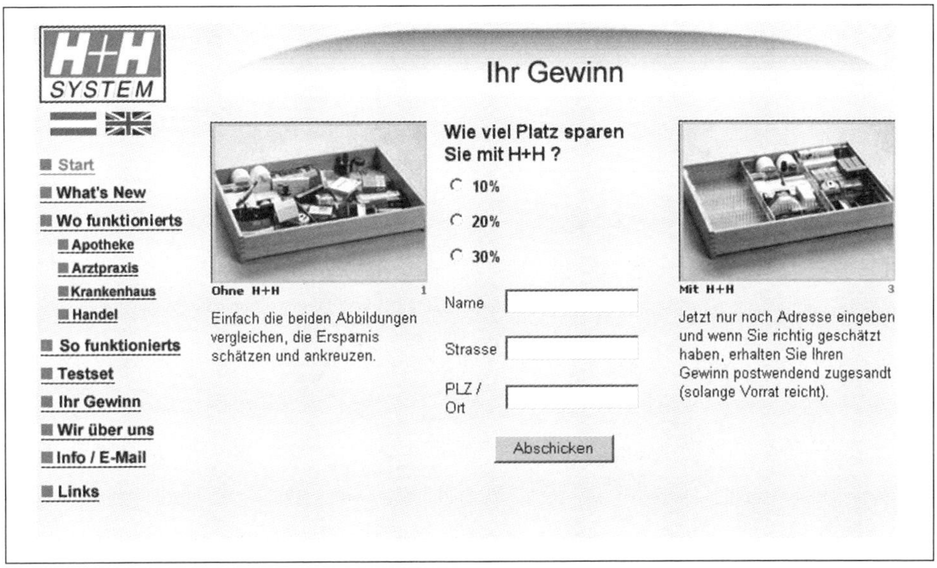

Abb. 13: Online-Gewinnspiel der Firma H+H (www.hplush.at)

Aufgrund der Kenntnis, wie die Rubrik „CRM-Kontaktphase" gemessen wird, kann die hohe Zahl von 161 Unternehmen, die in der Kategorie zumindest einmal vertreten sind, relativiert werden. Ein Meta-Tag bzw. ein externer Link auf die Homepage des Unternehmens reichen aus, die Kategorie bereits anteilig zu erfüllen. Dies zeigt, wie wichtig der erste Schritt der Auswertung für die nachfolgende Ergebnisinterpretation sein kann.

Die Aggregation der Einzelkriterien erfolgte anhand einer einfachen Häufigkeitszählung. Liegen dem Unternehmen Kenntnisse über die Kundenpräferenzen vor, so ist es auch denkbar, die Kriterien anhand ihrer Kundenbedeutung zu gewichten (Kamenz 2000, S. 24).

Auswertung auf Unternehmensebene

Die Charakterisierung und der Vergleich einzelner Wettbewerber ermöglichen die Generierung von Unternehmensprofilen, wie es exemplarisch in Abb. 14 dargestellt ist. Während der Internet-Auftritt der Firma Hettich die Zielgruppen Bewerber, Lieferanten, Presse und Kunden anspricht, handelt es sich bei der Website von BMP um einen Auftritt, der keinerlei Zielgruppendifferenzierungen aufweist.

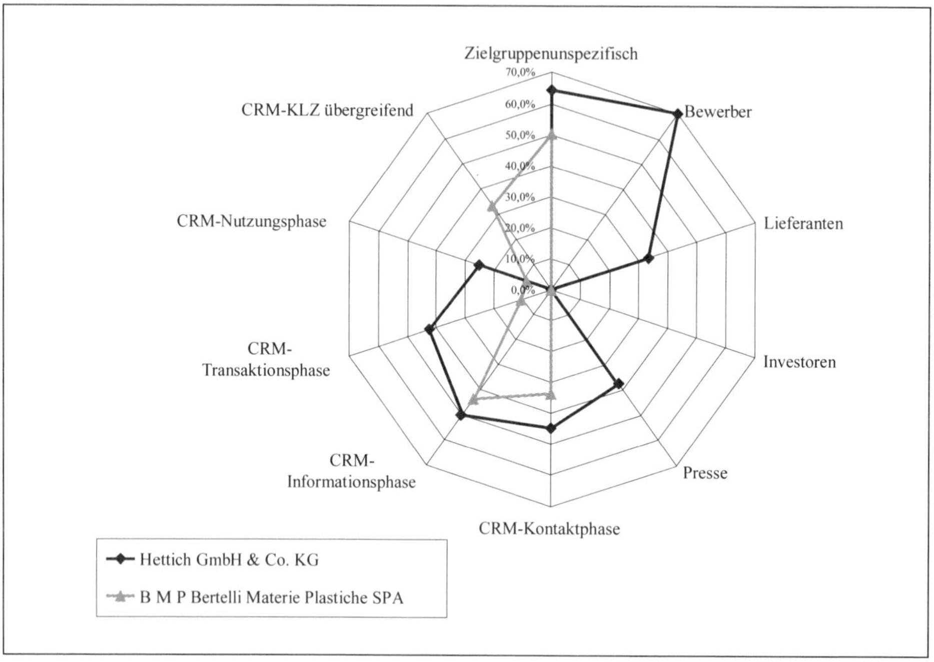

Abb. 14: Unternehmensprofile im Vergleich

Auf Ebene der Unternehmen können *Best Practice*-Unternehmen identifiziert werden. Erfolgreiche Konzepte können als Benchmark fungieren, soweit diese auf das eigene Unternehmen sinnvoll übertragbar sind. Die Analyse ergab z.B., dass Würth den mit Abstand umfangreichsten Internet-Auftritt verzeichnen konnte. Vergleiche mit den Wettbewerbern oder dem eigenen Unternehmen sind jedoch nur bedingt durchführbar, da es sich um ein Unternehmen handelt, dass in seiner Marktbearbeitung primär auf das Handwerk und nur sekundär auf industrielle Kunden ausgerichtet ist. Es unterscheidet sich somit strukturell stark von den restlichen Wettbewerbern. Trotz seiner abweichenden Marktpositionierung kann der Auftritt dennoch in Teilbereichen als Vorbildfunktion dienen.

Auswertung auf Branchenebene

Während in der letzten Ebene nur einzelne Unternehmen zueinander in Verbindung gesetzt wurden, wird auf Branchenebene der Gesamtmarkt dargestellt. Eine Form der Darstellung stellt z.B. der Online-Offline-Vergleich dar. Ziel ist der Vergleich zwischen der Position eines Unternehmens am Markt und seiner Stellung im E-Business. Während eine korrespondierende Rangordnung zu erwarten ist, sind besonders Ausreißer interessant. Dabei können z.B. kleinere Unternehmen identifiziert werden, die das Internet als Differenzierungsstrategie nutzen wollen. Aufgrund fehlender umsatz- und größenbezogener Daten wurden die Wettbewerber hinsichtlich ihrer Wettbewerbsposition durch Unternehmensmitarbeiter in unbedeutend, mittel und bedeutend eingestuft. Die Firma Würth wurde aufgrund ihrer abweichenden Marktausrichtung aus der Auswertung herausgenommen. Abb. 15 zeigt, dass trotz mittlerer bis hoher Wettbewerbsposition viele der Unternehmen unterproportional im Internet vertreten sind. Kleinere Unternehmen, die das Internet als Differenzierungsstrategie einsetzen, konnten ebenfalls nicht festgestellt werden. Die angestrebte Position von Hettich als Technologie- und Marktführer wird auch im E-Business bestätigt. Die Analyse sieht Blum als stärksten Konkurrenten. Eine enge Beobachtung der E-Business-Aktivitäten wird besonders empfohlen. Die führenden Unternehmen jeder Gruppe können als Ausgangsbasis einer intensiveren Beobachtung dienen.

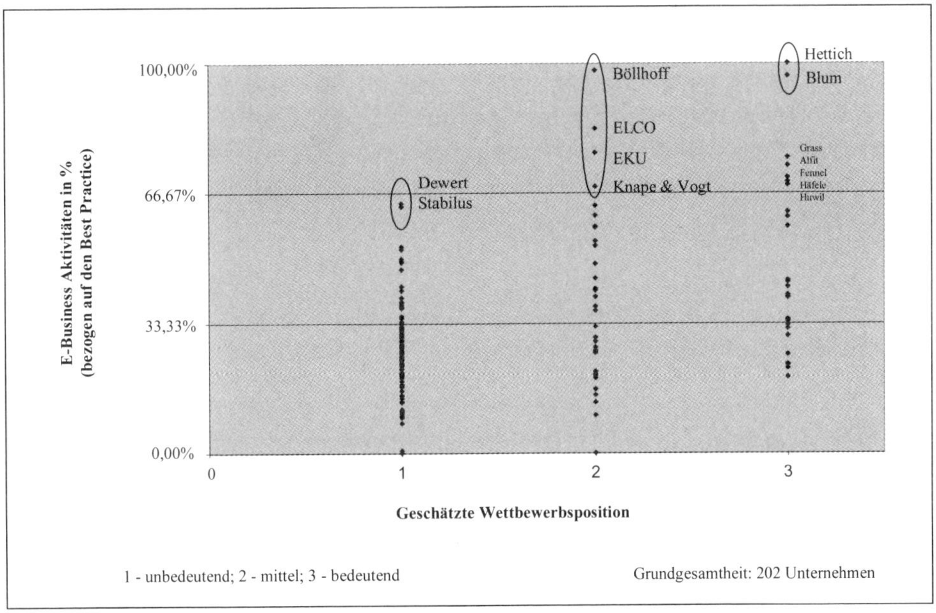

Abb. 15: Online-Offline-Wettbewerbsmatrix

Neben der deskriptiven Statistik können die erhobenen Daten auch mit Methoden des Data Mining analysiert werden (siehe u.a. Hippner et al. 2001). So liefert bspw. das Clusterverfahren eine Klassifizierung der Unternehmen nach den CRM-Gesichtspunkten (siehe Abb. 16).

Die Ergebnisse könnten auf einen CRM-Entwicklungspfad schließen lassen, der besagt, dass ein Unternehmen im E-Business anfangs seinen Schwerpunkt auf die Aufmerksamkeitsphase lenkt und sich anschließend der nächsten Phase widmet. Für Hettich folgt aus der Zuordnung zum Cluster 5, dass sich das Unternehmen in der Kontaktphase und Informationsphase bereits gut positionieren konnte und seine Aufmerksamkeit weiterhin der Transaktionsphase und zunehmend den Phasen der Nachbetreuung und der allgemeinen Kundenpflege widmen sollte.

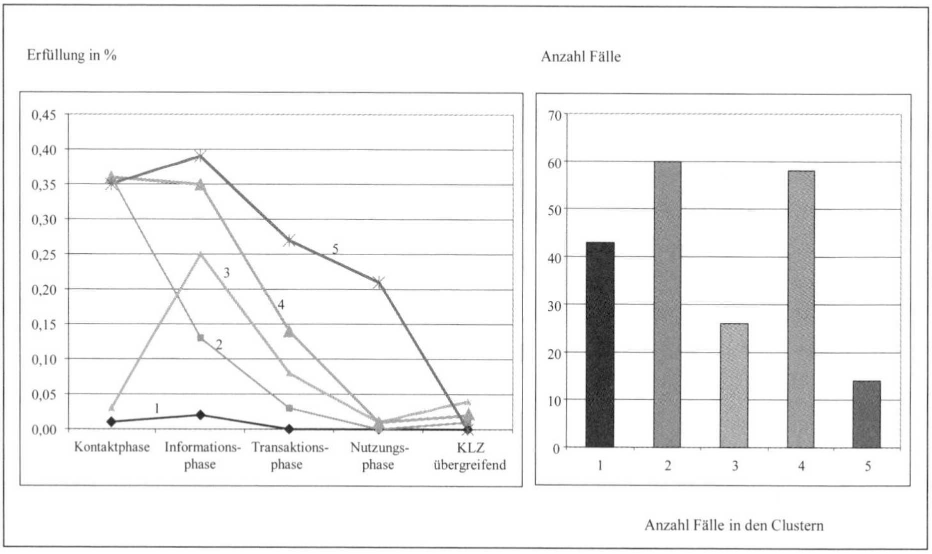

Abb. 16: Klassifizierung der Wettbewerber nach CRM-Gesichtspunkten

3.3.7 Trendanalysen

Das Internet ändert sich fortwährend. Daher ist eine Beobachtung periodisch durchzuführen. Erst durch eine wiederholte Website-Analyse können Entwicklungstrends offen gelegt werden. Dabei sind prinzipiell zwei Varianten möglich:

(1) In periodischen Abständen erfolgt eine *Wiederholung der Website-Analyse*. Eine bessere Vergleichbarkeit der Ergebnisse wird erreicht, wenn das Analysedesign im Laufe der Zeit konstant gehalten wird. Da sich das Kategoriensystem jedoch aus dem Angebot ergibt, wird eine Kombination vorgeschlagen. Ein einmal aufgenommenes Kriterium wird in Folgeanalysen so lange beibehalten, bis es seine Bedeutung am Markt verliert bzw. nicht mehr auftritt. Neue Eigenschaften werden bei erstmaligem Erscheinen hinzugefügt. Erweisen sich Definitionen von Kriterien als unpassend, ist abzuwägen, ob das System zu Gunsten der Genauigkeit abzuwandeln ist oder zu Gunsten der Kontinuität beibehalten werden soll.

(2) Die zweite Variante der Trendanalyse besteht in einer *fortlaufenden Aktualisierung der Datenbasis*. Monitoring-Programme bzw. Awareness Tools sind in der Lage, in regelmäßigen Abständen eine Liste vorgeschriebener Websites zu besuchen, und

benachrichtigen den Benutzer, sobald sich eine Änderung ergeben hat (eine Übersicht über aktuelle Software bietet u.a. Notess 2003). Die Änderungen können dann von einem Mitarbeiter in die Datenbasis eingepflegt werden. Hierbei ist zu beachten, dass nur Änderungen bereits ausgewählter Wettbewerber protokolliert werden. Eigene Recherche und intelligente Suchagenten sollten die Liste der Wettbewerber hin und wieder komplettieren.

Die erstmalige Durchführung der Analyse sollte immer auf Basis einer breiten Grundgesamtheit erfolgen. Um den Aufwand der Analyse zu beschränken, wird folgende Vorgehensweise empfohlen: Die Grundgesamtheit wird jährlich erhoben. Quartalsweise werden die Top 10-20 analysiert. Die Hauptkonkurrenten sollten einer kontinuierlichen Beobachtung unterzogen werden. Handelt es sich um eine Branche mit kurzen Innovationszyklen sind die Zeiträume dementsprechend zu verkürzen.

3.4 Kritische Reflexion der wettbewerbsbezogenen Website-Analyse

In der kritischen Reflektion werden Kosten- und Nutzenaspekte der Website-Analyse diskutiert. In der entscheidungsorientierten Literatur (u.a. Feltham 1972; Demski 1980) wird der Nutzen einer Information häufig anhand ihrer Entscheidungswirkung beurteilt. Nach dem „information-economics"-Ansatz gilt eine Informationsversorgung als optimal, wenn der erwartete Nettoerfolg, d.h. Nutzen minus Kosten, ein Maximum annimmt (u.a. Wenzel 1975, S. 66 ff.). Dieser Ansatz ist in der Realität kaum durchführbar. Ihm stehen im Wesentlichen drei Probleme entgegen (u.a. Hettich 1981, S. 130 ff.):

- Kosten und Nutzen von Informationen können nur schwer quantifiziert werden.
- Informationen nutzen sich nicht ab und sind mehrfach verwendbar. Ein wiederholter Einsatz von Information führt zu Verrechnungsproblemen der Ressource.
- Der wahre Nutzen einer Information ist in vielen Fällen erst ex post, d.h. mit Kenntnis über deren Inhalt, bekannt; man spricht vom „Informationsparadoxon".

Diese Probleme führen dazu, dass in der Praxis eher der pragmatische Weg einer groben Kosten-Nutzen-Einschätzung gewählt wird (Horváth 2001, S. 379). Eine qualitative Bewertung erscheint allenfalls besser als ein Verzicht auf die Prognose der Kosten und einer globalen Einordnung des von ihnen erwarteten Nutzens (Küpper 2001, S. 151).

Kosten

Als wesentliche Kostenposition ist der *manuelle Aufwand* anzuführen. Erhebung und Auswertung der Website-Analyse beanspruchten ca. 15 Manntage. Ein großer Anteil entfiel dabei auf das Auffinden der Wettbewerber im Web. Dieser einmalige Aufwand reduziert sich in den Folgeanalysen. Auch bei der Adaption des Analysedesigns und durch methodische Lerneffekte ist mit deutlichen Zeitersparnissen zu rechnen. Die Durchführung der Analyse sollte durch eigene Mitarbeiter des IT-Bereichs erfolgen, da eine Erhebung detaillierte Marktkenntnisse des Business vermittelt. Die Erhebung durch mehrere Personen ermöglicht zudem die Messung von Reliabilität.

Ein Internetzugang und ein Tabellenkalkulationsprogramm bilden die einzigen *technologischen Voraussetzungen*, so dass für eine Website-Analyse hierbei kaum Kosten entstehen. Auch die *methodischen Kenntnisse* halten sich in einem engen Rahmen, der es ermöglicht die Vorgehensweise schnell zu erlernen. Nach einer kurzen Einweisung sollte jeder Mitarbeiter in der Lage sein, die Aufgabe eines Kodierers zu übernehmen.

Nutzen

Der Nutzen zeigt sich erst am Erfolg der auf der Basis der wettbewerbsbezogenen Website-Analyse getroffenen Maßnahmen. Die Analyse ist in der Lage, Vermutungen durch gesicherte Erkenntnisse zu untermauern. Spätestens bei der *Festlegung einer E-Business-Strategie* sollte der Wettbewerb als einer der wesentlichen Umweltfaktoren mit berücksichtigt werden. Ein Unternehmen muss sich am Markt und insbesondere an seiner Konkurrenz messen lassen. Die Positionierung des eigenen Unternehmens stellt somit einen externen Erfolgsindikator dar.

In der *Früherkennung* helfen kritische Analysen, sowohl Chancen als auch Risiken im Markt rechtzeitig zu erkennen. Periodische Analysen bilden Entwicklungstrends ab. Erfolgreiche Konzepte werden sich immer stärker durchsetzten, während andere Konzepte wieder vom Markt verschwinden. Neben der hier vorgestellten direkten Wettbewerbsanalyse kann die Systematik der Website-Analyse ebenfalls auf Unternehmen ähnlich strukturierter Branchen angewendet werden, um z.B. zeitlich vorgelagerte Entwicklungen auf die eigene Branche im passenden Augenblick zu übertragen. Strategisch relevante Trends können somit frühzeitig offengelegt werden.

Neben dem strategischen Einsatz steht die Datenbasis auch für die *taktische und operative Nutzung* zur Verfügung. Plant ein Unternehmen bspw. die Umgestaltung des eigenen E-Commerce-Bereichs, liefern die Erhebungsdaten die Gruppe aller Wettbewerber, die im Rahmen der Transaktionsphase bereits Aktivitäten auf ihren Websites anbieten. Diese Auswahl dient als Stichprobe, anhand der Detailanalysen durchgeführt werden können.

4 Zusammenfassung

Die Natur des Forschungsgegenstandes erfordert viel Flexibilität und Toleranz des Analysten gegenüber „quasi-natürlichen“ Unschärfen. Trotzdem ermöglicht die Systematik der Inhaltsanalyse objektive Ergebnisse, die den Ansprüchen einer wissenschaftlichen Untersuchung genügen. Die Analyse kann bereits mit geringem materiellen Aufwand und wenigen methodischen Kenntnissen durchgeführt werden. Somit bietet die Website-Analyse die notwendige Methodik, den wettbewerbsbezogenen strategischen Informationsbedarf zu decken. Denn nur auf gesicherten Markt- und Konkurrenzinformationen ist eine strategische Planung des eCRM sinnvoll durchführbar.

Literaturverzeichnis

Altheide, D.L.; Johnson, J.M. (1994): Criteria for Assessing Validity in Qualitative Research, in: Denzin, N.K.; Lincoln, Y.S. (Hrsg.): Handbook of Qualitative Research, Thousand Oaks et al., S. 485-499.

Bain, J.S. (1959): Industrial Organization, New York.

Bea, F.X.; Haas, J. (2001): Strategisches Management, 3. Aufl., Stuttgart.

Bortz, J.; Döring, N. (2002): Forschungsmethoden und Evaluation für Human- und Sozialwissenschaften, 3. Aufl., Berlin et al.

Bredemeier, W. (2002): Die Entwicklung der deutschen Informationswirtschaft bis 2006 – Ergebnisse einer Expertenumfrage, Institute for Information Economics, Hattingen.

Bullinger, H.-J.; Schäfer, M. (2000): Aufholjagd auf dem Weg in die Internet-Ökonomie, in: Pförtsch, W.A. (Hrsg.): Living Web – Erprobte Anwendungen, Strategien und zukünftige Entwicklungen im Internet, 2. Aufl., Landsberg/Lech, S. 263-311.

Büttgen, M.; Stachel, K. (2001): Entwicklung eines Beurteilungsinstruments für gewerbliche Internet-Auftritte, Arbeitspapier des Marketing-Seminars der Universität zu Köln, Köln.

Communication Consulting (1998): Websites professioneller, in: Werben & Verkaufen, Nr. 35, S. 131.

Contentum (2001): Konkurrenzanalyse – So funktioniert die Wettbewerbsbeobachtung unter Zuhilfenahme des Internet, http://www.contentum.de/internet-marketing/hintergrund/konkurrenzbeobachtung.htm (Zugriff: 13.03.2001).

Demski, J.S. (1980): Information Analysis, 2. Aufl., Reading Massachusetts.

Diller, H. (2001): Die Erfolgsaussichten des Beziehungsmarketings im Internet, in: Eggert, A.; Fassott, G. (Hrsg.): eCRM – Electronic Customer Relationship Management – Management der Kundenbeziehungen im Internet-Zeitalter, Stuttgart, S. 65-85.

Englbrecht, A.; Hippner, H.; Krüger, P. (2002): Kundenbindungsmanagement – Die Evaluation, in: Wilde, K.D.; Hippner, H. (Hrsg.): eCRM – Innovative Kundenbindung im Internet, Düsseldorf, S. 101-134.

Feltham, G.A. (1972): Information Evaluation, Sarasota Florida.

Fischer, O. (1998): Von Freak zu Freak, in: Werben & Verkaufen, Nr. 29, S. 75.

Flick, U.; von Kardorff, E.; Keupp, H.; Rosenstiel, L.; Wolff, S. (Hrsg.) (1995): Handbuch Qualitativer Sozialforschung – Grundlagen, Konzepte, Methoden und Anwendungen, München.

Freeman, E.R. (1984): Strategic Management – A Stakeholder Approach, Boston et al.

Friedrichs, J. (1973): Methoden empirischer Sozialforschung, Reinbek.

Früh, W. (2001): Inhaltsanalyse – Theorie und Praxis, 5. Aufl., Konstanz.

Giger, A.; Schubert, P.; Dettling, W. (2001): EWAM – Erweiterte Web Assessment Methode – Beurteilung von E-Commerce-Applikationen aus Kundensicht, Arbeitsbericht des Institut für angewandte Betriebsökonomie der Fachhochschule Basel, E-Business/Nr. 3, Basel.

Gräf, H. (2001): Profilierung durch Online-Marketing: Von der Idee zum Stammkunden, in: Meier, A. (Hrsg.): Internet & Electronic Business – Herausforderungen an das Management, Zürich, S. 95-118.

Grover, P. (2000): Europ's Year of the Internet – Bricks and Clicks. London School of Economics and Novell, http://www.Lse.ac.uk/Press/archive/pressrelease-novell2.htm (Zugriff: 13.09.2002).

Hagel, J.; Armstrong, A.G. (1999): Net.Gain – Profit im Netz, Wiesbaden.

Hermann, M. (2001): Wettbewerb auf Elektronischen Märkten, in: Reichwald, R. (Hrsg.): Elektronische Märkte, Vorlesung des Lehrstuhls für allgemeine Industrielle Wirtschaftslehre, http://www.reichwald-online.de (Zugriff: 14.07.2002), S. 48-64.

Hess, T. (1999): Das Internet als Distributionskanal für die Medienindustrie – Entwicklungstendenzen im deutschen Markt, in: Wirtschaftsinformatik, Nr. 1, S. 77-82.

Hettich, G. (1981): Struktur, Funktion und Effizienz betrieblicher Informationssysteme, Altendorf bei Bamberg.

Hippner, H.; Küsters, U.; Meyer, M.; Wilde, K.D. (Hrsg.) (2001): Handbuch Data Mining im Marketing – Knowledge Discovery in Marketing Databases, Braunschweig/Wiesbaden.

Horváth, P. (2001): Controlling, 8. Aufl., München.

Kairies, P. (1997): So analysieren Sie Ihre Konkurrenz – Konkurrenzanalyse und Benchmarking in der Praxis, Renningen-Malmsheim.

Kamenz, U. (2000): Perfekte Webseiten – wie sieht die Realität aus?, in: Pförtsch, W.A. (Hrsg.): Living Web – Erprobte Anwendungen, Strategien und zukünftige Entwicklungen im Internet, 2. Aufl., Landsberg/Lech, S. 21-33.

Kirk, J.; Miller, M.I. (1986): Reliability and Validity in Qualitative Research, London et al.

Krippendorff, K. (1980): Content Analysis – An Introduction to its Methodology, Beverly Hills et al.

Küpper, H.-U. (2001): Controlling – Konzeption, Aufgaben und Instrumente, 3. Aufl., Stuttgart.

Lamnek, S. (1995): Qualitative Sozialforschung. Band 1: Methodologie, 3. Aufl., Weinheim et al.

Lynch, J.P.; Horton, S. (1999): Erfolgreiches Web-Design, München.

Mason, E. (1949): The current state of the monopoly problem in the U.S., in: Harvard Law Review, Vol. 62, No. 6, S. 1265-1285.

Mayring, P. (2000): Qualitative Inhaltsanalyse – Grundlagen und Techniken, 7. Aufl., Weinheim.

Merten, K. (1995): Inhaltsanalyse – Einführung in Theorie, Methode und Praxis, 2. Aufl., Opladen.

Mocker, U.; Mocker, U.; Ahlreep, H. (2000): E-Commerce im Griff, Frechen-Königsdorf.

Moschner, K. (2000): Inhaltsanalyse von Internet-Portals im WWW – Entwicklung und Anwendung eines Kategoriensystems, Hildesheim.

Munkelt, I. (1999): Was leisten die Global Player im Internet?, in: Absatzwirtschaft, Nr. 7, S. 28-31.

Muther, A. (1999): Electronic Customer Care – Die Anbieter-Kunden-Beziehung im Informationszeitalter, Berlin et al.

Neuendorf, K.A. (2002): A Flowchart for the Typical Process of Content Analysis Research, http://academic.csuohio/kneuendorf/resources/flowc.htm (Zugriff: 13.09.2002).

Notess, G.R. (2003): Current Awareness Tools, http://www.searchengineshowdown.com/alerts/ (Zugriff: 21.05.2003).

Rengelshausen, O. (2000): Online-Marketing in deutschen Unternehmen – Einsatz, Akzeptanz, Wirkungen, Wiesbaden.

Rengelshausen, O.; Rohani, P. (1999): Der Internet-Auftritt deutscher Unternehmen – Ergebnisse einer Inhaltsanalyse. Institut für Marketing und Handel, Georg-August-Universität Göttingen, Göttingen.

Ritsert, J. (1972): Inhaltsanalyse und Ideologiekritik – Ein Versuch über kritische Sozialforschung, Frankfurt am Main.

Rössler, P. (1997): Standardisierte Inhaltsanalysen im WorldWideWeb – Überlegungen zur Anwendung der Methode am Beispiel einer Studie zu Online-Shopping-Angeboten, in: Beck, K.; Vowe, G. (Hrsg.): Computernetze – ein Medium öffentlicher Kommunikation, Berlin, S. 245-267.

Sammon, W.L. (1984): Competitor Intelligence – An Analytical Approach, in: Sammon, W.L.; Kurland, M.A.; Spitalinc, R. (Hrsg.): Business Competitor Intelligence – Methods for Collecting, Organizing and Using Information, New York et al., S. 90-143.

Scheele, M.-O. (2000): Informationssuche im Internet, http://www.metadir.de/suchen/ (Zugriff: 15.07.2002).

Schindera, F.T. (2001): e-Business und die Steuerung teilautonomer Organisationseinheiten, Wiesbaden.

Schubert, P. (2003): Extended Web Assessment Method (EWAM) – Evaluation of Electronic Commerce Applications from Customer's Viewpoint, in: International Journal of Electronic Commerce, http://www.e-business.fhbb.ch/eb/publica tions.nsf/ (Zugriff: 25.09.2002).

Sieber, P. (1999): Site-Rating, Who's Best?, in: Marketing & Kommunikation, Nr. 2, Artikel-Nr. D-14.

Silberer, G.; Rengelshausen, O. (2000): Der Internet-Auftritt deutscher Unternehmen – Ergebnisse wiederholter Website-Analysen, in: Bliemel, F.; Fassott, G.; Theobald, A. (Hrsg.): Electronic Commerce – Herausforderungen, Anwendungen, Perspektiven. 3. Aufl., Wiesbaden, S. 275-296.

Šonje, D. (2000): Webtest – Beschreibung des Meßverfahrens, der Methodik und Informationen zur Untersuchungsstichprobe, der Quotenauswahl und dem Untersuchungszeitraum, http://www.manager-magazin.de/static/methodik-webtest.pdf (Zugriff: 03.03.2001).

Steinke, J. (1999): Kriterien qualitativer Forschung – Ansätze zur Bewertung qualitativ-empirischer Sozialforschung, Weinheim/München.

W3C (2001): Web Content Accessibility Guideline 2.0 – W3C Working Draft 25 January 2001, http://www.w3.org/TR/WCAG20/ (Zugriff: 15.03.2001).

Wenzel, F. (1975): Entscheidungsorientierte Informationsbewertung, Opladen.

Werner, A. (1997): Medien- und Kommunikationsforschung in digitalen Online-Umwelten, in: Beck, K.; Vowe, G. (Hrsg.): Computernetze – ein Medium öffentlicher Kommunikation?, Berlin, S. 227-243.

Wetzstein, T.A.; Dahm, H.; Steinmetz, L.; Lentes, A.; Schampaul, S.; Eckert, R. (1995): Datenreisende – Die Kultur der Computernetze, Opladen.

Wirtz, B.W; Vogt, P. (2001): Kundenbeziehungsmanagement im electronic Business, in: GfK – Jahrbuch der Absatz- und Verbrauchsforschung, Nr. 1, S. 116-135.

Manfred Bruhn, Florian Siems

Interne Servicebarometer zur Messung und Verbesserung von internen Dienstleistungen – ein Erfahrungsbericht aus der Pharma-Branche

1 Konzept der Internen Servicebarometer

Im Marketing hat sich heute die Erkenntnis durchgesetzt, dass das Erreichen vorökonomischer, *kundenbezogener Erfolgsgrößen* wie Kundenzufriedenheit und Kundenbindung bei vielen Unternehmen eine zentrale Voraussetzung für den Unternehmenserfolg darstellt (z.B. Barnes 2001, S. 51 ff.; Bruhn 2001b, S. 3f.; 1999a, S. 109 ff.; Gummesson 2002, S. 229 ff.; Müller/Riesenbeck 1991). Häufig wird dabei von einer *Wirkungskette* („Erfolgskette") der Art ausgegangen, dass die Leistungsbeurteilung („Qualität") die Kundenzufriedenheit und diese wiederum die Kundenbindung beeinflusst (Anderson/Mittal 2000, S. 107; Herrmann/Johnson 1999; Heskett et al. 1994; Homburg et al. 2000b; Rapp 1995, S. 16).

Dieser Idee folgen die meisten sogenannten *Nationalen Kundenbarometer*. Abb. 1 verdeutlicht die erwähnte Erfolgskette am Beispiel des Modells für das Amerikanische Kundenbarometer ACSI (American Customer Satisfaction Index).

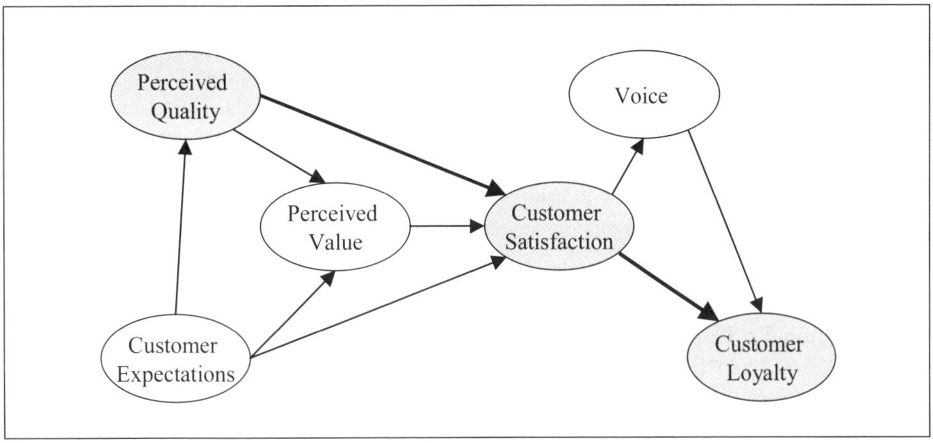

Abb. 1: Modell des Amerikanischen Kundenbarometers ACSI
Quelle: Anderson/Fornell 2000, S. 873

Mit Nationalen Kundenbarometern werden insbesondere Größen wie Kundenzufriedenheit und Kundenbindung in verschiedenen Branchen innerhalb einer Nation oder eines Wirtschaftsraumes quantifiziert, Wirkungsbeziehungen zwischen diesen Größen ermittelt und Determinanten derselben identifiziert. Ziel ist dabei, sowohl innerhalb einer Branche als auch branchenübergreifend ein Benchmarking für Einzelunternehmen vorzunehmen und Ansätze zur Verbesserung der Zielgrößen abzuleiten. Die für das Benchmarking notwendige Vergleichbarkeit der Ergebnisse wird dabei durch den Einsatz der *Kausalanalyse* über eine indikatorgestützte Messung der einzelnen Größen und eine branchenspezifische Gewichtung der Indikatoren ermöglicht (Bruhn 2001b,

S. 229 ff.; Bruhn/Murmann 1998). Ist z.B. in einer Branche die Freundlichkeit der Mitarbeitenden aus Kundensicht das wichtigste Qualitätsmerkmal, in einer anderen Branche dagegen die Schnelligkeit der Leistungserbringung, geht in die Berechnung eines Qualitätsindexes bei der einen Branche die Beurteilung der Freundlichkeit, bei der anderen Branche entsprechend die Beurteilung der Schnelligkeit stärker gewichtet ein als das jeweils andere Merkmal. Auf diese Weise liefern die ermittelten Indizes eine faire Basis für einen Vergleich, sind standardisiert und berücksichtigen dennoch Branchenbesonderheiten.

Nationale Kundenbarometer zielen bisher – ebenso wie ähnlich konzipierte Messungen von Kundenzufriedenheit und Kundenbindung einzelner Unternehmen – ausschließlich auf externe Kunden des Unternehmens ab. Nach heutigen Erkenntnissen reicht aber für eine kundenorientierte Unternehmung die rein externe Sichtweise der Kundenorientierung nicht aus. Vielmehr stellt gerade auch eine *interne Kundenorientierung* eine wichtige Voraussetzung nicht nur für die Effizienz von Prozessen innerhalb eines Unternehmens, sondern auch für die externe Kundenorientierung dar. Demnach sollte sich Kundenorientierung bei allen Mitarbeitern – und auch bei Dienstleistungen innerhalb eines Unternehmens – widerspiegeln (Bruhn 2002, S. 26 ff.; Stauss 1999, S. 18).

Folglich ist es für ein Unternehmen neben der Messung und Verbesserung der externen Kundenzufriedenheit ebenso wichtig, auch für *interne Dienstleistungen* die Kundenzufriedenheit zu beachten und zu verbessern (Gremler et al. 1994). Betrachtet man die Bandbreite interner Dienstleistungen in Unternehmen und deren Heterogenität, stellt sich die Frage, ob nicht das Instrument der nationalen Kundenbarometer, das ja gerade für heterogene Leistungen und Anbieter bzw. Branchen konzipiert ist, auf die internen Dienstleistungen übertragbar ist.

Hierauf basiert die Idee des im vorliegenden Beitrags vorgestellten und u.a. im Pharmabereich angewendeten Ansatzes: Das aufgezeigte Prinzip der Erfolgskette und die Methodik nationaler Kundenbarometer wurden bei zwei Pharmaunternehmen auf interne Kunden-Lieferanten-Beziehungen übertragen („*Interne Servicebarometer*"), um durch empirische Messung der internen Kundenzufriedenheit und Identifikation ihrer Determinanten die interne Kundenorientierung zu verbessern. Im Folgenden wird hierzu zunächst aufgezeigt, wie die Methodik in beiden Fällen auf interne Dienstleistungen übertragen wurde (Abschnitt 2), welche Gemeinsamkeiten und Unterschiede sich bei den beiden Unternehmen ergaben (Abschnitt 3), wie die Ergebnisse jeweils genutzt wurden (Abschnitt 4) und unter welchen Prämissen Interne Servicebarometer als Steuerungsinstrument Anwendung finden können (Abschnitt 5).

2 Implementierung Interner Servicebarometer bei zwei Pharmaunternehmen

In Zusammenarbeit mit dem Lehrstuhl Marketing und Unternehmensführung der Universität Basel wurde 1998 bei einem Pharmaunternehmen, das im folgenden als „Pharma 1" bezeichnet wird, die Idee der Nationalen Kundenbarometer und der Erfolgskette aufgegriffen, um ein Internes Servicebarometer zu implementieren, mit dem die interne Kundenzufriedenheit gemessen und Ansatzpunkte für eine Steuerung derselben auf Basis einer empirischen Studie ermittelt werden sollten. 1999 wurde ein analoges Projekt mit einem weiteren Pharmaunternehmen (im Folgenden: Pharma 2) initiiert.

2.1 Übertragung der Erfolgskette auf Interne Servicebarometer

In einem ersten Schritt wurde in Form von Vorgesprächen bei zwei Unternehmen der Pharmabranche festgestellt, dass das bei externen Kunden im Rahmen Nationaler Kundenbarometer verwendete Konzept der *Erfolgskette* auf interne Kunden übertragbar ist (Bruhn 2003): Es erscheint plausibel, dass die Beurteilung interner Leistungen durch interne Kunden die (interne) Kundenzufriedenheit beeinflusst; ebenso, dass es so etwas wie interne Kundenbindung im Sinne einer Verbundenheit mit bestimmten internen Anbietern gibt, die aus der Leistungsbeurteilung und/oder der Kundenzufriedenheit resultiert.

Als zentrale Modellgrößen wurden daher in beiden internen Kundenbarometern die Leistungsbeurteilung („Qualität"), die Kundenzufriedenheit und die Verbundenheit angesehen, wobei eine Wirkung der Leistungsbeurteilung auf die Kundenzufriedenheit und eine Wirkung beider Größen auf die Verbundenheit vermutet wurde.

2.2 Entwicklung der Messmodelle

Da es sich bei den drei Modellgrößen um komplexe, latente Konstrukte handelt, sollte ihre Messung analog zu den Nationalen Kundenbarometern nicht direkt, sondern indirekt über Indikatoren erfolgen (Bruhn/Murmann 1998). Abb. 2 verdeutlicht die Idee dieses Ansatzes.

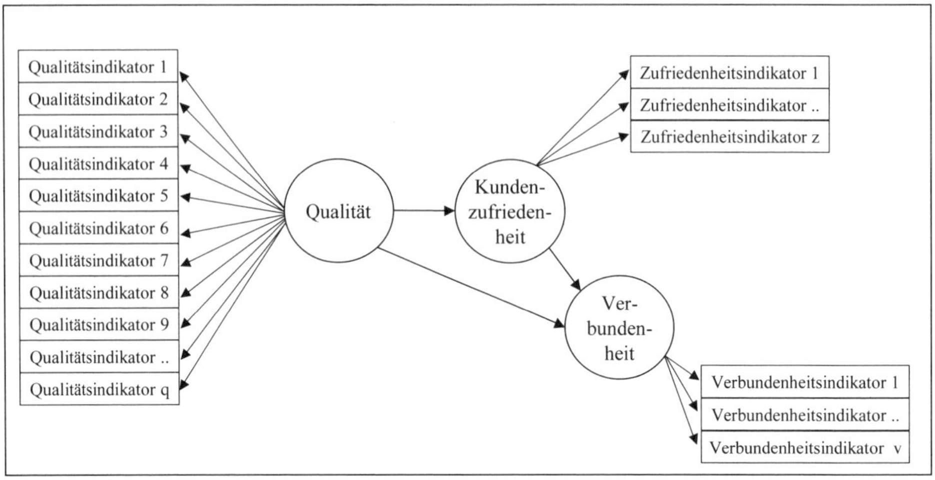

Abb. 2: Struktur- und Messmodelle der Internen Servicebarometer

Zur Ermittlung geeigneter *Indikatoren* wurden in beiden Unternehmen qualitative Vorstudien durchgeführt, in denen sowohl Anbieter als auch Nachfrager interner Dienstleistungen dazu befragt wurden, welche Kriterien für die Leistungsbeurteilung generell relevant sein könnten („Qualität“) und worin sich eine Verbundenheit mit einem Anbieter einer internen Dienstleistung widerspiegeln könnte (vgl. zu diesem Vorgehen z.B. Homburg/Giering 1996, S. 11; zur Bewährung dieser Methode bei interner Dienstleistungsqualität vgl. Reynoso 1999, S. 528).

Für die Messung der Kundenzufriedenheit wurde auf die in zahlreichen Kundenbarometern bewährten drei Indikatoren „Gesamtzufriedenheit“, „Zufriedenheit verglichen mit den Erwartungen“ und „Zufriedenheit verglichen mit dem Ideal“ zurückgegriffen (Bruhn/Murmann 1998, S. 61 ff.; Fornell 1992; Homburg et al. 2000a, S. 513; Meffert/Bruhn 2000, S. 156).

Tab. 1 zeigt, welche konkreten Indikatoren bei den beiden Unternehmen jeweils zur Messung der Konstrukte herangezogen wurden. Dabei fällt auf, dass – trotz unabhängig voneinander durchgeführter Vorstudien und Unterschieden in der Organisationsstruktur beider Unternehmen – sich nahezu identische Indikatoren ergaben, die zudem entsprechend den Vorstudien für alle unterschiedlichen internen Dienstleistungen gleichermaßen als mögliche Indikatoren in Frage kommen. Bei den zur Verbundenheit im Rahmen der Vorstudien ermittelten Merkmalen ist darüber hinaus eine Analogie zur Messung der Kundenbindung bei externen Kundenbarometern zu erkennen: Als Indikatoren finden dort oft die Weiterempfehlungsabsicht, der Wunsch nach einem Anbieterwechsel und die Wiederkaufabsicht beim selben Anbieter als Messitems Verwendung (Bruhn/Murmann 1998; Homburg et al. 2000a).

Konstrukt	Pharma 1	Pharma 2	
Qualität	Kompetenz	Kompetenz*	Fachkompetenz**
			Sozialkompetenz**
	Erreichbarkeit	Erreichbarkeit	
	Freundlichkeit	Freundlichkeit	
	Flexibilität	Flexibilität	
	-	Diskretion/Vertraulichkeit	
	Zuverlässigkeit	Zuverlässigkeit	
	Schnelligkeit	Zeitbedarf Leistungserbringung	
		Einhaltung Termine	
	Reaktionszeit	Reaktionszeit	
	Preis-Leistungs-Verhältnis	Preis-Leistungs-Verhältnis	
	Kostentransparenz	Kostentransparenz	
	-	Umfang Leistungsangebot	
	-	Übereinstimmung Auftrag/Resultat	
	Individualität	Erfüllung spezieller Kundenwünsche	
	-	Effizienz**	
	Transparenz Leistungsangebot	Transparenz Leistungsangebot	
	-	Kontinuität**	
	Mehrwert	Nutzung von Vorteilen (Added Value)*	
	-	Qualität des Leistungsangebotes*	
Kunden-zufriedenheit	Gesamtzufriedenheit	Gesamtzufriedenheit	
	Zufriedenheit entsprechend den Erwartungen	Zufriedenheit entsprechend den Erwartungen	
	Zufriedenheit entsprechend dem Ideal	Zufriedenheit entsprechend dem Ideal	
Verbundenheit	Wiederwahl bei Entscheidungs-freiheit	Wiederwahl bei Entscheidungsfreiheit	
	Weiterempfehlungsabsicht	Weiterempfehlungsabsicht	
	Gedanke an anderen Anbieter oder Selbsterfüllung der Aufgabe	Wunsch nach anderem Anbieter	
	Wiederwahl beim nächsten Mal	Wiederwahl beim nächsten Mal*	
	Veränderung in Intensität der Zusammenarbeit	Veränderung in Intensität der Zusammenarbeit*	
	Cross-Buying-Absicht	-	

* bei Pharma 2 nur 1999 erhoben; ** bei Pharma 2 nur 2002 erhoben

Tab. 1: Messmodelle der Konstrukte

2.3 Datenerhebung und Datenanalyse

Für jede interne Dienstleistung wurde auf Basis der festgelegten Messmodelle unter Verwendung von teilverbalisierten 10er-Skalen eine eigene *Fragebogenversion* entworfen, wobei alle Fragebogenversionen gleichermaßen die oben aufgeführten Messitems für die drei Konstrukte enthielten und sich lediglich hinsichtlich des Beurteilungsobjektes, d.h. der zu bewertenden Dienstleistung unterschieden. Die Fragebögen wurden einem Pretest unterzogen und anschließend in einigen Details nochmals überarbeitet.

Bei Pharma 1 und Pharma 2 wurden in den einzelnen Studien bis zu 35 Teildienstleistungen unterschieden, die in den Auswertungen z.T. zu übergeordneten Dienstleistungsbereichen zusammengefasst werden konnten.

Der Rücklauf umfasste bei Pharma 1 bei der Erstmessung (1998) insgesamt 1013, bei den weiteren Messungen 1296 (Studie 1999) und 1337 (Studie 2000) auswertbare Fragebögen, bei Pharma 2 bei der Erstmessung (1998) insgesamt 1937 und bei der zweiten Messung (2002) 2157 auswertbare Fragebögen.

Für die Datenanalyse wurde bei allen Studien zunächst je interner Dienstleistung unter Verwendung von Faktorenanalysen, Reliabilitätsanalysen (Cronbachs Alpha) und der Berechnung der Item-to-Total-Korrelation überprüft, ob die einzelnen Indikatoren bei jedem Konstrukt eine ausreichende Reliabilität aufwiesen (vgl. zu diesem Vorgehen z.B. Homburg 2000, S. 87 ff.; Homburg/Giering 1996).

Anschließend erfolgte die eigentliche Modellschätzung unter Verwendung der *Kausalanalyse* (Backhaus et al. 2000; Bollen 1989) für alle Dienstleistungen, die eine für dieses Verfahren ausreichende Stichprobengröße (Backhaus et al. 2000, S. 493; Bagozzi 1981, S. 380; Homburg/Baumgartner 1995b, S. 1103 f.) aufwiesen. Dies war z.B. bei der Studie Pharma 2 für 17 der untersuchten 25 Dienstleistungen der Fall. Mit den Ergebnissen der Modellschätzung konnten neben den Wirkungsbeziehungen zwischen den einzelnen Konstrukten auch die Konstrukte selbst für diese Dienstleistungsbereiche quantifiziert werden. Um näherungsweise auch für die anderen internen, für eine Kausalanalyse zu geringe Stichproben aufweisenden Dienstleistungen eine Konstruktschätzung, d.h., eine Quantifizierung in Form einer Indexbildung bei den Größen Qualität, Kundenzufriedenheit und Verbundenheit vorzunehmen, wurde auf das je Unternehmen ebenfalls geschätzte Gesamtmodell bzw. auf das für den übergeordneten Dienstleistungsbereich geschätzte Modell zurückgegriffen.

Das aufgezeigte Vorgehen wurde sowohl bei den Erstmessungen 1998 bzw. 1999 als auch bei den Folgestudien durchgeführt, wobei nach der Erstmessung die Indikatorenverwendung lediglich durch eine marginale Überarbeitung der in der vorherigen Studie verwendeten Indikatoren begleitet wurde.

3 Gemeinsamkeiten und Unterschiede der Ergebnisse bei den beiden Unternehmen

3.1 Qualitätswahrnehmung

Hinsichtlich der Ergebnisse zur Qualitätswahrnehmung ist zunächst festzuhalten, dass sich bei beiden Unternehmen die zur *Messung* der Qualität verwendeten Indikatoren mit Ausnahme des Indikators „Nutzung von Vorteilen" bei Pharma 2 in der Studie 1999 für einzelnen Dienstleistungen als reliabel erwiesen. Dies wurde auf Basis der Reliabilitätsanalysen mit jeweils einem Cronbach Alpha > 0,7, einer ausreichend großen Item-to-Total-Korrelation und einer auf Basis der Eigenwerte einen Faktor indizierenden Faktorenanalyse festgestellt (Churchill 1979; Homburg/Giering 1996; Nunnally 1978, S. 245).

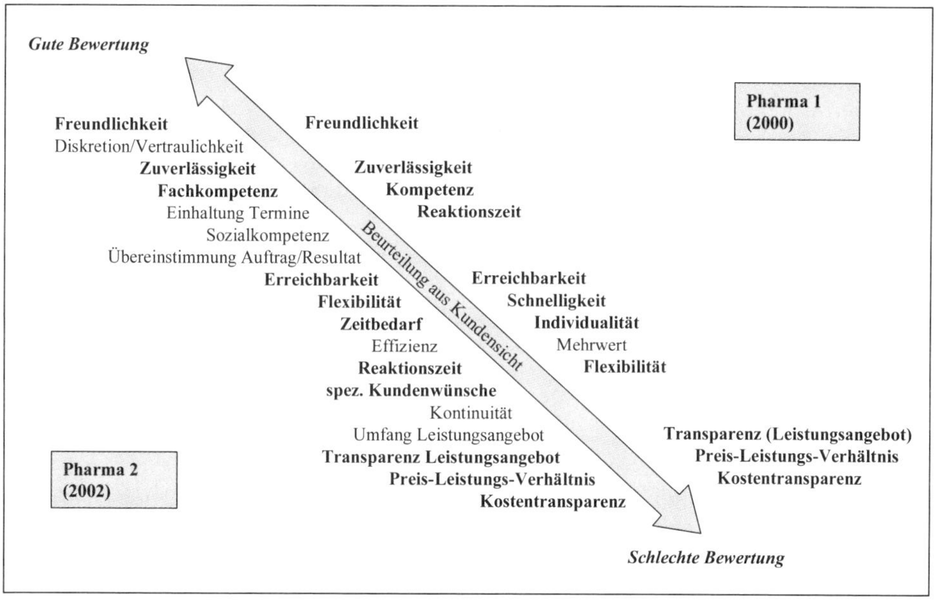

Abb. 3: Qualitätsmerkmale nach Beurteilung

Wie bereits in Abschnitt 2 aufgezeigt, unterschieden sich die verwendeten und unabhängig voneinander auf Basis qualitativer Vorstudien eruierten Indikatoren für das Konstrukt Qualität nur marginal voneinander. Interessanterweise zeigte sich, dass auch die empirisch ermittelte *Beurteilung* der einzelnen Merkmale von den internen Kunden in beiden Unternehmen hinsichtlich der Reihenfolge der Leistungskriterien nahezu identisch vorgenommen wurde. Abb. 3 verdeutlicht dies exemplarisch für die jeweils aktuellste Messung bei Pharma 1 (2000) und Pharma 2 (2002) auf Ebene der jeweiligen Gesamtdatensätze.

Gleiches traf auch für die auf Basis der kausalanalytisch ermittelte *Wichtigkeit* der einzelnen Qualitätsmerkmale zu, wie Abb. 4 – wiederum exemplarisch für die jeweils aktuellste Messung bei Pharma 1 (2000) und Pharma 2 (2002) – verdeutlicht.

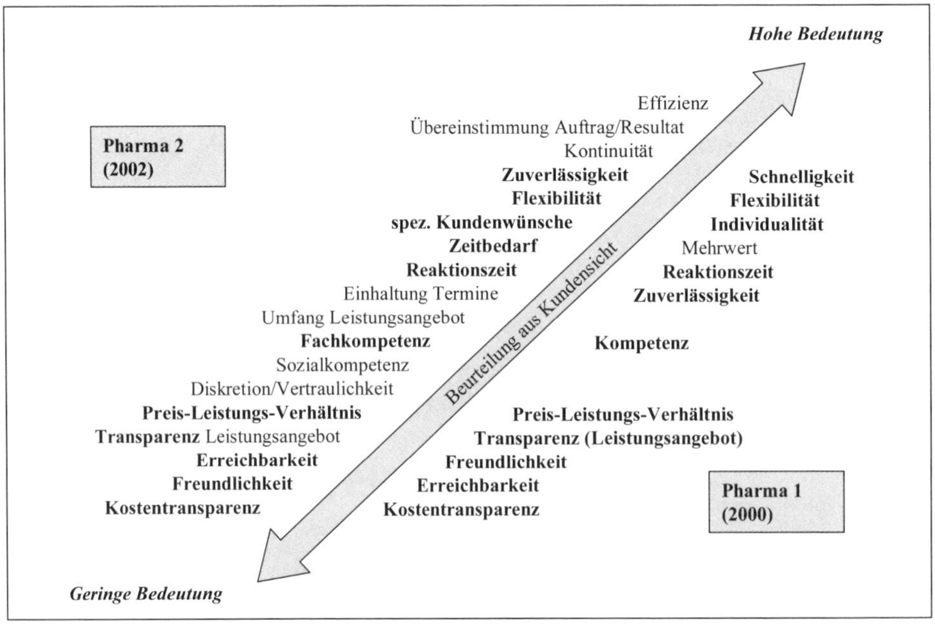

Abb. 4: Qualitätsmerkmale nach Wichtigkeit

Insgesamt ist bei beiden Unternehmen festzustellen: Die *leistungsbezogenen Qualitätsmerkmale* (z.B. der Zeitbedarf) sind den internen Kunden offensichtlich wichtiger als prozessbezogene Merkmale (z.B. die Freundlichkeit), wobei z.T. Merkmale, die besonders wichtig sind, von internen Kunden eher schlecht beurteilt werden und umgekehrt. Hier ist direkt Handlungsbedarf zu erkennen, da offensichtlich erhebliches Verbesserungspotenzial bei aus Sicht der internen Kunden wichtigen Leistungsmerkmalen (z.B. Schnelligkeit und Flexibilität) besteht.

Gleichzeitig sind die aufgezeigten Rankings bei einzelnen Merkmalen dahingehend vorsichtig zu interpretieren, dass bestimmte Merkmale zwar aus Kundensicht weniger wichtig eingestuft, aus Sicht des *Gesamtunternehmens* jedoch durchaus kritisch einzustufen sind. Dies gilt insbesondere für das Preis-Leistungs-Verhältnis, das intern zwar weniger wichtig eingestuft wird, dessen schlechte Beurteilung aus Sicht der jeweiligen

Gesamtunternehmung jedoch Indikator für eine schlechte Effizienz bestimmter Dienstleister – oder zumindest deren Wahrnehmung – sein kann.

Im Fall scheinbar unwichtiger Merkmale ist ebenfalls eine vorsichtige Interpretation anzuraten: Die offensichtlich relativ geringe Wichtigkeit der Freundlichkeit bei gleichzeitig sehr positiver Beurteilung derselben bei beiden Unternehmen lässt offen, ob nicht evtl. Unfreundlichkeit Unzufriedenheit auslösen würde: Es könnte sich entsprechend der Theorie der *Penalty-Reward-Faktoren* (Meffert/Bruhn 2000, S. 226 ff.) gerade bei der Freundlichkeit durchaus um ein Merkmal handeln, das bei *Vorhandensein* zwar die Zufriedenheit nicht steigert, bei *Nichtvorhandensein* jedoch zu Unzufriedenheit führt.

3.2 Kundenzufriedenheit

Auch bei der Messung des Konstruktes Kundenzufriedenheit war bei beiden Unternehmen bei jeder der einzelnen Studien zunächst festzustellen, dass die hierzu verwendeten drei Indikatoren entsprechend der durchgeführten Reliabilitätsanalysen – wiederum mit dem Richtwert eines ausreichend großen Cronbach Alpha (> 0,7), einer ausreichend großen Item-to-Total-Korrelation und einer auf Basis der Eigenwerte einen Faktor indizierenden Faktorenanalyse (Churchill 1979; Homburg/Giering 1996; Nunnally 1978, S. 245) zur Messung geeignet waren.

Hinsichtlich der *Indizes* war auffallend, dass in dem einen Unternehmen eine wesentlich breitere *Streuung* der Indizes vorlag als in dem anderen, d.h., die Unterschiede in der Zufriedenheitswahrnehmung sind bei dem einen Unternehmen von Dienstleistung zu Dienstleistung wesentlich größer als in dem anderen. Abb. 5 verdeutlicht diese Aussage exemplarisch für die jeweils aktuellste Messung in beiden Unternehmen (Pharma 1: 2000; Pharma 2: 2002), wobei die Bezeichnungen der Dienstleistungen aus Gründen der Vertraulichkeit nicht ausgewiesen sind.

Für eine große Streuung wie hier bei Pharma 2 sind unterschiedliche Gründe denkbar:

- Interne Kundenorientierung wird von den einzelnen Dienstleistern (noch) sehr unterschiedlich gelebt (Problem der Kundenorientierung).
- Interne Kundenorientierung wird von den Empfängern interner Dienstleistungen je Dienstleistung rein subjektiv unterschiedlich wahrgenommen (Imageproblem).
- Zur Durchsetzung Interner Kundenorientierung haben die einzelnen Dienstleistungen unterschiedliche Ausgangsvoraussetzungen, z.B. hinsichtlich Budgets (Ressourcenproblem).

In jedem der drei Fälle – bzw. bei einer Kombination daraus – besteht zu den jeweiligen Aspekten Handlungsbedarf.

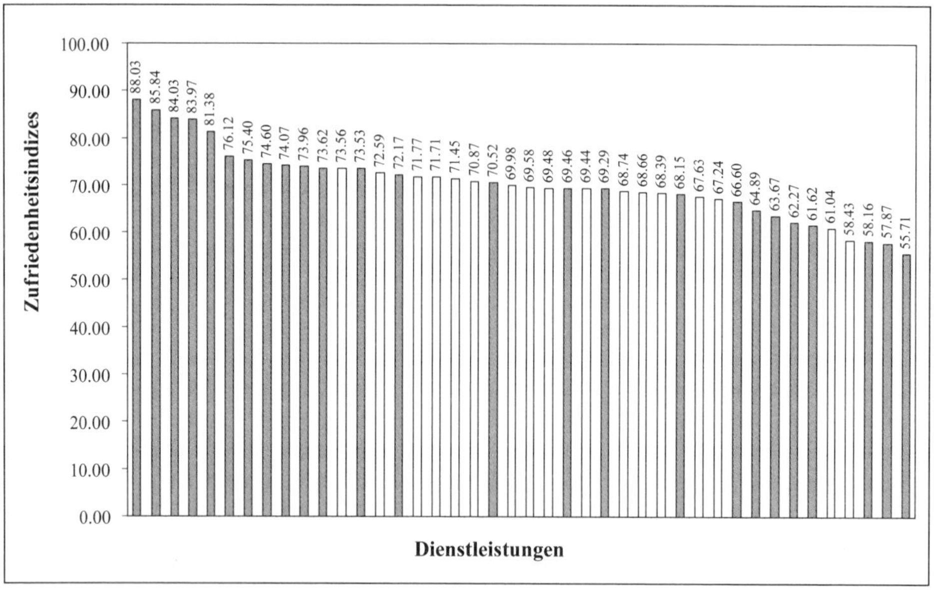

Abb. 5: Zufriedenheitsindizes von internen Serviceabteilungen bei Pharma 1 (weiß) 2000 und Pharma 2 (grau) 2002 (Index auf einer Skala von 0 = vollkommen unzufrieden bis 100 = vollkommen zufrieden)

Bei Betrachtung der Indizes fällt auch eine Gemeinsamkeit beider Unternehmen auf: Verglichen mit *Indizes* aus Servicebarometern bei *externen Kunden* sind bei beiden Pharmaunternehmen die Indizes äußerst gering: So lag z.B. der unternehmensweite Zufriedenheitsindex bei Pharma 1 bei der aktuellsten Messung (2000) bei 67,95, bei Pharma 2 bei der aktuellsten Messung (2002) bei 73,13, während beispielsweise im Rahmen des Schweizer Kundebarometers SWICS die Zufriedenheitsindizes der einzelnen Branchen zwischen 88,7 (Branche: Ärzte) und 71,5 (Branche: Telekommunikation) und durchschnittlich (über alle Branchen) bei 81,8 lagen (Bruhn 1998, S. 24 f.) (jeweils Indexwerte von 0-100 mit 100 als maximaler Zufriedenheit).

Für die hieraus ableitbare Vermutung, dass offensichtlich interne Dienstleistungen stets *schlechter bewertet* werden als externe, sprechen auch im Rahmen weiterer, in anderen Branchen ebenfalls vom Lehrstuhl für Marketing und Unternehmensführung der Universität Basel durchgeführter Interner Servicebarometer: So lag z.B. der analog wie bei den beiden Pharmaunternehmen im Rahmen eines Projektes 1998 gemessene Kundenzufriedenheitsindex bei einem Non-Profit-Unternehmen für drei dort untersuchte interne Dienstleistungen (Stichprobengröße: n = 205) bei 60,63, was in etwa dem Niveau der Indizes bei den beiden Pharmaunternehmen entspricht.

Die – verglichen mit externen Barometern – niedrigen Indizes sind dabei keineswegs ausschließlich darauf zurückzuführen, dass interne Dienstleistungen generell tatsächlich weniger gut erbracht werden. Vielmehr ist ein *psychologischer Effekt* dahingehend zu vermuten, dass ein interner Dienstleister – z.B. mangels Wahlfreiheit – von den internen Kunden generell kritischer beurteilt wird als ein externer. Hierfür sprechen auch z.B. die Ergebnisse einer ebenfalls vom Lehrstuhl für Marketing und Unternehmensführung durchgeführten Zufriedenheitsmessung bei einem IT-Dienstleister, bei dem es sich um einen ausgegliederten ehemaligen internen Dienstleister handelte und bei dem bei identischen Leistungen die (ehemals) internen und nach wie vor vorhandenen Kunden des (ehemaligen) Mutterunternehmens signifikant kritischer urteilten als neue, externe Kunden. Wenn keine Wahlfreiheit besteht, wird der individuelle Handlungsspielraum eingeschränkt und dies führt tendenziell zu einer kritischen Beurteilung (z.B. sind ehemals staatliche Monopolanbieter in Nationalen Kundenbarometern immer am Ende des Zufriedenheitsrankings).

Aus der bisherigen Argumentation ergibt sich die Konsequenz, dass für externe Servicebarometer und ihre Indizes zu Grunde gelegte Richtlinien – z.B. eine Aussage für die verwendete Skala von 0-100 der Art „bei Werten unter 70 besteht dringender, bei Werten zwischen 70 und 75 starker und bei Werten zwischen 75-80 punktueller Handlungsbedarf" (Homburg et al. 2000a, S. 521) – nur eingeschränkt Gültigkeit aufweisen. Dennoch sind Vergleiche mit externen Studien dahingehend sinnvoll, dass hier *Ansatzpunkte für Verbesserungen* der internen Kundenzufriedenheit und der internen Dienstleistungsqualität abgeleitet werden können.

Zur *Einstufung der internen Indizes* sollte jedoch eher der relative Index beurteilt werden. Dies kann z.B. dadurch geschehen, dass der Index (z.B. Index der Kundenzufriedenheit) eines einzelnen internen Services mit dem Durchschnittswert dieses Indexes über alle internen Services im Rahmen derselben Studie verglichen wird. Alternativ oder ergänzend kann auch die Differenz des Indizes bei einem internen Service zum besten Service in derselben Studie betrachtet werden. Eine andere Möglichkeit einer sinnvollen Beurteilung eines internen Indizes stellt ein *Zeitreihenvergleich* dar, bei dem die Entwicklung desselben Indizes über mehrere Perioden betrachtet wird.

Während der Vergleich mit anderen internen Services ein internes Benchmarking ermöglicht (vgl. hierzu Abschnitt 4), kann der Zeitreihenvergleich insbesondere eingesetzt werden, um Maßnahmenwirkungen in Folgeperioden zu überprüfen. Abb. 6 verdeutlicht hierzu sowohl für Pharma 1 als auch für Pharma 2, wie es beiden Unternehmen gelungen ist, den Zufriedenheitsindex durch gezielte Maßnahmen zum Abbau von Qualitätsdefiziten kontinuierlich zu verbessern. Die ebenfalls ausgewiesenen Indizes für Qualität und Kundenbindung lassen dabei gut erkennen, dass die drei gemessenen Größen – wie vorab vermutet und auch statistisch kausalanalytisch weitestgehend bestätigt – miteinander zusammenhängen.

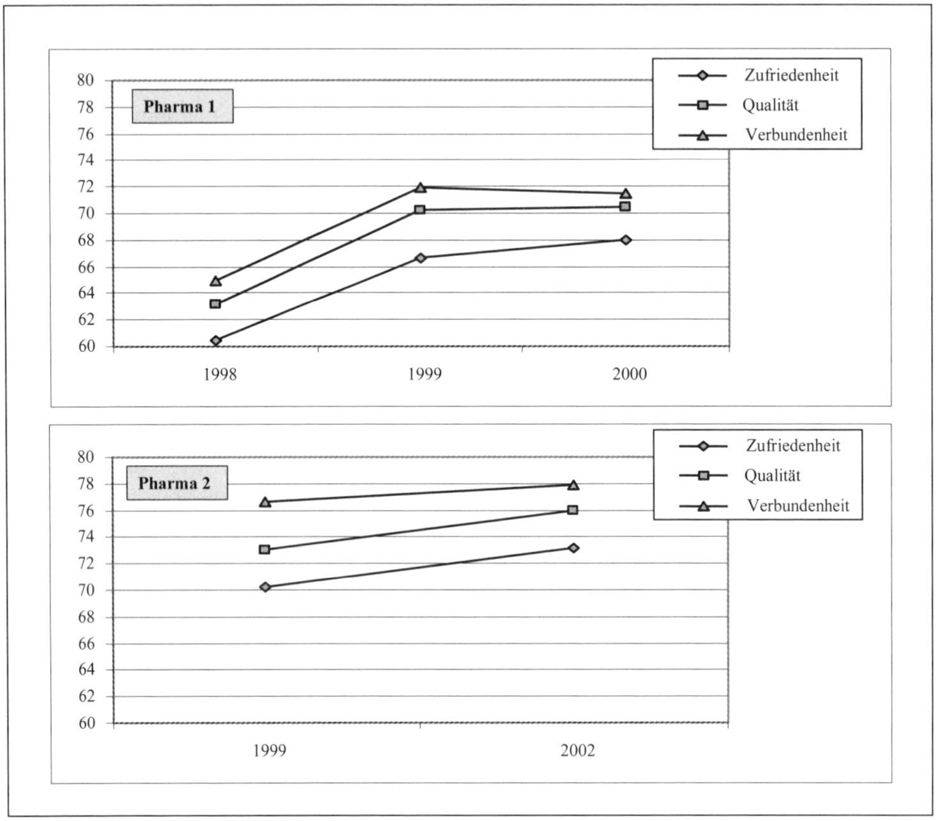

Abb. 6: Entwicklung der Indizes bei Pharma 1 und Pharma 2 im Zeitverlauf

3.3 Verbundenheit

Hinsichtlich der Verbundenheit erweist sich die *Messung* – anders als bei der Qualität und der Kundenzufriedenheit – bei Internen Servicebarometern als komplizierter: Es können hier bei externen Kundenbarometern übliche Indikatoren, wie z.B. die Zahlungsbereitschaft (z.B. Anderson/Fornell 2000, S. 873; Bruhn/Murmann 1998, S. 160; Hackl et al. 2000, S. 1000 ff.), aufgrund des internen Charakters der Dienstleistungen keine Verwendung finden. Ebenso muss aufgrund der oft fehlenden Auswahlmöglichkeit eines internen Kunden zwischen Dienstleistungsanbietern die Frage nach der Wechselbereitschaft zu einem anderen Anbieter hypothetisch formuliert werden, was im Fall der beiden Pharmaunternehmen in Form der Formulierung „Wenn Sie frei wählen könnten“ geschah.

Schließlich zeigte sich in den Analysen, dass keineswegs alle verwendeten Indikatoren bei den einzelnen Dienstleistungen reliabel zur Messung der Verbundenheit herangezogen werden konnten: Bei Pharma 2 zeigte sich z.B. in der Pilotstudie von 1999, dass die Frage nach einer zukünftig intensiveren Nutzung des Anbieters statistisch keine reliable Indikatorvariable darstellt. Dies kann darauf zurückgeführt werden, dass die geschätzte zukünftige Nutzungsintensität einer Dienstleitung durch einen Kunden – anders als bei externen Dienstleitungen – hier kaum auf tatsächliche Verbundenheit, sondern vielmehr auf das von einer Person erwartete zukünftige Aufgabenspektrum und den Monopolcharakter der meisten Dienstleistungsanbieter zurückzuführen ist. Das entsprechende Messitem wurde daher in der Folgestudie 2002 nicht mehr verwendet.

Des Weiteren war festzustellen, dass einzelne Indikatoren bei bestimmten Dienstleistungen nicht zur Messung der Verbundenheit geeignet und bei anderen geeignet waren. Dies zeigte sich beispielsweise bei Pharma 2 in der Studie von 2002 für die Indikatorvariable „Wunsch nach einem anderen Anbieter" entsprechend der durchgeführten Reliabilitätsanalysen für einzelne Dienstleistungen. Inhaltlich bedeutet dies, dass bei einigen Dienstleistungen offensichtlich generell und unabhängig von der Kundenzufriedenheit sowie anderen Verbundenheitsindikatoren wie der Weiterempfehlungsabsicht ein starker Wunsch nach einem anderen Anbieter bestand. Eine mögliche Erklärung hierfür ist wiederum der Monopolcharakter der internen Dienstleister, verbunden mit Variety-Seeking-Absichten der Kunden bei diesen spezifischen Dienstleistungen.

Generell erweist sich die Messung der Verbundenheit bei internen Dienstleistungen damit als komplex und verdient besondere Sorgfalt. Hier ist entsprechend noch jede Menge Forschungsbedarf vorhanden, um die bisher entwickelten und ansonsten problemlos anwendbaren Ansätze weiterhin zu optimieren.

Hinsichtlich der auf Basis der Indikatoren ermittelten *Kundenbindungsindizes* gelten die gleichen Überlegungen wie zu den Zufriedenheitsindizes: Diese sind durchschnittlich bei beiden Pharmaunternehmen und zu allen Erhebungszeitpunkten wesentlich geringer als bei methodisch vergleichbaren externen Kundenbefragungen, die Streuung ist z.T. außergewöhnlich hoch. Hier kann die gleiche Interpretation wie vorher zur Kundenzufriedenheit aufgezeigt vorgenommen werden.

3.4 Wirkungsbeziehungen im Strukturmodell

Abb. 6 deutete bereits darauf hin, dass die Konstrukte Qualität, Kundenzufriedenheit und Kundenbindung offensichtlich miteinander zusammenhängen. Auch eine Betrachtung der einzelnen Dienstleistungen in einem *Streudiagramm* verdeutlicht den Zusammenhang zwischen Kundenzufriedenheit und Kundenbindung, wie in Abb. 7 exemplarisch für die Studie im Jahr 2002 bei Pharma 2 dargestellt.

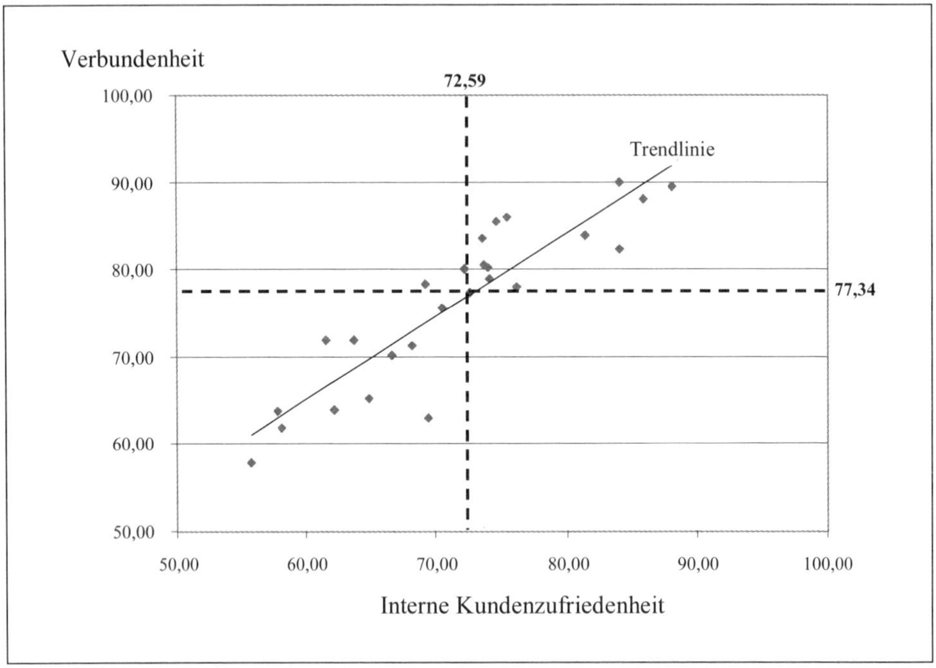

Abb. 7: Interne Kundenzufriedenheit und Verbundenheit der einzelnen Dienstleistungen bei Pharma 2 (Studie 2002)

Das sowohl den einzelnen Studien bei Pharma 1 als auch den einzelnen Studien bei Pharma 2 zu Grunde gelegte, vorher in Abb. 2 dargestellte Modell mit den Konstrukten Qualität, Kundenzufriedenheit und Verbundenheit wurde mit den erhobenen Daten kausalanalytisch untersucht und hinsichtlich der herangezogenen üblichen Gütekriterien (Arbuckle/Wothke 1999, S. 395 ff.; Homburg/Baumgartner 1995a, S. 172; Georgi 2000, S. 96) auf einen ausreichenden *Modellfit* überprüft. Ergänzend wurden z.T. auch weitere multivariate Analyseverfahren hinzugezogen.

Bei der Modellschätzung zeigte sich, dass für einzelne Dienstleistungen das Modell in seiner Ausgangsform nicht in jedem Fall statistisch bekräftigt werden konnte: Beispielsweise in der Studie bei Pharma 2 im Jahr 2002 war festzustellen, dass bei einzelnen Dienstleistungen interne Kundenzufriedenheit z.T. nur sehr schwach bzw. statistisch nicht nachweisbar die Verbundenheit beeinflusst.

Gerade dieser letztgenannte Zusammenhang war generell wesentlich geringer ausgeprägt als die Wirkungsbeziehung zwischen Qualität und Kundenzufriedenheit. Dies ist jedoch kein Phänomen Interner Servicebarometer, sondern auch bei *externen Servicebarometern* ein häufiges Ergebnis: Beispielsweise bei einer Studie beim Zoo Basel 2001/2002 wurde ein standardisierter Wirkungskoeffizient zwischen von externen Kunden (Besuchern, n = 205) wahrgenommener Qualität und Kundenzufriedenheit in Höhe von + 0,939 berechnet, während der entsprechende Koeffizient dort für die Wirkungsbeziehung Kundenzufriedenheit/Kundenbindung nur + 0,579 betrug (Siems 2003, S. 234). Diese Relation entspricht nahezu exakt der z.B. bei Pharma 2 (2002) für die internen Kunden auf Ebene des über alle Dienstleistungen aggregierten Gesamtmodells festgestellten (Wirkungsbeziehung Qualität/Kundenzufriedenheit: + 0,85; Wirkungsbeziehung Kundenzufriedenheit/Kundenbindung: + 0,43).

Inhaltlich bestätigt sich damit die ebenso bei externen Kundenbefragungen zu beobachtende Erkenntnis, dass es sich gerade bei der entsprechend der Erfolgskette oft vermuteten Wirkungsbeziehung Kundenzufriedenheit/Kundenbindung keineswegs um einen Automatismus handelt, sondern dass zahlreiche Einflussgrößen – insbesondere *moderierende Variable*, z.B. das Variety Seeking – den Zusammenhang reduzieren bzw. im Extremfall gänzlich ausschalten können (Bruhn 2001a, S. 10; 2001b, S. 58; Herrmann/Johnson 1999, S. 580; Homburg et al. 2000a, S. 507).

Schließlich ist noch festzuhalten, dass die ermittelten Wirkungsbeziehungen teilweise Nichtlinearitäten aufwiesen (Bruhn/Siems 2002): Zwar zeigte sich beispielsweise bei Pharma 2 in der Studie 1999 auf Gesamtmodellebene, d.h., einer aggregierten Schätzung über alle Dienstleistungen, eine näherungsweise lineare Wirkungsbeziehung sowohl zwischen Qualität und Kundenzufriedenheit als auch zwischen Kundenzufriedenheit und Kundenbindung. Auf Ebene einzelner Dienstleistungen jedoch waren nichtlineare Effekte wie z.B. Degressionseffekte im oberen Kurvenverlauf zu erkennen. Dies impliziert zum einen, dass mit Linearität voraussetzenden Messmethoden auf aggregiertem Niveau durchaus gute Schätzungen von Wirkungsbeziehungen vorgenommen werden können. Zum anderen jedoch sind bei der Ableitung von Handlungsempfehlungen für Einzelbereiche beispielsweise Sättigungseffekte und Wirkungsschwellen zu beachten. So kann es z.B. ab einem gewissen Zufriedenheitsniveau zunehmend schwieriger werden, die Kundenzufriedenheit (und die diese indizierenden Indizes) in Folgeperioden weiter zu steigern. Mögliche an den Indizes ausgerichtete Zielformulierungen sind in diesem Fall entsprechend moderat zu formulieren.

Zusammenfassend lässt sich zu dem zu Grunde gelegten Modell festhalten: Das Modell wird generell für die Internen Servicebarometer zu den genannten Zeitpunkten bei Pharma 1 und Pharma 2 weitestgehend bestätigt. Wie bei externen Studien führt Kundenzufriedenheit jedoch nicht uneingeschränkt zu Kundenbindung.

4 Nutzung Interner Servicebarometer

Die Internen Servicebarometer liefern eine Reihe von Informationen, die auf unterschiedlichste Art in der Managementpraxis genutzt werden können.

Eine erste Nutzung ergibt sich für das *Qualitätsmanagement* der internen Serviceabteilungen: Die ermittelten Indizes können herangezogen werden, um ein internes Benchmarking durchzuführen. So kann z.B. ein Dienstleister, der hinsichtlich der internen Kundenzufriedenheit schlechter abgeschnitten hat, den in seinem Unternehmen am besten bewerteten Dienstleister näher betrachten und versuchen, von diesem und seinen Ansätzen zu lernen.

Unter den genannten Vorbehalten ist es dabei auch möglich, Ergebnisse externer Dienstleistungen als Benchmark zu verwenden. In jedem Fall kann – auch bei fehlender Vergleichbarkeit der absoluten Werte (Indizes) – das Wissen über den Umgang mit und die Zufriedenheit von externen Kunden genutzt werden, die interne Kundenzufriedenheit zu verbessern.

Des Weiteren ist ein unternehmensübergreifendes Benchmarking möglich: Hier können sowohl Interne Servicebarometer bei anderen Unternehmen als auch externe Servicebarometer als Vergleichsmaßstab und Vorbild herangezogen werden.

Daneben sind die standardisierten Indizes der internen Barometer geeignet, Zielformulierungen für Folgeperioden festzulegen und – auf Basis der Messung in diesen – den Zielerreichungsgrad und die Maßnahmeneffizienz zu überprüfen.

Vor allem aber erlaubt die indikatorgestützte Messung eine effiziente *Maßnahmenplanung* zur Verbesserung der internen Kundenzufriedenheit und der Verbundenheit vorzunehmen: Die kausalanalytisch ermittelten Gewichtungsfaktoren der einzelnen Qualitätsmerkmale („Satisfaction Driver") lassen erkennen, welches dieser Merkmale den internen Kunden bei einer bestimmten Dienstleitung besonders wichtig ist und die abgefragten Beurteilungen der Merkmale zeigen, wo Verbesserungspotenzial vorhanden ist. Abb. 8 zeigt exemplarisch ein hierzu auf Basis der für Pharma 2 (2002) erhobenen Daten ein Portfolio für eine der untersuchten Dienstleistungen. Es ist zu erkennen, dass z.B. einer Verbesserung der Reaktionszeit besondere Priorität einzuräumen ist, da diese von den internen Kunden relativ schlecht beurteilt wird und gleichzeitig aus Sicht der internen Kunden die höchste Bedeutung hat. Dass und wie im Einzelnen die aus dem Portfolio ableitbaren Strategien durchaus auch kritisch zu hinterfragen sind, wurde zu Abb. 3 und 4 vorher bereits erörtert.

Neben der Nutzung für das Qualitätsmanagement können die Internen Servicebarometer auch für die *Personalpolitik* herangezogen werden: Ein Internes Servicebarometer hilft, den Mitarbeitern ein Verständnis von interner Kundenorientierung zu vermitteln und stellt damit eine wichtige Schulung der Mitarbeiter hin zu einer markt- und kundenorientierten Unternehmung dar. Die Befragung der internen Kunden fördert dabei die Fähigkeit eines Perspektivenwechsels, d.h., die internen Anbieter erkennen, was ihren Kunden tatsächlich wichtig ist und wie die bisher erbrachten internen Leistungen von den Kunden beurteilt werden (Bruhn/Murmann 1999).

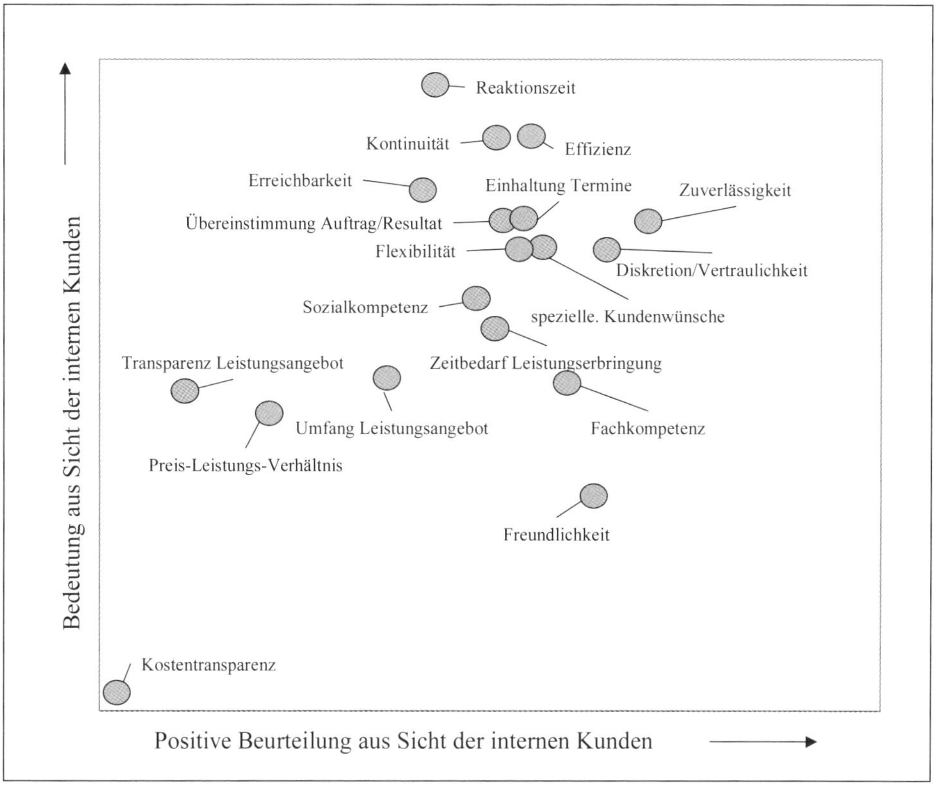

Abb. 8: Portfolio der Satisfaction Driver für eine interne Dienstleistung

Des Weiteren können die im Rahmen eines Internen Servicebarometers ermittelten Kennzahlen genutzt werden, um Zielvereinbarungen für Folgeperioden festzulegen, z.B. eine Steigerung der Kundenzufriedenheitsindizes bei Dienstleistung x um y Prozent bis zum Zeitpunkt z. Im Rahmen der Vergütung können die Indizes dabei auch herangezogen werden, um einen variablen Vergütungsanteil zu bestimmen (Bruhn 2002, S. 221 ff.). In einer anderen Branche – bei einem IT-Dienstleister – wurde dies auf Basis eines Internen Servicebarometers bereits erfolgreich eingeführt.

Auch für das *Controlling* ergibt sich eine Nutzungsmöglichkeit der Internen Servicebarometer: Die durch das Barometer ermittelten Indizes stellen gerade aufgrund ihrer Standardisierung und Vergleichbarkeit eine gute Möglichkeit dar, z.B. in das Kennzahlensystem einer Balanced Scorecard aufgenommen zu werden.

Abschließend ist festzuhalten, dass Interne Servicebarometer der Idee des *Internen Marketing* (Bruhn 1999b) bzw. der vorher aufgezeigten Idee der integrierten Kundenorientierung (Bruhn 2002) Rechnung tragen, durch interne Kundenorientierung die externe Kundenorientierung zu verbessern, indem internen Anbietern und Kunden die Notwendigkeit der internen Kundenorientierung verdeutlicht wird.

5 Interne Servicebarometer als Steuerungsinstrument

Die *Anwendbarkeit* Interner Servicebarometer hat sich im Pharmabereich bestätigt, für Pharma 2 ist bereits eine weitere Messung für das Jahr 2004 geplant. Verbunden mit den erwähnten, in anderen Branchen ebenfalls durchgeführten Internen Servicebarometern liegt die Vermutung nahe, dass es sich um ein Instrument handelt, das auch in vielen weiteren Branchen und Unternehmen sinnvoll als Steuerungsinstrument implementiert werden und eine Reihe von Vorteilen für das Unternehmen bringen kann.

Dennoch ist die Anwendbarkeit an einige Bedingungen geknüpft:

Die Innovationskraft des Instrumentes und das in einigen Unternehmen evtl. noch notwendige Umdenken hin zu einer internen Kundenorientierung bedingt eine sorgfältige und frühzeitige *interne Kommunikation*. Neben der Vermittlung einer einigen internen Dienstleistern evtl. neuen Denkweise ist gerade hinsichtlich dem durch das Instrument vorgesehenen Benchmarking dabei besondere Beachtung zu schenken, da hier Ängste z.B. hinsichtlich eines schlechten Abschneidens der eigenen Abteilung bzw. Dienstleistung bestehen und Widerstände hervorrufen können. Dies gilt noch verstärkt, wenn – wie in Abschnitt 4 erwähnt – eine Koppelung an das Gehaltssystem geplant ist.

Im Pharmabereich erwies es sich als äußerst wichtig, bereits bei der Konzeption des Instrumentes insbesondere die Bereichsleiter, d.h. die für einzelne Dienstleistungen Verantwortlichen, frühzeitig einzubinden. Dabei sollte neben der Information über das Instrument auch ein Einbezug in die Gestaltung des Instrumentes erfolgen, indem z.B. – wie im Pharmabereich geschehen – nicht nur die Kunden, sondern auch die Anbieter interner Dienstleistungen in die qualitativen Vorstudien mit einbezogen werden. Dabei ist jedoch darauf zu achten, dass kein Manipulationsspielraum für die Anbieter besteht.

Generell sollten *kommunikationspolitische Maßnahmen* den gesamten Prozess der Implementierung eines Internen Servicebarometers begleiten. Denkbar (und z.B. von Pharma 2 so durchgeführt) sind z.B. in der Vorbereitungsphase Informationsveranstaltungen für alle Dienstleister, Plakataktion, ein Artikel zum neuen Instrument in der Unternehmenszeitschrift, Einrichtung einer Intranetseite, interne Präsentationen, Informationsstände vor der Kantine mit Flyern sowie evtl. eine telefonische Ankündigung. Die Befragung selbst kann zudem an ein Gewinnspiel gekoppelt werden, um das Interesse an der Befragung zu wecken. Für alle folgenden Befragungen schließlich ist es besonders wichtig, nach der Erhebung zu demonstrieren, dass die Angaben der internen Kunden ernst genommen werden und Konsequenzen haben. Denkbar sind hier Informationsveranstaltungen über die Ergebnisse, ein Artikel mit den Hauptergebnissen in der Unternehmenszeitschrift, die Bekanntmachung der Ergebnisse im Intranet und/oder am

Schwarzen Brett sowie evtl. Publikationen in den populären und/oder wissenschaftlichen Medien – idealtypisch jeweils mit einem Plan von Verbesserungsmaßnahmen der einzelnen Dienstleister.

Als weitere mögliche Implementierungsbarriere neben generellen Vorbehalten erwies sich im Pharmabereich, dass einige interne Dienstleister bereits ein *eigenes Instrument* zur Befragung ihrer internen Kunden vor Einführung der Internen Servicebarometer entwickelt hatten, das sie – oft mit dem Argument der Relevanz zukünftiger Vergleichbarkeit mit bisherigen Studien – nicht aufgeben wollten. Hier war es wichtig, Hilfestellungen beim Übergang zum neuen Instrument zu geben, um wiederum Vorbehalte abzubauen. Eine Hilfestellung bestand z.B. in dem Angebot, bisherige Ergebnisse (z.B. reine Häufigkeits- und Mittelwertsauswertungen von Kundenzufriedenheitsstudien) umzurechnen, um näherungsweise Vergleichsdaten für das neue Instrument zu ermitteln. Eine Weiterführung bestehender interner Zufriedenheitsumfragen ist – gerade angesichts der in vielen Unternehmen hohen Frequenz von diversen Umfragen und einer entsprechenden zeitlichen Belastung der Mitarbeiter – nur dann sinnvoll, wenn wirklich eine andere Zielsetzung damit verfolgt wird (z.B. Kantinenumfrage zu konkretem Menüplan).

Neben dem objektiven Argument ist hinsichtlich bereits bestehender interner Kundenbefragungskonzepte zu beachten, dass diese oft von den Bereichsleitern/Dienstleistungsanbietern selbst entwickelt wurden und auch aus diesem Grund – oft unbewusste – *emotionale Vorbehalte* bestehen können. Hier ist es wichtig, derartige Verantwortliche – oft Pioniere der internen Kundenorientierung – von vornherein als „Zugpferde" für das neue Instrument „Internes Servicebarometer" zu gewinnen, indem man sie und ihre bisherigen Studien und Ergebnisse ernst nimmt und diese – und sie selbst – aktiv in die Konzeptionierung des neuen Instrumentes einbezieht. Ihnen muss vermittelt werden, dass das neue Instrumentarium nicht eine Konkurrenz ihres eigenen bisherigen, sondern eine Weiterentwicklung desselben darstellt. Die Erfahrung im Pharmabereich zeigte, dass gerade die Akzeptanz des neuen Instrumentes durch diese Personen ausschlaggebend für eine erfolgreiche und unproblematische Implementierung Interner Servicebarometer sein kann.

Zu beachten ist ferner, dass der hohe *Standardisierungsgrad* Interner Servicebarometer Vorbehalte hervorrufen kann: Die Fragebögen sind – wie erwähnt – bis auf das Bezugsobjekt für alle Dienstleister gleich, die Spezifität der Dienstleistungen wird erst auf den zweiten Blick deutlich, nämlich bei den im Rahmen der Auswertungen ermittelten unterschiedlichen Indikatorengewichte. Hier ist es wichtig, die Funktionsweise des Instrumentes, insbesondere die Beachtung von Besonderheiten einzelner interner Dienstleistungen durch die individuelle Gewichtung der Merkmale genau zu erklären. Möglich und sinnvoll ist auch, dem für einen internen Dienstleistungsbereich Verantwortlichen im Fragebogen unabhängig vom eigentlichen Modell und den abzufragenden Messitems der Konstrukte Platz für bereichsspezifische, je Dienstleistung individuell festzulegende Fragen einzuräumen. Diese gehen nicht in die eigentliche Modellschätzung und Konstruktmessung ein, geben einem Bereichsleiter jedoch die Möglichkeit, sehr spezifische Fragen zu seiner Dienstleistung – und/oder z.B. kürzlich durchgeführten Maßnahmen –

an die internen Kunden zu stellen. Auf diese Weise kann auch das oben genannte Problem eines Wunsches eines Dienstleisters nach einem eigenen bzw. zusätzlichen Fragebogen in vielen Fällen gelöst werden. Beispielsweise bei Pharma 2 hat sich diese Vorgehensweise bei Einführung des Internen Servicebarometers 1999 bewährt und wurde in der Folgestudie 2002 beibehalten.

Ein weiterer wichtiger Aspekt, Vorbehalte gegen die Einführung eines Internen Servicebarometers zu reduzieren, ist, dass – analog wie bei Nationalen Kundenbarometern (Bruhn/Murmann 1998, S. 51) – die Befragung von einer *neutralen Instanz* (z.B. einer Universität oder einem Marktforschungsinstitut) durchgeführt wird. Dies reduziert Vorbehalte der internen Dienstleister und gewährleistet eine neutrale, objektive Analyse. Gleichzeitig ermöglicht es den zu befragenden Kunden, ohne Angst vor Identifikation und ggf. innerbetriebliche persönliche Nachteile auch kritisch zu einzelnen Dienstleistungen und ihren Anbietern Stellung zu beziehen.

Schließlich ist zu beachten, dass die Anwendung der Kausalanalyse bei Internen Servicebarometern eine ausreichend große *Stichprobe* erfordert. Für Unternehmen mit z.B. weniger als 60 Kunden je Dienstleistung sind hier andere Analysemethoden als die bei den beiden Pharmaunternehmen verwendete Kausalanalyse zu wählen, um die gewünschten Daten zu erheben und zu analysieren.

Insgesamt ist festzuhalten, dass bei Beachtung der aufgezeigten Prämissen Interne Servicebarometer zukünftig in vielen Unternehmen ein sinnvolles Instrument darstellen können, die interne – und damit auch die externe – Kundenzufriedenheit weiter zu verbessern.

Literaturverzeichnis

Anderson, E.W.; Fornell, C. (2000): Foundations of the American Customer Satisfaction Index, in: Total Quality Management, Vol. 11, No. 7, S. 869-882.

Anderson, E.W.; Mittal, V. (2000): Strengthening the Satisfaction-Profit-Chain, in: Journal of Service Research, Vol. 3, No. 2, S. 107-120.

Arbuckle, J.L.; Wothke, W. (1999): Amos 4.0 User's Guide, Chicago.

Backhaus, K.; Erichson, B.; Plinke, W.; Weiber, R. (2000): Multivariate Analysemethoden. Eine anwendungsorientierte Einführung, 9. Aufl., Berlin u.a.

Bagozzi, R.P. (1981): Evaluating Structural Equation Models with Unobservable Variables and Measurement Error: A Comment, in: Journal of Marketing Research, Vol. 18, No. 3, S. 375-381.

Barnes, J.G. (2001): Secrets of Customer Relationship Management. It's All About How You Make Them Feel, New York u.a.

Bollen, K.A. (1989): Structural Equations with Latent Variables, New York.

Bruhn, M. (1998): Schweizer Kundenbarometer. SWICS – Swiss Index of Customer Satisfaction, Basel.

Bruhn, M. (1999a): Kundenorientierung. Bausteine eines exzellenten Unternehmens, München.

Bruhn, M. (Hrsg.) (1999b): Internes Marketing. Integration der Kunden- und Mitarbeiterorientierung. Grundlagen, Implementierung, Praxisbeispiele, 2. Aufl., Wiesbaden.

Bruhn, M. (2001a): Qualitätsmanagement für Dienstleistungen. Grundlagen, Konzepte, Methoden, 3. Aufl., Berlin u.a.

Bruhn, M. (2001b): Relationship Marketing – Das Management von Kundenbeziehungen, München.

Bruhn, M. (2002): Integrierte Kundenorientierung. Implementierung einer kundenorientierten Unternehmensführung, Wiesbaden.

Bruhn, M. (2003): Internal Service Barometers – Conceptualization and Empirical Results of a Pilot Study in Switzerland, in: European Journal of Marketing (im Druck).

Bruhn, M.; Murmann, B. (1998): Nationale Kundenbarometer. Messung von Qualität und Zufriedenheit. Methodenvergleich und Entwurf eines Schweizer Kundenbarometers, in: Bruhn, M. (Hrsg.): Basler Schriften zum Marketing, Band 1, Wiesbaden.

Bruhn, M.; Murmann, B. (1999): Perspektivenwechsel bei Dienstleistungsunternehmen mit multiplen Kundenkontakten, in: Marketing – Zeitschrift für Forschung und Praxis (ZFP), Nr. 4, S. 284-296.

Bruhn, M.; Siems, F. (2002): Nonlinear Correlations Between Relationship Marketing Constructs. Causes, Empirical Findings, and Implications, in: Bliemel, F.; Eggert, A.; Fassot, G. (Hrsg.): The 10th International Colloquium in Relationship Marketing (ICRM), Vol. 2, Kaiserslautern, S. 467-482

Churchill, G.A. (1979): A Paradigm for Developing Better Measures of Marketing Constructs, in: Journal of Marketing Research, Vol. 16, No. 1, S. 64-73.

Fornell, C. (1992): A National Customer Satisfaction Barometer. The Swedish Experience, in: Journal of Marketing, Vol. 56, No. 1, S. 6-21.

Georgi, D. (2000): Entwicklung von Kundenbeziehungen. Theoretische und empirische Analysen unter dynamischen Aspekten, in: Bruhn, M. (Hrsg.): Basler Schriften zum Marketing, Band 9, Wiesbaden.

Gremler, D.D.; Bitner, M.J.; Evans, K.R. (1994): The Internal Service Encounter, in: International Journal of Service Industry Management, Vol. 5, No. 2, S. 34-65.

Gummesson, E. (2002): Total Relationship Marketing, 2. Aufl., Oxford u.a.

Hackl, P.; Scharitzer, D.; Zuba, R. (2000): Customer Satisfaction in the Austrian Food Retail Market, in: Total Quality Management, Vol. 11, No. 7, S. 999-1006.

Herrmann, A.; Johnson, M.D. (1999): Kundenzufriedenheit als Bestimmungsfaktor der Kundenbindung, in: Zeitschrift für betriebswirtschaftliche Forschung (ZfbF), Nr. 6, S. 579-598.

Heskett, J.L.; Jones, T.O.; Loveman, G.W.; Sasser, W.E.; Schlesinger, L.A. (1994): Putting the Service-Profit Chain to Work, in: Harvard Business Review, Vol. 72, No. 2, S. 164-174.

Homburg, C. (2000): Kundennähe von Industriegüterunternehmen: Konzeption – Erfolgsauswirkungen – Determinanten, 3. Aufl., Wiesbaden.

Homburg, C.; Baumgartner, H. (1995a): Beurteilung von Kausalmodellen: Bestandsaufnahme und Anwendungsempfehlungen, in: Marketing – Zeitschrift für Forschung und Praxis (ZFP), Nr. 3, S. 162-176.

Homburg, C.; Baumgartner, H. (1995b): Die Kausalanalyse als Instrument der Marketingforschung. Eine Bestandsaufnahme, in: Zeitschrift für Betriebswirtschaft, Nr. 10, S. 1091-1108.

Homburg, C.; Faßnacht, M.; Werner, H. (2000a): Operationalisierung von Kundenzufriedenheit und Kundenbindung, in: Bruhn, M.; Homburg, C. (Hrsg.): Handbuch Kundenbindungsmanagement, 3. Aufl., Wiesbaden, S. 505-527.

Homburg, C.; Giering, A. (1996): Konzeptualisierung und Operationalisierung komplexer Konstrukte. Ein Leitfaden für die Marketingforschung, in: Marketing – Zeitschrift für Forschung und Praxis (ZFP), Nr. 1, S. 5-24.

Homburg, C.; Giering, A.; Hentschel, F. (2000b): Der Zusammenhang zwischen Kundenzufriedenheit und Kundenbindung, in: Bruhn, M.; Homburg, C. (Hrsg.): Handbuch Kundenbindungsmanagement, 3. Aufl., Wiesbaden, S. 81-112.

Meffert, H.; Bruhn, M. (2000): Dienstleistungsmarketing. Grundlagen – Konzepte – Methoden, 3. Aufl., Wiesbaden.

Müller, W.; Riesenbeck, H.-J. (1991): Wie aus zufriedenen auch anhängliche Kunden werden, in: Harvard Manager, Nr. 3, S. 67-79.

Nunnally, J.C. (1978): Psychometric Theory, 2. Aufl., New York.

Rapp, R. (1995): Kundenzufriedenheit durch Servicequalität. Konzeption – Messung – Umsetzung, Wiesbaden.

Reynoso, J. (1999): Methodological Implications in Measuring Internal Service Quality, in: Bruhn, M. (Hrsg.): Internes Marketing. Integration der Kunden- und Mitarbeiterorientierung. Grundlagen, Implementierung, Praxisbeispiele, 2. Aufl., Wiesbaden, S. 525-535.

Siems, F. (2003): Preiswahrnehmung von Dienstleistungen. Konzeptualisierung und Integration in das Relationship Marketing, in: Bruhn, M. (Hrsg.): Basler Schriften zum Marketing, Band 11, Wiesbaden.

Stauss, B. (1999): Kundenzufriedenheit, in: Marketing – Zeitschrift für Forschung und Praxis (ZFP), Nr. 1, S. 5-24.

Autorenverzeichnis

Prof. Dr. Dieter Ahlert

ist seit 1975 Inhaber des Lehrstuhls für BWL, insbes. Distribution und Handel an der Westfälischen Willhelms-Universität in Münster. Seit 1993 Geschäftsführender Direktor des Instituts für Handelsmanagement & Netzwerkmarketing (IfHM) und des Marketinginstituts für Textilwirtschaft (FATM). Seit 1999 Geschäftsführender Direktor des Intern. Centrums für Franchising und Cooperation (F&C) sowie Direktor des Marketing Centrums Münster (MCM).

Dr. Wolfgang Armbrecht

studierte BWL und Publizistik an der Freien Universität in Berlin und promovierte am Institut für Publizistik- und Kommunikationswissenschaft der Universität Salzburg. Nach Funktionen im Personalwesen sowie Leitungsfunktionen in der Öffentlichkeitsarbeit und im Marketing der BMW Group u.a. als Leiter Marketingkommunikation des Konzerns ist er seit 2002 für das BMW Marketing in Deutschland verantwortlich.

Dirk Arndt

arbeitete nach dem Studium der Betriebswirtschaftslehre im International Marketing and Sales Department von Amtrak in Washington D.C. und als Business Consultant der Abteilung Database Marketing des debis Systemhauses in Düsseldorf. Von Mai 1999 bis Dezember 2002 war er Mitglied der DaimlerChrysler Austauschgruppe. Seitdem ist Dirk Arndt Teamleiter in der Abteilung Information Mining im DaimlerChrysler Forschungszentrum Ulm.

Prof. Dr. Hans H. Bauer

ist Inhaber des Lehrstuhls für Allgemeine Betriebswirtschaftslehre und Marketing II an der Universität Mannheim und Wissenschaftlicher Direktor des Instituts für Marktorientierte Unternehmensführung (IMU) an der Universität Mannheim.

Michael Braekler

ist seit 1999 für das CRM der BMW Group in Deutschland mit Customer Care Center, Kundenbetreuungs- und Interessentengewinnungsprogrammen, Telematik sowie CRM-Systemen und Kundendatenmanagement verantwortlich. Er richtete die CRM-Aktivitäten der BMW Group Deutschland neu aus und leitete die Einführung eines integrierten CRM-Systems. Zuvor arbeitete Michael Braekler für internationale Unternehmensberatungen.

Prof. Dr. Walter Brenner

Universität St. Gallen, Institut für Wirtschaftsinformatik, St. Gallen, Geschäftsführender Direktor und Inhaber des Lehrstuhls IWI 4 am Institut für Wirtschaftsinformatik.

Dr. Felix Brosius

hat in Hamburg VWL studiert und nach einem halbjährigen Aufenthalt am ZEW, Mannheim, am Institut für Ausländisches und Internationales Finanz- und Steuerwesen, Hamburg, über internationalen Steuerwettbewerb promoviert. Bei Der Club Bertelsmann war er zunächst als Spezialist Database Marketing tätig und ist nun Assistent des Bereichsvorstands der Clubs in Zentral- und Osteuropa.

Prof. Dr. Manfred Bruhn

ist Ordinarius für Betriebswirtschaftlehre, insbesondere Marketing und Unternehmensführung am Wirtschaftswissenschaftlichen Zentrum (WWZ) der Universität Basel, und Autor zahlreicher Publikationen zu den Schwerpunkten Strategische Unternehmensführung, Dienstleistungsmanagement, Relationship Marketing, Kommunikationspolitik, Markenpolitik, Qualitätsmanagement sowie Internes Marketing.

Dr. Beate Dahlke

studierte Betriebswirtschaft an der Freien Universität Berlin mit den Schwerpunkten Marketing und Management und arbeitete in verschiedenen Unternehmen im In- und Ausland. Seit 1994 ist sie Wissenschaftliche Mitarbeiterin am Lehrstuhl von Prof. Dr. Michael Kleinaltenkamp. Ihre Promotion zum Dr. rer. pol. schloss sie im Jahr 2000 ab und bereitet sich derzeit auf ihre Habilitation vor.

Prof. Dr. Wilhelm Dangelmaier

ist Inhaber des Lehrstuhles für Wirtschaftsinformatik am Heinz-Nixdorf-Institut der Universität Paderborn. Zugleich leitet er das Fraunhofer Anwendungszentrum für Logistikorientierte Betriebswirtschaft Paderborn.

Dr. Jörg Finsterwalder

war nach seinem Studium der BWL wiss. Mitarbeiter am Institut für Marketing und Handel an der Universität St. Gallen und Projektleiter im Kompetenzzentrum „Marketingplanung und -controlling". Er ist nun Projektleiter Relationship Marketing in der Abteilung „Kundenbeziehungsmanagement und Neue Medien" der AUDI AG. Seine Arbeits- und Interessensgebiete liegen in den Feldern CRM, strategisches Marketing und Dienstleistungsmarketing.

Dr. Dominik Georgi

ist Wissenschaftlicher Mitarbeiter am Lehrstuhl für Marketing und Unternehmensführung am Wirtschaftswissenschaftlichen Zentrum (WWZ) der Universität Basel, und Autor zahlreicher Publikationen zu den Schwerpunkten Dienstleistungsmanagement, Relationship Marketing, Qualitätsmanagement und Wirtschaftlichkeit des Qualitätsmanagements.

Dr. Mark Grether

war Wissenschaftlicher Mitarbeiter am Lehrstuhls für Allgemeine Betriebswirtschaftslehre und Marketing II an der Universität Mannheim.

Sandra Gronover

Universität St. Gallen, Institut für Wirtschaftsinformatik, St. Gallen, Wissenschaftliche Mitarbeiterin im Competence Center Customer Knowledge Management (CC CKM).

Dr. Karsten Hadwich

ist Wissenschaftlicher Mitarbeiter am Lehrstuhl für Marketing und Unternehmensführung am Wirtschaftswissenschaftlichen Zentrum (WWZ) der Universität Basel. Zu seinen Forschungsschwerpunkten zählen Relationship Marketing und Dienstleistungsmarketing. Gleichzeitig ist er Projektverantwortlicher für diverse externe Kundenbarometer, u.a. im IT-Bereich.

Dr. Stefan Helmke

studierte an der Universität Siegen Betricbswirtschaftslehre und promovierte am Graduiertenkolleg des Heinz-Nixdorf-Instituts der Universität Paderborn zum Thema Customer Relationship Management. Er ist seit 1996 als Management-berater und -trainer in den Bereichen Unternehmenssteuerung und Kundenmanagement tätig. Er ist Partner der Management-beratung TGCG – Management Consultants in Düsseldorf.

Josef Hesse

Studium der Betriebswirtschaftslehre an der Universität Münster mit den Schwerpunkten Marketing und Distribution & Handel. Seit 2001 Wissenschaftlicher Mitarbeiter am Lehrstuhl für Distribution & Handel von Prof. Dr. Dieter Ahlert. Seine Forschungsschwerpunkte sind das vertikale Marketing zwischen Hersteller und Handel sowie das Management von Multikanalsystemen.

Stefanie Hettich

absolvierte eine Banklehre bei der Commerzbank. Nach ihrem Studium an der Katholischen Universität Eichstätt-Ingolstadt war sie Wissenschaftliche Mitarbeiterin am Lehrstuhl für ABWL und Wirtschaftsinformatik. Seit 2001 ist sie in der eigenen Unternehmensberatung tätig und promoviert extern.

Dr. Hajo Hippner

ist Wissenschaftlicher Assistent am Lehrstuhl für ABWL und Wirtschaftsinformatik an der Katholischen Universität Eichstätt-Ingolstadt. Seine Forschungsschwerpunkte sind Customer Relationship Management, Data Mining im Marketing, kundenorientierte Informationssysteme sowie Interactive TV.

Prof. Dr. Michael Kleinaltenkamp

ist Inhaber der Professur für Marketing und Technischen Vertrieb am Institut für Marketing der Freien Universität Berlin. Gleichzeitig leitet er den Masterstudiengang „Weiterbildendes Studium Technischer Vertrieb". Er ist Mitglied der Faculty des Instituts für Management und Technologie Berlin (IMT Berlin) sowie des Wissenschaftlichen Beirats des bundeseigenen Wissenschaftlichen Instituts für Kommunikationsdienste (WIK) in Bad Honnef.

Diana Koch

Studium des Wirtschaftsrechts in Pforzheim und Diplomarbeit in Zusammenarbeit mit der DaimlerChrysler AG zum Thema: „Rechtsfragen im Spannungsfeld von Individualisierung im Marketing und informationeller Selbstbestimmung im Datenschutz", Studienschwerpunkte in den Bereichen Wettbewerbsrecht, Datenschutz und Marketing.

Sven Köhler

ist Wissenschaftlicher Mitarbeiter im Kompetenzzentrum „Marketingplanung & -controlling" am Institut für Marketing und Handel an der Universität St. Gallen.

Dr. Lutz M. Kolbe

Universität St. Gallen, Institut für Wirtschaftsinformatik, St. Gallen, Projektleiter Competence Center Customer Knowledge Performance (CC CKP).

Martina Leber

ist Wissenschaftliche Mitarbeiterin am Lehrstuhl für ABWL und Wirtschaftsinformatik an der Katholischen Universität Eichstätt-Ingolstadt. Ihre Forschungsschwerpunkte sind Controlling von CRM-Projekten sowie Kundeninformationen als Grundlage des CRM. Im Rahmen ihrer Promotion beschäftigt sie sich mit dem Gebiet CRM-Controlling.

André Lutz

startete nach Abschluss seines BWL-Studiums seine Berufslaufbahn als Marketing/Sales-Assistent bei Hugo Boss USA. Er wechselte zur Ford-Werke AG, wo er u.a. ein internationales Graduate Trainee Programm absolvierte und als Inhouse Consultant Marketing & Sales tätig war. André Lutz ist jetzt Projektleiter und Team-Koordinator Relationship Marketing in der Abteilung „Kundenbeziehungsmanagement und Neue Medien" der AUDI AG.

Melanie Merzenich

ist Wissenschaftliche Mitarbeiterin am Lehrstuhl für ABWL und Wirtschaftsinformatik an der Katholischen Universität Eichstätt-Ingolstadt. Ihre Forschungsschwerpunkte liegen auf den Gebieten Data Mining, Web Mining und CRM. Im Rahmen ihrer Promotion beschäftigt sie sich mit der Analyse von Geschäftsprozessen im CRM.

Prof. Dr. Hubert Österle

Universität St. Gallen, Institut für Wirtschaftsinformatik, St. Gallen, Direktor und Inhaber des Lehrstuhls IWI 2 am Institut für Wirtschaftsinformatik, zugleich Chief Technology Officer (CTO) der IMG AG.

Daniel Packenius

studierte BWL an der Universität Bayreuth mit den Schwerpunktfächern Marketing und Organisation/Management. Bei Mercedes-Benz USA und Ogilvy & Mather Worldwide, London, sammelte er Erfahrungen in den Bereichen Markenführung und strategische Kommunikationsplanung. Er ist heute Projektleiter Relationship Marketing in der Abteilung „Kundenbeziehungsmanagement und Neue Medien" der AUDI AG.

Annette Reichold

Universität St. Gallen, Institut für Wirtschaftsinformatik, St. Gallen, Wissenschaftliche Mitarbeiterin im Competence Center Customer Knowledge Performance (CC CKP).

Dr. Sven Reinecke

ist Dozent für Betriebswirtschaftslehre an der Universität St. Gallen und Leiter des Kompetenzzentrums „Marketingplanung & -controlling" am dortigen Institut für Marketing und Handel

Achim Sauer

Lic. oec. (HSG), ist seit 2000 Wissenschaftlicher Mitarbeiter am Institut für Marketing und Handel an der Universität St. Gallen und dort im Kompetenzzentrum Distribution und Kooperation tätig ist. Er promoviert zum Thema „Transformationsprozesse in der Distribution".

Ragnar Schierholz

Universität St. Gallen, Institut für Wirtschaftsinformatik, St. Gallen, Wissenschaftlicher Mitarbeiter im Competence Center Customer Knowledge Performance (CC CKP).

Inga Schmidt

Dipl.-Oec., MBA (PSU), ist seit 2000 Wissenschaftliche Mitarbeiterin am Institut für Marketing und Handel an der Universität St. Gallen und dort im Kompetenzzentrum Distribution und Kooperation tätig. Sie promoviert zum Thema „Kunden in Mehrkanalsystemen".

Dr. Marcus Schögel

Dipl.-Kfm., ist seit 1993 am Institut für Marketing und Handel an der Universität St. Gallen (IMH-HSG) tätig, wo er 1997 zum Thema „Mehrkanalsysteme in der Distribution" promovierte. Seitdem ist er Leiter des Kompetenzzentrums Distribution und Kooperation am IMH-HSG und Nachwuchsdozent für Betriebswirtschaftslehre an der Universität St. Gallen.

Dr. Hanna Schramm-Klein

Seit Mai 1998 ist sie Wissenschaftliche Mitarbeiterin und nach der Promotion durch die Rechts- und Wirtschaftswissenschaftliche Fakultät der Universität des Saarlandes, Saarbrücken, zum Thema „Multi-Channel-Retailing" seit November 2002 Wissenschaftliche Assistentin am Lehrstuhl für Betriebswirtschaftslehre, insb. Außenhandel und Internationales Management der Universität des Saarlandes und zugleich am Institut für Handel und Internationales Marketing.

Dr. Stephan Schusser

ist einer der Gründungspartner der CRM Group und dort spezialisiert auf Marketing-, Vertriebs-, Service- sowie Kundenstrategien. Zuvor hat er zum Thema 'Eurostrategische Unternehmensführung' promoviert und war bei der Deutschen Lufthansa AG Leiter des Projektes Zielkundenmanagement und Leiter Kundenanalysen. Er ist Referent bei nationalen und internationalen Konferenzen und Autor einer Reihe von CRM-Publikationen.

Dr. Florian Siems

ist Wissenschaftlicher Mitarbeiter am Lehrstuhl für Marketing und Unternehmensführung am Wirtschaftswissenschaftlichen Zentrum (WWZ) der Universität Basel. Zu seinen Forschungsschwerpunkten zählen Relationship Marketing, Dienstleistungsmarketing, Marktforschung und Preismanagement. Gleichzeitig ist er Projektverantwortlicher für diverse interne und externe Servicebarometer, u. a. im Pharma-Bereich.

Michael Thiäner

ist Diplom Psychologe (RWTH Aachen) und hält einen MBA der Northwestern University (Kellogg), Evanston, IL., USA. Als Mitglied der Geschäftsführung von Der Club Bertelsmann ist er verantwortlich für Customer Service, IT und Warenwirtschaft. In früheren Stationen bei Procter & Gamble und McKinsey & Company hat er sich intensiv mit der Optimierung von Geschäftsprozessen in der Konsumgüterindustrie und dem Gesundheitswesen beschäftigt.

Prof. Dr. Armin Töpfer

leitet den Lehrstuhl für Marktorientierte Unternehmensführung an der TU Dresden sowie die Forschungsgruppe Management + Marketing in Kassel. Seine Forschungsschwerpunkte sind: Kundenzufriedenheit/-bindung, TQM/Business Excellence, Geschäftsprozessoptimierung/Six Sigma, Benchmarking, Wertorientierte Unternehmensführung/BSC, Int. Management, Dienstleistungsmarketing, HR-Management sowie Strategisches Marketing und Technologiemarketing.

Matthias F. Uebel

studierte an Universitäten in Jena, Cambridge und Wien Betriebswirtschaftslehre. Nach seinem Studium war er für eine Düsseldorfer Managementberatung tätig. Er leitete das Competence Center "Customer Relationship Management" für das Fraunhofer ALB in Paderborn. Herr Uebel ist Partner der Managementberatung TGCG – Management Consultants in Düsseldorf.

Stefan Wengler

studierte Betriebswirtschaft in Würzburg, Austin und Berlin mit den Schwerpunkten Marketing, Finanzierung und Wirtschaftspolitik. Nach dem Studium arbeitete er zunächst als Unternehmensberater, bevor er 2002 seine Tätigkeit am Institut für Marketing der Freien Universität zu Berlin als Wissenschaftlicher Mitarbeiter von Prof. Dr. Michael Kleinaltenkamp aufnahm.

Prof. Dr. Klaus D. Wilde

ist Inhaber des Lehrstuhls für ABWL und Wirtschaftsinformatik an der Katholischen Universität Eichstätt-Ingolstadt und befasst sich seit über 20 Jahren in zahlreichen Forschungs- und Beratungsprojekten mit Fragen der Marketinginformatik. Aktuelle Forschungs- und Beratungsschwerpunkte sind Customer Relationship Management (insbesondere Analytical CRM), Data Mining im Marketing und Electronic Commerce.

Ulrike Wortmann

ist nach anderen Tätigkeiten bei BMW seit 2002 im Customer Relationship Management der BMW Group in Deutschland verantwortlich für Kundenbetreuungsprogramme. Zu Ihren Aufgabenbereichen gehören CRM Strategie, CRM Qualitätsmanagement, Loyalisierungsprogramme und Internet basierte CRM-Dialogangebote. Zuvor arbeitete Ulrike Wortmann für eine Unternehmensberatung.

Maren Wunderlich

Studium der BWL an der Universität Münster mit den Schwerpunkten Marketing und Distribution & Handel. Seit 2000 Wissenschaftliche Mitarbeiterin am Lehrstuhl für Distribution & Handel von Prof. Dr. Dieter Ahlert. Geschäftsführende Assistentin des Internationalen Centrums für Franchising und Cooperation (F&C). Ihre Forschungsschwerpunkte sind das Integrierte Zufriedenheitsmanagement in kooperativen Unternehmensnetzwerken sowie das CRM.

Prof. Dr. Joachim Zentes

Seit 1991 ist er Inhaber des Lehrstuhls für Betriebswirtschaftslehre, insbesondere Außenhandel und Internationales Management der Universität des Saarlandes, Geschäftsführender Direktor des Europa-Instituts/Sektion Wirtschaftswissenschaft und Direktor des Instituts für Handel und Internationales Marketing an der Universität des Saarlandes. Seit 1983 ist er Mitherausgeber der Zeitschrift „MARKETING – Zeitschrift für Forschung und Praxis".

Stichwortverzeichnis